地球历史与古地理

[挪威] 特朗德 H. 托斯维克（Trond H. Torsvik）
[英] L. 罗宾 M. 科克斯（L. Robin M. Cocks） 著

周进高　吴东旭　吴兴宁　王少依　于　洲　丁振纯　李维岭　译

石油工业出版社

内容提要

本书介绍了寒武纪以来的全球板块构造运动和地壳表层火山活动及其与地球地幔演化、全球气候变化和地球生物进化的关系。通过古地理重建，诠释了完整的显生宙古地理演化进程，包括加里东、海西、安第斯和喜马拉雅等造山运动以及古陆、海洋、冰盖、火山、珊瑚礁和动植物分区演化等。通过古地磁学、地幔动力学、地层学和古生物学分析，阐述了板块运动机理及大火成岩省的形成演化。

本书可供从事地质研究的科研人员、对地质和地理感兴趣的社会大众及相关专业师生参考阅读。

图书在版编目（CIP）数据

地球历史与古地理 /（挪威）特朗德 H. 托斯维克（Trond H.Torsvik），（英）L. 罗宾 M. 科克斯（L. Robin M.Cocks）著；周进高等译 . —北京：石油工业出版社，2025.5

书名原文：Earth History and Palaeogeography

ISBN 978-7-5183-4529-8

Ⅰ.①地… Ⅱ.①特…②L…③周… Ⅲ.①地球演化–研究②古地理学–研究 Ⅳ.①P311②P531

中国版本图书馆 CIP 数据核字（2021）第 027265 号

This is a Simplified-Chinese edition of the following title published by Cambridge University Press:
Earth History and Palaeogeography, ISBN: 9781107105324
© Trond H. Torsvik and L. Robin M. Cocks 2017
This Simplified-Chinese edition for the People's Republic of China (excluding Hong Kong, Macau and Taiwan) is published by arrangement with the Press Syndicate of the University of Cambridge, Cambridge, United Kingdom.
© Cambridge University Press and Petroleum Industry Press 2024
This Simplified-Chinese edition is authorized for sale in the People's Republic of China (excluding Hong Kong, Macau and Taiwan) only. Unauthorised export of this Simplified-Chinese edition is a violation of the Copyright Act. No part of this publication may be reproduced or distributed by any means, or stored in a database or retrieval system, without the prior written permission of Cambridge University Press and Petroleum Industry Press.
Copies of this book sold without a Cambridge University Press sticker on the cover are unauthorized and illegal.

本书封面贴有 Cambridge University Press 防伪标签，无标签者不得销售。

本书经 Cambridge University Press 授权石油工业出版社有限公司翻译出版。版权所有，侵权必究。

北京市版权局著作权合同登记号：01-2021-7419

审图号：GS 京（2025）0927 号

出版发行：石油工业出版社
（北京安定门外安华里 2 区 1 号　100011）
网　　址：www.petropub.com
编辑部：(010)64253017　　图书营销中心：(010)64523633
经　　销：全国新华书店
印　　刷：北京中石油彩色印刷有限责任公司

2025 年 5 月第 1 版　2025 年 5 月第 1 次印刷
889×1194 毫米　开本：1/16　印张：21.5
字数：500 千字

定价：200.00 元
（如出现印装质量问题，我社图书营销中心负责调换）

版权所有，翻印必究

前言

虽然 Trond 和 Robin 之前见过面，但第一次有意义的交流是 1999 年在圣彼得堡举行的欧盟调查会议，其结果是 Trond 邀请 Robin 参加了 2000 年在特隆赫姆举行的挪威地质学冬季会议，在那之后，Trond 和 Robin 正式开始了揭示全球古地理的合作。经过几年后多次共同撰写论文，Trond 和 Robin 认为是时候对工作成果进行一个总结和扩展了，而这本书就是成果。Trond 和 Robin 的专业是互补的：Trond 是一位地球物理学家，专攻古地磁和地幔动力学，而 Robin 则专攻古生代地层学和动物群。然而，Trond 和 Robin 之前都曾单独或与其他同事一起发表过关于全球和区域古地理的文章，而且都拥有地质学第一学位，这已经形成了进行适当讨论的基本共同语言，因此既富有挑战性，又充满乐趣。此外，最重要的是，Trond 开发了一种软件，可以从一个球形地球生成平面地图。它可以使岩石圈单元随时间移动，且具有运动学客观性，如第 2 章所述。这意味着 Trond 几乎构建了这本书中的所有图表，而 Robin 做了更多的文字工作。然而，Trond 和 Robin 并不认为这本书是地球地理变化的最后总结；它只是一个阶段性研究成果。

关于本书

古地理学是一门具有挑战性但引人入胜的工作，它研究的是随板块构造运动而在深时内变化的地理和地貌。本书展示了地球过去 540Ma 动态演化的最新知识，可以作为研究人员、研究生、专业地球科学家和任何对地球地质历史感兴趣的人的珍贵参考。

利用从寒武纪到现今的全彩色古地理地图，本书跨学科的解释了板块运动和表层火山活动是如何与地球地幔进程、气候变化和地球生物群进化相联系的。这些新鲜而又非常详细的地图提供了一个完整且综合的显生宙古地理故事。它们阐述了所有主要造山运动的发展，既有已经结束的（加里东造山运动和海西造山运动），也有还在持续的（安第斯造山运动和喜马拉雅造山运动）。古陆、海洋、冰盖、火山区、珊瑚礁和煤层以及动植物分区都在地图上突出显示。许多其他原创图解显示了从地核、地幔到岩石圈的剖面，以及如何形成巨大的火成岩省（LIP），有助于理解板块是如何随着时间的推移而出现、移动和消亡的。

同时可在网上获得补充资源，包括软件、数据文件、操作说明以及大陆板块和地体的扩展描述，使读者能够在过去 540Ma 的任何给定时间进行自己的重建。

Trond H. Torsvik 是挪威奥斯陆大学地球演化与动力学中心（CEED）的理事，也是约翰内斯堡金山大学的荣誉教授。他是挪威科学院院士，2016 年获得著名的 Arthur Holmes 奖章（欧洲地球科学联盟），2015 年获得 Leopold von Buch 奖章（德国地质学会），以及其他各种奖项，以表彰他在地球科学领域的杰出成就。他已经发表论文和出版专著 200 多篇/部。

L. Robin M. Cocks OBE TD 是英国伦敦自然历史博物馆地球科学系的一名科学助理，他曾在那里负责古生物学。他曾任伦敦地质学会、古生物学协会、地质学家协会和化石学会主席。1995 年，他被伦敦地质学会授予 Coke 奖章。2010 年，他被伦敦古生物协会授予 Lapworth 奖章，这是该协会的最高荣誉。

致 谢

我们感谢来自世界各地的朋友、同事和熟人,多年来我们与他们单独或一起交流。这里无法一一列举他们的名字,但是要特别感谢(按字母顺序)Adrian Rushton、Bernhard Steinberger、Brian Sturt(已故)、Carmen Gaina、Douwe van Hinsbergen、Grace Shephard、Henrik Svensen、Kevin Burke、Lew Ashwal、Mat Domeier、Morgan Jones、Paul Kenrick、Pavel Doubrovine、Richard Fortey、Rob van der Voo 和 Stuart McKerrow(已故)。

目录

1 简介 /1

2 确定旧大陆和地体的方法 /3
  2.1 板块和地幔柱 /4
  2.2 大陆和海底磁条的相对位置 /7
  2.3 使用热点追踪的绝对板块重建 /7
  2.4 古地磁学 /14
  2.5 视极移（APW）路径 /16
  2.6 视极移路径和板块线路 /20
  2.7 经度校正：地幔柱产生带方法 /22
  2.8 利用俯冲板块（层析技术）校正经度 /24
  2.9 岩石记录 /25
  2.10 化石分布 /27
  2.11 沉积物分布和气候模式 /29
  2.12 真磁极漂移（TPW）/29
  2.13 融会贯通 /34

3 地球的构造单元 /39
  3.1 北美洲 /45
  3.2 南美洲和加勒比地区 /49
  3.3 欧洲和近东 /53
  3.4 北亚和中亚 /58
  3.5 印度和中东 /66
  3.6 东南亚 /69
  3.7 非洲和西印度洋 /72
  3.8 大洋洲和南极洲 /75
  3.9 泛大洋—太平洋海洋板块 /79

目录

4 地球起源和前寒武纪 /81
- 4.1 前寒武纪地球 /81
- 4.2 地球和月球的起源 /82
- 4.3 早期的地球 /82
- 4.4 超级大陆 /83
- 4.5 超大陆吸引子 /85
- 4.6 锆石记录和超大陆 /85
- 4.7 板块构造的开端 /87
- 4.8 地球早期大气 /88
- 4.9 生命的起源 /88
- 4.10 雪球地球 /89
- 4.11 我们独特的星球 /89

5 寒武纪 /90
- 5.1 构造和火成岩活动 /91
- 5.2 相和动物群 /102

6 奥陶纪 /107
- 6.1 构造和火成岩活动 /108
- 6.2 相和动物群 /118

7 志留纪 /130
- 7.1 构造和火成岩活动 /131
- 7.2 相、动物群和植物群 /138

8 泥盆纪 /145
- 8.1 构造和火成岩活动 /147
- 8.2 相、动物群和植物群 /160

9 石炭纪 /166
- 9.1 构造和火成岩活动 /167
- 9.2 相、动物群和植物群 /180

目录

10 二叠纪 / 185
  10.1 构造和火成岩活动 / 186
  10.2 相、植物群和动物群 / 198

11 三叠纪 / 203
  11.1 构造和火成岩活动 / 204
  11.2 相、植物群和动物群 / 211

12 侏罗纪 / 217
  12.1 构造和火成岩活动 / 218
  12.2 相、植物群和动物群 / 224

13 白垩纪 / 229
  13.1 构造和火成岩活动 / 231
  13.2 相、植物群和动物群 / 245

14 古近纪 / 251
  14.1 构造和火成岩活动 / 253
  14.2 相、植物群和动物群 / 265

15 新近纪和第四纪 / 268
  15.1 构造和火成岩活动 / 268
  15.2 相、植物群和动物群 / 279

16 过去和现在的气候 / 283
  16.1 一些影响气候的因素 / 284
  16.2 如何解读过去的气候 / 287
  16.3 显生宙的气候 / 290

后记 / 302

附录 1 / 303

附录 2 / 305

附录 3 造山运动 / 306

参考文献 / 308

1 简介

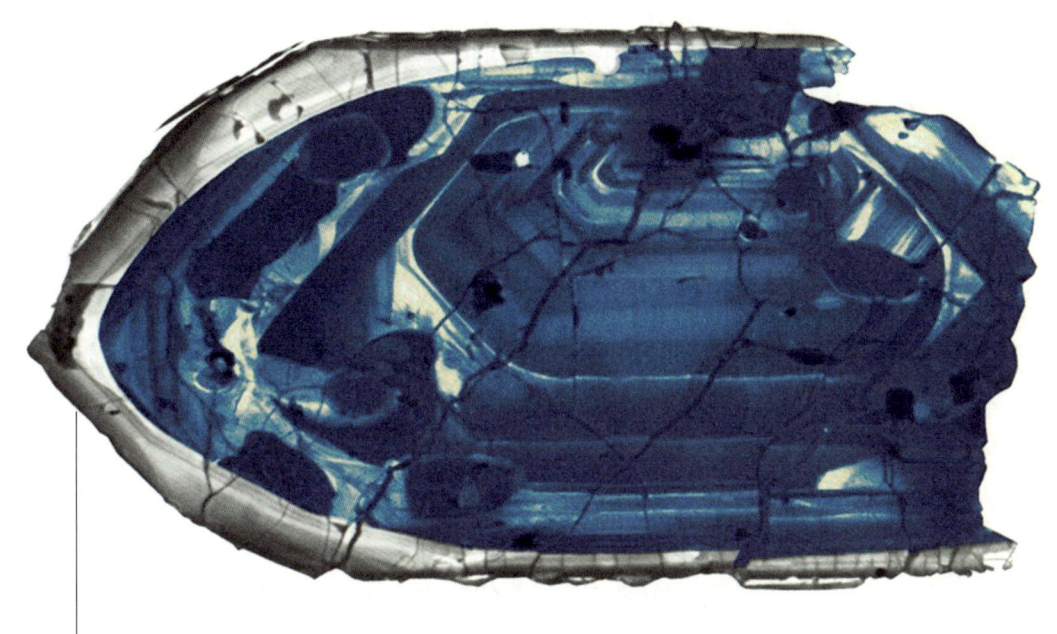

● **地球上已知最古老的锆石年龄为（4374±6）Ma**

这种颗粒产自澳大利亚西部的杰克（Jack）山，比地球的年龄年轻约200Ma，可能是最古老大陆地壳的残余；资料来源：John Valley，威斯康星大学/自然地球科学

在万里无云的日子里，从太空中观察地球，只能看到陆地、海洋和冰盖的边缘，所有这些都可以被客观地绘制出来。如今，通过进一步的地球物理勘探，位于它们旁边和下部的海洋和大陆岩石圈的特征和边缘也可以被发现。然而，所有这些边缘如何以及何时随着地质时间发生变化的，变得越来越不容易发现，也越来越不客观，因为有数量不确定的板块以及它们所包含的海洋和大陆岩石圈已因俯冲进入地球内部而消失。此外，岩石圈的大部分由于构造作用而变形，在许多地方变形非常严重。

写这本书的主要目的是解释、破译和描述地球最近5亿多年的复杂历史和变化历程，并编制当时众多构造板块的分布图，以及展示在如此漫长的时间里陆地和海洋位于何处。为符合叙事惯例，我们从头开始，随着时间流逝逐步向前。但是，这种自然顺序的结果就是，从地球古地理所受定量约束最少的时期开始我们的讨论。因此，随着时间推移到今天，我们的地理重建逐渐变得更加精确。

地球的历史很自然地分成了两个非常不对等的部分：前寒武纪，在这个时期没有用于确定以前大陆位置的化石，包括地球的起源在内，只有在第4章中加以概述。前寒武纪之后是541Ma前的显生宙，显生宙始于古生代，古生代没有保存下来的古海洋地壳，但此时生物开始分化为动物群和植物群，在缺乏很多有用的地球物理数据（除了古地磁）的情况下，这些种群在评估海洋分离时是

本书插图均系原文插图。

非常重要的。古生代和上覆中生代之间的边界在252Ma，此后，海底地磁条带等有用的地球物理资料日益丰富和客观。虽然那时的生物群在其进化发展中很有趣，但对解释古地理方面又没有什么主要的帮助。因此，从寒武纪到第四纪的每一个主要的地质系统时期都有单独的章节（第5章至第15章）。

但是，我们能够实现目标的踏脚石是什么呢？这些踏脚石涵盖了许多地质和地球物理学科。在这简短的介绍之后，在第二章中，我们描述了用来重建旧陆地和海洋的各种各样而且往往是独立的方法。在第三章中，我们列出了众多构成地球的单元区域中的268个，这些是我们在构建随时间变化的计算机生成的古地理地图时所使用的区域，并简要介绍了它们的地质构成。从大型陆地到小型地体的每一个单元，其资料可以从www.earthdynamics.org/earthhistory下载。任何人都可以使用GPlates（www.gplates.org）在过去540Ma的任何地区和任何给定时间进行自己的重建，这不收取任何费用，但要表示感谢。

在过去的1000Ma里，地球的气候在高温和低温之间剧烈波动，有些气候极端到几乎不可能存在任何生命。因此，除了在第4章至第15章中提到个别时期的气候外，最后的第16章汇集了许多影响和支持地球气候的因素，还描述了在这500Ma里，气候是如何以及为什么发生了如此大的变化，以及它是如何变成今天这样的。不幸的是，许多现代气候科学家和政治家似乎缺乏更深层次的时间视角。

但在这一切的基础上，本书和所有的地质学思考都依赖于知道每个过去的事件发生的时间。这样我们就可以理解和评估地球表面和内部从它起源以来发生的许多变化所经历的年数以及变化的速率。客观地了解它们演进所需要的时间是至关重要的。因此，可靠的原始地质年代学是支撑我们工作的关键。

自从Arthur Holmes在20世纪早期的开创性工作以来，岩石的年代一直是用放射性测量方法确定的，使用了大量寿命较长的放射性同位素，其中一些半衰期长达数十亿年（Torsvik和Cocks，2012）。发现的对最近3万年岩石年代确定最有用的元素是碳，还有其他各种各样的元素，包括用于古老岩石的氩40—氩39（$^{40}Ar/^{39}Ar$）和铀—铅（U/Pb）。所有的辐射年龄都有单独计算的误差，这些误差在原始论文中已经给出，并且大多数发表的论文在1Ma内，但是，为了使本书可以相对不受阻碍的流通，我们将早于新生代（66Ma）之前的所有年龄都四舍五入到最接近的1Ma，这里不引用已发表的误差范围。尽管显生宙缺乏来自地质年代学的客观数字，但是许多精细时间划分是通过使用快速进化的动物和植物而进行的，这些动物和植物已确定了生物带，并已应用于岩石的对比。后者的一个例子是志留纪的笔石，其中一些生物带的时间跨度不足10万年，与此形成鲜明对比的是，那个时期的放射性年龄却不能精确到大约百万年的三分之一。

我们工作所依赖的总体时间标尺显示了主要时间单位的基本年代，其中大部分已经被国际地质科学联合会（IUGS）地层学委员会标准化了（Cohen等，2013）。

很难知道应该引用多少参考文献。许多教科书令人沮丧的是，它们相对缺乏参考文献，有时甚至完全没有参考文献，而研究论文通常至少包含一个参考文献来支持每一个新的陈述，而且往往更多，尤其是笔者的朋友所写的论文。这使得我们采取了折中方案，我们为遗漏了对许多宝贵工作的精确引用而向现在的工作人员道歉，也向那些我们站在他们肩膀上的早期科学家道歉，特别是因为我们倾向于在许多地方引用摘要文章，而不是引用支撑这些著作的许多论文。

2 确定旧大陆和地体的方法

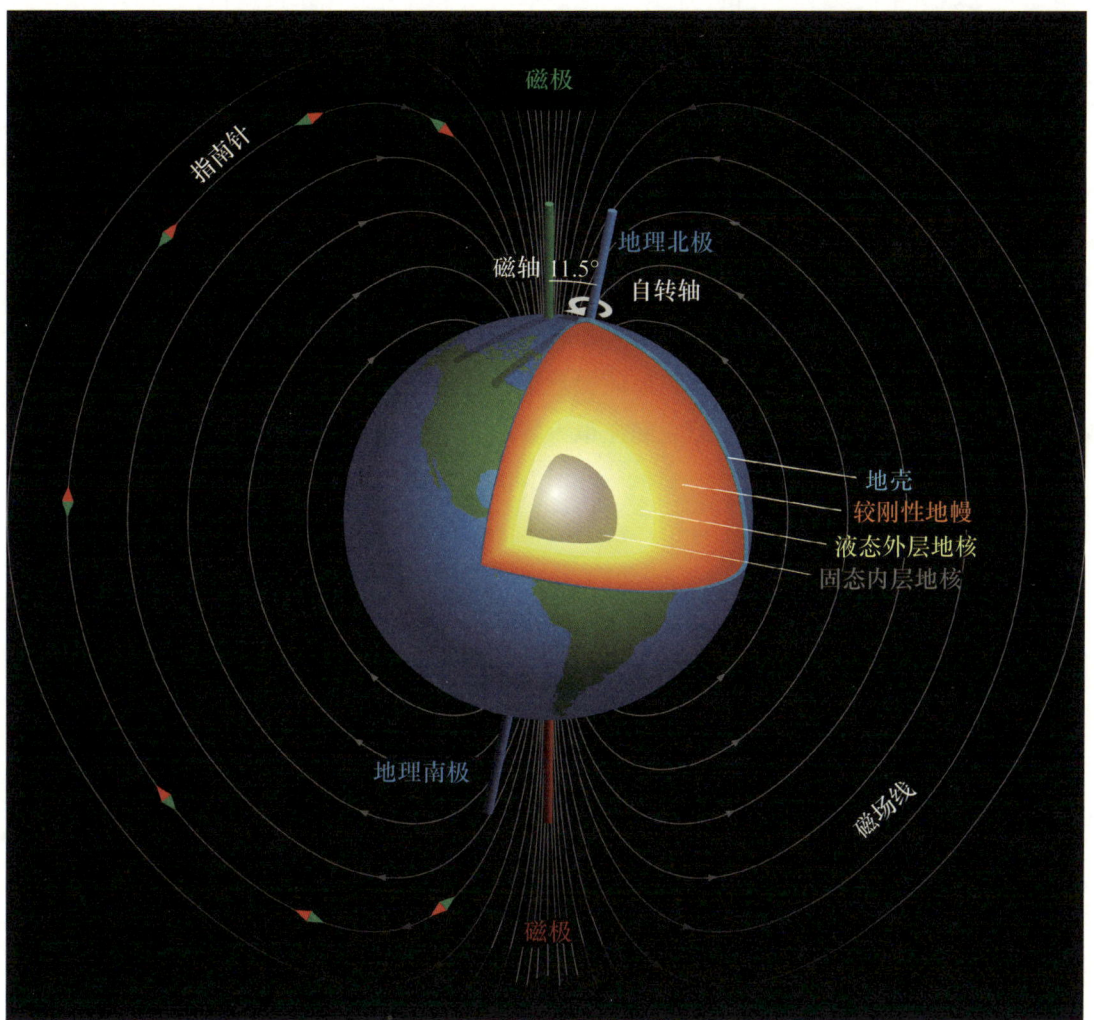

● **从地质时代的角度来看，地球是一个巨大的热机**

放射性核素在内部深层的衰变为其最基本的动力过程提供了能量：液态外核和较刚性（固体）但缓慢变形的地幔之间的对流；在地球自转的影响下，导电的外核产生地球磁场；这个磁场保护我们免受宇宙辐射，调节大气逃逸，并为许多迁徙物种提供导航；地球古老的磁场是记录大陆运动和地球演化的基本标志之一；地表岩石记录了古代磁极不定期的变化，50多年来，这样的古地磁数据被用来建立地磁时间标尺，用来稳定地记录海底扩张，验证板块构造，以及重建消失的超级大陆；磁极与地理极点不同，因为磁轴相对于地理（自转）轴是倾斜的（现今约11.5°）；然而，磁轴正缓慢地绕着地理轴旋转，在几千年的时间里，平均磁极与地理极点的对应相当好；资料来源：Furian/Shutterstock

在过去的一个世纪里，我们对地球外层运动和变形的描述从大陆漂移假说（1912）发展到海底扩张假说（1962），再到板块构造学说（1967）。"构造"一词来自希腊语，意为"建造"，板块构造与地球科学的基本统一就像达尔文（1859）的进化论之于生命科学一样。本书的大部分内容描述了地球的地理是如何随地质年代发生变化的。然而，这一章列出了各种方法来推断古大陆的位置，其中大多数是完全独立的。重要的是要记住，在我们的重建（第4章至第15章）中显示的古代的地理区域（第3章）很少反映那些大陆在过去各个时期的真实形状，因为它们的边缘已经被后续的构造事件改变了很多。

地质时期连续的板块重建是利用多种方法反复进行的结果。大陆的相对位置通常是通过以下分析来确定的：海底磁异常（自侏罗纪以来）和断裂带几何形状、大陆海洋边界分析、古磁极以及其他地质和地球物理数据。然后，利用热点路径（自白垩纪以来）或古地磁数据，以及通过识别和区分不同时期不同区域的各种动植物的分布，将大陆和地质体重建到它们在地球上的古代位置。这些生物分布可以表明具有相似生物群的地体是彼此接近还是彼此分离。关键沉积物的分布，如冰川沉积物、煤和蒸发岩，也可能是有用的，但它们在很大程度上是由纬度决定的，而不是由地质体决定的。

2.1 板块和地幔柱

板块构造描述了地球岩石圈（地壳和上地幔）是如何由十几个相互运动的大板块和许多小的刚性板块构成的［图2.1（a）］。它描述了海洋和更厚的大陆板块在地球表面的移动，以及它们如何滑向不同的地方形成新的海洋地壳（离散型板块边界），如何碰撞形成山脉（聚合型边界），或者如何相互剪切移动（转换型边界）。刚性板块的运动可以用尤拉旋转来描述［图2.1（b）］。板块速度范围在1～15cm/a之间，靠近板块边界的地震和火山爆发是板块构造样式的关键要素。在地球自转的影响下，导电的外地核产生地球磁场。这种古磁场的历史提供了用来记录大陆运动和地球演化的基本线索之一。地表岩石记录了古地磁极性的不规则变化，利用古地磁资料建立了地磁时间标尺［图2.1（c）］。

热点可以被认为是与板块边界和裂谷无关的火山活动，许多板块内的热点，如夏威夷下面的热点（Wilson，1963），被认为下伏了起源于地核—地幔边界的地幔柱。一些热点也位于地幔柱轨迹（火山岛链）的末端，这些地幔柱轨迹与大火成岩省（LIP）相连，例如特里斯坦（巴拉那—埃滕德卡）和留尼旺（Deccan）热点。夏威夷的热点可能也与一个长时间俯冲的起始LIP有关（第13章和第14章），而新英格兰的热点则位于美洲大陆东北部一条与侏罗纪金伯利岩火山作用有关的地幔柱轨迹的末端。许多热点显然是板块内的［如在太平洋和非洲；图2.2（a）］，因此与板块构造无关，但有些热点则位于或接近板块构造边界。

最下层地幔的特征是两个大的非均质体，那里的剪切波速度比周围地幔慢3%。这些热化学柱大概以赤道为中心对称分布［图2.2（b）］，被定义为大型低剪切波速区（LLSVP）（Garnero等，2007）或被Burke（2011）更简单地称为"Tuzo"（在非洲下面）和"Jason"（在太平洋下面）。Courtillot等（2003）以及Ritsema和Allen（2003）得出的结论是，只有8个热点（阿法尔、复活节岛、夏威夷、冰岛、路易斯维尔、留尼旺岛、萨摩亚和特里斯坦）可能有深部地幔柱起源。

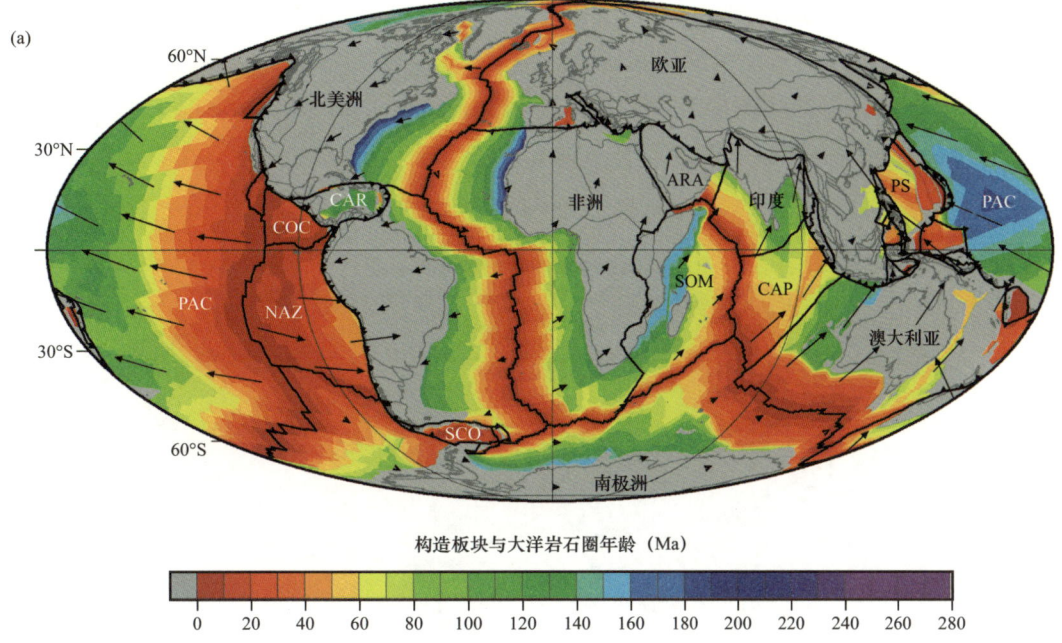

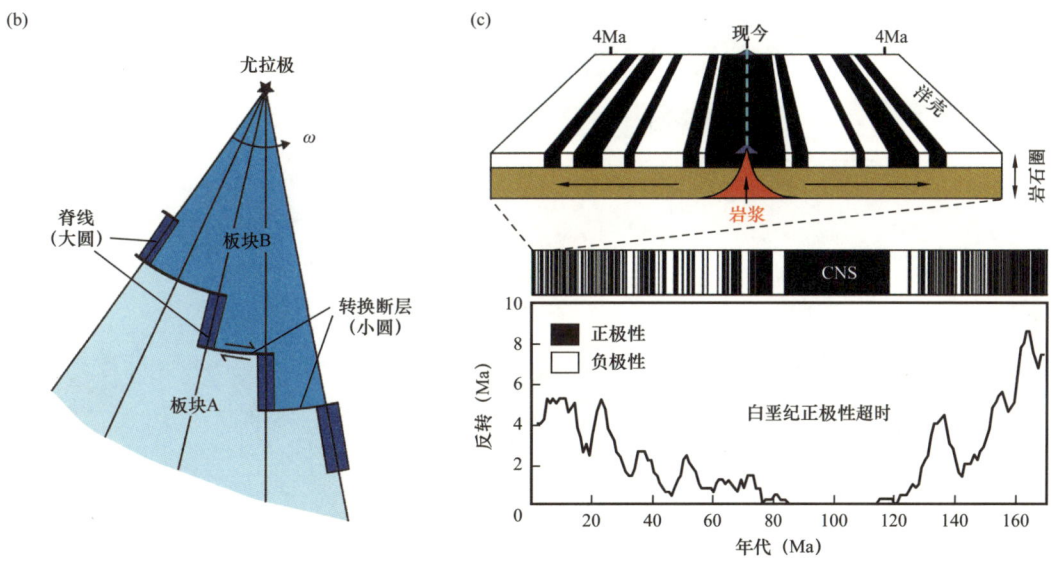

图 2.1　（a）现今构造板块的分布，底图显示了洋壳的模拟年龄，暖（红）色表示年轻的海底（靠近扩张轴），而冷（蓝/紫）色表示古老洋壳；保存下来的最古老的洋壳可能有 195Ma 的历史（源自早侏罗世），在北美洲和非洲西北部之间的大西洋中部以及其他地方被发现，与最早的盘古超大陆分裂有关；黑线表示洋中脊和转换断层；板块运动（移动热点框架）用黑色箭头表示；ARA，阿拉伯板块；CAP，Capricorn 板块；CAR，加勒比板块；COC，Cocus 板块；PAC，太平洋板块；PS，菲律宾海板块；SCO，Scotia 板块；SOM，索马里板块；数据来自 EARTHBYTE。（b）在一个球体上，两个板块（此处以 A 和 B 为例）是用尤拉（Euler）极（纬度、经度和角度）轴和相对速度（ω）来描述的；相对速度通常用 [(°)/Ma] 表示；扩张脊定义了大圆，而海洋断裂带（转换断层）定义了小圆。（c）图示洋中脊磁异常的形成，以及海洋磁异常极性记录和反转频率基于 Biggin 等（2012）数据的 10Ma 移动平均值；反转频率在侏罗纪达到高峰（170—150Ma），但最极端的地磁活动发生在白垩纪正极性超时（CNS），从 121Ma 到 84Ma（晚侏罗世—晚白垩世），该磁场单极性持续近 40Ma；两个较老的显生宙超时也被指出：二叠纪—石炭纪 Kiaman 负极性超时（310—265Ma）和奥陶纪负极性超时（490—460Ma）

Montelli 等（2006）在深层起源热点上又增加了三个热点（亚速尔群岛、加纳利群岛和塔希提岛），Torsvik 等（2006）指出所有潜在的深层起源热点都位于或者非常靠近 Tuzo 或者 Jason 的边缘位置。在最近一项使用全波断层扫描的研究中，French 和 Romanowicz（2015）发现了 20 个覆盖在 Tuzo 和 Jason 上的初级或明确分辨的地幔柱 [图 2.2（b）]。

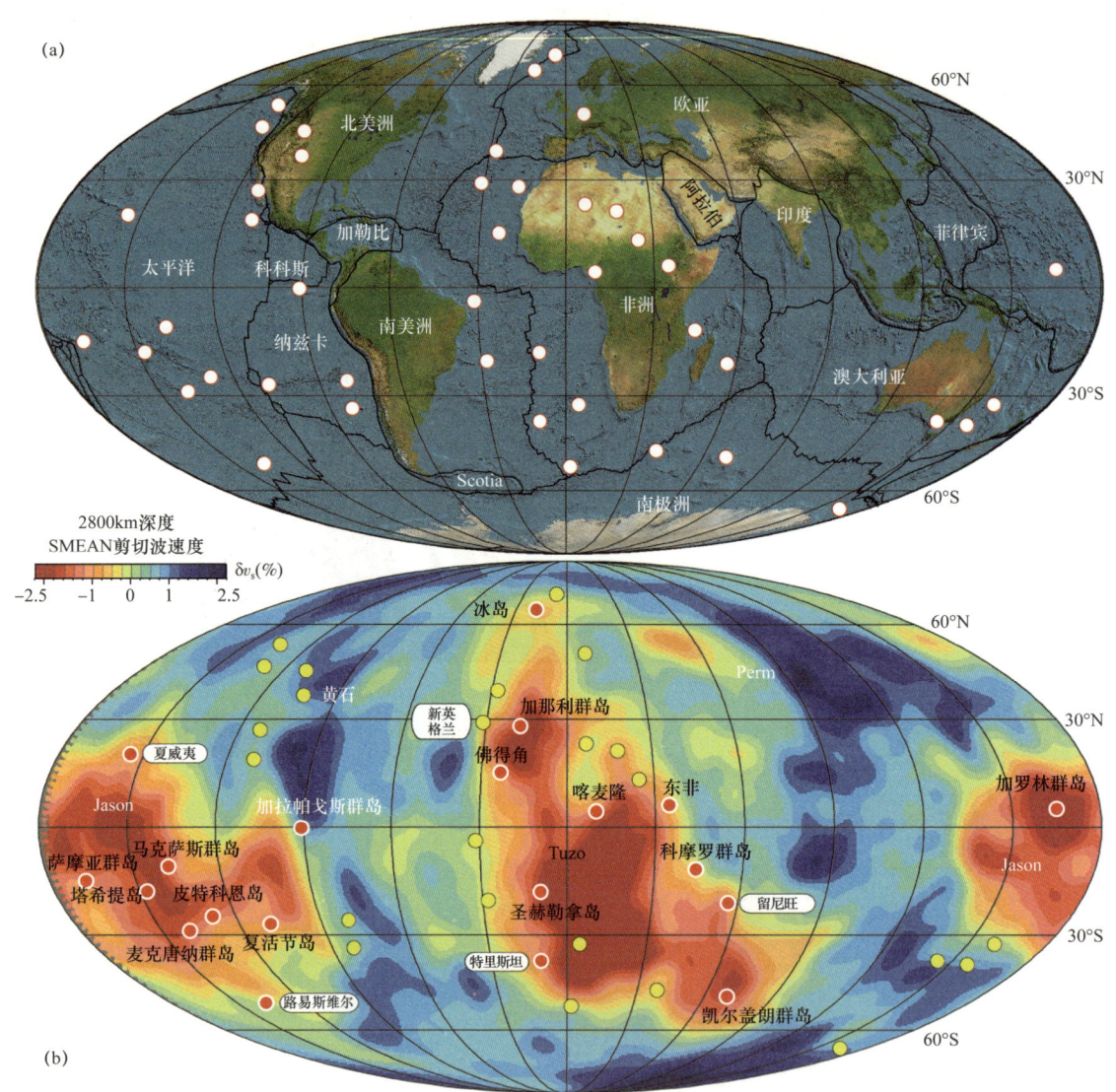

图 2.2　（a）叠加在全球地形和测深图上的主要板块边界（黑色粗线）和热点分布（红色填充的白圈；Steinberger，2000）；在板块构造理论中，火山作用、变形和地震应主要局限于板块边界附近的区域；然而，在板块内部（太平洋和非洲板块）发现的许多热点并不容易用板块构造过程来解释；（b）与（a）热点图相同，但叠加在 2800km 深度 SMEAN 剪切波速度异常模型之上（Becker 和 Boschi，2002）；百分比速度异常（δv_s）的红色表示较低速的地区；下地幔的特征是两个主要的低剪切波速带，主要在非洲（Tuzo）和太平洋（Jason）之下；此外，西伯利亚地下还有一个较小的低剪切波速带，名叫 Perm（也可能是 Tuzo 的一部分）；许多热点似乎上覆于比平均剪切波速慢的区域（尤其是那些与 Tuzo 有关的区域），但也有明显的例外（北美的黄石公园）；这些热点，被认为是源自于地核—地幔边界的深部地幔柱（初级和明确分辨的地幔柱；French 和 Romanowicz，2015），以填充红色的白色圆圈表示，而其他未知来源的则以黄色圆点表示

2.2 大陆和海底磁条的相对位置

早在20世纪50年代，科学家就注意到规律的海底正负磁异常[图2.3（a）]，随后意识到，这些磁异常的条带分布近似平行于各大洋中脊两侧（Vine和Matthews，1963）。这可以用以下认识来解释，当岩浆在大洋中脊喷发时，它会横向流动，取代之前喷发的岩石。这使得海底从扩张脊的两侧相对对称地展开[图2.1（a）和图2.3（a）]。当岩浆冷却形成岩石时，洋壳中的磁性矿物获得与地球磁场一致的磁化。岩石中的磁化反映了磁场的极性[图2.1（c）]，磁场在过去曾多次从北到南反转，并以不规则的间隔再次返回。晚侏罗世反转频率较高，但白垩纪的单正极性持续近40Ma(白垩纪正极性超时，121—84Ma)，在此期间不存在磁条。在过去的10Ma中，平均每0.2Ma发生一次逆转（每百万年发生5次逆转）。

磁异常和同时期断裂区域的匹配，以及在任何特定重建时间与古海岭和古转换带片段模式的对应[图2.1（b）]，用于确定板块间的相对运动[图2.3（b）、（c）]。Hellinger（1981）方法是最常用的从共轭磁异常和断裂带数据获得最佳旋转（尤拉极点）的方法[图2.3（c）]，该方法反过来又用来推导两个板块之间的扩张速度。图2.3显示了大西洋东北部从冰岛向南的网格状磁异常，以及在大约第6时（20.1Ma）沿Reykjanes海脊拟合的磁异常和裂缝带的实例。将该方法应用于东北大西洋的所有已确定的时期（Gaina等，2002），可以计算出大约54Ma东北大西洋初始开放时的相对速度。速度在始新世早期达到峰值（沿格陵兰岛南部边缘位置约为0.5°/Ma或4cm/a），但其余时间则相当稳定，在0.2°/Ma或2cm/a左右。在文献中，扩张速度通常被报道为半扩张速率；图2.3（d）所计算的数值为Reykjanes海脊全扩张速率，并且我们认为大西洋东北部和北极高纬度的其他海脊为慢至超慢扩张海脊。

2.3 使用热点追踪的绝对板块重建

Wilson（1963）提出海岭和火山的线性链是由热点引起的，Morgan（1971）提出热点可能是由地幔柱从下地幔上涌引起的，并构建了第一个热点参考框架。在那个和后来的模型中（Müller等，1993），地幔柱在很长一段时间内保持相对固定（固定热点假说）。然而，有充足的证据表明热点正在相对移动；例如，固定的太平洋和非洲热点参考系相互并不一致[图2.5（a）]，并且有可靠的古地磁证据（Tarduno等，2009）表明夏威夷地幔柱在晚白垩世至古近纪经历了相当大的向南漂移（图2.7）。因此，固定热点参考框架（至少在40Ma之前）必须被地幔框架（移动热点）所取代，其中假定热点运动发生在对流地幔中（Steinberger等，2004）。

热点参考系重建是绝对的，从某种意义上说，它们限制了大陆的古代位置（用纬度、经度和方向来描述）。定义移动热点参考系的关键要素有三个：（1）相对板块重构（图2.4）；（2）热点轨迹的年龄和几何形状（图2.5和图2.6）；（3）地幔柱的运动，依赖于当前地幔密度结构的逆向平流。将不同板块上形成的热点轨迹数据合并到一个共同的参考系中，需要对相对板块运动进行估计。这需要对给定时期内的所有轨迹，相对于选好的"锚定"板块进行位置重建，最常用的锚定板块是南非（701单元，第3章）。因此，全球绝对板块运动模型是这样一种方式，即所有的轨迹都在南非板块（使用板块线路，图2.4），然后平均定义一个全球移动热点参考系（global moving hotspot reference frame，GMHRF）。

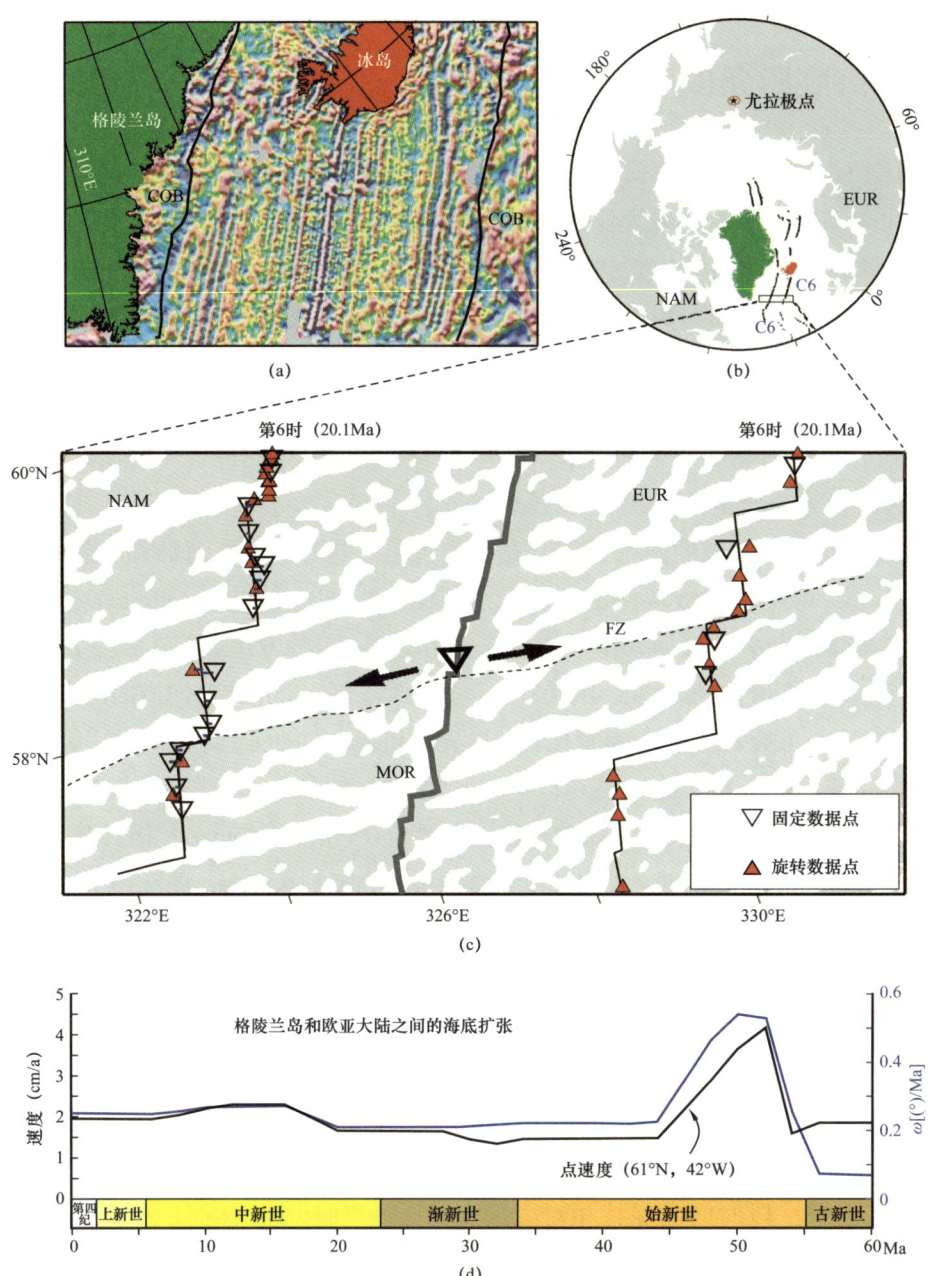

图2.3 （a）冰岛南部的大西洋东北部磁异常网格，粗黑线为大陆—海洋边界转换带（COB）。（b）海洋磁异常解释实例（第6时700个数据点，C6）及由此产生的尤拉极点（黑色星形）和不确定度椭圆（尤拉极点周围的红色等值线，放大了三倍以便在地图上可见）用于北美洲（NAM）和欧亚大陆（EUR）之间的相对运动。（c）详细图像显示北大西洋第6时（20.1Ma）解释的子集，并说明Hellinger方法（1981）的拟合准则；固定数据点用倒三角表示；旋转数据点是红色三角形；背景显示了自由空气重力的垂直梯度，允许识别断裂带（FZ）以及扩张段之间的偏移量；在每个扩张段的数据点上拟合大圆弧；对于给定的旋转，拟合度代表加权距离的平方和（垂直于大圆段的蓝色短线段，如NAM等时线的例子所示）；粗灰线代表现在的洋中脊（MOR）；箭头表示在NAM和EUR板块上扩张的方向（简化自Torsvik等，2008b）。（d）位于格陵兰岛南部一个点（61°N，42°W）的格陵兰岛和欧亚板块之间的相对速度，单位分别为[(°)/Ma]（ω，蓝色曲线）和cm/a（黑色曲线）；这些速度是由尤拉极点计算出来的，而尤拉极点则由Gaina等（2002）详细介绍的Hellinger（1981）方法得到；格陵兰岛和欧亚大陆之间的海底扩张开始于54Ma左右，但在此之前有一段晚白垩世—古新世前漂移扩张时期，因此断裂前的速度不为零；速度是在一个5Ma窗口内计算的，并在一个2Ma区间内显示

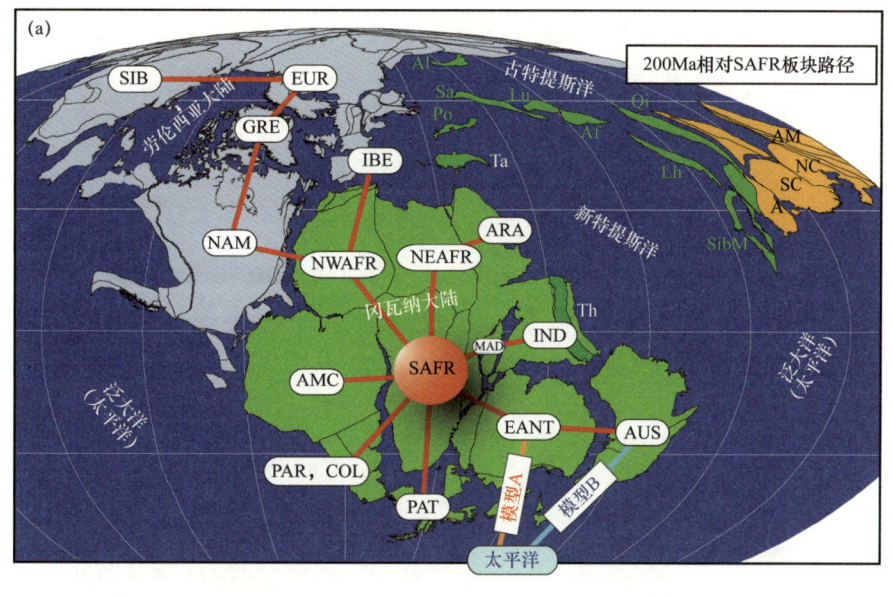

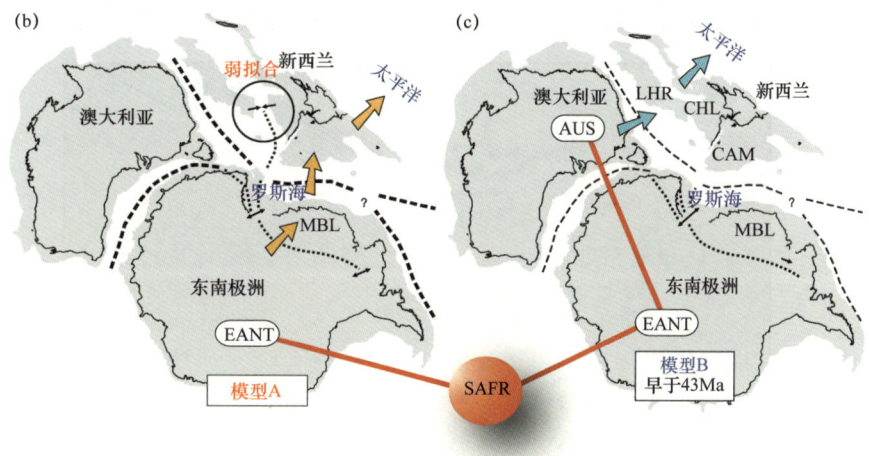

图 2.4 （a）在建立白垩纪之前的全球板块运动模型时，重要的是选择一个经历了少量经向运动的板块作为初始参考；非洲是理想的候选者，因为在过去的200Ma来一直非常稳定；自侏罗纪以来，非洲大部分地区都被不断扩张的中心所包围；非洲还有一个额外的优势，它几乎位于板块线路树的中心，从而限制了误差传播；在保持非洲固定的200Ma重建中的缩略语：SIB，西伯利亚板块；EUR，欧洲板块；GRE，格陵兰岛板块；NAM，北美洲板块；IBE，伊比利亚半岛板块；NWAFR 西北非洲板块；NEAFR，东北非洲板块；SAFR，南非板块；AMC，亚马孙克拉通板块；PAR，COL，巴拉那，科罗拉多子板块；PAT，巴塔哥尼亚子板块；IND，印度板块；ARA，阿拉伯板块；MAD，马达加斯加板块；EANT，东南极洲板块；AUS，澳大利亚板块；Th，特提斯喜马拉雅板块；不属于盘古大陆的曾经的冈瓦纳周缘地体（暗绿色），包括Ta（Taurides，土耳其），Po（Pontides，土耳其），Sa（萨南德，伊朗），Lu（卢特，伊朗），Al（Alborz，伊朗），Af（阿富汗），Qi（羌塘，西藏北部），Lh（拉萨，西藏南部）和SibM（中缅马苏）；不属于盘古大陆的中国地块（被蒙古—鄂霍茨克洋与亚洲隔开），包括A（安南）、SC（华南）、NC（华北）和AM（阿姆利亚，蒙古中部）；还展示了中始新世（第20时，43Ma）之前印度—大西洋（非洲）和太平洋地区之间的热点的两种不同的相对板块线路模型；在第20时之后，模型 A 和 B 沿着相同的板块运动链穿过东南极洲和玛丽伯德大陆；这些模型最初被命名为模型1和模型2（Steinberger等，2004）；（b）和（c）为晚白垩世（马斯特里赫特阶）南太平洋重建的标准模型 A 和备选板块链模型 B，即通过东南极洲、澳大利亚和豪勋爵古隆（LHR）连接非洲和太平洋；对于西南太平洋板块运动链，模型 B 预测了43.8Ma之前的南极内部运动，并延伸至罗斯海区域，而模型 A 在43.8Ma之前不涉及东南极洲和西南极洲之间的运动；大箭头表示板块运动链的路径，粗点画线是随着海底扩张而发散的板块边界，虚线是适应两种不同板块路线模型所必需的条件性陆内板块边界；标准模型 A 展示了一种新西兰失配，而模型 B 需要在罗斯海延伸约300km；CHL，挑战者高原；CAM，坎贝尔高原；MBL，玛丽伯德地块

-9-

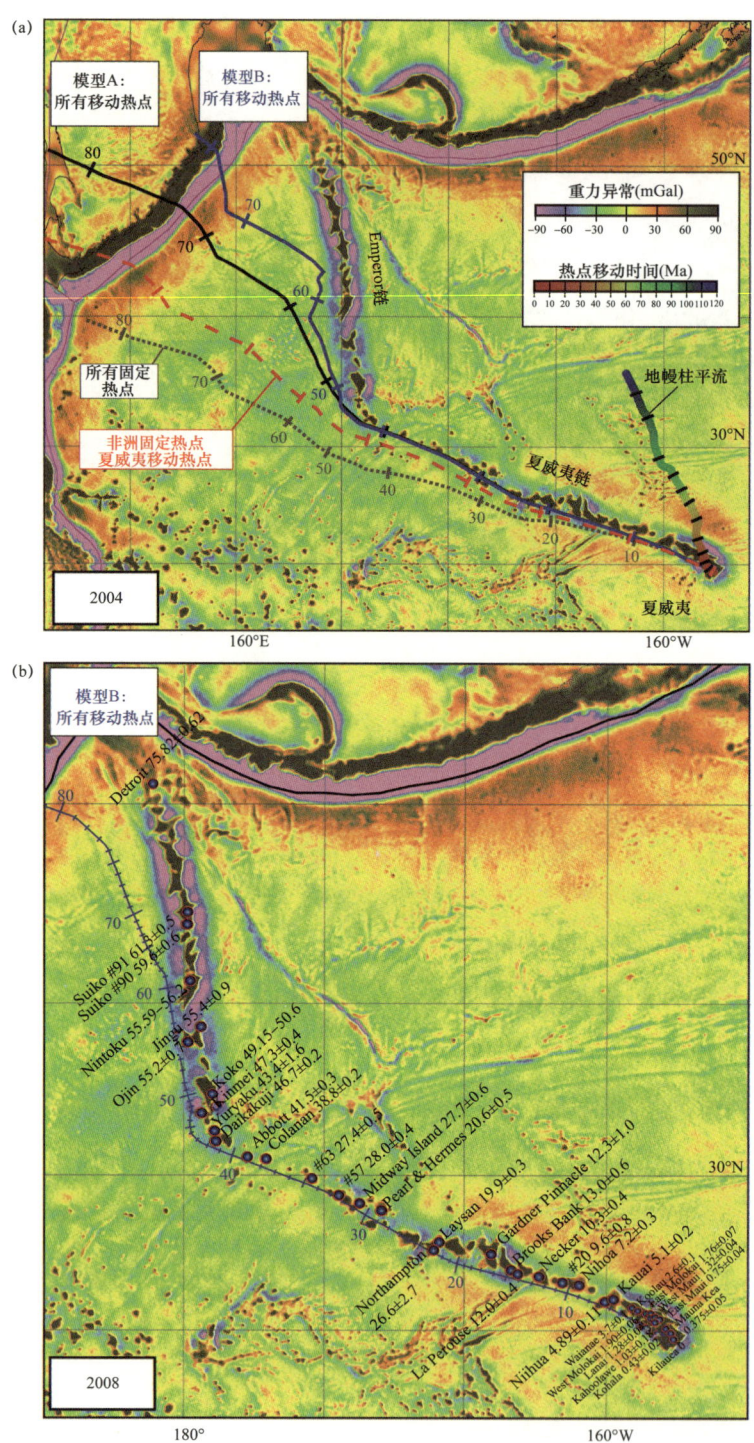

图 2.5 （a）虚线是基于固定的非洲（特里斯坦和留尼旺岛）热点和板块链模型 A ［图 2.4（b）］参考系计算的夏威夷固定热点轨迹；短划线是同一参照系，但考虑夏威夷热点运动（由于地幔柱平流）；两者都没有模仿帝王—夏威夷链的趋势；黑线（在一个最适合夏威夷、路易斯维尔、特里斯坦和留尼旺岛四个热点轨迹的参考系中计算出的轨迹，并考虑使用板块链模型 A 计算热点运动）在一定程度上模仿了弯曲，但在帝王链以西绘制；模型 B 板块链（蓝线）明显改善了与帝王链的拟合度，较好地捕捉了过去 65Ma 的帝王—夏威夷链。（b）Torsvik 等（2008b）全球移动热点参考系中夏威夷热点的预测轨迹；夏威夷热点运动与（a）中模型 B 板块线路相同，但与（a）相比，模型 A 和模型 B（46.3—43.8Ma）之间以及东南极洲—南非和澳大利亚—豪勋爵隆起板块线路之间的转换较为平滑

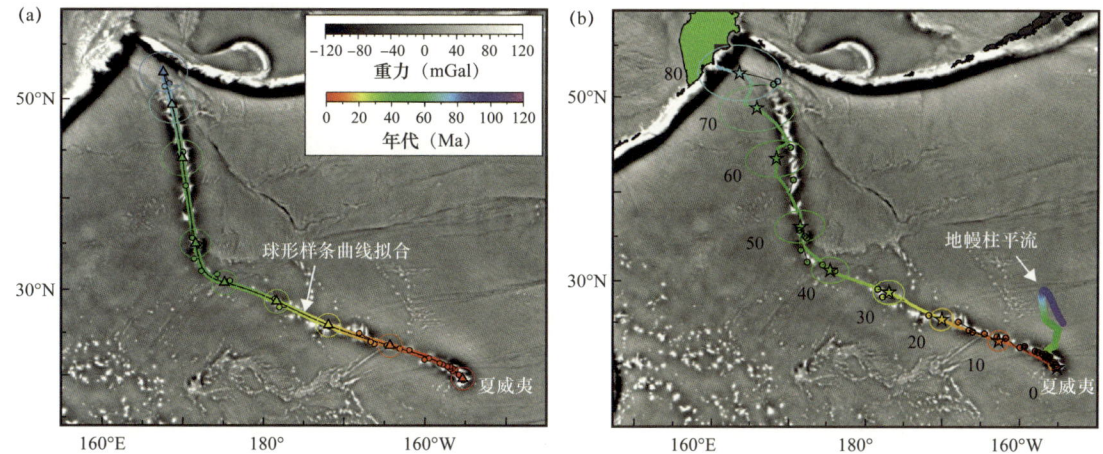

图 2.6 （a）夏威夷热点轨迹年龄数据拟合 95% 不确定圆（10Ma 增量）的光滑球面样条，与样条连接的小点是放射性测定样品的位置；（b）计算得到的移动热点和板块线路模型 B 的运动和轨迹（运用澳大利亚板块线路模型 1；Doubrovine 等，2012），将绝对板块运动和热点运动相结合计算出的模型轨迹显示为彩虹色路径（颜色按年龄编码），在 10 Ma 增量处交叉（椭圆表示 95% 的不确定区域）；粗彩虹色条纹代表由地幔柱平流数值模型估算的夏威夷热点的表面运动；Doubrovine 等（2012）的全球移动热点模型是从 5 条热点轨迹计算得到的，其中 4 条如图 2.5 所示，还有新英格兰海山链；在对留尼旺热点轨迹进行建模时，Doubrovine 等（2012）排除了 707 号位置（爆发地点靠近山脊，距离留尼旺地幔柱约 500km），而建模认为 Chagos（713 号位置）在 50Ma 左右属于非洲（而不是印度）板块（Torsvik 等，2013）

Steinberger 等（2004）的 GMHRF 基于四个热点轨迹，两个在太平洋（夏威夷和路易斯维尔），一个在南大西洋（特里斯坦），第四个在印度洋（留尼旺岛）。所有这些热点可能都始于距今 125—120Ma（翁通爪哇：路易斯维尔）、134Ma（巴拉那—埃滕德卡：Tristan）和 65Ma（Deccan：Réunion）的 LIP（上地幔灾难性融化）。印度—大西洋板块线路非常健壮，但将太平洋板块与印度—大西洋系统联系起来并不简单。Steinberger 等（2004）的热点运动模型预测夏威夷热点向南运动（几厘米/年），并通过东南极洲和玛丽伯德地块（西南极洲）连接非洲和太平洋板块的板块运动链，可以拟合一个夏威夷—帝王弯曲期之后的全球热点轨迹。在这个模型中，在 43.8Ma 之前，东南极洲和玛丽伯德地块之间没有发生运动 [图 2.4（b）模型 A]。在 43.8Ma 之前，在预测的和观测到的夏威夷热点轨迹之间仍然存在一个东西向错配 [图 2.5（a）]。因此，Steinberger 等（2004）探索了通过古时期的东南极洲—澳大利亚—豪勋爵隆起连接非洲和太平洋的替代板块线路 [图 2.4（c）模型 B]，通过这个模型，他们能够实现一个可追溯到距今 65Ma 左右全球热点轨迹的合理拟合。在此之前，夏威夷轨迹的预测与观测之间存在明显的不匹配 [图 2.5（a）]。

Torsvik 等（2008b）的 GMHRF 也使用了 Steinberger 等（2004）的 B 模型板块运动链，但相对板块运动略有不同，南非相对于东南极洲以及澳大利亚相对于豪勋爵隆起的旋转是平滑的。模型 A 和 B 之间的转换也是平滑的。通过这样做，在 75Ma（坎潘期），观测到的和预测的夏威夷—帝王热点轨迹之间的差异被减少到 300km 或更少 [图 2.5（b）]。Torsvik 等（2008b）也使用相对于固定热点的旋转速率，将 GMHRF 从 83Ma 左右扩展到 130Ma（非洲）和 150Ma（太平洋），但对太平洋和非洲分别进行了扩展。

最近的 GMHRF（Doubrovine 等，2012）也包括新英格兰热点轨迹，因此总共五个热点轨迹。

新英格兰热点（位于 Great Meteor 海山附近，亚速尔群岛以南）的起始 LIP 虽未确定，但新英格兰的轨迹始于美国东北部的三叠纪金伯利岩侵入（Zurevinski 等，2011）。用球面样条对单个轨迹进行二次采样［图 2.6（a）］，将误差分配到轨迹位置，加入球面回归和拟合优度检验，并采用迭代模型会聚方案得到最终的 GMHRF［图 2.6（b）］。Doubrovine 等（2012）也测试了如图 2.5（a）中的模型 A 和 B 板块链的固定热点框架，以及澳大利亚和豪勋爵隆起之间的备选板块线路。他们的结论是，模型 B（与澳大利亚—豪勋爵隆起相符合；Steinberger 等，2004；Torsvik 等，2008b）产生了统计上最好的 GMHRF。与早期的 GMHRF 相比（对比图 2.5 和图 2.6），观测到的和预测的夏威夷—帝王热点轨迹之间的差异要小得多。

Doubrovine 等（2012）的 GMHRF 表明，自白垩纪以来非洲板块一直向北运动，过去 120Ma 非洲板块上特定位置（15°N，20°E）的净经度分量小于 10°［图 2.8（a）］。对于非洲板块，Doubrovine 等（2012）的 GMHRF 与 Torsvik 等（2008c）的 GMHRF 除 60Ma 和 70Ma 外，表现出了总体相似性（统计上有重叠）。在过去的 100Ma 里，我们还展示了基于印度—大西洋移动热点（O'Neill 等，2005；Seton 等，2012）和"板块拟合"框架（van der Meer 等，2010）的非洲运动。这些框架仅在过去 40Ma 里才与 GMHRF 兼容。板块拟合（俯冲）框架是印度—大西洋热点框架的直接派生，在该框架中，对地球各大陆的经度进行了标定，使俯冲物质的位置（通过地震层

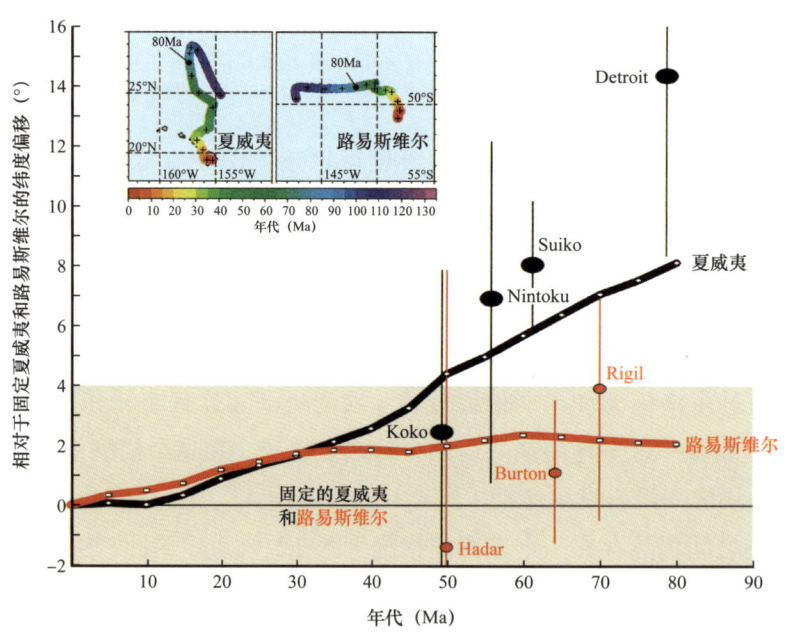

图 2.7　由古地磁推算出的沿夏威夷（Detroit、Suiko、Nintoku 和 Koko；Tarduno 等，2003；Doubrovine 和 Tarduno，2004）和路易斯维尔链（Rigil、Burton 和 Hadar；Koppers 等，2012）海山的纬度；纬度表示为从零开始的纬度偏移量（观测纬度减去夏威夷和路易斯维尔的纬度），并与地幔柱平流的纬度估算值进行比较（Doubrovine 等，2012）；对于一个有固定地幔柱的系统（没有真极移），所有纬度都应该在零线上，也就是说，与今天的夏威夷和路易斯维尔纬度相同；插图显示了 120Ma 夏威夷和路易斯维尔热点的模拟表面运动（彩色编码）；在过去 100Ma 里，夏威夷的特点是向南运动，而路易斯维尔主要向东运动；古地磁数据也清楚地反映了这一点，帝王海山显示出较大的纬度偏差，而路易斯维尔海山的纬度在路易斯维尔今天位置的误差之内（但显示出一个从 Rigil 到 Hadar 的小的向南系统分量）；帝王海山显示夏威夷地幔柱的平流比数值模型（第 14 章）估算的要多，但是估算的 Koko、Nintoku 和 Suiko 的纬度明显在误差之内

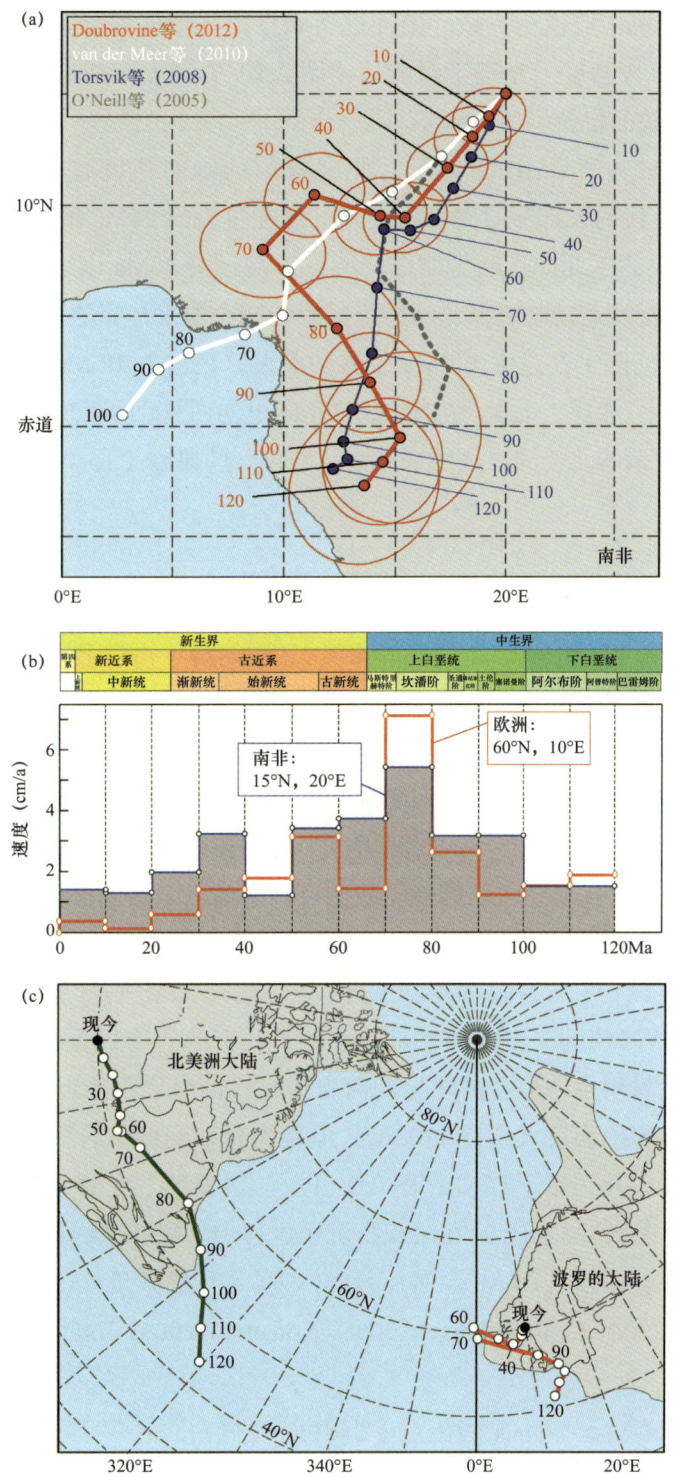

图2.8 （a）非洲（15°N，20°E）在两个不同的全球移动热点参考体系（GMHRF）中以10Ma为增量的运动；红点和红线对应于Doubrovine等（2012）的GMHRF；蓝色的基于Torsvik等（2008b）较早的GMHRF；对于白垩纪（120—80Ma）和过去的50Ma，这两个参考系表现出总体相似性，但在70Ma和60Ma有显著的差异；将这些GMHRF与印度—大西洋参考框架（斑点棕色线；O'Neill等，2005）和派生自前者的板块拟合框架（白色粗线，只有经度偏移；van der Meer等，2010）在过去的100Ma里进行了比较；（b）非洲和欧洲某一地点（奥斯陆）的绝对速度；（c）基于Doubrovine等（2012）的北美洲和欧洲（Oslo）板块运动

析在地幔中识别）与板块构造模型一致。俯冲框架始终比其他任何参考框架预测得到更多的西经[图2.8（a）]，并且在很大程度上是基于对靠近（图2.5）美洲安第斯型大陆边缘的法拉隆—墨西哥—加勒比—南美洲板块的定位。

Doubrovine等（2012）的GMHRF显示，非洲板块的绝对速度在晚白垩世（坎潘期）达到5.5cm/a的峰值，在新生代的大部分时间都在下降，而在过去的20Ma里（新近纪）平均为1.4cm/a[图2.8（b）]。非洲板块的东北向运动（如今天所见）在过去40Ma以来得到了确认。其余板块的绝对旋转是通过将相对板块运动与南部非洲的绝对旋转相叠加来计算的。图2.8（c）中显示了两个这样的例子：欧洲（奥斯陆）在过去120Ma中移动不大，在过去30 Ma中非常稳定，绝对速度低于1.5cm/a[图2.8（b）]。相反，北美洲在过去120Ma里向西移动了大约50°；占主导地位的经度变化[图2.8（c）]是所谓的北美洲白垩纪视极移"静止"的原因（Torsvik等，2008b）。

2.4 古地磁学

地球磁场由其倾角（相对于当地水平面的角度）、磁偏角（相对于当地南北子午线的角度）和磁场强度来描述。地球磁场的磁偏角随纬度存在系统变化（图2.9），这对古地磁重建具有重要意义。例如，在北极，磁场的磁偏角为90°（垂直向下）；在赤道，磁偏角为零（水平的）。磁场的南北极通常与地理南北极不同，因为磁轴相对于地理（旋转）轴是倾斜的（现今约11.5°）。然而，磁轴正缓慢地绕着地理轴进动，在几千年的时间里，平均磁极很可能与地理极点相当好地对应。这就是所谓的地心轴向偶极（GAD）假说。因此，我们可以想象一个磁偶极子被放置在地球的中心，并与地球的旋转轴对齐[图2.9（b）]。

在给定的位置，岩石可以通过多种方式获得与地球磁场平行的剩余（永久）磁化强度[图2.9（a）]，玄武岩熔岩流的高温冷却就是一个例子。玄武岩中最重要的磁性矿物是钛磁铁矿，其最高居里温度（磁性材料由于原子的热运动而失去磁性的温度）接近580℃（纯磁铁矿）。在玄武岩火山喷发期间，熔岩的温度大约是1200℃，但是当冷却到低于居里温度时，磁性矿物获得与地球磁场一致的热剩余磁化强度[TRM；图2.9（b）]。磁偏角、磁倾角和磁化强度（与磁场强度成正比）可以在实验室中测量。同样，在沉积物沉积过程中，磁性矿物颗粒沿地球磁场方向平均沉降，获得了碎屑剩余磁化强度（DRM）。然而，DRM通常与磁倾角校正误差相关，而后者与纬度有关（Tauxe和Kent，2004；Kent和Tauxe，2005；Kodama，2009；Torsvik等，2012）。磁倾角校正通常由以下因素预测：

$$\tan(倾角_{观测值}) = f \cdot \tan(倾角_{野外}) \quad (2.1)$$
$$(f为扁率，f=1，无扁化)$$

根据剩余磁倾角的测量，可以计算出岩石形成时大陆露头的古纬度：

$$\tan(倾角) = 2\tan(纬度) \quad (2.2)$$

此外，偏离0°或180°（取决于地球磁场的极性）的剩余磁偏角，提供了大陆随后的旋转信息。

由于取样岩石的地体单元随时间而移动，其磁倾角和磁偏角随其在地球上的位置而变化[图2.9（b）]，但是GAD的磁极方向与岩石磁化的位置无关。因此，计算极点位置是可行的，可以

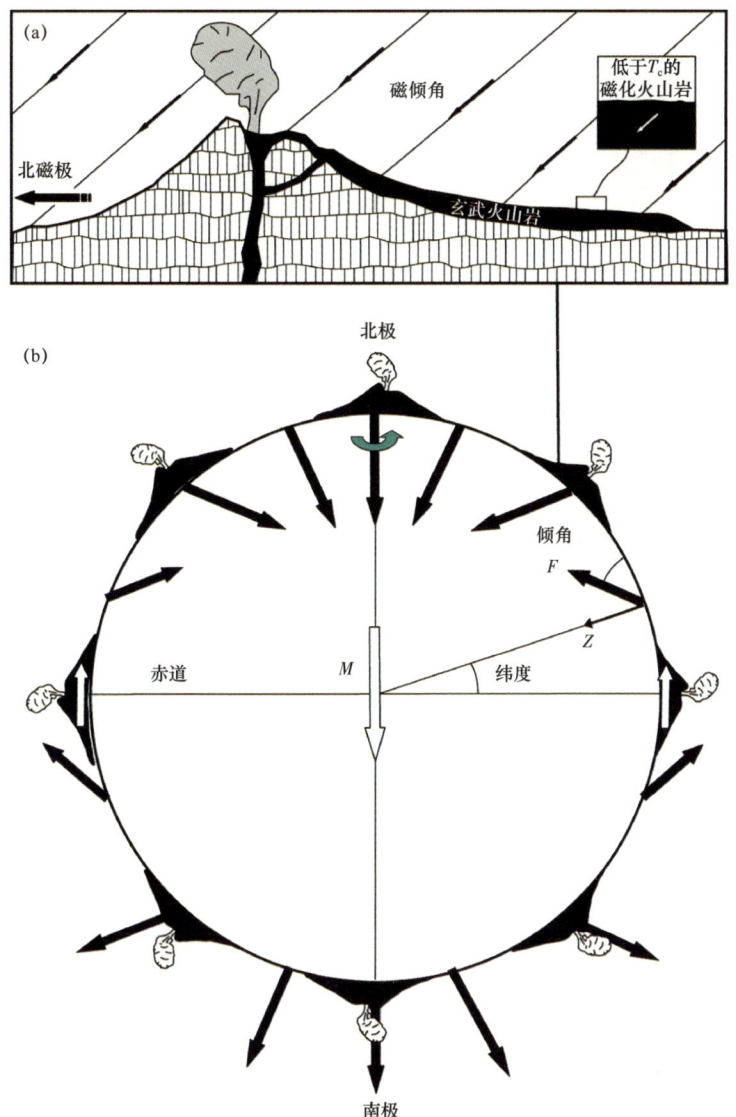

图 2.9 （a）在中北纬度获得热剩余磁化强度的例子（在类似现今的正极性场中获得）；当熔岩冷却到居里温度（T_c）以下时，它将获得更多的热剩余磁化强度，并且其倾角将与外磁场的倾角平行，具有正北向磁偏角；（b）地心轴向偶极子在地球表面的场线；在赤道处，倾角是平的（0°），在北极或南极点，倾角是垂直的（分别为 +90° 和 –90°）；在地球表面形成的火山所记录的倾角与纬度有关；在正极性场中，如现今的磁场，磁北应该指向北方；注意经度无法确定，因为不同经度的火山爆发总是具有相同的倾角和磁偏角

比较不同地点的结果，为支持板块构造重建提供客观数据。理想情况下，作为时间平均值，新形成岩石的古地磁极（由磁偏角、磁倾角和地理位置计算得出）将与地理极对应。如果大陆晚些时候移动，古地磁极就会随着大陆移动。为了用古磁极重建，必须计算将古磁极带回到地理北极或南极的旋转（尤拉）极点和角度，然后以相同的幅度旋转大陆。在本书的例子中［图 2.10（a）］，来自挪威奥斯陆的晚二叠世古地磁北极，将波罗的大陆定位在北纬 15° 至北纬 50°，导致奥斯陆被定位在北纬 24°。因为当前的奥斯陆纬度是北纬 60°，所以二叠纪以来波罗的大陆必定向北漂移。

由于它的古经度仅从古地磁测量中是无法得知的，可以根据其他地质约束，在任何希望的经度上定位波罗的大陆。除此之外，不能在古老的岩石中分辨出古地磁极是南极还是北极。在图 2.10（a）中，假设磁极是北极,但是,如果使用南极,波罗的大陆将在南半球绘制,但在地理位置上是倒置的[图2.10(b)]。因此,在进行重建时可以自由选择北极或南极,将这块大陆置于另一个半球,并旋转180°。在这种情况下,半球的选择很简单,因为波罗的大陆从320Ma之前开始形成了盘古大陆的一部分,但在更久远的过去,这可能是个问题。

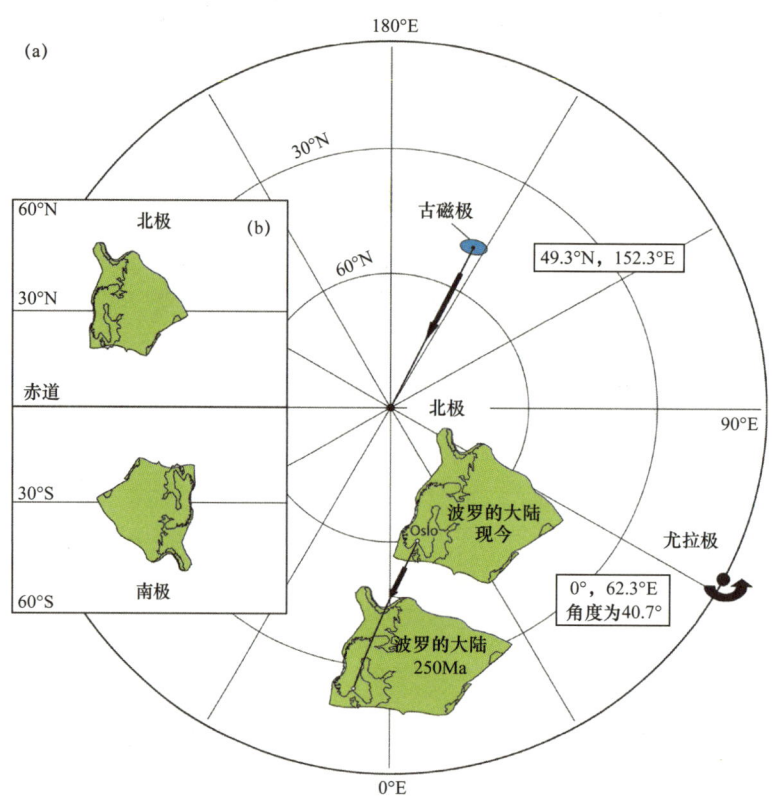

图2.10 (a)波罗的大陆的重建实现方法如下:确定尤拉极点,用来旋转古磁极(图中为250Ma的极点,挪威奥斯陆49.3°N,152.3°E)到地理北极(经计算为0°,62.3°E,旋转40.7°);然后利用尤拉极点将此大陆旋转相同的幅度;这样,今天的波罗的大陆绕着这个极点旋转回到它在二叠纪晚期250Ma的位置;(b)在(a)中,假定古地磁极是北极;如果假定它是南极,那么这块大陆将位于相反的半球,而且在地理上是颠倒的(Torsvik 和 Cocks, 2005)

2.5 视极移(APW)路径

古地磁结果可用GAD模型计算的古磁极来表示。这些古磁极反过来又可以用来建造APW路径。这样,极轴相对于大陆(保持固定)的运动就被可视化了。人们已经为波罗的大陆及其年轻的化身(稳定的欧洲)发表了许多APW路径,目前接受的路径如图2.11(a)所示(Torsvik等,2012)。通过固定波罗的大陆或欧洲,寒武纪的平均南磁极位于西伯利亚北极区(图中没有显示),随后经过奥陶纪的阿拉伯和中非,在志留纪—泥盆纪交界时南磁极漂移到巴西东北角的大西洋。随后的三叠纪向南运动将南磁极带向巴塔哥尼亚附近,在此之后的侏罗纪,南磁极保持在南极洲附近。

从古地磁资料中,计算了APW速率、特定位置随时间变化的南北纬度分布(经度未知),以及大陆的速度和角旋转的变化(图2.12)。在波罗的大陆的例子中,奥斯陆在显生宙已经从南纬60°

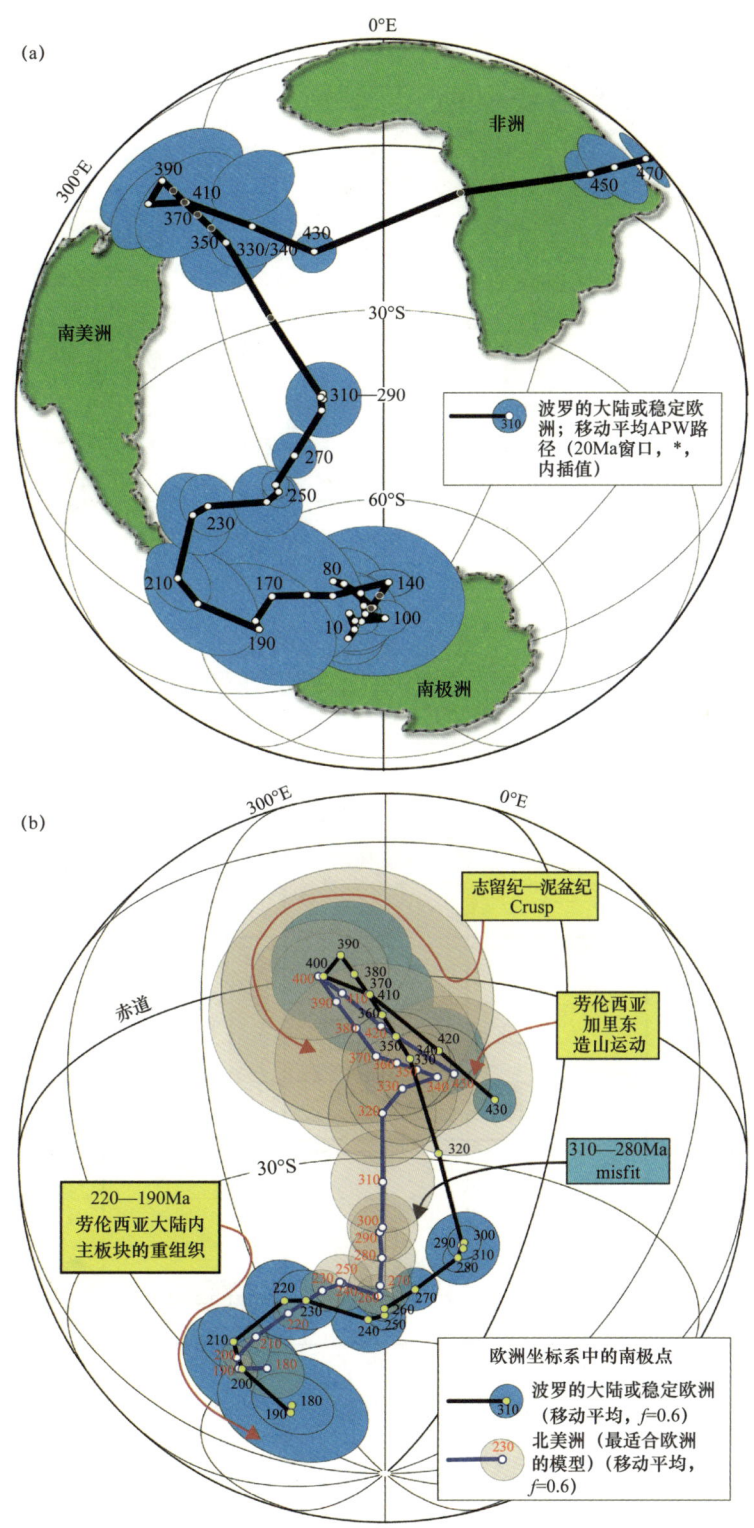

图 2.11 （a）波罗的大陆或稳定欧洲板块移动平均 APW 路径（20Ma 窗口），在 10Ma 间隔显示的 95% 的置信椭圆；APW 路径显示了南磁极相对于固定的波罗的大陆或欧洲的运动（灰色阴影圆圈为内插值）；（b）北美洲和波罗的大陆或稳定欧洲板块 APW 路径（移动平均）最适用从 430Ma（劳伦西亚大陆形成）到 190Ma；在拟合过程中排除了晚石炭世—早二叠世极点（310—280Ma），在 220—190Ma 之间，尤拉拟合从 78.7°N，161.9°E（角度为 −31.0°）变到 69°N，154.8°E（角度为 −23.6°）；Torsvik 等（2012）列出的古地磁输入极点

-17-

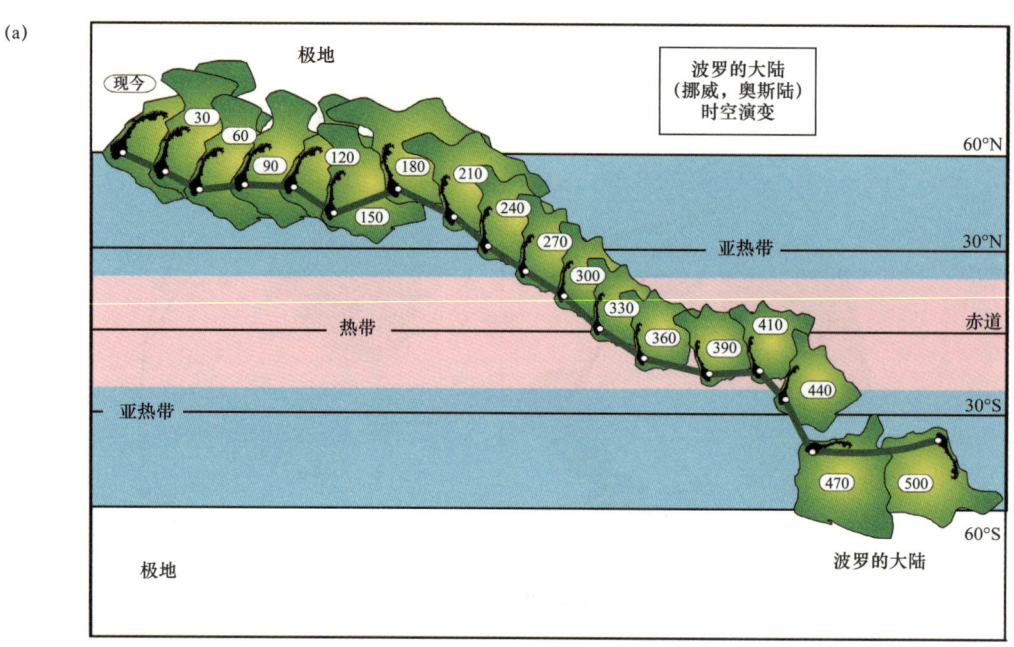

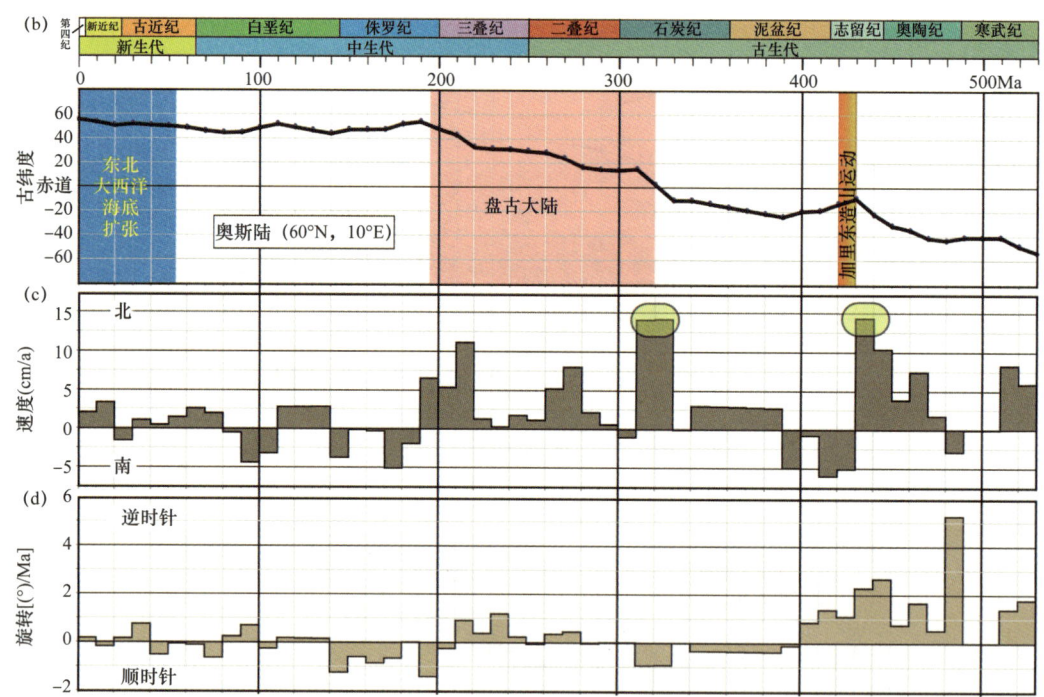

图 2.12 （a）波罗的大陆（奥斯陆）在 30Ma 区间基于图 2.11（a）中 APW 路径的漂移历史；指出了与劳伦古陆（加里东造山运动）的碰撞、盘古大陆存在的时间间隔，以及波罗的大陆与劳伦古陆（格陵兰岛）分离时大西洋东北部海底的扩张，并且这一过程仍在继续；（b）10Ma 为间隔的奥斯陆的古纬度；（c）分为北向和南向运动的奥斯陆的古纬度（最小速度，由于古经度变化未知）；（d）奥斯陆的旋转速率

向北漂移到了北纬 60°。在晚奥陶世—早志留世（在与劳伦古陆碰撞之前、之中及随后的劳伦西亚大陆形成时期）和晚石炭世（盘古大陆形成），南北向速度明显较高（约 12cm/a）。角旋转在早奥陶世达到顶峰，当时波罗的大陆正以逆时针方向旋转，速度高达 5°/Ma。

在图2.12（a）中，展示了一个基于古地磁数据［图2.11（a）］重建过去500Ma波罗的大陆位置变化的例子。在晚寒武世和早奥陶世（500Ma和470Ma重建），波罗的大陆被强烈地旋转（与今天相比），并位于南半球。自晚泥盆世以来，波罗的大陆主要经历了向北漂移。波罗的大陆的西向经向运动［随时间逐渐减少；图2.12（a）］完全是主观的，但是有一个分析技巧可以半定量地限制300Ma左右盘古大陆形成后的经度。但这个技巧要求识别出在经度上移动最少的大陆，并且在重建了那个特定的大陆之后，所有其他大陆都必须相对于它进行重建，以将经度不确定性最小化。因此，需要通过大陆历史建立一条全球性的APW路径。考虑到板块的相对运动，各主要大陆的古地磁资料可以在全球APW路径中相结合。然而，为该全球APW选择适当的参考板块是至关重要的。在古地理重建中，正确选择参考板块可以减少经度不确定性。"零经度"非洲方法（Burke和Torsvik，2004；Torsvik等，2008c）通过观察发现，自从盘古大陆分裂以来，非洲一直是在经度上移动最少的大陆。为了建立一个全球APW路径（GAPWaP），必须首先编译全球所有可靠的古地磁数据（来自稳定的克拉通），并将所有原始磁极旋转到南非坐标，以计算得到移动平均GAPWaP（或者使用球面样条）。接下来从GAPWaP中计算尤拉极点来重建南非，然后用相对于南非的板块链来重建剩余的板块。这被称为古地磁参考框架，"零经度"非洲方法（图2.13）。

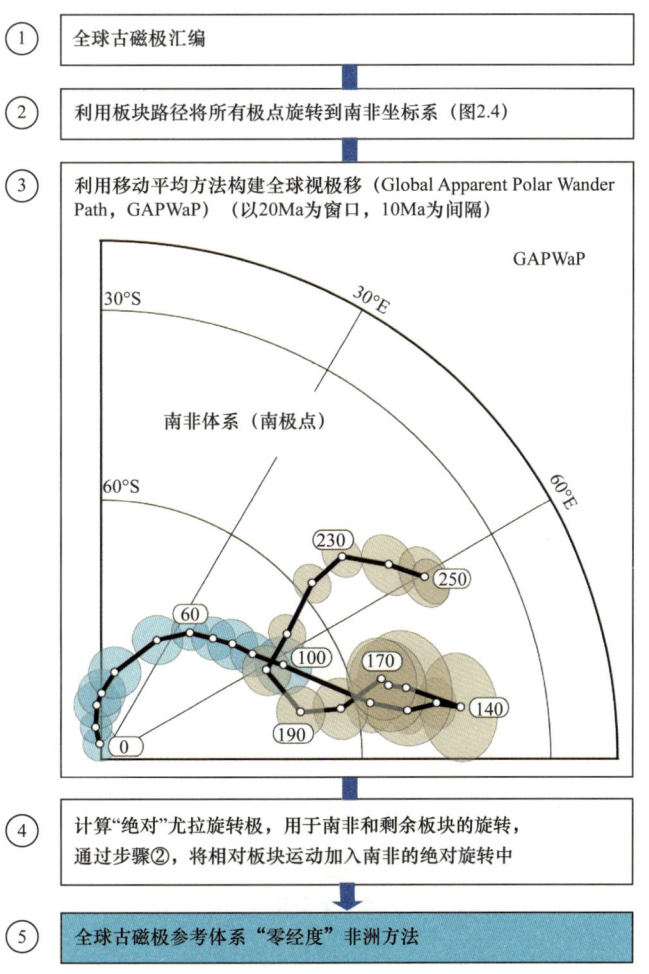

图2.13 盘古大陆形成以来建立全球古地磁参考框架的工作流程

2.6 视极移路径和板块线路

板块之间的相对板块线路是通过磁异常和断裂带来确定的（图2.3和图2.4），但只有晚于180Ma左右才适用，因为这是保存最久的原地海底。在海底扩张之前，大陆地壳可能会伸展数百千米（这里指的是漂移前伸展），因此破裂前的板块拟合应该更紧密。随着海底扩张过程中尤拉极点及其角度的变化，漂移前的尤拉极点也会随着地质历史的变化而变化。从理论上讲，尤拉极点可以从比较共轭大陆的APW路径［图2.11（b）］获得，但它们的质量通常不足以达到此目的，因此需要附加信息，如依靠盆地分析估算的延伸数据或地震折射数据或重力反演估计的地壳厚度。假设大陆的平均厚度为35km：任何小于35km的厚度都能传递一些关于拉伸程度的信息，但不能告知拉伸的时间。但在被动边缘，通常认为，在海底扩张开始时，前漂移扩展就停止了。作为一个例子，在图2.14（b）中展示了格陵兰岛和挪威（欧洲）之间非常紧密的拟合。在55Ma东北大西洋海底扩张之前［图2.14（a）］，格陵兰岛和欧洲目前的大陆海洋边界转变（COB）几乎重合（正如预料的那样），但在晚三叠世，它们显示出巨大的重叠，达到近400km［图2.14（b）］。Bullard等（1965）在大西洋海域通过匹配共轭边缘500fath等高线（1fath=1.829m），开发了第一个计算机生成的拟合。从中古生代到早中生代，它们对北大西洋的拟合与北美洲和欧洲的古地磁极相当吻合（van der Voo，1993；Torsvik等，1996，2012）。因此，许多北大西洋的重建使用Bullard等（1965）拟合，尽管这种重建造成了一些地质问题。Beck和Housen（2003）试图通过拟合来自北美洲和欧洲的300—200Ma古地磁极点来创建一个替代Bullard拟合的方法，但是欧洲和格陵兰岛大陆重叠的量（超过1000km）超出了任何地质学的接受范围。

基于这种不切实际的大陆重叠，Beck和Housen（2003）得出结论，从数学上拟合北美洲和欧洲的APW路径并不能提供令人满意的结果。但是，通过排除晚石炭世—早二叠世的极点［图2.12（b）］，或者用冈瓦纳大陆的数据代替北美洲的数据（Torsvik等，2006），可以将430—330Ma极点（定义了所谓的志留纪—泥盆纪交界）与290—220Ma极点用相同的尤拉极点统一起来。然而，为了描述晚三叠世至早侏罗世（更开放的交界）APW漂移的变化，必须在220—190Ma之间逐步改变尤拉极点。与经典的Bullard拟合［图2.14（c）］相比，本书的板块模型预测的扩展量与重力反演（或地震数据）预测的扩展量相比要好得多。第11章讨论了在220Ma到190Ma之间板块模型转换的含义。

古地磁资料也被用来测试南大西洋漂移前的拟合和板块内几何形状，以避免不切实际的大幅度大陆重叠（漂移前扩展）或沿共轭南大西洋边缘的裂隙。Torsvik等（2009）将南美洲划分为四个主要区域（亚马孙古陆、巴拉那、科罗拉多和巴塔哥尼亚）。最重要的边界之一［图2.15（a）］位于亚马孙古陆和巴拉那之间（巴拉那—埃滕德卡断裂带），其模型为一条原始横向偏移约175km的扭断边界，右旋运动在126Ma左右停止。这个边界是很重要的，不仅是为了将巴西（桑托斯）边界上的大陆延伸边界重叠减少到实际数字，也因为沿着这条断层扩展会更容易，而且是发生与地幔柱有关的火山活动的首选地点（倒流），从而解释巴拉那火山活动与共轭边缘的埃滕德卡火山活动（纳米比亚）相比范围要大得多。关于南美洲大陆板块内变形的确切位置，无论是从表面地质还是地球物理数据上都没有达成一致意见，但巴拉那—埃滕德卡断裂带是可以在GOCE（重力场和

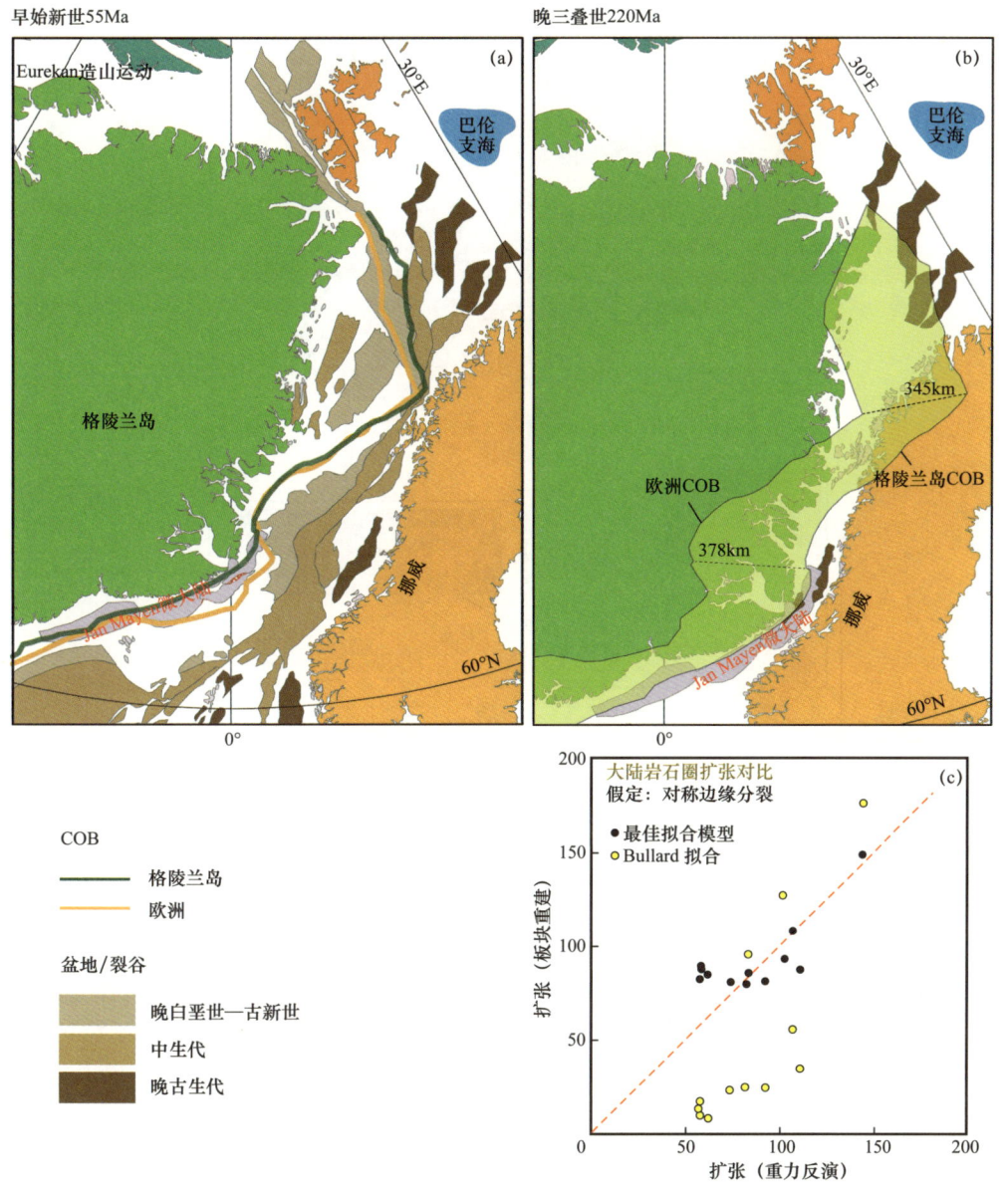

图 2.14 在 55Ma（就在解体和海底扩张之前）和大约 220Ma 的格陵兰岛和挪威（欧洲）之间的板块模型

大幅度 COB（大陆海洋边界）重叠见证了从那时起到分裂前的前漂移扩展总量，还展示了从晚古生代到古新世的盆地或裂谷；扬马延微大陆（现在是欧亚大陆的一部分）由几个不同的部分组成，这些地块在 220Ma 时的原始尺寸（b）比现在小，因为它们现在由伸展的大陆地壳（厚 18~20km）组成；（c）比较格陵兰岛和欧洲之间沿 11 条剖面的岩石圈扩张（由板块模型导出）和重力扩张（地壳厚度）（Alvey 等，2008）；假设为对称边缘解体，其值代表（b）中大陆重叠的一半

海洋环流探测卫星）的自由空气残余重力场及地壳和岩石圈厚度图上识别的（Braitenberg，2015；Assumpção 等，2013；Chulick 等，2013）。134Ma 巴拉那—埃滕德卡 LIP 的高质量古地磁数据来自巴拉那—埃滕德卡断裂带两侧，当两个巴拉那板块平均磁极经 Torsvik 等（2009）模型的校正后，它们变得与两个亚马孙古陆板块磁极相一致［图 2.15（b）］。南大西洋的关闭（并将平均巴拉那磁极旋转到南非坐标）表明，巴拉那和来自埃滕德卡（纳米比亚）的两个古地磁极非常一致［图 2.15（c）］，从而证明了古地磁数据的威力。

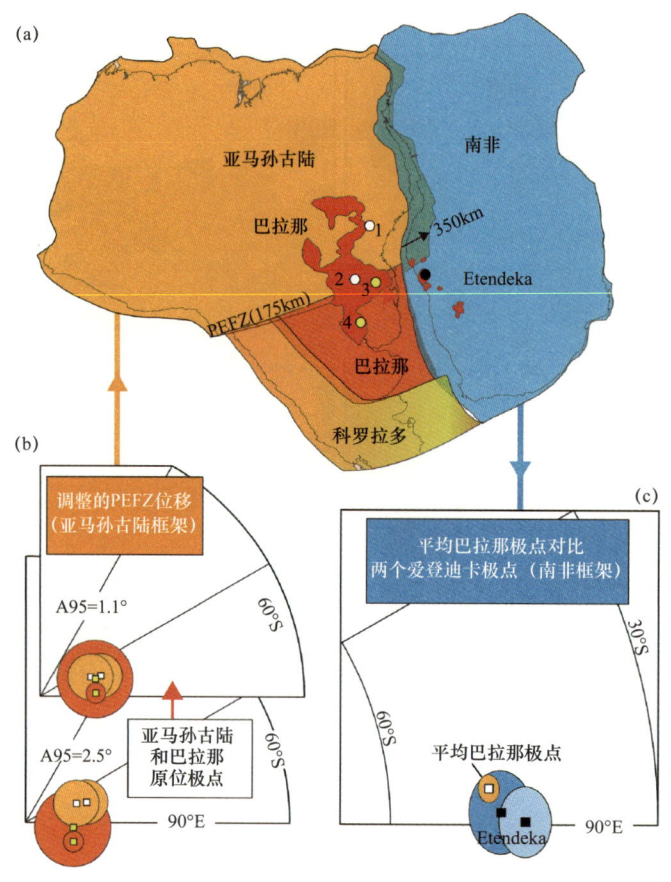

图 2.15 （a）南美洲板块内模型，南美洲被分成几个不同的板块；在这里，展示了横跨 PEFZ（巴拉那—埃滕德卡断裂带）的亚马孙古陆、巴拉那和科罗拉多地块以及古地磁取样点；在一次分裂前（侏罗纪时期）的重建中，将南美洲与共轭的南非地块进行了对比，并给出了埃滕德卡熔岩的古地磁取样位置，重建包括 350km 的分裂前扩展；（b）巴拉那 LIP 的四个古地磁极，两个在 PEFZ 的南面，两个在 PEFZ 的北面，在对 PEFZ 位移进行调整后（Torsvik 等，2009），四个极点完全匹配（A95 = 1.1°）；（c）平均巴拉那极（N = 4）旋转到南非坐标，并与最近的两个 134Ma 埃滕德卡极做比较（Dodd 等，2015）

2.7 经度校正：地幔柱产生带方法

LIP［附录 1；图 2.16（a）］是上地幔灾难性融化的结果，虽然并不存在全球一致的 LIP 定义，但最初是由 Coffin 和 Eldholm（1994）定义的。他们强调位于板块内的以镁铁质为主的大面积火成岩的重要性，并以持续时间短的火成岩脉冲为特征。

通过重建近 300Ma 的 LIP 位置，可以清楚地看到，大多数 LIP 来源于 Tuzo 和 Jason 边缘［图 2.16（b）、（c）］的地幔柱生成区（PGZ；Burke 等，2008）。来自 PGZ 的热和漂浮物质的流动不仅与 LIP 的侵位有关，而且与约 85% 的金伯利岩侵位［图 2.16（c）；Torsvik 等，2010］，以及许多热点火山［图 2.2（b）］有关，如夏威夷岛（太平洋）、留尼旺岛（印度洋）和冰岛（北大西洋）。但这种模式也存在一些异常，例如北美洲西部的黄石公园。事实上，美国西北部的几个热点，一个 LIP（哥伦比亚河玄武岩），以及大多数上白垩纪或古近系—新近系金伯利岩［图 2.16（c）中的白色圆圈］都是异常的。

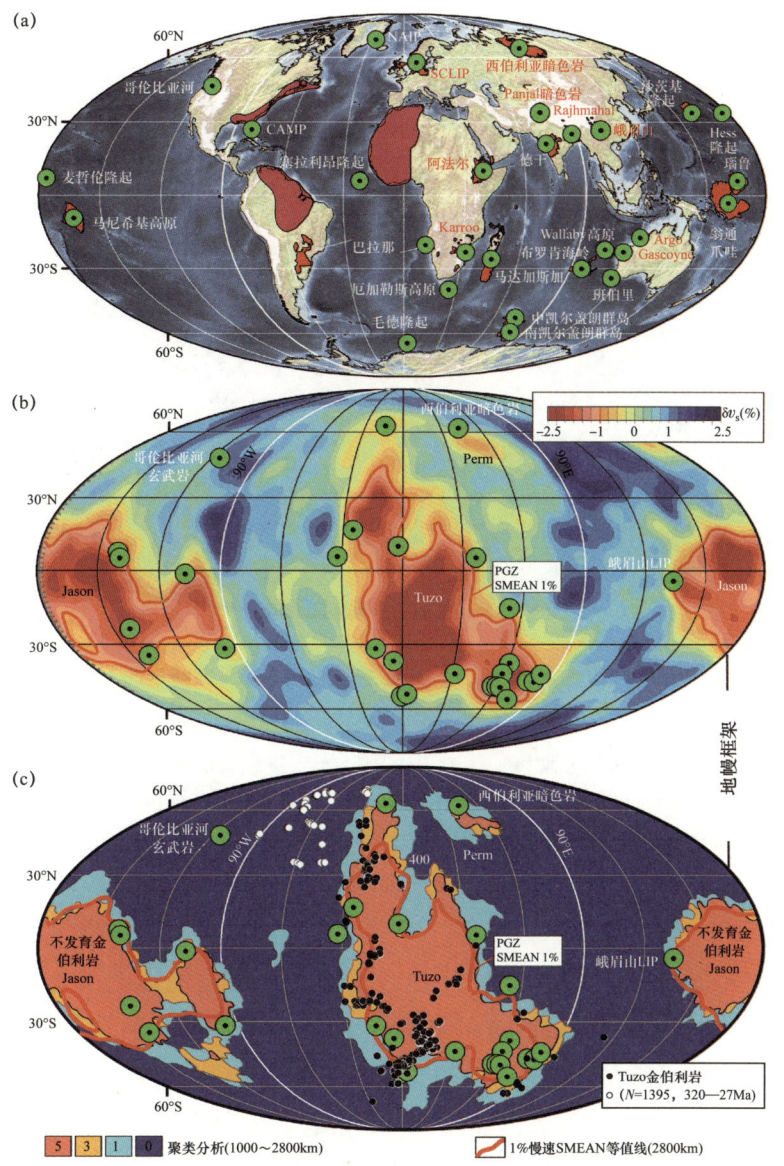

图 2.16 （a）大型火成岩省（LIP；297—15Ma）及其估算的喷发中心；Panjal暗色岩为外源性的，因此与（b）和（c）中的一些重建不确定因素有关；中大西洋岩浆省（Central Atlantic Magmatic Province, CAMP）的面积范围很广，包括所有201Ma左右的玄武岩、岩床和岩墙；（b）在2800km深度（δv_s为横波异常）的SMEAN层析模型（Becker和Boschi，2002）之上重建和叠加的LIP；在120Ma之前，利用活动热点框架或TPW校正的古地磁框架重建LIP；还在这个模型中（SMEAN 1%）显示了1%的慢速等速线，并广泛的使用它作为地幔柱生成区域的代理指标（Torsvik等，2006）；非洲和太平洋大的低剪切波速省（LLSVP）为Tuzo和Jason省，它们几乎是以赤道为中心对称的；哥伦比亚河玄武岩和西伯利亚暗色岩与Tuzo和Jason的边缘并不直接相关，但西伯利亚暗色岩覆盖在Perm区域最下层地幔的一个较小的异常上（Lekic等，2012）；峨眉山LIP经过经度校准（图2.17），位于Jason西侧边缘之上；（c）如（b）所示的重建LIP，但与过去320Ma的重建金伯利岩一起展示，并覆盖在下地幔的地震选图之上；Lekic等（2012）研究了5个全球剪切波层析模型，并绘制了一幅地图，描述了在1000km以下的地幔中，一个地理位置是否位于一个比平均速度慢的地震区域；在等值线5中，所有5个层析模型的地震速度都低于平均速度，然而，例如等值线3则勾勒出5个模型中的3个模型一致的区域。等值线5—1（此处仅显示5、3和1以保持清晰）除了较小的Perm异常外，还定义了Tuzo和Jason（地震慢区）；等值线0（蓝色）表示下地幔速度较快的区域；1%慢速SMEAN等值线作为对比；在过去的320Ma中，80%重建的金伯利岩位置（黑点）在Tuzo PGZ附近或上方爆发，最异常的金伯利岩（17%）来自加拿大（白圆圈）

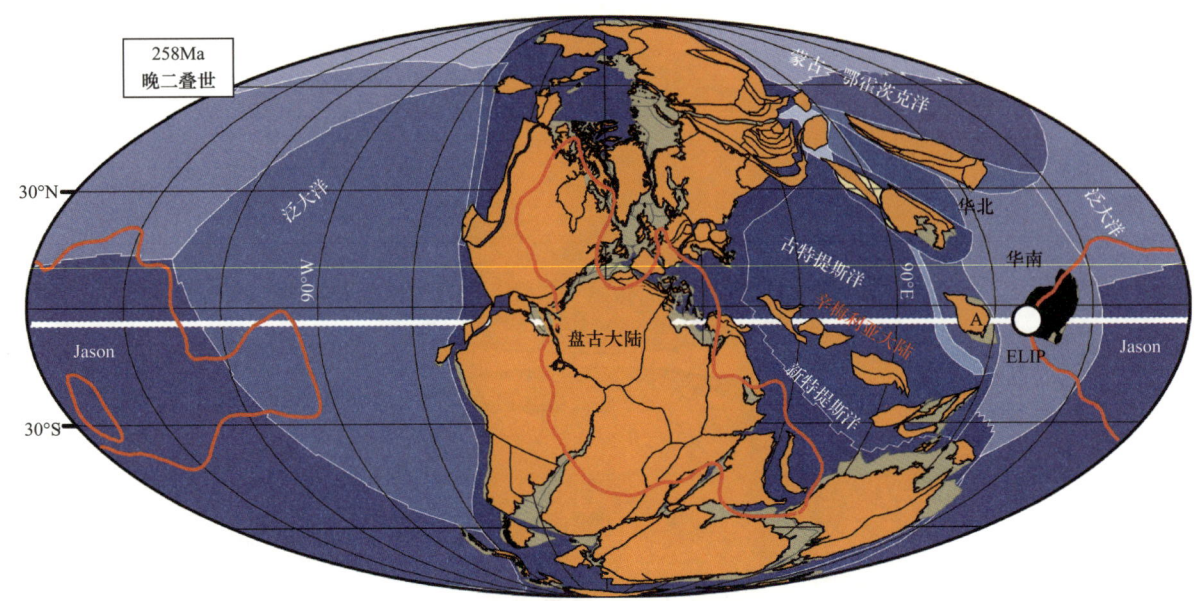

图 2.17 **258Ma 盘古大陆位于 Tuzo 正上方时全球古地磁板块的重建（摩尔威特投影）（据 Domeier 和 Torsvik，2014）**
盘古大陆形成于晚石炭世，但在早二叠世新特提斯洋的开启就已经见证了早期的分裂；与盘古大陆分离的辛梅利亚地体包括伊朗部分地区、土耳其、阿富汗、西藏、缅甸、泰国和马来西亚（中缅马苏）；白色粗线是由古地磁确定的华南板块峨眉山 LIP（ELIP）大约 258Ma 的古纬度；如果 ELIP 在地幔柱生成区（PGZ）上方爆发，它可能位于白线与 PGZ 的交点（这里是 1% 慢速 SMEAN 的红色等值线），但唯一可能的位置是沿着 Jason 的西部边缘，此时的净真极移为 0 [图 2.23（b）]

至少从盘古大陆形成时的约 300Ma 开始，重建的 LIP 喷发点与金伯利岩的总体相关性 [图 2.16（b）、（c）] 表明了 Tuzo 和 Jason 的长期稳定性。地表和地幔特征之间的这种显著相关性为重新构造 LIP 和金伯利岩所在大陆的经向位置提供了一种新颖的方法。例如，现在可以重建二叠纪晚期华南板块的经度（图 2.18）。虽然那是盘古大陆合并的时期，但超大陆不包括华南板块，因此没有经度约束。根据古地磁和生物地层学资料，中国南方晚二叠世处于热带纬度，但与盘古大陆的分离距离尚不清楚。258Ma 的峨眉山 LIP 位于华南板块，且古地磁结果表明它的纬度为 4°S（图 2.17 的白色粗线）。如果这个 LIP 在一个 PGZ 的上空喷发，那么有几个可能的经向位置，在那个时候，这条白色的纬度线穿过了 PGZ。盘古大陆覆盖了其中的两个选项（Tuzo 之上），只留下与 Jason 相关的选项。由于峨眉山 LIP 位于 Jason 西缘之上大约 134°E，图 2.17 中的重建是二者中唯一现实的选择。因此，可以同时确定华南板块二叠纪晚期的经纬度（附录 1；Torsvik 等，2008c）。

2.8 利用俯冲板块（层析技术）校正经度

古地磁重建也可以用俯冲物质（板块）的位置在经度上进行校准，这些俯冲物质（板块）沿着大陆的聚敛边缘俯冲。在层析模型中，从地表到地核—地幔边界的深度都可以观测到板块。从这些图像中，可以对俯冲物质的数量进行基本的估算，并将其作为板块重建的约束条件。van der Meer 等（2010）率先提出了这一概念，解释了地幔中总共 28 块残余板块俯冲的深度和时间。通过将这些板块与它们的地质记录（化石弧和造山带）进行关联，他们确定了下沉速度为（12±3）mm/a，这造就了地表古俯冲带与深层地震层析成像之间惊人的全球相关一致性。因此，通过调整基于古地磁数据的全球板块运动模型，改进层析模型中板块残体的拟合，可以将古活动边缘的经度最早限制在二叠纪。

图2.18展示了一个例子，其中120Ma全球古地磁的重建向西调整了17°，为了与法拉隆和爱琴海特提斯洋板块形成最佳拟合（van der Meer 等，2010），整个地球绕着北极的尤拉磁极向西旋转。与所有重建方法一样，在解释这些板块拟合运动时，可能存在几个误差来源，包括未知的板块倾角、板块的下地幔增厚和层析成像。此外，由于弧后扩张、增生和板块边缘的变形，俯冲历史可能比通常显示的更为复杂。

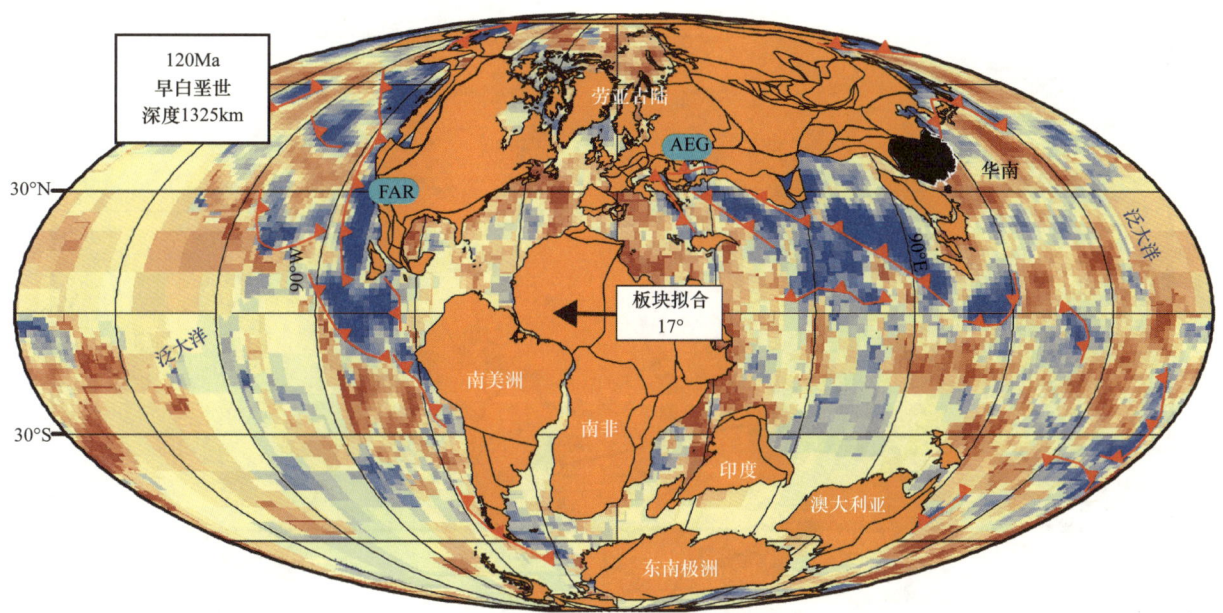

图2.18 **120Ma 经度校准重建（基于古地磁数据）（据 van der Meer 等，2010）**

当绝对板块运动框架（Torsvik 等，2010）向西移动17°时，在1325 km 的层析深度切片、法拉隆和爱琴海特提斯洋板块之间获得了合理的拟合；红色表示解释的俯冲带；AEG，爱琴海板块；FAR，法拉隆板块

van der Meer 等（2010）的板块拟合模型是此类模型中的第一个，可以称为是全球俯冲参考系。从那时起，对几个板块的年龄进行了重新解释，修正了海洋闭合（蒙古—鄂霍茨克洋），并发展了更为复杂的俯冲模式，如沿北美洲西部边缘的俯冲（下文图13.6）。

2.9 岩石记录

古地磁重建（约束纬度和旋转）要符合已知的地质和构造约束（海洋的开闭、造山运动等），这是至关重要的。因此，岩石记录很重要，并且聚敛型板块边界的火成岩和变质岩多样性最大（图2.19）。原本形成于离散型板块边界的海洋地壳偶尔会被挤压到大陆上（蛇绿岩），而确定那块古老的洋壳的年代可以告诉我们一个关于古海底在大陆周围扩张的重要故事。

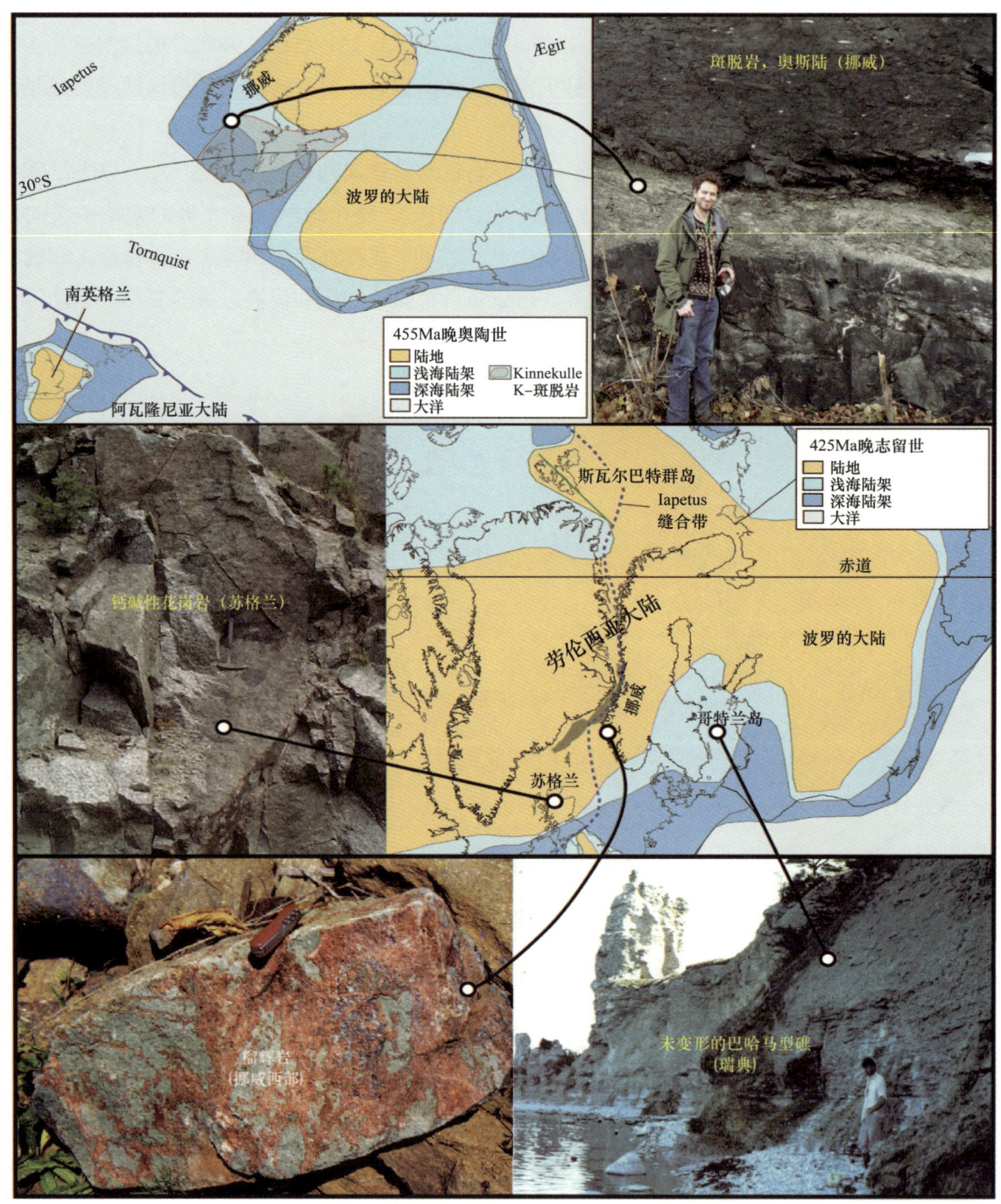

图 2.19 晚奥陶世重建中波罗的大陆的钾质斑脱岩与阿瓦隆尼亚岩浆弧（457—449Ma）相连，火山灰则随西风一路输送至俄罗斯圣彼得堡

在奥陶系后期重建中，可见奥斯陆地区的斑脱岩（灰白色层），年代约为 457Ma（Tucker 和 McKerrow，1995；Svensen 等，2014）；志留纪末期地图（阿瓦隆尼亚和波罗的大陆与劳伦古陆碰撞后形成的劳伦西亚大陆）与三幅不同的图片，第一张照片是 Iapetus 俯冲（阿瓦隆尼亚地壳）在苏格兰下的钙碱性花岗岩（425Ma "新"花岗岩），第二张是挪威西部的高压变质岩，与波罗的大陆陆壳俯冲在格陵兰岛之下（以及随后的下泥盆统剥蚀）有关，第三幅图显示的是加里东前陆未变形的巴哈马型礁，后者反映了斯堪的纳维亚半岛南部在这个时候的温度更好（亚热带到热带）

2.10 化石分布

在过去的200年里，动物和植物区在不同的时间和地点被确定。现代分区主要是由气候和温度的差异造成的，而气候和温度又与纬度有着广泛的联系；也包括生物群是否能跨越物理屏障的能力，主要是陆地（对于海洋生物来说）和海洋（对于陆地动植物来说）。在古生代[图2.20（a）]，鉴定各种对古地理研究有用的动物和植物群是特别重要的，它们比任何保存下来的海底都要古老。

自Cocks和Fortey（1982）首次提出动物群原理以来，这些原理从未改变。在使用任何动物之前，必须正确评估其年龄和个体生态。那些生活在浮游生物、远洋生物或自游生物（游泳）环境中的动物的分布受到洋流和温度的控制，因此尽管含有它们化石的沉积物通常是我们所认识的单独的一个或多个地体的一部分，在评估这类地体的亲密性或独立性时，这些事件没有任何意义[图2.20（b）、（c）]。因为绝大多数的这种动物是依赖于温度的，它们的出现可能只与动物生活的纬度有关，因为温暖或凉爽的洋流经常覆盖不同的纬度（Cocks和Verniers，2000）。在早古生代，这些浮游生物群落最具代表性的是笔石和少数三叶虫，如远洋 *Carolinites*、头足类、几丁虫、疑源类，可能还有牙形石（对其详细的生态学仍知之甚少）。由于这些动物的扩散速度通常非常快，这些群体中快速进化的成员包括了大多数用于全球相关性研究的最佳化石。与此相反，有些动物的生活方式是底栖的，它们成年后一直生活在海底，现在仍然如此，例如腕足类、大部分三叶虫、双壳类、腹足类和大部分介形虫，它们的生活方式也依赖于温度。这些动物可分为两类：大多数生活在大陆边缘较浅的海水中，因此它们在纬度上是相关的，又局限于特定的地形；而生活在温跃层以下、独立于古纬度的生物则较少，它们分布在大陆架的较深处和海底。最依赖的是前一种较大的底栖动物，它们为重建地体提供了动物群的支持。虽然已经用枝序分析来支持一些动物群的分布，但是还没有足够的真正强健的谱图来运用于古生物地理，而且也很少有来自早古生代的这样的数据。虽然成年腕足类和大多数三叶虫都局限在相对较小的位置，但它们的幼虫阶段在或短或长的时间内是浮游的，因此种属会随着时间的推移而分散。

作为一个工作规则，虽然不同的动物（之前）有非常不同的扩散率（McKerrow和Cocks，1976），如果海洋宽度超过1000km，许多动物群似乎可以被分成可识别的分区。如果两个地体在同一纬度[图2.20（b）]，并且两个地体相距较近，那么它们的底栖生物的组成基本相同。但是，如果地体漂移开来，那么原始底栖动物后代物种的幼虫经过一定时间后就不会越过中间的深海，这样，有鉴别力的古生物学家就能把这两个地体区分开来。相比较而言，如果两个处于相同纬度、具不同底栖动物的地体相向漂移，那么古生物学家在早期识别的两个地体的独立动物区系在后期将逐渐合并为一个动物区系。然而，这种接近并不能证明这两个地体确实发生了碰撞，这需要进一步的证据，比如发育在缝合带的缝合花岗岩。

此外，一些古大陆，如冈瓦纳大陆，其边缘跨越了许多纬度，因此大陆南北两端的底栖动物可能非常不同，这反映了气候带的变化。然而，在这两个极端纬度之间，中纬度的动物群应该显示出一种渐变，类似于今天在北美洲西海岸沿岸的底栖软体动物群中所看到的渐变，后者从巴拿马的热带一直延伸到阿拉斯加的高纬度地区。这与另一个原则有关：纬度越低，发现的不同种属的数量就越多；因此，越靠近赤道，生物多样性通常越高（在等效的生态状况下）。

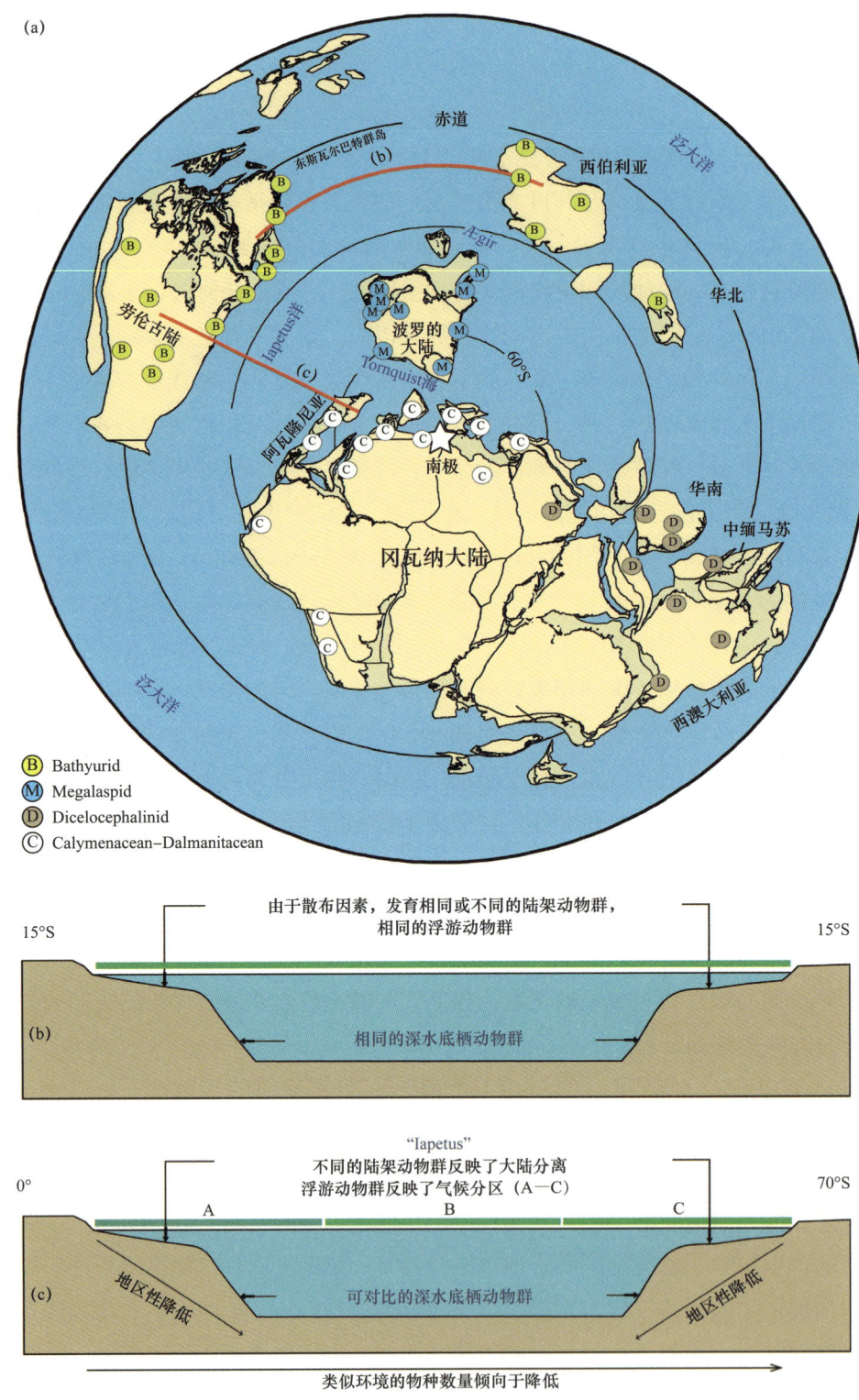

图 2.20 （a）奥陶系早期重建及部分关键三叶虫区系分布（Torsvik 等，1996；Cocks 和 Torsvik，2002）；（b）和（c）在同一纬度或同一经度的大洋两岸发现的动物群的比较（Cocks 和 Fortey，1982）；（a）中红线代表的东西向剖面（大约 15°S）和正交的南北向剖面（0°～70°S）是很好的类比；在南北向的 Iapetus 洋剖面上，三叶虫陆架动物群各不相同，反映了大陆的分离（Bathyurid 区与 Calymenacean–Dalmanitacean 区完全不同）；相反，在等纬度剖面上（随机显示的 15°S），劳伦古陆、西伯利亚和华北的三叶虫陆架动物群是相似的（Bathyurid）

古地磁和动物群综合分析方法适用于整个显生宙，但最适用于早古生代，特别是早奥陶世[图2.20（a）]。当时，冈瓦纳从南极（非洲）延伸到赤道以北20°（澳大利亚和东南极洲），波罗的大陆占据着中间偏南纬度，被Tornquist海隔开，而劳伦古陆则横跨赤道。劳伦古陆与波罗的大陆和冈瓦纳都被Tornquist海隔开。Iapetus洋（横跨英国部分约5000km）和邻近的Tornquist海（位于波罗的大陆南部和中欧南部之间约1100km）处于最宽广时期。这可能就是为什么来自劳伦古陆（Bathyurid区）和冈瓦纳（Calymenacean–Dalmanitacean区）西北部的底栖三叶虫与来自波罗的大陆（Megalaspid区）的底栖三叶虫有如此显著的不同。在西伯利亚和华北也发现了Bathyurid三叶虫，但这些大陆都位于低纬度地区（与劳伦古陆一样），从而解释了陆架动物群的相似性。尽管一些作者之前在重建时把西伯利亚放在离劳伦古陆更近的地方，部分原因是Bathyurid动物群。

2.11 沉积物分布和气候模式

其他半定量或定性方法，例如纬度敏感和气候依赖岩石类型的分布，也被证明可用于解释古地理位置。像化石一样，它们还有一个好处，那就是可以从遭受了许多后续构造活动的岩石中收集到的数据中获得，与之形成对比的是古地磁学，后者的原始残余岩浆作用已被后期加热所覆盖和消除。

碳酸盐岩建造物，通常被称为生物岩或礁，在显生宇岩石中广泛存在。然而，它们主要分布在热带至亚热带纬度（图2.21），因此它们在古代的分布也可用于对古生物学和其他数据信号的检验。类似的，蒸发岩最常见于赤道两侧的地带（亚热带）中，因此它们的存在质疑了在高纬度地区重建蒸发岩的现实性。煤沉积通常局限于赤道（潮湿条件；图2.21）或中高古纬度的北纬或南纬湿润带（Scotese和Barrett，1990；Torsvik和Cocks，2004；Boucot等，2013）。

自魏格纳（1915）的原始著作以来，对冰川沉积物的认识对于大陆的定位一直很重要。冰川的直接证据，如蛇形丘和鼓丘，很少被保存在比更新世更早的岩石中，但已知的是各种前寒武纪冰期发育华丽的冰川条纹通道，以及那些在北非由最新的奥陶纪（赫南特期）冰川作用形成的通道（图2.22），在印度和其他地方，从中石炭世到早二叠世漫长而断断续续的冰期形成的通道。此外，冰川冰碛岩以及冰山沉积的坠石在许多年代的岩石中都有很好的代表。然而，对后者必须谨慎处理，因为，例如今天，在冰川融化和掉落它们所含的碎片之前，加拿大东部的冷拉布拉多洋流可以把冰山带到温带地区。

值得注意的是，上述提到的沉积物都只反映纬度带，而这也是古地磁资料的主要产出，所以沉积分布很少对古地理重建起主要作用。

2.12 真磁极漂移（TPW）

大陆相对于地球自转轴的运动可能不仅是单个大陆的运动（截至目前所说的"大陆漂移"），而是整个固体地球（地壳和地幔）相对于自转轴的旋转。这就是所谓的真极移（TPW），并已被认为是对诸如异常快速的板块速度、海平面变化、气候变化和地磁反转频率等不同现象的一种解释。

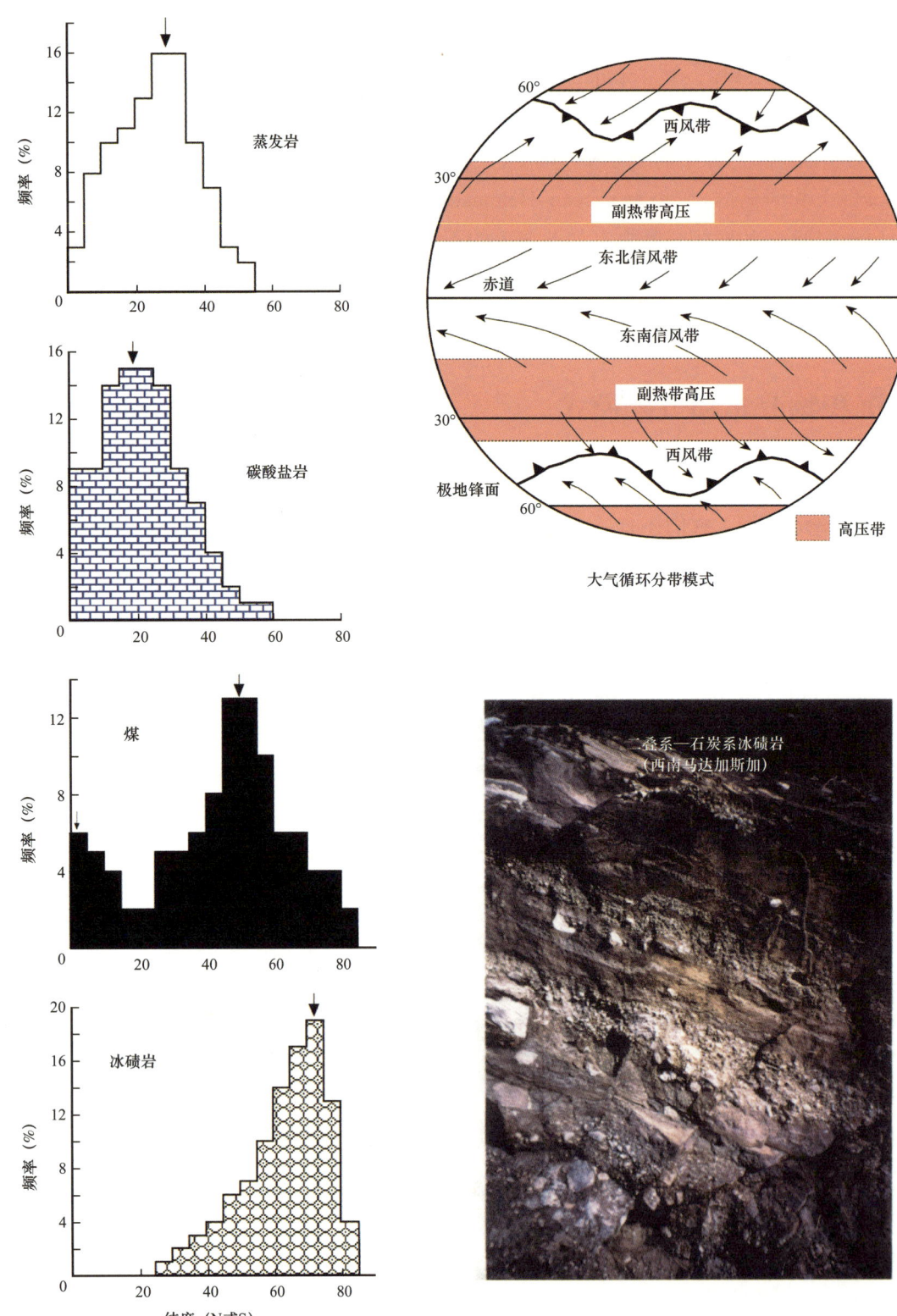

图 2.21 中生界和新生界蒸发岩、碳酸盐岩、煤和冰碛岩的分布

横轴是两个半球的纬度,数据来自 Scotese 和 Barrett(1990);纬向大气环流模式据 Parrish(1982)、Scotese 和 Barrett(1990)

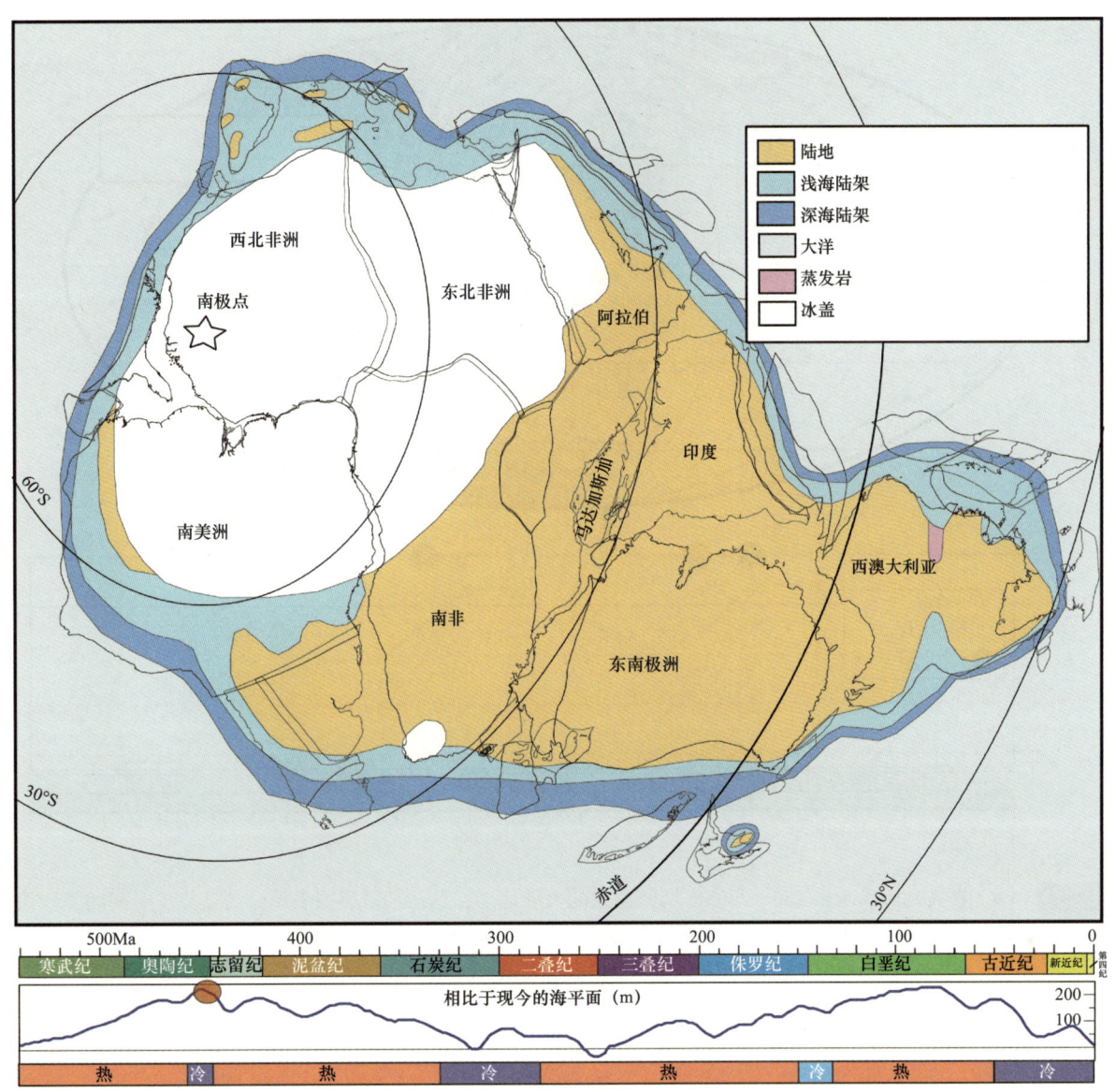

图 2.22 奥陶纪末冈瓦纳古陆（赫南特期：445Ma）冰川冰盖的范围

底部为显生宙时间标尺、海平面变化（Haq 和 Al-Qahtani，2005；Haq 和 Shutter，2008），以及冰室（冷）和温室（热）环境

TPW 产生于地幔内部密度非均质性的逐渐重新分布和行星转动惯量的相应变化（Goldreich 和 Toomre，1969；Steinberger 和 Torsvik，2010）。为了充分确定 TPW 的量级，需要确定大陆和海洋岩石圈的绝对速度场和板块几何形状。这对于白垩纪以前的时期是困难的，因此对 TPW 相对量级的估计必须依赖于大陆古地磁数据（图 2.23）。尽管存在这些困难，在 Steinberger 和 Torsvik（2008）的古地磁参考系中，可以通过提取所有大陆围绕其共同质心的相干（平均）旋转来确定 TPW 的量级（图 2.23）。利用该方法，建立了整个显生宙慢振荡 TPW（围绕赤道约 11°E 和 191°E）的十阶段模型。在上地幔中加入致密物质必然是引起 TPW 的主要原因之一，预计中高纬度俯冲将优先诱发 TPW，所以俯冲带向赤道移动，可能存在一定的时间延迟（Torsvik 等，2014）。

如果试图将地球古老的 LIP 和金伯利岩（使用古地磁数据）与其内部联系起来，那么需要考

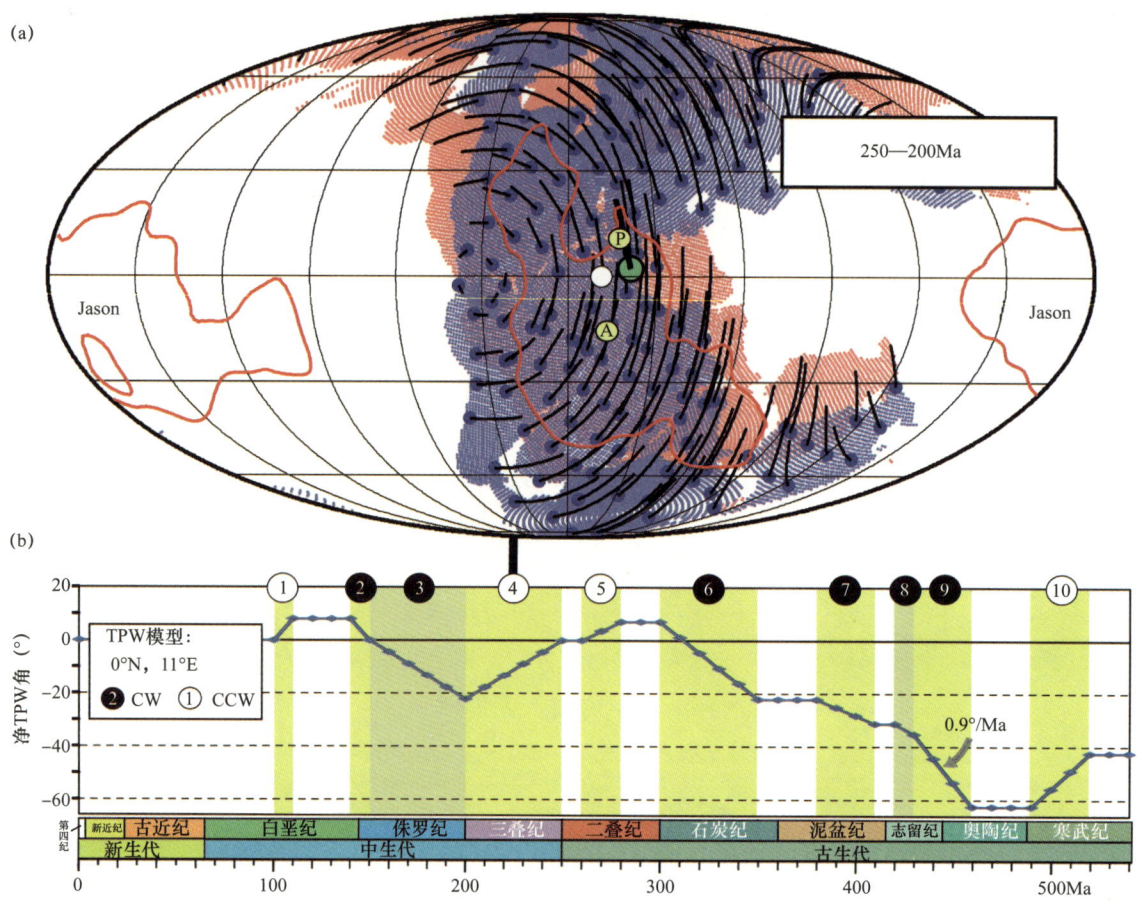

图 2.23 （a）在古地磁参考系 250—200Ma 期间重建的大陆运动，总运动以黑线表示，与蓝点（时间间隔开始的位置）相关联；带有粗黑线的大绿点表示"所有"大陆的质心的位置和运动；黄点（A 和 P）是 Tuzo 的质心或对映点以及 Jazon 的近似对映点；红线是深度为 2850 km 处的 Becker 和 Boschi（2002）SMEAN 层析模型中的 1% 慢速等值线；开放的白色圆圈是真极移的首选中心，TPW（0°N，11°E）；蓝色和粉色底纹代表在 TPW 开始和结束时的重建（Torsvik 等，2012）；（b）识别的在 0°N，11°E 左右顺时针（CW）和逆时针（CCW）旋转（TPW）的 10 个显生宙（100Ma 之前）阶段（Torsvik 等，2014）

虑到 TPW。因为 TPW 被定义为地壳和地幔的旋转（围绕一个赤道上的点），TPW 修正可能出现顺序错误，因为在 TPW 期间，大陆（以及它所包含的 LIP 和金伯利岩）以及 Tuzo 和 Jason 一定以相同的方式旋转 [图 2.24（a）]。然而，在这些相关的研究中，将地表重建与地幔中固定的（现代）特征进行了比较（层析成像），因此必须对古地磁重建进行 TPW 校正。幸运的是，TPW 随时间的净累积效应（至少从晚古生代开始）在某些时期为 0（晚二叠世和晚侏罗世），或非常小 [图 2.24（b）]。因此，TPW 校正或非校正重建可能非常相似，但在早古生代并非如此。

图 2.23 中 TPW 的估算完全基于古地磁资料。TPW 的旋转轴在一定的时间间隔内发生变化，但在 320—100Ma 时期，赤道平均约为 11°E 和 191°E [图 2.24（b）]，被用作常数值（Torsvik 等，2012）。TPW 也可以计算作为全球运动热点参考系与古地磁参考系的差值。在 120—100Ma 期间计算的 TPW 值与仅用古地磁资料计算的 TPW 值基本相同，而且在过去的 40Ma 中，TPW 的旋转轴也与古地磁资料估算的相近。然而，在 90—40Ma（晚白垩世到中始新世）期间存在一个主要的偏差，其 TPW 几乎与中生代的大多数值垂直。

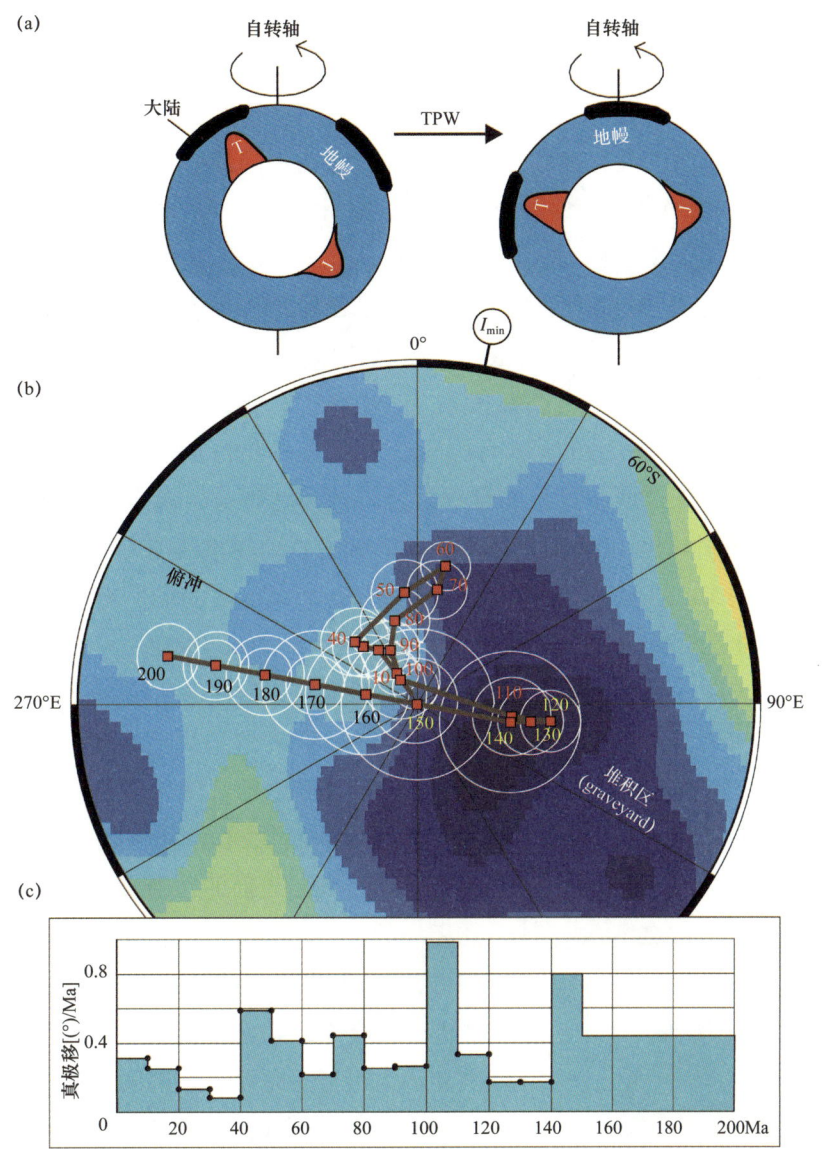

图 2.24 （a）在真正的磁极漂移（TPW）事件中，大陆和 LLSVP（Tuzo 和 Jason）将围绕赤道的一个旋转极点旋转相同的量（下盘）；（b）通过所有大陆围绕赤道轴的相干旋转估算出的 TPW 路径，仅依据古地磁数据（200—130Ma）和 120Ma 后旋转为 GMHRF（Doubrovine 等，2012）的古地磁数据（Torsvik 等，2012）；这两种独立的方法得到的结果在 120Ma 和 100Ma 之间几乎相同；颜色背景地图显示了横波速度（δv_s）在地核—地幔边界附近 2850km 深度（Becker 和 Boschi 的 SMEAN 模型，2002）的变化；TPW 路径总是局限在 Tuzo 和 Jason 之间的高速区域之上，地球的最小转动惯量轴（I_{min}）的方向；因此 TPW 在很大程度上是由 Tuzo 和 Jason 控制的（图中没有显示），但是由于俯冲板块和上升的地幔柱头部的质量变化，很可能随着时间而改变；在 Torsvik 等（2012）的模型中，I_{min} 在赤道的 11°E 和 191°E 恒定位置，该位置与 Tuzo 和 Jason 组合的最小转动惯量（2.7°S，11.9°E；Steinberger 和 Torsvik，2010）相匹配；从 GMHRF 计算出的 I_{min} 与这一估计值在 120Ma 到 100Ma 之间以及在过去的 40Ma 非常接近；然而，在 90—40Ma 之间的 TPW 路径（环路）有显著差异；（c）过去 200Ma TPW 的速率，在 110—100Ma 之间观察到的最快速率（约 1°/Ma），单从古地磁数据也可以观察到一个类似的峰值（0.9°/Ma；Torsvik 等，2012，2014），而这里比较了 GMHRF 和古地磁数据；在（b）中 90—40Ma 之间神秘的 50Ma TPW 路径与明显高于正常的 TPW 速率无关（最高 0.6°/Ma 在 50—40Ma 之间）；注意，在整个 200—150Ma 间隔中只有一个总平均值，但是实际速率是不同的；因此，在 10Ma 时间间隔和用一个恒定的 TPW 速率修正进行重建，可能导致全部大陆的人为的来回旋转

2.13 融会贯通

在过去的十年里，所谓的混合参考系已经出现，它在不同的时期结合了不同的参考系。第一个是基于过去100Ma的地幔参考（移动热点）系，在此之前，为一个来自非洲全球APW路径的参考系，假设非洲在经度上没有移动太多（Torsvik等，2008b）。选择非洲作为参照板块，相对于经度保持平稳（或准平稳），只适用于盘古大陆拼合之后，因为从那时起，大多数相对板块的线路就被大家所熟知。在本书中，大多数重建都是基于混合参考系，该参考系在120Ma之后使用Doubrovine等（2012）的全球移动热点参考系（GMHRF），在此之前使用经TPW校正的古地磁参考系（Torsvik等，2012）。图2.25所示为构建盘古大陆拼合的参考框架的工作流程，最终的结果是一个能够连接地表和深部地球过程的全球混合地幔参考框架。参考坐标系的古地磁剖面是由GMHRF按经度（已知的非洲经度运动）校准的。非洲的古地磁重建与GMHRF重建非常相似，除了在经度上有一个大约10°的偏移，这个偏移用于校正120Ma之前的所有古地磁重建。值得注意的是，两个完全独立的参考系（和非常不同的假设）产生了类似的重建。

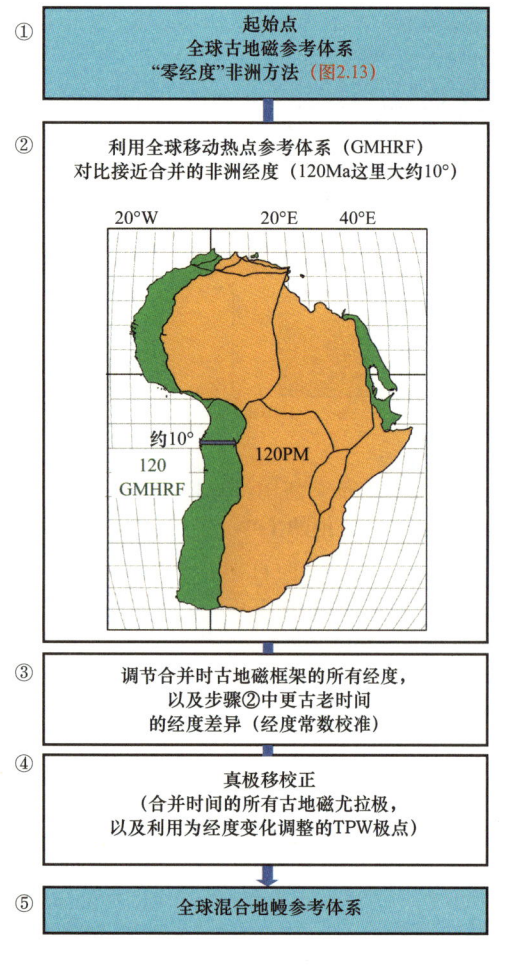

图2.25 如何构建一个全球混合参照系

上述方法可以潜在的适用到晚石炭世320Ma（Torsvik等，2008b），但在这里只追溯到250Ma（二叠纪—三叠纪界线）；在此之前，使用了另一种基于地幔柱生成区方法的技术（图2.28），并在此时将两个参考系合并在一起。盘古大陆之前的"绝对"重建更不确定，因为大陆板块的经度不能单独从古地磁资料中得到（虽然纬度和方位方向可以）。由于相对板块路线是未知的，使用非洲作为一个关于经度的准稳定参考板块（在盘古大陆之前不太可能）是站不住脚的，除了已知的大陆聚合在一起的时期（例如在志留纪加里东造山运动和劳伦西亚的形成时期，即劳伦西亚与波罗的大陆或阿瓦隆尼亚的碰撞）。幸运的是，冈瓦纳在古生代和早中生代大部分时间基本上是一个连贯的块体（已知板块线路的冈瓦纳核心），除了冈瓦纳周缘地体在不同时期发生了分裂。

自盘古超大陆在晚石炭世约320Ma形成以来，地核—地幔边界的两个稳定的热化学储层边缘形成了LIP和金伯利岩来源的地幔柱。这是一个两级地球，有两个主要的上升流（与边缘地幔柱有关）和两个下降流，这两个俯冲堆积区（subduction graveyard）在过去320Ma的时间里基本上被限制在Tuzo和Jason之间（图2.26）。采用一种均变论的方法，我们可以测试是否有可能在盘古大陆之前维持这颗非凡的行星；另一种选择是"地球动力学的死胡同"，因为没有其

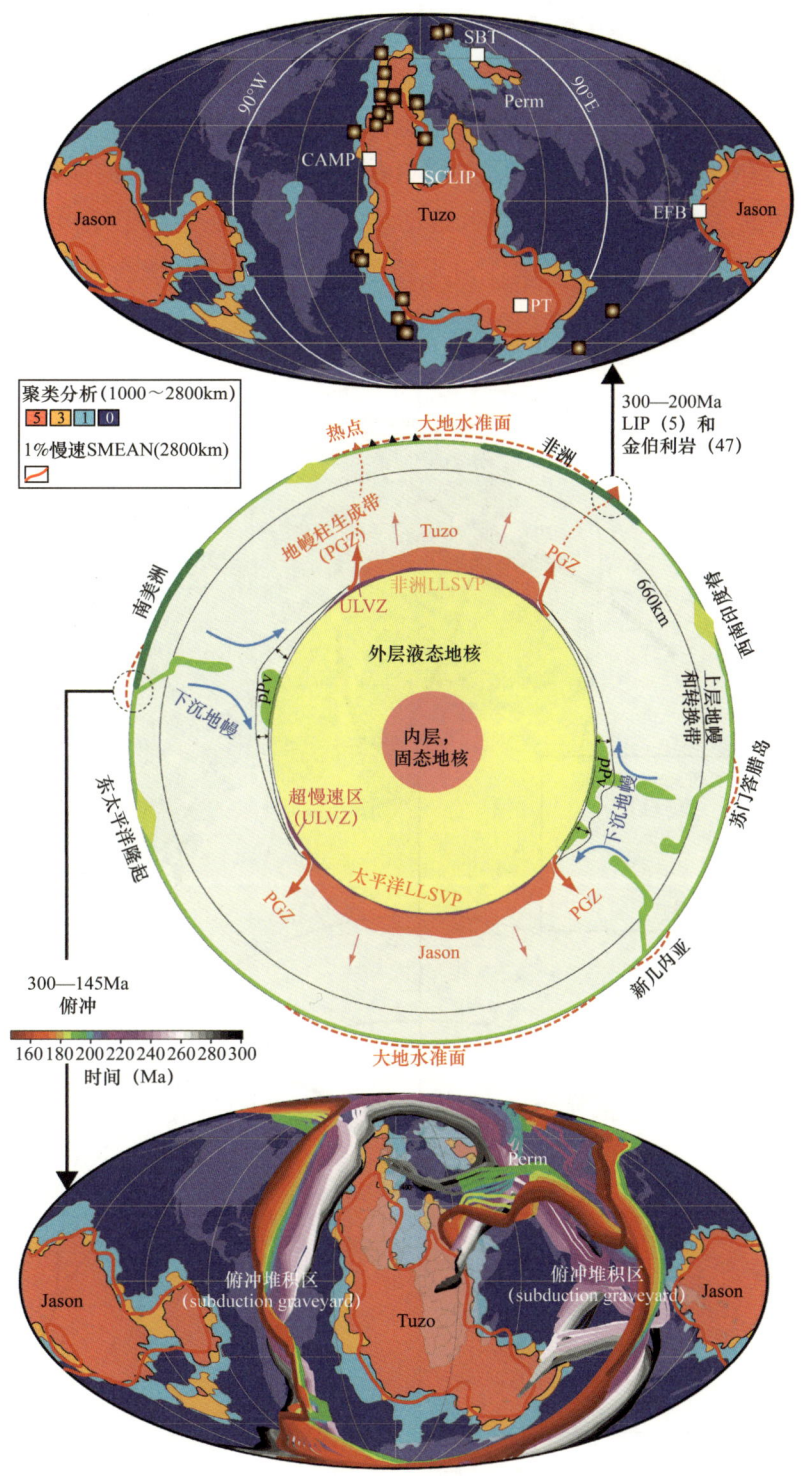

图 2.26　**盘古大陆以来的地球**

一个大地水准面以 2 级模式为主的行星，在非洲（Tuzo）和太平洋（Jason）的地核—地幔边界上，在大的低剪切波速区之上发育隆起区域；自从盘古大陆形成于 320Ma 左右，这些深地幔体的边缘（映射到地球表面时）与大火成岩省和金伯利岩的重建位置相关（顶图显示的是爆发于 300—200Ma 之间的 LIP 和金伯利岩）；大地水准面在很大程度上是由覆盖在 Tuzo 和 Jason 上的浮态上涌形成的（红色的细箭头），而俯冲在很大程度上被限制在它们之间［俯冲堆积区（subduction graveyard）］；EFB，峨眉山溢流玄武岩；SBT，西伯利亚暗色岩；pPv，后钙钛矿（bridgemanite）

他方法来建立定量重建。这里使用的古生代板块重建是基于主要参与者的APW路径，如冈瓦纳［图2.27（a）］、西伯利亚（下文图9.11）、劳伦古陆、波罗的大陆［图2.11；430Ma后合并为劳伦西亚大陆，图2.27（b）］，以及它们后来组合成的盘古大陆（图2.13）。从APW路径计算尤拉极点，然后在纬度和方位角方向重建大陆，最后按照Torsvik等（2014）解释的地幔柱生成带方法（图2.28）在经度方向校准。通过地质、古生物和运动学方面的考虑，解决了地幔柱生成带选择的模糊性；同时，利用一种新的迭代方法，定义了一个经真极移校正的古地磁参考系，建立了一个追溯至最早古生代（540Ma）的绝对板块运动模型（全球地幔参考系）。

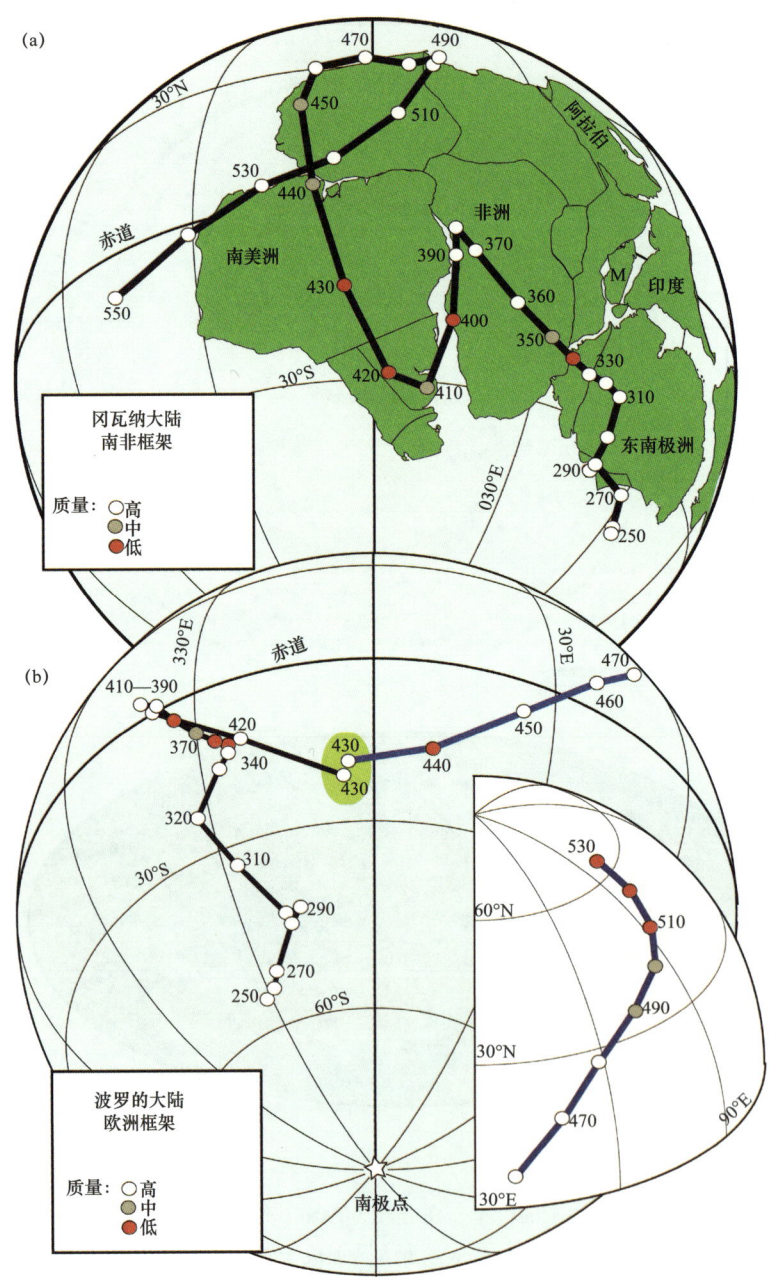

图2.27　（a）冈瓦纳（550—250Ma）、波罗的大陆（530—430Ma）和430Ma的劳伦西亚（波罗的大陆、稳定欧洲和劳伦古陆）的视极移路径的显生宙光滑球面拟合，修正了拉布拉多海（65—30Ma）和东北大西洋（55Ma至今）的张开；平均极点的质量或可靠性分为高、中（只有一个极点）或低（完全内插值）

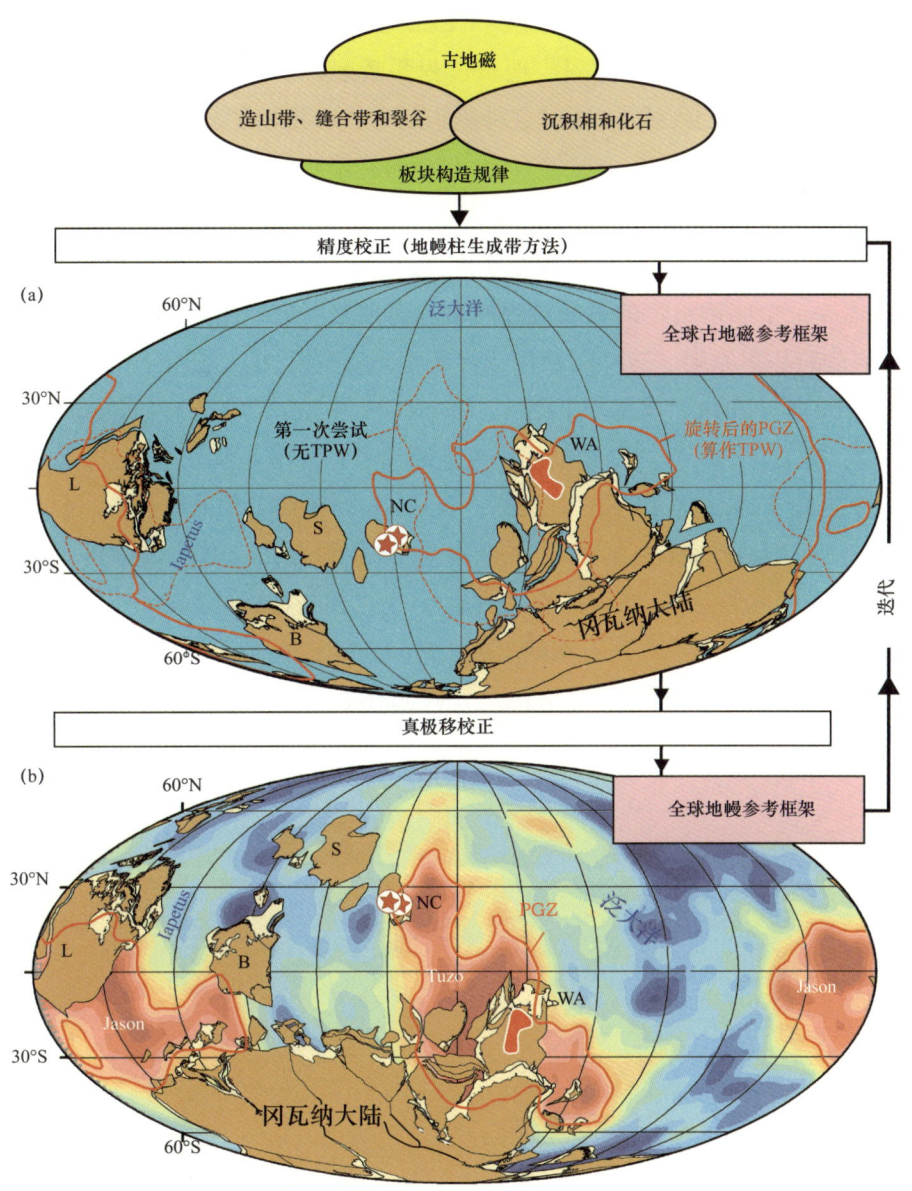

图 2.28　**全球古地磁重建**

基于对地球过去 320Ma 的了解，尤其是地表与地核—地幔边界的相关性（图 2.26），以及关于真极移（TPW）如何运行的知识，用古地磁数据（约束纬度和旋转）结合地质信息第一次绘制出盘古大陆之前的真实的全球地图；然后用 LIP 和金伯利岩校准经度，得到全球的古地磁重建（a）例子是 480Ma 的重建，此时金伯利岩位于中国华北（NC），年龄介于 485—474Ma（Torsvik 等，2014）；在晚奥陶世，有来自劳伦古陆（L）和西伯利亚（S）的金伯利岩，480Ma 前冈瓦纳也发现了金伯利岩；该地图还显示了西澳大利亚（WA）511Ma 的 Kalkarindjii 大火成岩省，当时用于经度校准；对于（a）中的初始模型，大陆经度的定义使得金伯利岩位于地幔柱生成带（PGZ）的正上方，在本图中是 Tuzo（点画红线），忽略任何可能的 TPW 和地幔柱平流；这个理想模型的下一步是估算 TPW［图 2.23（a）］，并利用得到的 TPW 旋转校正古地理重建，这就产生了全球地幔重建；（b）由于 TPW 校正通常会降低 LIP 和金伯利岩与 PGZ 的拟合，因此在 TPW 校正后，对古地磁框架中的经度进行重新定义，以得到最佳拟合；这就产生了经向校准后的古地磁框架的第二近似；在这种情况下，整个 TPW 分析和经度细化的过程重复了 6 次，直到在 TPW 校正框架中没有观察到进一步的改进；因此，这两种重建都是在迭代过程之后得到的，金伯利岩拟合对这两种重建都适用；注意在（a）中，PGZ 已根据 TPW 的量进行了旋转；在本书所使用的全球古生代模型中，从 540Ma 到 250Ma，以 5Ma 为间隔完成了这个过程（Torsvik 等，2014）；B—波罗的大陆除非另有说明，一般使用古地磁参考系（CEED参考系），因为经纬度都是由自转轴决定的。在古地磁参考系中，为了将深地幔过程与地表过程联系起来，还旋转了地幔柱生成带（PGZ）来解释TPW［图2.28（a）中的红线］。通过这种优雅的方式，可以了解到LIP（附录1）和金伯利岩的表面分布与深部地幔的关系（Torsvik等，2014）。同时绘制对气候敏感的沉积资料，不应该进行TPW校正。

与上述大陆旋转模型不同，全板块模型［图2.18（a）］包含海洋岩石圈（主要是白垩纪之前合成的），并且需要一个明确给定的板块边界网络。它独立发展，具备运动的连续性，从而使集合系统符合板块构造的基本原则。这样的板块边界模型现在已经可以应用于中生代到新生代（Seton等，2012；Shephard等，2014）及部分古生代（Domeier和Torsvik，2014；Domeier，2015），并在本书中随时可用。本书几乎所有的重建都使用古地磁参考系，但是从三叠纪开始的全球地图（下文图11.1、图12.1、图12.3、图13.1、图13.2、图14.1、图15.1和图15.2）是使用Shephard等（2014）提供的数据用GPlates生成的。这一参考系（称为EarthByte地幔框架）与Torsvik等（2008b）全球混合地幔参考系类似，一些板块的拟合也可能与作者的偏好不同，并且这些图主要是用来以一个生动的方式来描述海洋岩石圈的发展（Müller等，2008）。

Gplates旋转文件和附加信息可参阅http：//www.earthdynamics.org/earthhistory/.。

3 地球的构造单元

● **地球被分成几百个大小不一的单元**

欧洲中部是一个复杂的镶嵌，包括多个陆块单元，其边缘反映了大陆之间的碰撞，包括波罗的大陆—阿瓦隆尼亚（沿奥陶纪末期 Thor 缝合带）、阿瓦隆尼亚—劳伦古陆（沿志留纪 Iapetus 缝合带）和阿摩力克地体复合体（伊比利亚、法国和其他块体，一些碰撞沿晚古生代华力西前缘进行）；伊比利亚半岛的黄线反映了 304 单元内的不同地体；块体边界、缝合带和主要断层叠加在 ETOPO1 测深和地形图上

本书充满了现代地理学和地质构造单元的名称。为了识别和描述这些单元，它们被划分为几百个不同大小的编号单元（尽管许多单独的单元也有一些额外的令人困惑的、常常是不确定的离散的、编号不详的构造碎片）。在这里按数字顺序列出了这些单位，以及它们在现代地球上的位置（图 3.1 至图 3.13），并对它们的地质情况作了简要总结，所以读者可以使用本章作为本书其余部分地质叙述的图解索引。识别编号主要遵循由得克萨斯大学地球物理研究所开发的原始板块软件号码；但是，因为很多单位已经被重新定义了，也没有使用其他的编号（包括大部分的海洋，除了太平洋区域，表 3.1，图 3.13），所以这里使用的编号序列有许多空缺。

表 3.1 地质构造单元编号及名称

区域	编号	构造单元	区域	编号	构造单元
北美洲	101	北美克拉通	南美洲和加勒比地区	201	亚马孙古陆
	102	格陵兰岛		202	巴拉那
	103	阿拉斯加北坡（北极阿拉斯加）		204	Chortis
	104	墨西哥东北部		205	尤卡坦半岛
	105	下加利福尼亚		215	马德雷山脉
	108	阿卡迪亚（阿瓦隆尼亚西部）		216	密斯特克和 Oaxaquia
	109	佛罗里达		217	格雷罗（南墨西哥）
	111，113	门捷列夫山脊（111）以及罗斯文和楚科奇地块（113）		231	南美洲西北部
	114	罗蒙诺索夫海岭，还要注意 136 和 140		232	尤卡坦盆地
	120，124	斯维尔德鲁普盆地、阿克塞尔海伯格岛和北埃尔斯米尔岛		233~236	古巴
	121，130	西南埃尔斯米尔岛（121）和德文岛（130）（"格陵兰板块"）		237	Gonave 微板块
	122，123	埃尔斯米尔岛中南部（122）和中部（123）		238，239	尼加拉瓜隆起北部（238）和南部（239）
	131，133	Framstredet 格陵兰海脊（131）和 Hovgaard（133）		240，241	伊斯帕尼奥拉科迪勒拉弧（240）和伊斯帕尼奥拉岛北部（241）
	134	皮里古陆		242	波多黎各
	136，140	罗蒙诺索夫海岭，见 114		243	哥斯达黎加
	142	潜在大陆块体的阿尔法海岭		244，245	巴拿马中部（244）和东部（245）
	153	罗伯茨山外来体		246	马拉开波地块西部
	154	Belt—Purcell		247	安第斯地体（增生）
	155	Farewell		248	博内尔
	158	科迪勒拉阿拉斯加		249	Aves 海岭
	159	Stikinia		250	格林纳达盆地
	160	Ruby		251	小安的列斯岛弧
	161	东克拉马斯和北塞拉		252	多巴哥盆地
	162	劳伦古陆准原地岩体		253	安的列斯柱体（或巴巴多斯柱体）增生
	163	Caborca		280	圣乔治板块
	164	Cortes 和 Sierra Madre		288，289	福克兰板块［西福克兰（288）和东福克兰（289）］
	165	弗兰格里亚和亚历山大		290	科罗拉多
	170	Meguma		291	巴塔哥尼亚
	171，172	Ganderia（171）和 Carolinia（172）		296，298	福克兰高原（296）和莫里斯尤因滩（298）

续表

区域	编号	构造单元	区域	编号	构造单元
欧洲和近东	302	波罗的大陆	北亚和中亚	408	弗兰格尔岛
	303	苏格兰和爱尔兰西北部		417	卡拉
	304	伊比利亚		420，421	切尔斯基（420）和欧姆龙（421）
	305	阿摩力克		430	阿尔泰—萨莱尔，蒙古中部盆地
	306	科西嘉岛和撒丁岛		431	西萨彦岭
	307	阿普利亚		432	图瓦—蒙古
	309	斯瓦尔巴特群岛西部		433，434	鲁德内阿尔泰（433）和 Kobdin（434）
	311	斯瓦尔巴特群岛东部		435	西西伯利亚盆地东部
	315	东阿瓦隆尼亚		436	巴尔古津
	318	哈顿滩—东洛卡尔高原孤岛		437	Nadanhada—Sikhote—Alin
	319	摩西亚		438	堪察加半岛
	322，333	卡拉布里亚（322）和中央亚平宁山脉（333）		440	蒙古中部
	337	Tisia		441	戈壁阿尔泰和曼达洛沃
	338	罗多彼山脉		443	千岛群岛
	340	Yermak 高原		450	准噶尔
	346	希腊（包括阿德里亚）		451	阿拉善
	347	克里特岛		452	古尔班赛汗
	350	Timanian		453	呼塔格乌勒—松辽
	368—371	扬马延岛微陆块		454	兴凯—佳木斯—布列亚
	373	新地群岛		455	努赫达瓦
	374	波希米亚		456	柴达木—祁连
	375	Saxothuringia 和 Bruno-Silesia		457	昆仑
	390	乌拉尔山脉		458	Kokchetav—Ishim
	391	卡拉库姆		459	北天山
	392	波罗的大陆周缘东南部		460	楚—伊犁
	393	高加索—曼格什拉克		461	Atashu—Zhamshi
	394	塞西亚—里海南部		462	Chingiz—Tarbagatai
	395	阿尔卑斯地区		463	巴尔喀什北部
	397	Moldanubia		464	准噶尔—巴尔喀什
北亚和中亚	401	西伯利亚克拉通（安加拉大陆和西伯利亚周缘）		465	图尔盖
	405，415	新西伯利亚群岛（405）和 Anyui（415）		466	卡拉套—纳伦
	407	楚科塔		467	南天山

续表

区域	编号	构造单元	区域	编号	构造单元
北亚和中亚	468	西西伯利亚盆地西部	东南亚	606	藏南地区（拉萨）
	470	Stepnyak		607	缅甸西部
	471，472	Selety（471）和 Boshchekul（472）		614	婆罗洲，包括加里曼丹
	480	塔里木		616	藏北地区（羌塘）
印度和中东	501	印度		617	苏门答腊岛东部和马来半岛东部
	502	斯里兰卡		624	萨哈林岛（库页岛）
	503	阿拉伯		625	Kitakami
	504	土耳其中部和 Taurides		626	北海道西部
	505	Alborz		627，628	本州岛东北部（627）和中部（628）
	506	阿富汗		629	关东
	508	西奈半岛		630	舞鹤
	563	大喜马拉雅		631	Kurosegawa
	564	小喜马拉雅		638	佐渡海岭
	570	拉克西米海岭		651	Subawa—Flores
	571	Murray 脊		667，668，669	苏拉威西岛西南部（667）、西部（668）和东部（669）
	572	拉克沙群岛		670	Banggi—Sula
	573	查戈斯		673	爪哇岛
	581	Pontides		675	松巴岛
	582	萨南德		674，677，678，691	菲律宾群岛西部（674）和东部（678），巴拉望岛（677），吕宋岛（691）
	583	卢特		681	Buru—Seram
	584	莫克兰		683	韦塔岛
	590	北帕米尔高原		684	帝汶岛
	591	帕米尔高原中部和南部		686	苏门答腊岛西南部
	592	喀喇昆仑	非洲	701	南非
东南亚	600	Sulinheer		702	马达加斯加
	601	华北		704	塞舌尔群岛
	602	华南（包含南秦岭）		705	Saya de Malha
	603，647	中缅马苏[北部（603）和南部（647）]		706	奥兰高原
	604	安南，中南半岛		707	摩洛哥高原

续表

区域	编号	构造单元	区域	编号	构造单元
非洲	709	索马里	大洋洲和南极洲	854	毛德皇后地
	712	维多利亚湖板块		866	切斯特菲尔德高原
	714	非洲西北部		867	吉尔伯特海底山
	715	非洲东北部		868	挑战者高原
	775~777	毛里求斯和Mauritia		869	北豪勋爵隆起和新喀里多尼亚盆地
大洋洲和南极洲	801	西澳大利亚克拉通		878	巴布亚高原
	802	东南极洲		883~886	丹皮尔岭北部（883）、中部1（884）、中部2（885）、南部（886）
	803	南极半岛		887	东塔斯曼台地
	804	玛丽伯德地块		888	东部高原
	805	菲尔希讷地块		889	梅利什隆起
	806	新西兰北部		890	科恩高原
	807	新西兰南部和查塔姆隆起	泛大洋—太平洋	901	太平洋
	808	瑟斯顿岛		902	法拉隆
	809	埃尔斯沃思—惠特莫尔山		903	温哥华，胡安·德·富卡（37Ma）
	827	新赫布里底群岛		907	卡什克里克
	830	所罗门群岛		908	Chazca
	833	中央豪勋爵隆起，包括新喀里多尼亚盆地南部		911	纳斯卡
	835	三王海岭		918	库拉
	836	路易西亚德高原		919	菲尼克斯，Catequil（120Ma）
	841	横贯南极山脉		924	科科斯
	842	罗斯		926	伊泽奈崎
	848	澳大利亚东部		982	马尼希基
	850	塔斯马尼亚岛		983	希库兰吉
	851，852	南塔斯曼隆起西部（851）和东部（852）			

地球的岩石圈（地壳和上地幔）被分成构造板块。今天有十几个大板块（欧亚、北美洲和非洲）和许多小板块，它们的数量取决于如何定义它们（Bird，2003）。根据我们自己和以前的工作，已经确定并分离了268个显生宙构造单元，它们共同构成了地球表面。每个单元都有一个标识号，由多边形组成，可以使用Gplates软件操纵多边形。

地球表面在显生宙发生了巨大的变化：例如欧洲（板块识别号3××）、俄罗斯（4××）、印度（5××）和东南亚（6××）单元在绘制成现今构造板块边界的简化版本时，大多属于单一的欧亚大陆（图3.1）。在许多情况下，显生宙的各个单元已经被重新组合了好几次，有时是通过重新激活旧的板块边缘，有时是沿着新的薄弱带进行重组，这种重组通常是由较大的板块相对于周围的其他板块向不同方向移动而引起的。

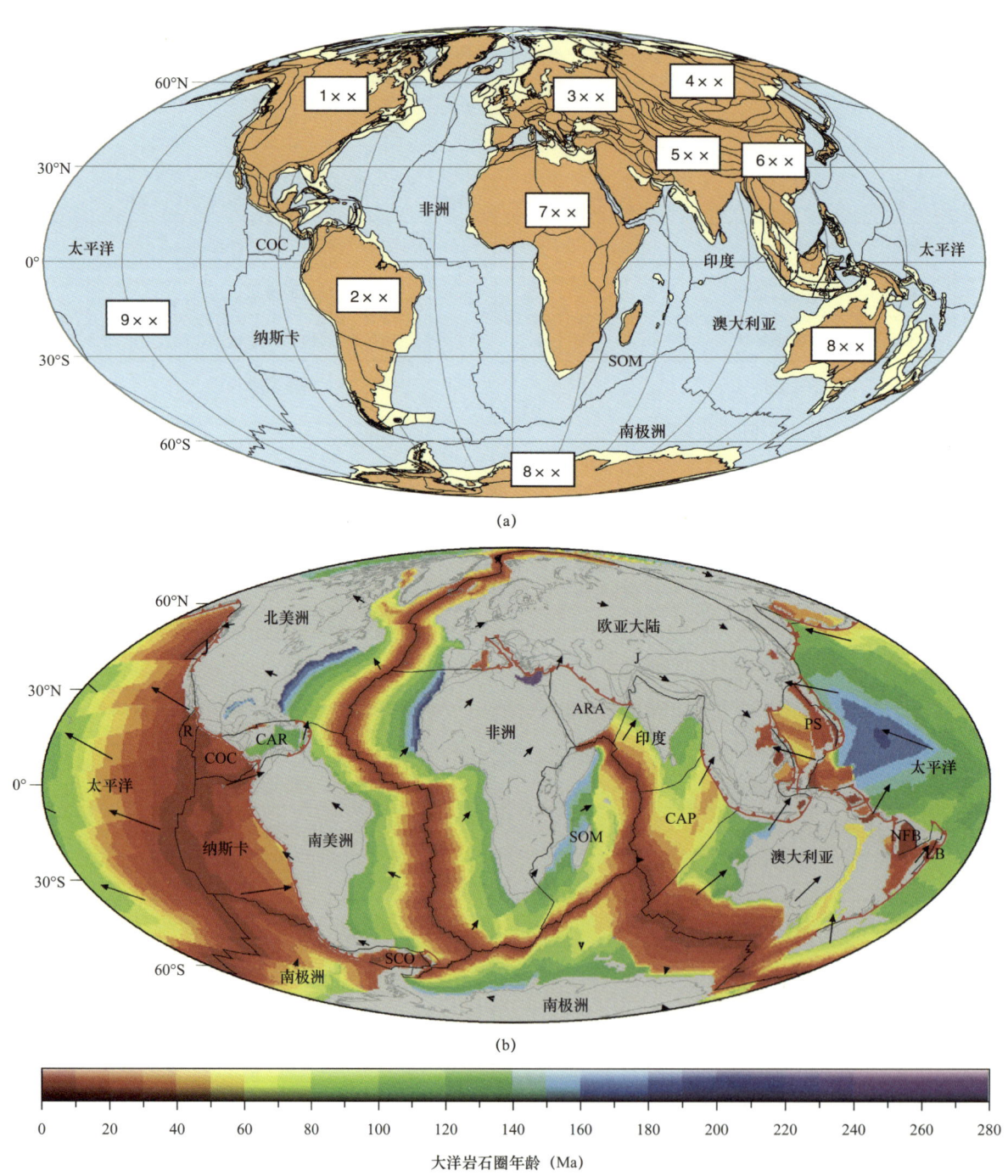

图3.1　（a）地球被分成这里所使用的单元；例如，"7××"表示下面列出的所有单位编号从701到（可能的）799都在非洲和邻近地区；（b）大陆岩石圈（灰色）和海洋地壳，彩色阴影表示海底的不同年龄，比例尺显示的年龄由地图上的不同颜色表示

3.1 北美洲

Cocks 和 Torsvik（2011）对北美洲古生代进行了回顾。关于特定地区的更多细节，包括所有年代的岩石，有价值的资料来源是美国地质学会 1988—1998 年出版的许多 DNAG（北美地质学十年）卷，其中包括加拿大、墨西哥和美国（Hatcher 等，1989；Plafker 和 Berg，1994）。斯宾塞等（2011）综述了北极及其附近地区。

101，北美克拉通。这块大陆的核心是劳伦古陆的前寒武纪克拉通，它主要是由六块或七块太古代地壳的大碎片逐渐融合而成，形成于 2.0—1.8Ga 之间。劳伦古陆是元古宙至中志留世之间的一个独立大陆，在志留纪加里东造山运动中首先与阿瓦隆尼亚—波罗的大陆板块碰撞形成劳伦西亚古陆，后者在石炭纪与冈瓦纳大陆碰撞形成盘古大陆（Ziegler，1989）。Cocks 和 Torsvik（2011）对整个显生宙的古生代进行了回顾，发现大量的微大陆和更小的地体在它的边缘上增生。随着早侏罗世中部大西洋和古近纪北大西洋的开放，北美洲重新获得了大陆独立。

102，格陵兰岛。劳伦古陆克拉通的一个组成部分，与之分离的唯一因素是内尔斯海峡更新世的侵蚀（Dawes，2009）。它是一个太古宙和元古宙克拉通，北缘为早古生代陆架沉积，西缘和东缘为泥盆系—古近系岩石。Henriksen（2008）总结了它的地质概况，Higgins 等（2008）对其东部和北部边缘的加里东造山带进行了总结。

103，阿拉斯加北坡。北极阿拉斯加地体发育新元古界—侏罗系。它是个复合体，包括 Coldfoot、De Long 山脉、Endicott 山脉、Hammond 北坡和 Slate Creek 次级地体（Nelson 和 Colpron，2007）。从新元古代到早泥盆世，它形成了北极阿拉斯加—楚科塔微大陆的一部分，并开始向劳伦古陆克拉通贴合（Cocks 和 Torsvik，2011）。它在晚侏罗世和早白垩世逆时针旋转，开启了北冰洋内的美亚盆地（Alvey 等，2008）。自白垩纪以来，该地区形成了北美大陆边缘的阿拉斯加北坡。

104，墨西哥东北部。中生界到最新的地层，包括这里没有单独考虑的一些下古生界和前寒武系基底，位于墨西哥湾的东北缘，在中生代盘古大陆破裂后作为一个连贯的单元移动。

105，下加利福尼亚。位于墨西哥加利福尼亚湾西部的元古宙—早古生代陆架地层和中生界岛弧火山岩（Sedlock，2003）。

108，阿卡迪亚。从马萨诸塞州科德角向西北延伸到纽芬兰东部地区。一直是冈瓦纳西北部的一段，直到 Rheic 洋在 490Ma 时打开，成为阿瓦隆尼亚的西部，而后者在奥陶纪末期（约 443Ma）与波罗的大陆斜接之前是独立的。阿瓦隆尼亚包括加里东造山运动中形成的各种下古生界岛弧岩石，以及相对平坦、未变质的阿瓦隆半岛本身，主要为纽芬兰东部寒武系和下奥陶统岩石。

109，佛罗里达。佛罗里达州的大部分地区及其东北沿北美洲边缘的地区。佛罗里达地下特有的寒武纪三叶虫表明，在石炭纪 Alleghanian—Ouichita 造山运动之前，它是冈瓦纳的一部分，在侏罗纪大西洋开放之前，是盘古大陆的一部分。该单元包括卡罗来纳板岩带和亚拉巴马州下古生代形成的各种岛弧岩石，这些岩石原产于冈瓦纳，而非劳伦古陆周缘。佛罗里达州南部现在位于巴哈马碳酸盐岩台地的北部。

111 和 113，门捷列夫山脊（111 单元）以及罗斯文和楚科奇地块（113 单元）。西伯利亚和阿

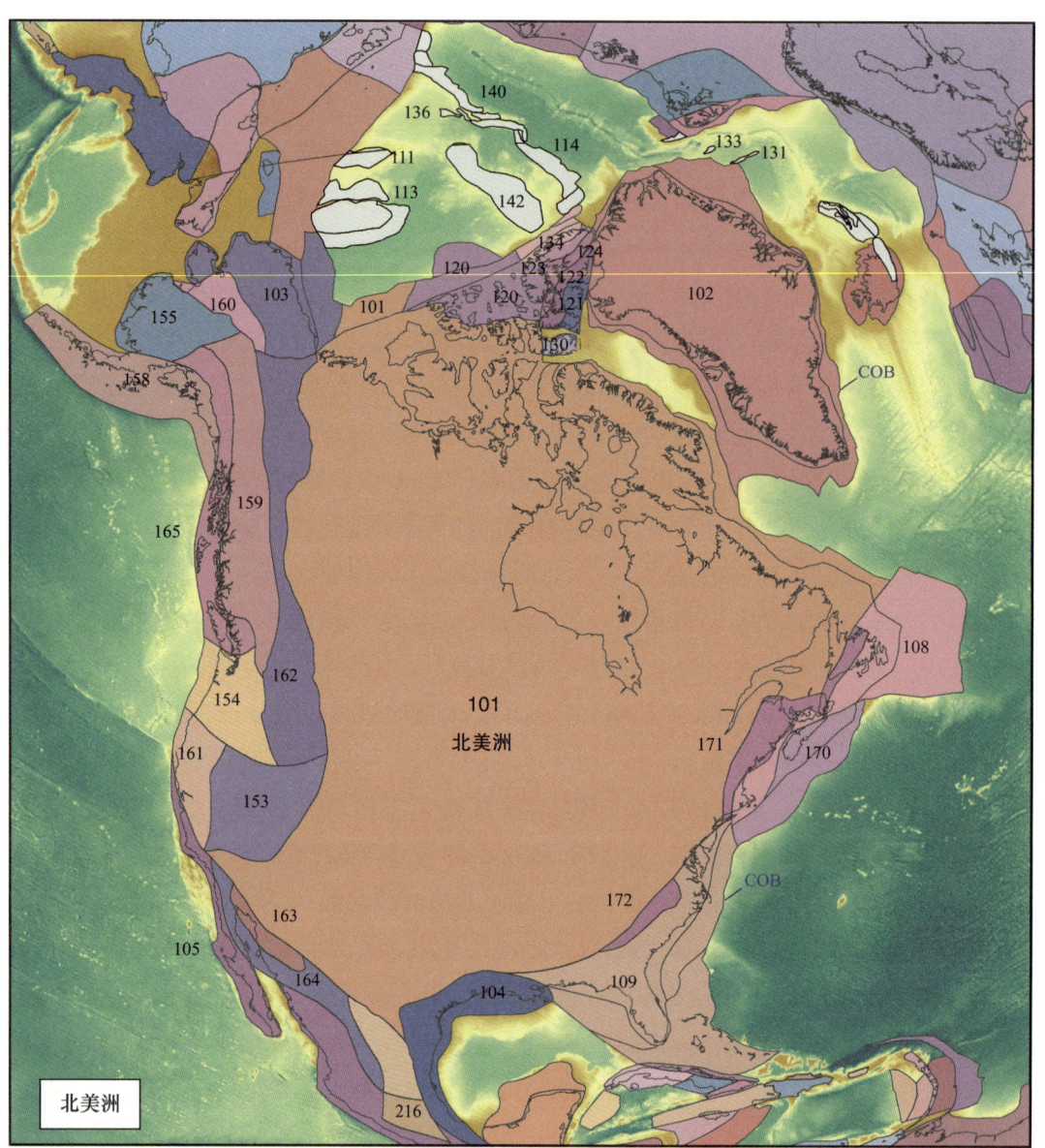

图 3.2　北美洲单元（板块标识 1××），大陆海洋边界转换带（COB）主要由地震、磁性或重力数据定义

拉斯加以北的北冰洋广阔大陆架下伏古生界岩石，其中很少取样；然而，罗斯文脊（位于美亚盆地76°N，155°W）已经产出了寒武纪到二叠纪的化石。北冰洋其他大陆岩石圈块体的古生代是推测性的，但有些也包含在北极圈内的阿拉斯加—楚科塔微大陆内（Cocks 和 Torsvik，2011）。

114、136 和 140，罗蒙诺索夫海岭。在古近纪早期约 55Ma 的时候，北冰洋下的一长条脊从欧亚大陆分离出来，在这一过程中打开了欧亚盆地。它的地质情况主要是通过地震调查才知道的，但是挖掘取样已经发现了可能是前寒武系—上古生界砂岩，后者在 470Ma 左右变质（绿片岩相）（Marcussen 等，2015）。

120 和 124，斯维尔德鲁普盆地、阿克塞尔海伯格岛和北埃尔斯米尔岛。加拿大北极区的一部分，斯维尔德鲁普盆地（120 单元）从帕特里克王子岛向东经过阿克塞尔海伯格岛，包括埃尔斯米尔岛的大部分（斯宾塞等，2011）。盆地长约 1300km，宽达 400km，是由早古生代褶皱带的裂谷作用和维宪阶北极附近地区的隆升形成的，后来在石炭纪至白垩纪期间大幅度下降，越来越慢直到今天，三叠纪和侏罗纪沉积了大量碳氢化合物。该地区自泥盆纪就与皮里古陆（134单元）合并了。

121和130，西南埃尔斯米尔岛（121单元）和德文岛（130单元）。格陵兰板块（102单元）在加拿大北极区内向西北方向的延伸，部分地区前寒武纪岩石被古生代沉积物不整合覆盖。不受古近纪—新近纪尤里坎造山作用的影响。图3.3中格陵兰板块为绿色阴影区。

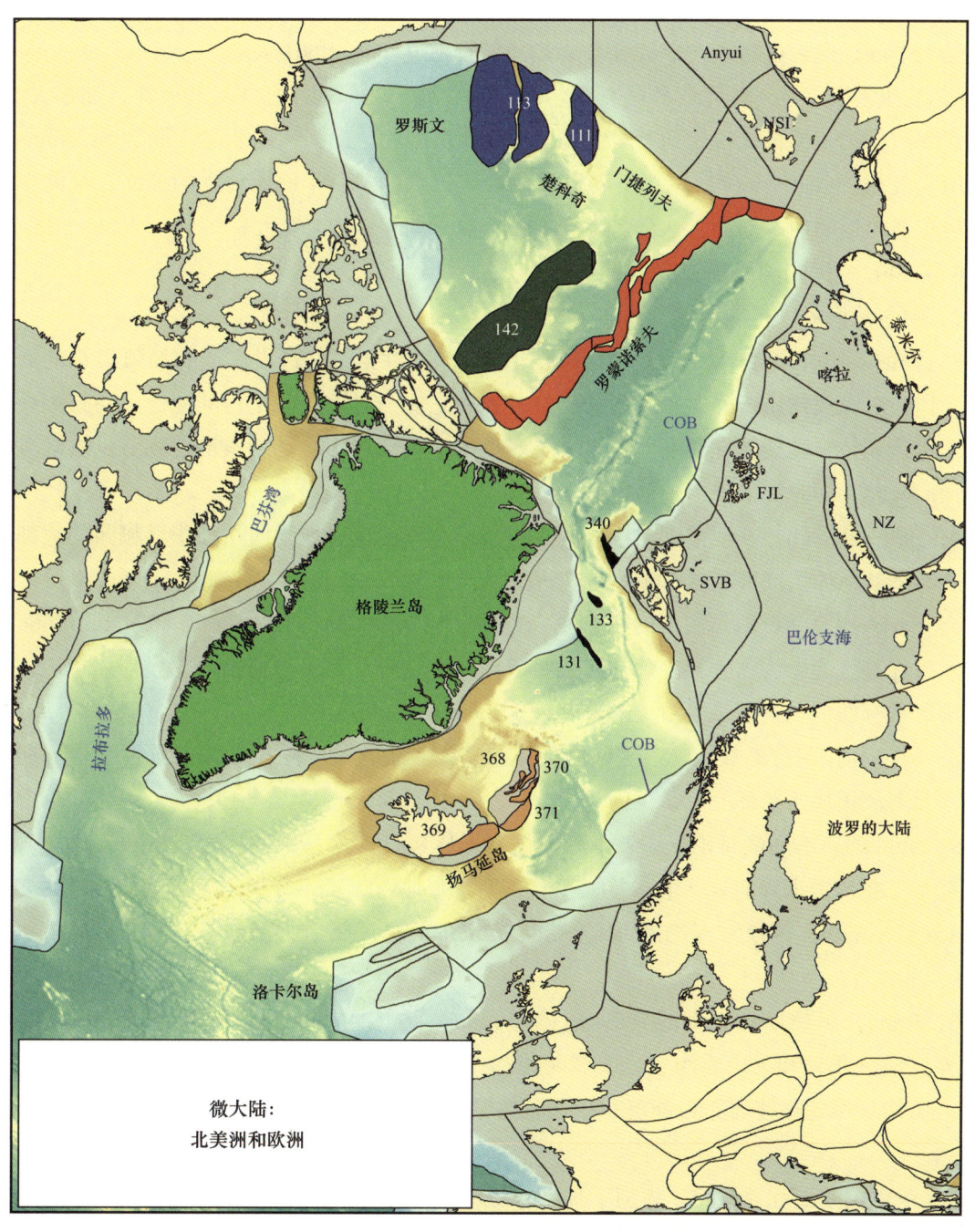

图3.3 北大西洋和北极地区的微大陆单位（板块特征1××，北极地）和欧洲（板块特征3××，东北大西洋）

格陵兰板块在拉布拉多海和巴芬湾新生代开放期间表现为半连接板块，呈绿色阴影（格陵兰、埃尔斯米尔岛西南部和德文岛）；FJL，法兰士约瑟夫地；NZ，新地群岛；NSI，北西伯利亚群岛；SVB，斯瓦尔巴特群岛；大陆海洋边界转换带（COB）主要由地震、磁性或重力数据定义

122 和 123，埃尔斯米尔岛中南部（122 单元）和中部（123 单元）。东起埃尔斯米尔岛中部，西至巴瑟斯特岛北部和梅尔维尔岛南部。这两个地区大部分为下古生界岩石，受古近纪—新近纪尤里坎造山作用的影响，与 121 单元形成对比。

131 和 133，Framstredet 格陵兰海脊（131 单元）和 Hovgaard（133 单元）。Hovgaard 岭（现位于格陵兰岛东北部）是一个断裂带（Eldholm 和 Myhre，1977），扭曲的洋壳（Engen 等，2008）或大陆条带（Myhre 等，1982）在 33.3Ma 的早渐新世与西巴伦支海 Hornsund 边缘分离。格陵兰海脊的起源是一个谜，但它可能是一个从西巴伦支海塞尼亚边缘撕裂的微大陆。

134，皮里古陆。埃尔斯米尔和阿克塞尔海伯格群岛的北部地区和邻近的海洋，加拿大北极区。中元古代变质作用上覆新元古代到奥陶纪交代的变质沉积物，岛弧火山岩是在局部 M'clintock 造山运动后由未变质的 480—460Ma 的中奥陶世深成岩体侵入的。一个原始独立的地体，可能作为中志留世加里东造山运动的一部分，贴合到劳伦古陆（120 单元和 124 单元）。

136 和 140，罗蒙诺索夫海岭。见第 114 单元。

142，阿尔法海岭。可能起源于大陆（C.Gaina，pers. comm. 2016）

153，罗伯茨山外来体。在北加利福尼亚州，中寒武世至早石炭世海洋和岛弧岩石的断层边界包体复合体，以及奥陶系—泥盆系底栖动物群，表明它们当时位于劳伦古陆周缘。岛弧被叠瓦状覆盖成一个构造楔体，该楔体在晚泥盆世—早石炭世的安特勒造山运动中被推覆到劳伦古陆克拉通上（Wright 和 Wyld，2006）。

154，Belt—Purcell。在罗伯茨山以北和克拉马斯东部地区，俄勒冈州和华盛顿州的大部分地区由 Belt—Purcell 地体组成，其岩石主要是晚古生代岩浆弧（Cascade）。

155，Farewell。阿拉斯加西部的一个复合地体，包括 Mystic，Dillinger，和 Nixon Fork 次级地体。新元古界基底之上为古生界碎片，代表了晚侏罗世贴合至北美洲克拉通的微陆相台地。许多古生界动物群具有西伯利亚亲缘关系（Blodgett 和 Stanley，2008）。

158，科迪勒拉阿拉斯加。晚古生代的地体和岛弧，现在位于阿拉斯加，自古生代末期以来一直贴合于北美洲板块西北部。

159，Stikinia。不列颠哥伦比亚省中部的这一地体包括泥盆系碳酸盐岩、石炭系火山岩和沉积岩，也有下二叠统深水碎屑岩、下二叠统和上二叠统台地石灰岩，有些位于拉斑玄武岩的变质岩上（Gabrielse 和 Yorath，1992）。它在侏罗纪 Slide Mountain 洋关闭后，贴合于北美洲板块（Nelson 和 Colpron，2007）。

160，Ruby。阿拉斯加中部的 Ruby 地体与 Innoko 地体同属一组，由可能的前寒武系和确定的古生界变质沉积岩和火山岩组成。中奥陶统和中泥盆统牙形石是已知的，但其空间上的亲缘性并不为人所知，尽管这些岩石可能沉积于劳伦古陆附近的海洋盆地和岛弧中（Blodgett 和 Stanley，2008）。

161，东克拉马斯和北塞拉。占据了加利福尼亚的大部分，向东延伸到内华达，这组地体还包括 Yreka、Trinity、North Fork、Fort Jones、Forest Mountain 和 Black Rock 地体单元，其中一些本身就是合成的。它们都是由寒武系—二叠系的古生界岩石组成，其中许多都发生了变质作用。大多数代表岛弧，其化石例如产自克拉马斯山脉的奥陶系和泥盆系腕足类（Potter 等，1990），表明它们位于劳伦古陆周缘。

162，劳伦古陆准原地岩体。与劳伦古陆克拉通（101单元）西部相邻的狭长地带，从墨西哥一直延伸到阿拉斯加。准原地岩体构成了北美洲西部科迪勒拉山脉的大部分，包括60多个不同岩石和年龄的地体，其中许多在重建中被组合在一起；但是，只有它的东部地区包括在162单元之内。

163，Caborca。在墨西哥西北部索诺拉省内，Caborca地体最初是劳伦古陆克拉通的一部分，但在石炭纪Ouachita造山运动中与之分离，然后在二叠纪—三叠纪索诺拉造山运动中又被推回到克拉通上（Dickinson和Lawton，2001）。

164，Cortes（或Cortez）和Sierra Madre。上侏罗统和白垩系岩石，浆岩岛弧岩覆盖了墨西哥Cortes地体中由奥陶纪到二叠纪的各种沉积，并在古近纪—新近纪拉拉米造山运动中贴合于北美洲板块。在Cortes以东，Sierra Madre地体是一个不确定年代的变质基底，上覆志留系沉积物，后者不整合上覆三叠系及晚些时候的岩石（Keppie，2004）。

165，弗兰格里亚和亚历山大。一个从阿拉斯加延伸到不列颠哥伦比亚省的复合地体区域，包括弗兰格里亚地体（不要与西伯利亚北部的弗兰格尔岛408单元混淆）、Peninsular和Chilliwack地体，有时与亚历山大地体一起被称为海岛超地体。阿拉斯加弗兰格里亚和育空地区最古老的岩石是上石炭统和二叠系岛弧，但不列颠哥伦比亚省有上泥盆统岛弧。亚历山大地体包括Admiralty（奥陶纪—二叠纪）和Craig（奥陶纪—三叠纪）地下地体，并已发现多种未变质的古生代化石。亚历山大和弗兰格里亚地体由上石炭统深成岩体缝合而成。上三叠统大洋玄武岩数量众多，直到晚侏罗世或白垩纪，这两个地体才被贴合到北美洲板块（Colpron和Nelson，2009）。

170，Meguma。加拿大新斯科舍省西南部三分之二的地区与该省的其他地区被Cobequid—Chedabucto断裂带隔开，断裂带的两端都在大西洋中。该断层定义了Meguma带的北部边界，其寒武系层序可与北威尔士的层序相对比（Waldron等，2013），以及和阿瓦隆尼亚（315单元）的一部分对比，但后者的奥陶系与泥盆系岩石不同。和阿瓦隆尼亚一样，Meguma地体在寒武纪末期之前是冈瓦纳大陆的一部分，在此之后，它作为一个独立的地体漂流的历史一直是有争议的，直到它与阿瓦隆尼亚合并，这可能直到晚石炭世Alleghanian造山运动才发生。

171和172，Ganderia（171单元）和Carolinia（172单元）。Ganderia，阿瓦隆尼亚（108单元），Meguma（170单元）和Carolinia（172单元）均位于晚新元古代和早古生代冈瓦纳大陆周缘。Ganderia和Carolinia可能在早古生代与阿瓦隆尼亚分离，而晚志留世—泥盆纪Ganderia贴合到劳伦古陆之后，Ganderia下面的阿瓦隆尼亚发生了俯冲。

3.2 南美洲和加勒比地区

南美洲在早古生代是冈瓦纳大陆的一部分，从石炭纪开始一直到侏罗纪南大西洋开放之前是盘古大陆的一部分，在那之后它就是一个独立的大陆。Torsvik和Cocks（2013）对其古生代历史和地理进行了回顾，Moreno和Gibbons（2007）对智利地质进行了回顾，Tankard等（1995）对南美洲广泛的沉积盆地进行了回顾，其中许多盆地含有大量的碳氢化合物沉积。James等（2009）和Boschman等（2014）总结了加勒比地区中生代至近代的地质历史。

201，亚马孙古陆。一个包括南美洲北部除西北边缘外的三分之二地区的大单元（231、246和

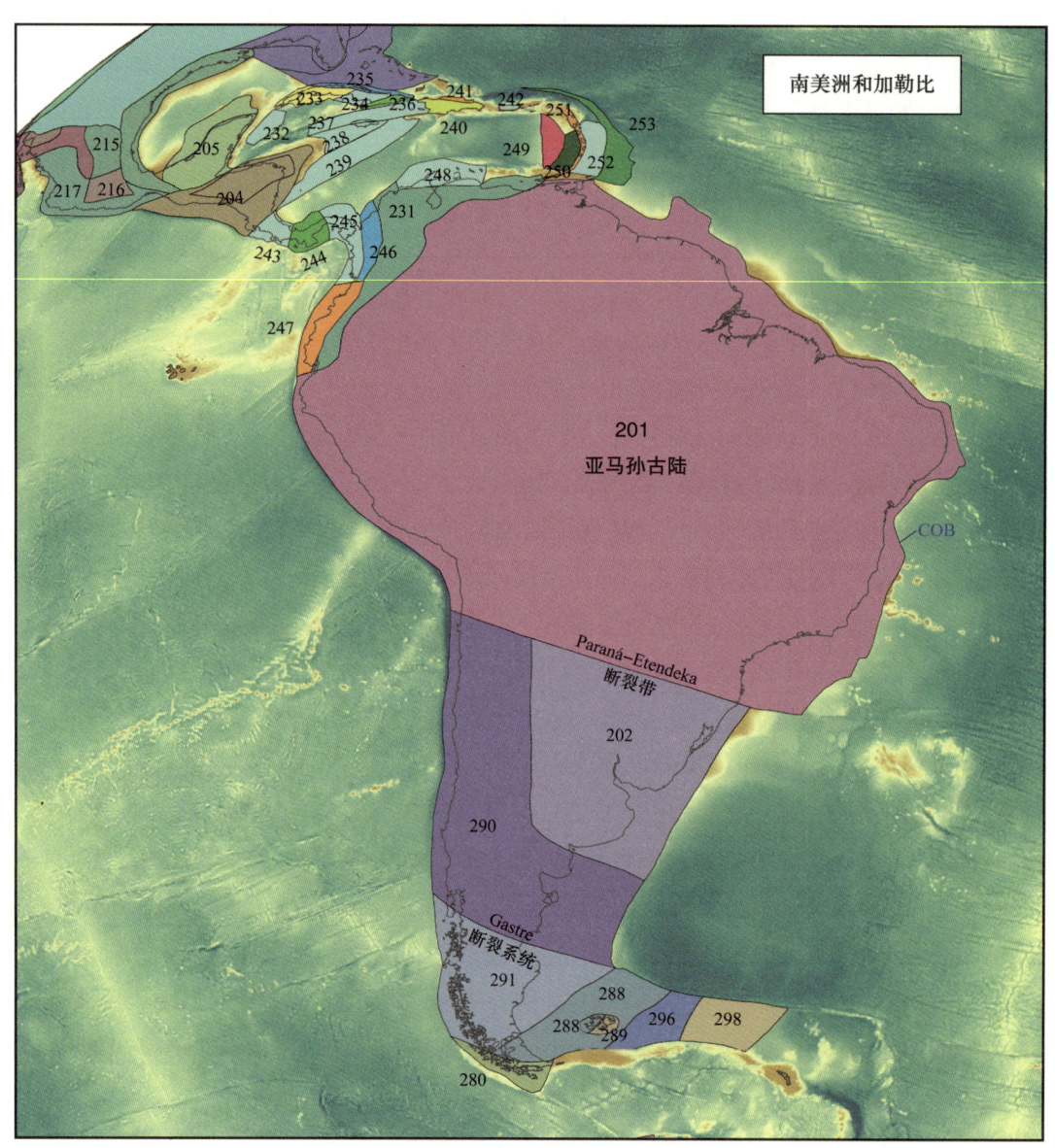

图3.4 南美洲和加勒比单元（板块标识2××），大陆海洋边界转换带（COB）主要由地震、磁性或重力数据定义

247单元）。两个太古宙和古元古代克拉通（亚马孙古陆和圣弗朗西斯科古陆）合并成为新元古代冈瓦纳主要克拉通的一部分。克拉通的大部分地区被显生宙沉积物覆盖，特别是在该单元中心的Solimões盆地和Amazonas盆地，这些盆地是在古生代由坳陷变形引起的。这种情况一直持续到201Ma的三叠纪末期，中大西洋岩浆区（CAMP）LIP侵入了亚马孙中北部近一半的地区，并由此打开了大西洋。

202，巴拉那。南美洲中东部这一大片区域的大部分下伏大型古生代和古元古代的Rio de La Plata克拉通（这是通过钻孔知道的，比它现在的露头所显示的更广泛）。该克拉通在新元古代成为冈瓦纳的一部分，并一直保持到201Ma中大西洋岩浆省LIP的侵入。新元古代在许多地方被显生宙沉积物覆盖，特别是在广阔的巴拉那盆地，包括晚奥陶世—中志留世、晚泥盆世—早二叠世发育的冰期岩石。

204，Chortis。在墨西哥南部、伯利兹、洪都拉斯和危地马拉，古生界的露头是非常零星的，而且被中生代到现代发育的岩石掩盖了很多，可能代表了几个原始独立的地体，包括一些作者提到的玛雅地体，然而它们在这里被归类为Chortis地体。伯利兹有元古宇基底碎片、上志留统（418Ma）花岗岩、上石炭统和二叠系碎屑岩，上覆不整合侏罗系岩石（dickinson和Lawton，2001）。位于石炭系和二叠系Ouachita Front以南的墨西哥北部的Tarahumara地体也包含在内，并由年代较晚的盆地相组成。盆地相在上侏罗统岩石不整合叠置之前的二叠纪就发生了变形和变质（Keppie，2004），但在这里不单独显示。

205，尤卡坦半岛。墨西哥南部尤卡坦半岛基底为下古生界火山沉积岩和花岗岩，可能是冈瓦纳周缘的一个单独的地体，也可能是其整体的边缘组成部分。尤卡坦半岛发育新元古界变质岩，上覆上石炭统—中二叠统浅水碎屑岩、碳酸盐岩和变质火山岩，在侏罗纪墨西哥湾形成时期向南迁移（Dickinson和Lawton，2001）。

215，马德雷山脉。马德雷山脉和科尔特斯（164单元）地体彼此相邻，位于Ouachita Front（形成101单元劳伦古陆的南部边界）西端的南部，并在这里分组。科尔特斯地体泥盆系、石炭系和二叠系的砂质岩和泥质岩不整合上覆于晚奥陶世沉积层，上侏罗统和白垩系岩浆弧岩覆盖在这些沉积层之上，并且在古近纪—新近纪拉拉米造山运动中成为北美洲的一部分。马德雷山地体（包括Tampico地块）具有不确定年龄的变质基底，上覆不整合的志留系沉积物，后者又不整合上覆三叠系岩石（Keppie，2004）。

216，密斯特克和Oaxaquia。美国中部Oaxaquia微大陆的一部分（Keppie，2004）。两者都具有被古生界岩石覆盖的前寒武系基底，这些岩石从新元古代晚期到石炭纪一直环绕着冈瓦纳古陆的亚马孙古陆部分（201单元）。它们的古生代边缘被中生代及以后发育的岩石所掩盖。与劳伦古陆—冈瓦纳古陆碰撞有关的变形开始于晚石炭世。密斯特克地体中含有奥陶系花岗岩和伴生的裂陷拉斑玄武岩（Keppie等，2008）。

217，格雷罗（南墨西哥）。墨西哥南部的大部分，可能与白垩系Chortis地体（204单元）有关；然而，它主要是由新生界岛弧岩石组成，后者是相对较晚才贴合于北美洲板块的。

231，南美洲西北部。面积较大，包括马拉开波地块（Boschmann等，2014），但位于较小的西部马拉开波地块以东（246单元）。它包括梅里达安第斯山脉，以上奥陶统—泥盆系冈瓦纳底栖海洋动物群闻名，以及一些加勒比地区（包括特立尼达）。北部为下白垩统火山弧岩，是加勒比海大弧的一部分。晚侏罗世—早白垩世（康尼亚克期）有来自南美洲的裂谷作用，而晚白垩世（坎潘期）—中新世是委内瑞拉至特立尼达的俯冲作用，促使上地壳推覆体克拉通走向与南美洲大陆统一，形成了今天边缘地带的一部分。

232，尤卡坦盆地。主要的海洋盆地，南部以开曼海槽为界，西部为尤卡坦半岛（205单元），北部为古巴。其西段由古新世—始新世洋壳组成，东段包括开曼隆起在内，可能是直接依赖于前新生代洋壳的火山弧物质。

233~236，古巴。古巴有四个单元，每一个都是不同的推覆体。西部褶皱冲断带建立在新元古界基底之上，基底上覆有古近系碎屑岩序列。发育上侏罗统（150Ma）蛇绿岩和160—50Ma（侏罗纪—始新世）的各种火成岩，可能代表了海洋岩石圈和中央区域的形成。后者由132—90Ma的3km厚的白垩系火山沉积岩和深成岩复合体组成，并构成了巨大的加勒比海弧的一部分

（Boschman 等，2014）。

237，Gonave 微板块。伊斯帕尼奥拉岛（主要为海地）西部中生代及之后的大陆岩石圈的一块，向西延伸至牙买加，在那里与尼加拉瓜北部隆起会合（239 单元）。这个微大陆的北界是 Oriente 断层，南界是 Walton 和 Enriquillo—PlantainGarden 断层。

238 和 239，尼加拉瓜隆起北部（238 单元）和南部（239 单元）。牙买加岛形成尼加拉瓜北隆起的北部，由白垩纪和古近纪火山及深成弧相关的复合体基底组成，部分变质为蓝片岩，原属加勒比海白垩纪岛弧的一部分。发育多种多样的古近纪至最近的碳酸盐岩和其他沉积物。

240 和 241，伊斯帕尼奥拉岛。伊斯帕尼奥拉科迪勒拉弧（240 单元）与伊斯帕尼奥拉岛北部（241 单元）被 Septentrional 断裂分开，是一个复杂构造混杂体，上覆 116Ma 以来发育的蛇绿岩、深成岩和岛弧岩石。弧前盆地中存在未变质的上白垩统岩石，上覆晚始新世与最近沉积地层，相对海侵玄武岩断裂。伊斯帕尼奥拉岛北部（241 单元）是北美洲大陆边缘俯冲的一部分，包括变质沉积岩、榴辉岩和蛇绿岩，上覆下白垩统至中新统—始新统岛弧岩。

242，波多黎各。加勒比海大弧的一部分，直到晚始新世与巴哈马台地相撞，这一直是一个活跃的火山弧。白垩纪至始新世岛弧岩石下伏上侏罗统—中白垩统蛇纹岩基质混杂岩，上覆新近系—始新统沉积岩。

243，哥斯达黎加。位于巴拿马中部（244 单元）以及 Chortis 和玛雅地体（204 单元）之间，东半部包括一些 Suna 地体。火山岩和其他超镁铁质火成岩可能也形成了加勒比海下白垩统岛弧的一部分，其发育于海底，在晚白垩世部分逆冲贴合至 Chortis 地块（204 单元）。

244 和 245，巴拿马。巴拿马中部（244 单元）和东部（245 单元）。巴拿马地块位于北安第斯地块以北，发育白垩纪及之后的安山岩、英安岩、闪长岩和花岗闪长岩。243 单元、244 单元和 245 单元一起被称为巴拿马—乔科地块。北面是相对较小的巴拿马变形带，这里没有被区分为单独的单元。

246，马拉开波地块西部。位于南美洲西北地块（231 单元）西部的一个相对较小的单元。它目前正缓慢地（6mm/a）远离南美洲。

247，安第斯地体（增生）。秘鲁最北端、厄瓜多尔的部分、哥伦比亚和委内瑞拉西北部构成了一个复杂的构造区，代表了中生代及之后的时期相互贴合的四个以上的地体（Kennan 和 Pindell，2009）。

248，博内尔。主要位于加勒比海地区，包括一些背风的安的列斯群岛（阿鲁巴、库拉索和博内尔），也包括南美洲的岩石，即位于哥伦比亚东部和委内瑞拉西部的东西走向的奥卡断层以北的部分。主要由白垩系推覆岩组成，它们之间的盆地充满渐新世至今的沉积物，但其古地理没有得到很好的解释。

249，Aves 海岭。格林纳达盆地以西的一个残余岛弧，从晚白垩世一直活跃到古新世，以前也是加勒比海大岛弧的一部分。包括背风的安的列斯群岛的部分地区（Las Aves、Los Roques、La Orchilla、La Blanquilla、Los Hermanos 和 Los Testigos）。

250，格林纳达盆地。海洋弧后盆地，向东延伸的古新世至中始新世（249 单元）的 Aves 海岭前弧，介于 Aves 海岭西部和小安的列斯弧（251 单元）东部之间。

251，小安的列斯岛弧。在格林纳达盆地和多巴哥盆地之间，早白垩世（阿尔布期）起就形成了火山弧，火山弧活动至今仍在继续。东面是贴合的安的列斯柱体（253 单元），其中包括巴巴多斯。

252，多巴哥盆地。位于小安的列斯群岛以东和巴巴多斯柱体以西，大部分为加勒比海海底。南部为白垩系海洋岛弧岩石和深成岩（110—103Ma），北部为白垩系（128Ma）变质火成岩相和绿片岩相，上新世至今发育不整合。

253，安的列斯柱体。加勒比海洋壳最东的部分，有时称为巴巴多斯柱体。它位于多巴哥盆地以东（252单元），东部与小安的列斯海沟相连。

280，圣乔治板块。南美洲西南部的独立洋底板块。虽然地球物理证据指向那里的大陆岩石圈，但该地区尚未发现岩石，因此板块的年龄范围尚不清楚。

288和289，福克兰板块［西福克兰（288单元）、东福克兰（289单元）］。福克兰群岛（英国、阿根廷争议地区，阿根廷称马尔维纳斯群岛）的西部，周围环绕着南大西洋，向西延伸与巴塔哥尼亚（291单元）毗连，并且包含南美洲的最南端。东福克兰群岛与西福克兰群岛被福克兰海峡走滑断层分隔开。在福克兰群岛（马尔维纳斯群岛）内有一个新元古界基底，上覆不整合的不确定志留系沉积和确定的早泥盆世沉积地层，以及Malvinokaffric省的冷水腕足类沉积。在中侏罗世以前，这组地体位于南非东南部（701单元）。

290，科罗拉多。包括地理上的巴塔哥尼亚北部地区、智利北部三分之二地区和秘鲁最南端的部分。它东南方是前寒武纪克拉通，但是它的西部由几个构成巴塔哥尼亚安第斯山脉的地体组成（Moreno和Gibbons，2007）。这些地体包括从志留纪至今的火山弧，其中许多火山仍然活跃，所有这些火山都受到各种古生代到近代岩基的侵入。

291，巴塔哥尼亚。南美洲南部地区（除288单元西端以外的西福克兰群岛）。北邻290单元（包括地理上的巴塔哥尼亚北段），奥陶系（475Ma）花岗岩体侵入轻度变质的寒武纪和早奥陶世沉积地层，后者不整合于新元古界基底之上。

296和298，福克兰高原（296单元）和莫里斯尤因滩（298单元）。福克兰板块（288单元）以东的伸入南大西洋的两个完全淹没的邻近区域。虽然地球物理证据指向大陆岩石圈，但这两个地区还没有发现岩石，因此它们的年龄范围尚不清楚。

3.3 欧洲和近东

McCann（2008）编辑的两卷本和Ziegler（1990）的注释地图分别对中欧和中西欧地质进行了概述。中央北海和黑海之间的欧洲被Tornquist缝合带分割，并且以波罗的大陆（302单元）为主，但西南Tornquist区是许多独立的地区，其中一些包含在阿摩力克地体集合体中，后者是华力西造山运动前的冈瓦纳大陆边缘的碎片。早在二叠纪末期之前，欧洲就已经沿乌拉尔山脉与亚洲的各个地区联合起来了。自那以后，欧洲的西缘和北缘一直处于被动边缘状态（夭折的三叠纪和侏罗纪北海南北裂陷除外），乌拉尔地区一直在进行较小的构造调整；但自100Ma的阿尔卑斯造山运动开始以来，南缘一直处于活跃状态。一些亚洲单元在这里的条目稍长，因为还没有把它们包含在已发表的评论中。

302，波罗的大陆。东部边界为乌拉尔山脉（390单元），西南边界为Tornquist带，西北和北部边界为北海和北冰洋。波罗的大陆核心是太古宙和元古宙变质克拉通，上覆下古生界沉积岩，并

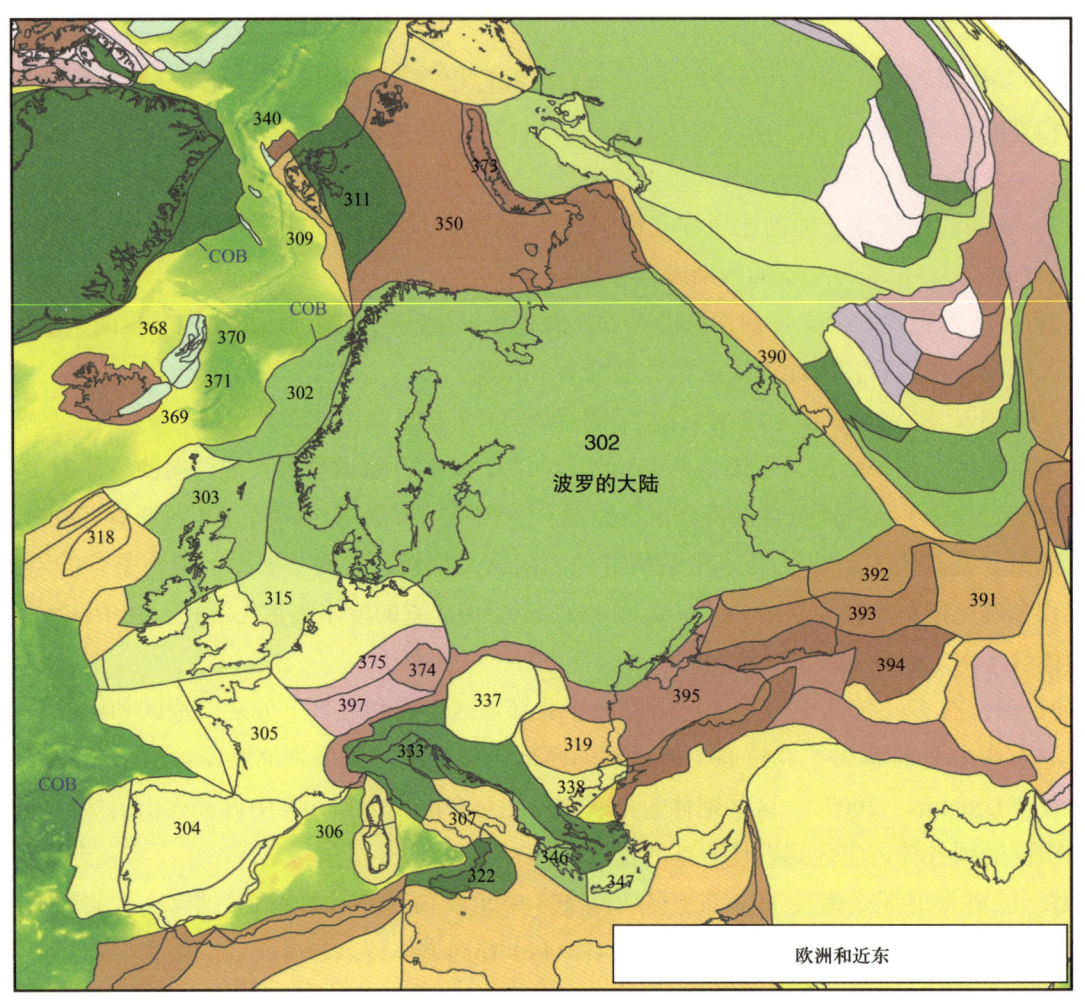

图 3.5 欧洲和近东单元（板块标识 3××），大陆海洋边界过渡带（COB）主要由地震、磁性或重力数据定义

从新元古代起就是一个独立的大陆，直到其在 443Ma 的奥陶纪末期第一次与阿瓦隆尼亚（108 和 315 单元）联合，随后在志留纪加里东造山运动中与劳伦古陆（101 单元）联合形成劳伦西亚大陆的一部分。波罗的大陆北部包括 Timanian 地区（350 单元），主要位于今天的俄罗斯东北部，在约 550Ma 的前寒武纪 Timanide 造山运动中与波罗的大陆合并。波罗的大陆的东北部毗邻卡拉板块（417 单元）和新地群岛（373 单元）。

303，苏格兰和爱尔兰西北部。两个地区在古生代基本连在一起，在约 420Ma 的志留纪加里东造山运动中与阿瓦隆尼亚—波罗的大陆合并之前，一直是劳伦古陆西北部的组成部分。该单元为苏格兰北部太古宙和元古宙劳伦古陆克拉通断片，Iapetus 缝合带以北为新元古代和早古生代岛弧，这些岛弧是在 Iapetus 洋闭合时贴合的。后期岩石包括泥盆系花岗岩和大陆古红砂岩沉积地层、大量石炭纪海相沉积地层和二叠纪—三叠纪新红砂岩陆相沉积地层，以及苏格兰西北部古近—新近纪火成岩省 LIP（62Ma）。自中生代大西洋向西北开放后，该地区一直位于欧洲。

304，伊比利亚。该单元包括伊比利亚半岛和西至大陆—海洋边界的大西洋。主要的早—中生代伊比利亚地块暴露于伊比利亚半岛西半部，北界为比利牛斯山脉，在华力西和前华力西造山运动中发生构造作用。它是一个复杂的复合地体聚集体（Gibbons 和 Moreno，2002），均包括元古宇—

中生界岩石。它们从北到南依次是 Cantabria、West Asturian Leone（WALZ）、Galicia Tras os Montes（GMZ）、Central Iberia（CI）、Ossa Morena（OMZ）和 South Portuguese（SP）。所有这些岛屿最初都是冈瓦纳的一部分，或是毗邻冈瓦纳的岛弧。现今，该地区被华力西时代的北西—南东向南葡萄牙和 Badajoz—Cordoba 剪切带分隔开，但早泥盆世（410—400Ma）的构造事件可能发生在 380Ma 及之后的主华力西造山运动之前（Arenas 等，2014）。白垩纪，在伊比利亚（Ebro 地块）和科西嘉—撒丁岛北部以及法国中部地块南部（阿摩力克，305 单元）形成了一个具有许多东西走向滑动运动的槽。该槽在新生代逐渐填满并倒转，形成比利牛斯山脉。

305，阿摩力克。法国南部主要由古生代中部地块（包括 Maures 地块）组成，从法国西南部 Montagne Noire 向北零星暴露 400 多千米，钻孔显示向东延伸至中生代和新生代 Aquitaine 盆地之下。大部分古生界也被中生代的巴黎盆地所覆盖。发育寒武系和奥陶系碎屑岩、泥盆系石灰岩和主要为浊积岩的厚层同构造的石炭系维宪阶—纳缪尔阶层序。大部分地块是异地的；但主要为前寒武系和下古生界变质层序，受寒武系和奥陶系（540—460Ma）闪长岩和花岗岩的侵入。下泥盆统（385—380Ma）推覆岩、晚泥盆世和早石炭世变质作用高峰在 350—340Ma 之间，花岗岩深成岩侵位发生在 330—305Ma 之间，均处于华力西造山运动阶段（Franke 等，2016）。在泥盆系台地序列之上的 Montaigne Noire 维宪阶，发育同造山运动期的复理石和重力滑动沉积。

北部为前寒武纪和早古生代布列塔尼和诺曼底的阿摩力克地块（Shelley 和 Bossière，2000），其中大部分变形发生在 645—540Ma 的新元古代—早寒武世卡多姆造山运动中，随后是零星的晚寒武世火山作用和奥陶纪、志留纪构造作用，主要的华力西造山运动发生在晚泥盆世和石炭纪。该边缘变形较小，包含晚奥陶世化石沉积，上覆不整合下泥盆统礁灰岩以及石炭系盆地序列，尽管在布列塔尼，下古生界海相岩石一直延伸到法门阶。上古生界花岗岩体的年代分别为 340Ma、300Ma 和 290Ma。由于下古生界地体单元的逐步发育及其几何结构的约束条件较差，在泥盆纪以前，阿摩力克仅表现为一个单一的区域。

306，科西嘉岛和撒丁岛。撒丁岛直到最近的 30Ma（渐新世）才离开伊比利亚半岛，在西南部有一个相对未变质的外围区域，在中部和东北部有另外两个变形区。西南地区发育寒武系和奥陶系底栖动物群，为典型的高纬度地中海省特征。东北段包含华力西构造推覆体，包括寒武系变质岩，后者先被流纹岩覆盖，后为奥陶系海侵沉积层、片麻岩和火成岩侵入体（Helbing 和 Tiepolo，2005）。科西嘉岛没有比泥盆纪更古老的岩石。

307，阿普利亚。意大利南部除了卡拉布里亚和西西里岛的大部分。发育奥陶系和志留系冈瓦纳周缘大洋笔石页岩盆地，随后是各种上古生界和中生界岩石，部分为陆架沉积，部分为盆地沉积。

309 和 311，斯瓦尔巴特群岛西部（309 单元）和东部（311 单元）。在志留纪加里东造山运动之前，斯瓦尔巴特群岛是劳伦古陆的一部分。西斯瓦尔巴特群岛发育新元古界和下古生界岩石，这些岩石被未变形的泥盆系古红砂岩和古生代晚期的海洋沉积物构造不整合叠加，然后上覆中生界和新生界岩石。东斯瓦尔巴特群岛早古生代岩石为相对未变形的台地碳酸盐岩，发育热带底栖动物群，为典型的劳伦古陆克拉通的一部分；因此，在加里东造山运动之前，斯瓦尔巴特群岛的两部分就已经分离了。

315，东阿瓦隆尼亚。爱尔兰南部、英格兰、比利时、荷兰、丹麦和德国北部的一小部分。在古生代统一为 108 单元阿瓦隆尼亚微大陆，直到两部分被侏罗纪大西洋开口分开。阿瓦隆尼亚是冈瓦纳大陆的一个完整的边缘板块，直到 490Ma 的 Rheic 洋开放，但在 443Ma 与波罗的大陆合并之前，它只是奥陶纪的一个独立的微大陆。元古宇基底（英格兰中部微克拉通）上覆不整合的下古生界、上古生界至新生界的沉积物，除泥盆纪、二叠纪—三叠纪发育古红和新红砂岩外，大部分为海洋沉积。

318，哈顿滩—东洛卡尔高原孤岛。一个除苏格兰西北部的洛卡尔小岛以外的不确定年代的大陆地壳浸没区，为 60Ma（古新世）的花岗岩。

319，摩西亚。包括保加利亚、塞尔维亚和罗马尼亚南部的部分地区。喀尔巴阡山脉南部广泛发育的中生代和新生代沉积，下伏寒武系和奥陶系的钻孔沉积物。塞尔维亚东部发育地中海省奥陶系腕足类（Krstić 等，1999），因此该地区最初可能位于冈瓦纳周缘（Yanev 等，2006）。

322 和 333，卡拉布里亚（322 单元）和中央亚平宁山脉（333 单元）。卡拉布里亚（包括东西西里岛）在 30Ma 左右离开了伊比利亚半岛。其奥陶纪和志留纪沉积物为较深水的笔石页岩，反映了当时的冈瓦纳周缘定位。亚平宁地区的奥陶纪和志留纪沉积物也是较深水的笔石页岩，也表明了冈瓦纳周缘的定位，但不能证明它们在古生代靠近伊比利亚。

337，Tisia。Tisia 地体（在匈牙利、克罗地亚、塞尔维亚和罗马尼亚也被称为 Tisza 巨型单元）构成了潘诺尼亚盆地部分地区的基底。Tisia 为华力西造山带拼贴，在石炭纪和二叠纪时向南欧贴合，后在侏罗纪（巴通期）断裂，目前 Tisia 边界受阿尔卑斯（中新世）构造控制（Szederkenyi 等，2012）。

338，罗多彼山脉。延伸到保加利亚南部和希腊东北部的爱琴海最北部地区。以变质基底为主，由前阿尔卑斯和阿尔卑斯的大陆和海洋亲缘单位组成。上白垩统—下中新统花岗岩侵入基底，被晚白垩世或新生代发育的火山和沉积序列所覆盖（Bonev，2006）。

340，Yermak 高原。延伸到西斯瓦尔巴特群岛北部的一条裂片（Riefstahl 等，2013）。地壳性质和年龄尚不清楚，但被认为是受 51Ma 左右碱性岩浆作用强烈影响的伸展大陆地壳。

346，希腊。包括亚得里亚海北部的阿德里亚，从意大利东北部到前南斯拉夫西部，从晚白垩世（马斯特里赫特期）到现在一直是一个向西北推进的坳陷。不发育比石炭纪更古老的岩石。

347，克里特岛。位于希腊俯冲带的弧前，目前正在吞噬特提斯海底的残余，后者正向北俯冲至克里特岛下方。大多数地质构造是渐新世逆冲叠积而成，最古老岩石（海相碳酸盐岩）的年龄可能是二叠纪。

350，Timanian。欧洲西北部的一大部分，在新元古代晚期至早寒武世的 Timanian 造山运动中成为波罗的大陆的一部分（302 单元；Gee 和 Pease，2005）。主要为新元古界岩石，少量不整合的古生界岩石。包括巴伦支海，加里东期变质基底的淹没区上覆未变质的早泥盆世至今的海洋和非海洋沉积物（Smelror 等，2009）。北部是法兰士约瑟夫地群岛，一个具有不确定古地理亲缘关系的早古生代构造扰动岩石的群岛，上覆不整合未变质的石炭系、二叠系和中生界岩石。

368—371，扬马延岛微陆块。分为几个不同的区块（368 单元、370 单元和 371 单元；Gaina 等，2009；Peron-Pinvidic 等，2012），其中 369 单元延伸到冰岛下方（Torsvik 等，2015）。这些地块最初位于格陵兰岛东部边缘，可能包含前寒武系基底、加里东期推覆体和较年轻的岩石。369 单元在始新世早期 53—47Ma 发生分离，到渐新世（27Ma），扬马延岛微大陆的所有部分都变成了欧亚大陆的一部分。

373，新地群岛。最初是波罗的大陆和乌拉尔山脉（390单元）北部地区的一部分，但在三叠纪波罗的大陆与西伯利亚西北部的贴合作用形成的弧形构造中向西转移（Buiter和Torsvik，2007）。下古生界台地碳酸盐岩具有典型的波罗的大陆省底栖动物群，相对未变形。

374，波希米亚。有时被称为Perunica，占据了捷克共和国的大部分地区以及波兰西南部的苏台德山脉。冈瓦纳的一个组成部分，持续到古特提斯洋在早泥盆世打开。布拉格中部盆地（被称为Barrandium）的寒武系—泥盆系未变质沉积，发育许多底栖生物化石，这表明下奥陶统地中海省的水较冷，生物多样性较低，也反映出直到泥盆纪纬度都在下降。波希米亚地块中既有奥陶系花岗岩，也有许多华力西火山岩和火成岩侵入体（McCann，2008）。

375，Saxothuringia和Bruno—Silesia。Saxothuringia是Rhenian—Hercynian以南的一个狭长区域，包括志留纪—早泥盆世岛弧，该岛弧在华力西造山运动中发生了高度变质（Franke等，2016）。卡多姆（750—540Ma）基底被490—485Ma花岗岩侵入的下古生界薄沉积层覆盖。

390，乌拉尔山脉。乌拉尔山脉形成了欧洲的东部边界，是一个由六个区域组成的复杂多变的复合体（Scarrow等，2002）；从西到东依次为前乌拉尔阶和中乌拉尔阶区域、古生代波罗的大陆边缘区（302单元）、西乌拉尔阶、塔吉尔—马格尼托戈尔斯克、东乌拉尔阶和跨乌拉尔阶区域。这些是合并的岛弧，最初位于波罗的大陆东部的海洋中。乌拉尔山脉的直线走向是在晚石炭世和早二叠世乌拉尔造山运动中走滑断裂作用的结果，当时波罗的大陆和哈萨克斯坦板块在盘古大陆形成时发生了联合。

391，卡拉库姆。一个复合地体，主要在土库曼斯坦境内，向东南延伸到巴基斯坦。它的核心包括一些大小不一的前寒武纪大陆残余，其中包括东部的Amudarya地块（Daukeev等，2002）。在Kizil Kum沙漠，除了卡拉库姆沙漠与高加索—曼格什拉克地体（393单元）的西北部边界之外，古生代和更早发育的岩石被中生代至今发育的构造岩所覆盖，其中包括北部的PamirMashhad岛弧（Natalin和Sengor，2005）。塔吉克斯坦—乌兹别克斯坦边界的前寒武系基底暴露于Baisun和Garm地块，上覆变形的奥陶系至泥盆系碎屑岩和石炭系火山岩（Biske和Seltmann，2010）。该单元可能在中石炭世贴合至哈萨克斯坦板块（Windley等，2007）。

392，波罗的大陆周缘东南部。波罗的大陆克拉通（302单元）东南一狭长地带，位于高加索曼吉斯拉克地体（393单元）北部。它的东部位于乌拉尔山脉（390单元）南部的西南方向，横跨里海。鲜为人知的下古生界岩石是上古生界和中生界的基础。391单元（喀喇昆仑）和497单元（天山南部）之间的东南向延伸被随意地包括在这一单元内：该构造变形和破碎地区的地质情况鲜为人知。

393，高加索—曼格什拉克。该单元位于里海的西部和东部，分别位于哈萨克斯坦、土库曼斯坦和乌兹别克斯坦。它被称为Turan地块，虽然现代的Turan台地向北延伸到咸海的东部。在里海东部附近，不发育比中泥盆世更古老的岩石。

394，塞西亚—里海南部。里海被两个西北西—东南东向构造带所分割。在北部地区，西部发育卡尔平斯基隆起，东部发育Ust Yurt中部断层（Natal'in和Şengör，2005），将塞西亚地块与里海西部的Terek盆地分开，以及将里海周缘坳陷与里海东部的曼格什拉克—图兰地块分开。该盆地基底由中泥盆统海底沉积组成，上覆有超过25km的沉积物（Zonenshain等，1990）。南侧穿过阿塞拜疆的大高加索山脉，向东穿过里海（包括 Apsheron 海脊），并穿过土库曼斯坦的科佩特达赫地区（Egan 等，2009）。在那里，西部被划分为北部大高加索地体和南部小高加索地体，中部为里海南部地体。两者都发育海相杜内阶和下维宪阶，但较晚的岩石是陆相的，除了大高加索地区的 Svanetia，那里较深的海相陆架沉积一直延伸到石炭系顶部（Daukeev 等，2002）。里海南部只发育中生界岩石。大高加索地区中—晚泥盆世火山活动频繁；然而，直到新特提斯洋的二叠纪开口，小高加索地体才离开冈瓦纳（Ruban 等，2007）。北高加索山脉有陆相地层，其石炭纪和二叠纪植物区系属欧亚大陆。高加索地体（塞西亚地体）以南是侏罗纪火山弧。

395，阿尔卑斯地区。阿尔卑斯山脉从法国东南海岸向东北延伸至 333 和 337 单元北部，与波罗的大陆克拉通（302 单元）北部相邻。阿尔卑斯造山作用的古近纪—新近纪至今的高度构造推覆体，包括前寒武系到古近系—新近系的各种岩石，以及奥地利卡尔尼克—阿尔卑斯地区的晚奥陶世和志留纪深水沉积地层。东、西阿尔卑斯寒武系岛弧碎片以及奥陶系火山岩、花岗岩等均表明该地区在古生代处于冈瓦纳活跃的西北段边缘。

397，Moldanubia。Saxothuringia 和 Bruno-Silesia（377 单元）以南和阿尔卑斯地区（395 单元）以北的狭长地带，包括法国的孚日地区和德国的黑森林。其结构复杂，可能包括几个小型古生代微大陆（McCann，2008），但在大多数重建工作中，它都与阿摩力克相连（图 8.10）。

3.4 北亚和中亚

这一广阔的地区包括西伯利亚、蒙古、哈萨克斯坦，以及中国北部和东部的大部分地区。虽然乌拉尔山脉在其西部形成自然边界，在其北部有北冰洋，东部有太平洋，但南部与印度和中东（500 单元以上）以及东南亚（600 单元以上）的边界是任意划定的。Zonenshain 等（1990）以及 Şengör 和 Natal'in（1996）综述了那些位于原苏联地区的部分，Cocks 和 Torsvik（2007）则综述了西伯利亚及其相邻地体的古生代地理。在巨型西伯利亚克拉通以南，华北和塔里木以北，发育一条广泛的褶皱带，被人称为阿尔泰或中亚造山带（CAOB），其中包括许多地体，大多是复合地体，在古生代末期和三叠纪盘古大陆聚集时互相贴合（图 3.8 和图 8.9）。由于还没有综述这一区域的大部分内容，这里的许多单元条目比本章其余部分的平均条目要长。

401，西伯利亚克拉通。又名安加拉大陆，中央克拉通被许多西伯利亚周缘的岩石环绕，许多被巨厚的中生代到现代沉积盆地所覆盖，尽管西部（468 单元）和东部（435 单元）西伯利亚西部盆地在这里是独立的单元。东部的 Verkhoyansk 和科雷马褶皱带也包括在内。中北部阿纳巴尔地块的太古宇和元古宇岩石以及克拉通南部的阿尔丹地盾被巨厚的未变质的新元古代（当地称为里菲期和文德期）和古生代沉积物所覆盖。南面有一个很大的坳陷，主要由巴尔古津花岗岩（436 单元）充填，但在巴尔古津和主克拉通之间有 Patom，我们把它包含在 401 单元内。Patom 完全是重褶皱的新元古界岩石，与主克拉通上的同年龄岩石不同。西伯利亚在 251Ma 的二叠纪末期被西伯利亚暗色岩大型火成岩省侵入。

405 和 415，新西伯利亚群岛（405 单元）和 Anyui（415 单元）。新西伯利亚群岛是一个主要由北冰洋的中生代到现代沉积岩石组成的群岛。然而，科特尼岛拥有寒武纪到二叠纪的一个大致完整的演替；贝尔科夫岛为泥盆系至石炭系，上覆二叠系西伯利亚暗色岩的熔岩层；贝内特岛有较厚

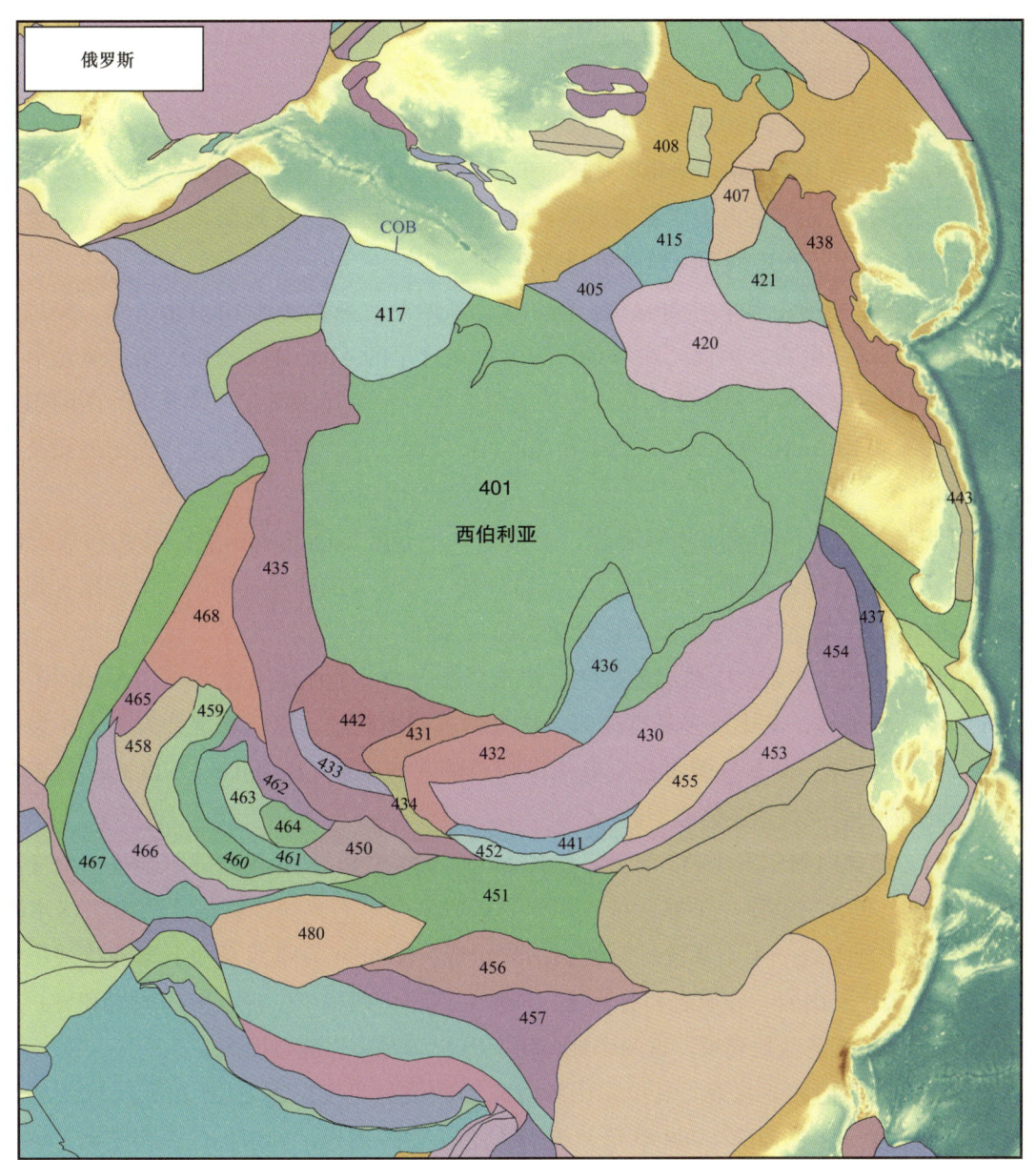

图 3.6 俄罗斯及邻近单元（板块标识 4××），欧亚盆地海陆边界转换带（COB）主要由地震、地磁或重力资料定义

的寒武纪和奥陶纪沉积物；布尔绍伊利亚霍夫岛具有新元古界变质火山岩和二叠系、中生界褶皱带。Anyui 位于新西伯利亚群岛以东，也是下伏大陆岩石圈的北冰洋的一部分，尽管它鲜为人知。

407，楚科塔。西伯利亚政治上最东北的部分，但在泥盆纪以前是北极阿拉斯加—楚科塔微大陆的一部分（在北美洲有 408、160 等单元）。基底为中元古界（1.9—1.6Ga），上覆奥陶系—下石炭统。

408，弗兰格尔岛。北冰洋大陆岩石圈的一个地区，包括弗兰格尔岛，晚志留世和早古生代沉积物以及火山岩不整合地覆盖在新元古代弗兰格尔复合体之上。在泥盆纪以前，它也是北极阿拉斯加—楚科塔微大陆的一部分。不要和北美洲科迪勒拉的弗兰格里亚混淆（162 单元）。

417，卡拉。包括俄罗斯北部的泰米尔半岛，以及十月革命岛和北冰洋北地群岛的其他岛屿。

-59-

它包含寒武系—泥盆系海洋沉积，下古生界多为独立的微大陆，但在早志留世与波罗的大陆合并，然后在二叠纪与西伯利亚合并。

420 和 421，切尔斯基（420 单元）和欧姆龙（421 单元）。也被称为科雷马—欧姆龙地体，这个单元位于西伯利亚东北部 Verkhoyansk 山脉的东部，现今下伏北美洲板块的西北部分。在中生代及后续的岩石之下，发育多个古生代及前寒武纪地块，其中 Omulevka 地块具有连续的早奥陶世—中泥盆世（吉维特期）沉积序列和海洋底栖动物群。

430，阿尔泰—萨莱尔，蒙古中部盆地。阿尔泰山从哈萨克斯坦绵延 1000 多千米，穿过俄罗斯南部和中国西北部进入蒙古，因此"阿尔泰"的名字在这里的 430、433 和 441 独立单元中重复出现。阿尔泰—萨莱尔包括若干个地体，其中许多为复合体，包括托木斯克、萨莱尔、西阿尔泰、东阿尔泰、Batenov 和 Kuznetsk Alatau（Cocks 和 Torsvik，2007）。许多是早古生代火山岛弧及其伴生的增生复合体。

431，西萨彦岭。下寒武统海相碎屑岩，上覆中—上寒武统陆相火山岩。岛弧和邻近的奥陶系—志留系的增生复合体，也有下志留统（兰多维列统）多贝壳的陆架沉积。志留纪贴合到西伯利亚克拉通（401 单元）的主体，之后成为被动边缘的一部分。

432，图瓦—蒙古。在蒙古中西部包括萨彦岭东部在内的一个地体组合，由 Badarch 等（2002）鉴定出 16 个单独的地体，其中许多具有岛弧。从太古宙到奥陶纪，以沉积混杂岩为主，包括海洋沉积，并有许多推覆体。图瓦—蒙古在中奥陶世与西萨彦岭碰撞（Sennikov，2003），两者都在晚奥陶世贴合到西伯利亚克拉通主体之上。

433 和 434，鲁德内阿尔泰（433 单元）和 Kobdin（434 单元）。鲁德内阿尔泰是一个变质程度较高的复合地体，包含文德阶—下寒武统蛇绿岩、寒武系—下石炭统岛弧岩，后者由浅水碳酸盐岩、浊积岩以及中泥盆统—下石炭统钙碱性火山岩组成。Kobdin 为寒武系和下奥陶统浊积岩，上覆不整合的上奥陶统安山岩、碎屑岩和石灰岩。该单元西南部的中—上泥盆统碎屑岩和燧石可能代表一个增生复合体或弧前盆地充填。这两个地体由上石炭统花岗岩缝合而成。

435 和 468，西西伯利亚盆地。乌拉尔山脉以东和西伯利亚克拉通（401 单元）以西的大片地区分为东部（435 单元）和西部（468 单元）。巨厚的古近纪—新近纪到现代沉积物模糊了鲜为人知的前寒武系和古生界岩石。435 单元包括 Ob—Saisan—Surgut，钻孔显示上泥盆统—下石炭统增生复合体被中—上石炭统陆地沉积不整合叠加，而后者被石炭系和二叠系花岗岩侵入。在石炭纪末期以前，整个地区成为西伯利亚克拉通（401 单元）的一个组成部分。

436，巴尔古津。元古宇变质岩和蛇绿岩位于文德期到寒武纪沉积物的底端（Zonenshain 等，1990）。尽管早泥盆世 Patom 冲断带的缩短意味着整个早古生代构造继续分离，但巴尔古津在文德期与西伯利亚克拉通被动边缘碰撞。该单元的大部分为巨大的上泥盆统巴尔古津花岗闪长岩，可能与西伯利亚主克拉通内的 Viljuy 盆地拗拉槽同期裂谷作用有关（401 单元）。

437，Nadanhada—Sikhote—Alin。兴凯—佳木斯—布列亚东部地区（454 单元），东邻太平洋。有一些中生代—古生代至早白垩世的拼合地体和弧前浊积岩残余，但主要为中生代至今的火山弧和增生柱的集合，后者自晚白垩世起逐渐与兴凯—佳木斯—布列亚熔接。

438，堪察加半岛。该单元位于政治上西伯利亚的东北部，东邻太平洋，西接鄂霍茨克洋，是新近形成的古近系—新近系到现代的海底岛弧，目前仍处于火山活动状态。

440，蒙古中部。一个由 14 个单元组成的地体组合，主要是岛弧和增生柱体（Badarch 等，2002），位于图瓦—蒙古地体组合（432 单元）的东部。9 个单元具有前寒武纪核心，蒙古中部由寒武纪至泥盆纪变的统一，在二叠纪沿索隆克缝合带与华北形成统一大陆（601 单元）之前，是阿姆利亚的一部分。

441，戈壁阿尔泰和曼达洛沃。这是两个独立的地体，大部分在蒙古境内，在泥盆纪之前合并，因此在这里分成一组（Badarch 等，2002）。它们都由奥陶系和上古生界岩石组成，包括蛇纹岩和辉长岩、火山岩和碎屑岩。在 Mandalovoo 地区，志留系（罗德洛统）碎屑岩中有 Tuvaella 腕足类动物群，说明当时地体位于西伯利亚周缘而不是冈瓦纳周缘。

443，千岛群岛。火山岛弧，从堪察加半岛南端（438 单元）延伸至太平洋西北边缘，从新近纪一直活跃至今。在弧的前方是生长的加积楔，它们围绕着深俯冲相关的太平洋海沟的北部。千岛群岛以西是鄂霍茨克洋，这可能是一个拼合的白垩纪海洋高原。

450，准噶尔。准噶尔盆地位于北部的阿尔泰山和南部的天山之间，虽然边缘有古生代露头，但大部分为中生代至近代沉积地层。该单元是寒武纪—二叠纪火山弧、增生棱柱和俯冲海底段的集合体，均被晚期花岗岩侵入（Xiao 等，2009b），在泥盆纪和石炭纪贴合于塔里木板块（480 单元）（Charvet 等，2007）。发育奥陶系（达瑞威尔阶以浅）含少量火山岩的深水陆架沉积。泥盆系（洛赫考夫阶—法门阶）火山岩，包括熔结凝灰岩、早泥盆世浅水沉积以及弗拉期和法门期深水沉积。二叠纪是陆相的，除了空谷晚期的浅海侵入（Daukeev 等，2002），其间点缀一些火山岩。塔里木和准噶尔有可能在石炭纪最晚期之前合并（Zhou 等，2001），或者在二叠纪末期合并（Xiao 等，2008）。

451，阿拉善。该复合地体跨越中蒙边界，Xiao 等（2009a）将其纳入华北大陆，由北山和六岩地体、敦煌和阿拉克斯地块、阿尔金断块组成（Zhou 和 Dean，1996）。左旋阿尔金断裂，北部为阿拉善板块的塔里木和敦煌段，南部为昆仑和柴达木—祁连板块，其位移超过 400km。阿拉克斯包括太古宇、元古宇、寒武系—中奥陶统岩石（Wang 等，2007）。在蒙古板块，该单元包括 Badarch 等（2002）提到的 Atasbogd、Hashaat 和 Tsagaan 地体。在以新生界为主的吐哈（或吐鲁番）盆地周围，也发育泥盆纪和石炭纪的大南湖火山岛弧岩。南天山、准噶尔和塔里木的逐渐碰撞发生在石炭纪末期至二叠纪早期，在 300—280Ma 之间（Zhang 等，2008）。阿拉善与祁连（456 单元）之间有晚泥盆世（约 370Ma）缝合深成岩体（Xiao 等，2009a）。

452，古尔班赛汗。在蒙古中南部的宽阔地带，与 Badarch 等（2002）的埃德伦地体相结合，后者与其处在一个类似的构造位置，并且有两个或以上的岛弧，发育寒武系蛇绿岩、奥陶系—志留系绿片岩、上志留统—下泥盆统放射虫硅质岩及枕状玄武岩和中泥盆统—下石炭统火山碎屑。发育较多叠瓦状逆冲席，该单元在晚石炭世与邻近的部分地质体贴合，但直到二叠纪才与南部的阿拉善贴合（Jian 等，2008）。单元发育下石炭统岛弧安山岩（336Ma）和花岗岩（321Ma；Batkhishig 等 2010）。埃德伦地体是一个变质的泥盆纪岛弧，发育碎屑岩与火山岩互层，之后是石炭系沉积岩，均被二叠系碱性花岗岩侵入。古尔班赛汗在 260Ma 的晚二叠世向阿拉善和西伯利亚周边的戈壁阿尔泰—曼达洛沃地体贴合。

453，呼塔格乌勒—松辽。一个横跨中国、俄罗斯和蒙古国边境的三角形区域，毗邻兴凯—佳木斯—布列亚（454 单元），在古生代的大部分时间里与之相连，成为阿姆利亚大陆的一部分。许多前寒武纪和后期单元的构造融合，但大多数早期沉积岩石被中生代和后期发育的火山岩和沉积物所掩盖。其南部为Solanker缝合带，该缝合带在早二叠世西端与晚二叠世东端呈倾斜闭合，将呼塔格乌勒—松辽与华北地区合并（Jian等，2008）。松辽地块为中生代沉积盆地，但钻孔发现了变质较弱的古生代沉积地层和含元古宇锆石的花岗岩。Wu等（2011）测定了地体的282块花岗岩的年代，除6块寒武系—奥陶系和7块石炭系岩石外，均为中生界及更年轻的岩层。

454，兴凯—佳木斯—布列亚。453单元东侧为布列亚和兴凯地区，两者之间为佳木斯地块。兴凯地块和佳木斯地块均经历了晚寒武世（约500Ma）高级变质作用，具有相同的新元古界锆石特征，并自那时起统一（Zhou等，2010），但主要由下古生界和二叠系花岗岩类、三叠系黑龙江变质杂岩组成。在早泥盆世，此单元成为阿姆利亚的一部分。单元发育海相下寒武统和奥陶系岩石，佳木斯和布列亚均包括类似的泥盆系和下石炭统大陆裂谷相关的火山岩和沉积岩。在俄罗斯，有一个古生界和中生界碎屑岩、碳酸盐岩和火山岩的盖层，覆盖在新元古界之上，被中奥陶统（471Ma，大坪阶）正长岩侵入（Zonenshain等，1990）。俄罗斯南部滨海省地区发育上二叠统火山岩和陆相、海相互层，其中海相层发育中—上二叠统腕足类。兴凯—佳木斯—布列亚可能始于西伯利亚或冈瓦纳，但在早古生代似乎并不靠近华北或华南。

455，努赫达瓦。一个具有多个岛弧的复合地体，包含Badarch等（2002）的蒙古努赫达瓦地

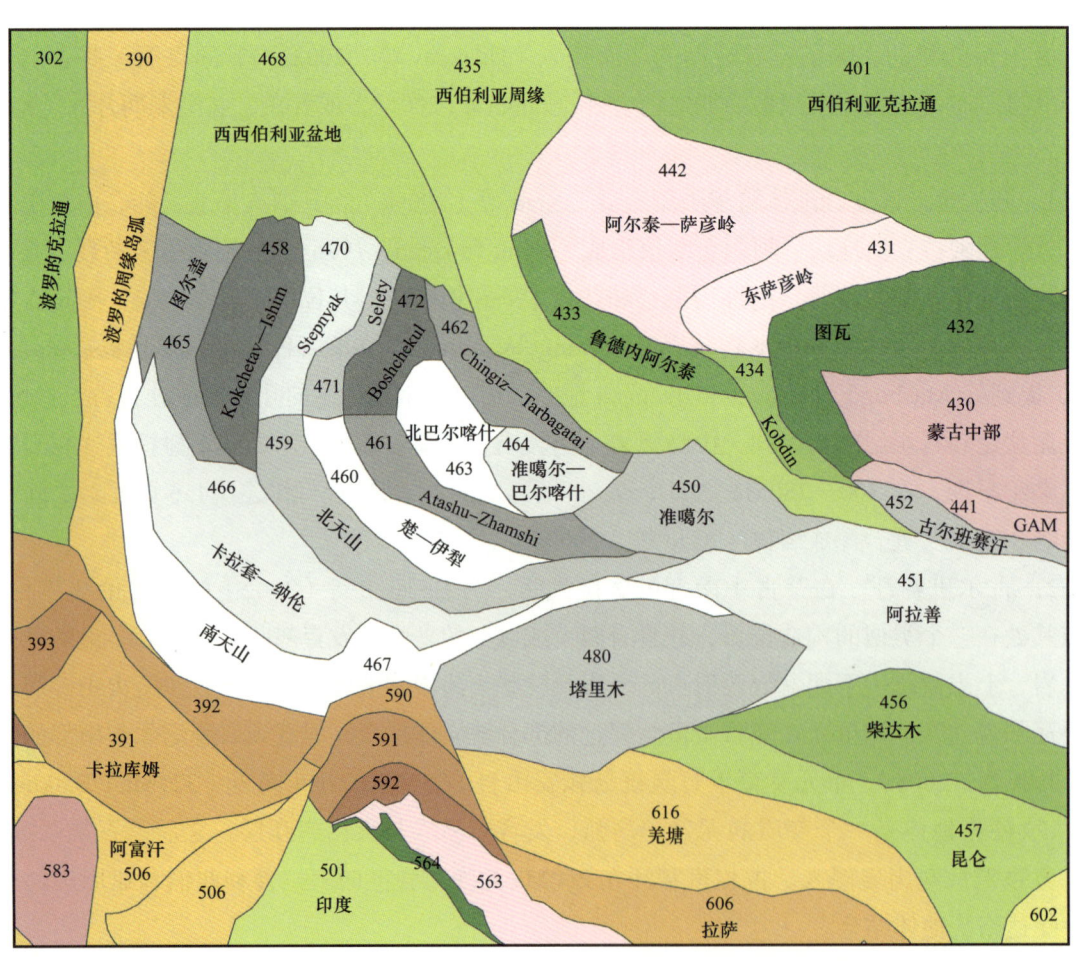

图3.7 扩大的东南亚和中亚（包括中亚造山带和哈萨克斯坦造山带的大部分）以及北印度单元

体及其向东延伸为中国境内的兴安地体和图兰地块。新元古界变质岩上覆古生界沉积岩和火山岩，均被奥陶系—二叠系花岗岩侵入（Wu 等，2011）。

456，柴达木—祁连。塔里木东南（480 单元）和阿拉善以南（451 单元）的复合地体。柴达木和祁连都包含多个独立的古生代单元，但本书把这两个单元结合起来。包括寒武纪—早奥陶世的河西走廊（陆坡）；北祁连带的中寒武统和奥陶系蛇绿岩、陆内火山岩和含有华北三叶虫区系的沉积物（Zhou 和 Dean，1996）；祁连—拉脊块体（元古宙克拉通断片，上覆古生界—中生界沉积岩碎块）；柴达木地块，发育寒武系和下奥陶统碳酸盐岩；而祁曼塔格带，发育下古生界碎屑岩和火山岩。地体在泥盆纪与华北（601 单元）贴合。发育下志留统（428Ma）花岗岩和石炭系浅海相岩石，后者发育腕足类（Chen 等，2003）。

457，昆仑。在中国的这一复合单元中包括松潘甘孜带和昌都—思茅地体（Metcalfe，2006）。后者在早三叠世沿澜沧江缝合带向冈瓦纳周缘（羌塘）贴合（Chen 等，2010）。西昆仑山脉（青藏高原北部边缘）至塔里木大陆存在岛弧蛇绿岩仰冲（Xiao 等，2002），并且岛弧或蛇绿岩成因浊积岩含有上奥陶统—下志留统和上泥盆统—下石炭统放射虫。昆仑条带是石炭—三叠纪岛弧叠加在奥陶纪（490—450Ma）岛弧上的残余物，中泥盆统（389—384Ma）基岩侵入其中（de Jong 等，2006）。在昆仑东北部，只有奥陶纪化石的年代是确定的（Zhou 和 Dean，1996）。再往东是与柴达木地块基底相似的元古宇基底，因此昆仑可能是柴达木南缘的一个增生楔体（Metcalfe，2006）。天山 Dzhetym 山脉下寒武统熔结凝灰岩上覆于文德阶岩石之上，上部为中寒武统深水陆架沉积和上寒武统浅海沉积。石炭系发育上维宪阶—卡西莫夫阶浅海沉积，不整合上覆于中志留统岩石之上，其后为石炭系（格舍尔阶）深水砂岩（Daukeev 等，2002）。

458，Kokchetav—Ishim。Ulutau 和 Kalmykkol—Kokchetav 地块在 510Ma 的中寒武世之前是统一的，实质上是前寒武纪变质克拉通上覆不整合的新元古界（文德阶）与中奥陶统沉积物和岛弧火山岩，其中包括 Ishim 岛弧（Dobretsov 等，2006）。Ishim 在泥盆纪发育洛赫考夫阶—布拉格阶火山岩，之后为不整合的吉维特阶和弗拉阶陆地沉积，缺失法门阶；但在其他地方，从洛赫考夫阶到法门阶沉积早期也发育陆相岩石以及少量火山岩，之后整合发育较新的法门阶浅海相碳酸盐岩（Daukeev 等，2002）。西部为中石炭统—中二叠统非海相盆地，发育大量的蒸发岩。

459，北天山。由前寒武系变质杂岩和寒武系—中奥陶统（达瑞威尔阶）岛弧安山岩、玄武岩和层间沉积物组成的复合单元，部分为陆源物质（Degtyarev 和 Ryazantsev，2007）。与楚—伊犁（460 单元）交界的是 Zhalair—Naiman 断裂带，该断裂带在 440Ma 左右闭合：发育奥陶系—下志留统缝合花岗岩（Popov 等，2009）。艾菲尔阶和之后的沉积物不整合地分布在奥陶系岩石上，而在吉尔吉斯斯坦北部，发育洛赫考夫期到泥盆纪末期的沉积物和火山岩的混合物（Daukeev 等，2002）。东部板块与天山南部在石炭纪合并（Zhou 等，2001），之后是石炭纪末期的磨拉石沉积和下二叠统 A 型花岗岩。上奥陶统岩石上覆中—上泥盆统酸性火山岩和下石炭统红层，上石炭统海相碎屑岩和二叠系火山岩（Bazhenov 等，2003），并且发育中石炭统—中二叠统非海相盆地。东部（中国西北部）包括泥盆纪和石炭纪北天山—博格多山火山弧（Pirajno 等，2008）。

460，楚—伊犁（Chu—Ili）。北天山微大陆（459 单元）前方发育新元古代露头（含有 2.8Ga 的太古宇锆石）和奥陶纪增生楔体，后者在 440Ma 左右的早志留世与楚—伊犁合并。东南界为 Zhalair-Naiman 走滑断层复合体，这是一个中寒武世—中奥陶世（达瑞威尔期）海洋沉积的俯冲—

拼合复合体。发育中寒武世—晚奥陶世岛弧沉积地层，其中既有奥陶世末期推覆体中的蛇绿岩和燧石，也有丰富多样的浅海动物群，尤其是腕足类（Popov和Cocks，2017）。从晚寒武世至中奥陶世西南缘为被动边缘，在此之前北天山被增生拼合（Popov等，2009）。除西北部外，从洛赫考夫阶至泥盆系顶部发育含有火山岩的陆相沉积物，后者在早法门期发育含有多壳动物群的浅海相沉积物，之后发育晚法门期的深水陆架碎屑岩（Daukeev等，2002）。

461，Atashu—Zhamshi。发育大量新元古代晚期（文德期）地层岩石，以及完整的寒武系浅海相碎屑岩和碳酸盐岩斜坡海隆层序；但紧随其后的是达瑞威尔阶和桑比阶火山岩以及凯迪阶和赫南特阶含放射虫的深水陆架沉积。北部有广泛的泥盆系火山岩，有大量的古地磁资料（Levashova等，2009），东北部的火山活动持续到二叠纪。东部为洛赫考夫阶—弗拉阶火山岩，之后为法门阶陆相岩石和浅海沉积。再往东直到巴尔喀什湖以西，新疆西北部有一个相对较小的伊犁地体（Zhu等，2009），发育前寒武系变质基底，不整合上覆寒武系—奥陶系碳酸盐岩和碎屑岩以及志留系浊积岩。伊犁还包括泥盆系陆相岩石和晚泥盆世—石炭纪（361—313Ma）火山弧和源于火山弧的花岗岩，其东北边界为北天山断层和上石炭统（325Ma）蛇绿岩，南侧为南天山的二叠系蛇绿岩（467单元）。

462，Chingiz—Tarbagatai。由三个单元组成的复合地体，具有破碎的前寒武纪核心（Zonenshain等，1990）。南缘奥陶系洋壳上直接发育岛弧，与西北部新元古代晚期—志留纪岛弧形成对比，后者发育于海洋和大陆板块基底之上（Windley等，2007）。两条岛弧之间为中寒武世—晚奥陶世增生楔，发育特马豆克阶—桑比阶火山岩，其上为凯迪阶和赫南特阶浅水沉积岩。西南部发育广泛的中—下泥盆统岛弧火山岩。在Chingiz地区，上布拉格阶到弗拉阶含火山岩的陆相岩石不整合上覆于志留系，其上为法门阶浅水海相层序；但在西北地区发育兰多维列统岩石，之上不整合覆盖洛赫考夫阶—弗拉阶含火山岩陆相岩石，再往上为法门阶浅海相序列。二叠纪陆地沉积与凝灰岩、熔灰岩等火山岩呈互层状（Daukeev等，2002）。

463，巴尔喀什北部。主要为奥陶纪—泥盆纪的增生楔体（Windley等，2007）。中奥陶统具有浊积岩和下奥陶统蛇绿岩碎片，均位于岛弧内，岛弧内还包括中—上奥陶统安山岩和玄武岩，以及含腕足类浅海沉积物（Daukeev等，2002）。泥盆系大部分为浅海沉积，但也有较早泥盆系陆相斜坡岩，在弗拉阶发育陆地沉积。东南地区一直到吉维特阶末期发育有浅海沉积，弗拉阶则既有浅海沉积又有陆地沉积，而法门阶只发育陆地沉积。二叠系由陆相岩石和许多火山岩组成（Daukeev等，2002）。

464，准噶尔—巴尔喀什。哈萨克造山带的东部地区是上泥盆统到石炭系的增生序列（Şengör和Natal'in，1996）。泥盆系剖面包括整个泥盆系浅海石灰岩和碎屑沉积物，以及艾菲尔阶玄武岩，在艾菲尔阶和法门阶之间也发育含丰富熔岩的深水沉积（Daukeev等，2002）。准噶尔—巴尔喀什褶皱带主要位于准噶尔地体西部和Atasu—Zhamshi地体北部，但该褶皱带的边界与464单元的边缘并不完全重合。

465，图尔盖。虽然图尔盖在地理上位于哈萨克造山带西北部，但它属于波罗的大陆周缘（Hawkins等，2016）。泥盆纪火山弧沉积在洋壳之上，图尔盖盆地发育中泥盆世—中石炭世地层沉积物和大量的石炭系火山岩和深成岩体，其中一些现在是重要的矿床。图尔盖东北部有洛赫考夫阶和下艾菲尔阶基性火山岩，零星点缀着上艾菲尔阶—中弗拉阶碎屑岩，但是上弗拉阶和法门阶碳酸盐岩中大部分缺少火山岩（Daukeev等，2002）。二叠系由陆相沉积物组成。

466，卡拉套—纳伦。一个复杂的单元，其边界位于中生界至今的岩石之下（Popov 等，2009）。包括 Ishim—Naryn 裂谷带的南半部，该地区早寒武世至奥陶纪（达瑞威尔期）发育碎屑岩沉积，部分为陆源碎屑（Degtyarev 和 Ryazantsev，2007）。在南部，早期的增生沉积之后是泥盆系和石炭系火山岩，以及新元古代至石炭纪的被动边缘沉积。西南部自中奥陶世（晚达瑞威尔期）起，存在安第斯型岩浆弧，466—438Ma 的花岗岩，以及大量早泥盆世、中石炭世—二叠纪火山岩和陆地沉积。北部泥盆纪至晚石炭纪火山活动频繁，发育中—下石炭统海相碳酸盐岩互层。西南为泥盆纪和石炭纪岛弧，在这里上奥陶统花岗岩缝合了逆冲和褶皱，后者使晚里菲阶到达瑞威尔阶碎屑岩发生变形。核心为前寒武系—下奥陶统和中泥盆统—二叠系岩石（Allen 等，2001），发育中寒武世至早奥陶世海山，以及寒武系浅水海洋石灰岩，之后为黑色页岩和浅水碳酸盐岩。晚奥陶世卡拉套—纳伦与北天山（459 单元）合并（Popov 和 Cocks，2017）。发育洛赫考夫阶—艾菲尔阶岩浆岩（Daukeev 等，2002）。发育中泥盆统—上石炭统碳酸盐岩台地，从晚泥盆世浅海相珊瑚和沙滩到杜内期和早维宪期的深水斜坡和骨架丘，再到中维宪期和巴什基尔期的骨架丘和沙滩镶边（Cook 等，2002）。在东南部，发育早石炭世向南推覆到碳酸盐岩台地上的岛弧岩石，然后是 320—315Ma 的巴什基尔期和早莫斯科期红土和铝土矿沉积；南方发育逆掩断层作用和复理石沉积，重力滑动沉积和进一步的推覆作用发生在 310Ma 的晚莫斯科期（Belousov，2007）。

467，南天山。一个长形复合单元，从卡拉套—纳伦的东端，经塔吉克斯坦、吉尔吉斯斯坦，至中国西北，包括 Zhou 和 Dean（1996）所说的中寒武世—早奥陶世那拉提地体。帕米尔山脉志留系既有深水黑色页岩，又有浅海相碳酸盐岩。再往东，有兰多维列统深水沉积物，也有同时期的浅海沉积，但所有的温洛克统—普里道利统岩石都是浅海沉积物，主要是碳酸盐岩（Daukeev 等，2002）。塔里木北部的天山山脉是塔里木与哈萨克斯坦之间的土耳其洋闭合后形成的一系列推覆体，起始于中石炭世（Burtman，2008）。下部推覆体原是塔里木北部被动俯冲陆缘的一部分。上推覆体形成于哈萨克斯坦边缘的加积棱柱体，仰冲至塔里木板块之上。除了天山弧中心，地体还包括一个与北塔里木被动边缘南部接壤的增生复合体（Xiao 等，2009b）。

468，西西伯利亚盆地西部。见 435 单元。

470，Stepnyak。弧后盆地和 Stepnyak 火山岛弧中存在一个增生楔，该岛弧在寒武纪洋壳和陆壳基底上，从早奥陶世（特马豆克期：485Ma）演化到早泥盆世（490—400Ma；Windley 等，2007）。在 480—460Ma 的中奥陶世（弗洛期—桑比期），它与 Kokchetav 微大陆（Unit 458）发生碰撞，460—440Ma 的上奥陶统花岗岩侵入（Dobretsov 等，2006），该单元大部分为奥陶系、泥盆系花岗岩类岩石（Kheraskova 等，2003）。在北方，特马豆克阶火山岩不整合覆盖于中寒武统之上，之后是浅水和深水的弗洛阶—凯迪阶沉积物，其上有一个下志留统之下的不整合（Daukeev 等，2002）。

471 和 472，Selety（471 单元）和 Boshchekul（472 单元）。Selety 发育下寒武统—特马豆克阶火山岩，上覆或间覆沉积物，其中部分沉积层为陆源，形成 472 单元东缘的 Boshchekul 微大陆，并在奥陶纪末期与之合并（Popov 和 Cocks，2017）。在 Boshchekul，发育两个前寒武系核心，不整合上覆洛赫考夫阶浅海相沉积和吉维特阶—下法门阶含火山岩陆地沉积，以及中法门阶浅海沉积和上法门阶深水陆架沉积；然而，其他地方的浅海沉积从洛赫考夫期一直持续到法门期（Daukeev 等，2002）。

480，塔里木。塔里木微大陆主要分布在中国境内，包括塔克拉玛干沙漠的大部分，北部为天山，南部为昆仑山。前寒武纪地块位于南侧，沿北部边缘有一个边缘盆地（Zhou 和 Dean，1996）。中部被新生代沉积物所覆盖，尽管钻孔已经穿透到一个发育太古宇—下寒武统岩石的古老克拉通（Xiao 等，2008），其上主要是寒武系和奥陶系碳酸盐岩层序（Daukeev 等，2002）。不发育上志留统—下石炭统岩石。广泛发育二叠系火山岩（280—270Ma；Pirajno 等，2008）。晚泥盆世（法门期）到晚石炭世（巴什基尔期）的大陆坡碳酸盐岩和碎屑沉积物与北部深水钙质和硅质沉积物接壤，之后沉积复理石，早于塔里木对吉尔吉斯斯坦活动边缘的贴合作用，后者始于310Ma以来的中石炭世（Windley 等，2007）。南缘活动活跃，发育早—中奥陶世安第斯型大陆边缘和岛弧的逐渐贴合（de Jong 等，2006），包含在西南部的北昆仑地体内（Xiao 等，2002），最后三叠系（214Ma）花岗岩缝合塔里木与昆仑板块。塔里木东南缘是一条将塔里木与柴达木、昆仑、阿拉善等地体分隔开的实质性走滑断层，包含509—487Ma的上寒武统—下奥陶统榴辉岩碎片和487Ma的特马豆克阶片麻岩。

3.5 印度和中东

该地区包括亚洲西南部和印度次大陆。大部分原来位于冈瓦纳大陆和后来的盘古大陆（Torsvik 和 Cocks，2009，2013）。

501，印度。一个次大陆，直到印度洋在晚白垩世开放，一直是冈瓦纳不可分割的一部分。以太古宙—新元古代克拉通为主，不整合上覆少量下寒武统海相岩石，后者又不整合上覆二叠系非海相岩石，首次记录了舌羊齿属植物。在巴基斯坦盐岭存在大量的石炭纪末期（格舍尔期）—早二叠世（阿瑟尔期）冰期沉积。在印度的北缘是喜马拉雅地区（563单元和564单元），其位于旧冈瓦纳的边缘，那里的岩石更多样化。印度西北部大部分地区被白垩系到古近系—新近系（65Ma）德干暗色岩LIP所覆盖。

502，斯里兰卡。前身为锡兰，是冈瓦纳的一个组成部分。在很大程度上，前寒武系岩石形成了一个克拉通，并可能最初是印度克拉通的一部分。

503，阿拉伯。一片广阔的区域，在古近纪—新近纪红海开放之前是冈瓦纳的一个组成部分。在许多地区，特别是沙特阿拉伯和伊朗西南部，包括奥陶纪高纬度的地中海无脊椎动物区，新元古界基底被中—下古生界岩石覆盖。从石炭纪开始，特提斯周缘岩石（主要为碳酸盐岩）沉积在多个盆地中，这些盆地自中生代至今一直处于褶皱状态。

504，土耳其中部和 Taurides。它是冈瓦纳周缘的一个组成部分，尽管在新元古代至奥陶纪期间，其相对于冈瓦纳核心的位置和方向发生了变化（Ghienne 等，2010）。它包括塞浦路斯，并发育各种显生宙大多数年代的火成岩和沉积岩。Taurides 发育下古生界岩石，具有高纬度地中海生物区。北面是 Pontides（581单元）。从中生代开始，这两个单元都形成了安纳托利亚板块的一部分，后者包括土耳其的所有地区以及希腊南部、叙利亚和伊拉克等邻近地区。

505，Alborz。最初是冈瓦纳一个边缘组成部分，现在位于伊朗。它的古生代腕足类动物群至少在泥盆纪之前与利比亚、阿富汗和巴基斯坦的相同。它和冈瓦纳之间的新特提斯洋在二叠纪向南开放。在里海东侧，Kopet Dagh 地区形成了该地体的北部，Alborz 山脉发育晚古生代变形（Gaetani 等，2009）。在 Kopet Dagh 地区，下志留统笔石页岩和石灰岩被厚层的泥盆系石灰岩覆盖。

506，阿富汗。与 Alborz 类似，这一单元中所包含的阿富汗地体最初也是冈瓦纳边缘的组成部

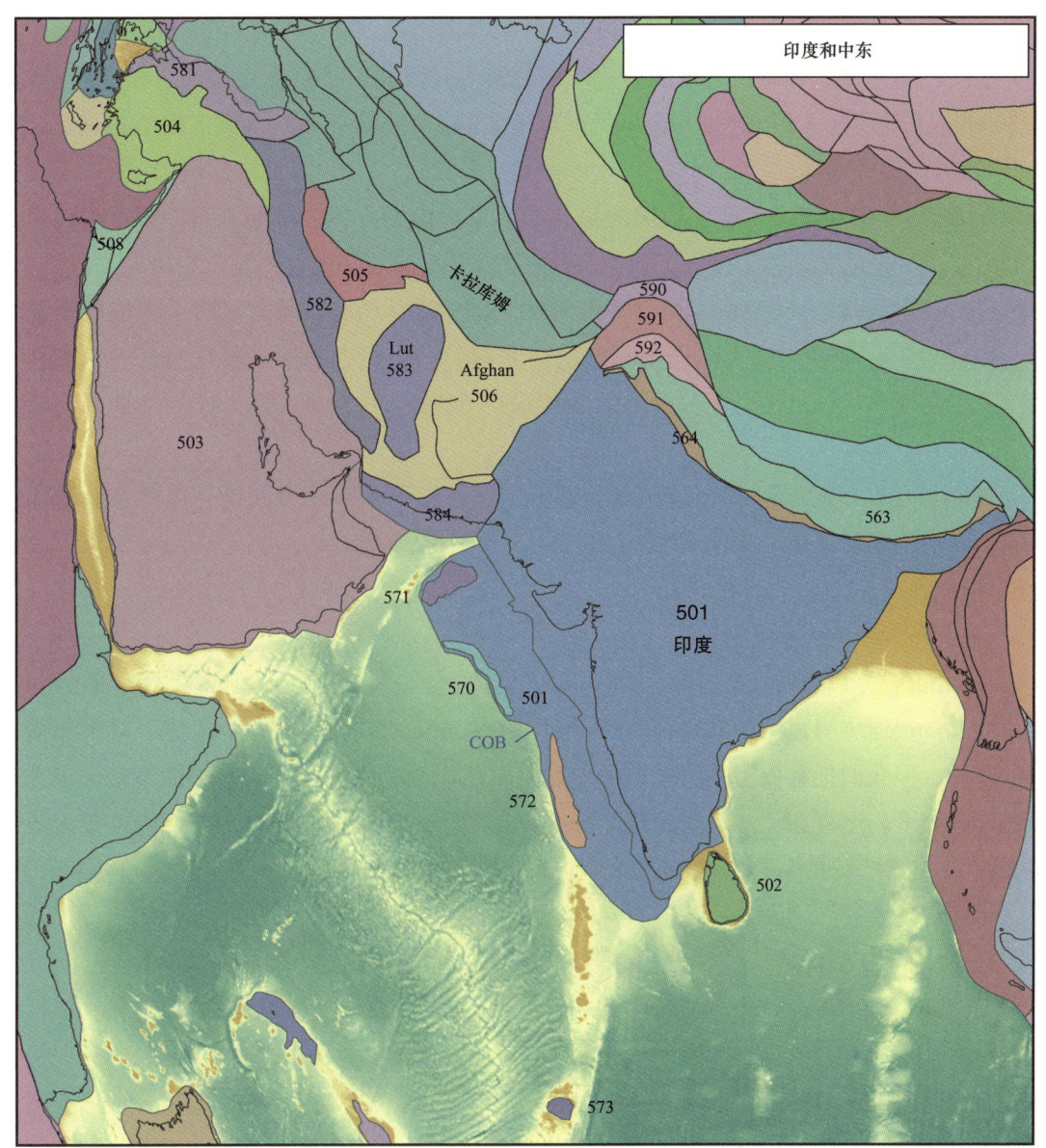

图3.8 印度和中东单元（板块标识5××），大陆海洋边界转换带（COB）主要由地震、磁性或重力数据定义

分，具有相同的泥盆纪和石炭纪腕足类动物群；它们和冈瓦纳之间的新特提斯洋也在二叠纪向南开放。卢特、Alborz和阿富汗地体的古生代核心被中生代和后期的贴合带（包括特提斯周围的海洋动物群）分隔开。

508，西奈半岛。现在一个相对较小的区域，形成了埃及的西奈半岛并向北扩展到以色列，冈瓦纳核心最初的一个组成部分，发育新元古界和早古生界岩石，包括含有化石的寒武系石灰岩。只有古近系早期，非洲和阿拉伯之间的红海的开放造成了构造上的孤立，古近纪—新近纪死海转换断层的发育将西奈半岛与阿拉伯板块（503单元）分离。

563，大喜马拉雅。特提斯喜马拉雅微大陆，定义了大印度盆地（"大印度"）的前缘。变形沉积岩的年龄范围从新元古代到始新世，下古生界保存较好。来自奥陶系红层的古地磁资料（Torsvik等，2009）和地质资料表明，早奥陶世时期特提斯喜马拉雅位于印度克拉通附近，然后形成了连续的边缘。van Hinsbergen 等（2012）从古地磁资料中得出结论，大印度地区在 118—68Ma（中—晚白垩世）之间经历了伸展和海洋盆地的形成。西藏喜马拉雅相对于印度克拉通（501 单元）向北漂移超过 2000km，随后在大约 50Ma（始新世）与南亚前缘的拉萨（606 单元）发生碰撞后，又产生了相同级别的会聚。

564，小喜马拉雅。定义了印度板块的最北端，发育古元古界的早期岩石序列，被解释为被动边缘或火山弧，上覆前寒武系上部—下古生界碳酸盐岩和石英岩（Kohn 等，2014）。

570，拉克西米海岭。拉克西米山脊下变薄的大陆地壳（Collier 等，2009）可能属于新元古代（Torsvik 等，2013），最初与塞舌尔群岛和印度西北部的马拉尼省并列。拉克西米海岭和塞舌尔群岛在晚白垩世与印度（Gop 裂谷）分离。海底扩张在 62Ma（古新世）开始于拉克西米海岭和塞舌尔群岛之间。

571，Murray 脊。像拉克西米海岭（570 单元）一样，这个单元可能是一个原本位于印度西北部近海的小而薄的大陆碎片（Calves 等，2011）。

572，拉克沙群岛。见 777 单元。

573，查戈斯。见 777 单元。

581，Pontides。虽然现在是土耳其中部以北的一部分（504 单元），但古生代早期的动物群显示，当时的 Pontides 与冈瓦纳的其他部分是分开的。Pontides 被认为是多个地体，其中包括一个伊斯坦布尔地体，但我们把它作为一个单一的单元。下奥陶统（特马豆克阶）可能不整合覆盖在前寒武系基底片麻岩上，不存在已知的寒武系。Pontides 的奥陶纪动物群与 Taurides（504 单元）的动物群有较大差异，但与阿瓦隆尼亚的动物群相似（Dean 等，2000），这表明当时 Pontides 较 Taurides 更偏西，纬度可能更高。上石炭统复理石标志着华力西变形的开始，不整合上覆下三叠统陆相碎屑岩。由复理石中的锆石推断，在古生代晚期，Pontides 可能位于波希米亚（374 单元）附近，但在前白垩纪走滑断裂作用下，该地体被转移到现今的位置，并在中生代以后形成安纳托利亚板块的一部分。

582，萨南德。有时被称为 Sandaj—Sirjan 地体，现在位于伊朗。为狭长地带，推测为冈瓦纳下古生界变质基底，上覆阿拉伯半岛东北缘的石炭纪和之后的陆架沉积。在萨南德和阿拉伯（503 单元）之间发育二叠系蛇绿岩，标志着它们的分离是新特提斯洋开放的一部分。

583，卢特。现在同样位于伊朗，卢特与冈瓦纳在寒武纪是分开的，因为在其西部边缘附近发育广泛的安山岩和奥长花岗岩火山岩，而当时冈瓦纳邻近的北缘是被动的。该单元的古生界岩心可代表三个不同的下古生界较小的地质体。

584，莫克兰。喜马拉雅造山带附近的中生代到现代的加积单元集合，位于今天伊朗和巴基斯坦南部，喜马拉雅山脉西部和印度洋之间。

590，北帕米尔高原。塔吉克斯坦、阿富汗、印度和中国西部的帕米尔山脉是三个独立的单元，北部、中部和南部（Zanchi 等，2000）。北部帕米尔高原是众多哈萨克斯坦复合地体的一部分，但是无论是卡拉套—纳伦，南天山，还是昆仑，都是任意划分的，把它确定为昆仑西部的一个独立单元（Stampfli 和 Borel，2004）。冈瓦纳下古生界边缘位于帕米尔高原中部和北部之间的 Wanch—AkBaktail 缝合带。在帕米尔高原北部，南推覆构造中发育前寒武系基底，北推覆构造中存在古生界洋弧和岛弧复合体。寒武系主要为黑色页岩；志留系为浅海沉积物；石炭系发育火山岩，上覆浅海沉积物（Daukeev 等，2002）。帕米尔高原在喜马拉雅造山运动中都发生了较大的变形。然而，北部帕米尔高原石炭系和二叠系的变形与南部和中部不同（Zonenshain 等，1990），这证实了它们的分离。帕米尔高原北部与天山南部（467 单元）之间没有明确的古生界地体界线；然而，并没有把它们结合起来，因为这样一个统一的地体将在塔里木的北部和南部运行，这是不现实的。北帕米尔高原与昆仑（457 单元）之间的边界难以划定，前者可能是后者的西延（Zhou Zhiyi，2012）。

591，帕米尔高原中部和南部。帕米尔高原南部和中部可归为喀喇昆仑地体（592 单元）一组，因为后者是在中泥盆世由岩浆岩缝合到帕米尔南部高原的北缘。这些化石具有冈瓦纳特征，例如来自上特马豆克阶（南帕米尔最古老的古生界岩石）的三叶虫，包括温带的 *Vietnamia* 和 *Birmanites* （Fortey 和 Cocks，2003）。新特提斯洋在二叠纪早期开放，喀喇昆仑地体、帕米尔中南部和阿富汗地体与冈瓦纳分离（Stampfli 和 Borel，2004）。

592，喀喇昆仑。喀喇昆仑主要位于巴基斯坦西北部，发育奥陶纪—白垩纪沉积地层（Gaetani，1997）。在前奥陶系结晶地块上方的沉积物中，含有中—下奥陶统疑源类和几丁虫（Quintavalle 等，2000），以及来自西部喀喇昆仑和邻近兴都库什山的下奥陶统牙形石。第二个旋回出现在晚泥盆世—早二叠世，第三个旋回出现在早二叠世—侏罗纪末期。

3.6 东南亚

600，Sulinheer。华北北缘较窄的一条带，由志留系和泥盆系变质岩（包括蛇绿岩）组成，受辉长岩和花岗闪长岩侵入，全部不整合上覆石炭系和二叠系碎屑岩和石灰岩。自泥盆纪末期起，它就是华北地区的一个组成部分，形成了晚石炭世至中二叠世逐渐闭合的 Solonker 缝合带的南缘。

601，华北。包括中国东部和北部的大部分地区以及朝鲜半岛，通常被称为中朝板块。它的中心是在元古宙合并的三个太古宙克拉通。华北地区发育良好的寒武系至中奥陶统海相层序，但上奥陶统与上石炭统之间存在较大的不整合，说明其当时为陆相地区。北缘为 Solonker 缝合带，形成于晚石炭世—中二叠世呼塔格—松辽（453 单元）的逐渐贴合时期。其南缘在晚侏罗世或早侏罗世沿秦岭大别缝合带与华南（602 单元）合并。柴达木—祁连（456 单元）在泥盆纪向华北西部边缘贴合。

602，华南。一个稳定的克拉通（包括一些 2.8Ga 的太古宇基底），在距今约 1Ga 的元古宙合并而成。克拉通陆架碎屑岩基本未发生变形，在一个相对完整的序列内经历了多次沉积间断，形成了多样的寒武系—泥盆系底栖动物群，之后发育了具华夏植物群特色的晚古生代陆地沉积地层。其东南华夏段（包括海南岛）在中生代受走滑断裂作用而向南位移。在三叠纪，华南沿南界与安南沿 Ailoshan 和 SongMa 缝合带合并（Cai 和 Zhang，2009）。其北部为秦岭大别造山带，其中包括小的南秦岭地体，其在约 465Ma 的晚奥陶世与华南分离，在二叠纪末期与华南重新会聚。

603 和 647，中缅马苏。缅甸东部、泰国北部和中部形成了细长的中缅马苏地体的北部（603 单元），从印度尼西亚的苏门答腊岛一直延伸到缅甸东部（Metcalfe，2006；Ridd 等，2011）。南部（647 单元）从泰国西部穿过马来半岛到苏门答腊，并且在整个显生宙与北部（603 单元）统一。中缅马苏在二叠纪新特提斯洋开放之前一直是冈瓦纳的一个组成部分，发育新元古界基底、古生界碎屑岩、碳酸盐岩和火山岩，局部不整合较多；大部分在二叠纪—三叠纪大量花岗岩侵入期间受到构

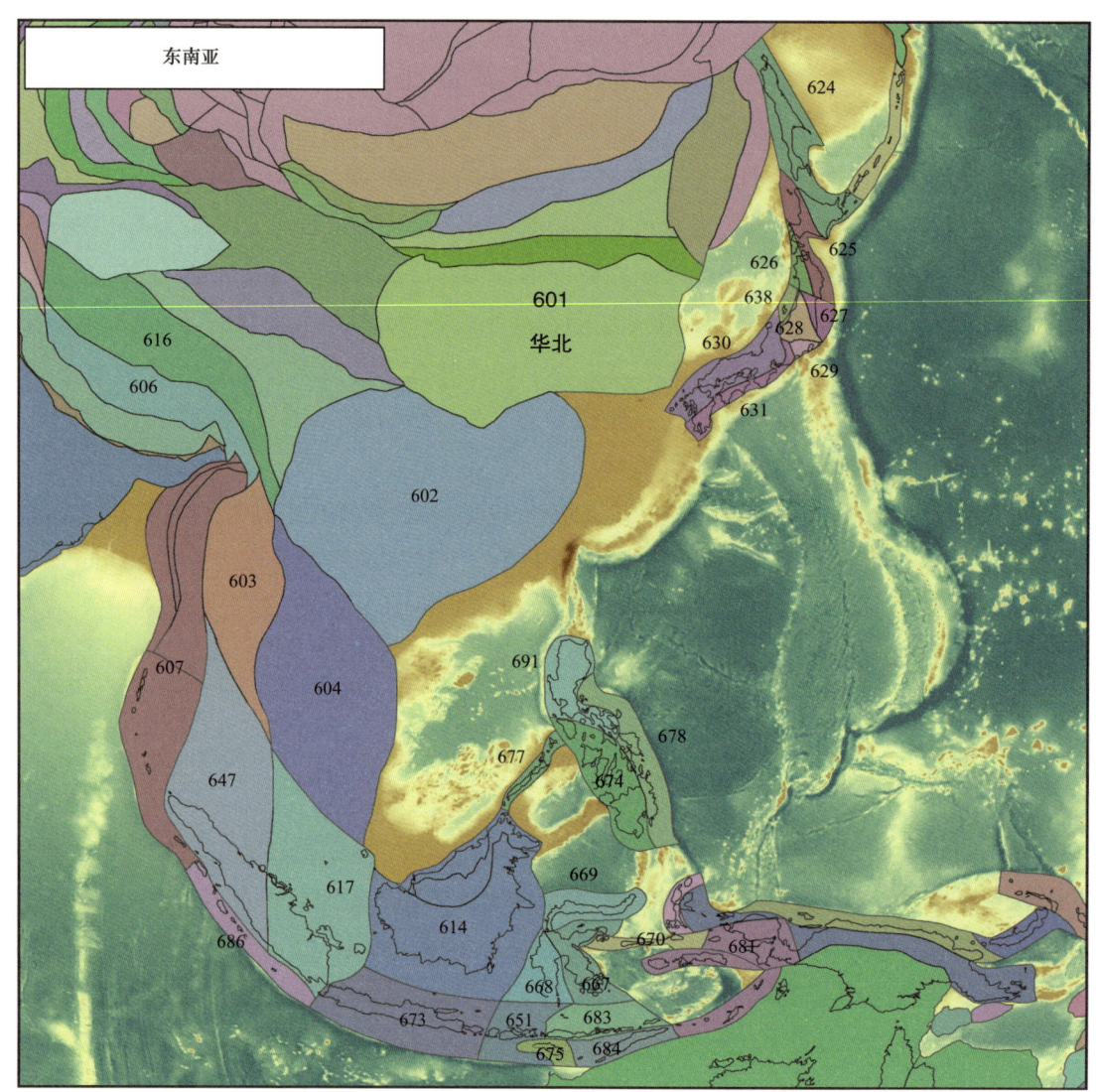

图3.9　东南亚单元（板块标识6××），大陆海洋边界转换带（COB）主要由地震、磁性或重力数据定义

造扰动。其上奥陶统（桑比阶）动物群表明，它接近华南（602单元；Fortey和Cocks，2003）。

604，安南。安南主要由印度中南半岛组成，也包括中国和泰国的邻近地区（Sone和Metcalfe，2008）。其核心为古元古代克拉通，发育古生界侵入岩，其上发育上古生界陆相红层之下的重大不整合，后者被上三叠统—白垩系花岗岩侵入。从新元古代到中泥盆世，安南可能与华南合并为一个统一的大陆（Cocks和Torsvik，2013）。泰国地区也发育石炭系和二叠系海相碳酸盐岩，它们原本是大洋海山的一部分（Ridd等，2011）。

606，藏南地区（拉萨）。拉萨是两个主要的西藏地体中偏南的一个，这两个地体在二叠纪新特提斯洋开放之前一直是冈瓦纳超地体的组成部分。拉萨和其北部邻居羌塘（616单元）在古生代（Metcalfe，2006）显然是统一的，但在晚三叠世分离，随后在早白垩世重新统一。

607，缅甸西部。位于中缅马苏地体（603单元）的西部，主要是三叠纪到古近纪—新近纪发育的岩石，形成了一个单独的地体单元，随后从冈瓦纳的南极洲部分向北漂移。

614和617，婆罗洲和东马来西亚。包括加里曼丹和苏门答腊岛东部。西部通过包含蛇绿岩的

Raub—Bentong 缝合带与中缅马苏（647 单元）接壤，东部发育另一条蛇绿岩带。主要为白垩纪和古近纪—新近纪变形的复理石带，含重力滑塌沉积，包括渐新统（26Ma）花岗岩。快速变化的白垩纪到现代古地理（Hall 和 Holloway，1998）。

616，藏北地区（羌塘）。羌塘是两个主要的西藏地体中较北的一个，在二叠纪新特提斯洋开放之前，这两个地体一直是冈瓦纳的组成部分。羌塘和它的南部邻居拉萨（606 单元）在古生代显然是统一的（Metcalfe，2006），但它们在晚三叠世分离，随后在早白垩世重新统一。

624，萨哈林岛（库页岛）。位于鄂霍茨克洋西部边缘，处于俄罗斯大陆和太平洋之间。发育早古生代至现代沉积物和中生代加积杂岩，受白垩纪—新生代几个阶段的变形作用的影响。

625，Kitakami。日本北海道岛东部，萨哈林岛（库页岛）（624 单元）以南。寒武系至中奥陶统变质基底，可能为增生棱柱和火山岛弧，被蛇绿岩和 466Ma 发育的奥长花岗岩侵入。志留纪至泥盆纪发育岛弧火山岩和沉积物，不整合上覆下石炭统（杜内阶）页岩和维宪阶石灰岩。二叠纪有新的岛弧活动。

626，北海道西部。北海道是日本最北端的主岛，分为几个部分，西部地区是千岛岛弧的一部分。发育由白垩系花岗岩侵入的侏罗纪增生复合体，被古近系—新近系与全新统火山岩和沉积岩不整合覆盖。

627 和 628，本州岛东北部（627 单元）和中部（628 单元）。日本岛弧的一部分，还包括志留纪到早白垩世的海洋沉积、侏罗系增生复合体和早白垩世发育的长英质深成岩。石炭系和二叠系化石与中国南方浅海相化石存在联系。

629，关东。日本岛弧的一部分，包括中生界高压变质岩、侏罗系—新生界增生复合体和含火山灰的第四系沉积物。

630，舞鹤。日本本州岛的一部分。北界的石炭系腕足类（与其他日本地体混合的北界和特提斯界动物群形成对比）表明，与其他处于华南大陆（602 单元）边缘的地体形成对比的是，此地体代表一个孤立的大洋海山。

631，Kurosegawa。日本九州岛的一部分。发育下古生界变质岩，上部为上志留统—泥盆系火山岩和碎屑岩，代表岛弧沉积。它们被二叠系岛弧岩覆盖。地体主要由晚侏罗世至早白垩世的推覆体组成。

638，佐渡海岭。位于日本群岛（日本海）以西，可能由古生界和中生界基底组成，上覆火山岩和中新统凝灰岩沉积物。

647，中缅马苏（南部）。见 603 单元。

651，Subawa—Flores。小巽他群岛的一部分，沿巽他海沟俯冲形成的火山弧。

667，668 和 669，苏拉威西岛西南部（667 单元）、西部（668 单元）和东部（669 单元）。位于澳大利亚—欧亚—太平洋三大板块交界处，经历了复杂的晚白垩世至今的俯冲与碰撞，以及中新世及之后的伸展与断裂活动。

670，Banggi—Sula。位于印度尼西亚东部苏拉威西岛和班达海之间，处于太平洋、菲律宾海、印度—澳大利亚和欧亚板块之间的复杂交会地带。包括被认为在中生代从澳大利亚分离出来的 Banggi—Sula 微大陆，在中新世中期—晚期与东苏拉威西岛发生碰撞。大多为石炭系或更古老的岩石。

673，675 和 686，爪哇岛（673 单元）、松巴岛（675 单元）和苏门答腊西南部（686 单元）。火山岛弧由印度—澳大利亚板块向北俯冲而成，属于巽他或爪哇海沟，从西北的缅甸延伸到东南的松巴岛。西爪哇包含被贴合到巽他古陆核心的中生界岩石。松巴岛由火山、深成岩和火山碎屑岩组成，记录了从晚白垩世—渐新世的岛弧火山活动。松巴岛是一个外来地体，起源于澳大利亚西北部或巽他古陆。

674，677，678 和 691，菲律宾群岛西部（674 单元）和东部（678 单元）、巴拉望岛（677 单元）和吕宋岛（691 单元）。菲律宾的一个复合拼贴构造，由变质地体、岩浆岛弧、蛇绿岩复合体、沉积盆地和欧亚大陆的亲和陆块组成。晚二叠世至侏罗纪的微陆块为北巴拉望地块，位于巴拉望北部（677 单元）、民都洛岛南部（674 单元）、班乃岛（674 单元）的朗布隆群岛和布卢安加半岛。菲律宾群岛的其余部分被称为菲律宾活动带，这是欧亚板块和菲律宾海板块相互作用的产物。菲律宾群岛的西面为马尼拉海沟，东面为菲律宾海沟，二者都为活跃俯冲带。

681，Buru—Seram。这些岛屿是印度尼西亚马鲁古群岛的一部分。Buru 位于外班达弧内，发育上古生界和较新的岩石，被许多人认为是源于澳大利亚的一个微大陆。Seram 发育上古生界—中新统岩石，由于板块反转进入班达湾（Pownall 等，2013），这些岩石在 6—5Ma 时（中新世—上新世）经历了极端的伸展（地幔折返）。

683，韦塔岛。小巽他群岛的一部分，形成于中新世以来巽他—班达弧下的印度—澳大利亚板块俯冲作用。

684，帝汶岛。位于非火山外班达弧和部分澳大利亚大陆边缘。可能发育澳大利亚前寒武系基底，但最古老的裸露沉积物是二叠系。侏罗纪时期从澳大利亚西北部边缘分裂出来，但在上新世与班达火山群岛的弧前碰撞后才成为一个岛屿（Hall，2012）。

3.7 非洲和西印度洋

Torsvik 和 Cocks（2009，2013）对非洲古生代地理进行了综述，该地区形成了冈瓦纳大陆的中心部分和之后的盘古大陆。当大西洋从晚侏罗世开始开放（Torsvik 等，2009），印度洋从晚白垩世开始开放（Torsvik 等，2013），它发展成为今天的独立大陆。

701，南非。这一地区比今天的南非共和国大得多，发育两个古生代和古元古代克拉通（刚果和卡拉哈里沙漠），它们在许多地方被显生宙沉积物覆盖，主要位于南非。后者包括变质的新元古界上部 Klipheuwel 群、海相奥陶系—下泥盆统桌山群，以及以三角洲为主的 Bokkeveld 群；后者生产早泥盆世 Malvinokaffric 省冷水腕足类。在南非及其北部更大的区域内，石炭系—侏罗系的卡鲁超群由海洋、淡水、大陆和冰川成因沉积与二叠纪舌羊齿植物区系和壮观的爬行类化石互层组成。南段受寒武系海角褶皱带构造的影响，并以南非和纳米比亚中寒武统花岗岩的侵入而告终。该单元在新元古代成为冈瓦纳的一部分，并一直保持这种状态，直到中大西洋岩浆区 LIP 在 201Ma 的三叠纪末期侵入，从而打开了南大西洋。卡鲁 LIP 在 183Ma 的侏罗纪被侵入。

702，马达加斯加。马达加斯加岛原属于非洲克拉通太古宙和古元古代维多利亚地块（712 单元）的一部分，在许多地方被显生宙沉积物覆盖。它在新元古代成为冈瓦纳的一部分，一直保持到中生代（侏罗纪）印度洋的开放，之后它一直依附于印度，直到晚白垩世才最终成为一个独立的岛屿。

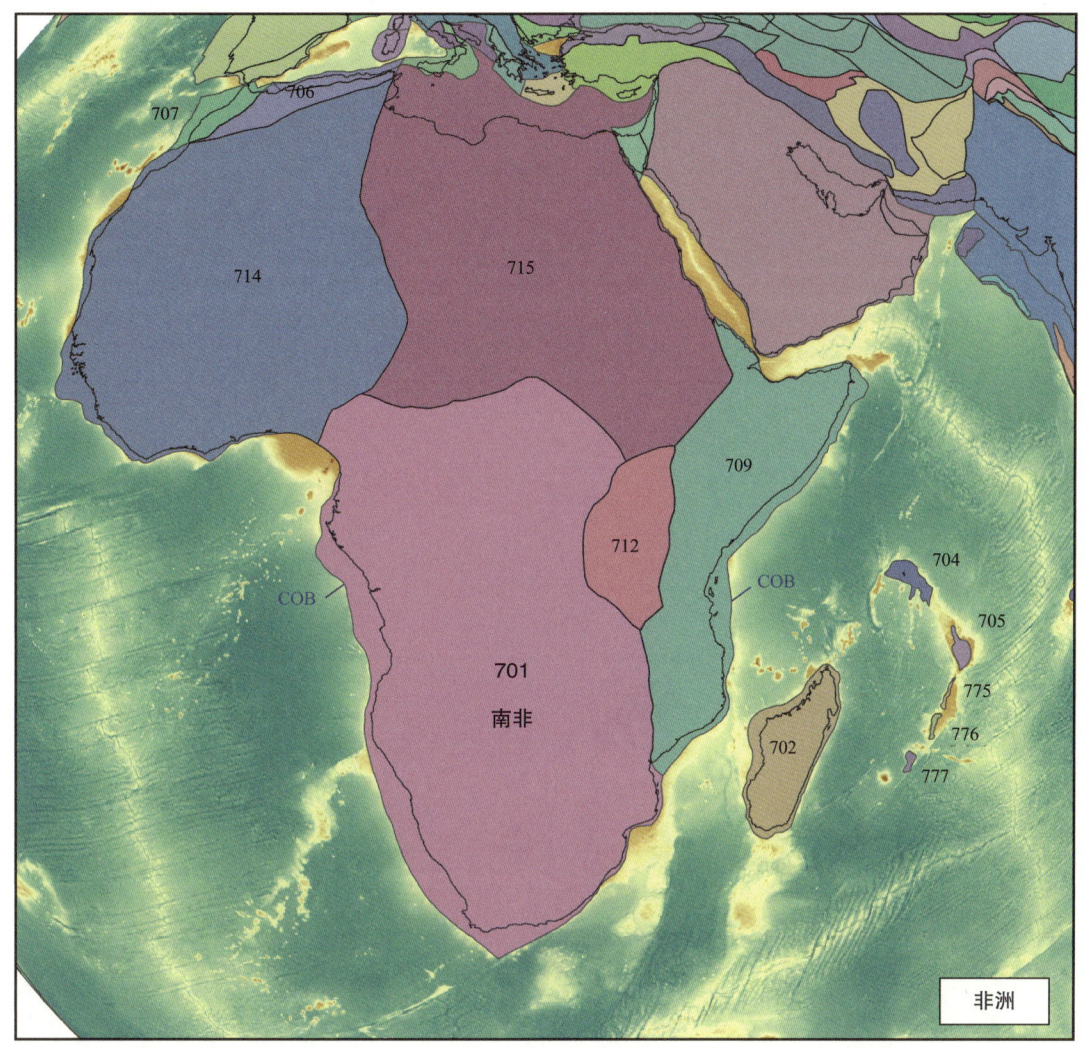

图 3.10 非洲单元（板块标识 7××），大陆海洋边界转换带（COB）主要由地震、磁性或重力数据定义

704，塞舌尔群岛。塞舌尔群岛是一块大陆碎片，在 65Ma 的德干岩浆活动高峰后不久，与印度（拉克西米山脊，570 单元）在 63—62Ma（古新世）分离。塞舌尔群岛主要由新元古界（800—700Ma）未变形的花岗岩和花岗闪长岩组成（Ashwal 等，2002；Tucker 等，2001），但其中两个岛屿（Silhouette 岛和北岛）包含一个较新的深成火山岩复合体（63Ma：古新世），其与德干暗色岩火山作用的最后阶段是同时期的（Owen—Smith 等，2013）。塞舌尔、马达加斯加和印度从新元古代到晚白垩世一直在一起。晚白垩世的 LIP 事件（91—84Ma）覆盖了马达加斯加的大部分地区和印度西南部的部分地区，不久之后马斯克林盆地打开，将印度和塞舌尔从马达加斯加分离开来。塞舌尔与印度在 62Ma 分离后不久，海床扩展终止于马斯克林盆地，在 56Ma（古新世—始新世边界时间），塞舌尔成为非洲（索马里）板块的永久组成部分（Torsvik 等，2013）。

705，Saya de Malha。见 777 单元。

706，奥兰高原。非洲西北部一地区，包括摩洛哥东部的一部分（有时称为摩洛哥东部高原）、阿尔及利亚北部和突尼斯西部，与摩洛哥高原（707 单元）被中部阿特拉斯山脉（Michard 等，2008）分割，与非洲西北部（714 单元）被东部和撒哈拉阿特拉斯山脉隔开。不同的古生代沉积物

-73-

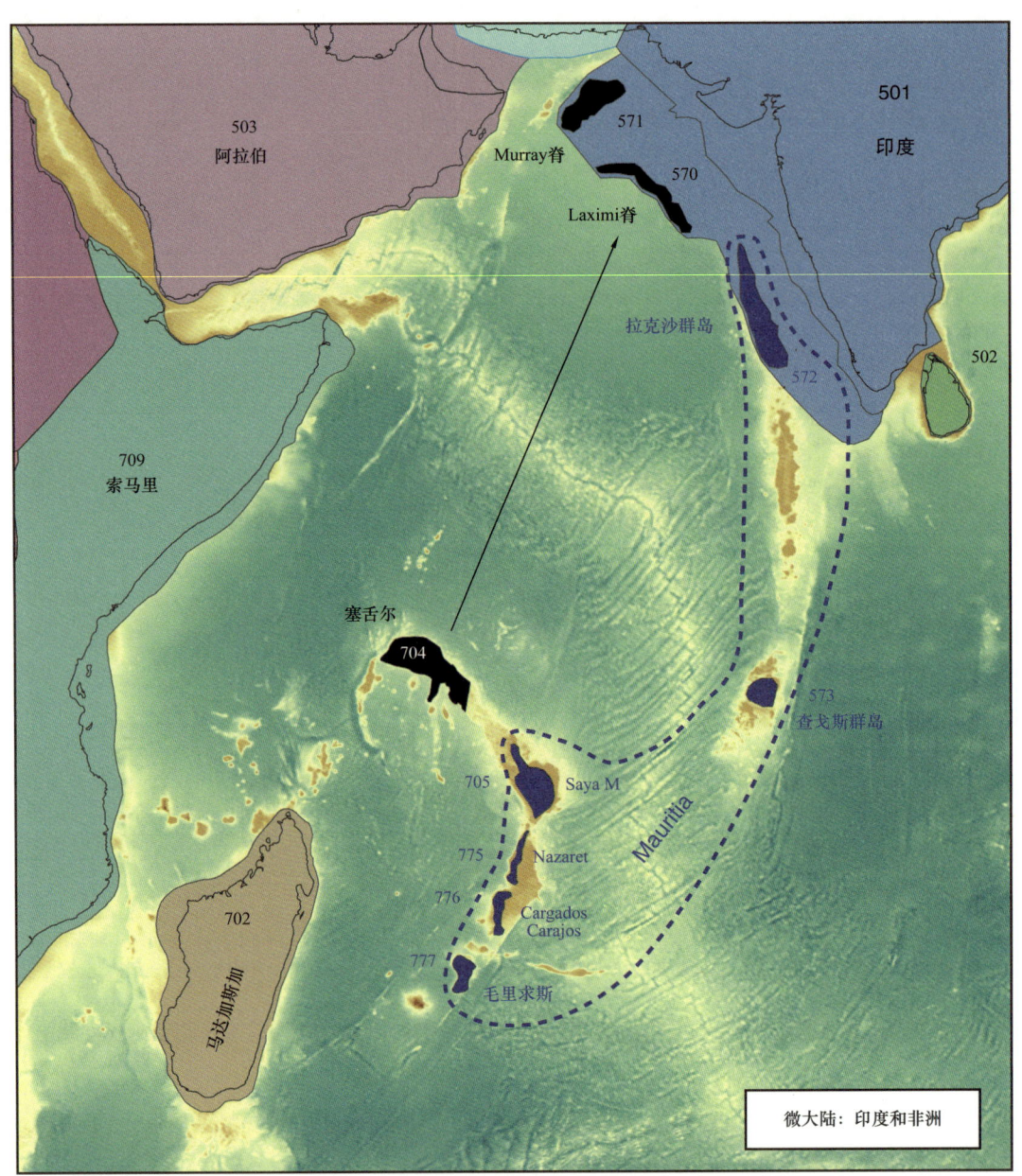

图 3.11　来自印度（板块标识 5××）和非洲（板块表示 7××）的微大陆单元，在晚白垩世之前，深蓝色的阴影单元都是毛利提亚微大陆的一部分（据 Torsvik 等，2013），而塞舌尔群岛在古近纪早期之前一直与 Lazmi 海岭相连，大陆—海洋边界转换带（COB）主要由地震、磁性或重力数据定义

受古生代—早侏罗世（常被错误地称为"华力西"）裂谷作用的影响。从三叠纪到晚白垩世，盆地海洋沉积和非海洋沉积沿被动边缘发育。

707，摩洛哥高原。摩洛哥西北部地区，包括 Rif（有时称为沿海和中部高原）。弧状加积推覆体系，在高阿特拉斯山脉中体现最好，有多种岩石，包括三叠纪和后续加积棱柱体，在中生代和古近—新近纪期间逐渐地与非洲克拉通的西北段熔接（Moratti 和 Chalouan，2006）。在 201Ma 的三叠纪末期，大部分地区被中大西洋岩浆区（CAMP）LIP 玄武岩所覆盖。

709，索马里。东非的这一大片地区从红海南部向南延伸，包括非洲之角（埃塞俄比亚和索马里）、肯尼亚和坦桑尼亚东部以及莫桑比克。莫桑比克没有太古宙和古元古代克拉通，但有中元古界基底。该单元在显生宙的大部分时期形成了陆地。新近系溢流玄武岩分布广泛，尤其是在埃塞俄比亚，自30Ma的渐新世以来主要受到挤压作用。

712，维多利亚湖板块。一个太古宙和古元古代克拉通，可能与南非刚果克拉通（701单元）相连，在许多地方被显生宙沉积物覆盖。卡鲁超群的湖泊沉积始于晚石炭世，并持续到早侏罗世。该单元在新元古代成为冈瓦纳的一部分，并一直保持到印度洋的开放。东非大裂谷的南部地区也包括在内。

714，非洲西北部。太古宙和古元古代西非克拉通，在元古宙晚期泛非洲造山运动中统一，成为元古宙晚期冈瓦纳的一部分。克拉通在许多地方被显生宙沉积物覆盖，尽管该地区在201Ma的晚三叠世中大西洋岩浆区（CAMP）LIP侵入前主要是陆地，随后是大西洋的开放。CAMP玄武岩覆盖了该单元一半以上的地区。

715，非洲东北部。这个非常大的单元没有太古宇岩石，只有一小块古元古代克拉通，但新元古界基底广泛，早在寒武纪以前就已成为泛非洲造山运动中冈瓦纳的重要组成部分。该单元南部三分之二的区域几乎包含所有古生代的陆地，但北部三分之一的区域发育不整合的寒武纪和后期沉积物，包括广泛的晚奥陶纪（赫南特期）发育的冰川成因岩石和上覆的富含碳氢化合物的志留系页岩，尤其是在利比亚（Ghienne等，2007）。该单元包括一大片大陆岩石圈，位于地中海东南部，利比亚和埃及北部。

775～777，毛里求斯和Mauritia。毛里求斯岛（8.9Ma至今）是南部马斯克林高原的一部分，与在过去65.5Ma（古近纪及以后）的留尼旺岛地幔柱上方形成的火山链相连。毛里求斯海滩玄武岩中发现了古元古界和新元古界（840—660Ma）锆石，Torsvik等（2013）认为锆石来自毛里求斯下部大陆岩石圈的古老碎片。因此，毛里求斯和马斯克林高原可能覆盖着一个前寒武纪Mauritia微大陆，它可能包括部分Cargados Carajos（776单元）、拿撒勒（775单元）、Saya de Malha（705单元）、拉克沙群岛（572单元）和查戈斯（573单元）。Mauritia与马达加斯加岛分离，在马斯克林海盆从83.5Ma到61Ma（晚白垩世—古新世）的开放过程中，通过一系列的洋中脊隆起，被分割呈带状构造。

3.8 大洋洲和南极洲

澳大利亚和南极洲在整个冈瓦纳的历史上都是其不可分割的一部分（Torsvik和Cocks，2013），Vaughan等（2005）和Torsvik等（2008a）对它们的边缘进行了综述。今天，南极板块与六个不同的构造板块相邻，几乎完全被扩张脊所包围。

801，西澳大利亚克拉通。澳大利亚西部的一大片地区，原为两个独立的元古宙克拉通，即北澳大利亚克拉通和Pilbara—Yilgarn克拉通，共同构成冈瓦纳的一个重要组成部分。Kalkarindji LIP溢流玄武岩是在512Ma的寒武纪侵入西澳大利亚克拉通北部的（Glass and Phillips，2006）。虽然显生宙大部分时间是陆地，但在不同时期边缘上都发育海相盆地，特别是在奥陶纪期间，横跨该单元中心从北到南的Larapintine海将大陆划分为两个陆地区域。

802，东南极洲。东部三分之二的大陆，以及邻近的威德尔海的大部分地区，由太古代和元古

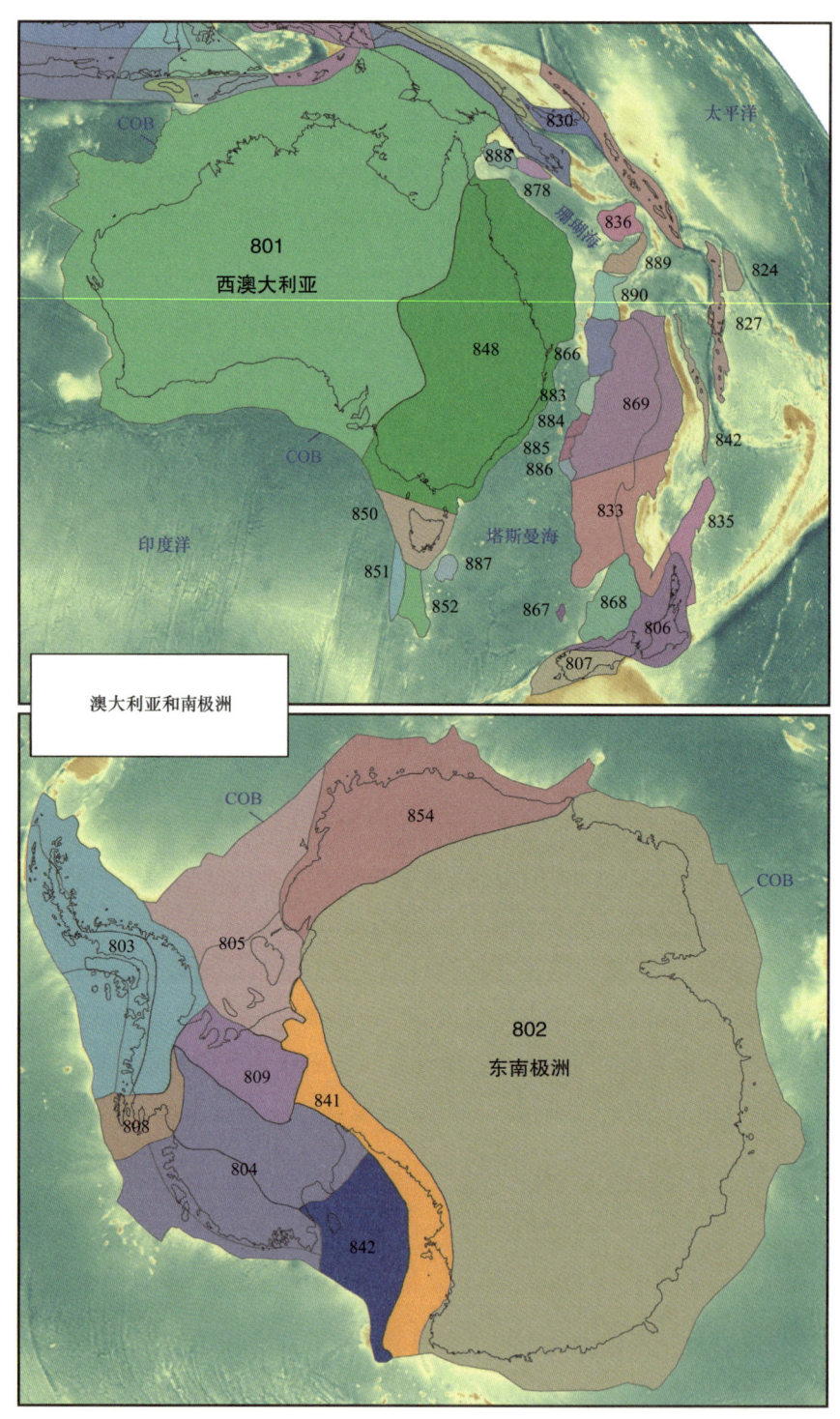

图 3.12 澳大利亚与南极洲联合体（板块标识 8××），大陆—海洋边界转换带（COB）主要由地震、磁性或重力数据定义

宙到早寒武世地体（Lützow、霍尔姆湾和维多利亚北陆地体组合）组成，它们在前寒武纪和早寒武世合并，形成冈瓦纳的一个主要部分。热带海洋寒武系石灰岩沉积后，东南极洲向南漂移，至晚石炭世已覆盖南极点，形成大面积的厚层冰川沉积，并包括当时具有地方性鉴别意义的舌羊齿植物区系。

803，南极半岛。三个断裂边界地体的合并，地质条件复杂，植物区系和动物群众多，在东倾的古太平洋俯冲带上形成了古生界—新生界的陆相岛弧体系。在二叠纪末期，它接近巴塔哥尼亚（291单元）。在175—140Ma的侏罗纪和早白垩世之间，南极半岛以缓慢的顺时针运动远离东南极洲，从而打开了威德尔海，随后威德尔海会聚并部分俯冲。

804，玛丽伯德地块。这是南极洲西部边缘瑟斯顿岛（808单元）和罗斯大陆架（842单元）之间的一个重要区域。冰冠下的零星暴露表明，西部为下古生界褶皱砂岩和浊积岩，受大量的上泥盆统—下石炭统福特花岗闪长岩和少量的白垩系花岗岩体侵入。东部为下古生界变质基底，被二叠系和白垩系火成岩侵入。

805，菲尔希讷地块。这是南极洲西部的另一个重要地区，就在横跨南极山脉以西，毗邻毛德皇后地。大部分为不为人知的淹没大陆地壳，北部为较新的扩展大陆边缘。在冰冠内的陆地上广泛分散的暴露表明，它包括一个或多个元古宙克拉通碎片，这些碎片可能最初依附于南非（701单元）。

806，新西兰北部。新西兰北岛和南岛西北部（阿尔卑斯主要走滑断层以西）是一个中生代至近期火山岛弧体系的复合单元。然而，主要位于南岛西北部的Takaka地体包括一个或多个古生代岛弧系统的残余，后者产生了低纬度寒武纪腕足类生物群，奥陶纪末期赫南特期间冰期冷水Hirnantia动物群和早泥盆世雷夫顿复合体的多壳类动物群，以及许多奥陶系和志留系周缘深水页岩中的笔石动物。

807，新西兰南部和查塔姆隆起。穿过新西兰南岛的一个大的弧形走滑断层（阿尔卑斯断层）将其大部分与新西兰北部（806单元）分隔开来。断层东部的岩石代表了至少七个以前独立的火山弧，大部分为侏罗纪—晚白垩世。从晚白垩世到古新世，新西兰是一个被动边缘，但从最早的中新世开始，边缘又活跃起来。与新西兰南部东侧相邻，包括在807单元内，是一个很大的区域，现在位于太平洋之下，在它下面是大陆岩石圈，它被分为北部的查塔姆隆起和南部的坎贝尔高原。

808，瑟斯顿岛。位于南极洲西部边缘南极半岛（803单元）和玛丽伯德地（804单元）之间。零星暴露记录了石炭纪—晚白垩世火山弧岩浆作用，但也有上石炭统（约300Ma）片麻岩和辉长岩以及三叠系闪长岩。古地磁数据表明，其在130—110Ma的白垩纪经历了约300km的右旋运动和一些顺时针旋转，从而侵位到现在的位置。在100—90Ma的晚白垩世俯冲停止之前，发育硅质火山活动，中新世俯冲之后发育碱性玄武岩。

809，埃尔斯沃思—惠特莫尔山。这些山脉是古冈瓦纳克拉通边缘的位移部分。中寒武统至二叠系的演替相对完整，始于寒武系热带碳酸盐岩，上覆非海洋沉积和下泥盆统砂岩，后者产出冷水Malvinokaffric省腕足类动物群。也发育二叠系—石炭系冰川杂岩。虽然现在是南极洲西部的一部分，但当它经历大陆内部的扩张时，可能位于寒武纪南非（701单元）的纳塔尔湾。中侏罗统花岗岩侵入，该单元逆时针旋转90°，两者均与175Ma左右的侏罗纪盘古大陆解体有关。

827，新赫布里底群岛。位于北斐济盆地西缘的活跃岛弧，被认为是早期北部东西向岛弧体系的一部分，太平洋板块在该弧系下俯冲（Johnson等，1993）。

830，所罗门群岛。自白垩纪以来在海洋环境中形成和增生的复杂的地壳单元或地体拼接。白垩系玄武岩基底序列被划分为一个与地幔柱相关的翁通爪哇高原地体，一个与"正常"洋脊相关的所罗门南部洋中脊玄武岩（MORB）地体，以及一个兼有MORB和地幔柱或高原亲缘关系的混合

"Makira 地体"（Petterson 等，1999）。

833，中央豪勋爵隆起。包括新喀里多尼亚盆地南部。在 90—64Ma 的白垩纪，从东澳大利亚分裂而来的一个微大陆。豪勋爵隆起可能代表了澳大利亚东部古生代—中生代造山带和盆地的近海延续，而中部豪勋爵隆起（833 单元）是 13 个构造块体之一（Gaina 等，1998）。塔斯曼海和西南太平洋拼图的其他块体包括塔斯马尼亚岛（850 单元）、南塔斯曼隆起的西部和东部（851 单元和 852 单元）、切斯特菲尔德高原（866 单元）、吉尔伯特海底山（867 单元）、挑战者高原（868 单元）、北豪勋爵隆起（869 单元）、丹皮尔岭各部（883～886 单元）和东塔斯曼台地（887 单元）。

835，三王海岭。中新世早期（22—19Ma）新西兰北部近海火山弧（806 单元）（Mortimer 等，1998）。

836，路易西亚德高原。在 63—52Ma 的古新世和始新世的珊瑚海开放时期，在澳大利亚东北部断裂的一些年代未知的大陆碎片之一（Gaina 等，1999）。其他可能的微大陆块体包括巴布亚高原（878 单元）、东部高原（888 单元）、梅利什隆起（889 单元）和科恩高原（890 单元）。

841，横贯南极山脉。南极洲东部边缘（802 单元）横贯南极洲的造山带，代表了自中寒武世以来古生代的许多构造活动。包括沙克尔顿山、彭萨科拉山和霍利克山，以及比尔德莫尔冰川，它们含有下古生界岩石和化石。发育的中古生代侵蚀面将缓慢倾斜的泥盆系—三叠系岩石和侏罗系陆相拉斑玄武岩与下伏元古宙—早古生代变形造山带，即罗斯造山带（842 单元）分隔开，还发育大量石炭纪和早二叠世冰川沉积。自早白垩世以来，这些山脉经历了幕式隆升。横跨南极山脉将南极洲划分为两个地质省：东南极洲克拉通（802 单元）和西南极洲构造板块拼贴。

842，罗斯。罗斯海可能下伏大陆岩石圈，并且似乎代表了一个位于玛丽伯德地块（804 单元）和东南极洲（802 单元）之间的独立的伸展大陆地壳构造单元。东、西南极洲的相对扩张可能始于晚白垩世—早新生代。

848，澳大利亚东部。塔斯曼造山带或 Tasmanides（本身分为北部汤普森褶皱带和南部拉克兰褶皱带）代表了许多地体的联合，这些在古生代位于冈瓦纳东缘的地体逐渐贴合到现今西澳大利亚克拉通（801 单元）的东部边缘（Glen，2005）。发育新元古代晚期至最早的奥陶纪 Delamerian 旋回、中奥陶世—早志留世 Benambran 旋回、中志留世—中泥盆世 Tabberabberan 旋回，以及中泥盆世—石炭纪 Kanimblan 旋回，每一个旋回都导致冈瓦纳边缘的大量增生。这条地带现在加起来几乎占据澳大利亚的一半。

850，塔斯马尼亚岛。塔斯马尼亚岛的西半部为一变质的新元古界基底，不整合地覆盖着下古生界的浅海和陆相岩石。东半部为下古生界复理石和浅海相岩石，东西两部分在早—中泥盆世 Tabberabberan 造山运动中联合，形成 380—360Ma 的上泥盆统花岗岩侵入。二叠系和中生界沉积岩被广泛地侏罗系辉绿岩侵入。

851 和 852，南塔斯曼隆起西部（851）和东部（852）。见 833 单元和 Gaina 等（1998）。

854，毛德皇后地。它最初是一个独立的新元古代微大陆，可能靠近南非，现在是南极洲西部的一个重要组成部分。发育元古宇基底，西部上覆不整合的下寒武统，东部上覆不整合的中—上寒武统。

866，切斯特菲尔德高原；867，吉尔伯特海底山；869，北豪勋爵隆起和新喀里多尼亚盆地。参见 833 单元和 Gaina 等（1998）。西南太平洋和塔斯曼海的单独部分。

868，挑战者高原。片岩、花岗岩和硬砂岩暴露在新西兰西北的挑战者高原上的小岛上，表明该地区下伏大陆地壳，有时被称为"西兰大陆"，包括新西兰北部（806 单元）。参见 833 单元和 Gaina 等（1998）。

878，巴布亚高原。参见 836 单元和 Gaina 等（1999）。

883~886，丹皮尔岭北部（883 单元）、中部 1（884 单元）、中部 2（885 单元）和南部（886 单元）。西南太平洋海底的不同部分。参见 833 单元和 Gaina 等（1998）。

887，东塔斯曼台地。塔斯曼海的大部分。参见第 833 单元和 Gaina 等（1998）。

888，东部高原。澳大利亚东北大陆边缘最北端的边缘高原，下伏可能是晚白垩世变形的、受断层限制的倾斜基底断块。参见第 836 单元和 Gaina 等（1999）。

889，梅利什隆起。被认为是与澳大利亚大陆边缘分离的大陆碎片，这是由于澳大利亚大陆、豪勋爵隆起和路易西亚德高原之间的地壳元素在 62—52Ma 之间的扩张导致的。参见 836 单元和 Gaina 等（1999）。

890，科恩高原。科恩高原是澳大利亚东北部的一大片被淹没的大陆地壳，在 63—52Ma（古新世—始新世）从澳大利亚东北部分裂而来。东澳大利亚是几块较薄的大陆碎片之一，曾是澳大利亚的一部分。参见 836 单元和 Gaina 等（1999）。

3.9 泛大洋—太平洋海洋板块

以上描述的所有单元现今都是静态的，但在中生代—新生代重建图（图 11.2）中，主要的海洋板块是动态多边形（通过 GPlates 生成），它们的大小随时间而变化。下面只列出了泛大洋和随后的太平洋地区的海洋，该地区有时延伸到覆盖几乎半个地球。如今，一些单元不存在海洋地壳，因此几乎完全是由合成模型生成的。图 3.13 所示区域为早侏罗世（180Ma）至今的 6 次重建图。

901，太平洋。地球上最大的活跃海洋板块，可能形成于约 190Ma。

902，法拉隆。大部分是合成的，可能形成于古生代，在 23Ma 左右被分为纳斯卡（911 单元）和科科斯（924 单元）。

903，温哥华，胡安·德·富卡（37Ma）。形成于约 52Ma（始新世早期）和 37Ma（始新世末期），被称为胡安德富卡板块（现今仍然活跃）。

907，卡什克里克。泛大洋的一个海洋板块，在三叠纪时期，于盘古大陆的西北前劳伦古陆边缘开放，但在白垩纪末期之前发生俯冲。虽然该单元的海洋部分是合成的，但东、西边缘的大陆岩石圈是不同的岩石，且仍然保存在北美洲西部的科迪勒拉山脉。

908，Chazca；919，Catequil；982，马尼希基；983，希库兰吉。这四个板块大部分是合成的，形成于约 120Ma（早白垩世）的菲尼克斯板块（919 单元）。在 85Ma（晚白垩世），它们成为太平洋（901 单元）或法拉隆（902 单元）板块的一部分。

911，纳斯卡。由法拉隆板块（902 单元）在 23Ma 左右（古近纪—新近纪边界时间）活化形成。

918，库拉。大部分是合成的，形成于 83Ma（或 79Ma）左右，之后在 40Ma 左右成为太平洋板块（901 单元）的一部分。

919,菲尼克斯。合成的,可能形成于古生代,在120Ma左右(早白垩世)分裂成Chazca(908单元)、Catequil(919单元)、马尼希基(982单元)和希库兰吉(983单元)板块。

924,科科斯。由法拉隆板块(902单元)在23Ma左右(渐新世—中新世边界时间)活化形成。

926,伊泽奈崎。合成板块,可能形成于古生代,在55Ma左右(始新世)消失。

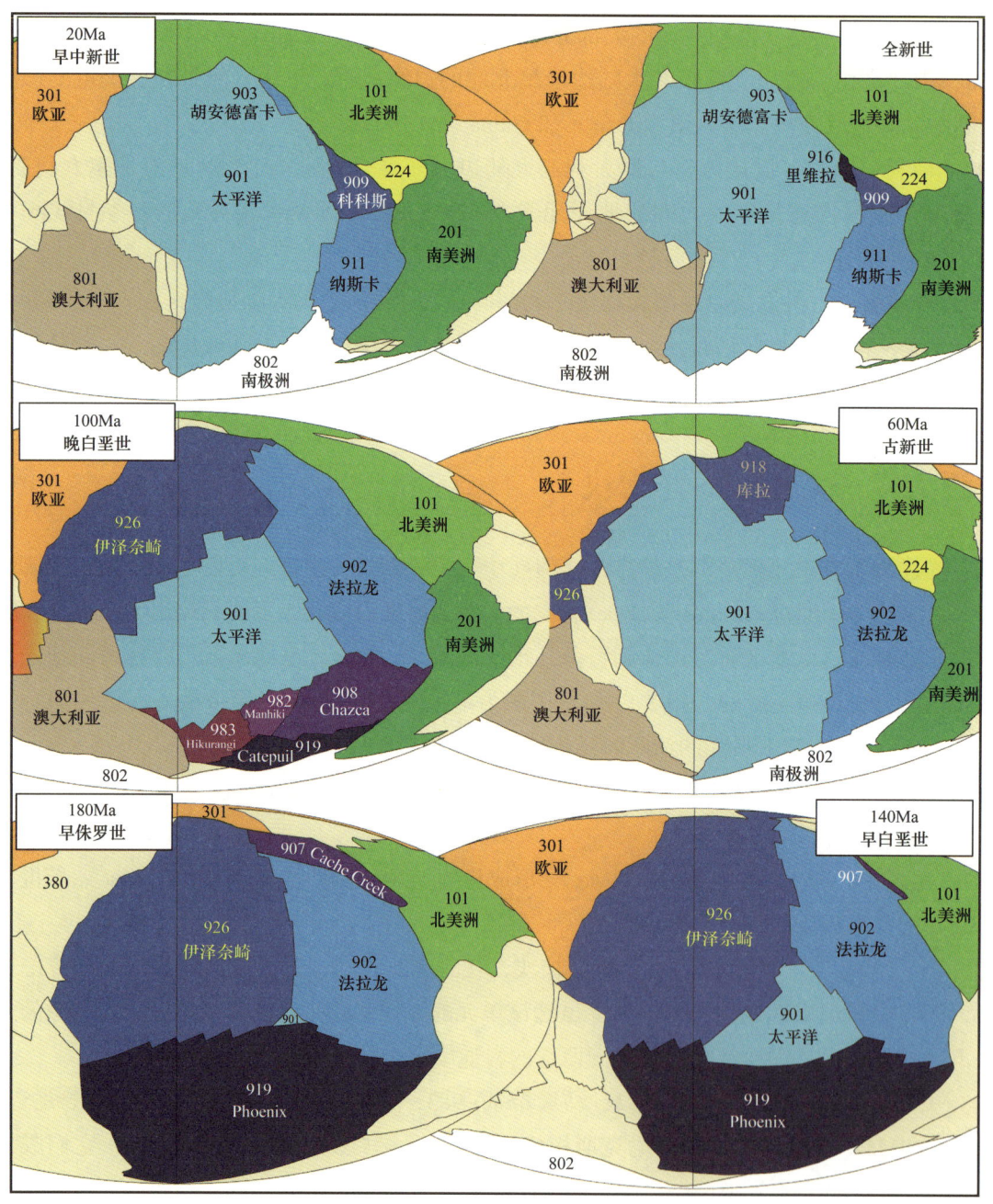

图3.13 所选早侏罗世—全新世部分大洋板块重建图(多为带蓝色的)

作为方向基准,还在一些重建框架中突出了欧亚大陆、南北美洲、澳大利亚和南极洲板块;加勒比板块是224单元(黄色阴影)

4 地球起源和前寒武纪

关于月球的起源，最流行的解释是"巨型撞击假说"或"月球形成事件"，它是地球与一颗火星大小的原行星碰撞后产生的碎片，大约发生在太阳系形成后 0.1Ga 左右，月球刚形成的时候离地球非常近，之后开始远离地球（资料来源：Steve A. Munsinger/Science Source）

宇宙的形成没有确切的日期，然而，近似超过 13.8Ga 似乎是可能的。从那时起，随着星系和恒星的诞生，宇宙不断膨胀。星系、银河系是在 10Ga 左右形成的；而根据星云假说，恒星、太阳是在 4.57Ga 的原行星盘中心形成的。微行星相撞并最终获得足够的质量，形成地球和其他行星。

4.1 前寒武纪地球

直到 20 世纪，只在寒武系和更晚的岩石中发现了含有坚硬部分的真正化石，而所有在此之前形成的岩石被称为"前寒武系"，这个术语至今仍被广泛使用。19 世纪之前和期间没有了解地球年龄的好手段，各种估算也不相同，如由 17 世纪 Bishop Ussher 的圣经日期相加计算的 6000a，以及 19 世纪 Charles Lyell 建议的几亿年。然而，现在已知的是，迄今为止，放射性手段测量到的地球上最古老的岩石大约有 4Ga 的历史，其中一些岩石中的单个矿物可以追溯到 4.4Ga（Wilde 等，

2001）。因此，前寒武系岩石存在着巨大的地理和年代跨度，其描述和讨论在很大程度上超出了本书的范围。年龄在 2.5Ga 以上的岩石称为太古宇，而太古宇与寒武系基底（543Ma 的元古宇）之间的岩石依次被划分为古元古界、中元古界和新元古界。在地球的起源和太古宙之间没有岩石代表的年代被称为冥古宙。

4.2 地球和月球的起源

由于地球无休止的构造演化，在地球起源时期左右形成的岩石早已被俯冲并在地幔中循环。然而，根据对月球和其他行星的研究，科学家们认为，即使不是全部，至少大部分的太阳系天体是在彼此相对较短的时间内形成的。因此，太阳、行星和小行星的年龄应该接近原始陨石的年龄，由此，地球形成的年龄现在被认为可能是 4.57Ga（Connelly 等，2012）。关于月球的起源，最流行的解释被称为"巨大撞击假说"或"造月事件"，即它是地球与一颗火星大小的原行星碰撞后产生的碎片，大约发生在太阳系形成后 0.1Ga 左右。值得注意的是，早在 1898 年，乔治·达尔文（生物学家和地质学家先驱查尔斯·达尔文的次子）就提出，在遥远的过去，地球和月球是一体的，月球后来远离了地球。

4.3 早期的地球

在这里指的早期地球大约是地球演化的前 1.5Ga，在板块构造开始之前，它包括冥古宙和部分太古宙。几乎所有的早期地球的痕迹，包括大规模撞击的历史，已经被年轻的板块构造过程毁坏了，但线索被记录并保存在一些最古老的岩石中，结合数值模拟和月球凹凸不平的表面，以及其他类地行星，产生了对早期地球的重要见解。大陆地壳是如何随时间形成和演化的具有高度争议，但在早期地球，新陆壳一定是以铁镁质为主，硅含量较低，可能更薄（<20km），有些人认为地壳净增长率可能是相当恒定的（图 4.1）。

早期的地球当然与我们今天所知的地球大不相同。地幔明显比现代地幔热，具有炙热岩浆的地幔柱广泛发育，岩石圈更薄，浮力更强。这种非常不同而且高温的地球动力学机制，是由放射性衰变、地核分异和月球形成事件而产生的高热量导致的，将限制构造板块的俯冲（O'Neill 等，2007），或者可能导致更平坦的俯冲。垂直构造过程似乎比水平构造过程占优势，地幔对流模式可能是一种停滞的限制对流模式，就像太阳系中没有板块构造证据的其他类地行星那样。

在月球形成事件之后，可能存在一个快速旋转的地球（一天只有几个小时）保留了足够的热量来融化大部分（即使不是全部）的地幔，持续数千万年时间，从而产生了通常被称为岩浆海洋的东西。两大低横波速度区（LLSVP），非洲和太平洋，最底下的地幔名为 Tuzo 和 Jason（图 2.13），已经被一些人认为在很长一段时间内是稳定的（Torsvik 等，2014），且富含铁和钙钛矿的橄榄岩材料提供了一个合适的地震属性。富铁橄榄岩或科马提岩的岩浆分异作用可能在早期岩浆海洋结晶时或不久之后形成，因此这些 LLSVP 深地幔结构的早期地球起源是可行的，但存在争议。

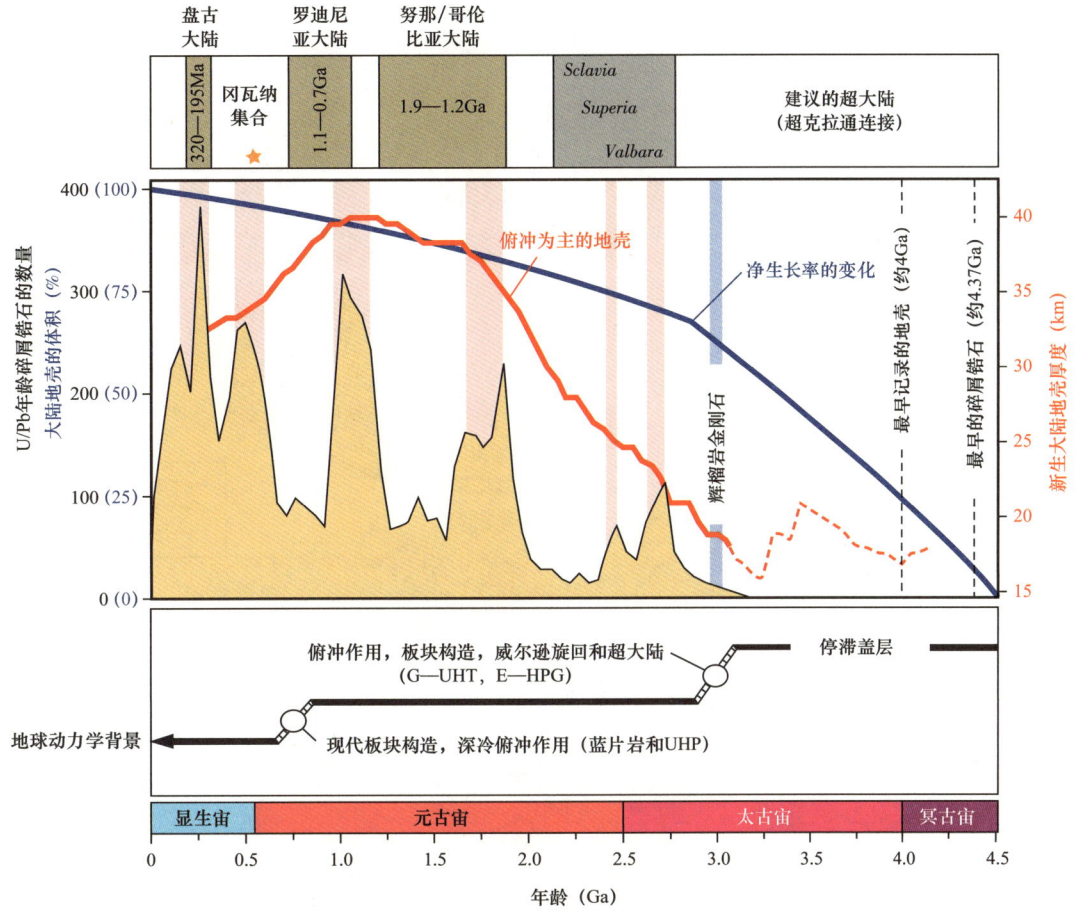

图 4.1 超大陆（超克拉通或超地体）时间线与 U/Pb 碎屑锆石结晶年龄的光谱（数量）估算的大陆地壳累积生长（蓝色加粗线）和大陆地壳随时间的厚度变化（红色加粗线和红色虚线）

地球上发现的最古老的碎屑锆石 4.37Ga（Wilde 等，2001），而最古老的地壳约 4Ga（Bowring 和 Williams，1999；Mojzsis 等，2014）；榴辉岩金刚石从 3Ga 开始占据统治地位（Shirey 和 Richardson，2011）；陡坡俯冲和板块构造可能发生在 3Ga 左右，而伴随着超高压（UHP）变质作用的深部冷俯冲的现代板块构造样式可能直到新元古代才发生；G—UHT，麻粒岩—超高温变质作用；E—HPG，榴辉岩—高压麻粒岩变质作用（Hawkesworth 等，2010；Dhuime 等，2012，2015）

4.4　超级大陆

盘古大陆是显生宙唯一的超大陆，因此人们对其了解相当详细（图 4.2）。魏格纳（1912）首先提出，所有的大陆曾经形成一个单一的超大陆，被一个巨大的海洋区域（泛大洋）包围。他的盘古大陆重建（最初命名为原始大陆）是基于大西洋相对边缘的海岸线之间的相似性，古冰川沉积物的分布，以及现在被海洋分隔的一些大陆上相同的二叠系和石炭系植物和动物化石。魏格纳所说的与现代盘古大陆重建之间有许多相似之处，但最重要的不同之处在于，现在能够将盘古大陆定位在古经纬度上（图 4.2）。

超大陆的重建依赖于古地磁与造山特征的一致性、共轭边缘的匹配、地质年代学、碎屑锆石年

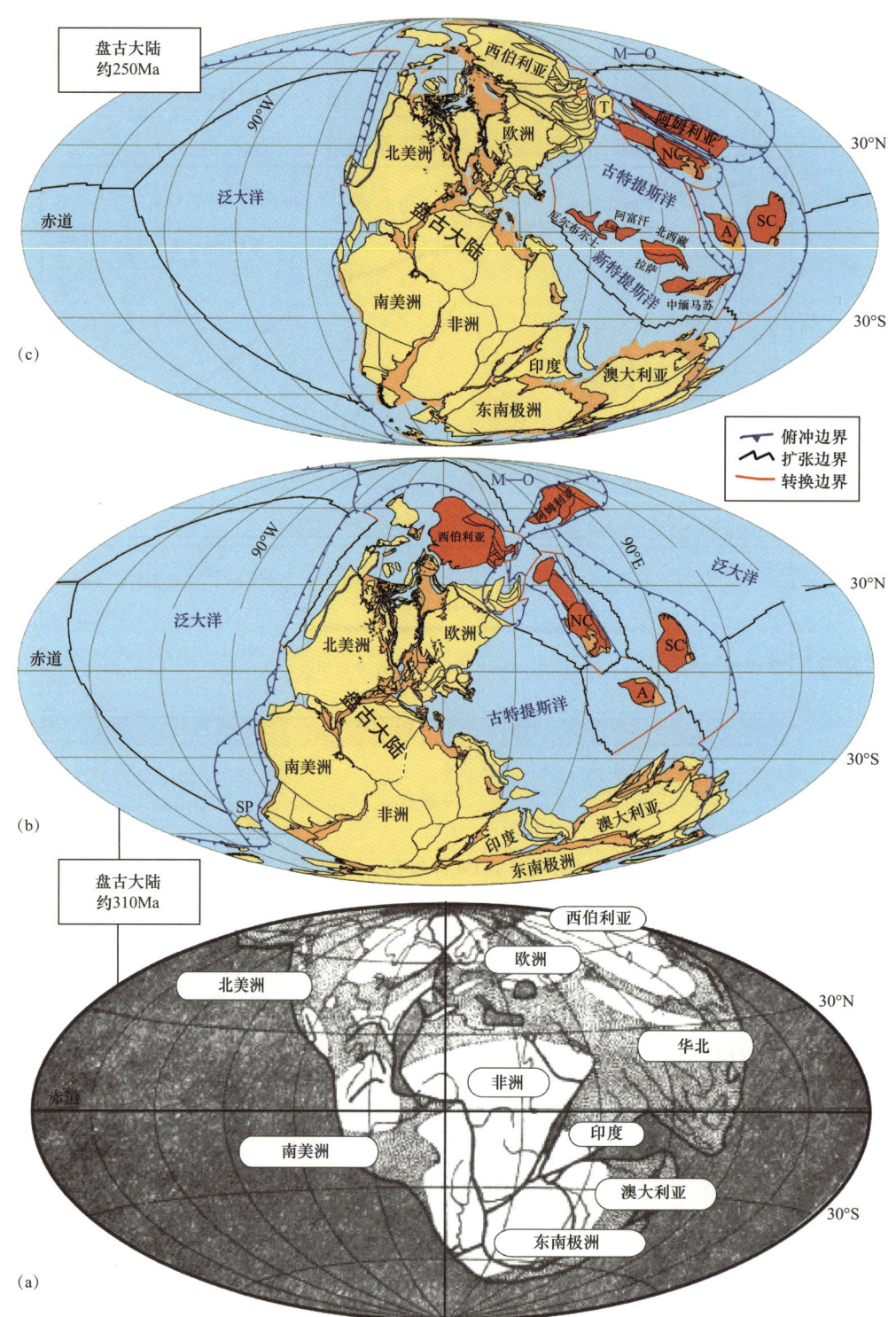

图 4.2 （a）魏格纳（1912）对盘古大陆的相对重建（非洲和欧洲保持固定），包括冰盖（白色区域）在 310Ma 左右（晚石炭世），（b）和（c）在 310Ma 和 250Ma 左右（二叠纪—石炭纪边界）进行了两次现代的盘古大陆重建；（b）和（c）根据古地磁数据，并使用非洲的"零经度"近似值，重建盘古大陆的经纬度（第 2、9、10 章）；并不是所有的大陆和地体在任何时候都是盘古大陆的一部分，在晚石炭世到中生代早期，那些红色阴影部分要么与盘古大陆分离，要么只是与盘古大陆有松散的联系

代学、大火成岩省（LIP）、镁铁质岩墙群等。尽管前寒武纪的古地磁数据经常是稀疏的，几何关系可能是模糊的，但至少有两个前寒武纪的超大陆，罗迪尼亚（图4.3）和努纳（哥伦比亚），现在被大多数工作者所认识，尽管也有人提出了不同的大陆构成。根据1.9—1.8Ga（努纳）、1.1—1.0Ga（罗迪尼亚）和0.32Ga（盘古大陆）的形成时间，从这三个超大陆可以得出组合周期为750Ma（Meert，2012）。努纳、罗迪尼亚（Li等，2008）和盘古大陆（Buiter和Torsvik，2014；Torsvik和Cocks，2013）似乎都与同时期的大规模LIP火山活动共生，这可能有助于它们的分裂，但有的LIP也被发现远离超大陆分裂时间，并不是所有都促进板块边界变动和分裂。

超级大陆也与海平面变化有关，但这只能在盘古大陆上得到证明。如果地幔流动模式保持相当的稳定，那么地球表面的动态地形模式也应该保持稳定。大约250Ma前Tuzo［图2.2（b）］位于盘古大陆中心下方（图10.1），在这片稳定的高动态地形（上升流）之上的大陆的集中应有助于降低海平面（Conrad等，2014）。事实上，显生宙海平面在二叠纪—三叠纪边界附近处于历史最低点（图16.2）。当时地球处于无冰的温室状态，随着大陆向负动态地形区域移动，盘古大陆随之分散，导致自侏罗纪早期以来全球海平面上升50~100m。这一数值与其他海平面变化的重要机制（地壳生成速率和冰川作用）相当。

4.5 超大陆吸引子

盘古大陆（图4.2）、罗迪尼亚（图4.3）和努纳重建之间有一些惊人的相似之处，例如波罗的大陆—劳伦古陆—西伯利亚和东冈瓦纳元素（印度—澳大利亚—东南极洲—马达加斯加）形成了在所有的超级大陆上都彼此相似的群落（图4.4）。Meert（2014）引入了奇异吸引子一词，指在所有三个超大陆上形成连贯几何形状的陆块。纵向为主的构造或威尔逊旋回构造的一种极端形式，大陆的聚集和分散在大致相同的位置上持续数十亿年是不太可能的，奇异吸引子存在的一个可能的原因是，对古代超级大陆的看法是由冈瓦纳超地体和劳伦西亚大陆之间的已知联系所塑造的，后者合并形成了相对近期的石炭纪末期盘古超大陆。Torsvik（2003）出版的非常不同的罗迪尼亚地图，几乎不包含奇异的大陆吸引子［图4.3（b）］，波罗的大陆的地理位置发生了颠倒（尽管紧邻格陵兰岛），显示了西伯利亚位于波罗的大陆的东部，印度与西澳共轭分布（Torsvik等，2001），而不是像在其他超大陆重建中的东南极洲，如努纳和盘古大陆。

4.6 锆石记录和超大陆

锆石形成了大陆地壳的档案（Hawkesworth等，2010；Roberts和Spencer，2014），许多作者已经注意到，结晶年龄峰值（图4.1）对应于地球处于超大陆状态的时期。这些峰值通常被解释为与超大陆聚集或幕式陆壳生长（与深部地幔柱相关的大规模岩浆活动）相关的增强保存的结果（O'Neil等，2007；Parman，2015）。地壳"保存或生长"峰值似乎与努纳、罗迪尼亚和盘古大陆相关，但在500Ma左右也有一个值得注意的峰值，它与冈瓦纳超地体有关，占现今陆地面积的约64%。在努纳组合之前，在2.7Ga左右存在一个明显的锆石峰值，这可能与各种假设的超级克拉通连接有关，如Vaalbara、Superia和Sclavia（Evans，2013）。

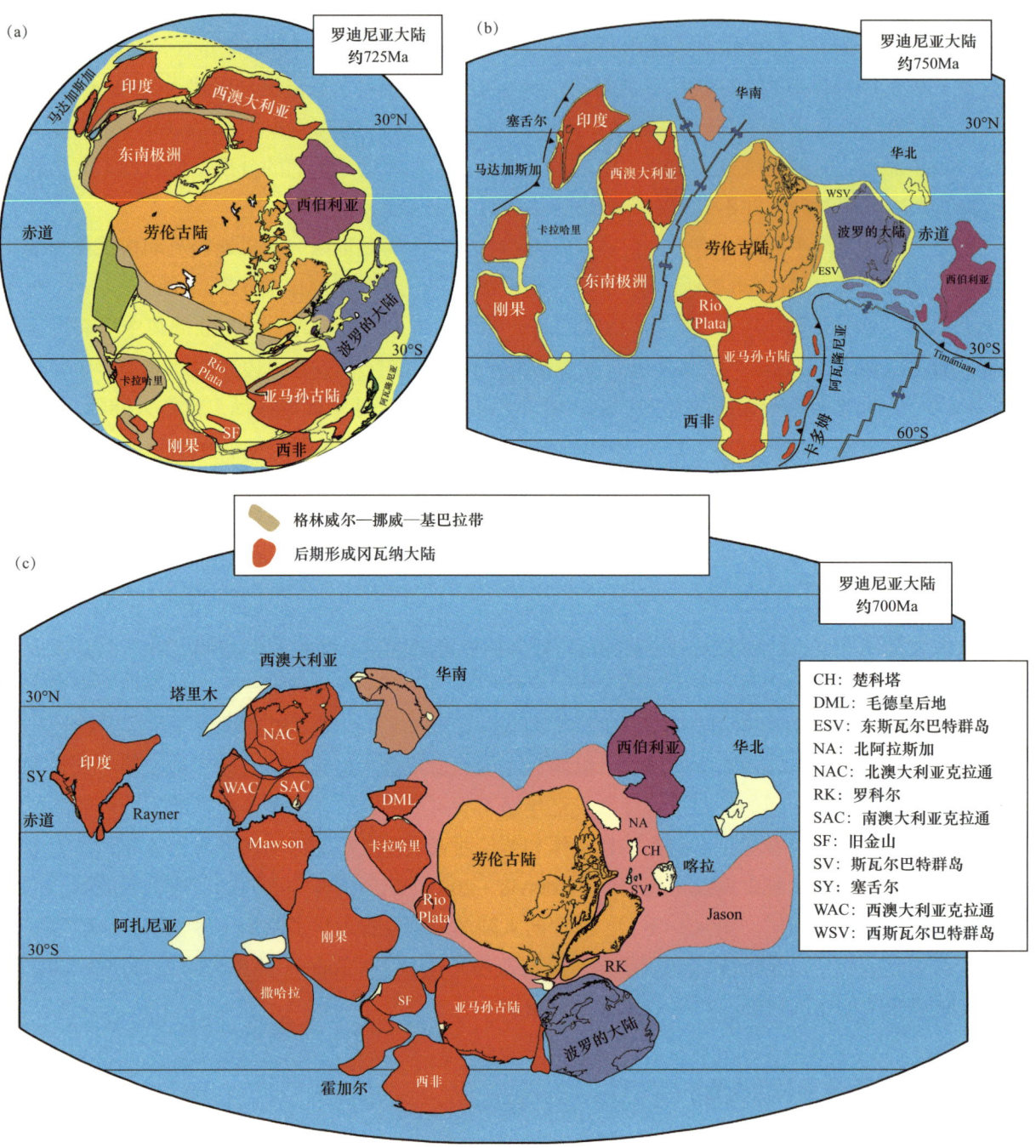

图4.3 三种不同的新元古代（750—700Ma）罗迪尼亚重建的例子，大陆的位置取自（a）Dalziel（1997）、（b）Torsvik（2003）和（c）（据Li等，2008）

劳伦古陆（包括北美洲、格陵兰、苏格兰和洛卡尔岛）形成了各种各样的核心大陆，并以赤道为中心；之后在大约550Ma的时候，红色阴影覆盖的大陆或克拉通合并成冈瓦纳古陆；盘古大陆的扩散与许多LIP有关，而后者源于非洲大陆（Tuzo）地幔最深处的LLSVP上的地幔柱（图2.16）；如果Tuzo和它的太平洋对跖点（Jason）是稳定的，那么早在罗迪尼亚时代，就展示了Jason目前的大小（地幔柱生成区，SMEAN层析模型中1%的慢速等值线）

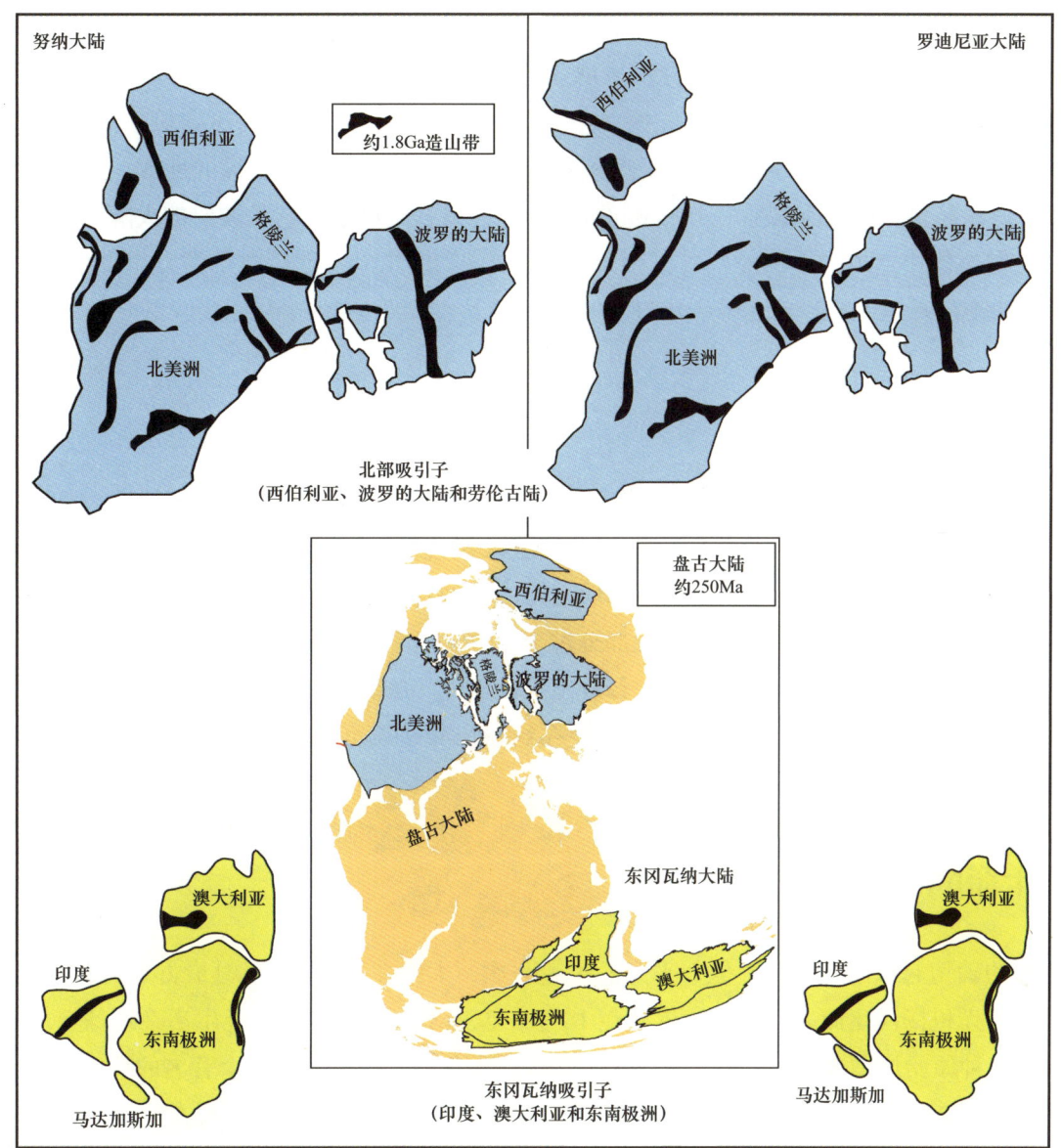

图 4.4　Meert（2012）发现的北部和东部冈瓦纳吸引子

这些例子显示了北美洲—波罗的大陆—西伯利亚在努纳（Zhao 等，2004）、罗迪尼亚（Li 等，2008）和盘古大陆［图 4.2（c）］重建中的相对相似的分组；请注意，印度—东南极洲—澳大利亚的连接对于所有三个超级大陆，以及形成于 550Ma 左右的冈瓦纳超级大陆来说，本质上是相似的

4.7　板块构造的开端

大陆地壳的总体组成与俯冲背景下产生的岩石相似，因此聚合板块相互作用开始的时间、板块构造和最终的超大陆是地球历史的主要问题。关于现代板块构造（含俯冲）何时以及如何开始的争论：太古宙仍然是最流行的开始时间框架，但这个问题的关键取决于如何定义板块构造。在 3Ga 左右，榴辉岩金刚石成分的普遍存在（这被解释为通过俯冲作用开始形成榴辉岩，并通过大陆碰撞被捕获）表明了当时地球动力学机制的一个重大变化（Shirey 和 Richardson，2011），有可能是板块构

造的开端。幼年大陆地壳的 Rb/Sr 比值在此期间也有所增加（Dhuime 等，2015），这表明新形成的地壳变得更富硅，因此可能也更厚，在罗迪尼亚组合时期达到最大厚度（约 40km；图 4.1）。一个逐渐冷却的地幔和可与现今相比的冷、深和陡的俯冲开始（蓝片岩和超高压变质条件），首先发生在新元古代（Stern，2008）。超高压地体表明大陆地壳俯冲到 100km 或更深的地方，是陆—陆碰撞和后续折返的结果。挪威西部是一个大型超高压地体的最好的例子，它是波罗的大陆和劳伦古陆在志留纪晚期碰撞中形成的（格陵兰岛；图 2.19、图 7.5 和图 7.6），随后在早泥盆世的 2000 多万年里被相对快速地折返（Andersen 等，1991）。

4.8　地球早期大气

关键里程碑发生在大约 2.2Ga，被称为大氧化事件，当时地球的大气层从还原性大气（主要包括二氧化碳、氮气、水蒸气、惰性气体，以及一些次要的氢气、甲烷和氨气）变化为氧化性大气（现今空气的始祖）。这一变化主要是由下面所讨论的各种各样的、缓慢进化的原始生物群的数量和活动的不断增加引起的，这些生物群的大部分过于简单，以至于不能划分为动物界或植物界，而主要是蓝细菌。这些生物吸收了含碳气体并释放出自由氧气。虽然大氧化事件涉及大气和水圈中游离氧的大量增加，但此后这种增长持续稳定，并在约 600Ma 的新元古代再次加速（Lyons 等，2014；Andersen 等，2015）。

4.9　生命的起源

生命的确切起源尚不清楚，但似乎只发生过一次，大约在 3.7Ga，当时最古老的 DNA 分子从一种复杂的无机汤演化而来。甚至达尔文在 1859 年也提出，可能所有曾经生活在地球上的有机生物都是从某种原始形态进化而来的，生命第一次被注入其中，而且没有一个著名的科学家后来记录了多种起源。DNA 使一种独特的机制成为可能，通过这种机制，从那时到现在，在所有的生物体中，细胞通过相互连接的螺旋进行重复复制（从而定义了我们所说的生命）。是否第一个生物为光合蓝藻仍然存在争议，它是一种或生活在海面附近的化学合成的生物（化能无机营养生物），或生活在深海喷口，或是更接近表面的不产氧光合作用生物，所有三个类别今天仍然生活（Taylor 等，2009）。那些最原始的生物，包括细菌，被归类为原核生物，其与真核生物的区别在于它们没有细胞核。因为最早的生物大多是软体动物，所以它们早期的真实化石记录是不完整而又吸引人的；然而，从大约 3.5Ga 开始，岩石中碳同位素的总体比例稳步上升，这似乎表明，在大氧化事件发生前 10 亿多年，生物系统就已经存在了。

在澳大利亚和南非，在 3.4Ga 的太古宇岩石中已经发现了被称为叠层石的层状结构；然而，最古老的叠层石似乎是无机成因的。相比之下，在大约 3.0Ga 之后沉积的大多数叠层石肯定是有机成因的，它们是已知最早的造岩者，对大气中游离氧的含量做出了重要贡献。虽然这些复杂生物的范围和多样性在中元古代和前中寒武世达到顶峰，但叠层石在今天仍然存在于许多地方，最著名的是澳大利亚西海岸鲨鱼湾的无定形丘。最古老的真核生物的年龄约为 2.0Ga，最早的多细胞动物约为 1.1Ga。

远离海洋，2.7Ga 的岩石同位素成分证据表明存在陆地生命，同样是在大氧化事件之前，可能以微生物生态系统的形式存在，由能造氧的光合蓝藻驱动，虽然直到约 1.1Ga 的中元古代晚期才有这些生物的实际化石残骸的直接证据（Wellman 和 Strother，2015）。与今天的干旱地区一样，由生物群落组成的微生物席和生物壳可能在土壤形成中起着重要作用，而元古宙原始土壤（古土壤）是已知的（Taylor 等，2009）。

在新元古代晚期，发现了更独特和更大的可识别动物化石。其中最主要的是埃迪卡拉动物群，以它第一次被发现的南澳大利亚弗林德斯山脉的埃迪卡拉命名，埃迪卡拉动物群的代表现在已经在全世界 20 多个地区被发现；然而，该动物群中大多数软体动物只能粗略地归入寒武纪以来发现的"现代"门。虽然不同地区的动物数量各不相同，但通过分析埃迪卡拉动物群的已知分布和种属组成，没有发现可识别的明显能用于全球古地理评估的动物区系（McCall，2006）。

4.10 雪球地球

有人认为，前寒武纪的部分时期地球完全被冰所覆盖（Kirschvink，1992；Hoffman 等，1998），可能持续了数百万年，并与全球平均温度低至 -50℃有关。在过去的 1Ga 里，人们已经假定有两次"雪球地球"区间，一次是在 710Ma 左右（斯图尔特冰期），最后一次是在 635Ma 左右（马林诺冰期）。人们对雪球地球现象的存在和产生的原因一直争论不休，但通过构造介导的岩石风化将大气中的温室气体（主要是二氧化碳和甲烷）减少到接近现今的水平是一种解释。支持雪球地球条件的论据包括它们的全球分布、冰川沉积物与碳酸盐岩序列的联系，以及一些古地磁研究（来自澳大利亚的研究），它们表明，冰川沉积物靠近古代赤道。

4.11 我们独特的星球

科学家和其他人一直在寻找与地球相似的行星，但迄今为止一无所获。地球在很多方面都是独一无二的。最明显的是生命的存在，这与自由地表水的异常丰富有关。磁场保护人类免受宇宙辐射，调节大气逸出，并且地球磁场可能影响了气候和进化。磁场并非地球所独有，但在其他类地行星上尚未发现板块构造。碳氢化合物、天然气、煤炭、金属矿床和工业矿藏等自然资源的分布直接与板块构造有关。生物多样性与大陆的分布密切相关，而人类起源本身可能与板块构造有关。板块构造作用产生了自然资源（主要是煤、石油和天然气），由于人类活动的无限制燃烧，最终可能会给地球带来灾难性的后果。

5 寒武纪

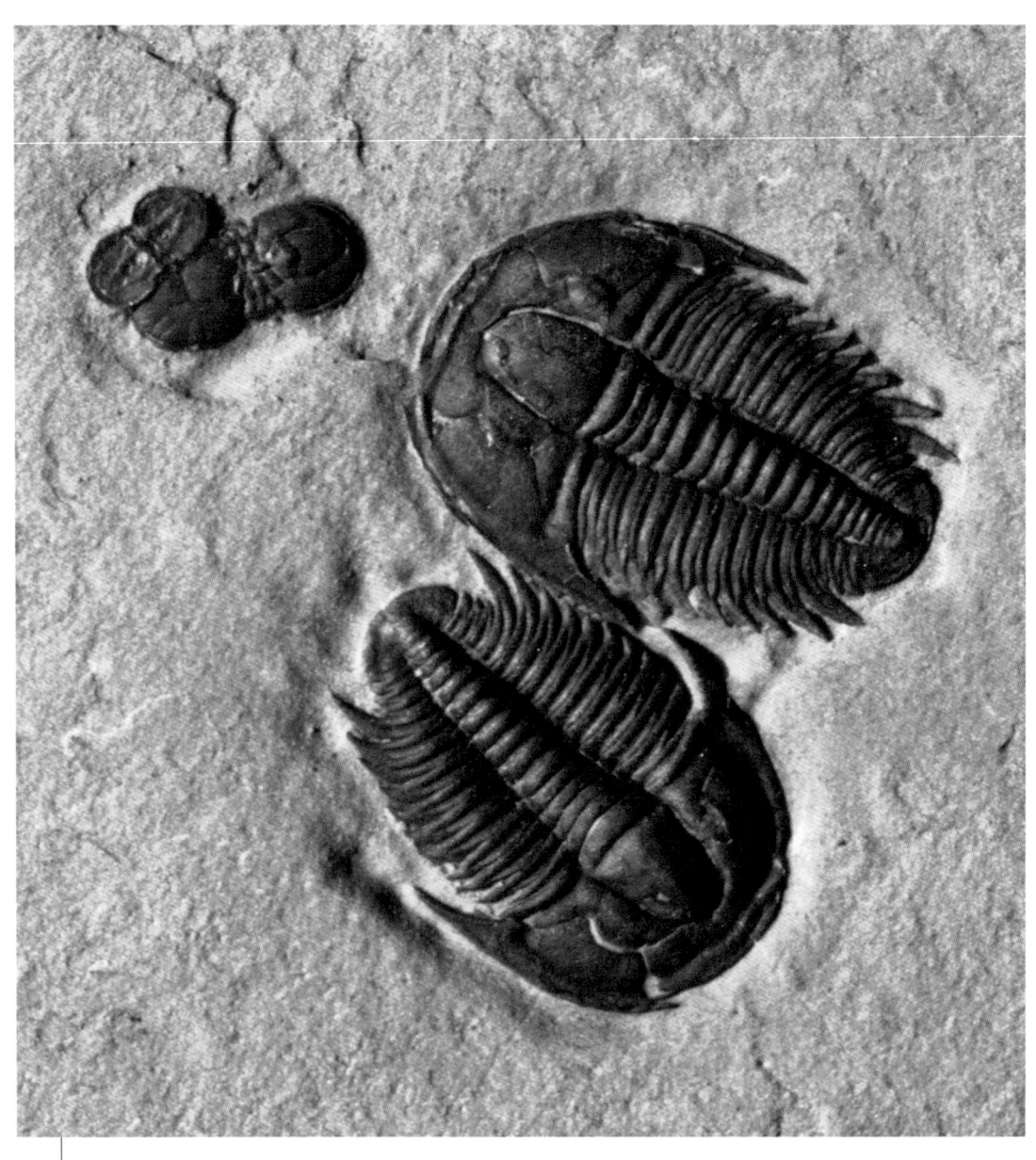

褶颊类三叶虫 *Modocia typicalis* 的两个标本，约 18mm 长，以及较小的 *agnostid Ptychagnostus* 属，取自美国犹他州中寒武统 Marjum 组（资料来源：James L. Amos/Science Source）

寒武纪以首次发现硬壳化石而闻名，标志着显生宙的开始。这个系统是由 Adam Sedgwick（Sedgwick 和 Murchison，1835）以威尔士的寒武纪山脉命名的，在那里他发现了保存有独特三叶虫的最古老的岩石。从那以后，寒武纪发育的岩石在世界上很多地方都被发现，寒武系基底如今在加拿大的纽芬兰被正式定义，被确定的年代是 541Ma。现在已经知道，在三叶虫之前已经有其他较小的壳体化石存在了，它们是在比威尔士保存的沉积物更古老的沉积物中发现的，且三叶虫最早是在大约 535Ma 的早寒武世发育岩石中发现的。图 5.1 所示为大陆和海洋（不包括陆地和海洋边缘）在 540Ma 的寒武纪开端、510Ma 的中寒武世和 490Ma 的晚寒武世的全球分布。寒武纪持续了相当长时间，大概 54Ma，有四个序列，Terreneuvian（一个名字，来自纽芬兰的法语单词）基底，之后是两个尚未正式命名的序列；然后是最年轻的序列——芙蓉统，定义在中国华南的湖南省。

5.1 构造和火成岩活动

5.1.1 早寒武世造山运动

联合许多古老克拉通形成冈瓦纳的造山运动开始于约 570Ma 的新元古代晚期，但它们持续至寒武纪，在中寒武世之前基本结束。其中最主要的是泛非洲造山运动，其构造活动包围了非洲大陆的大部分（Meert，2003；van Hinsbergen 等，2011）。其他同时期造山运动有欧洲的卡多姆造山运动，波罗的大陆地区北部和西伯利亚西北部的 Timanide 造山运动，位于印度以及东南极洲和西澳大利亚之间的 Kuungan 造山运动，位于非洲以及印度和阿拉伯之间的东非造山运动，和位于南美洲南部和南非之间的 Pampean 造山运动（图 5.2）。前板块内旋转解体表明南澳大利亚克拉通与其东部的造山带之间存在大量的重叠，这些重叠主要是在 550Ma 之后通过大陆生长发展形成的（Fergusson 和 Henderson，2015）。冈瓦纳是迄今为止最大的寒武纪大陆（Torsvik 和 Cocks，2013）。

卡多姆造山带［不显示在图 5.2（a）］在 19 世纪早期第一次被定义在法国西北部的阿摩力克地块，包含各种剪切带和断层限定的微大陆、火山弧、增生棱柱和边缘盆地单元，所有这些都是由冈瓦纳外侧的一个活跃俯冲带造成的。卡多姆影响了现今欧洲的一大片地区，当然包括伊比利亚半岛和欧洲西部、中部和南部的大部分地区，它可能还侧向延伸到包括现在北美洲地区，如 Carolinia 和 Meguma 地体，西阿瓦隆尼亚的部分地区［170 单元；图 5.3 和图 6.2（a）］，甚至向东南延伸至土耳其（McCann，2008）。然而，寒武纪后的构造作用，包括加里东、华力西和阿尔卑斯造山运动，严重影响了卡多姆的大部分地区，如今卡多姆被分解成许多不相连的区域和露头。

5.1.2 海洋

与今天一样，寒武纪海洋覆盖了构成地壳的大部分构造板块；然而，这些单元的会聚、发散和转换边界在那个年代很少受到约束，因此不打算在全球地图上显示它们（图 5.1）。然而，在区域重建中展示了一些解释过的板块边界（图 5.3 和图 5.6），包括晚寒武世（500Ma）Iapetus 板块模式（Domeier，2015）。浩瀚的泛大洋占据并支配着北半球的大部分地区，在整个古生代也是如此。

另一个主要的海洋是 Iapetus，它的西部为劳伦古陆，南部为冈瓦纳大陆，东南部为波罗地大陆，东北部为西伯利亚。其他重要的海洋包括 Ægir（波罗的大陆和西伯利亚之间）和 Ran（波罗的

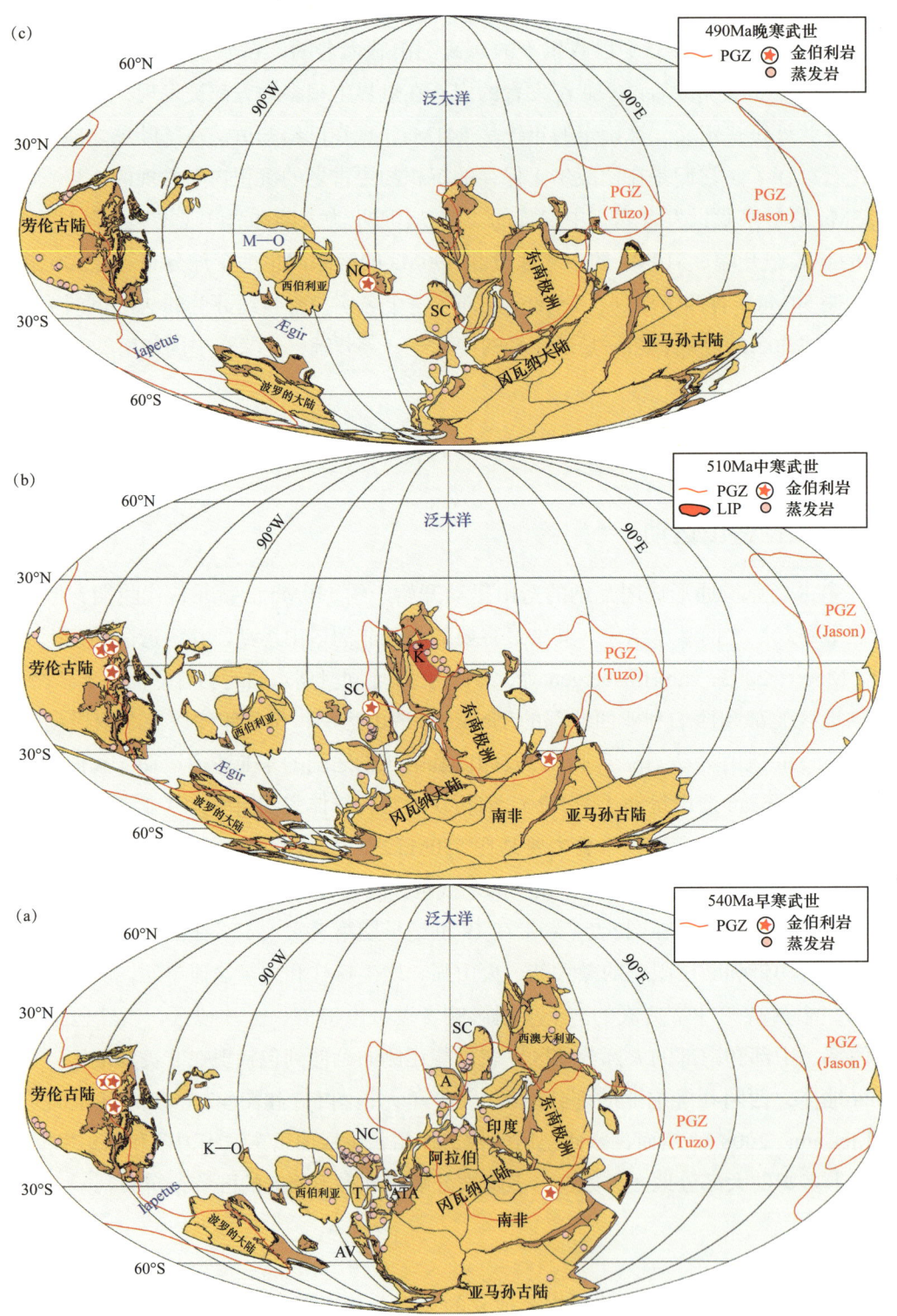

图 5.1　地球地理轮廓

（a）540Ma 的早寒武世（不是很稳定）；（b）510Ma 的中寒武世；（c）490Ma 的晚寒武世，包括假定的板块边界、主要地壳单元的轮廓和更广阔的海洋；A，安南；ATA，阿摩力克地体组合；AV，阿瓦隆尼亚；K，Kalkarindji 大火成岩省；K—O，科雷马—欧姆龙；M—O，蒙古—鄂霍茨克洋；NC，华北；PGZ，地幔柱生成带；SC，华南；T，塔里木

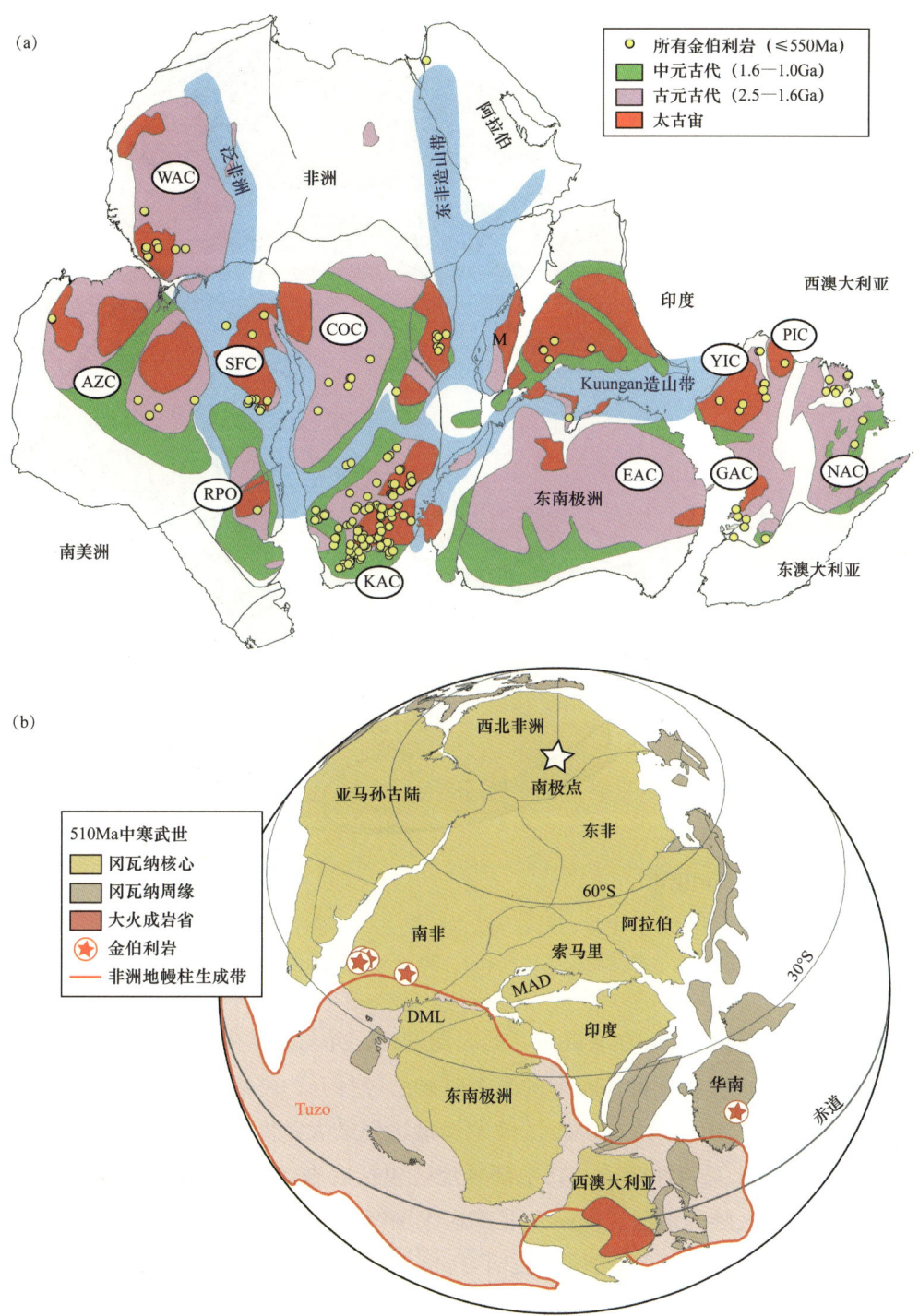

图 5.2 （a）绘制于古生代末期底图上的冈瓦纳地区前寒武纪克拉通和金伯利岩显生宙分布，显示出许多晚前寒武纪和早寒武世造山带（蓝色），这些造山带将克拉通焊接成统一的非常大的大陆；卡多姆造山带（未显示）位于北非，并延伸至南欧；AZC，亚马孙克拉通；COC，刚果克拉通；EAC，东南极洲克拉通；GAC，Gawker 克拉通；KAC，喀拉哈里克拉通；M，马达加斯加；NAC，北澳大利亚克拉通；PIC，皮尔巴拉克拉通；RPO，Rio de La Plata 克拉通；SFC，旧金山克拉通；WAC，西非克拉通；YIC，Yilgara 克拉通（Torsvik 和 Cocks，2013）；（b）510Ma 冈瓦纳核心的新古地磁重建（正交投影），证明冈瓦纳大陆从西北非越过南极点延伸到赤道以北的西澳大利亚，南非和华南的金伯利岩和澳大利亚大量 511Ma 的 Kalkarindji 大火成岩省近乎垂直于 Tuzo 地幔柱形成带边缘上方喷发

图 5.3 **500Ma 的中寒武世晚期重建**

蓝色实线为俯冲带,齿状位于上盘,黑色实线为扩张中心,绿色实线为转换板块边缘;在重建边缘的灰色区域的虚线边界是一个示意性周长(Domeier,2015),它标记了 Iapetus 和 Ran 域的外边界

大陆和冈瓦纳之间;图 5.3)。Ran 在寒武纪开始时期发育,并与随后的 Rheic 洋合并,在奥陶纪成为后者的一部分。Iapetus 在新元古代晚期的某个时候已经打开,之后在冈瓦纳西北下方裂陷,并在寒武纪逐渐扩大(图 5.3),在约 500Ma 的晚寒武世达到最大宽度。当时在它的南缘会聚运动活跃,在冈瓦纳西北缘以北有俯冲活动,其中部分地区包括后来成为阿瓦隆尼亚(包括 Meguma)、Ganderia 和 Carolinia 微大陆的地区。Iapetus 北部边缘围绕着一串劳伦古陆周缘地体(包括现在位于南美洲的 Cuyania,现在位于北美洲的 Lushs Bight 和 Dashwoods,以及现在位于欧洲西北部的 Clew Bay—Highland Border 和 Midland Valley—South Mayo),它们被活跃的向北俯冲带从主劳伦克拉通中分离出来。在海洋的西部也可能存在海底扩张(图 5.3),导致 Cuyania 地体(通常称为 Precordillera 地体,现在位于阿根廷)离开其余的地体链,并保持独立的形式直到抵达冈瓦纳的南美洲板块西南的最终位置,并持续到了 455Ma 的奥陶纪末期(Domeier,2015)。

毫无疑问,在今天的大西洋区域之外的寒武纪海洋区域是鲜为人知的,并且已经被不同的作者以多种方式解释过。例如,尽管如图 5.5 所示,在 510Ma 的中寒武世,冈瓦纳和西伯利亚之间的海域面积只占据了华北、华南和塔里木大陆,但该地区一定发育了几个具有前寒武纪核心的微大陆,后者今天在哈萨克斯坦的地体组合中形成了不同的单元(图 3.7),如第 6 章所述。

5.1.3 冈瓦纳

冈瓦纳是一个巨大的大陆，比古生代早期任何一个大陆的面积都大三倍多，面积约为 $100 \times 10^6 km^2$，约占今天陆地总面积的64%。它包括非洲、南美洲、印度、阿拉伯半岛、南极洲和澳大拉西亚，以及它边缘的许多较小的单元，如佛罗里达、土耳其的Taurides，以及中亚和中国的各个部分，特别是西藏地体和中缅马苏。后来独立的阿瓦隆尼亚地体在寒武纪时期仍然是冈瓦纳克拉通的一个组成部分，可能位于冈瓦纳西北非洲和亚马孙地区的外侧。然而，虽然阿瓦隆尼亚和冈瓦纳之间的断裂作用始于寒武纪末期，但对两侧地层和动物群的分析表明，直到早奥陶世才发生了分离（Cocks和Fortey，2009）。阿瓦隆尼亚以东，沿冈瓦纳边缘的北非部分，仍然是后者不可分割的一部分，这奠定了阿摩力克地体组合（ATA，通常简称为阿摩力克，虽然它不是一个简单的统一地体），其构造复杂多变的多个部分构成了今天法国的大部分，伊比利亚半岛、部分意大利（撒丁岛、阿德里亚和阿普利亚），以及可能的波希米亚和Moldanubia。然而，至少在晚奥陶世之前，ATA中的所有部分都是冈瓦纳克拉通的一部分，许多部分直到晚奥陶世之后才分离（图8.9）。

从新元古代晚期和最早的寒武纪造山带继续，沿着非常广泛的活动边缘有一个持续活跃的俯冲带，显然扩展到几乎绕冈瓦纳一圈，从非洲西北向南绕南美洲、南非、东南极洲，到达西澳大利亚的东部边缘（图5.4）。在阿拉伯半岛北部和印度北部（可能）也有较小和较短的俯冲带。在511Ma，Kalkarindji大火成岩省（以前称为Antrim高原玄武岩）被侵入澳大利亚西北部的冈瓦纳的一个非常大的区域（大于 $2 \times 10^6 km^2$；Glass和Phillips，2006）。在东澳大利亚，Delamerian造山作用不定时活跃，在包括塔斯马尼亚在内的部分地区，从新元古代晚期开始活动，但直到514Ma之后的中寒武世北部的Thomson造山带才开始活动，但其直接原因尚不完全清楚（Fergusson和Henderson，2015）。在南美洲，早寒武世一个小海洋（Punoviscana洋）关闭，从而导致大量的长条形Arequipa—Antofalla地块（图5.4中的AA）向西延伸，与主冈瓦纳克拉通合并（Escayola等，2011）。

5.1.4 东亚

东亚在很大程度上受新元古代晚期（埃迪卡拉纪）到早寒武世构造活动的影响，包括早期（539Ma）和中期（526Ma）寒武纪发育华南火山岩，以及Song Ma缝合带内发育的寒武纪岛弧残余岩石，它本身在泥盆纪之前就与华南贴合（图5.5）。在现代中国，准噶尔地体（图3.8中的450单元）是由寒武纪及以后的岛弧（Xiao等，2009b）拼贴而形成的，而柴达木—祁连地体包括中寒武统蛇绿岩，可能形成于华北大陆西南缘附近。下寒武统熔灰岩产于昆仑东部（457单元：Daukeev等，2002）。在现今华北大陆和华南大陆之间是秦岭造山带，其中包括松树沟超镁铁断块，其形成年代为中寒武世（510Ma）；但是这个处于寒武纪的断块的确切位置还不确定（Cocks和Torsvik，2013）。

图5.5没有显示的为蒙古的呼塔格乌勒—松辽地体（453单元），其中存在上寒武统—奥陶系（498—461Ma）近海沟深成岩体和年轻弧状地壳（Jian等，2008）；以及附近的兴凯—佳木斯—布列亚地体（454单元），后者被下—中寒武统（525—515Ma）花岗岩类侵入。这两个单元都很庞大，但它们在寒武纪的详细情况却很有限，尽管它们彼此很接近，并很可能在晚志留世被贴合到中蒙古

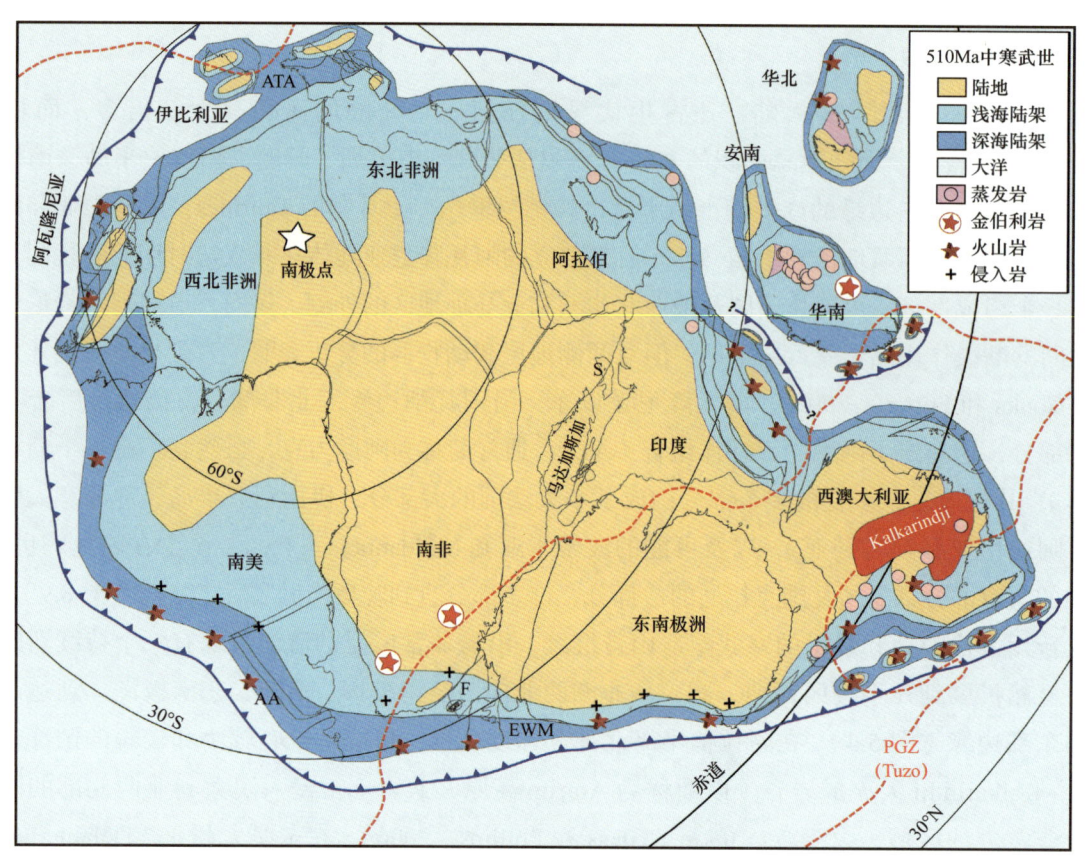

图 5.4　510Ma 的冈瓦纳和邻近地区（中寒武世），显示出陆地和海洋的模式

红色虚线是地幔柱生成带（PGZ），粉红色的圆点是蒸发岩；蓝色实线是俯冲带，齿状在上盘；所示的岛弧串是概略的，因为岛弧内每个单独单元的范围和每个单元高于海平面的程度是不确定的；澳大利亚的 Kalkarindji LIP 爆发于 511Ma；中寒武统金伯利岩产于非洲南部和华南的大红山；AA，Arequipa—Antofalla 地块；ATA，阿摩力克地体组合；EWM，埃尔斯沃斯—惠特莫尔山脉；F，福克兰群岛（马尔维纳斯群岛）；S，塞舌尔群岛

组合中，后续成为阿姆利亚大陆的一部分（图 7.7）。

最初在冈瓦纳和华北边缘的岩石，现在位于喜马拉雅山脉，产生的锆石表明了 500Ma 时的构造事件，但没有确定华北在寒武纪的位置。McKenzie 等（2011）将华北划为冈瓦纳的一部分，与今天的印度东北部接壤；然而，认为它是一个单独独立的大陆，并把它放在离冈瓦纳有一定距离的地方（图 5.5）。安南和华南合并成一个大陆，也位于冈瓦纳中北部，可能在阿富汗附近；然而，安南大陆的西部（泰国）部分是由较年轻的岩石组成的，这些岩石在寒武纪并不存在（Ridd 等，2011）。将安南—华南联合板块从阿富汗输送到澳大利亚（约 3000km）的向东移动的走滑断层是否在寒武纪或奥陶纪某个时期开始活动并没有受到约束，从早奥陶世（480Ma）往后的重建（图 6.4）可以看出这一点。在 520Ma 之前的某一时期，华南东南部的华夏系边缘由被动变为主动，现今被认为是日本地体（图 5.5 中的 JA）的海洋火山岛弧的第一部分形成于该处近海（Isozaki，2010）。

5.1.5　劳伦古陆

早寒武世，在劳伦古陆没有任何重大的构造活动，劳伦古陆横跨赤道，在整个寒武纪距冈瓦

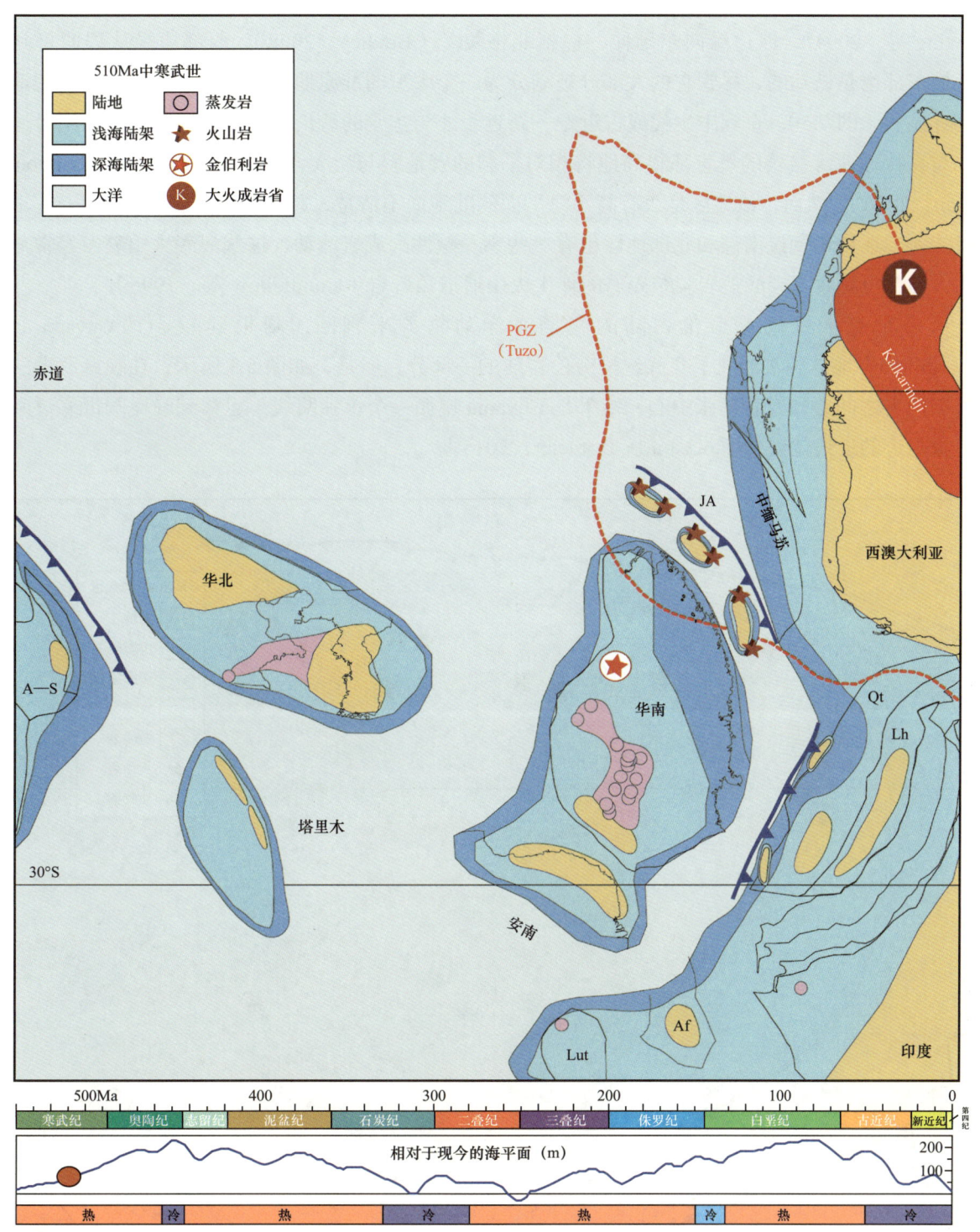

图 5.5 **510Ma 的东亚地体和大陆（中寒武世），显示出陆地和海洋的模式**

Af，阿富汗地体；A—S，西伯利亚的阿尔泰—萨彦地区；JA，日本岛弧；Lh，拉萨地体；Qt，羌塘地体；红色虚线是非洲（Tuzo）地幔柱生成带（PGZ）；金伯利岩位于华南的大红山；蓝色实线是俯冲带，齿状在上盘；底部：显生宙时间标尺和海平面变化（Haq 和 Al-Qahtani，2005；Haq 和 Shutter，2008）以及冰室（冷）和温室（热）条件纳有一段距离（图5.6）。从新元古代晚期到志留纪，加拿大北部持续存在一个被动的劳伦古陆边缘（Dewing等，2004），该边缘向东延伸，包括北格陵兰（Bradley，2008）。西部边缘从墨西哥到阿拉斯加东部也是被动的，尽管它的大部分被划分为一个大型的准原地岩体，在志留纪和后来的地图上都有显示（图7.5），直到中生代或古近纪—新近纪才与主要的劳伦克拉通重新统一。在南科迪勒拉，与克拉通西缘接壤的奥肯那根高地将相对平坦的冒地斜与泛大洋的陆架边缘分开（Colpron和Nelson，2006）。然而，该地区是否有高于海平面的陆地尚不清楚，并且粗碎屑岩较少，图5.6未见任何陆地。在科迪勒拉南部和北部地区也有一些钙—碱性火成岩活动。这些海底火山喷发经常是剧烈的，局部可见含铁碳酸盐岩胶结碎屑的伴生火山通道角砾岩（Goodfellow等，1995）。

从多种毫无疑问是劳伦古陆的底栖海洋动物群来判断，阿根廷较小的Cuyania（或Precordillera）地体确实形成了寒武纪早劳伦古陆的一部分，但是，如图5.3所示，在晚寒武世的某些时期两者之间必须发育扩张中心，结果是Cuyania遵循一个单独路线，运移到晚奥陶世靠近南美洲边缘附近的最终位置［图6.2（a）；Domeier，2015］。

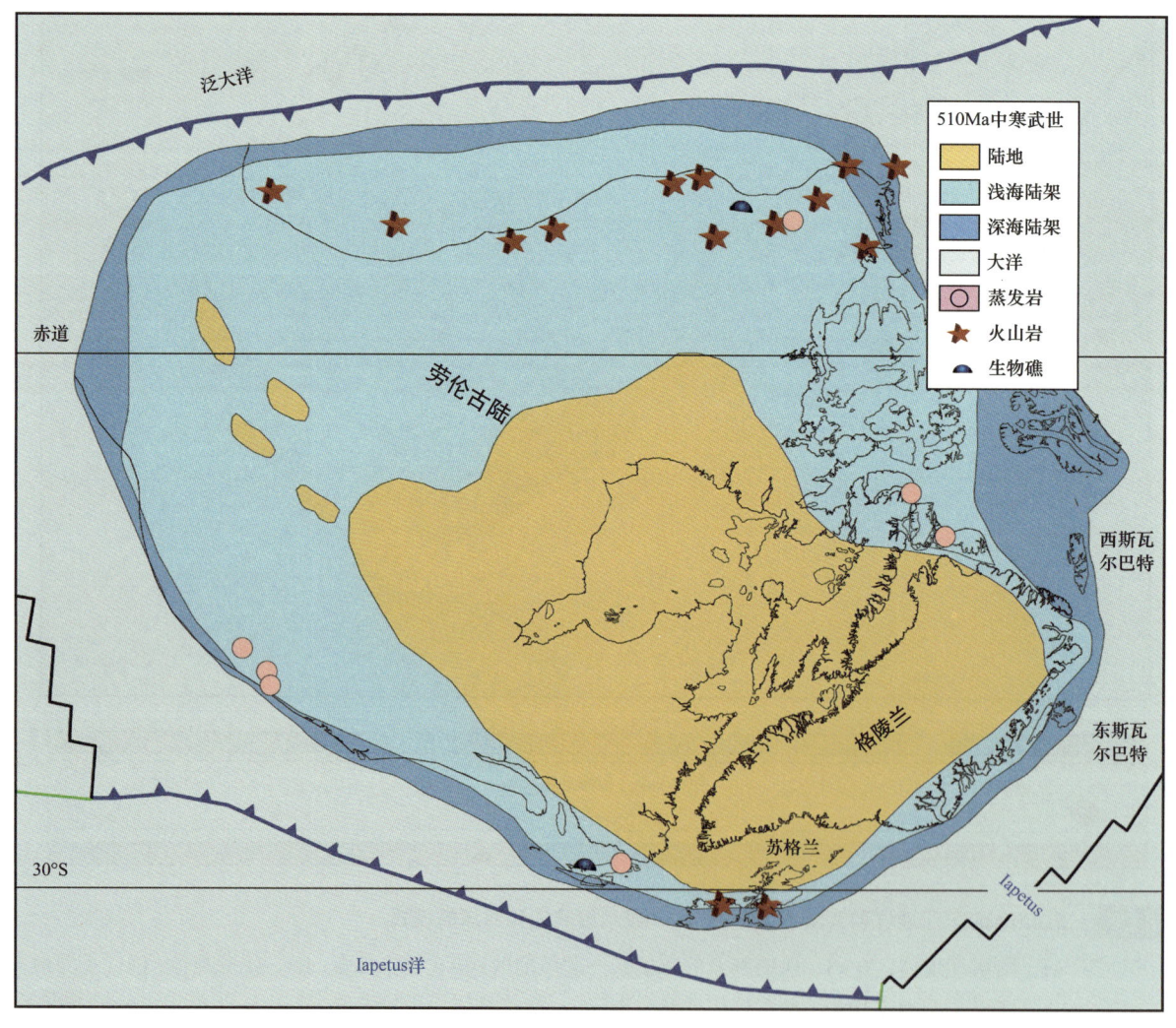

图5.6　**510Ma的劳伦古陆（中寒武世），显示陆地和海洋的模式**
蓝色实线为上盘带齿状的俯冲带，黑色实线为扩张中心和转换断层，绿色实线为转换板块边缘；此时没有金伯利

在劳伦古陆的纽芬兰地区，位于劳伦克拉通和Dashwoods、Lushs Bight，以及其他地体之间的亨伯河海道继续稳步开放（图5.3），直到接近495Ma的寒武纪末期（芙蓉世），Dashwoods区域西缘开始俯冲（之后显示在图6.5），海道开始关闭（Waldron和van Staal，2001）。这在最近一次约495Ma的寒武纪（芙蓉世）构造事件中达到顶峰（van Staal等，2009）。在纽芬兰西部的Dunnage区，Notre Dame几个岛弧中的第一个也被贴合到劳伦古陆。

5.1.6 西伯利亚

在西伯利亚，包括蒙古在内的西伯利亚克拉通褶皱带发育寒武系岩石（Astashkin等，1995；Dobretsov等，2003）。从550—520Ma，在阿尔泰—萨彦岭褶皱带发育大量的火山活动，开始于最新的新元古代，并在早寒武世（当地称为Tommotian、Atdabanian、Botomian和Toyonian阶段）和中寒武世（Amgan和Mayan阶段）继续，在图瓦的阿尔泰—萨彦岭地体、西萨彦岭和萨莱尔发育最厚的火山弧物质（它们的位置如图7.7所示），在阿尔泰和邻近山脉发育厚层玄武岩和凝灰岩。在晚寒武世（图5.7），火山活动局限于特定的区域（Salair和Kuznetz Alatau地体）。每个对下寒武统进行古地理重建（Zonenshain等，1990；Dobretsov等，1995；Şengör和Natal'in，1996）的小组都提出了非常不同的模型，特别是对阿尔泰—萨彦岭地体，这些模型大多本身就是合成的。但是，所有这些作者都认为发育的拼合复合体、蛇绿岩、岛弧和其他指标指示了从文德期至中寒武世的极端构造活动。并且丝毫不认为出现在晚寒武世重建中的西伯利亚周缘部分（图5.7）仅仅是一种可能性，因为它们是根据以前的工作和已知数据编辑而成的。然而，确定寒武纪以来，阿尔泰—萨彦岭一直位于西伯利亚大陆北部，首先，西伯利亚克拉通与今天相比肯定是反转了，其次，阿尔泰—萨彦岭地区在前泥盆纪已经依附于克拉通，当时克拉通仍然是反转的（图9.11）。

虽然没有可证实的前志留系岩石来确认，在蒙古中部拼接地体和西伯利亚克拉通之间的蒙古—鄂霍茨克洋可能在寒武纪缓慢打开（Torsvik，2007）；然而，两者之间的距离似乎并不是很大（Kravchinsky等，2001），图5.7中显示这两个陆地区域在它们当时的东部末端是相邻的。在图瓦的中西部志留系之下，不整合下伏厚层下寒武统海洋火山岩与中—下寒武统下部（Amgan阶）含化石的碎屑岩和碳酸盐岩夹层；只有在图瓦东北部（Kidrik河部分）发育一个完整的寒武系序列，上覆不整合的上奥陶统（Astashkin等，1995）。

5.1.7 中亚

Şengör和Natal'in（1996）重建它们的早古生代Altaid地体，是被称为钦察弧的两个巨大岛弧的前组成部分，他们认为其在波罗的大陆和西伯利亚之间拉伸，而图瓦—蒙古弧在古生代位于主西伯利亚克拉通的西北部。然而，从四个更具实质性的钦察弧区域（阿尔泰—萨彦岭、成吉、楚—伊犁和天山，现在全部主要位于哈萨克斯坦）分析生物关系和奥陶系底栖动物群的地方性，尤其是三叶虫，表明四个中的至少后三个在早古生代一定形成了复杂冈瓦纳周缘拼贴的一部分，而与西伯利亚周缘或波罗的大陆没有任何联系。只有阿尔泰—萨彦岭（早古生代不只是一个单独地体；图7.7）的底栖动物群中表现出大量的西伯利亚元素，因此很可能在当时形成了西伯利亚周缘的一部分（Fortey和Cocks，2003）。因此，钦察弧虽然是一个优雅的概念，可能并不存在，也不会在这里再次提及。哈萨克斯坦地体将在下面的奥陶纪章节中进一步讨论。

5.1.8 波罗的大陆

在最新的前寒武纪560—550Ma的埃迪卡拉纪，现今的波罗的大陆北部是一个活跃的边缘（Timanian造山运动），其与主要的元古宙和更早的波罗地克拉通的缝合带显示在后来的（510Ma）地图上（图5.8）。此事件主要通过微陆块的贴合扩大了波罗的大陆，其中最大的是Timan—Pechora和巴伦支海（350单元），以及新地群岛（373单元），更具争议性的是寒武纪Kara地体（417单元，

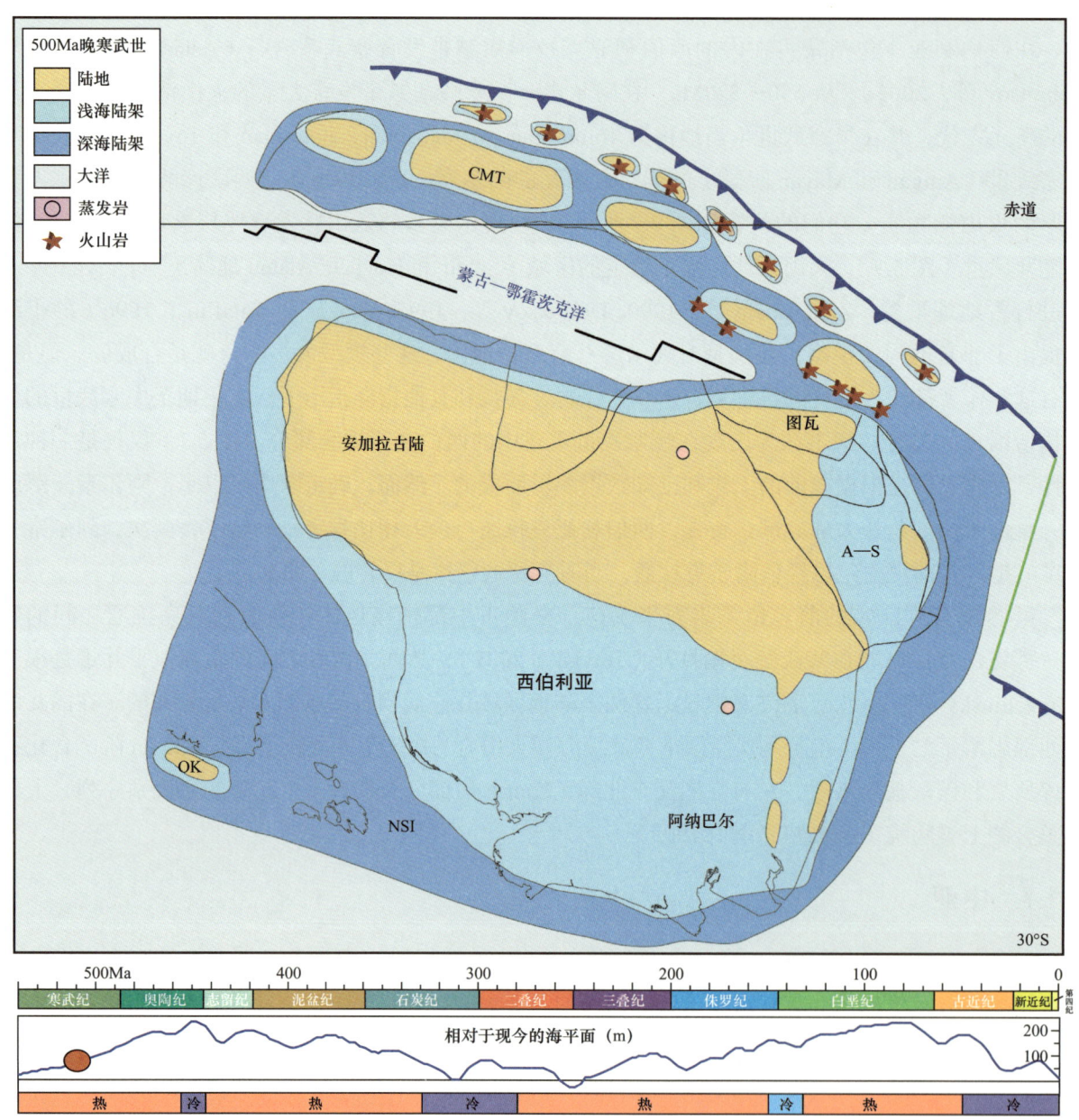

图5.7 **500Ma（晚寒武世）的西伯利亚和西伯利亚周缘，显示陆地和海洋的格局**

蓝色实线为上盘带齿状的俯冲带，黑色实线为扩张中心和转换断层，绿色实线为转换板块边缘；没有已知的金伯利岩；A—S，阿尔泰—萨彦岭；CMT，蒙古中部地体；NSI，新西伯利亚群岛；OK，鄂霍茨克断块；底部：显生宙时间标尺和海平面变化（Haq和Al-Qahtani，2005；Haq和Shutter，2008）以及冰室（冷）和温室（热）条件

包括北 Taimyr 半岛和北地群岛，现在都位于俄罗斯北极地区）的位置，以及在波罗的大陆周围的一个或多个海洋中存在或不存在岛弧。Kara 显示位于波罗的大陆附近（图 5.8），并且有一些古地磁数据支持它的纬度位置，但不是很可靠。在寒武纪的大部分时间里，有一块陆地在当时被认为是两块大陆，较大的萨尔马提亚大陆，在今天的前寒武纪克拉通的东南方，以及较小的芬诺斯坎迪亚大陆，环绕着今天波罗的海的大部分地区。

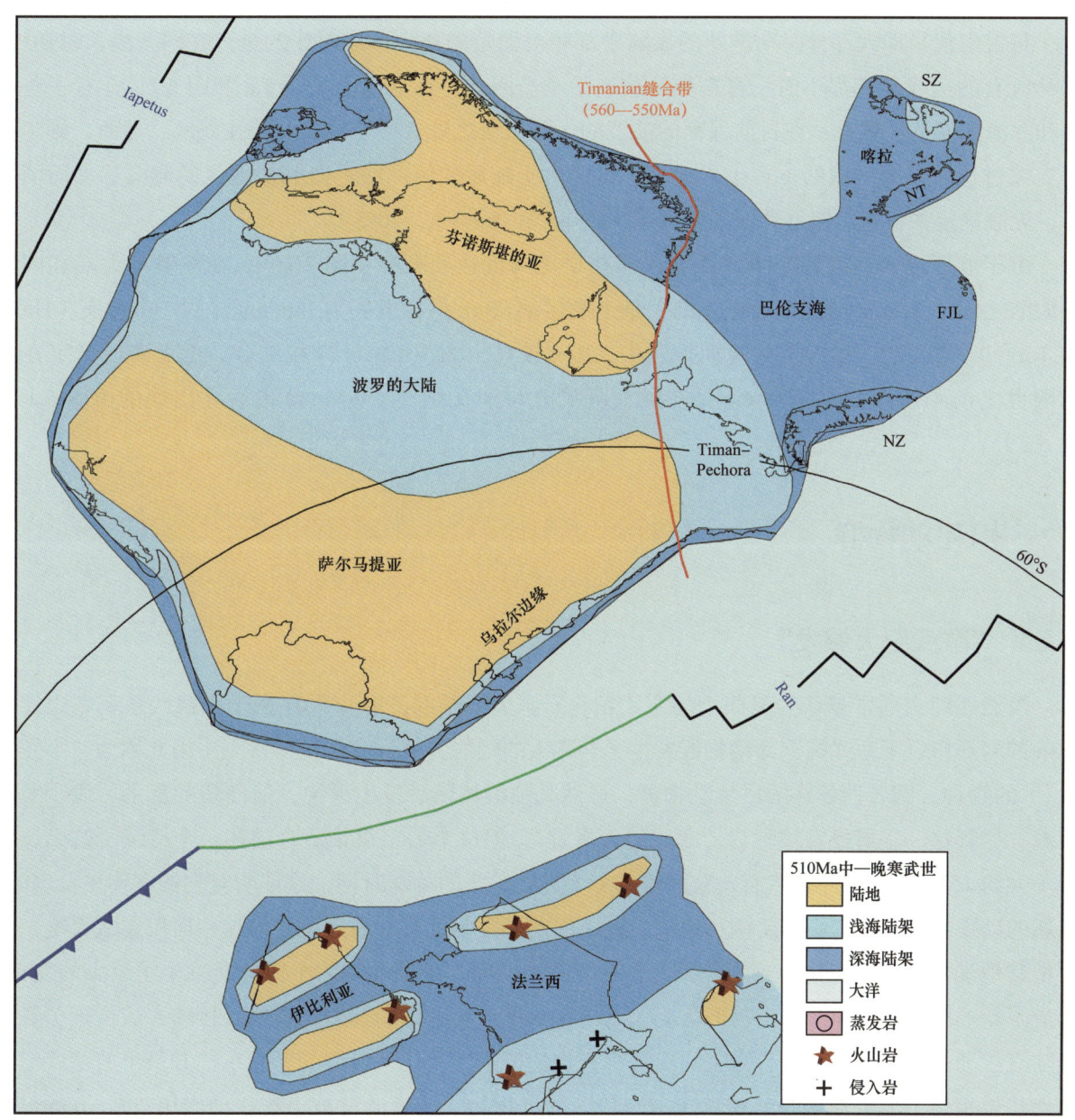

图 5.8　510—500Ma（中寒武世）的波罗的大陆和周边地区，显示陆地和海洋的格局，包括 Fennoscandia 和 Sarmatia 大陆地区

蓝色实线为俯冲带，齿状在上盘，黑线为扩张中心，绿线为转换板块边缘；前寒武纪晚期（560—550Ma）是一个活跃的增生期，即 Timanian 造山运动，在此期间，乌拉尔北部的 Timan-Pechora 和俄罗斯西北部的新地群岛地区的各种微陆块与波罗的大陆联合起来，形成了一个非常广阔的大陆区域；FJL，法兰士约瑟夫地；NT，北泰米尔；NZ，新地群岛；SZ，北地群岛

在波罗的大陆的乌拉尔地区（图 5.8），Zonenshain 等（1990）在乌拉尔山脉附近发现了大量的晚寒武世逆冲和褶皱，这是由波罗的大陆边缘与岛弧和一些微大陆的碰撞造成的。乌拉尔以西下寒武统岩石上覆的奥陶系角度不整合支持了这一观点，但这些造山事件的具体年代和成因仍有些模糊。由于波罗的大陆在奥陶纪的大量旋转，寒武纪位于波罗的大陆乌拉尔边缘对面的地体很可能是巨大的冈瓦纳大陆的阿摩力克板块（图 5.8），而不是构成今天中亚 Altaids 的复杂拼贴的任何一部分。

与古生代早期大部分时期波罗的大陆中部相对稳定的条件形成对比的是，在同一漫长时期内，在其所有的边缘地带都不时发育剧烈的构造活动。因此，在地图上（图 5.8 和图 6.11），有一些浅海和深海陆架的区域显示在目前保存的波罗的大陆边缘之外，甚至显然覆盖在海底。然而，确定曾经支撑过这些陆架区域的下古生界地壳，可能由于随后的俯冲或是向其他地区的侧向移动而消失了，无法确定并将它们恢复到原来的位置（Cocks 和 Torsvik，2005）。

由于波罗地大陆旋转始于寒武纪，但在早奥陶世达到高峰（图 2.10），在波罗地大陆和冈瓦纳大陆之间的 Ran 洋出现了渐进式的大量走滑运动。Ran 最初发展为 Iapetus 洋的一个分支（Hartz 和 Torsvik，2002）。在古生代晚期重建中，Ran 被显示为与 Rheic 洋相结合，但后者的名字在早奥陶世之前不适用，因为 Rheic 是在阿瓦隆尼亚与冈瓦纳在 490Ma 分离后才出现的（图 6.1 和图 6.2）。

5.2 相和动物群

5.2.1 "寒武纪大爆发"

虽然三叶虫通常被认为是典型的寒武纪化石，但最早的三叶虫只存在于比寒武系基底边界早 6Ma 的岩石中。下寒武统下部动物群发生了非常大的辐射，从许多体型非常小（因此称为"小壳化石"）的物种，到各种各样的后生动物群，虽然其他群体随后发生灭绝，但许多的直系后代今天还活着。尽管这一辐射经常被称为"寒武纪大爆发"，但这个名字很难适合描述一个持续了这么长时间（大约 15Ma）的事件；然而，它仍然是一个进化扩张的特殊时期，这证明对它的宣传是合理的。当新的动物出现时，它们需要栖息地来生存，因此经常驱逐已有的居民，而这些居民要么灭绝，要么把其他动物从其生态位上赶走。因此，在寒武纪期间，全球动物的个体分布发生了巨大的变化，形成了新的底栖生物和浮游生物群落。大量早寒武世动物区系的辐射也造成了接壤（或位于）各种大陆克拉通的普遍以碳酸盐岩为主的浅海沉积物的根本性变化，典型的新元古代和最早的寒武纪微生物垫层覆盖的软底质逐渐让位给更"现代"的沉积物，后者通常被生物扰动作用改造（Dornbos 和 Bottjer，2000）。这些全球辐射的证据在劳伦古陆最为明显，部分原因是它在赤道的位置（图 5.1）自然地最大化了其生物多样性，部分原因是在过去两个世纪中发表的对北美洲动物群化石的大量研究。

直到最近，大多数古生物学家普遍认为，寒武纪大爆发发生于寒武纪前半段，在随后的寒武纪后半段动态辐射降低，然后在中奥陶世以及大部分晚奥陶世发生了奥陶纪生物多样性大事件

（Webby 等，2004）。然而，随着越来越多的异常保存化石从早期地层（中国澄江动物群）和后期地层被发现，这个序列现在被认为不太正确，因为贯穿整个寒武纪和整个奥陶纪，直到奥陶纪末期灭绝，许多门的辐射现在已经知道是没有停顿地进行的，尽管速率可变。例如，早奥陶世（特马豆克期）在摩洛哥南部的 Fezouata 生物群包括许多寒武纪沿袭生物（在加拿大中寒武统 Burgess 页岩发现的 anomalocaridids 节肢动物）以及数量惊人的新进化的冠群分类单元，后者是更晚期奥陶纪类型的祖先（van Roy 等，2015）。

5.2.2 冈瓦纳大陆

冈瓦纳当时是寒武纪最大的大陆，但它的克拉通被浅海不同程度的覆盖，且变化迅速，部分原因是海平面的升降变化（图 5.5），但更多的是由于不同地区的局部构造。冈瓦纳克拉通周围和之上有许多独立的陆地区域，尽管主要的大陆区域从位于北非之下的寒武纪南极到大洋洲地区的赤道以北不间断地延伸（图 5.4）。沉积于冈瓦纳大陆边缘浅海陆架海域和寒武纪连续发育的克拉通上的岩石产出了许多三叶虫（Álvaro 等，2003），这些丰富的底栖聚集三叶虫已经在全球范围内分为三组，称为 Redlichiid、Olenellid、Bigotinid 领域。冈瓦纳的所有低纬度地区都位于 Redlichiid 领域，Bigotinid 生活在高纬度地区，而 Olenellid 领域则集中在劳伦古陆，后者也几乎完全是热带地区（图 5.1）。中纬度的澳大利亚 Redlichiid 领域三叶虫比欧洲更多样化，在整个寒武纪不同的浅海盆地之间存在差异（Shergold，1991；图 5.4）。相比之下，类似海绵的古杯类动物更具有世界性，它们的属与腕足类类似，在澳大利亚和劳伦古陆之间大致相当；然而，由于后者大部分是无关节的，众所周知，它们的幼虫阶段比关节腕足类动物（从奥陶纪开始占主导地位）的生存期更长，因此寒武纪发育的腕足类动物比三叶虫表现出更少的省级分化（Cocks，2011）。

5.2.3 中亚和东亚

哈萨克斯坦的楚—伊犁和卡拉托纳林地体（460 单元和 466 单元）寒武纪—早奥陶世腕足动物群与华南部分地区非常相似（Holmer 等，2001）；然而，这些相似之处可能反映了这两个地体群相类似的较低古纬度（图 5.1）和大多数无关节腕足类动物漫长的幼虫期，而不是与寒武纪的那些地体非常接近。在喜马拉雅和华南地区均发现了相同的三叶虫种，如 *Neoanomocarella*、*Parablackwelderia*、*Sudanomocarina*、*Fuchouia* 和 *Redlichia*（Hughes pers.Comm，2011），支持了华南地区在寒武系相对靠近冈瓦纳的定位，如下所示。

华南板块在中寒武世从 15° 到 35°S 的古纬度北移（图 5.5），到晚奥陶世横跨赤道（下文图 6.4），再到晚志留世完全位于赤道以北（下文图 7.1），但冈瓦纳在此时期位移较少，因此在这两个大陆之间的海洋区域一定发生了相当大的走滑运动。所以，在寒武纪期间，华南板块从印度板块脱离向中缅马苏和冈瓦纳的澳大利亚区附近移动，这一移动反映在相的变化（随着纬度的降低，石灰岩逐渐增多）和华南区动物多样性随时间的增加而增加。然而，通过牙形刺和三叶虫分析可以看出（McKenzie 等，2011）华北（包括韩国）、华南和喜马拉雅很大程度上都位于类似的寒武纪动物省，因此华北（可能和塔里木；图 5.5）与华南—安南联合板块和冈瓦纳相距不是太遥远（Cocks 和 Torsvik，2013）。

5.2.4 劳伦古陆

劳伦克拉通的陆架边缘保存着世界上最著名的保存完好的化石沉积（Lagerstätten）之一——加拿大不列颠哥伦比亚省的伯吉斯页岩，在那里发现了种类繁多的中寒武世动物群，它们具有的软质部分很少作为化石被发现。在寒武纪，大部分克拉通在不同时期被水淹没（图5.6），相对较小的海平面变化导致了大量的海侵和海退，将新近进化的近海三叶虫物种带到了近岸，它们的多样化被用来定义连续的地层划分，称为"生物层段"。过去曾将生物层段作为相关工具使用，由于这些海侵并非都是瞬间发生的，一些所谓的"相关性"后来被证明是穿时的。

早寒武世 *Olenellus* 三叶虫动物群已在劳伦克拉通大部分地区定植。例如，在埃尔斯米尔岛的被动边缘附近（Dewing等，2004），但由于该特征属也出现在当时邻近但又相当独立的北极阿拉斯加—楚科塔微大陆，所以该动物群并不像人们通常认为的那样是明确的劳伦古陆动物群。在克拉通边缘，上寒武统三叶虫群落的浅水至深水层序保存在作为沉积颗粒的石灰岩砾石中，后者发育于纽芬兰牛头组的近陆架沉积物中。在内华达克拉通的西部边缘还有另一个浅水至深水层序，尽管那里的盆地三叶虫曾被认为与亚洲有亲缘关系，但它们后来被认为是世界性的，更常见的情况是深水生物群（Cocks 和 Fortey，1982；图2.20）。然而，与冈瓦纳、波罗的大陆和其他高古纬度地区相比，棘皮动物反映出低纬度的劳伦古陆动物群是多么的独特和多样化（Lefebvre 和 Fatka，2003）。由此支持了通过对多种底栖动物群的研究和古地磁的分析得出结论，在寒武纪初期 Iapetus 洋的宽度非常大，也许在劳伦古陆和西冈瓦纳（亚马孙）之间达6500km，在劳伦古陆（格陵兰岛—苏格兰）和波罗的大陆之间约2000km［图5.1（a）］。

今天在阿拉斯加（155单元）Farewell 地体的中寒武世晚期发育的三叶虫，起源于一处冰冷的外大陆架环境，与同一年代的西伯利亚动物群极为相似（与波罗的大陆动物群也有一些相似之处），但与劳伦古陆的动物群毫无共同之处。这进一步证明了 Farewell 是在当时离劳伦古陆有一定距离的地方，直到侏罗纪它才贴合到北美洲（Cocks 和 Torsvik，2011）。然而，它的寒武纪位置约束较差，尽管暂时认为它位于志留纪（图7.5）和晚石炭世（图9.6）的北极阿拉斯加—楚科塔微大陆附近。

5.2.5 西伯利亚

西伯利亚距离劳伦古陆也有一段距离，但处于相对较低的热带纬度（图5.1）。沉积继续，在最新的新元古代（当地称为里菲期和文德期）沉积物和最早的寒武纪之间几乎没有间断，形成了今天仍然平坦和未变质的岩石。随之而来的温暖促进了生物物种的形成，西伯利亚克拉通的寒武纪以其保存化石的多样性而闻名，特别是位于寒武系底部附近具有不确定生物亲缘关系的小壳类化石。另一个显著的特征是在克拉通及其周围的 archaeocyathan 礁的数量，它们主要属于早寒武世（阿特达班期）；例如，在阿纳巴尔地块发育良好的礁（图5.7）。水下陆架的面积非常广泛，特别是在今天克拉通的北部；例如，在阿纳巴尔地区没有已知的大面积陆地（Keller 和 Predtechensky，1968）。尽管如此，在当时的西伯利亚北部似乎有一个巨大的寒武系大陆块体，而邻近的阿尔泰—萨彦岭和蒙古西伯利亚周围的地体在其构造活动边缘附近发育大量的山地和高地。

很难将连续的浅水西伯利亚台地三叶虫动物区与其他地方的三叶虫动物区联系起来，Shergold（1988）定义了一个独特的西伯利亚省，其中包括北冰洋中的新西伯利亚群岛（图5.7）。在整个寒武纪西伯利亚的内大陆架上肯定有许多特有的三叶虫。然而，在较深的陆架上有一些属，如 *Kootenia*、*Erbiella*、*Paradoxides* 和 *Hebediscus*，它们与包括摩洛哥和不列颠南部在内的冈瓦纳西部的种属有关；在早寒武世西伯利亚和冈瓦纳有 8 个深水三叶虫属，在中寒武世有 27 个（Álvaro 等，2003）。西伯利亚的浅海地方性的原因是多种多样的，但在一定程度上是由于一些人为分类（同一属的建立也真正发生在其他地体，但被赋予了其他名称），部分原因是西伯利亚的相对地理隔离，部分是因为在不同时期，西伯利亚和其他一些大的大陆（包括波罗的大陆）的海底是由相对普遍低氧含量的海水覆盖的，只支持 *olenellid* 三叶虫。然而，到晚寒武世，西伯利亚与其他地区之间的动物群联系增多，三叶虫和腕足类动物来自北地群岛，而在波罗的大陆附近的 Kara 地区（图 5.8），则提供了西伯利亚、卡拉和波罗的大陆之间的相关关系（Rushton 等，2002）。

西伯利亚台地在寒武纪有两大相区划分。在现今的东南部，沉积物主要由白云岩和层间硬石膏岩组成，偶尔有石灰岩层，发育稀疏的特有三叶虫和藻类生物层，以及陆源岩石。相反，在西北地区，早寒武世发育叠层石生物礁，整个寒武纪存在开阔海洋石灰岩和泥灰岩，偶有深水成因的沥青页岩（Pegel，2000）。这两个广大地区的寒武系岩石总厚度大致相同，在 1500～2000m 之间。

在西伯利亚蒙古地区，在当时的安加拉地块以北（Kasagt—Khairkan 山脉和南 Khubsugul 湖地区），下寒武统已基本形成，在 Tommotian、Atdabanian 和 Botomian 发育许多 *archaeocyathan* 和特有的西伯利亚小壳化石，都有很好的代表。这些碳酸盐岩的沉积作用一直持续到中寒武世早期（Amgan 期），其间存在少量层间酸性火山岩。大部分中—上寒武统岩石为厚层不含化石的磨拉石沉积，上覆不整合的二叠系岩石（Astashkin 等，1995）。蒙古中部地体组合的不同部分发育典型的西伯利亚动物群，因此离西伯利亚主大陆不远。西伯利亚的中—上寒武统贝壳动物群，尤其是腕足类动物，相对于波罗的大陆或冈瓦纳，与北美洲（劳伦古陆）的动物群有更多的相似之处，但这可能是由于它们类似的赤道古纬度与它们可能的邻近程度差不多。然而，西伯利亚底栖生物群落的多样性和化石层的丰富程度不及劳伦古陆类似的低古纬度地区。

5.2.6 波罗的大陆

Baltoscandia 的寒武纪沉积物不整合地分布在克拉通变质的前寒武系岩石上，因此代表了始于埃迪卡拉纪晚期的海侵，侵入了波罗的海地盾的准平原古老基底（Cocks 和 Torsvik，2005）。从挪威、瑞典和东波罗的海中寒武世沉积地层的薄度和许多相的侧向延伸程度，以及普遍缺乏粗碎屑岩判断，大陆中心大部分时期一定是地形相对较低（因此沉积物供应较少）的。克拉通的大部分区域在寒武纪 54Ma 的很长一段时间内都淹没在陆表海之下，反映出全球海平面的稳定上升（图 5.8）。因此，在瑞典和其他地方丰富的上寒武统 olenid 三叶虫动物群，代表了一种生活在大陆架上相对深水生态位的动物群，同样的动物群也在其他大陆如劳伦古陆和西伯利亚的类似条件下被发现。似乎有可能 olenid 生物群的异常广泛分布更多是由于全球海水低氧化，而不是由于波罗的大陆克拉通和其他地方的三叶虫生活在任何深水，尤其是没有任何会导致深水盆地形成的局部构造活动的证据。与奥陶纪早期更广泛的海洋分割相比（当时底栖贝壳动物群具有更强的地方特性），波罗的大陆在此期间跨越较窄的 Ran 洋，更接近邻近的大陆（图 5.8），因此在寒武纪，olenid 幼虫的分布将得到促进。

寒武纪腕足类动物群的有限分布和发育也可以通过波罗的大陆的相对隔离和南半球相对较高

的古纬度来解释（图 5.1）。在瑞典收集完好的剖面中，只有中寒武统的 *Oligomys* 和上寒武统的 *Orusia* 是已知的，而在新地群岛，只记录了中寒武统最上层的 *Diraphora* 和上寒武统的 *Billingsella*、*Ocnerorthis* 和 *Huenellina*。在同样知名的圣彼得堡和爱沙尼亚的局部地区，直到下奥陶统（弗洛阶）岩石之前，不发育关节腕足类，这可能是由于在可用的生物相内缺乏原始合适的生态位或当地 Alum 页岩内的酸性流体对钙质腕足类贝壳的后期成岩破坏。

在波罗的大陆中部，Fennoscandia 和 Sarmatia 这两个主要的陆地区域覆盖了 Fennoscandian 和 Sarmatian 地盾（图 5.8）。邻近的浅水海相包括砾岩和含海绿石砂岩，离岸的中寒武统 Andrarum 石灰岩可以追溯到一个弧形带，从挪威西海岸地区，向东北到斯堪的纳维亚加里东造山带较低的外来体（只包含来源于波罗的大陆的材料），向南弯向波罗的海。石灰岩中的三叶虫和腕足类相对来说是世界性的，有些属甚至在远至澳大利亚的地方也能找到，这表明在波罗的大陆附近的一些海洋并没有寒武纪末期那么宽。在 Andrarum 带东南方较深的瑞典陆架相主要由独特的 Alum 页岩组成。

6 奥陶纪

直头足类软体动物的死亡壳体在瑞典南部的深水直角石属石灰岩中大量存在，洞穴的遗迹，棕色的次生沉积物标示出的可能是由节肢动物挖掘的潜穴遗迹（资料来源：伦敦自然历史博物馆）

奥陶纪以在许多地区发生的大量构造活动和火山活动而闻名，也因为海洋的距离将许多主要的大陆分隔而形成了独特的动物区系，这些动物区系存在于大陆架的海洋底栖生物中。此外还有异常的生物辐射，奥陶纪生物多样化大事件。

因为 Adam Sedgwick 和 Roderick Murchison 关于 Sedgwick 的寒武系顶部和 Murchison 的志留系底部如何被采用的强烈争执，直到两人去世以后，Charles Lapworth 建议（1879），以前争论的重叠的岩石年龄应该命名为奥陶系系统，从而达成妥协，最终被普遍接受。由于这些有争议的岩石大部分在威尔士，Lapworth 以一个古老的威尔士土著部落——Ordovices，来命名他的系统。寒武纪—奥陶纪界线的全球层型现在正式确定在加拿大纽芬兰西部牛头半岛的劳伦古陆克拉通陆架边缘，估计为487Ma(Landing 等,2015)。图6.1和图6.2分别显示了大陆和海洋在系统内的四个时期，480Ma（特马豆克阶）、470Ma（弗洛阶）、460Ma（达瑞威尔阶）和450Ma（凯迪阶）的全球分布。奥陶纪正式划分为7个时期，按升序依次为特马豆克期、弗洛期、大坪期、达瑞威尔期、桑比期、凯迪期和赫南特期，总共55Ma，与之前寒武纪的时间相当。然而，许多作者仍然使用连续的传统阶段术语 Tremadoc、Arenig、Llanvirn、Llandeilo、Caradoc 和 Ashgill，它们最初是在英格兰和威尔士定义的，甚至对于远离不列颠群岛的岩石也一样适用。

6.1 构造和火成岩活动

6.1.1 海洋

仍有超过一半的地球被泛大洋所主宰。在劳伦古陆和波罗的大陆、冈瓦纳大陆之间的 Iapetus 洋，在寒武纪末期达到最大宽度，在整个奥陶纪逐渐封闭。在寒武纪—奥陶纪界线时间（约490Ma）附近，冈瓦纳和阿瓦隆尼亚地体之间的 Rheic 洋也产生了最初的裂谷，随后发生了扩张[图6.2（a）]。到中奥陶世，Rheic 洋的大小与 Iapetus 洋相当[图6.2（b）]，并在其东部与 Ran 洋合并，这种扩张一直持续到志留纪（图7.2）。Tornquist 海[图6.2（a）]基本上是 Iapetus 的一只手臂，将波罗的大陆与阿瓦隆尼亚和冈瓦纳的阿摩力克区域分隔开来（Cocks 和 Fortey，1982）。在波罗的大陆的另一边，即它和西伯利亚之间，为 Ægir 洋（Hartz 和 Torsvik，2002）。再往东与西伯利亚大陆、冈瓦纳大陆和波罗的大陆接壤的大片区域，没有统一的海洋名称，尽管一些作者使用过古亚洲洋这个名称；但是，我们直到石炭纪才承认它（图9.1）。蒙古—鄂霍茨克洋面积相对较小，位于西伯利亚和蒙古中部地体之间（图6.7）。

6.1.2 冈瓦纳大陆

从冈瓦纳的阿瓦隆尼亚位置进一步往东，在约478Ma 的弗洛期，在西班牙的中央伊比利亚地区侵入了一套石英闪长岩和花岗闪长岩，表明冈瓦纳西北缘存在活动。在大约446Ma 的奥陶纪末期，这一活动向东延伸到土耳其南部（图6.9），在那里，已知的变质花岗岩就在 Tauride 山脉以北，而在相对的冈瓦纳另一边缘的澳大利亚，形成了一系列的冈瓦纳周缘岛弧（Cocks 和 Torsvik，2013）。然而，在这两个活跃区域之间，冈瓦纳北缘基本上是被动的，并且一直持续到三叠纪（Torsvik 和 Cocks，2009）。这还不包括喜马拉雅山脉比姆菲利亚造山运动的最后阶段，比姆菲利亚造山运动在约490Ma 的寒武纪末期之前达到顶峰，但其影响持续到奥陶纪，以花岗岩的形式在470Ma 的大坪期侵入。

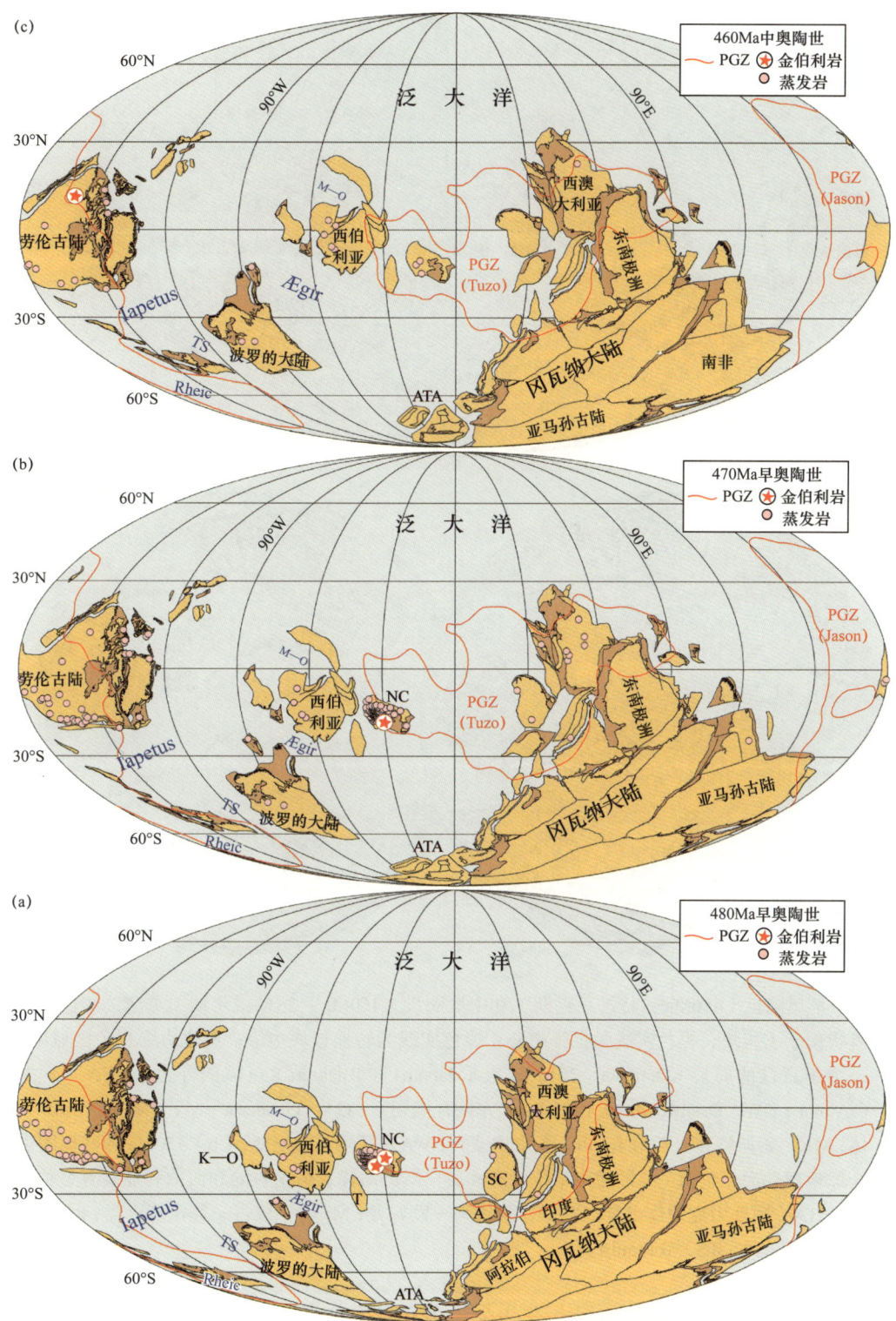

图 6.1　早—中奥陶世地球地理轮廓

（a）480Ma（特马豆克期）；（b）470Ma（大坪期）；（c）460Ma（桑比期），包括主要地壳单位的轮廓和更广阔的海洋；红线是地幔柱生成带（PGZ）；金伯利岩只存在于华北和劳伦古陆；A，安南；ATA，阿摩力克地体组合；K—O，科雷马—欧姆龙；NC，华北；M—O，蒙古—鄂霍茨克洋；SC，华南；T，塔里木；TS，Tornquist 洋

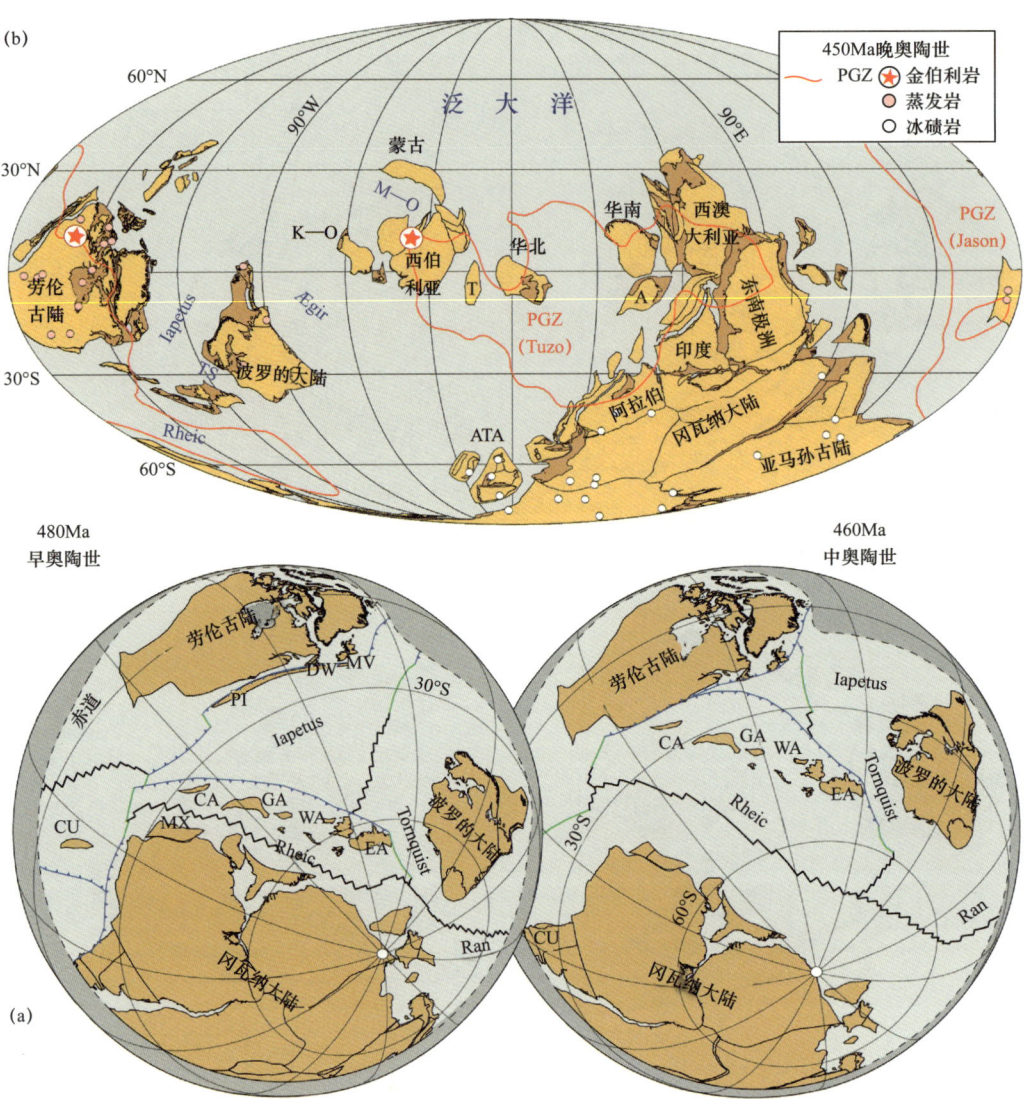

图 6.2 （a）早奥陶世（480Ma：特马豆克期）和中奥陶世（460Ma：达瑞威尔期）重建；蓝色实线为俯冲带，齿状位于上板块，黑色实线为扩张中心，绿色实线为转换板块边缘；重建边缘灰色区域的虚线边界是一个示意性的周长（Domeier，2015），表示 Iapetus 和 Rheic 或 Ran 域的外边界；CA，卡罗来纳；CU，Cuyania；DW，Dashwoods 微大陆；EA，东阿瓦隆尼亚；GA，Ganderia；MV，米德兰山谷—南 Mayo 地体；MX，密斯特克—瓦哈卡；PI，东皮埃蒙特；WA，西阿瓦隆尼亚；（b）450Ma 的晚奥陶世（凯迪期）全球地理轮廓，包括主要的地壳单位轮廓和更广阔的海洋；劳伦古陆和西伯利亚发育金伯利岩；A，安南；ATA，阿摩力克地体组合；K—O，科雷马—欧姆龙；M—O，蒙古—鄂霍茨克洋；PGZ，地幔柱生成带；T，塔里木；TS，Tornquist 洋

在南美洲现代安第斯山脉的位置上有一个长条形的奥陶系海盆，该海盆被大陆地壳覆盖，向西延伸至 Famatina 地块（图 6.3），后者在新元古代晚期至早寒武世时期已贴合到冈瓦纳大陆。还有大量的深成岩现象，从超基性的侵入岩到钙碱性花岗岩，以及与之相关的阿根廷活动带的变质作用，从约 490Ma 的早特马豆克期到 450Ma 的晚奥陶世，都被称为 Famatinian 造山运动（Dahlquist 等，2013）。然而，在寒武纪末期之前，大约 495Ma，变形就已经开始了。这些变质辉长岩的年代为 474—452Ma（弗洛期—凯迪期），其化学特征表明它们是侵入弧后盆地的大洋中脊玄武岩

（MORBs）富集的产物。Famatina 地区发育同期的下奥陶统辉长岩和钙碱性火山岩，伴随从大坪阶到桑比阶广泛的火山碎屑浊积岩。早在 486—468Ma（特马豆克期—大坪期），广泛的 Famatinian 花岗岩侵入原安第斯地区（Hervé 等，2013）。在中美洲，包括来自墨西哥南部下伏元古宇基底的继承锆石在内的变质花岗岩，属于密斯特克—Oaxaca 微大陆的一部分 [图 6.2（a）]，其年代约为 452Ma（凯迪阶）。在同一地区也发育最早的侵入低变质岩的志留系岩脉（442Ma：鲁丹阶）。所有这些都被解释为 480—440Ma 的延长的一系列事件的最后阶段，该系列事件与该地区冈瓦纳克拉通的 Rheic 洋逐渐变宽相关（Keppie 等，2012）。

冈瓦纳东缘在整个奥陶纪时期都保持活跃，澳大利亚东部褶皱带内的 Benambran 造山运动代表了一个扩展事件和海洋岛弧向冈瓦纳克拉通的进一步贴合，并一直持续到早志留世（Glen，2005）。下奥陶统（473—463Ma：弗洛阶—大坪阶）花岗岩，现已构造化，在澳大利亚也被侵入了（Fergusson 和 Henderson，2015）。新南威尔士州奥陶纪和最早的志留纪 Macquarie 弧分四个阶段向克拉通贴合。第一阶段，从特马豆克期到弗洛期（485—470Ma），由出露的海洋火山岛组成，周围是浅水的热带碳酸盐岩；之后是持续 9Ma 的间断期，直到达瑞威尔期，发生了第二阶段的火山活动，大部分为海底活动，但也有一些局部出露的，同样边缘分布碳酸盐岩；第三阶段为侵入岩，与区域隆起和碳酸盐岩台地沉积有关。最后阶段从凯迪期到早志留世（450—440Ma），包括熔岩的挤出和斑岩的侵入，后者具有正边粗玄岩地球化学特征（Percival 和 Glen，2007）。与寒武纪相比，冈瓦纳没有发现奥陶系或志留系金伯利岩或 LIP，这可能是因为这块非常大的大陆大部分位于 Tuzo 和 Jason 两个 LLSVP 之间。

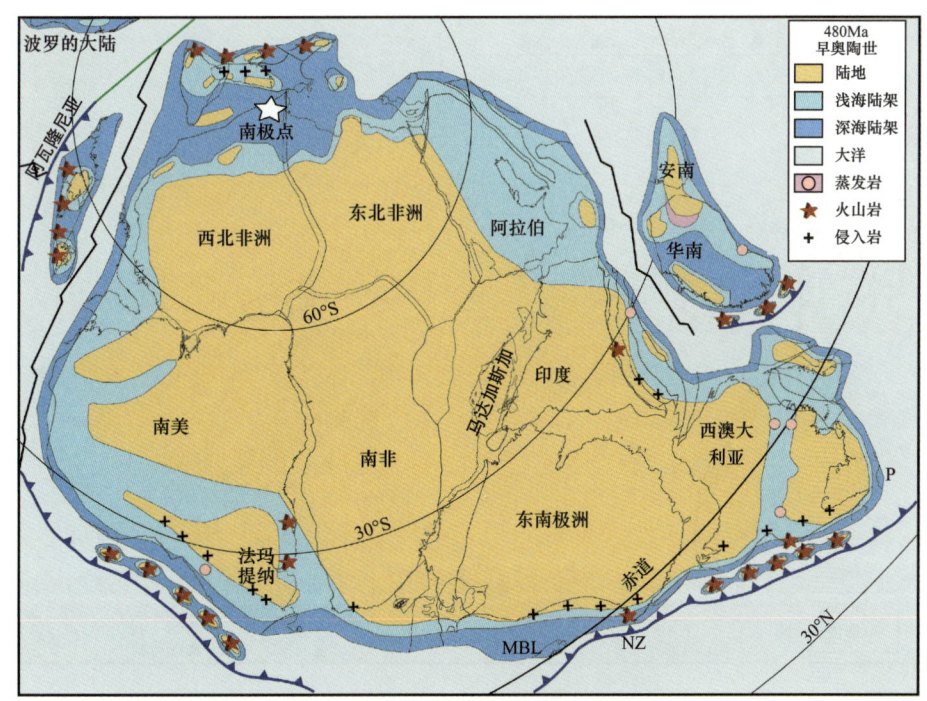

图 6.3 **480Ma（特马豆克期）的冈瓦纳和邻近地区，显示土地和海洋**

蓝色实线为上板块带齿状的俯冲带，黑色实线为扩张中心和转换断层，绿色实线为转换板块边缘；图中所示的岛弧串是示意性的，因为岛弧内每个单元的大小和每个单元高于海平面的程度是不确定的；MBL，玛丽伯德地；NZ，新西兰；P，巴布亚新几内亚

6.1.3 东亚

岛弧活动在东亚许多地区继续迅速发展。在现今连接华南和安南（中南半岛）的广阔的三叠纪和晚松马缝合带内，存在着早在泥盆纪之前就已经贴合到华南的寒武系—奥陶系岛弧残余（Cocks和Torsvik，2013）。在整个时期内，合并的安南—华南大陆继续沿着冈瓦纳边缘向东北方向走滑（图6.4）。华北北部（苏林黑尔）地区是一个弧沟复合体，包括奥陶系蛇绿岩和其他由最晚期奥陶纪和最早期志留纪（448—438Ma）发育的深成岩侵入的火山岩（de Jong等，2006）。柴达木—祁连

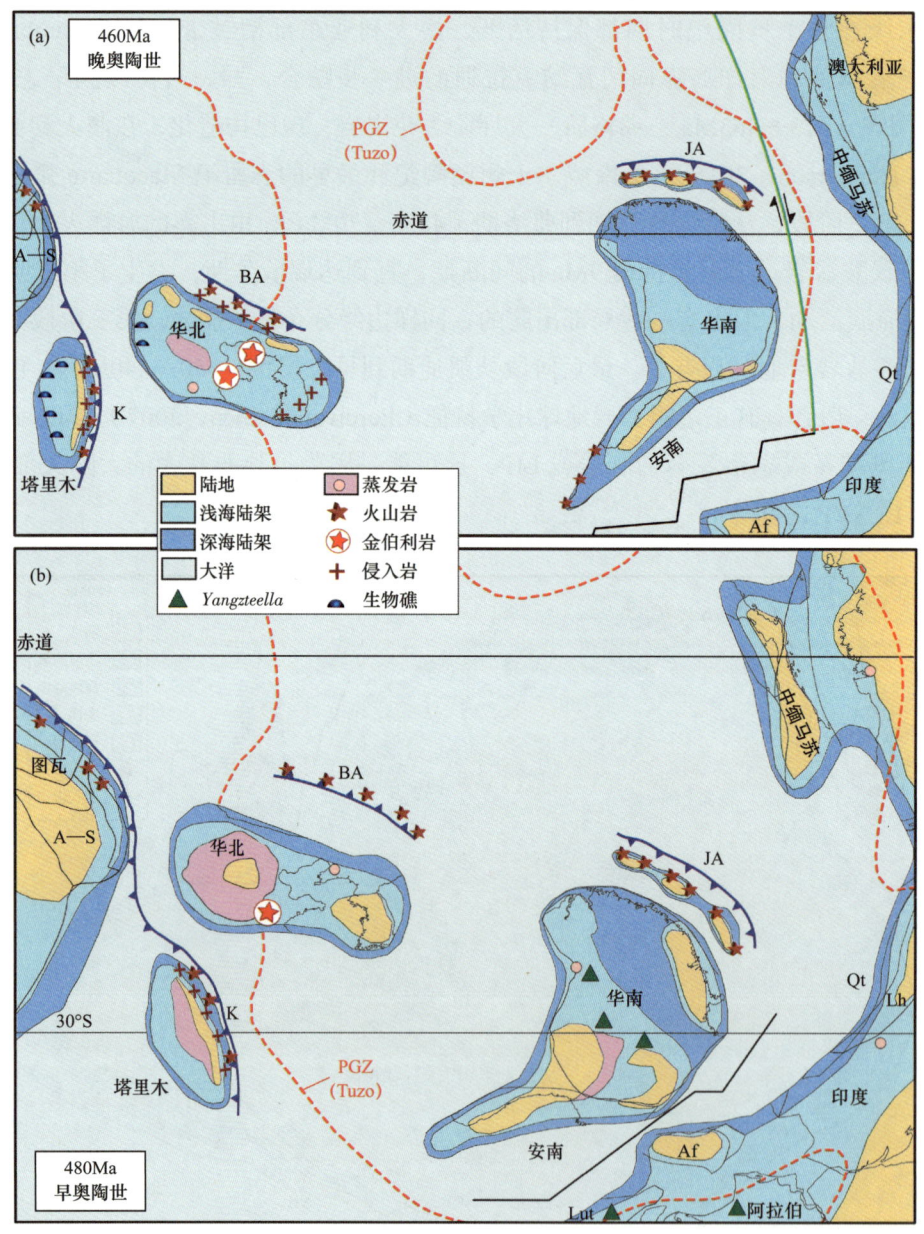

图6.4 （a）480Ma（特马豆克期）的东亚地体和大陆，显示了陆地和海洋，pentameride 腕足类 *Yangzteella* 的分布，以及华北发育的金伯利岩；（b）460Ma 的同一区域（晚奥陶世桑比期）；红色虚线为非洲地幔柱生成带（PGZ），蓝色实线为上板块带齿状的俯冲带，黑线为扩张中心和转换断层，绿线为转换板块边缘；A—S，阿尔泰—萨彦岭；Af，阿富汗地体；BA，白乃庙弧；JA，日本弧；K，现今昆仑地体弧（457单元）；Lh，拉萨地体；Qt，羌塘地体

火山弧在华北板块的西南边缘外仍然活跃（Yan 等，2010）。日本 Kitakami 地体存在一条由寒武系至中奥陶统的岛弧，该岛弧随后被上奥陶统（457—440Ma）花岗岩变质侵入，但在奥陶纪，该岛弧位于华南板块东缘以外（Isozaki 等，2010）。安南的西部（泰国）在整个奥陶纪时期仍然不存在，尽管在安南东北部的前寒武纪 Kontum 克拉通，有邻近的奥陶纪含笔石的沉积物沉积在那里的深水海盆中（Ridd 等，2011）。

还有其他重要的发育奥陶系岩石的东亚地区，首先是塔里木微大陆，它的详细位置约束较差，但是它的化石生物群将它置于华北南部和西伯利亚东部（图 6.4）。与我们之前的文章不同的一个临时位置（Cocks 和 Torsvik，2013）。今天塔里木北缘发育太古宇岩石，上覆不整合的寒武纪和奥陶纪沉积地层，而南缘发育早—中奥陶世安第斯型活动边缘，岛弧逐渐增大（de Jong 等，2006）。

6.1.4 中亚

里海以东的大片区域，包括哈萨克斯坦的大部分地区，以及乌兹别克斯坦、土库曼斯坦、吉尔吉斯斯坦和塔吉克斯坦，形成了阿尔泰或中亚造山带（CAOB）的西部，该区域延伸至中国西南部，包含许多构造单元（Kröner，2015）。东北部单元（主要集中在阿尔泰—萨彦岭）是西伯利亚周缘的一部分（图 7.7），西部单元，包括图尔盖（465 单元），属于波罗的大陆周缘，南部单元，包括南天山、塔里木、阿拉善，属于冈瓦纳周缘。然而，剩下的大约 12 个中央单元（图 3.8），大部分本身就是复合的，统称为哈萨克斯坦造山带，其古生代构造历史尚有争议。它们中的许多地块，尤其是 Kokchetav—Ishim、北天山、楚—伊犁、Atashu—Zhamshi、卡拉套—纳伦，甚至 Chingiz-Tarbagatai，发育前寒武系岩石，因此在寒武纪和奥陶纪之前可能是独立的微大陆，但是它们的位置在当时很难确定，这就是为什么在之前的地图中省略了它们。其他单元，包括北巴尔喀什、Stepnyak、Selety 和 Boshchekul，都是在奥陶纪时期从海底生长形成的岛弧，而准噶尔—巴尔喀什是一个上古生界的增生序列。然而，分别分析了各单元的构造和晚奥陶世底栖海洋动物群以后，尽管在奥陶纪有一些单元合并，现在看起来更有可能大多数仍然是独立的存在一个赤道群岛内，像今天的东印度群岛，直到奥陶纪末期结束。然而，楚—伊犁和北天山以及 Selety 和 Boshchekul 在晚寒武世合并，卡拉套—纳伦与北天山和楚—伊犁联合微大陆单元合并的时间约为 455Ma 的桑比期（Popov 和 Cocks，2017）。许多学者，如 Willem 等（2012）都曾断言，在奥陶纪末期之前，大部分的单元已经合并形成了一个哈萨克斯坦大陆；然而，直到在志留纪和泥盆纪发生了更多的合并之后，才最终确定了一个完整的哈萨克斯坦大陆（第 7 章和第 8 章）。

6.1.5 劳伦古陆

虽然劳伦古陆克拉通中部在弗洛期之后一直保持稳定，直到奥陶纪末期，但在其许多边缘地带都有大量的构造活动（Cocks 和 Torsvik，2011；图 6.5 和图 6.6）。在今天的北美洲东海岸，以及在其古生代延伸到苏格兰和爱尔兰的过程中，几个岛弧逐渐被拼贴（Mac Niocaill 等，1997）。在这些贴合之前，一些岛弧曾靠近劳伦大陆边缘，一些位于冈瓦纳或波罗的大陆边缘，还有一些是在 Iapetus 洋中部区域发育。同样在劳伦古陆东部边缘，纽芬兰地区的海道在寒武纪晚期开始关闭，通过向达什—伍德地体下的俯冲稳步发展，最终在大约 470Ma 的弗洛期关闭（Waldron 和 van Staal，2001）。Taconic 造山运动中奥陶世、晚奥陶世已经以不同的方式定义为影响阿巴拉契亚地

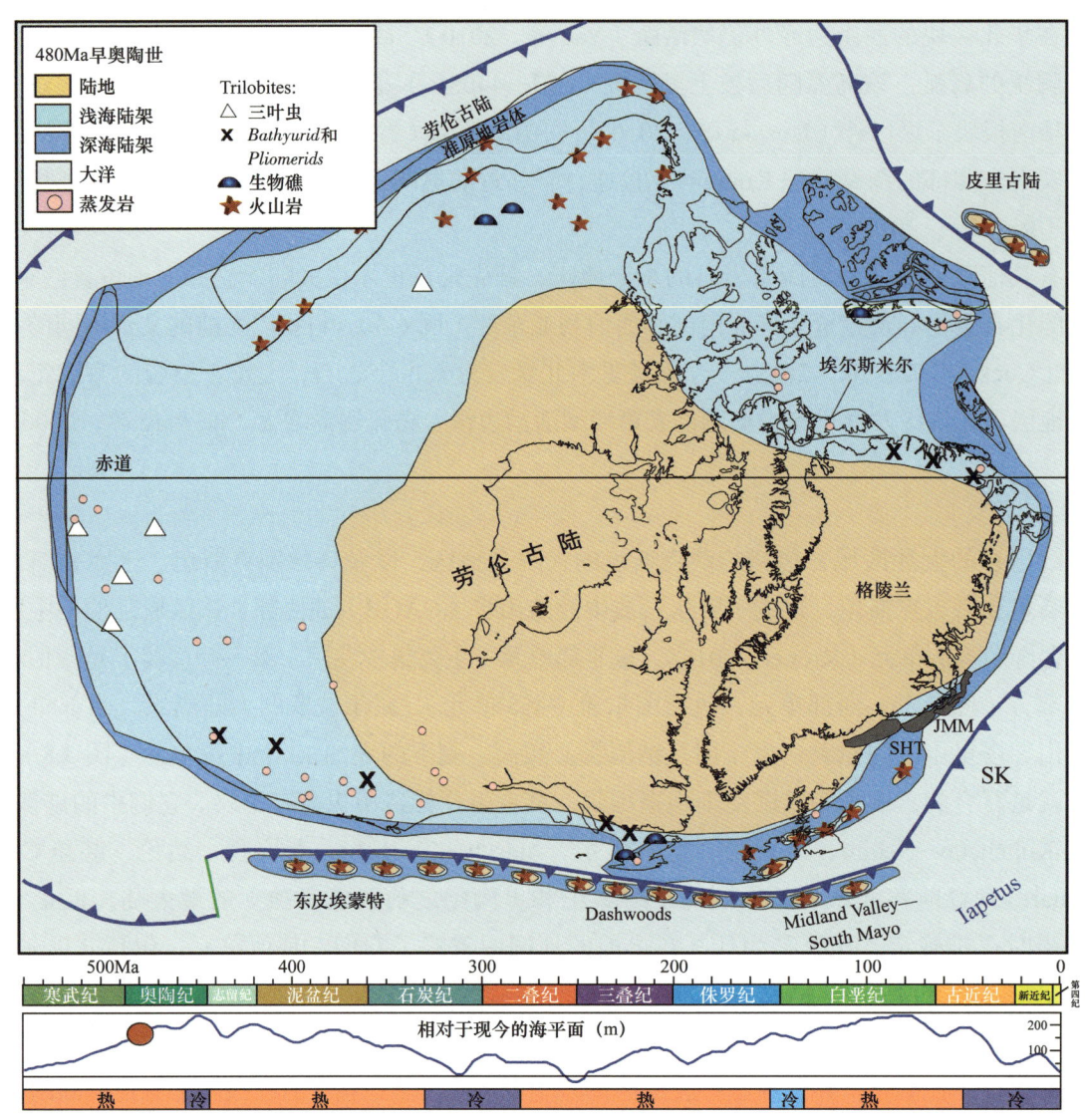

图 6.5 **480Ma（早奥陶世特马豆克期）的劳伦大陆古地理，显示了地体、陆地、海洋和金伯利岩的分布，以及重点介形动物聚居地的位置**

蓝色实线为上板块带齿的俯冲带，绿色实线为转换板块边缘；底部：显生宙时间标尺和海平面变化（Haq 和 Al-Qahtani，2005；Haq 和 Shutter，2008）以及冰室（冷）和温室（热）条件

区，但通过达什—伍德微大陆和主劳伦克拉通之间的 Humber Arm 海道的最后关闭，它似乎已经开始了。这引发了纽芬兰晚奥陶世第二阶段的 Notre Dame 弧岩浆作用和变质作用。Notre Dame 弧的 Taconic 造山运动的两个奥陶纪阶段是 Taconic 2（470—460Ma：大坪期和达瑞威尔期）和 Taconic 3（454—442Ma：凯迪期和赫南特期）。两个阶段都反映了独立的岛弧向劳伦古陆的贴合（van Staal 等，2007，2009）。与 Taconic 2 同时，在亚拉巴马州保存的拉斑岛弧也是活跃的，该岛弧起源于约 468Ma 的弧后盆地伸展环境中，随后在 460Ma 时受到深成岩体的侵入（Tull 等，2007）。在宾夕法尼亚有中—下奥陶统的海沟充填沉积，它们是在奥陶纪末期或许晚些时候被异地安置到克拉通上的。Taconic 运动控制了浊积岩沉积的分布，浊积岩沉积开始于纽芬兰早奥陶世（弗洛期）

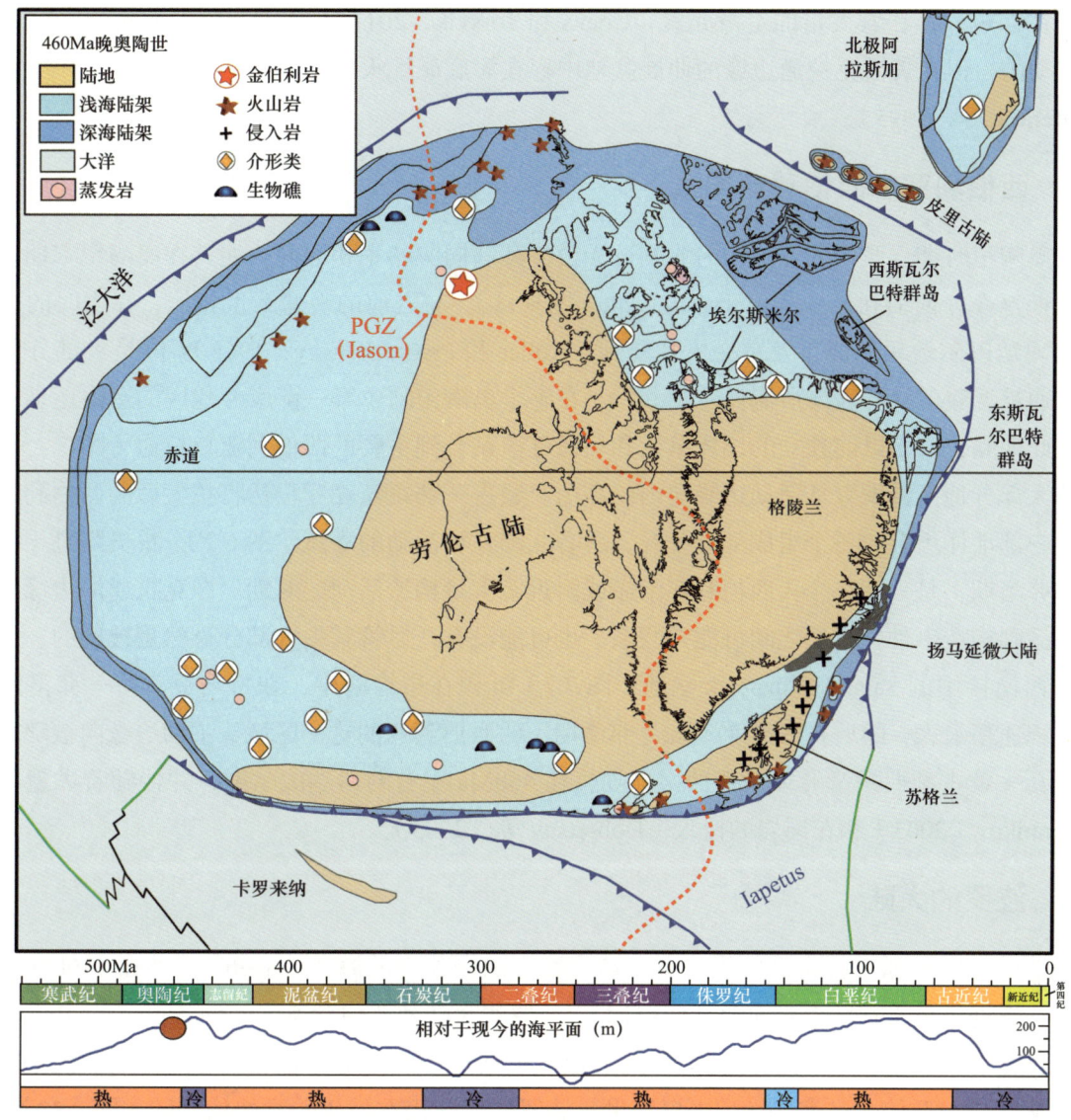

图 6.6　460Ma（晚奥陶世桑比期）的劳伦大陆古地理

显示了陆地和海洋的分布，金伯利岩以及主要的奥斯特拉柯德地区的分布；蓝色实线为俯冲带，齿位于上板块，黑色实线为扩张中心，绿色实线为转换板块边缘；红色虚线为地幔柱生成带（PGZ）；底部：显生宙时间标尺和海平面变化（Haq 和 Al-Qahtani，2005；Haq 和 Shutter，2008）以及冰室（冷）和温室（热）条件

Isograptus victoriae 笔石生物带，并向西南迁移至魁北克南部的中奥陶世 *pygmaeus* 带。此次造山运动还导致地壳缩短了约 270km。

晚奥陶世（图 6.6）格陵兰岛地壳开始缩短，格陵兰岛东南部的花岗岩年代为 466Ma（达瑞威尔期）。今天的劳伦大陆北部边缘自新元古代晚期以来一直是被动的，但是，在 443Ma 的奥陶纪—志留纪边界，在最北部格陵兰岛和埃尔斯米尔岛产生了浊积岩盆地及其初始填充，这预示着志留纪皮里古陆地体的到来和随后的增生贴合（图 7.3）。然而，今天在埃尔斯米尔岛北部和皮里古陆地体南部，仍有奥陶系岛弧的遗迹，该岛弧以前一定位于皮里古陆南部的活动俯冲带，而不是位于劳伦大陆的被动边缘。北极阿拉斯加—楚科塔微大陆离劳伦大陆边缘仍然很远，但它们之间的

- 115 -

距离正在缩短，存在着大量的走滑元素（Cocks 和 Torsvik，2011）。劳伦大陆的西科迪勒拉边缘仍然是被动的，但在美国克拉通边缘的伸展盆地中存在海底碱性火成岩活动，特别是在早—中奥陶世（Goodfellow 等，1995）。

6.1.6 西伯利亚和西伯利亚周缘

在奥陶纪时期，西伯利亚由南向北飘过赤道，其纬向漂移率相当高，尤其在奥陶纪末期，并且从桑比期至今，西伯利亚一直位于赤道以北（图 9.11）。与之前的晚寒武世相比，在当时的大陆西南部的阿纳巴尔地块上似乎发育一大片陆地（Keller 和 Predtechensky，1968），但是大部分前寒武纪克拉通被温暖的浅陆表海所淹没（图 6.7）。在整个奥陶纪阿尔泰—萨彦岭地区的造山运动非常活跃，在此期间，许多以前独立的地体单元和岛弧逐渐贴合到主要的西伯利亚克拉通（图 7.7）。大陆北部的大部分地区都发育从活动边缘向内的高山。蒙古—鄂霍茨克洋仍然将扩大后的西伯利亚大陆与蒙古中部地体组合的各个组成部分分开，后者北部发育活动的岛弧（图 6.7）。早奥陶世（特马豆克期和弗洛期）是一个在今天西伯利亚南缘或附近有大量构造活动的时期。在克拉通的边缘地带发生了一系列构造事件，它们之间可能有联系，也可能没有，尽管其中大部分显然是被动的。今天与克拉通西南接壤的 Salair—Kuznetsk 盆地（图 7.7）沉积在边缘海中，在特马豆克阶—弗洛阶边界附近沉积速率最大，随后在大约 475Ma（弗洛期）的西伯利亚的这一区域从主动边缘向被动边缘过渡。图瓦—蒙古和西萨彦岭火山弧的碰撞发生在 460Ma 左右的达瑞威尔期，并伴随着大量的滑来层（Sennikov，2003）和花岗岩的侵入（Dobretsov 等，2003）。

6.1.7 波罗的大陆

波罗的大陆被孤立在自己的板块上，周围发育四个独立的海洋：Iapetus 洋（在 490Ma 奥陶纪开始时，它处于最大宽度，并向西延伸很远）、波罗的大陆和西伯利亚之间的 Ægir 洋、Ran 洋以及 Tornquist 洋（图 6.11）。来自波罗的大陆的古地磁数据对于奥陶纪（相对于寒武纪）来说是非常可靠的。从寒武纪开始，一直持续到中奥陶世，波罗的大陆仍在经历非常快的旋转（图 2.12），这一逆时针的旋转总计约 120°（Torsvik 和 Rehnström，2001）。

然而，由于波罗的大陆与邻近的大陆相距较远，所以这种旋转在很大程度上是通过走滑断层作用实现的，在整个时期内，很少有构造作用影响中部大陆地区，这一点从那里的奥陶系岩石可以看出，那里的岩石大多比较平坦，没有变质。虽然看起来克拉通的大部分最初可能是由这些沉积物覆盖的，在挪威和瑞典的大部分区域，它们在随后的侵蚀过程中消失，从而揭示了潜在的前寒武系地盾，奥斯陆地区除外，仅有早古生代的沉积物在那里通过晚古生代的地堑发育得以保存，同样在瑞典达拉纳地区，那里发育一个破碎的上奥陶统 Boda 石灰岩带，作为泥盆纪陨石坑的一部分得以保存。

波罗的大陆的中心几乎没有受到阿瓦隆尼亚—波罗的大陆碰撞的影响。例如，在瑞典中部（Jämtland）的奥陶系顶部和下志留统，沉积体系的唯一变化是海退和随后的海侵，代表了全球的赫南特期奥陶纪—志留纪边界冰川海平面变化事件（Cocks 和 Torsvik，2005）。在约 451Ma 的凯迪初期，波罗的大陆接近阿瓦隆尼亚时，在英格兰东北部及附近有一个巨大的普林尼安第斯型火山喷发，和随之而来的火山灰，称为 Kinnekulle 斑脱岩，沉积在波罗的大陆西部的大部分区域（图 6.12

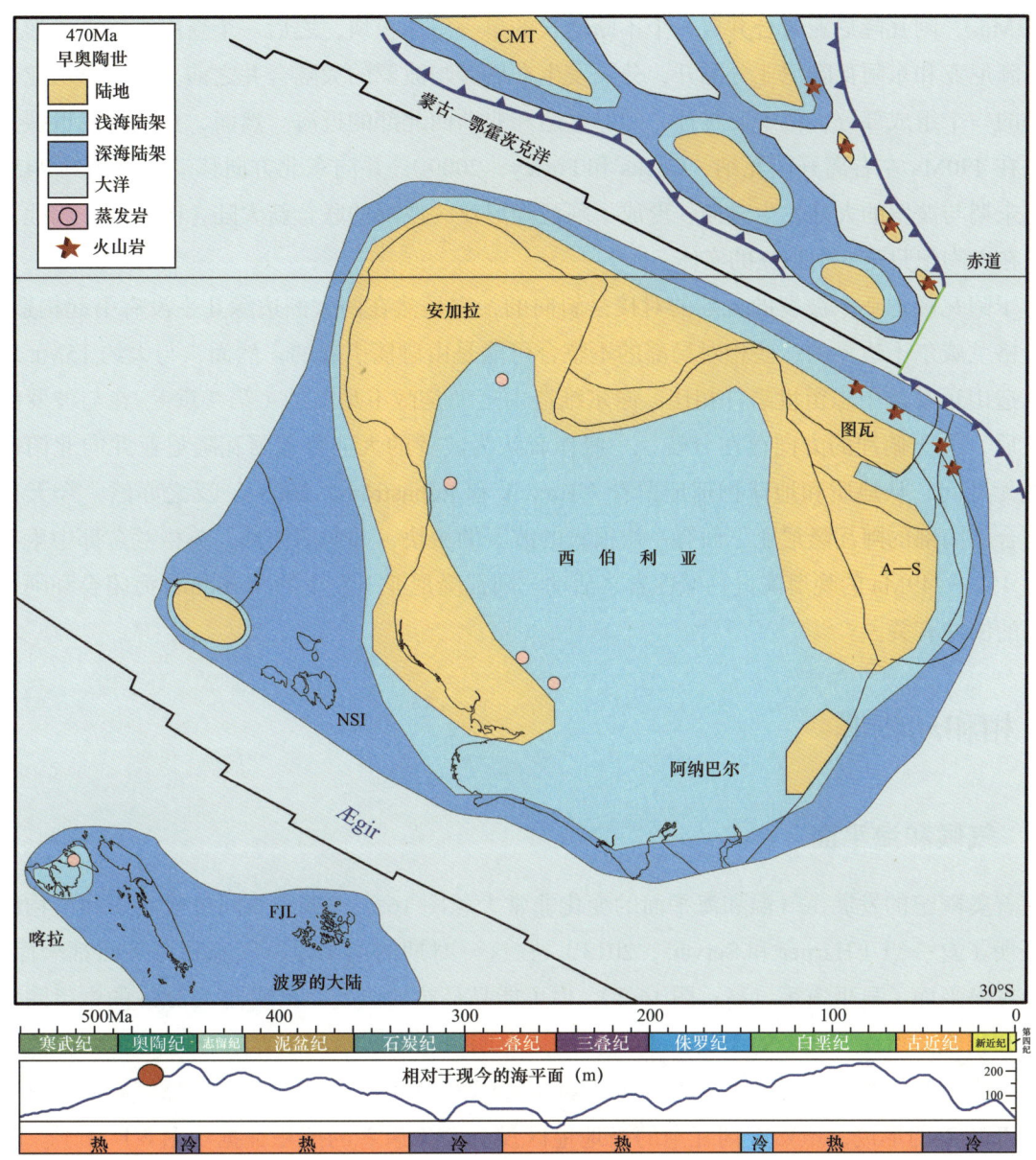

图 6.7 **470Ma（中奥陶世大坪期）的西伯利亚，北部为蒙古中部地体（CMT），南部为部分波罗的大陆，显示陆地和海洋**

图中所示的一串岛屿是示意性的，因为每个单元在弧内的范围以及哪些单元位于海平面以上是不确定的；蓝色实线为上板块带齿状的俯冲带，黑色实线为扩张中心和转换断层，绿色实线为转换板块边缘；A—S，阿尔泰—萨彦岭；FJL，法兰士约瑟夫地；NSI，新西伯利亚群岛；底部：显生宙时间标尺和海平面变化（Haq 和 Al-Qahtani，2005；Haq 和 Shutter，2008）以及冰室（冷）和温室（热）条件

和图 2.19），此斑脱岩的厚度变化较大，在西南部最大可超过 2m，例如在瑞典南部的 Kinnekulle 山（必须离喷发点有一定距离），在俄罗斯圣彼得堡只有几厘米。

6.1.8 阿瓦隆尼亚大陆

今天，阿瓦隆尼亚的狭长大陆被大西洋分割开来，因此一些作者把这个微大陆称为西阿瓦隆尼亚和东阿瓦隆尼亚。Domeier（2015）的研究表明，阿瓦隆尼亚带从奥陶纪开始一直到接近其终结

（约453Ma），阿瓦隆尼亚带合并成一个不断增长的单一海洋板块，之后一个新的扩张中心形成，将西阿瓦隆尼亚和东阿瓦隆尼亚分隔开，分隔发生在后者与波罗的大陆合并之前。阿瓦隆尼亚最初是冈瓦纳的一个组成部分，位于亚马孙、佛罗里达和非洲西北部的近海。然而，在晚寒武世裂谷期之后，它在490Ma左右离开冈瓦纳（Cocks和Fortey，2009），并向东北方向移动，直到约445Ma的奥陶纪末期与波罗的大陆发生碰撞，形成了阿瓦隆尼亚—波罗的联合新大陆（图6.2）。因此，阿瓦隆尼亚在奥陶纪只是一个独立的实体。

由于阿瓦隆尼亚—波罗的大陆的对接是斜向的，它显然在两大洲边缘几乎没有引起构造运动，尽管英格兰威尔士边界的一些相对局部的不整合可能是由碰撞引起的；然而，与大约15Ma之后的加里东造山运动的中志留世事件相比，谢尔维造山运动是微不足道的（第7章）。在与波罗的大陆对接之后，关于俯冲的方向存在分歧，一些作者认为波罗的大陆覆盖阿瓦隆尼亚并向北俯冲。然而，毫无疑问，从地质和地球物理证据看（Torsvik和Rehnström，2003），反之亦然，今天在泛欧大陆缝合带南部的阿瓦隆尼亚下面有一块很大的波罗的板块，并向南俯冲。英格兰东部中生界下部发生的457—449Ma的晚奥陶世钙碱性岩浆活动与阿瓦隆尼亚下发生的Tornquist海闭合和阿瓦隆尼亚之下的俯冲有关。

6.2 相和动物群

6.2.1 气候和海平面

随着奥陶纪的发展，气温和海平面的变化非常大（图16.2），碳和氧同位素曲线和生物群的辐射都证明了这一点（Harper和Servais，2013）。在这一时期的前半段，气温和海平面都全面上升，最高全球海平面（显生宙第二高；图16.2），也可能是最热的温度，出现在455Ma的中奥陶世（桑比期）和稍晚。然而，波罗的大陆在467Ma的大坪期—达瑞威尔期边界附近的较重$\delta^{18}O$值和海平面下降表明，桑比期之前的快速波动导致Rasmussen等（2016）得出结论，全球气温甚至下降足够低到南部冰盖的形成，虽然在冈瓦纳的极地地区没有关于后者的沉积证据 [图6.1（b）]。随后的气温上升导致了大量的海侵，很可能是奥陶纪生物多样化大事件的诱因之一（GOBE；Webby等，2004）。当然，克拉通和其他许多边缘地带被淹没，导致海洋底栖动物区系的生境增加，并在许多地区造成下伏不整合，以及独特的 *Nemagraptus gracilis* 笔石生物带的分布，这标志着桑比阶和喀拉多克统基底。但是，在随后的凯迪期，全球温度波动了几次，并且，在桑比期之后的一次初始下降之后，在凯迪期早期出现了一个相对短暂的全球变暖，被称为Boda事件（Fortey和Cocks，2005）。在此期间，从爱尔兰到乌拉尔山脉的北欧大部分地区都出现了大量的生物礁和新辐射的地方性动物群（图6.12）。最后一次大的变化发生在奥陶纪末期的赫南特冰期。

6.2.2 动物群分区

因为冈瓦纳、劳伦古陆、波罗的大陆之间的Iapetus洋在早奥陶世接近最宽，可能超过5000km，独特的动物区系在海洋周围陆架以及其他更远大陆边缘的底栖动物群中很明显（图2.20和图6.8）。在今天的北大西洋地区，三叶虫分区最引人注目，在劳伦古陆有热带半深海动物分区，在波罗的大陆有 Megistaspinid 分区，在冈瓦纳的高纬度地区有 Calymenacean—Dalmanitacean 分区（Cocks 和 Fortey，1982）。更远的地方，Megistaspinid 分区向东延伸至西伯利亚和华北地区，在冈瓦纳的热带地区也有独立的 Dikelokephalinid 分区。后者反映了横跨赤道的各大陆之间海洋的巨大宽度。虽然下奥陶统铰接腕足类的多样性较少，但许多种类，如局部丰富的 Syntrophina 和 Nanorthis，在分布上似乎是泛热带的。

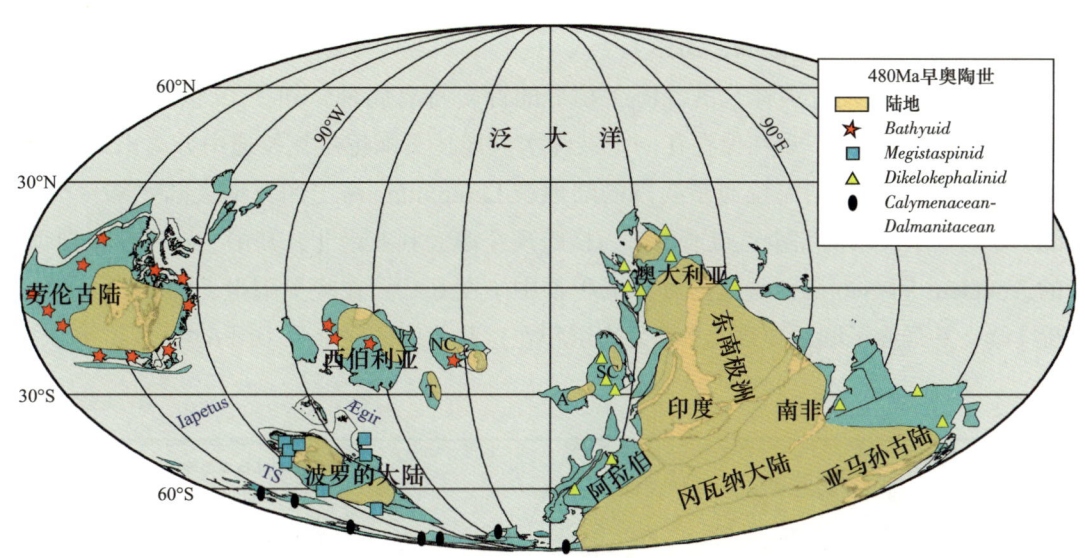

图 6.8　新重建的 480Ma 的早奥陶世（特马豆克期—弗洛期）三叶虫分区的全球分布（据 Fortey 和 Cocks，2003）

底栖动物群的分区化随着奥陶纪的发展而减少。然而，直至晚奥陶世，腕足类动物仍可划分为四个分区（Harper 和 Servais，2013）：热带的东冈瓦纳分区（包括大洋洲、华北和华南，以及哈萨克斯坦地体的大部分地区和中亚的其他地区）、波罗的大陆分区、劳伦古陆—西伯利亚分区和冈瓦纳高纬度的地中海分区。奥陶纪苔藓虫也定义了四个全球分区（Taylor 等，2004），其中一个被称为北美洲分区，它们的分布与腕足类非常相似。

与底栖动物群中看到的分区不同，浮游动物群没有明显的分区（虽然它们的纬度分布受到环境温度的限制），能够被洋流毫无阻隔的运移跨越海洋（图 2.20）。笔石动物在演化过程中迅速迁移，因此是最有用的对比工具，有些笔石带持续的时间不到 0.25Ma，比几乎所有辐射测量数据所提供的相关性更加精确。其他使用浮游微化石的带，如疑源类和几丁虫也已被识别并用于对比，虽然它们不如笔石带短；然而，那些较小的化石通常可以在没有笔石的岩石中找到，例如在钻孔中。

然而，正如在各大陆所指出的那样，由于大多数海洋变得较窄，所以不同底栖动物群之间的重要差别就减少了，到奥陶纪末期，它们的差别就不那么明显了。

6.2.3　冈瓦纳大陆

因为它从南极延伸到赤道以北地区（图 6.3），与广阔陆地接壤的大陆架海域有足够的空间来发展温度梯度，因此高纬度地区适合居住 Calymenacean Dalmanitacean 动物群，尤其是下奥陶统 Neseuretus 三叶虫（Cocks 和 Fortey，1982），以及奥陶纪大部分时期的地中海腕足类动物群

(Havlíček 等，1994）。相比之下，低纬度的热带底栖动物群落（包括 dikelokephalinid 分区）则非常不同，自然也更加多样化（图 6.8）。然而，在两个纬度端元之间，存在着分区混合，这在中亚和南美洲的部分地区可以看到，这些地区位于冈瓦纳主要陆块的相对边缘。因此，在不同的纬度之间存在着生态渐变；例如，巨大而明确的下奥陶统 pentameride 腕足类动物 *Yangzteella* 最初被认为是华南低纬度地区特有的（图 6.4），但后来在土耳其中纬度的 Taurus 地体被发现（Cocks 和 Fortey，1988），现在也被认为分布在冈瓦纳及其周缘的各中、低纬度地区，虽然不是来自最高纬度区，那里是地中海分区（Cocks 和 Torsvik，2013）。

在喜马拉雅地区，发育多样化的浅海生物群的许多特有属种，如在 19 世纪描述的印度东北部 Spiti 达瑞威尔阶腕足类，现在保存在一个被深水盆地从奥陶纪主克拉通中分离出来的弧形残余中（Zhu 等，2013）。冈瓦纳克拉通东澳段的陆地被 Larapintine 海与冈瓦纳大陆主陆区分隔开来。Larapintine 海是一个浅水的完全克拉通内海，横跨现今澳大利亚南北，其中一些保存在现今澳大利亚中部的 Amadeus 和 Georgina 盆地的海洋沉积物中（图 6.3）。在晚奥陶世，Larapintine 海的活动更加断断续续，并最终干涸，导致大量蒸发岩沉积在这些盆地的残余中（图 6.9）。

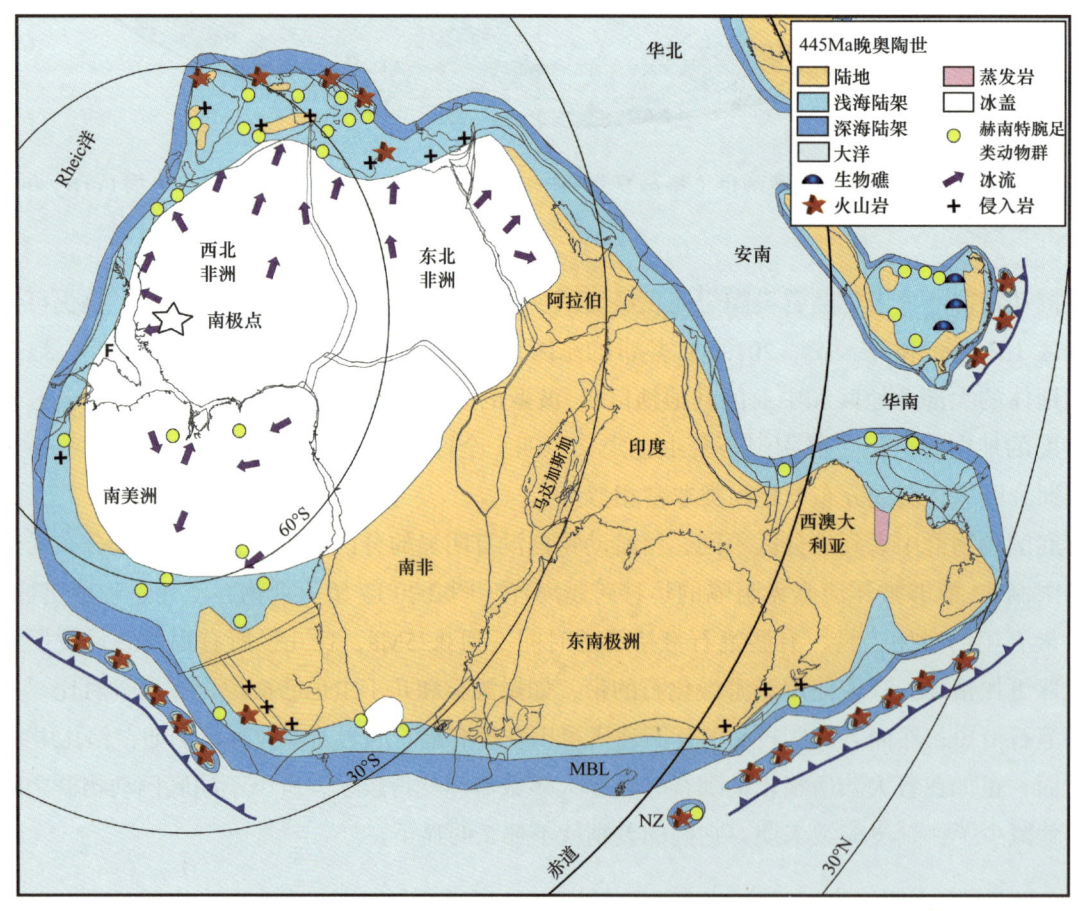

图 6.9　**445Ma（奥陶纪末期赫南特期）的冈瓦纳及其邻近地区，显示了陆地、海洋和赫南特期极地冰帽及其冰川的范围，以及赫南特腕足类动物群的分布；蓝色实线是俯冲带，在上板块有齿状；图中所示的岛弧串是示意性的，因为岛弧内单个单位的范围以及哪些单位在海平面以上是不确定的；MBL，玛丽伯德地；NZ，新西兰**

在冈瓦纳的东澳大利亚区域外侧，有许多岛弧是各种底栖动物群的寄主，如腕足类动物（Percival，1991），其中许多是当地特有的，它们的多样性反映了它们的热带定位。从现在相邻的 Cuyania（Precordillera）和阿根廷 Famatina 地体来看，暖水动物群和冷水动物群之间的对比在下奥陶统腕足类是最显著的（Benedetto，1998），前者被更加多样化（类似于热带的劳伦古陆），而后者物种更少，反映出其古纬度更高。Cuyania 地体的劳伦腕足类属在奥陶纪百分比下降（从弗洛期的 52% 降至达瑞威尔期的 32%，实质上在凯迪期消失）反映了地体在 475Ma 和 450Ma 之间从劳伦古陆周缘到冈瓦纳的相对快速的运动（图 6.2），这与 Domeier（2015）的板块构造场景相一致。

奥陶纪海面升降变化（图 6.5），体现在整个阿曼和阿拉伯联合酋长国奥陶系地下岩层不同年龄段的洪泛面，这些都分布在冈瓦纳克拉通的阿拉伯区域的被动边缘，因此当时很少发生构造剧变。在南美洲，阿根廷西北部的 Sierras Subandinas 地区发育中奥陶统（大坪阶—达瑞威尔阶）沉积，代表了安第斯盆地中部最外露的区域，是浅海三角洲系统与河口环境的交替沉积。

由于它的纬度范围，冈瓦纳在奥陶纪期间受全球气温变化的影响很大，但影响方式不同。例如，在桑比期后期最初的冷却之后，在早凯迪期发生 Boda 暖化事件（Fortey 和 Cocks，2005），反映在补丁状碳酸盐岩中，其中一些是苔藓虫生物礁，可见于摩洛哥的冈瓦纳高纬度地区、伊比利亚半岛、撒丁岛和法国。尽管这些生物礁形成的水体比低纬度大型礁体的水体更冷，而且礁体相对较薄，之所以引人注目，是因为它们所处的厚层序完全由碎屑岩组成。Boda 事件发生后不到 10Ma，奥陶纪末期的赫南特冰期（图 16.2）紧随其后，这在冈瓦纳最为明显。

6.2.4 东亚和中亚

在奥陶纪末期，华北几乎全部隆起形成陆地，发育广泛的铝土矿沉积，并持续到石炭纪（对比图 6.4 和图 7.4）。在上述比较广泛的底栖生物区中，也有独特的特有属；例如，首先在澳大利亚西北部发现的当地丰富的 plectambonitoidean 腕足类 *Spanodonta*，也出现在中缅马苏的相似浅水赤道石灰岩中（Cocks 等，2005），而在华南和安南地区则没有（图 6.4）。图 6.4 还显示了 pentameride 腕足类 *Yangzteella* 的分布，该属最初被认为是华南特有的，但现在在土耳其、喀喇昆仑和伊朗也被发现。此外，对奥陶纪（桑比期和早凯迪期）发育的腕足类种属的分析表明，多样的华南动物群与华北动物群相同的比例并不高，与哈萨克斯坦的楚伊犁—北天山地体或澳大利亚新南威尔士的岛弧动物群相比也是如此。

华南腕足类动物特有现象（Zhan 等，2011）从早特马豆克期（8 个有记录的铰接属中无特有现象）缺失发展到中奥陶世（大坪期—达瑞威尔期）占据 1/4 以上（52 个铰接属中有 23%～28% 的特有现象）。通过对我国各地区奥陶纪 5 个连续的时间间隔（特马豆克期、弗洛期—早达瑞威尔期、达瑞威尔中—晚期、桑比期—早凯迪期、晚凯迪期—赫南特期）三叶虫属的分析，认为新疆北部和兴安岭地区的动物群落属于西伯利亚周缘。然而，华北、华南、塔里木、柴达木三叶虫虽然与西伯利亚三叶虫有很大的不同，但在整个奥陶纪它们的三叶虫之间关系密切，形成了一个单一的动物分区，本质上属于冈瓦纳周缘。尽管分区在奥陶纪的开始和结束（特马豆克期和晚凯迪期—赫南特期）是相对统一的，但在期间的中奥陶世（弗洛期—早凯迪期）可以识别出两个次级分区，一个在华南、塔里木和安南，另一个在华北、中缅马苏、藏南（拉萨地体）和天山—北山（图 6.4）。证实了如下场景，Chingiz、楚—伊犁、天山和塔里木地体在桑比期是根据其所含浅海腕足类和独特的三叶虫（Taklamakania）所分组的，后者原本视为塔里木所特有，但后来也从邻近地区收集到了（Fortey 和 Cocks，2003）。

在早弗洛期，华南的大面积台地区域大部分被淹没，伴随着较深水的外陆架三叶虫群体向海岸扩展，这种水体加深一直持续到早达瑞威尔期。来自 Ammania 中国区（云南省）的大坪—达瑞威尔阶三叶虫表明，Ammania 可能在冈瓦纳附近，来自同一地区的双壳类也表明华南和澳大利亚中部有亲缘关系。在早古生代，安南仅与华南合并（Cai 和 Zhang，2009；Cocks 和 Torsvik，2013），而不是像 Metcalfe（2011）所建议的那样，位于中缅马苏的近海，是冈瓦纳克拉通核心的一部分。

对凯迪期哈萨克斯坦和其他地方的许多腕足类聚集地的分析表明，哈萨克群岛的赤道位置促进了最初的特有属种向周围地区的传播，分别是通过流行的南赤道和北赤道向西流和向东的赤道逆流完成的（Popov 和 Cocks，2017）。

在塔里木微大陆（图6.4），从寒武纪开始发育向北倾斜的碳酸盐岩台地，其北部边缘发育沿天山南缘的深水相（Chen 等，2010）。塔里木多样的底栖动物与其他地区的亲缘关系前文已经提到（Zhou 和 Dean，1996）。

6.2.5 劳伦古陆

整个奥陶纪大陆都处于赤道附近，温度较高，因此动物多样性也较高，其克拉通多次被陆表海淹没（图6.5）。奥陶纪后半期发生了最严重海侵，在边缘盆地形成了大型巨厚沉积。例如，现今北极边缘9km厚的奥陶系（Trettin，1998）。Bathyurid 分区包括中奥陶世早期劳伦古陆克拉通中丰富的三叶虫（图6.8）。然而，在奥陶纪最早期（特马豆克期，当地称为 Ibexian 或 Whiterockian），bathyurids 还没有多样化，地方特有的 hystricurid 三叶虫取代了 bathyurids 的地位，成为分区诊断分类群。劳伦古陆克拉通西部与东部的三叶虫种群存在一定的差异，西部种群包含在更远东部没有发现的特有栉虫类，如 *Aulacoparia* 和 *Lachnostoma*，东部则发育相关的当地特殊属如 *Bathyurellus*；然而，东西部之间并没有明显的陆地屏障，其动物群分化的原因尚不清楚（Fortey 和 Cocks，2003）。奥陶纪末期，Iapetus 洋变窄，波罗的大陆和阿瓦隆尼亚的动物群与劳伦古陆的动物群逐渐合并，全球特有三叶虫的比例下降。

然而，中奥陶世（大坪期—达瑞威尔期：在当地也被称为 Whiterockian）腕足类中有很多地方种，反映了全球性的局域分区，在北美洲和苏格兰都有常见种 *Orthidiella longwelli* 和 *Ingria cloudi*（图6.10），但在劳伦古陆以外未见到（Cocks 和 Torsvik，2011）。劳伦古陆克拉通的东、西缘在中—晚奥陶世具有相同的群落（Fortey 和 Cocks，2003），尽管克拉通上只有浅水底栖生物群落（BA）2和3，与之形成对比的是在边缘发育的较宽的 BA2 到 BA5。到晚奥陶世（桑比期和凯迪期），在劳伦古陆已形成了一种独特的、极具地方性的 Richmondian 腕足类动物群落，特别是 *Megamyonia*、*sisiptycha*、*Hiscobeccus* 和 *Lepidocyclus*。这些动物群最著名的是来自克拉通东部，如俄亥俄州辛辛那提地区、纽约州，以及哈德逊湾和马尼托巴地区北部。许多腕足类动物体型庞大，数量众多，保存完好，如 *Hebertella*、*Strophomena* 和 *Rafinesquina*（图6.10），从19世纪中期 James Hall 的专著开始，它们就已经广为人知。

在晚奥陶世（凯迪期）更广阔的北美洲—西伯利亚省，苔藓虫有五个群落，包括与 Richmondian 腕足类动物群生活在同一地区的辛辛那提—马科基塔动物群。这些双壳类动物在晚奥陶世之前并没有从冈瓦纳抵达劳伦古陆，它们后来的出现也是零星的。珊瑚的分布很复杂，虽然有些属是世界性的，但也有不少属是本地的；例如，在晚奥陶世（凯迪期）的东部劳伦古陆，发育四个具有生物地理意义的珊瑚分区（Webby等，2004）。特有的劳伦鱼属在晚奥陶世辐射传播。介形虫体型较小，主要为底栖节肢动物，在许多地点数量较多；Cocks和Fortey（1982）在志留纪早期以前，认为它们是局限于劳伦古陆、阿瓦隆尼亚和波罗的大陆之间的地方性属种，很大程度上是因为幼小的介形虫没有浮游幼虫阶段。然而，尽管在这三个大陆之间几乎没有共同的早奥陶世属，但从桑比期开始，介形类动物群的重要组成部分就跨越了Iapetus洋（Schallreuter和Siveter，1985）。因此，与腕足类动物相比，介形类动物似乎具有更少的地方性。

图 6.10　**奥陶纪劳伦古陆特有的地方性腕足类动物**

内华达下奥陶统（弗洛阶）Pogonip组：（a）和（b）*Orthidiella longwelli*，腹内和臂内；（d）和（e）*Ingria cloudi*，腹内和臂内。上奥陶统：（c）和（f）*Apatomorpha pulchella*，田纳西雅典组（桑比阶），腹内和臂内；（g）—（n）Trenton组（凯迪阶），辛辛那提，俄亥俄州；（g）—（j）*Strophomena planumbona*，腹侧内、背侧和后侧联合瓣膜；（k）*Hebertella occidentalis*，腹内；（l）—（n）*Rafinesquina alternata*，外部和背部内部（资料来源：伦敦自然历史博物馆）

许多来自劳伦古陆周围边缘地区的化石都被随后的造山活动破坏了，剩下的也很难找到。然而，加利福尼亚早奥陶世（弗洛期）发育的一个动物群（Fortey 和 Cocks，2003）具有较深水的 Nileid 三叶虫生物相的特征，该生物相最初描述于斯匹次卑尔根大陆另一侧的边缘性劳伦古陆周缘沉积。在纽芬兰西部牛头群中，再沉积的石灰岩卵石中保存着一层由陆架至深水层序的下奥陶统三叶虫群落。在克拉通的南缘，也保存着较深水的盆地序列，特别是在得克萨斯州，那里发育奥陶系笔石带几乎完整的序列。

在许多 Iapetus 洋的岛弧序列岩石中发现了独特的、往往具地方特色的浅水海洋动物群落，特别是三叶虫和腕足类，最初生活在东部劳伦古陆地区的近海，其中一些包括众所周知的来自克拉通本身的劳伦古陆属。然而，在其他聚居地，例如在爱尔兰中部的 Grangegeeth 地体（保存在 Iapetus 缝合带内），发育一种与劳伦古陆和波罗的大陆—阿瓦隆尼亚混合亲缘关系的底栖生物，且其他独特和地方性种属也发育于单一地点。这些奥陶系 Iapetus 动物群被称为凯尔特分区（Harper 和 Servais，2013），尽管这些特有属的分布是零散的，在所有的"凯尔特"动物群中都没有发现。位于西伯利亚和劳伦古陆之间的北极阿拉斯加—楚科塔微大陆距离两个大陆都很近，形成一些腕足类和其他巨型化石以及牙形刺动物群的混合。相比之下，在其他动物群中，这块微大陆的楚科塔和苏厄德区已经出现了 *Monorakos*，一种准确无误的三叶虫，它的整个家族基本上都是西伯利亚所特有的（Cocks 和 Torsvik，2011）。

6.2.6　西伯利亚和西伯利亚周缘

在早奥陶世，西伯利亚也有许多当地的动物群（Fortey 和 Cocks，2003）；例如，三叶虫科的 *Monorakidae* 不仅局限于大陆（除了前文提到的出现在楚科塔），而且它与镜眼三叶虫目的其他科之间的关系也很神秘。考虑到西伯利亚相对较低的古纬度（图 6.7），其铰接腕足类动物的多样性低得惊人，只有 5 个世界性属，即 *Apheoorthis*、*Archaeorthis*、*Finkelnbergia*、*Nanorthis* 和 *Tetralobula*，以及特马豆克阶的地方性 *Eosyntrophopsis*。其中仅 *Finkelnbergia* 和 *Nanorthis* 继续向上延伸至弗洛阶和大坪阶，在那时只加入了世界性的 *Syntrophopsis* 和地方性的 *Rhyselasma*。因此，生活在西伯利亚的腕足类动物数量远低于其在低古纬度（与劳伦古陆相当）的预测，这进一步强调了其相对的纵向隔离（图 6.2）。

图瓦地区奥陶系和下志留统所呈现的地方性的三叶虫和腕足类的异常数量（图 6.7）也显示了图瓦地区与周围地区的地理或气候差异（Cocks 和 Torsvik，2007）。西伯利亚克拉通的生物多样性确实较早奥陶世低点有所增加，可能反映了西伯利亚隔离度的降低和全球奥陶纪辐射的种属增加（Webby 等，2004）。因此，在达瑞威尔期，例如有 15 个腕足属，其中只有一个 *Evenkina* 是地方性的。在晚奥陶世（桑比期和早凯迪期），腕足类动物的种类稍微多一些，但仅有 strophomenoid *Maakina* 和 orthide *Evenkorthis* 为当地性属（Rozman，1978）。西伯利亚克拉通大部分地区最常见的上奥陶统岩石具有丰富但多样性较低的 rhynchonelloid 腕足类（*Lepidocycloides*、*Evenkorhynchia* 和 *Rostricellula* 类），这显然表明被淹没的大陆架只存在较浅的水。并不是所有最新的奥陶系都以西伯利亚的岩石为代表，尽管来自西伯利亚北部泰米尔的动物群代表了晚凯迪期的 Boda 全球变暖事件（Fortey 和 Cocks，2005），但随后的凯迪末期和赫南特期发育的岩石在整个西伯利亚都缺失了。事实上，除了泰米尔外，上奥陶统的露头仅局限于现今大陆的西南部。

在古老西伯利亚克拉通大部分地区都可见巨大的晚凯迪期发育的碳酸盐岩台地，向西南方向延伸至 Salair 和 Gorny Altai 地区，并伴随着许多生物礁的发育（Sennikov，2003）。当时奥陶系顶部与志留系底部之间的平行整合，究竟是由于赫南特期全球冰川事件伴随的海面下降引起的，还是由于额外的构造因素（或两者兼有），我们不得而知。除此之外，在西伯利亚也没有直接的证据证明赫南特期冰期的存在。

在桑比期和早凯迪期，一些浅水底栖三叶虫，如 *Prionocheilus*、*Neseuritinus*、*Vietnamia* 和 *Calymenia*，表明阿尔泰—萨彦岭与华南等大陆之间存在着一定的动物群交流（Fortey 和 Cocks，2003），尽管这些区域看起来不太可能彼此靠近。然而，随着奥陶纪的发展，西伯利亚明显地向波罗的大陆靠近，并且动物群交换在稳定发展，因此，到晚凯迪期，西伯利亚泰米尔半岛的腕足类和瑞典的博达石灰岩（波罗的大陆）变得类似。相比之下，分析西伯利亚两侧的 Gorny 阿尔泰和泰米尔的各种凯迪阶腕足类生物群，发现两者之间的相似性只有 19%。与之形成对照的是，泰米尔和华南之间的相似性为 30%，Gorny 阿尔泰和楚—伊犁地体（当时位于哈萨克斯坦板块，然后独立）为 29%，Gorny 阿尔泰和华南为 27%。对三叶虫和珊瑚的分析亦证实，这些地区之间有相当程度的分离及随后的本地化现象。然而，所有这些区域之间的相似度都高于同时期的来自澳大利亚新南威尔士州的冈瓦纳周缘海洋壳体动物，尽管它们也生活在相似的热带纬度的岛弧生态位内。

6.2.7　波罗的大陆

大量广泛的奥陶系序列保存在波罗的大陆主克拉通，尤其是在奥斯陆地区、瑞典南部和东波罗的海地区，向东北延伸至俄罗斯圣彼得堡，在那里由于缺乏同期构造作用和可能侵蚀碎屑沉积物的高地，大部分岩层分布广泛但较薄。在波罗的大陆北部（俄罗斯北极地区）的 Timan—Pechora、paio—khoi 和新地群岛发育大量的大陆架沉积，乌拉尔山脉也有零星的露头（图 6.11）。

自中寒武世以来，波罗的大陆一直向北部的赤道稳定移动，这一运动延续了整个奥陶纪，结果表明，波罗的大陆东部地区的下奥陶统相对薄层石灰岩属于冷水成因（Jaanusson，1973）。波罗的大陆地区唯一的下奥陶统碳酸盐岩泥丘位于圣彼得堡地区，它们是在硅质海绵的堆积周围形成的，后者大多形成于较冷水环境（图 6.12）。这与整个波罗的大陆中—上奥陶统更为多样化的动物群形成了鲜明的对比，反映了其向低纬度地区的稳定漂移导致了温度的升高（Torsvik 和 Cocks，2005）。

Iapetus 洋在寒武纪—奥陶纪界限时最宽，Run 洋在早奥陶世也明显扩大，因此波罗的大陆当时是最孤立的（图 6.1）。海洋必须足够宽广，以防止大部分底栖生物幼虫的成功通过和生态整合，导致了大陆架海洋底栖动物群的独立进化。最丰富的底栖生物为三叶虫和腕足类，在波罗的大陆地区不仅有种和属，而且有当地性的科（Cocks 和 Fortey，1982）。其中包括三叶虫 Megistaspidinae 亚科和腕足类 Lycophoriidae 科，它们在爱沙尼亚、俄罗斯西北部、挪威、瑞典和波兰的圣十字山脉的岩石中大量存在。波罗的大陆东部的许多其他 rhynchonelliform 腕足类像 *Lycophoriidae* 一样也是当地性属种，弗洛期的（当地称为 Billingenian 期）组合包括当地性的 Gonambonitidae 科，包含独特和丰富的 *Antigonambonites* 和 *Porambonites* 属，以及最早的 clitambonitids 和 endopunctate orthoides，如 *Angusticardinia* 和 *Paurorthis*。

随着奥陶纪的发展，在波罗的大陆南部和西部周围的海洋逐渐变窄（图 6.12），所以许多祖先在邻近大陆但对波罗的大陆来说是新的动物群，到达了这里。已知没有近海岛屿后来可能在其南部

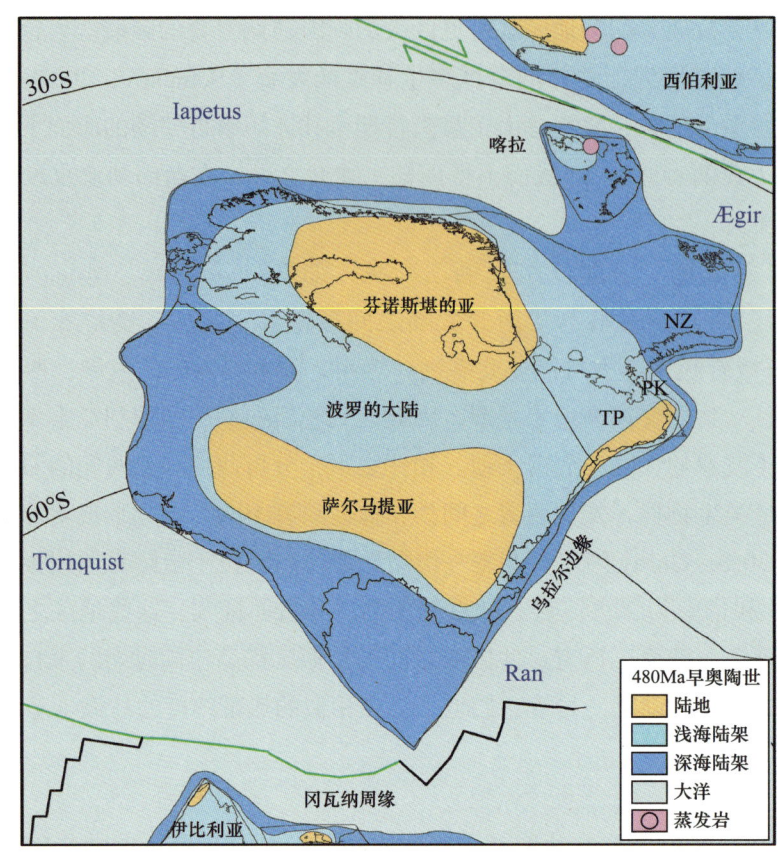

图 6.11 480Ma（特马豆克期）的波罗的大陆和周边地区，显示陆地和海洋，以及局限在西伯利亚和喀拉海更温和纬度带的蒸发岩

黑线是扩张中心，绿线是转换板块边缘；NZ，新地群岛；PK，Pai—Khoi；TP，Timan—Pechora

边缘（Tornquist 缝合带及向东）与波罗的大陆合并。然而，在它的西部边缘（最初在 Iapetus 洋内部）有各种可疑的地体，其中一些现在位于斯堪的纳维亚的加里东山系。它们携带奥陶系动物群，主要是腕足类，而这些腕足类的大多数与其他地方的同年代波罗的大陆动物群几乎没有亲缘关系。这样一个从大坪阶到达瑞威尔阶动物群，来源于挪威西部的 Hølonda 地区，其中 8/13（62%）的腕足类属和 12/13（92%）的三叶虫属也出现在劳伦古陆，其余的是 Hølonda 地方性属（Harper 等，1996）。因此，动物群一定是生活在靠近劳伦古陆的 Iapetus 洋的一个岛弧上，与劳伦古陆的动物群接触比与波罗的大陆的更好。

今天的波罗的大陆西北边缘面朝北向着北部早奥陶世的 Iapetus 洋和泛大洋（图 6.11），但是直到波罗的大陆整个地体在志留纪旋转了大约 90°，此边缘朝向了劳伦古陆，Hølonda 区域和其他地区才被包含进了波罗的大陆（图 7.3；Cocks 和 Torsvik，2005）。因此，Hølonda 动物群和其他被志留纪时期的推覆体向东运移到波罗的克拉通的动物群所代表的动物，原本生活在距离波罗的大陆奥陶系动物群很远的地方，尽管现今后者被发现的露头距离推覆体运移的动物群不远。晚奥陶世波罗的大陆重建（图 6.12）显示在当时波罗的大陆以北（现今以西）的 Iapetus 洋存在一个岛弧，上面的火山活动可能导致早奥陶世东波罗的大陆无关节腕足类 organophosphatic 贝壳和牙形石中的稀土元素相对于它们的寒武纪祖先更高。

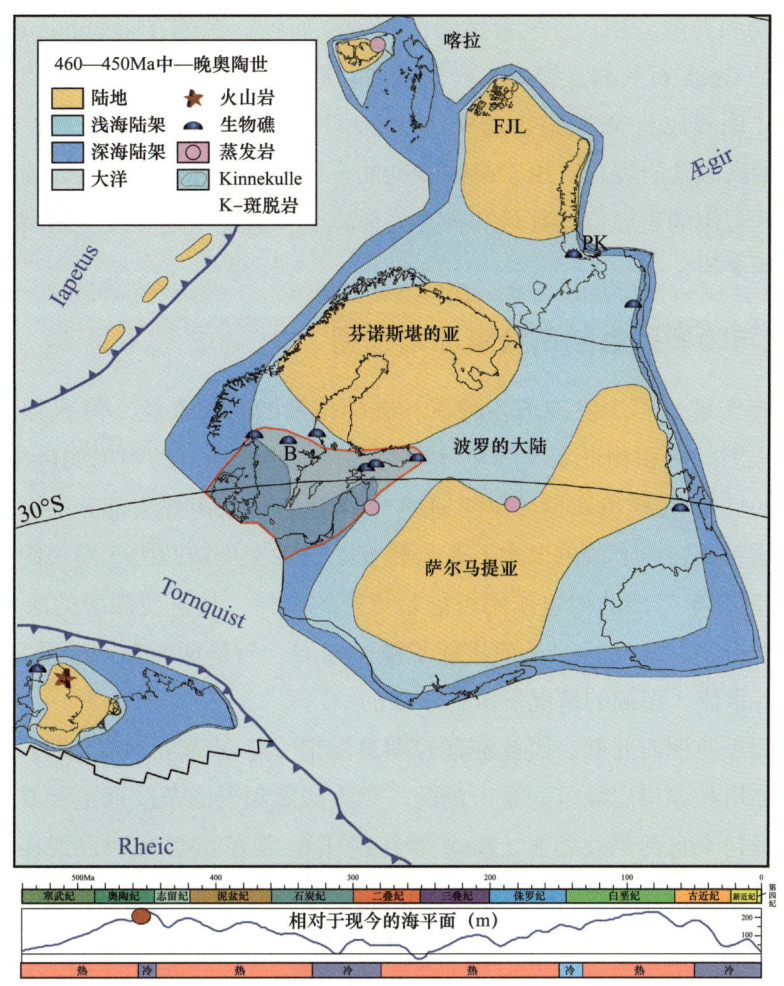

图 6.12 460Ma（桑比期）到 450Ma（凯迪期）的波罗的大陆、部分阿瓦隆尼亚大陆和即将到来的 Iapetus 洋弧（概略显示），显示了陆地和海洋，以及波罗的海南部区域（粗体红线边界为边界）广泛分布的 Kinnekulle 斑脱岩，后者来自阿瓦隆尼亚的火山

蓝色实线为俯冲带，齿状在上板块；B，博达，瑞典；FJL，法兰士约瑟夫地群岛；PK，Pai—Khoi；底部：显生宙时间标尺和海平面变化（Haq 和 Al-Qahtani，2005；Haq 和 Shutter，2008）以及冰室（冷）和温室（热）条件

由于波罗的大陆的古纬度不断下降（图 2.12），因此，随着平均环境温度的升高，连续的底栖动物群落的丰度和多样性也在增加。然而，由于有显著的气候波动；例如在覆盖 Baltoscandia 大部分地区的晚凯迪期沉积相中，石灰岩在较浅的陆架上被笔石页岩覆盖，后者又被碳酸盐岩泥丘覆盖，如下面讨论的 Boda 石灰岩。深水相沉积于波罗的大陆克拉通的南部和东部，在波兰的钻孔中可见。波罗的大陆的中心几乎没有受到阿瓦隆尼亚—波罗的大陆碰撞的影响。在瑞典中部（Jämtland）的奥陶系顶部和下志留统，唯一的变化是代表全球奥陶纪赫南特期—志留纪边界冰川海平面事件的海退和随后的海侵。在奥陶纪末期，波罗的大陆处于相对低纬度地区，这是由赫南特期冰川沉积物的缺失所证实的。

在晚凯迪期早期，奥陶纪末次冰期之前，就出现了全球变暖的 Boda 事件（Fortey 和 Cocks，2005），这导致了大量的碳酸盐岩泥丘（生物礁）的形成，其中包括非常多样化的腕足类、三叶虫、软体动物、棘皮动物和苔藓动物，并发育大量的当地性属种，例如在 strophomenide 腕足类中。这些泥丘在瑞典中部的 Boda 石灰岩、挪威、爱沙尼亚、新地群岛和乌拉尔山脉以及邻近的阿瓦隆尼亚地区最容易看到（图 6.12）。晚凯迪期与桑比期和早凯迪期形成对比，此时在瑞典中部和爱沙尼亚北部只发育较小的碳酸盐岩泥丘。由于赫南特期的全球变冷和冰川作用，没有发现奥陶纪最晚期发育的生物礁，因此可用的生态位的数量和种类大幅减少，这在一定程度上解释了奥陶纪—志留纪边界的动物群更替和灭绝。

6.2.8 温度变化与晚奥陶世赫南特期冰川作用

虽然在一些下奥陶统岩石中发现了各种氧和碳同位素的漂移现象，但直到奥陶纪末期的赫南特冰期，才有冰川成因的沉积物证实奥陶纪冰期的存在（北非报道的中奥陶世事件可以忽略不计；Torsvik 和 Cocks，2011）。在晚奥陶世（早凯迪期），劳伦古陆东南部大部分的沉积物发生了明显的变化，由底层的暖水石灰岩向上覆的温水石灰岩转变。这种变化被归因于两极附近出现了冰盖。然而，Taconic 造山运动在东南部的构造作用可能是更好的解释，其迫使深冷的海水流入 Sebree 海槽和相邻的美国东部的列克星敦台地，从而沉淀了碳酸盐岩。与早期的热水碳酸盐岩形成对比的是，后者是在没有受到冷水流入影响的情况下沉积下来的。

晚奥陶世南极位于非洲西北部，因此在最晚期奥陶纪（赫南特期）冰川期，其周围地区被一个巨大的冰帽覆盖。冰川和冰川周缘沉积是广泛的，令人印象深刻的条纹通道和其他冰川成因岩石和特征仍然保留着，最初来自阿尔及利亚（Beuf 等，1971），并在 445Ma 时已经在更广阔的非洲区域（Ghienne 等，2007）和中东都有分布（图 6.9；Torsvik 和 Cocks，2011）。这是整个显生宙仅有的三个冰期之一（其他的是二叠纪—石炭纪和更新世）。部分是由于构造原因，部分是由于冰冠中锁住了水，全球海平面在赫南特期下降，导致世界上大多数地方存在奥陶纪—志留纪不整合。然而，赫南特期冰期可能持续了不到 1Ma（Villas 等，2006）。

在赫南特阶岩石保存的地方，不仅可以看到海平面的下降，而且含氧带延伸到比平时更深的海洋深处。这种较深的氧化作用使一些机会性底栖生物比通常能在更深的大陆架处定居，特别是一组名为赫南特动物群的腕足类动物，其主要成员是 *Hirnantia*、*Eostropheodonta* 和 *Hindella*，以及包括 *Mucronaspis* 在内的一些三叶虫。赫南特动物群的多样性从最少的 3 个属到多达 20 个属不等，但其分布是全球性的（Rong 和 Harper，1988），图 6.9 中展示了冈瓦纳及其附近的一些位置。尽管其发展源于全球变冷，赫南特动物群从高纬度到低纬度延伸，因此，将动物群解释为"冷水"是不正确的，许多作者（包括我们自己）却都是这样做的，而不是如下解释：它们的多样性普遍较低反映了底栖生物类群的比例有限，后者能对变化的环境迅速做出反应，并在新形成的含氧的较深海底定居。在挪威奥斯陆地区，发育一个从深陆架到潮下的以腕足类为主的底栖生物群落海退序列，随后整合沉积的是代表志留纪初期海侵水体加深的岩石（Brenchley 和 Cocks，1982）。

虽然在劳伦古陆没有发现赫南特期冰期岩石，但由于它处于低古纬度，冰川作用甚至影响了赤道地区；首先是海平面的下降（图 16.2），导致了广泛的不整合，尤其是在克拉通上，在奥陶系和志留系的岩石之间，其次是破坏了许多相对脆弱的海洋生态系统。劳伦古陆最完整的最晚期奥陶纪层序发现于地体边缘，特别是在加拿大东部的 Anticosti 岛（Copper 和 Jin，2015）。然而，即使在奥陶纪—志留纪的边界有小的平行不整合，值得注意的是，Anticosti 的基底志留系（兰多维列统鲁丹阶）岩石几乎不含热水石灰岩和生物礁，与平行不整合之下的以补丁礁和其他碳酸盐岩为主的赫南特阶形成对比。

6.2.9 奥陶纪末期物种灭绝

赫南特冰期在奥陶纪—志留纪边界导致广泛的生物灭绝，如先前东部劳伦古陆特有的里奇蒙德腕足类和珊瑚礁生物群，其中许多属和高等类群在个别环境和更广泛的群落未能适应气候变化。与其他一些灭绝事件不同，此次所有的门都被波及，包括脊椎动物、无脊椎动物和微化石（Harper 和 Servais，2013）。这是整个显生宙第三大灭绝事件，但与任何已知的 LIP 喷发无关。

赫南特冰期持续了不到 1Ma，但在其内部已经确认了两个独立的渐进灭绝阶段。然而，也有相当数量的底栖动物科和高等类群（所谓的 Lazarus 类群），虽然在赫南特阶和下志留统岩石中都没有发现（Cocks 和 Rong，2008），但记录在更古老的奥陶系和更年轻的志留系或更晚的岩石中。因此，它们一定是寄居在至今仍未被发现的避难所中，得以在那次灭绝中幸存下来。

7 志留纪

在早志留世，奥陶纪末期冰川作用之后气候逐渐变暖，因此到了晚志留世，热带石灰岩和生物礁大量存在，例如瑞典的波罗的海哥特兰岛的 Holm Hallar 岩（Robin Cocks 摄影；资料来源：伦敦自然历史博物馆）

志留纪是古生代系统中长度最短的，只有 24Ma 左右；然而，其中发生了显生宙最重要的事件之一，即加里东造山运动中劳伦大陆与阿瓦隆尼亚—波罗的联合大陆的碰撞。

Roderick Murchison（Sedgwick 和 Murchison，1835）以 Silures 的名字命名了志留系，这是一个古老的威尔士凯尔特部落。但早期的定义对系统的限制是不精确的，因此它被留给了 Lapworth（1879）来定义它的下边界，直接位于他划分的新的奥陶系之上，底部为同样在威尔士的兰多维列统。这一基底现在被正式确认为位于苏格兰 Dob's Linn 的 *Akidograptus ascensus* 笔石生物带底部，其年代为 443Ma。图 7.1 所示为志留纪初期 440Ma（早兰多维列世鲁丹期）、430Ma（晚兰多维列世特列奇期）和 420Ma（普里道利世）大陆和海洋的全球分布。志留系分为四个统：以威尔士中部的一个城镇命名的兰多维列统；以英格兰什罗普郡的两个城镇命名的温洛克统和罗德洛统；但是最上部的统，普里道利统（在 20 世纪 70 年代之前的许多年里被划为泥盆系）在捷克共和国的波希米亚有它的类型区域。兰多维列世代表了志留纪一半以上的时间。

7.1 构造和火成岩活动

7.1.1 海洋

近一半的地球仍然是由泛大洋所主宰的（图7.1）。在今天的大西洋地区，早在奥陶纪时期就已开始的进程一直延续到早志留世。然而，在这个时期开始的时候，以前强大的Iapetus洋已经缩小到以前规模的一小部分，并在中志留世的加里东造山运动中完全消失。与此相反，Rheic洋继续扩张（Domeier，2015），直到古生代晚期仍是该地区的主导海洋（图7.2）。在更远的地方，在西伯利亚和蒙古中部地体之间有一个相对较小的蒙古—鄂霍茨克洋，在晚志留世很窄，这可以从对立的两侧当地性温带 *Tuvaella* 腕足类动物群中看到（图7.7）。在那一片综合区域很少有海洋保持持续的命名，虽然古亚洲洋是一个经常使用的术语，但在今天的中亚和东亚地区，以各种不同的方式使用。

7.1.2 加里东造山运动

在奥陶纪期间，波罗的大陆向北的运动持续稳定，因此，在志留纪开始时，Iapetus洋并不宽[图7.2（a）]，并且，随着沿其边缘的俯冲，它在完全消失之前逐渐缩小[图7.2（b）]。由于直到中志留世，劳伦古陆和阿瓦隆尼亚都位于这些边缘，它们不可避免地发生了碰撞，并且因为碰撞是直接的，只涉及一点走滑运动，导致造山作用非常明显（图7.3）。现今，代表加里东造山运动（以苏格兰加里东山脉命名）的岩石在北大西洋两岸，从北极向南广泛地延伸到非洲西北部的露头。造山运动（在波罗的海地区常被称为斯堪的纳维亚造山运动）在志留纪后半期达到顶峰。虽然劳伦古陆和阿瓦隆尼亚—波罗的联合大陆在合并之前都非常大，但是新合并的劳伦西亚大陆更为巨大，从北美洲西海岸向东延伸到俄罗斯的乌拉尔山脉。

在奥陶纪和志留纪期间，在两个主要（当时已经合并）的波罗的—阿瓦隆尼亚大陆和劳伦古陆的最后一次碰撞之前，位于Iapetus洋中彼此独立的各种岛弧链之间已经发生了渐进式的碰撞（Torsvik和Cocks，2005）。在波罗的大陆，主要的加里东推覆体运动是向东的，其中包含了以前曾是劳伦古陆一部分的元素，以及一些来自Iapetus岛弧中部的外来地体，两者都覆盖了波罗的克拉通。加里东隆起和造山作用导致了古红砂岩大陆的广泛陆相沉积，沉积开始于苏格兰的晚兰多维列世和挪威的晚温洛克世，并大面积持续到泥盆纪（Friend和Williams，2000）。

整个加里东造山运动经历了漫长而复杂的过程。例如，在劳伦古陆一侧（图7.5），新不伦瑞克省的双峰火山活动表明，中志留统玄武岩和流纹岩的喷发是在拉张而不是挤压环境中进行的（van Wagoner等，2002）。在代表Iapetus洋闭合的复杂缝合带内及其周围，大量相对较小的地体单元最终被贴合到新扩大的大陆。在北部的阿巴拉契亚山脉和纽芬兰、甘德里亚地体与阿瓦隆尼亚在约430Ma的当地称为Salinic造山运动时期发生了斜向碰撞（van Staal等，2009）。加拿大东南部的Meguma地体（图7.2中为西阿瓦隆尼亚的一部分）可能在加里东造山运动或早泥盆世的新阿卡迪亚造山运动期间向阿瓦隆尼亚的南缘增生，时间上没有很好的约束（Domeier，2015）。尽管早于英国和斯堪的纳维亚的中心事件，加里东造山运动的另一个可能的方面，是在格陵兰岛东部压缩了

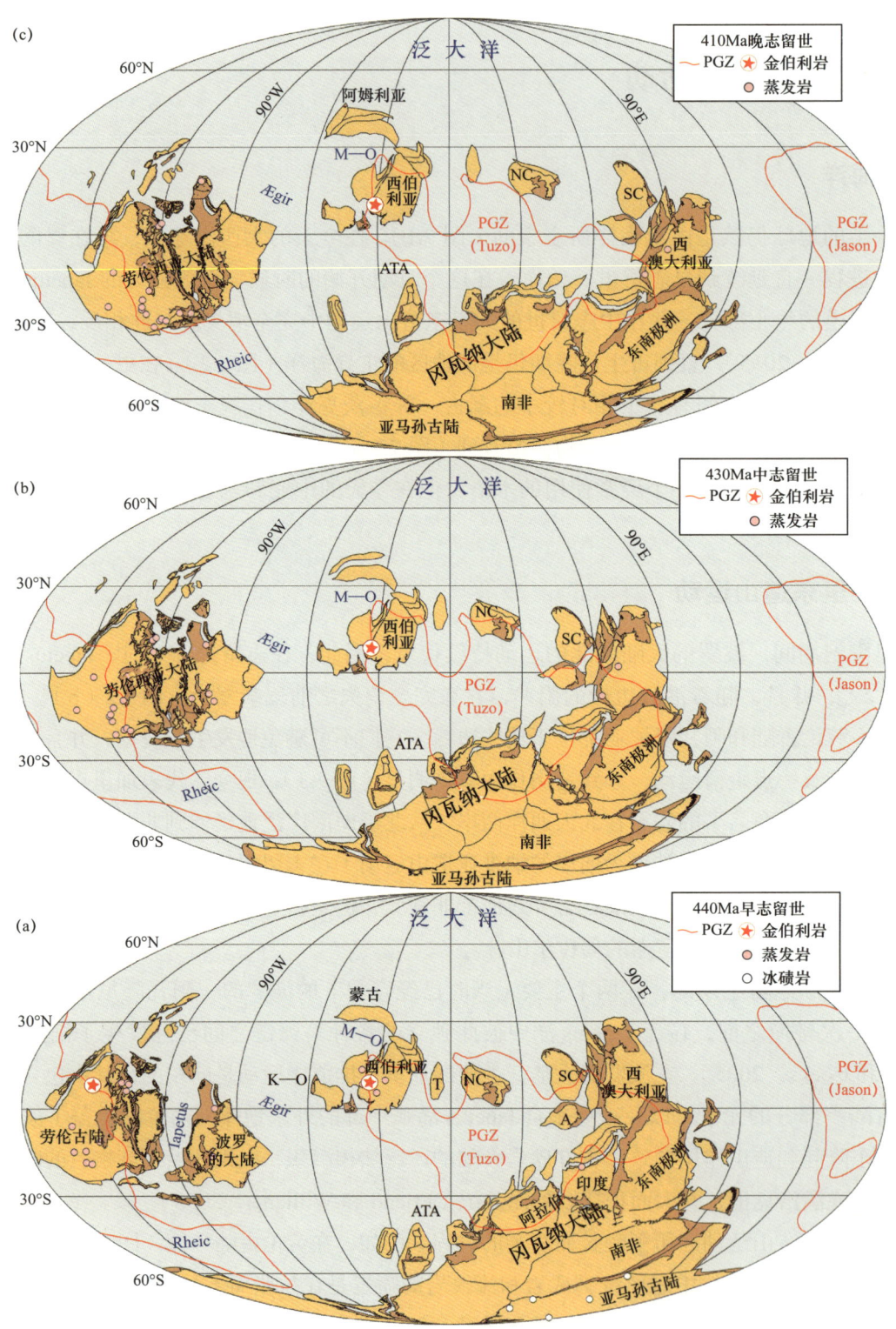

图 7.1 志留纪地球地理轮廓

（a）440Ma（早兰多维列世鲁丹期）；（b）430Ma（晚兰多维列世特里奇期）；（c）420Ma（普里道利世），包括主要的地壳单元的轮廓，和更广阔的海洋；金伯利岩分布在西伯利亚和劳伦古陆；A，安南；ATA，阿摩力克地体组合；K—O，科雷马—欧姆龙；M—O，蒙古—鄂霍茨克洋；NC，华北；PGZ，地幔柱生成带；SC，华南；T，塔里木

200～400km，以及弗朗茨约瑟夫准原地岩体与克拉通的格陵兰部分的焊接（Smith 和 Rasmussen，2008），那里的花岗岩可以追溯到早志留世。

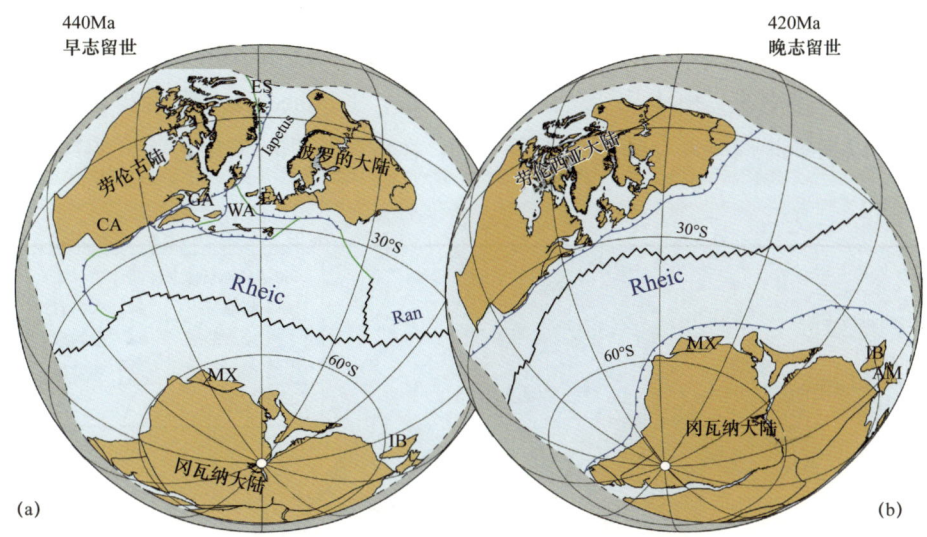

图 7.2 （a）早志留世（440Ma：兰多维列世）重建，以 Rheic 洋和剧烈缩小的 Iapetus 洋为主；（b）晚志留世（420Ma：普里道利世）加里东造山运动 Iapetus 洋关闭后的重建；蓝色实线为俯冲带，齿状位于上板块，黑色实线为扩张中心，绿色实线为转换板块边缘；重建边缘灰色区域的虚线边界是一个示意性的周长（Domeier，2015），它标记了 Iapetus 和 Rheic—Ran 域的外边界。AM，阿摩力克；CA，卡罗来纳；EA，东阿瓦隆尼亚；ES，East Svalbard；GA，Ganderia；IB，伊比利亚；MX，密斯特克—瓦哈卡；WA，西阿瓦隆尼亚

7.1.3 冈瓦纳大陆

在志留纪末期之前，似乎初期开裂发生在冈瓦纳的北非边缘，早于古特提斯洋 Galicia—Moldanubian 扩张的开放，如图 8.9 所示；但是该活动与加里东造山运动无关，因为当时冈瓦纳和劳伦西亚大陆之间的海洋已经有几千千米宽了（图 7.1 和图 7.2）。与奥陶纪一样，志留纪冈瓦纳的北缘从土耳其向东一直到澳大利亚北部都是不活动的（Torsvik 和 Cocks，2009）。然而，冈瓦纳东缘继续保持非常活跃，最初为海洋成因的早奥陶世到兰多维列世的新南威尔士 Macquarie 弧及其邻近的澳大利亚部分地区，在晚志留世时期被贴合到主要的西澳大利亚克拉通（Glen，2005）。活动俯冲带沿南极、南非和冈瓦纳的南美洲边缘持续向西南延伸到什么程度还不确定；只知道来自南极半岛的海洋岩石是已知的奥陶系和志留系碎片。然而，尽管俯冲带可能是不连续的，但很明显，俯冲是活跃的，并沿着长条形的冈瓦纳边缘的许多部分持续（Vaughan 等，2005）。在南美洲西南部近海的一个岛弧内，也有构造活动和新地体的扩展，这一过程始于寒武纪，并贯穿整个志留纪。

7.1.4 中亚和东亚

与受加里东造山运动影响的地区相比，亚洲志留纪似乎没有寒武纪和奥陶纪那么广泛的构造活动。在哈萨克斯坦造山带，早兰多维列世还没有形成统一的哈萨克斯坦大陆；然而在志留纪，由于地体的合并，群岛内部的各单元逐渐统一起来。大约在志留纪初期，Selety 地体和 Boshchekul 微大陆合并在一起。曾与卡拉套—纳伦地体贴合的北天山微大陆，在中志留世与楚—伊犁地体合并。因此，在志留纪中似乎仍然有五个相当大的独立的微大陆：北天山（包括之前独立的卡拉套—纳伦和楚—伊犁单元）、Atashu Zhamshi、Kokchetav（包括 Ishim）、Boshchekul（包括 Selety）和 Chingiz Tarbagatai（Popov 和 Cocks，2016）。塔里木地体也在附近，在志留纪时期仍然保持独立（图 7.1）。

在 Solonker 缝合带南缘，由于几个岛弧的相互拼贴，Sulinheer 地体已变得足够大，可以单独勾画出自早志留世以来华北地区现今的北缘（图 7.4）。在现今华北的西南边缘，俯冲继续，相对较小

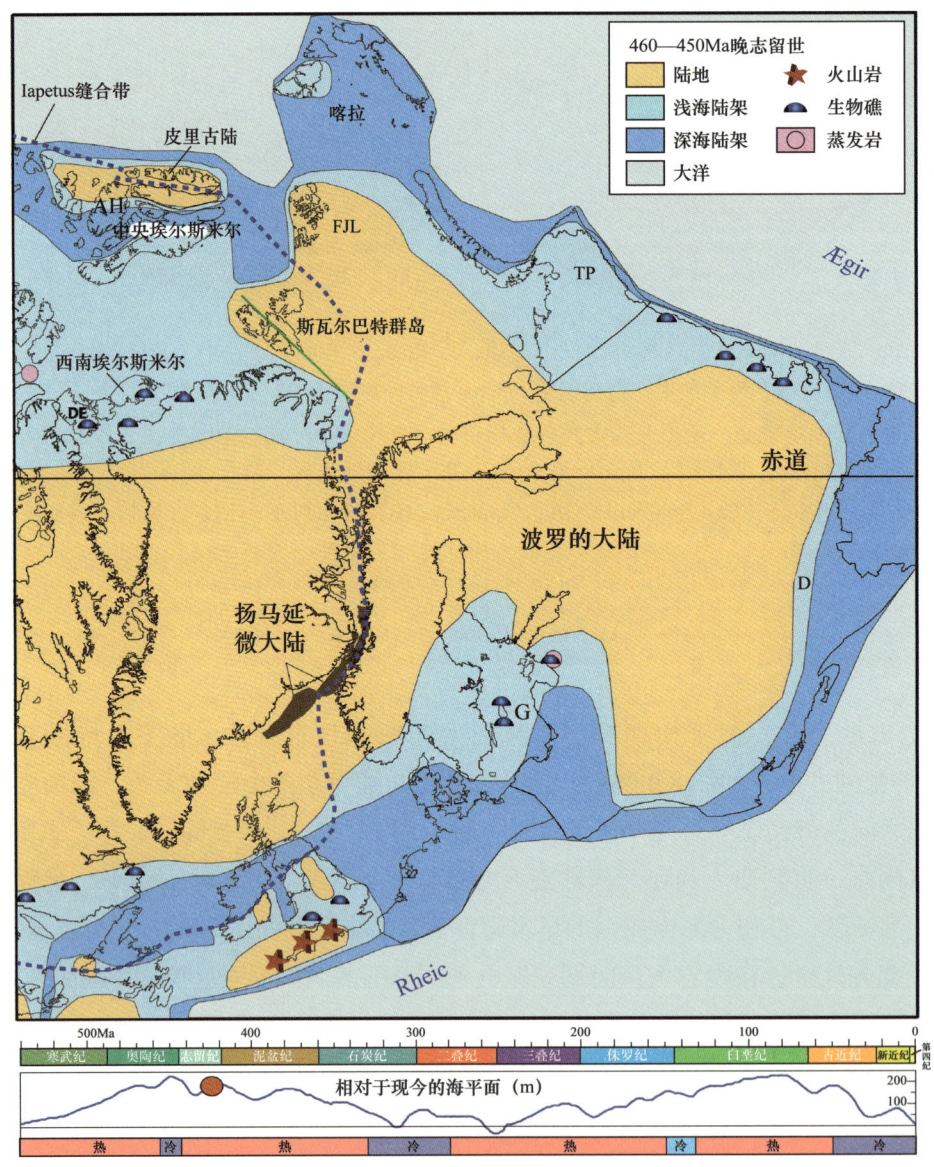

图 7.3　**425Ma（晚志留世卢德福特期）的劳伦西亚东部和中部地区，显示了陆地和海洋，以及生物礁、蒸发岩和火山的分布**

蓝色虚线是 Iapetus 洋缝合带；扬马延微大陆碎片，现在大部分淹没在挪威和格陵兰岛之间，呈暗灰色；AH，阿克塞尔海伯格岛；D，德涅斯特河，乌克兰；D，德文岛；FJL，法兰士约瑟夫地群岛；G，哥特兰岛，瑞典；TP，Timan—Pechora，俄罗斯；底部：显生宙时间标尺和海平面变化（Haq 和 Al-Qahtani，2005；Haq 和 Shutter，2008）以及冰室（冷）和温室（热）条件

的南秦岭地体被北秦岭（已经贴合到华北）所覆盖，随之而来的是北秦岭众多麻粒岩的侵入，从大约 440Ma 的志留纪初期到 415Ma 志留纪结束（洛赫考夫期），之后，变质作用在南北向的 Quinling 结合部继续，直到约 400Ma 的早泥盆世（布拉格期；Xiao 等，2009a）。冈瓦纳和安南—华南联合大陆之间的走滑运动是否持续整个志留纪并不清楚，但它似乎以较慢的速度进行，因为预示着两个大陆之间的古特提斯洋开放的裂谷作用在早泥盆世才开始。尽管在安南的西部（泰国）区域没有已知的志留系岩石，但晚志留世（424Ma）意义尚不明确的花岗岩侵入了该大陆的越南（东部）部分，因此前者当时可能仍然是海洋（Ridd 等，2011）。日本岛弧体系仍游离于现今的华南东缘之外。

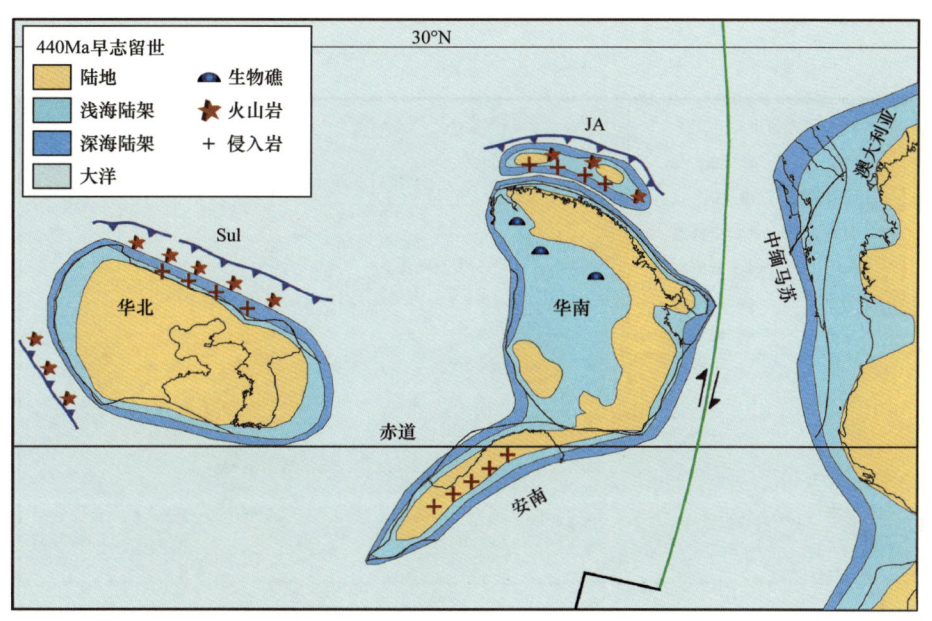

图 7.4 **440Ma（早兰多维列世鲁丹期）的东亚地体和大陆，显示陆地和海洋**
蓝色实线为上板块带齿状的俯冲带，黑色实线为扩张中心和转换断层，绿色实线为转换板块边缘；JA，日本弧；Sul，Sulineer 弧

在横跨中国—蒙古边境，后来是阿姆利亚大陆（图 8.7）一部分的呼塔格乌勒—松辽地体（图 3.6 的 453 单元），早志留世（440—434Ma）海岭俯冲和随后的微大陆贴合的证据保存在 Solonker 缝合带中（Jian 等，2008）。

7.1.5 劳伦古陆

志留纪末期，劳伦古陆克拉通的加拿大北极群岛（图 7.6）发生变形然后形成南北向延伸的布西亚隆起，其第一个阶段可能造成和寒武纪一样古老的局部不整合，但隆升的原因尚不确定；它在志留纪—泥盆纪边界达到其最大值，并可能是由于后加里东的压力导致前寒武系基底的调整。北格陵兰的皮里古陆地体（图 7.5）和类似的岩石可能在晚志留世贴合到劳伦西亚大陆（Trettin，1998）。

在现今的科迪勒拉地区劳伦古陆西部边缘，志留纪的海底碱性火成岩活动远不如奥陶纪或泥盆纪那么明显（Goodfellow 等，1995），但在育空地区的克拉通边缘有一些火山通道。在加利福尼亚地区克拉通的近海，保存在克拉马斯山脉和内华达山脉的前劳伦古陆地体中的岩石代表了一个或多个奥陶系和志留系加积棱柱体的残余，它们构成了那里的泥盆系次级不整合的基础（Dickinson，2000）。志留纪末期，阿拉斯加北部地区受到Romanzof造山运动的影响，这可能是泥盆纪埃尔斯米尔造山运动的一个初步阶段，并影响了北极阿拉斯加—楚科塔微大陆的北极阿拉斯加部分（图7.6），以及劳伦克拉通边缘进一步向东直到加拿大北极地区。在亚历山大地体（165单元），及现今的科迪勒拉，晚志留世—早泥盆世的Klakas造山运动代表了两个实体的碰撞，但两者都是岛弧，还是其中一个为微大陆还不确定；如果是后者，则定义很模糊。然而，亚历山大、弗兰格里亚和相关的地体当时都位于距劳伦古陆有一定距离的泛大洋（Cocks和Torsvik，2011），直到中生代时期，它们的行踪才被很好地限制在地图上。

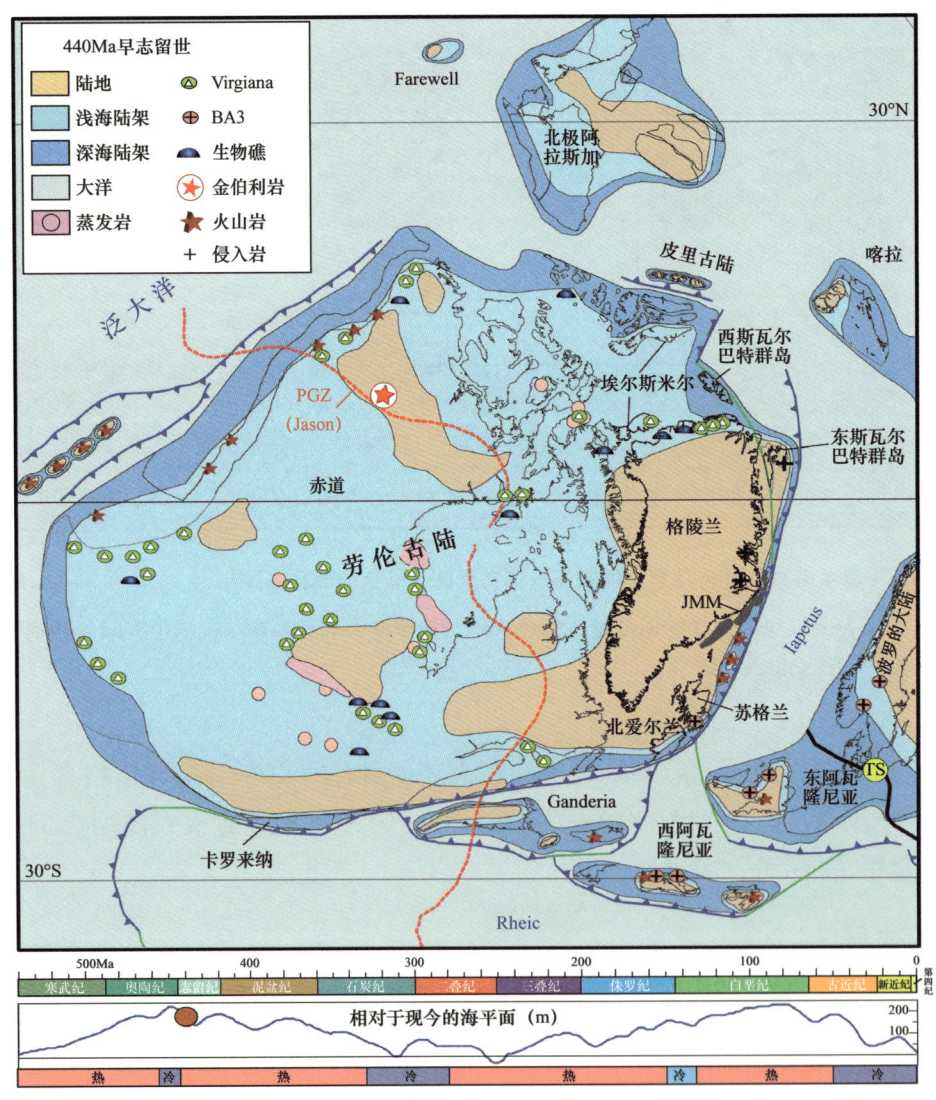

图 7.5　**440Ma（早志留世鲁丹期）的劳伦古陆、阿瓦隆尼亚和北极阿拉斯加—楚科塔地区，显示陆地和海洋，*Virgiana* 腕足类的分布，以及其他中陆架底栖生物组合（BA3）中腕足类群落的分布**

蓝色实线为俯冲带，齿状位于上板块，黑色实线为扩张脊，绿色实线为转换板块边缘；红色虚线为地幔柱生成带（PGZ）；JMM，扬马延微大陆；TS，Thor洋缝合带；底部：显生宙时间标尺和海平面变化（Haq 和 Al-Qahtani，2005；Haq 和 Shutter，2008）以及冰室（冷）和温室（热）条件

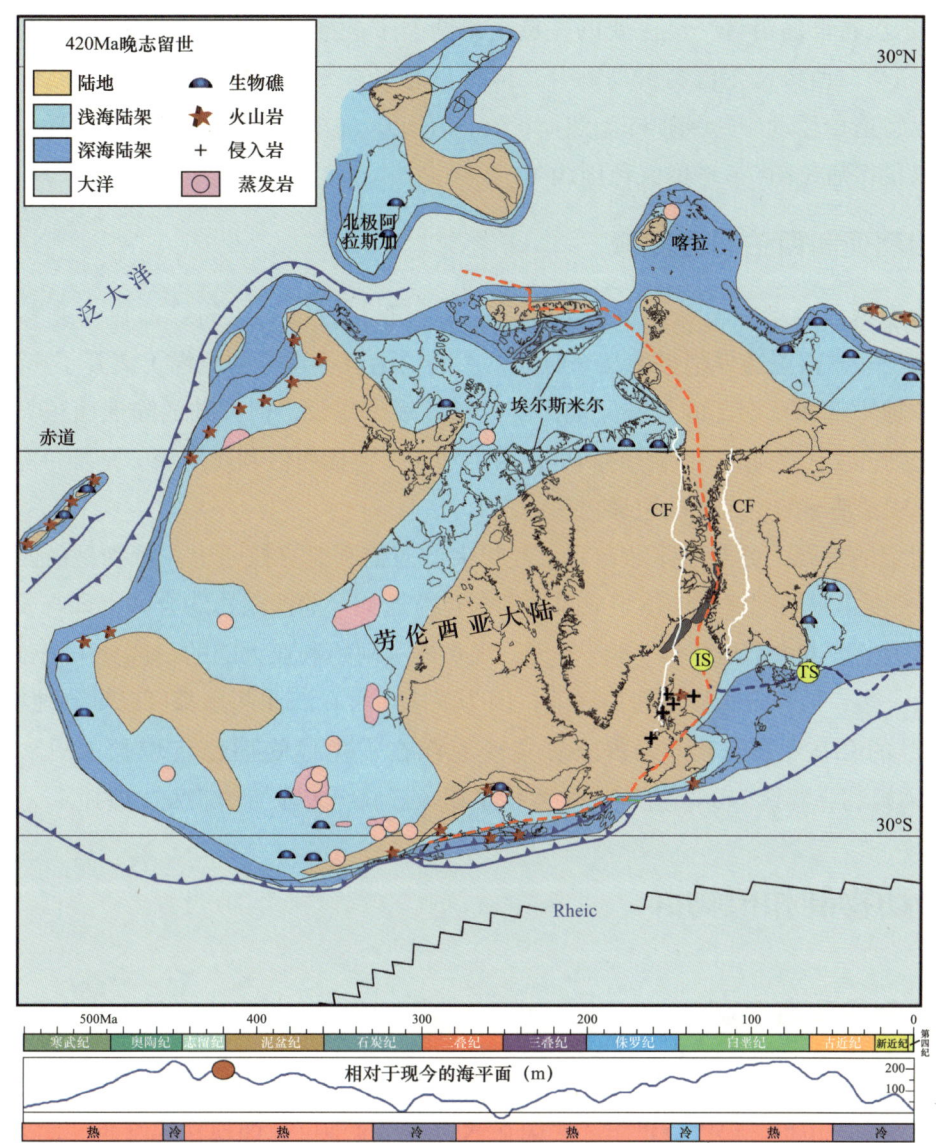

图 7.6 **420Ma（晚志留世普里道利世）的劳伦西亚西部和中部地区，显示陆地和海洋**

蓝色实线为俯冲带，齿状位于上板块，黑色实线为扩张脊；红色虚线为 Lapetus 海洋缝合带（IS）；TS，Thor 缝合带；CF，加里东幕前缘（在白线之间）；底部：显生宙时间标尺和海平面变化（Haq 和 Al-Qahtani，2005；Haq 和 Shutter，2008）以及冰室（冷）和温室（热）条件

在劳伦古陆南缘，前冈瓦纳周缘地体在晚奥陶世和志留纪时期发生拼贴（图 7.5 和图 7.6）。在 Salinic 造山运动期间，Carolinia（172 单元）可能在 455Ma 与劳伦古陆（关闭该区域的 Iapetus）相撞，而 Ganderia（171 单元）与北部阿巴拉契亚山脉（Appalachians）相撞，大体上与苏格兰和东阿瓦隆尼亚和格陵兰—挪威的碰撞处于同一时期。西阿瓦隆尼亚（包括 Meguma）可能在加里东造山运动高峰后与甘德里亚贴合，并通过 440—420Ma 的右旋斜向会聚边界并置（Domeier，2015）。在早志留世（图 7.2 和图 7.5），格陵兰岛和挪威之间的 Iapetus 洋的宽度仍然相当大（达 1500km），Iapetus 缝合线从东斯瓦尔巴特群岛向外延伸，穿过巴伦支海地区，进入北极地（皮里古陆）。东斯瓦尔巴特群岛在前寒武纪和古生代早期位于格陵兰岛的东北边缘，但在志留纪（可能在 440Ma 之

后），东斯瓦尔巴特群岛沿着一个主要的左旋走滑断裂带被推向北部。在430Ma左右（早温洛克世），它几乎完全向西斯瓦尔巴特群岛贴合，但那里有更重要的年轻运动，在360Ma左右的晚泥盆世斯瓦尔巴特造山运动中达到顶峰。然而，在志留纪，加里东造山作用非常广泛，影响了一个9000多千米长的区域（图7.6中的红色虚线）。

7.1.6 西伯利亚和西伯利亚周缘

在整个晚寒武世、奥陶纪和志留纪期间，西伯利亚和西伯利亚周缘都在向北移动，并且在443Ma的奥陶纪—志留纪边界附近的某个时候，大陆的南缘（现今的北缘）离开了赤道（图7.7）。西伯利亚克拉通中部和东南部的大部分地区继续被陆表海淹没，但大陆的陆地面积大于奥陶纪期间。从志留纪到古生代晚期的大部分时间里，西伯利亚（包括西伯利亚周缘）是唯一完全位于北半球的大陆，形成了浩瀚的泛大洋的边缘之一。

随着志留纪的发展，更多地体贴合到已经扩大的西伯利亚克拉通上。特别是前西萨彦岭地体（431单元），主要由一系列拼合楔体组成，逐渐与克拉通如今的西南边缘合并，即与安加拉陆块接壤。然而，更大的蒙古中部地体群（441单元，随后成为阿姆利亚大陆的一部分）仍位于蒙古—鄂霍茨克洋的另一边，但一定很接近西伯利亚，因为晚志留世在海洋两岸都可以见到独特的 *Tuvaella* 腕足类动物群的存在（图7.7）。蒙古—鄂霍茨克洋在古生代晚期稳定增长（图8.1、图9.1和图10.1），但阿姆利亚直到240Ma左右的中生代早期（三叠纪）才与华北发生碰撞。

7.2 相、动物群和植物群

7.2.1 全球气候和海平面

奥陶纪末期冰川期过后，志留纪前半段地球逐渐增温（图16.2），特别是在长期的兰多维列世阶段。尽管直到中志留世（温洛克世）才在冈瓦纳的高纬度地区，即现在的巴西，发现一些冰川沉积，但冰川融化导致广泛的海面上升。当冰帽从北非和阿拉伯退去，海侵合并了许多之前冰川成因的沉积物，且含氧量较低（Ghienne等，2010），这导致了大量早志留世（兰多维列世）"热"黑色页岩沉积，它们共同构成了世界上最大的烃源岩区。相对丰富的中—晚志留世生物礁标志着到那时全球气温已在冰期之后完全恢复。

在更温和与温暖的地区，由于冰盖融化和局部均衡调整而导致的海面上升也导致了许多地区的大规模海侵。其中最著名的是前阿瓦隆尼亚中部的微型克拉通渐进式海侵。在接下来的一段提到的整个兰多维列世，从西到东越过威尔士，以及威尔士边境，然后越过英格兰中部。

7.2.2 动物群的地方化

后冰期的缓慢变暖反映在兰多维列世腕足类和其他底栖生物的全球分布和多样性的逐渐扩大上。然而，与奥陶纪大多时期相反；主要的大陆板块相距足够近，使得无脊椎动物的幼虫能够穿越其间的海洋（图7.1），因此底栖动物群落比以前更具有世界性，特别是在中志留世。但优势类群多与奥陶纪不同；例如，在腕足类中，兰多维列世的底栖生物群落发育比以前更多的 pentameroids 和 atrypides。

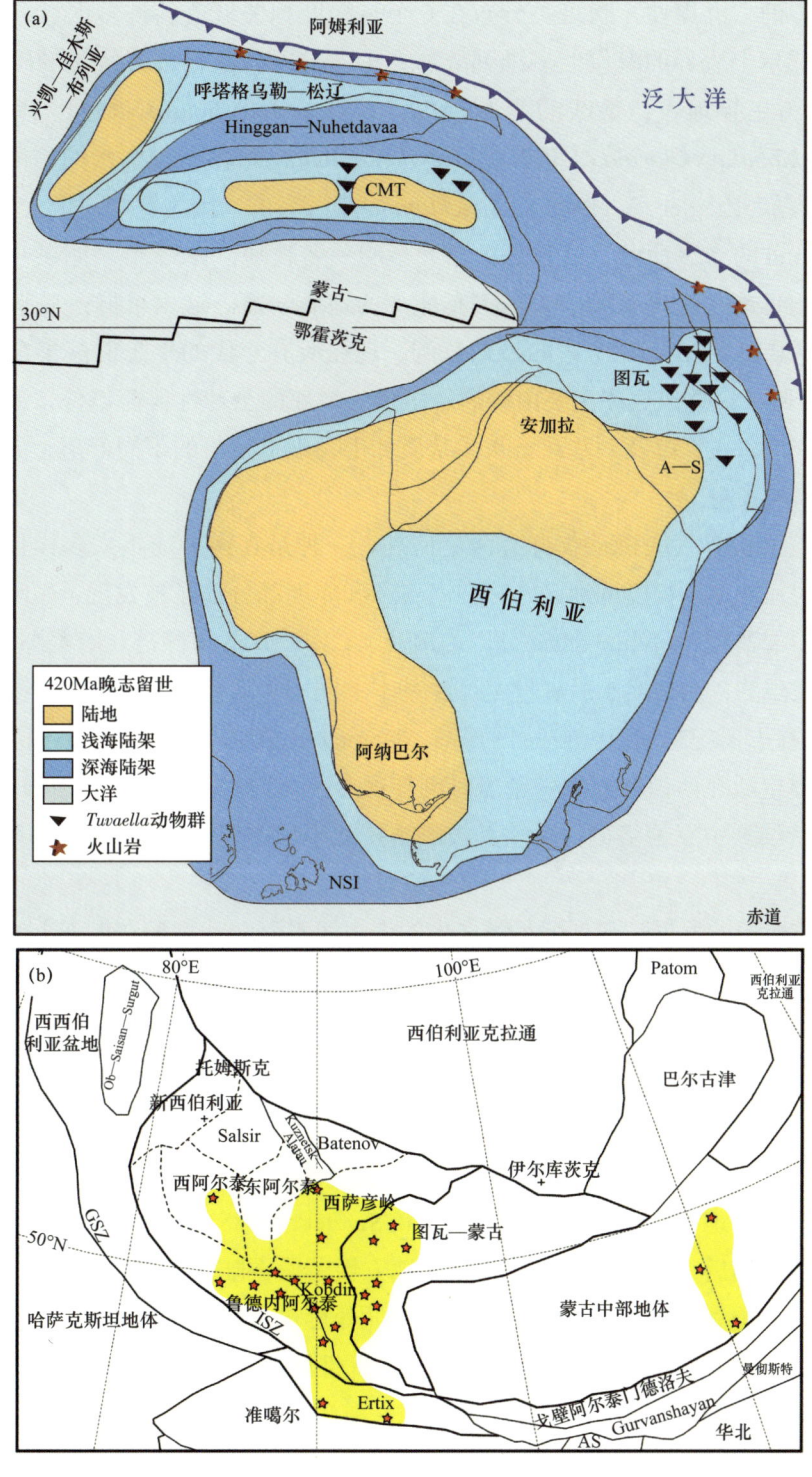

图 7.7　（a）420Ma（志留纪普里道利世）的西伯利亚和西伯利亚周缘，显示陆地和海洋；蓝色实线为俯冲带，齿状位于上板块，黑色实线为扩张中心和转换断层；A—S，阿尔泰—萨彦岭；CMT，蒙古中部地体；NSI，新西伯利亚群岛；（b）现今的西伯利亚克拉通西南部和附件的西伯利亚周缘，以及附近的俄罗斯、蒙古、东哈萨克斯坦和中国西北部下古生界地体；所有的 Ob—Saisan—Surgat（其边缘概略显示）以及 Tomsk 和 Rudny Altai 的大部分地区都被中生代至最近的沉积地层所覆盖；西西伯利亚盆地和图瓦—蒙古地体之间的单元统称为阿尔泰—萨彦岭；AS，阿拉善复合地体；GSZ，Gornostaev 剪切带；ISZ，Irtysh 剪切带；Manch，Manchurides；红星显示了上志留统 *Tuvaella* 腕足类动物群的分布

这些碎屑岩中的"世界性"腕足类分布在6个与深度相关群落的许多区域，这些群落最初定义在上述英格兰威尔士边界的海侵兰多维列统岩石中，这些岩石在许多区域的碎屑沉积物和更多的钙质沉积物中占主导地位：最浅的是 *Lingula*（现在的 *Mergliella*）群落，其外侧是 *Eocoelia*、*Pentamerus*、*Stricklandia*、*Clorinda*（现在的 *Brevilamnulella*）群落，较深水的是最初被称为"边缘型 *Clorinda*"的群落（Ziegler 等，1968）。*Stricklandia* 是著名的，因为它是一个大型的 pentameride，并以 Hugh Strickland 的名字命名。后者是牛津大学的一名教师，1853 年，他在一条新铁路上工作时被火车撞死，很可能是世界上第一个被火车撞死的地质学家。这六个群落后来成为与深度相关的底栖生物群落（BA1 到 BA6）术语的最初范例，现在所有年代的生态群落集合都使用这种术语（Boucot，1975）。除了这些居住在主要由碎屑岩组成的海底的全球性群落以外，还有更多的当地先锋群落生活在石灰质海底，以及一些在石灰质基质和生物礁上生长的不同群落，尤其是后者从温洛克世开始变得越来越普遍。

早志留世普遍的世界性底栖动物群有两个例外。一种是在南半球不太多样化的 *Clarkeia* 腕足类动物，占据了冈瓦纳更高纬度的地区，只在南美洲和非洲部分地区被发现（Cocks，1972），该动物群是同一地区早泥盆世 Malvinokaffric 分区的前身。*Clarkeia* 动物群是在南美洲的 Cuyania（前科迪勒拉）地体中发现的，这证实了后者肯定已经基本上完成了从劳伦古陆周缘到高纬度地区的旅程（图 6.2），并大约在志留纪初期已经到达冈瓦纳（Domeier，2015）。其他明显不同于其他大陆生物群的志留纪腕足类生活在西伯利亚，后者当时倒转远离冈瓦纳和 *Tuvaella* 动物群。*Tuvaella* 动物群从中兰多维列世持续到中罗德洛世，反映其被隔离在北半球的温带地区（Cocks 和 Torsvik，2007）（图 7.7）。

然而，随着志留纪的发展，包括腕足类在内的许多浅水海洋动物群在世界上许多地方再次显示出越来越明显的地方性，这一过程最终在早泥盆世达到一种非常独特的分散动物群分区的高峰，在第 8 章中将对此进行描述。

与腕足类和其他许多类群不同的是，大量的小型介形类（节肢动物）——其中大多数没有浮游幼虫期，不能被洋流带到很远的地方，所以分布不是很广泛。因此，虽然一些介形虫属在奥陶纪时期已经越过了 Iapetus 洋，但在劳伦西亚的劳伦古陆部分和波罗的—阿瓦隆尼亚联合大陆之间的志留纪介形类仍然有一些地方性差异（Schallreuter 和 Siveter，1985）。广翅鲎和叶虾节肢动物在奥陶纪已经罕见，但他们随后变的多样化，发育很多地方性劳伦古陆广翅鲎，一些体型巨大，超过 1m 长，尤其是保存在北美洲东部的上志留统岩石中的低盐度浅水中的，如纽约州的 Salina 组。然而，随着奥陶纪末期许多类群的灭绝，志留纪三叶虫的多样性远不如古生代早期的祖先。

Young 和 Janvier（1999）认为，华北、华南、安南和塔里木的志留纪和泥盆纪鱼类生物群代表一个被称为"亚洲超地体"的大型统一大陆，它从冈瓦纳近海到其东北部，位于泛大洋内。主要是因为这些大陆是唯一发现 Yunnanolepidoidei 的一整个鱼类目的地方。此外，几乎所有的另一个鱼类种群——超过 40 个属记录的 antiarchs，也仅来自"亚洲"，仅在华南地区分布 22 个地方性属种。然而，其他的地质证据并不支持这种"亚洲超地体"的概念。因此，这些鱼类一定代表了某个动物分区，其边缘可能被可变温度的洋流所限制。

7.2.3 植物在陆地上的出现

被称为化石的最早期完整的陆地植物只能追溯到志留纪，但来自海洋和三角洲沉积物中保存的孢子化石的证据表明，真正的植物可能在中奥陶世就已经存在了。带有三缝孢的陆生植物可能是由淡水藻类进化而来的，它们最初适应了海洋边缘偶尔干燥的非海洋环境，但后来它们得以在没有永久浸泡在水中的情况下存活了一生。

藻类和蓝细菌垫层可以追溯至新元古代（第4章），但第一个已知的陆生可育分岔的轴向真植株（属于广义的 *Cooksonia* 属）记录来自晚温洛克世的爱尔兰（Edwards，2015）。这种植物很小，只有几厘米高，它们产生的氧气在当时对大气的整体组成不会有太大的影响。一些作者认为前体地衣可能促进了维管束陆生植物的早期进化。然而，到约424Ma的罗德洛世末期，美国宾夕法尼亚州偶然保存了含有许多植物遗体的古土壤，表明到晚志留世，地面上的这些植物已经被分成三个独立层，最高的超过1m。在地面以下，由真菌结构引起的生物扰动向下延伸至2m，而维管束植物系统仅向下延伸至80cm，同时还有掘穴的千足类节肢动物。湿地对地面的覆盖比附近排水良好的土壤更广泛（Retallack，2015）。但在随后的泥盆纪，植物的生物量变得更加丰富，包括树木大小的植被的出现，所以这些不同的陆生植物群当时对大气产生了很大的影响（第8章）。

7.2.4 亚洲东部

在当时仍是陆地的华北克拉通，没有发现志留系岩石（图7.4）。*Retziella* 腕足类动物群分布在其余的南亚和东南亚的大部分地区，包括塔里木、华南和安南，以及冈瓦纳大陆大洋洲区域的东缘（Rong等，1995）。华南早期的兰多维列统岩石多为笔石质页岩，而较晚的沉积物，特别是特里奇期的沉积物，则含有丰富多样的浅海底栖生物组合。特里奇阶碳酸盐岩主要分布在扬子地台的西北和西南缘，中部和东部不发育。华南的越南部分发育一个三角洲系，其间偶有与哈萨克斯坦部分地体相似的植物夹层，范围从罗德洛世到早泥盆世（布拉格期），以及偶有代表海侵的腕足类地层。在我们的重建中，华南的陆地和海洋很大程度上是基于Rong等（2003）最新的奥陶纪和志留纪地图。

7.2.5 西伯利亚和西伯利亚周缘

与劳伦古陆跨赤道的地理位置不同，西伯利亚是一个位于北半球的独立于其他地体的大陆（除了相邻的蒙古中部地体组合，440单元；图6.2和图7.1）。所示的相遵循Yolkin等（2003），动物群包括中至深水大陆架群落和浅水群落，这表明西伯利亚大部分大陆架海域在许多地方具有一定的深度（Cocks和Torsvik，2007）。

现在在蒙古阿尔泰—萨彦岭和中国西北部以及政治上的西伯利亚（都在当时的西伯利亚大陆北部）发现的中纬度志留系动物群与其他地方的不同。广泛分布的志留系红色石膏质泥灰岩和石膏层证实了古地磁数据所表明的，西伯利亚向更温和的古纬度移动（图9.11），并向更干旱的气候转变。西伯利亚（包括西伯利亚周缘）是唯一一个拥有 *Tuvaella* 动物群的大陆（图7.7），其化石今天出现在俄罗斯、蒙古北部和中部的许多地区（但不包括最南端），以及中国的部分地区（新疆、黑龙江和内蒙古）。因为 *Tuvaella* 动物不仅出现在西伯利亚地区，即在前志留纪时期贴合到西伯利亚克拉通的地区，如西部阿尔泰，而且也出现在许多尚未成为西伯利亚克拉通核心部分的区域。可以推断，所有的阿尔泰—萨彦岭地区、蒙古地体拼接、Ertix 地体、Mandalovoo 地体和图瓦—蒙古褶皱带是西伯利亚周缘的组成部分，因此在当时的志留纪必定处于核心西伯利亚北部，后者在南部与主要的 Gornostaev 和 Irtysh 剪切带接壤（图 7.7）。

蒙古—鄂霍茨克洋将西伯利亚和蒙古中部地体组合分开。当时西伯利亚北缘和蒙古中部地体组合都很活跃，且安加拉地区内发育地势较高的山地。在阿纳巴尔地块区域，即主要克拉通地区的西部和南部也有陆地的证据，并且图 7.7 显示了阿纳巴尔和安加拉之间的连续大陆土地区域，尽管陆架海可能在志留纪期间的某些时候发生海侵并向西延伸。

与今天西伯利亚南部的 *Tuvaella* 动物群相比，在西伯利亚的更南部（今天的北部）的志留系岩石产生了更多样化的腕足类和其他底栖动物群，其中很大一部分是世界性的（Yolkin 等，2003）。有人说，*Tuvaella* 动物群在地理上与西伯利亚其他地方的更具世界性的志留系动物群是分开的，但在蒙古的一些聚居地，*Tuvaella* 群与更具世界性的腕足类动物交错，这表明那里有一个简单的动物群梯度。此外，在蒙古南部的西伯利亚周缘地区也发现了一些中兰多维列统动物群，其中包括来自较深水域底栖生物群落 4 和 5 的地方性 *Templeella* 和 *Mongolostrophia* 腕足类。对于志留纪来说，这样的地方性分布在全球范围内都是不寻常的，这进一步证明了西伯利亚是相对孤立的。下志留统鱼类在鲁丹期和埃隆期发育两个动物区系，称为"图瓦"（对应 *Tuvaella* 腕足类动物群露头，图 7.7）和"西伯利亚"，后者位于现今西伯利亚地体北部（Žigaitė 和 Blieck，2006）；然而，到了晚兰多维列世和温洛克世，这些地方性差别已经消失了。在西伯利亚下志留统浅水沉积相和生物相中，海侵、海退和局部隆起可能与劳伦古陆、波罗的大陆和阿瓦隆尼亚当时的海面升降事件相关，这强调了影响西伯利亚大陆的志留纪构造事件的相对稀缺性。

在西伯利亚被动边缘的部分地区，在阿尔泰—萨彦岭地区有大规模的碳酸盐岩建造，外围大陆架发育障壁礁，包括 Salair 和阿尔泰西部地区的晚兰多维列世至晚温洛克世的 600km 长、10~50km 宽的礁带。这些生物礁位于早兰多维列世发育的笔石页岩之上，后者反映了更低的全球温度和更高的海平面。图瓦—蒙古地区沉积了大量的浅水硅化物（Yolkin 等，2003），这至少部分反映了当时西伯利亚周缘拼接最北部分较低的平均温度。

7.2.6 劳伦古陆或劳伦西亚大陆

志留纪初期，劳伦古陆以及稍晚的劳伦西亚大陆西部仍处于低纬度地区，赤道穿过格陵兰岛北部和加拿大北部（图 7.5），但是，因为大多数的其他主要大陆至少有一部分位于类似的纬度，所以许多生物群在世界的很多地方是相似的（Fortey 和 Cocks，2003）。由于早前的赫南特期冰川作用，早兰多维列世（鲁丹期）的海平面较低，导致了存在于大部分劳伦古陆克拉通的广泛的奥陶系—志留系界线的不整合，虽然在俄克拉何马州及邻近地区也有一些早志留世的浅水岩石。这些不整合面似乎是由于沉积物从未沉积下来，或者在沉积后不久就被侵蚀，因为几乎没有证据表明在劳伦古陆克拉通的大部分地区有大量的陆地出露。然而，在劳伦古陆的一些边缘地区，最显著的是魁北克省的安蒂科斯蒂岛，主要是富含化石的碳酸盐岩和细碎屑沉积物，从上奥陶统一直延伸到近兰多维列统顶部，只发育小的平行不整合。鲁丹末期，在劳伦古陆和其他地方的大多数腕足类和其他海洋底栖生物似乎已经从最近的奥陶纪赫南特期冰期灭绝中恢复良好，尽管在大多数地方它们的丰度低于平均水平。在劳伦古陆克拉通边缘和邻近的内华达陆架，早志留世的潮下到潮缘碳酸盐岩斜坡在兰多维列世后半段被淹没。到晚兰多维列世，动物群已经变得非常世界化，在爱荷华州、安蒂科斯蒂岛和其他地方都有广阔的地带，包括中陆架的 *Pentamerus* 和 *Pentameroides* 群落，以及较深陆架的 *Stricklandia* 和 *Clorinda* 群落（Cocks 和 Torsvik，2011）。

在劳伦古陆克拉通已经发现了许多盆地和高点，但很难确定哪些高点高于海平面，从而形成了陆地；例如，怀俄明州的大部分地区缺乏保存下来的志留系岩石。然而，由于克拉通上的一些岩石是潮汐或近潮汐成因的，许多岩石可能沉积在与低洼陆块接壤的浅海中。连续的动物组合代表了广阔的密歇根盆地水体在中兰多维列世（埃隆期）稳定的加深，在那里发育一个 BA1 潮坪沉积范围，以介形虫为主，只有两种腕足类，*Hercotrema* 和 *Alispira*；一个更多样化和更均衡的 BA2 潮下沉积，主要包含珊瑚和层孔虫以及 12 个不同的腕足类属；三种不同的 BA3 中陆架组合，主要由层孔虫、珊瑚和 *Pentamerus* 腕足类组成；BA4 和 BA5 较深陆架组合，以海百合和海绵为主。

加拿大北极发现了异常丰富的微生物礁，有些高达 1.3km 厚（de Freitas 和 Dixson，1995），到温洛克世已经形成了广泛的生物礁，特别是在肯塔基州、俄克拉何马州，以及纽约州和安大略省的尼亚加拉地区，而此礁带向东延伸到劳伦西亚大陆的阿瓦隆尼亚—波罗的区域。和珊瑚一样，不同生物的生物礁框架也不同，如层孔虫、藻类和苔藓虫（Copper，2002）。在随后的罗德洛世，发育广泛的蒸发沉积（图 7.6），包括著名的密歇根盆地和纽约州的 Lockport 和 Salina 白云岩。随着周围环境温度的升高，一些大型的 pentameride 腕足类动物的地方性属种，在海底形成了密集的填充层，类似于今天的牡蛎底床，在整个劳伦古陆变得丰富和广泛。来自威斯康辛州及周边地区的大型腕足类动物群落序列始于中兰多维列统 *Virgiana* 群落，经晚兰多维列世演变至下温洛克统的 *Pentamerus* 和 *Pentameroides* 群落，以及中温洛克统和罗德洛统的 *Kirkidium* 和 *Apopentamerus* 群落（Watkins，1994）。*Virgiana* 和 *Apopentamerus* 是劳伦古陆的主要地方性 pentamerids 属种。在 Saskatchewan 和 Manitoba 省的威利斯顿盆地也有类似的群落，*Virgiana* 层用于在那里钻的许多油气勘探井中识别志留系基底。

在图 7.5 中，标绘了一些关于 *Virgiana* 的记录，同时绘制的还有当时与阿瓦隆尼亚、波罗的大陆和苏格兰（格文）有着明显相同环境（BA3）的上鲁丹阶和埃隆阶动物群。这些包括在上面的动物群地方化中提到的 BA1 到 BA6 深度相关群落，它们最初是在阿瓦隆尼亚的威尔士边界被描述的。

7.2.7 波罗的大陆和劳伦西亚东部

在志留纪，大部分波罗的地盾相对平坦，哥特兰岛（瑞典）、东波罗的大陆和乌克兰的岩石代表相对较浅盆地陆架海中沉积的不受构造影响的相（Baarli 等，2003）；然而，在波罗的大陆西部，加里东造山运动正逐渐形成隆起和山脉。从兰多维列世末期开始，古老红色砂岩的陆相沉积主要沉积在河漫滩和干涸河床上，虽然大部分古红砂岩属于泥盆纪（Friend 和 Williams，2000）。底栖生物组合区域反映出，在斯堪的纳维亚半岛中部的东波罗的大陆，乌克兰（德涅斯特河）和 Timan—Pechora 盆地逐步深化（图 7.3），这些生物全被 Tornquist 缝合带突然截断，表明当今的波罗的大陆南缘在古生代晚期华力西造山运动中是缺失的。

然而，在波兰圣十字山脉 Tornquist 缝合带以南仍保存有厚层的（约 1500m）志留系浊积层序，表明沉积位于靠近波罗的大陆原始边界的较深水域。这些岩石以及奥斯陆地区晚兰多维列世和晚温洛克世发育的岩石共同表明，与奥陶纪相比，内陆地区有更丰富的沉积物供应和更高的地形起伏。与前面两个独立的加里东造山带陆地区域（Fennoscandia 和 Sarmatia）相比，图 7.3 显示了一个统一的陆地区域，包括较早的区域，以及从格陵兰和苏格兰向西扩展到劳伦古陆的区域，而且没有证据表明存在任何干预海道（Cocks 和 Torsvik，2005）。

劳伦西亚的波罗的大陆区域志留系序列现今缺乏任何重要的变质作用（再一次，除了在挪威奥斯陆地区以及东波罗的大陆还有一些白云石化），并包括一些最好和最著名的志留系部分，例如哥特兰岛（瑞典）其丰富的化石自 18 世纪著名的博物学家 Linnaeus 的工作已引起关注。在哥特兰岛（瑞典）和爱沙尼亚，发育早温洛克世和晚志留世的裸露的碳酸盐岩泥丘。虽然有一些地方性的波罗的种属，但它们只形成哥特兰动物群的一小部分（Bassett 和 Cocks，1974）。这表明，即使在志留纪最后时期，浅水海道仍然位于两个劳伦古陆和阿瓦隆尼亚—波罗的大陆的前大陆区域之间。由于当时大部分的劳伦西亚大陆处于热带纬度，在哥特兰和其他地方广泛发育巴哈马式石灰岩和大量的生物礁（图 7.3）。

在 Vaigach 岛（位于新地群岛和俄罗斯北部乌拉尔山脉之间），包括生物礁在内的志留系碳酸盐岩厚度超过 1400m（Baarli 等，2003）。在挪威、瑞典和爱沙尼亚主要浅水露头的南部和东部，志留系岩石广泛保存在拉脱维亚、立陶宛、波兰、白俄罗斯和乌克兰的地下。例如在立陶宛的钻孔中，那里的沉积物向南和向西逐渐加深（Musteikis 和 Cocks，2004）。波罗的大陆的大部分地区被淹没得太深，无法维持底栖生物的生存，并且志留系的大部分地区由相对较薄的笔石页岩组成。然而，在乌克兰西南部与奥陶系不整合上方的 Podolia 地区发育大量令人印象深刻的相对平坦的岩石露头，为包含相对浅水底栖生物（包括从温洛克世到早泥盆世发育的各种腕足类）的碳酸盐岩和陆架碎屑岩互层（Cocks 和 Torsvik，2005）。

8 泥盆纪

Kvamshesten 中泥盆世盆地，挪威西部

泥盆纪盆地是过度增厚的加里东地壳（西部片麻岩区）造山后扩张形成的；Kvamshesten 盆地位于壮观的 Nordfjord—Sogn 滑脱带的上盘；资料来源：Torgeir B. Andersen，CEED

虽然现在已知脊椎动物化石会零星地出现在早期岩石中，但泥盆纪才是它们变得普遍的最古老的时期，尤其是鱼类，两个多世纪之前，人们从北欧和北美洲的古老红色砂岩中发现了它们。这一时期也因更先进的生物（包括树在内的植物和动物）对陆地的首次大规模入侵而闻名。由于泥盆纪的时间是志留纪的两倍多（60Ma 对比 24Ma），所以有更多的时间留给了构造活动，也确实发生了很多。

Adam Sedgwick 和 Roderick Murchison（1837）一起用英国西南部的德文郡为泥盆纪命名，与英国大部分地区可见的古老红色砂岩的大陆沉积形成对比，在德文郡发现了同年代的海相岩石。然而，原始概念的定义和范围从那之后已经大大修改，泥盆系基底现在正式定义在 *Monograptus uniformis* 笔石生物带的底部，其位于捷克共和国 Klonk 洛赫考夫阶的底部（419Ma）。图 8.1 显示了系统内大陆单元和海洋在 410Ma（布拉格期）、390Ma（艾菲尔期）和 370Ma（法门期）三个时期内的全球分布。泥盆纪被分为七个阶段，按升序依次为洛赫考夫期、布拉格期、埃姆斯期、艾菲尔期、吉维特期、弗拉期和法门期，以捷克共和国、比利时、法国和德国的地区命名。

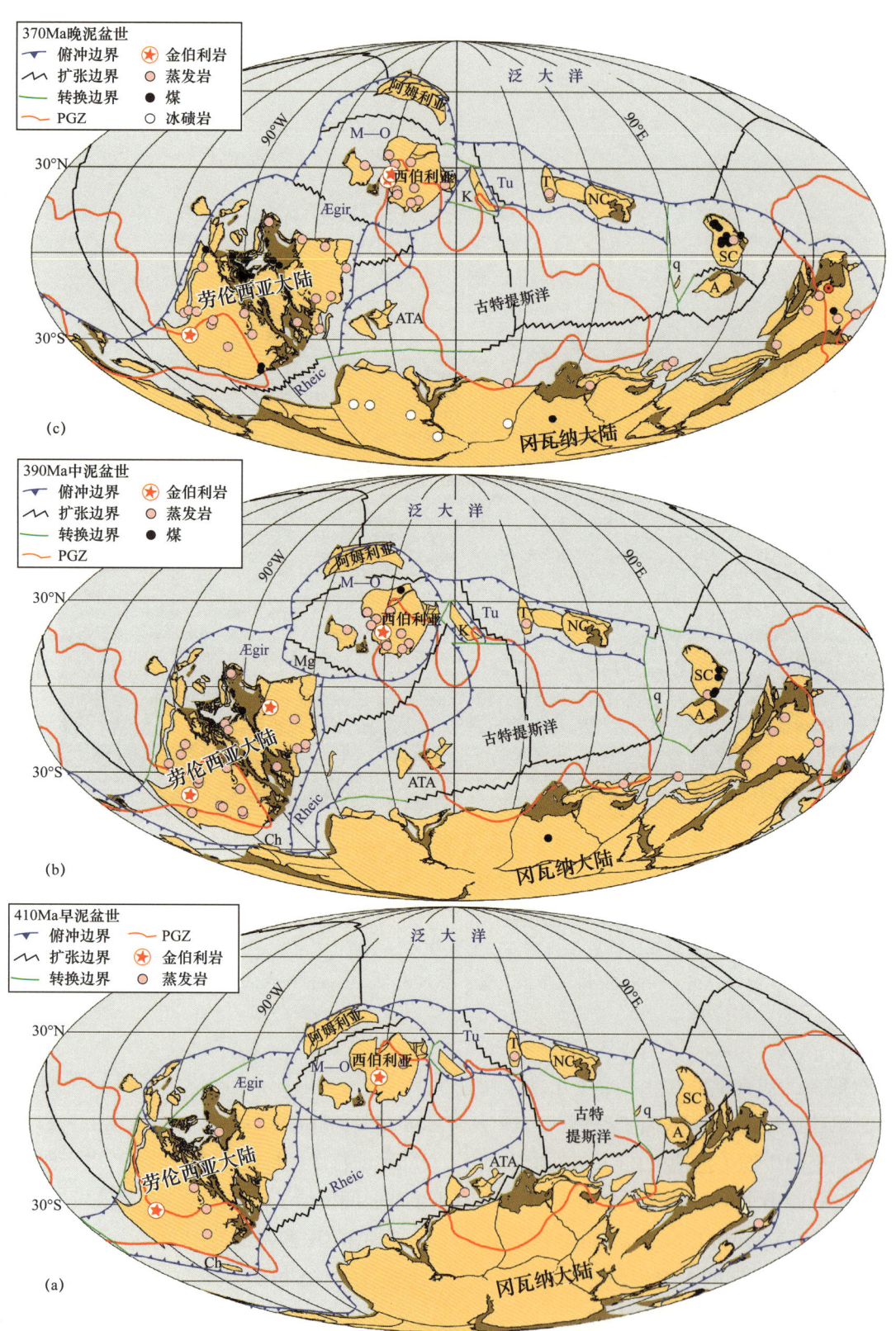

图 8.1 （a）410Ma（布拉格期）、（b）390Ma（艾菲尔期）和（c）370Ma（法门期）的地球地理轮廓，包括推测的板块边界、主要地壳单元的轮廓和更广阔的海洋；A，安南；ATA，阿姆利亚地体组合；Ch，Chilenia；K，哈萨克斯坦大陆；Mg，Magnitogorsk 弧；M—O，蒙古—鄂霍茨克洋；NC，华北；PGZ，地幔柱生成带；q，南秦岭；SC，华南；T，塔里木；Tu，土耳其洋

8.1 构造和火成岩活动

8.1.1 海洋

和现今的太平洋一样，泛大洋是一片广阔的海洋。但是，尽管在整个晚古生代覆盖了一个半球，但由于随后其所有组成板块的破坏，人们对这个复合盆地知之甚少。在与大陆交界的大部分地区，特别是冈瓦纳的大部分地区，存在着一个几乎连续的俯冲带，环绕着泛大洋。Domeier 和 Torsvik（2014）为了考虑沿此领域边缘的渐进会聚，提出了一个简单且相对稳定的海洋内扩张脊的三联点（图 8.1）。然而，劳伦古陆西缘的泛大洋边缘在中—晚泥盆世之前并没有显示出活动边缘的迹象。

冈瓦纳和劳伦西亚之间的 Rheic 洋在大约泥盆纪开始时达到最大宽度（约 6000km），但随着泥盆纪的发展这一宽度逐渐减小，至少在其西部地区是如此，在那里这两个大陆的边缘都发育活跃俯冲带。Rheic 洋的西北分支位于 Franconia—Thuringia 和以前的劳伦西亚大陆的阿瓦隆尼亚部分之间，在中泥盆世关闭。在今天的南欧地区，Galicia—Moldanubian 和 Saxothuringian 等小海洋在华力西造山运动的不同阶段打开和关闭（图 8.9）。

在晚志留世的最初裂谷作用之后，早泥盆世还发生了古特提斯洋（其西部分支在当地称为 Galicia—Moldanubian 洋）的开裂，其位于冈瓦纳和现在构成南欧的各种地体（图 8.1 所示的阿摩力克地体组合，ATA）之间。然而，欧洲和北非的裂谷作用是否与导致大洋向东更远开放的事件是同一构造事件尚不确定，在这一事件中，合并的安南—华南大陆远离冈瓦纳边缘。这种不确定的部分原因是，详细的分离时间很难约束，部分原因是，在这两个相隔甚远的地区，其间的微大陆块体内部和之间的裂谷证据并不明显。然而，在这两个地区都使用古特提斯洋这个名称，而不是创造另一个术语。随着古特提斯洋的打开，它的西端与 Rheic 洋合并，尽管后者随着阿摩力克地体向北移动而逐渐变小。

图 8.1 中的小海洋包括塔里木和哈萨克斯坦之间的土耳其洋，西伯利亚和阿姆利亚（新的联合大陆，主要由以前合并的前蒙古中部地体组成）之间的蒙古—鄂霍茨克洋，以及劳伦西亚和西伯利亚之间的 Ægir 洋。后两个大洋也可认为是泛大洋的分支，但被科累马—欧姆龙地体分割。

8.1.2 华力西造山运动的开始

加里东造山运动本质上是一对大型大陆碰撞的结果。与之不同的，欧洲中部的华力西造山运动是一系列混乱的事件，涉及许多微大陆和地体，以及一系列大小和存在时间长短不一的海洋的开闭。因此，它可以被看作是从志留纪到泥盆纪，再到石炭纪乃至二叠纪的一系列相互联系的造山事件，但作者们对地体定义和边界、造山事件的时间和意义却有很大的分歧。因为，包括伊比利亚半岛弧形造山带在内的许多单元的原始复原现实具有开放的多解性（Shaw 等，2012）。在大多数前石炭纪的地图上简单地把地体描绘成变化的菱形，以反映它们现在的区域，在很大程度上由于缺乏确凿的数据，在许多情况下可能是复合地形（图 8.1）。然而，在图 8.9 中提出了一个新的、更具活动性的模型，包括一些较小海洋的开放和关闭（Franke 等，2016）。

古生代阿摩力克地体组合（阿摩力克、伊比利亚、Saxothuringia 和波希米亚）的古地磁极性数据数量少且质量不一，并且存在无资料的时间间隔（图 8.10）；然而，它们总体上似乎代表了与冈瓦纳西北非洲边缘附近位置一致的古纬度。但在早—中石炭世 [图 9.1（a）、（b）]，华力西变质作用的高峰时期，冈瓦纳的边缘距劳伦西亚较远。因此，ATA 不能被认为是冈瓦纳的海岬，并且在早泥盆世，这些地体中的一部分或全部必然已经从非洲西北部的 Galicia—Moldanubian 洋中漂移出去，从而在华力西造山运动中与劳伦西亚发生碰撞。

在泥盆纪之前的某个不确定时期（Franke，2006），也可能在晚奥陶世（460Ma）之后不久，Saxothuringian 离开了 ATA 地体附近的一个冈瓦纳周缘的位置，留下了一个不断扩大的 Saxothuringian 洋，作为 Rheic 洋的一个东北分支。不久之后，波希米亚也分裂离开了冈瓦纳周缘，穿过 Galicia—Moldanubian 洋 [图 8.9（d）]。早泥盆世，Rheic 洋西北分支逐步关闭，导致 Saxothuringian 地体向劳伦西亚大陆的阿瓦隆尼亚东南部边缘靠近，在 400Ma（埃姆斯期）的华力西造山运动初期与之相撞 [图 8.9（e）]。

图 8.9（f）、（g）也显示了在 380Ma（弗拉期）和 360Ma（晚法门期）的晚泥盆世的逐步演化情况，其中 Saxothuringian 洋和 Galicia—Moldanubian 洋的西端大幅变窄，而前者则完全消失。同往常一样，在所有这些错综复杂的碰撞和海洋关闭，以及推覆体逆冲和其他构造和变质活动之后，出现了各种花岗岩和其他火成岩的侵入；例如德国中部的水晶高地，位于主要的 Rheno—Hercynian 和 Saxothuringian 地体之间，似乎是一个志留系火山岛弧的变质残余（Franke 等，2016）。第 9 章将描述石炭纪进一步的华力西构造阶段。

8.1.3　西冈瓦纳

在冈瓦纳古陆西南（南美洲）部分，Achalian 造山运动本质上是泥盆纪 Chilenia 地体和 Cuyania（前科迪勒拉）地体之间的碰撞（现在都属于 290 单元：科罗拉多），和阿根廷 Sierras Pampeanas 的逆冲和左旋走滑运动，以及随后的 403Ma 到 382Ma 的埃姆斯阶到弗拉阶深成岩体的侵入（Dahlquist 等，2013）。在智利中部南纬 39° 左右，发育一个主动边缘，持续到晚泥盆世（约 385Ma），但随后转为被动边缘，虽然发育许多走滑断层，持续到约 340Ma（维宪期）的早石炭世，之后开始发育与俯冲相关的增生楔，一直持续到二叠纪末期（Hervé 等，2013）。在原安第斯山脉的巴塔哥尼亚地区（291 单元），中—晚泥盆世（埃姆斯期到法门期：401—371Ma）侵入了大量的深成岩体。在中美洲墨西哥南部的 Acatlán 复合体（属于 216 单元）之下发育了持续 35Ma 的平板俯冲，在约 365Ma 的晚泥盆世结束。在此期间，岩石被带到地表以下约 40km 处，随后在一个俯冲侵蚀—侵入循环中再次上升回来（Keppie 等，2012）。在早泥盆世和晚泥盆世之间，冈瓦纳和劳伦西亚的劳伦古陆部分的相对位置似乎没有太大变化（对比图 8.2 和图 8.3），两者之间是 Rheic 洋。然而，在晚泥盆世和中石炭世之间，两个超地体联合形成盘古大陆之前，它们之间一定存在着大量的走滑断层，从而使今天的南劳伦古陆地区面向冈瓦纳的西北部。大量的横向断裂也有助于解释现今中美洲许多小地体碎片化的构造性质，这些地体常常被统称为墨西哥地体。

8.1.4　东冈瓦纳

冈瓦纳北缘基本上是被动边缘，尽管在晚泥盆世（法门期）到早石炭世（杜内期）花岗岩类

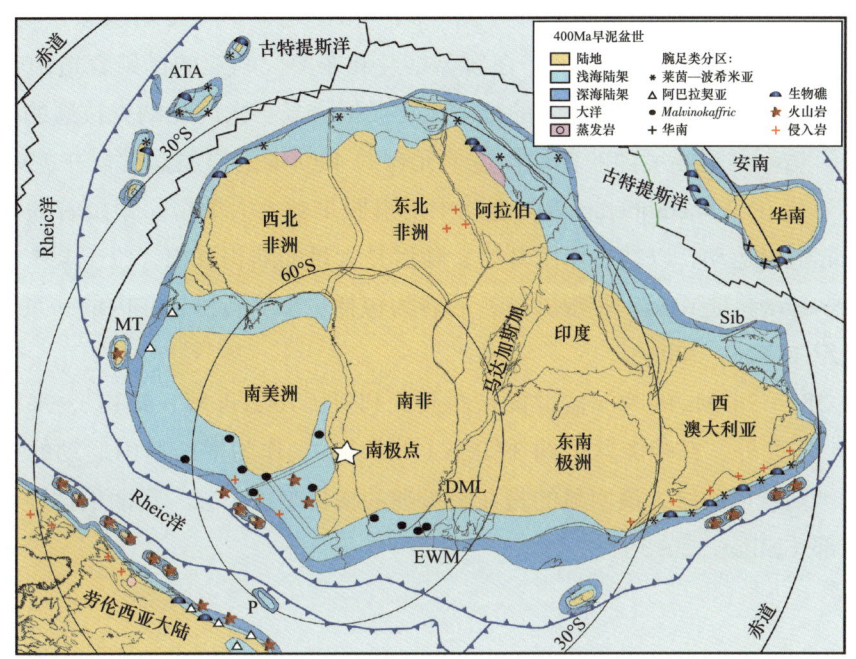

图 8.2 **400Ma（埃姆斯期）的冈瓦纳和邻近地区，显示了当时陆地和海洋的格局和腕足类分区的分布（据 Cocks 和 Torsvik，2002）**

蓝色实线为俯冲带，齿状位于上板块，黑色实线为扩张中心，绿色实线为转换板块边缘；所示的岛弧串是示意性的，因为岛弧内每个单元的单独范围和每个单元高于海平面的程度是不确定的；ATA，阿摩力克地体组合；DML，毛德皇后地；EWM，埃尔斯沃斯·惠特莫尔山脉；MT，墨西哥地体；P，前科迪勒拉（Cuyania）地体，阿根廷；Sib，中缅马苏

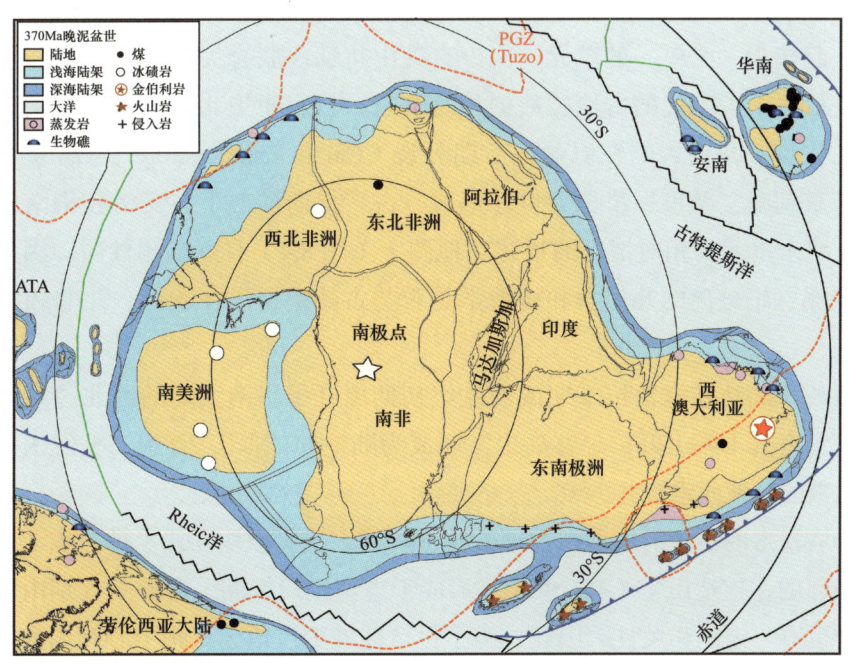

图 8.3 **370Ma（法门期）的冈瓦纳和附近区域，显示了当时陆地和海洋的格局**

虚线表示地幔柱生成带（PGZ）；蓝色实线为上板块带齿状的俯冲带，黑色实线为扩张中心和转换断层，绿色实线为转换板块边缘；ATA，阿摩力克地体组合

侵入喜马拉雅中部地区和邻近的西藏地体（图 8.3）。相比之下，冈瓦纳东缘一直处于主动边缘，Tabberabberan 造山运动开始于中志留世，在新英格兰和东澳大利亚的汤姆森造山带区域一直持续到中泥盆世（430—380Ma）。这包括更多的火山弧物质拼合来扩大冈瓦纳克拉通的面积，与更多的花岗岩侵入有关。塔斯马尼亚境内的各种构造单元在约 400Ma 的早泥盆世合并（Veevers，2004）；维多利亚的墨尔本区在 Tabberabberan 造山运动中沿滑脱带被大大缩短。紧接着的是中泥盆世到石炭纪的 Kanimblan 造山运动，以裂谷作用开始，随后是大量的陆相沉积，位于会聚边缘的内侧，可与之后的 Hunter—Bowen 造山运动相提并论，后者为包括更多岛弧拼合在内的一系列事件，从晚泥盆世持续到三叠纪（Glen，2005）。

金伯利岩在 382—367Ma 的晚泥盆世侵入西澳大利亚（Torsvik 等，2014），来源于太平洋地幔柱生成带（Jason）。此外，在晚泥盆世约 375Ma（弗拉期），作为罗斯造山运动的一部分，大量花岗岩类侵入冈瓦纳活跃的南缘，最明显的是在南极洲的横贯南极山脉、玛丽伯德地块、塔斯马尼亚和澳大利亚西南部（Elliot，2013）。

8.1.5 东亚

该地区最重要的构造事件是古特提斯洋在志留纪末期和泥盆纪早期东部地区的张开（图 8.2），随后是冈瓦纳大陆东北边缘的澳大利亚最初的晚志留世裂谷作用，并可能继续向西延伸到非洲西北边缘（Torsvik 和 Cocks，2011），如前文的"海洋"部分内容所述。然而，冈瓦纳大陆的广泛区域形成了古特提斯洋的南部海岸，包括后来成为中缅马苏微大陆的区域、西藏地体和那些沿印度以及进一步向西的阿富汗和其他地方的小地体，在二叠纪之前始终是冈瓦纳的一个组成部分。

塔里木、安南（印度支那半岛）、华南和华北被描述为（Metcalfe，2011）从早泥盆世开始，在逐渐扩大的古特提斯洋北部形成一个单一长条形的统一大陆。然而，虽然安南和华南至少自寒武纪以来一直在一起作为一个单一的单元，但没有理由将那些联合大陆在物理上与华北、塔里木联系起来。尤其是虽然中古生代的古地磁数据相对贫乏，但表明华北和华南当时实质上处于不同的纬度。统一后的安南—华南大陆在泥盆纪后期分裂（Cai 和 Zhang，2009），而今天华北与华南之间的松马缝合带直到晚三叠世—早侏罗世才形成。古特提斯洋似乎在安南和华南分离之前就已经打开了；然而，两个单元的相对情况的描述在地图上（图 8.4）有点推测性质，因为如上所述，目前尚不清楚东亚泥盆纪分离的几何学和构造学是否与古特提斯洋在欧洲、北非和中东地区的开放有关。

此外，南秦岭小陆块在志留纪末期或泥盆纪初期离开了华南大陆的西北边缘，保持为一个独立的单元（尽管没有其不断上升，足够高出洋底成为陆地的证据），直到二叠纪末期与中国中部秦岭—大别山造山带的其他元素合并。

来自华北和塔里木的零散的泥盆纪古地磁数据表明，这些板块在北半球占据了相当于中纬、低纬度的地区。相邻的祁连造山带（456 单元）形成于志留纪最晚期，秦岭—大别山复合造山带与祁连和昆仑造山带也有一定的相关性。因此，为了尽可能减少该地区扩张中心和俯冲带的数量，将早泥盆世以来的塔里木和华北板块作为一个统一的大陆块展示（图 8.1）。整个泥盆纪，塔里木的被动北缘面向土耳其洋，并向西俯冲至哈萨克斯坦和西伯利亚之下。古特提斯洋沿华北—塔里木地体的昆仑—秦岭—大别山共享边缘，在早泥盆世经历了短暂的小变形运动之后，北倾俯冲贯穿整个泥盆纪。同时泛大洋的南向俯冲发生在华北和北山的北部，直到370Ma的晚泥盆世，邻近华南板块的洋内俯冲带通过华北北部，将其主动边缘转化为转换边界（Domeier和Torsvik，2014）。

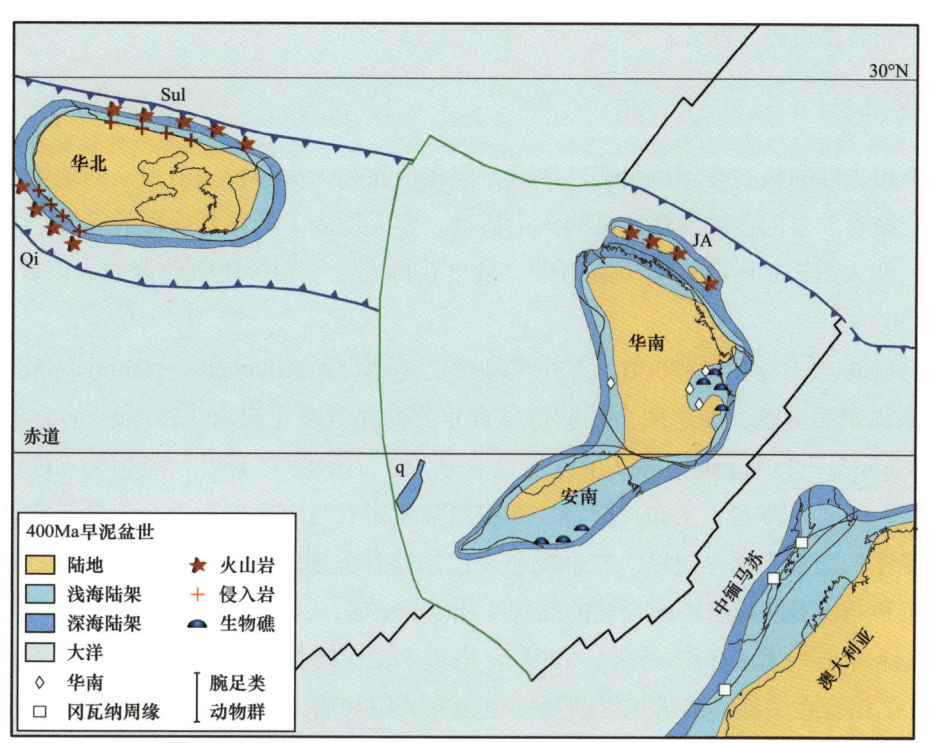

图8.4　400Ma（埃姆斯期）的东亚地区，显示了当时陆地和海洋的格局以及一些腕足类聚居地的分布

后者均属于古地理范围，但包括足够的地方性属以界定不同的区域；蓝色实线为上板块带齿状的俯冲带，黑色实线为扩张中心和转换断层，绿色实线为转换板块边缘；所示的岛弧串是示意性式的，因为岛弧内每个单元的单独范围和每个单元高于海平面的程度是不确定的；JA，日本岛弧；q，南秦岭；Qi，柴达木—祁连；Sul，Sulinheer

中国西北的祁连大洋板块的南倾俯冲，在寒武纪已经开始，一直持续到早泥盆世（410—375Ma）。当时祁连岛弧和华北大陆发生碰撞，祁连杂岩复合体仰冲于华北被动边缘之上，随之而来的是早泥盆世变质作用（Song等，2009b）；然而，Xiao等（2009a）认为该贴合作用发生在晚泥盆世。无论哪种说法正确，在晚泥盆世及以后的地图中，都把柴达木—祁连作为华北的组成延伸。在伊犁地区，现今的天山山脉西南侧的Atashu Zhamshi地体（461单元）存在大量上泥盆统和石炭系火山岩。蒙古Gurvansayhan地体（452单元）也发育活跃的岛弧火山作用，但该单元直到石炭纪才与邻近的阿拉善地体（451单元）贴合。

古地磁、古生物学和沉积数据都表明，在中古生代，华南与冈瓦纳东北部相距不远，尽管它似乎并没有构成那块大陆的一个组成部分。然而，华南早泥盆世区域性走滑断裂和伸展盆地可能与附近古特提斯扩张中心的形成有关。此外，在华南西南缘和相邻的安南东北缘，下泥盆统不整合以及中泥盆统—二叠系蛇绿岩和被动边缘岩，解释了安南和华南近乎同时期的分离（Jian等，2009a、b）。因此，在早泥盆世，可能存在一个裂谷系统，将联合的华南和安南与冈瓦纳东北部分隔开来[图8.1（a）]，到晚泥盆世，该系统已发展到包括华南和安南的分离[图8.1（c）]。

考虑到这些事件与远在西部的古特提斯洋的发展在时间和空间上的广泛一致性，很容易将这些裂谷系统直接联系起来。然而，华南的古地磁（尽管稀疏）和地质数据足以证明它不可能在古特提斯洋东部被动地移动，因此 Domeier 和 Torsvik（2014）得出结论，两个地体当时是解体的，具有洋内北—南走向转换边界［图8.1（a）］。

8.1.6 中亚

哈萨克斯坦大陆的核心在志留纪就已形成，但在泥盆纪，从各种先前独立的地体中形成的几个岛弧逐渐向它贴合。早泥盆世发育大量的火山活动，今天形成了一系列弧形的露头，常被解释为弯曲造山带。这些火山岩是哈萨克斯坦造山带中最早获得大量可靠古地磁数据的火山岩（Abrajevitch 等，2007，2008）。

虽然 Stepnyak 火山岛弧（470单元）在奥陶纪已经贴合到 Kokchetav—Ishim（458单元），但直到早泥盆世岛弧仍然活跃，在这两个区域也发育重要的泥盆系花岗岩（Kheraskova 等，2003），也可能跟它与 Chingiz—Tarbagatai（462单元）结合从而扩大哈萨克斯坦大陆相关（Popov 和 Cocks，2017）。在 Chingiz 地区本身，上布拉格阶—弗拉阶陆相岩石与火山岩不整合上覆于志留系，志留系之上发育一个法门阶浅水海洋层序。在准噶尔—巴尔喀什盆地（464单元），从艾菲尔期到法门期，发育较深水沉积与丰富的熔岩不同程度的互层（Daukeev 等，2002）。

在泥盆纪和早石炭世（Charvet 等，2007），塔里木微大陆与现今位于北部的实质性的准噶尔地体（450单元）结合在一起，准噶尔以前是一个由寒武纪和后来的火山岛弧和增生棱柱组成的复合单元。

8.1.7 西劳伦西亚

位于劳伦西亚的劳伦古陆部分和冈瓦纳之间的 Rheic 洋，在中志留世达到最宽（图7.1），在泥盆纪逐渐闭合（Torsvik 和 Cocks，2004）。大约在泥盆纪初期，阿巴拉契亚山脉的阿卡迪亚造山运动，包括 Meguma 地体（170单元：重建的西阿瓦隆尼亚的一部分），以多相变形和区域变质为特征。随之而来的是大量的岩浆活动，在395Ma（埃姆斯期）和380Ma（弗拉期）之间停止，然后是一段静止期（Murphy 等，1999）。阿卡迪亚变形跨越整个阿巴拉契亚地区的穿时迁移，从约415Ma（洛赫考夫期）的东南部到约370Ma（法门期）的西北部，延伸了600多千米进入大陆内部，它可能是由劳伦西亚在地幔柱上的迁移引起的。阿巴拉契亚山脉北部构造活动可以分为阿卡迪亚造山运动和 Neoacadian 造山运动。前者开始于421Ma的志留纪最晚期，持续到400Ma的埃姆斯期；后者从埃姆斯期持续到大约360Ma，接近泥盆纪末期（van Staal 等，2009）。在更南部的阿巴拉契亚山脉也有大量的活动，例如当奥陶系的亚拉巴马 Hillabee Greenstone 岛弧向西被推入劳伦古陆边缘时，发育了泥盆纪变质作用，紧接着是369Ma（法门期）花岗岩深成岩体的侵入（Tull 等，2007）。不列颠群岛也识别出了阿卡迪亚造山运动，那里广泛的中泥盆世变形形成了位于华力西前缘北部的英格兰西北部和威尔士大部分地区的板岩带。华力西前缘在很大程度上是石炭纪和后期构造作用的结果，只影响了以下线段以南地区；此线从爱尔兰最南端，穿过威尔士南部和前米德兰微大陆南部的布里斯托尔海峡，到达比利时布拉班特山丘北部（Woodcock 和 Soper 据 Brenchley 和 Rawson，2006）。

自新元古代罗迪尼亚分裂以来，劳伦西亚的劳伦古陆部分的西部边缘（科迪勒拉山脉）一直处于被动状态，但在大约 395Ma 的早泥盆世（从布拉格期到早艾菲尔期）停止（图 8.5）。至少有一个新的岛弧形成于 Yreka 地体，现今保存在加利福尼亚的东克拉马斯山脉。晚泥盆世（弗拉期—法门期）到最早的石炭纪岛弧也形成于加利福尼亚北部内华达山脉和内华达东部，包括那里超过 5km 厚的火山熔岩的喷出。这种伸展构造作用随后被逆转，导致了晚泥盆世 Antler 造山运动，在此运动中，外来的 Roberts 山脉被推覆到劳伦古陆克拉通之上（Dickinson，2000）。一个巨大的 Antler 复理石碎屑岩楔体，从形成的高地向东脱落，进入一个宽阔的前渊平原，后者包括内华达东部的大部分地区，并延伸到犹他州。类似的关系可以在爱达荷州中部的先锋山脉和西南部的内华达山脉岩基的顶部悬垂体上看到。关于 Antler 造山运动的成因众说纷纭，但最有可能的原因是弧后盆地由被

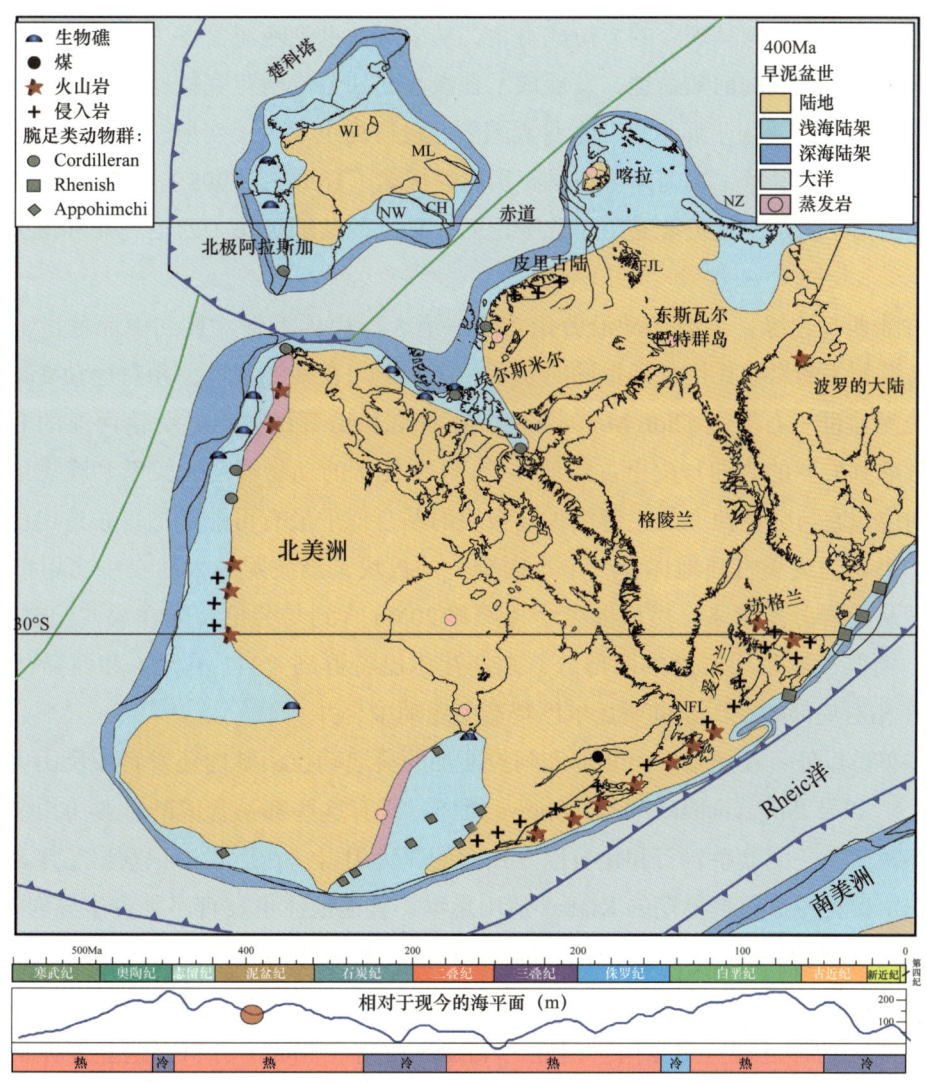

图 8.5 **400Ma（埃姆斯期）的劳伦西亚西部和中部区域，显示了当时陆地和海洋的格局以及腕足类分区的分布**

蓝色实线为上板块带齿状的俯冲带，绿色实线为转换板块边缘；CH，楚克奇；FJL，法兰士约瑟夫地群岛；ML，门捷列夫；NFL，纽芬兰；NW，罗斯文；NZ，新地群岛；WI，弗兰格尔岛；底部：显生宙时间标尺和海平面变化（Haq 和 Al-Qahtani，2005；Haq 和 Shutter，2008）以及冰室（冷）和温室（暖）条件

动大陆边缘向主动大陆边缘转变后的崩塌，以及随后的岛弧向劳伦西亚的贴合。在更北的科迪勒拉山脉，由于克拉通的扩张，在早泥盆世出现了进一步的碱性岩浆活动（Goodfellow 等，1995），在中—晚泥盆世，沿科迪勒拉的大部分地区侵入了蛇绿岩。岛弧岩浆活动始于晚泥盆世西科迪勒拉的Kootenay 地体，并于早石炭世延伸至相邻的劳伦西亚克拉通边缘。

晚泥盆世，在劳伦西亚克拉通和 Kootenay 之间形成了一个扩张中心，伴随时间的推移，相关地体形成了大量的石炭系和后来的 Slide Mountain 洋（Colpron 和 Nelson，2009）。在科迪勒拉山脉北端，即劳伦西亚的西北北极边缘，埃尔斯米尔造山运动是由北极阿拉斯加—楚科塔微大陆东端与劳伦西亚克拉通的斜向碰撞引起的，其变形一直持续到泥盆纪末期以后。Romanzov 造山运动与一般认为更晚的东部埃尔斯米尔造山运动之间的关系尚不清楚，前者大部分发生于早—中泥盆世（主要包括北极阿拉斯加—楚科塔微大陆的缩短），暂时认为它们本质上可能是相同的一系列事件的一部分。由于微大陆的位置与其现今的方位成直角，从中泥盆世到晚泥盆世（图 8.6），一个厚层的碎屑岩楔体填满了由此形成的前陆盆地，发展成了在微大陆和劳伦西亚克拉通之间的现今的加拿大北极群岛（Embry，1991）。埃尔斯米尔岛本身周围的北极群岛也发生了变形，在那里埃尔斯米尔造山运动最初被定义为晚泥盆世（法门期）到早石炭世的扰动（Trettin，1998）。加拿大北部埃尔斯米尔造山运动的原因尚不清楚，但可能是由于北劳伦西亚和它的共轭板块（西伯利亚和泛大洋）会聚导致的。

在劳伦古陆西部边缘，走滑运动沿劳伦古陆—泛大洋边界发育，直到中泥盆世，相对会聚与首次出现的岛弧相关的岩浆作用在那里同时发生（图 8.6）。在晚泥盆世，相对运动变得更加斜向会聚，预示着晚泥盆世—石炭纪 Slide Mountain 和 Angayucham 洋的开启。劳伦西亚的 Innuitian 边缘是不同的。考虑到波罗的大陆与皮里古陆地体（134 单元）的动物群亲缘关系和晚志留世到早泥盆世的左旋转到位，它与劳伦西亚的主劳伦古陆板块的贴合似乎最有可能是加里东造山作用的北部延续。因此，本书认为皮里古陆地体是一个小而统一的板块，当波罗的大陆在中志留世与劳伦古陆碰撞时，它就从前者分离出来，然后继续缓慢漂移 20Ma 直到与劳伦古陆在泥盆纪碰撞（图 8.6）。在同一地区，斯匹次卑尔根群岛的两部分，东斯瓦尔巴特群岛（311 单元）和西斯瓦尔巴特群岛（309 单元）在相对局部的晚泥盆世斯瓦尔巴特造山运动中合并。

除了上述单位以外，在加拿大西北部和阿拉斯加的科迪勒拉山脉内还发育亚历山大和弗兰格里亚（165 单元），以及 Angayucham 和 Goodnews 地体，所有这些都是合成的。亚历山大地体具有前寒武系核心和寒武系—泥盆系岩石和化石以及贴合的弧火山岩，在后者中识别出了寒武纪威尔士造山运动和中志留世至泥盆纪最早期的 Klakas 造山运动。其他地体也发育多种古生界岩石（Cocks 和 Torsvik，2011）。亚历山大和弗兰格里亚是由晚石炭世发育的花岗岩缝合而成的。这些多样的动物群不具备明显的西伯利亚或劳伦古陆亲缘关系，来自亚历山大和弗兰格里亚的古地磁数据表明，它们的古纬度比今天的邻近地区更靠南。因此，Nokleberg 等（2000）分析，这些地体最初可能在大洋中部位置组成了一个单独的微大陆，但其位置没有受到足够的约束，不能确定将其放置在古生代地图上，因此将其排除在外。

8.1.8 东劳伦西亚

在大部分的全球范围的地图中，前波罗的—阿瓦隆尼亚和劳伦古陆大陆板块基本上在泥盆纪之前开始联合形成劳伦西亚大陆，其中包括以古老红色砂岩相为特征的大量陆地面积，它们主要沉积在巨大的非海相盆地中。这些盆地是由各种机制造成的，主要是岩石圈的弯曲和扭转，这些机制与大陆边缘的加里东、华力西和埃尔斯米尔造山带有关（Friend 和 Williams，2000）。在劳伦西亚中心，加里东造山运动反映在它的最后阶段，即在志留纪末期和早泥盆世（425Ma 之后）的苏格兰南部高地地区的大量花岗岩的广泛入侵。其位于标志着志留纪 Iapetus 洋关闭的缝合带的北部（图 7.6），通常统称为"晚加里东期花岗岩"（尽管在苏格兰被人称为难懂的"新花岗岩"）。这些基本上是 I 型花岗岩，具有碰撞后环境的特点。其岩石的熔化是由于地壳变厚后的减压造成的，尤其是在苏格兰南部高地的阿伯丁和英格兰湖区，包括 392Ma（艾菲尔期）发育的 Shap 花岗岩，以其独特的大菱形斑状变晶而闻名，并被广泛用作装饰建筑石材。

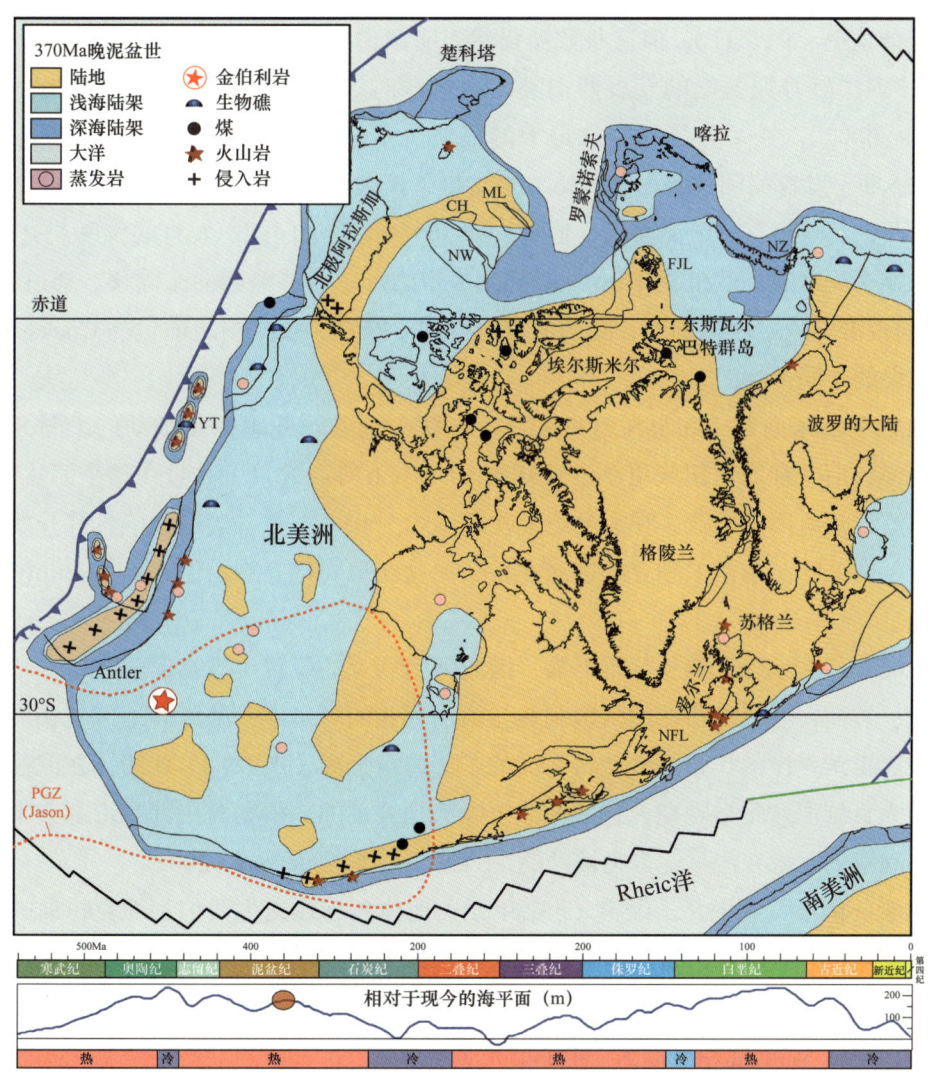

图 8.6　**370Ma（法门期）的劳伦西亚西部和中部地区，显示了当时的陆地和海洋格局**

蓝色实线为上板块带齿状的俯冲带，黑色实线为扩张中心和转换断层，绿色实线为转换板块边缘；红色虚线表示地幔柱生成带（PGZ）；CH，楚克奇；FJL，法兰士约瑟夫地群岛；ML，门捷列夫；NFL，纽芬兰；NW，罗斯文；NZ，新地群岛；YT，育空—塔纳纳；底部：显生宙时间标尺和海平面变化（Haq 和 Al-Qahtani，2005；Haq 和 Shutter，2008）以及冰室（冷）和温室（暖）条件在泥盆纪，前波罗的大陆东部边缘（乌拉尔）逐渐接近西伯利亚北缘（在早泥盆世朝南）。乌拉尔南部的 Magnitogorsk 岛弧向波罗的大陆的大规模贴合发生在中—晚泥盆世，当时乌拉尔中部相邻的塔吉尔岛弧［图 9.1（a）］仍位于近海（Brown 等，2011）。为了使这些不同的观察结果一致，把泥盆系 Magnitogorsk 岛弧置于北倾的大洋内俯冲带之上。北里海盆地发育超过 25km 的沉积物，地球物理勘探表明其基底由中泥盆世海底组成（Zonenshain 等，1990）。

8.1.9 西伯利亚和西伯利亚周缘

在早泥盆世，西伯利亚位于北半球的低纬度地区［图 8.1（a）］，而该大陆的大部分地区似乎与志留纪一样，在构造上保持着相对平静。尽管因为在 430Ma 的中志留世和 360Ma 的泥盆纪最晚期之间没有可靠的古地磁数据（Cocks 和 Torsvik，2007；Torsvik 等，2012），西伯利亚的泥盆纪古纬度几乎完全是插值的（图 9.11），但这些数据仍然表明西伯利亚在泥盆纪初是颠倒的（方位颠倒），其中心位于 15°N。随着泥盆纪的发展西伯利亚缓慢顺时针旋转并向北漂移，在 360Ma 时中心位于大约 30°N（图 8.7），并一直是北半球最大的陆块。东西伯利亚下泥盆统金伯利岩及其西南部 400Ma（布拉格期）发育的阿尔泰—萨彦岭 LIP 支持了该大陆位于非洲（Tuzo）LLSVP 西北分支的纵向布局。东西伯利亚丰富的上泥盆统金伯利岩和 360Ma（晚法门期）发育的雅库茨克 LIP（图 9.9）表明，大陆在整个泥盆纪仍然位于 Tuzo 地幔柱生成带之上，可能略微向东漂移。通过将 Torsvik 等（2014）的纵向校准应用于西伯利亚，我们的重建得到了修正，现在与之前包括 Cocks 和 Torsvik 在内的作者有很大的不同（2007）。

当今的西伯利亚东南部（在早泥盆世朝北）在整个泥盆纪几乎都是被动的（图 8.1），朝向蒙古—鄂霍茨克洋，后者在志留纪或更早已经开放（Bussien 等，2011）并且在整个泥盆纪慢慢扩大，导致阿姆利亚漂移远离西伯利亚。在泥盆纪最晚期（约 360Ma）被动边缘塌陷，并开始向南俯冲至西伯利亚下方（图 8.7）。东西伯利亚的边缘在整个泥盆纪也同样是被动的，除了 Viljuy 盆地中—晚泥盆世的伸展。

阿姆利亚泥盆纪古地磁资料少并不可靠，因此阿姆利亚的位置（包括前蒙古中部地体组合）在当时很难约束；然而，假设最西端的阿姆利亚与西伯利亚的阿尔泰—萨彦岭地区是松散相连的，从而使得蒙古—鄂霍茨克洋的扩张缓慢地将它们的东部边缘分离（图 8.1）。此海洋在泥盆纪时期一定是扩张的，因为直到泥盆纪最晚期，它的南北边缘都是被动的。根据对中部和南部泰米尔高原的观察，现今西伯利亚的北缘在泥盆纪也是被动的。（Torsvik 和 Andersen，2002）。

各种阿尔泰—萨彦岭和图瓦—蒙古（432 单元）地体和岛弧向主西伯利亚克拉通的贴合在泥盆纪初期完成（图 8.8）。然而，沿着当时西伯利亚东北部（阿尔泰—萨彦岭地区）的边缘还是非常活跃的，蒙古中部地体组合（440 单元）的北部边缘也发育许多活动，它当时属于阿姆利亚微大陆的一个组成部分，包括 Mandalovoo 岛弧（441 单元）。

从中泥盆世开始，存在明显的裂谷和岩浆活动，特别是在现今的克拉通地区东部，主裂谷系统位于东西伯利亚的 Viljuy 盆地（Cocks 和 Torsvik，2007）。裂谷作用始于泛滥的玄武岩岩浆作用和玄武岩火成岩岩脉群。构造活动的第二阶段，也是最大阶段，从晚泥盆世开始，一直持续到石炭纪（杜内期）最早期，包括 360Ma（泥盆纪末期）的雅库茨克大火成岩省喷发（图 9.9），但在维宪期之前就停止了。大量含金刚石的金伯利岩侵入西伯利亚克拉通的太古宇陆核（图 8.7），反映了中—

晚泥盆世地幔柱事件的影响。有趣的是，同样的Viljuy坳拉谷在前寒武纪末期（本地称为里菲期）已经张开，然后在随后的约550Ma的文德期再次关闭（Zonenshain等，1990），表明西伯利亚克拉通的那个区域的太古宙和元古宙早期发育的岩石为持续的基本构造薄弱带。

此外，通古斯盆地和现今克拉通北缘也形成了中—晚泥盆世裂谷，阿尔泰—萨彦岭地区也存在大量走滑断裂，在晚泥盆世达到高峰。造成这种构造作用的原因尚不清楚，但是，除了蒙古中部地体组合最大部分的拼贴之外，并没有主要的大陆碰撞可以解释那些出现在西伯利亚大部分地区的裂谷或广泛的泥盆纪岩浆作用。

在南西伯利亚早—中泥盆世，板块内岩浆活动广泛，阿尔泰—萨彦岭地区至少3个独立的坳陷中形成了大型玄武岩和碱性火山岩带（Zonenshain等，1990）。在西阿尔泰—萨彦岭，火山活动开始于早泥盆世（埃姆斯期），在中泥盆世（早吉维特期）达到顶峰，并在其西南部延续到晚吉维特期（Yolkin等，2003）。晚泥盆世的阿尔泰—萨彦岭，陆相火山岩分布广泛。在鄂霍茨克地块、蒙

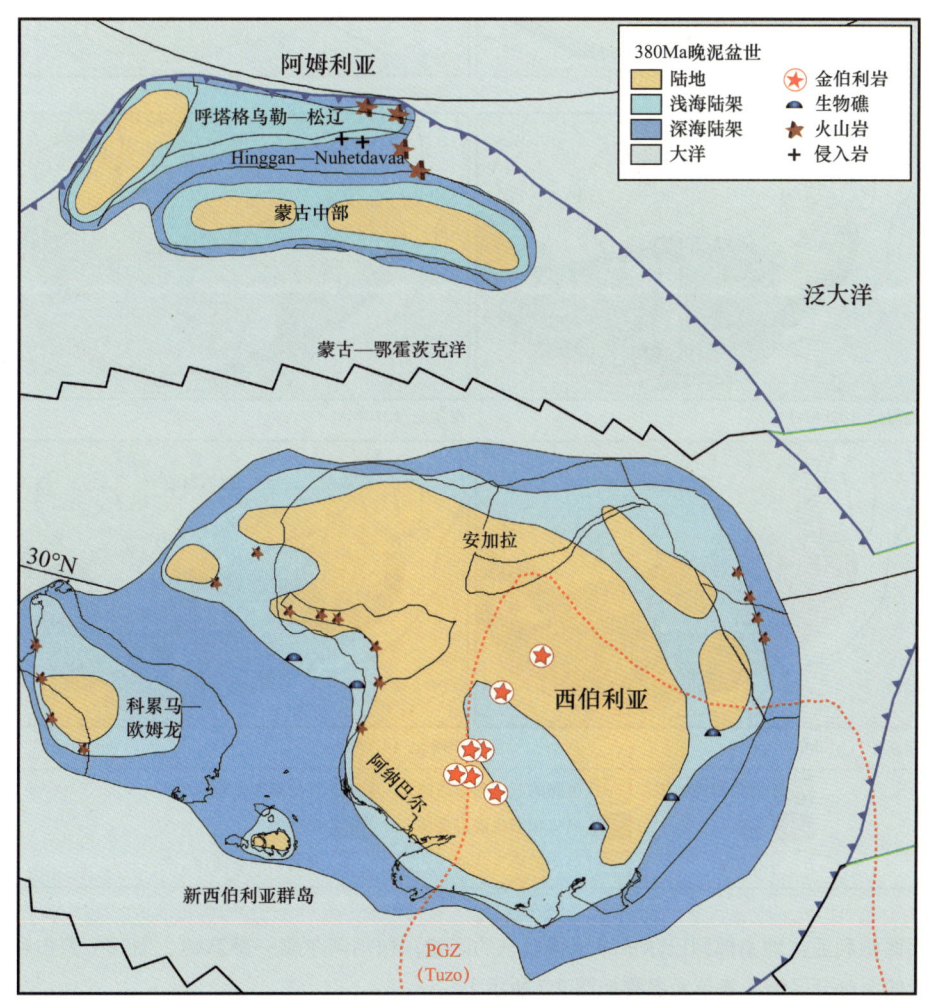

图8.7　380Ma（弗拉期）的西伯利亚和阿姆利亚大陆，显示当时陆地和海洋的格局
蓝色实线为上板块带齿状的俯冲带；黑色实线为扩张中心和转换断层；绿色实线为转换板块边缘；红色虚线为地幔柱生成带（PGZ）

古大部分地区和西伯利亚周边的其他地方也发育相当数量的泥盆纪火成岩活动，在现今西伯利亚周边南缘的 Mandalovoo 地体和蒙古发育上泥盆统枕状玄武岩和安山岩。在前图瓦—蒙古和阿姆利亚的蒙古中部地体部分，很大一部分先前独立的地体区域发育泥盆系火山岩，与现今西伯利亚南部的那些其他蒙古地体形成对比，后者的火山活动具有各种各样的地质年代。许多花岗岩基岩也侵入了西伯利亚周缘，其中最引人注目的是巨大的上泥盆统巴祖金花岗闪长岩—石英闪长岩，其露头今天占据了巴祖金地体的很大一部分面积（436 单元）。

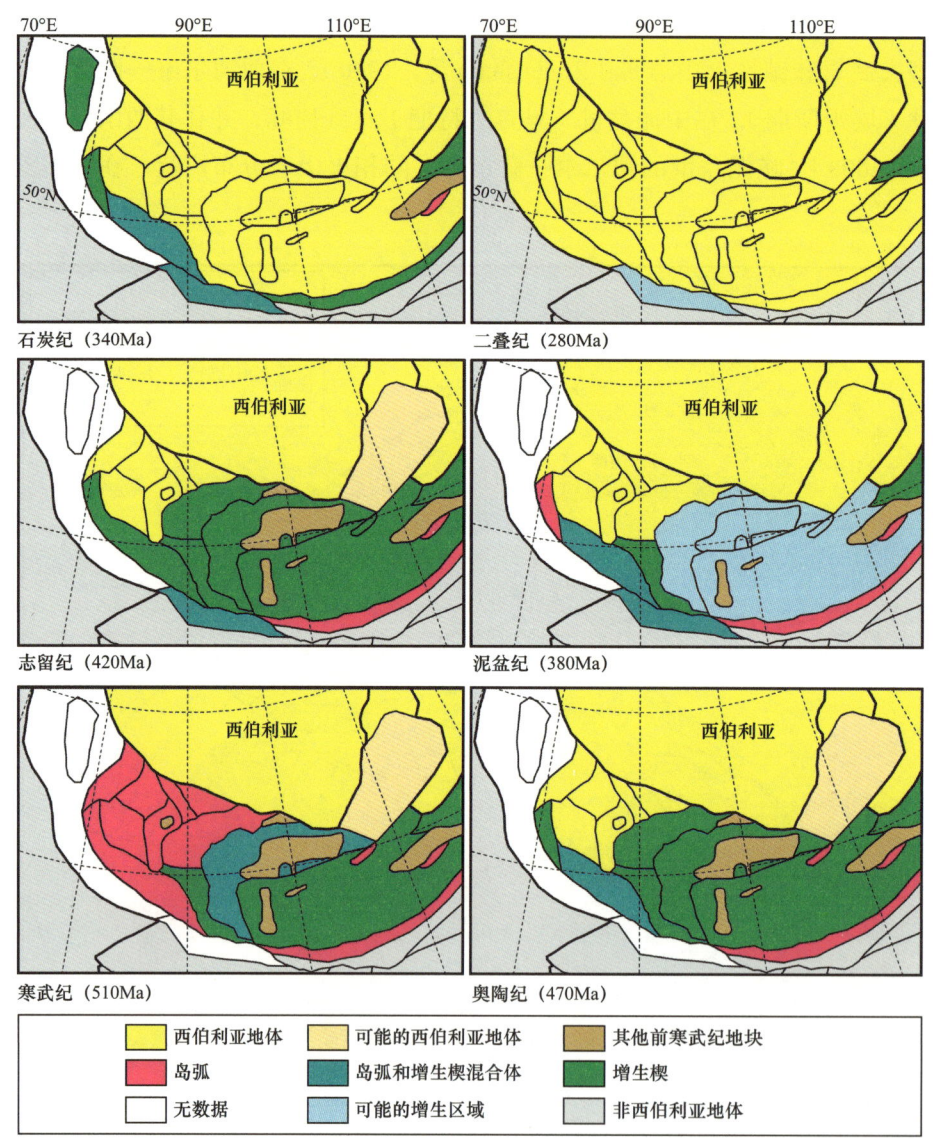

图 8.8　从西西伯利亚盆地南部到巴尔古津地体以东的区域，包括阿尔泰—萨彦岭、图瓦—蒙古和蒙古中部地体组合的大部分区域（各单元名称如图 7.7 所示）

这六幅地图显示了不同颜色的地体单元，反映了它们在每个时期的主要面貌，也显示了西伯利亚大陆是如何通过拼贴而增长的；巴尔古津地体直到晚泥盆世才与西伯利亚克拉通完全贴合，但在元古宙可能已经形成了它的一部分；根据 Cocks 和 Torsvik（2007）的研究，前寒武纪地块（主要位于图瓦—蒙古和蒙古中部）的概括性轮廓在前寒武纪并没有形成西伯利亚的一部分（资料来源：Elsevie）

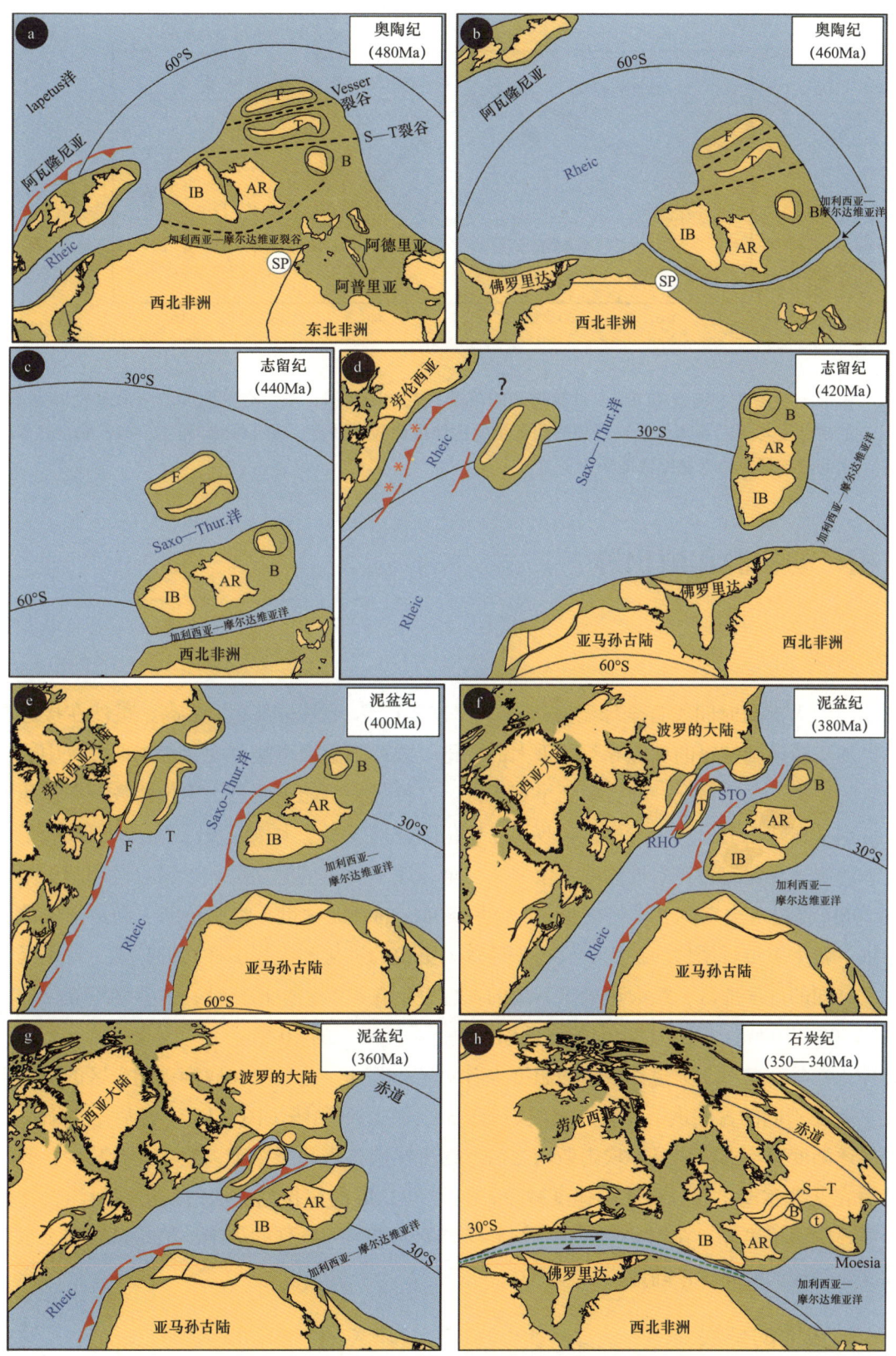

图 8.9 早奥陶世—石炭纪古地理图，显示了欧洲及以外地区华力西造山运动的发展

AR，阿摩力克；B，波希米亚；F，法兰克尼亚；IB，伊比利亚半岛；RHO，Rheic 洋的西北分支；SP，南极；S—T，Saxothuringia；STO，Saxothuringian 洋；T，Saxothuringian 地体；t，Tisia 地体（337 单元）

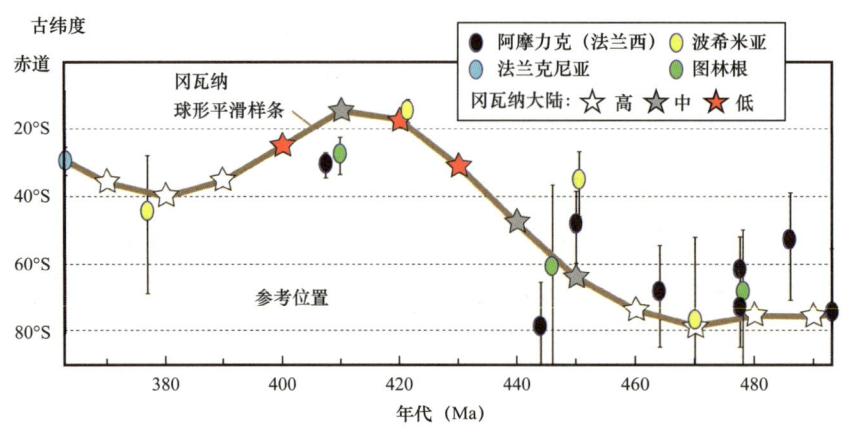

图 8.10 由同一参考点（45°N 和 0°E）计算得到的阿摩力克、图林根、法兰克尼亚和波希米亚的 95% 不确定度的古纬度与相同参考点计算得到的冈瓦纳的古纬度比较（注意，在 444Ma 和 421Ma、407Ma 和 377Ma 之间的志留纪和泥盆纪数据缺失）

8.2 相、动物群和植物群

8.2.1 气候

泥盆纪的大部分时间发育全球温室气候（图 16.2），因此平均温度异常高，虽然在接近泥盆纪末期时，逐步转换到较冷的环境导致了重大的变化。这种降温很可能是泥盆纪末期大气中二氧化碳急剧减少的结果，这种情况一直持续到早石炭世。这种减少可能主要是由于植物数量和体积的大量增加，特别是在陆地上出现了大树，吸收了二氧化碳并且发育了大量泥炭沉积，从而锁住了大量的碳。在志留纪—泥盆纪边界附近的低水位之后，全球海平面在早泥盆世和中泥盆世期间大幅度上升（从约 420Ma 洛赫考夫期到吉维特期），在大约 380Ma 的晚泥盆世（晚弗拉期）到达高水位。这种上升导致了新生态位可用性的扩张，反过来导致了更快的进化和生物多样性的扩张。特别是，在地球历史上已知的许多地区，最大珊瑚礁系统的发育发生在泥盆纪，据估计，这些珊瑚礁覆盖的面积可能多达 $500 \times 10^4 km^2$，几乎是现今类似珊瑚礁生态系统面积的 10 倍。

此外，在早泥盆世，赤道和极地的温度也有明显的差异。这反映在底栖动物分区的发展上，如腕足类主要在不同的古纬度上发育。在埃姆斯期地方性达到顶峰（图 8.11），随后逐渐缩小，分区间的差异逐渐变得不那么明显。埃姆斯期之后生物多样性首先趋于稳定，然后开始减少，开始是缓慢的然后在艾菲尔期之后以更快的速度减少，在约 383Ma 的弗拉期—法门期边界海洋无脊椎动物发生了明显的灭绝事件。在泥盆纪—石炭纪界线附近还有另一系列的灭绝，虽然没有那么重要，但发生在海洋领域的时间早于陆地。

8.2.2 对陆地的殖民

带有三叶虫孢子的陆生植物可能是从淡水藻类进化而来的（第 6 章）。淡水藻类最初适应于偶尔干燥的无海水海洋边缘，但后来它们可以在不被水永久浸泡的情况下度过一生。然而直到泥盆纪，陆地植物才由小杂草进化成大树，最终形成了森林，这反过来又深刻地影响和改变了气候和地球大气中二氧化碳和氧气的相对含量（图16.2）。进一步的巨大变化来临，在所有的陆地上，植被面积的增加逐步减缓了由于降雨导致的侵蚀颗粒的径流，减慢的径流促进了曲流溪流和较大河流的新类型发育，反过来又影响了沉积物的性质。泥质洪泛平原和滨海平原沉积物丰度的增加表明了低地地区河流中细粒沉积物储存量的增加，河道—辫状构造的出现也反映了淤泥量的增加，使沉积物更具有黏合性（Gibling等，2014）。此外，树木个体分解之后，木材和大量原木的流入提供了一套全新的沉积颗粒，其中一些最终合并成为煤炭矿床。

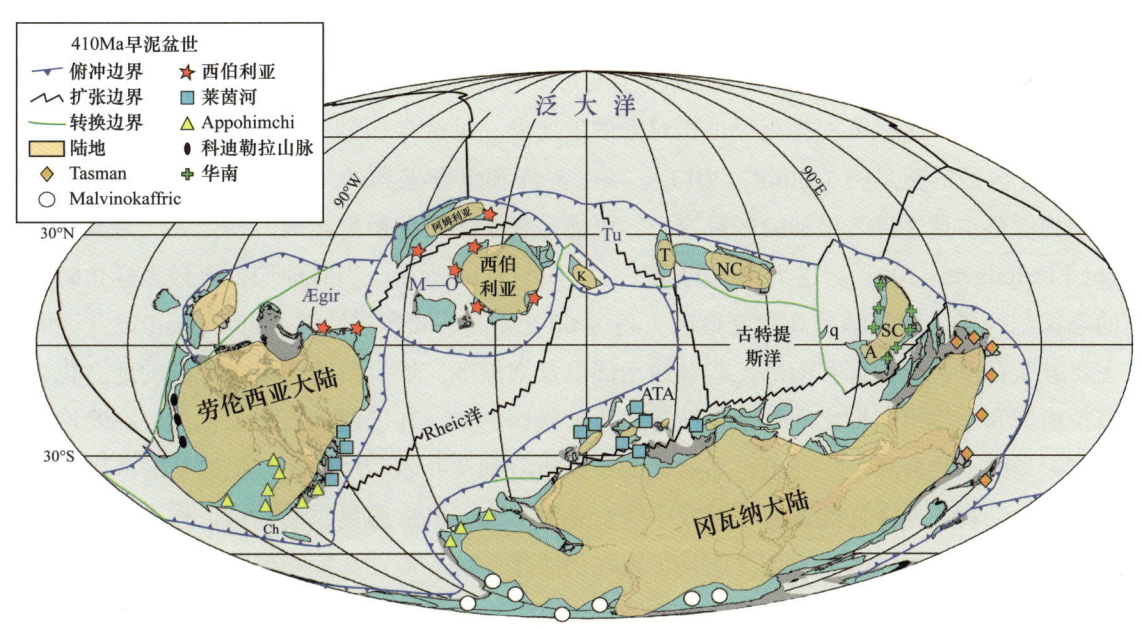

图8.11　约400Ma的埃姆斯阶腕足类分区的全球分布

A，安南；ATA，阿摩力克地体组合；Ch，Chilenia地体；M—O，蒙古—鄂霍茨克洋；NC，华北；q，秦岭地体；SC，华南；T，塔里木；Tu，土耳其洋；新图，包括标绘来自Boucot等（1969）以及Boucot和Blodgett（2001）的地点

苏格兰东北部的早泥盆世（布拉格期）Rhynie Chert，由邻近温泉的硅质沉积物组成，埋藏了异常多样的地衣、真菌、植物和动物，在三维空间中保存完好。早期真菌的发展也特别重要，因为它们是其他陆地生物赖以生存的有机物的主要分解者。在Rhynie Chert中，首次发现了假根系统、菌根真菌和真菌—藻类共生的直接证据（Kenrick等，2012）。在配子体植物中，正在发芽的植物孢子，甚至精子从雄性生育器官中释放的过程都是已知的。除了一株以外，所有的植物都是无叶的，虽然有些植物有细小的绒毛。陆生植物数量和多样性的增加逐渐提供了许多新的生态位，这些生态位被各种各样的动物所占据，后者多为节肢动物，种类繁多。奇怪的是，早期生态位里的动物大多是食肉动物或食腐动物，以活体植物为食的动物（植食动物）很少（Kenrick和Davis，2004）。在Rhynie Chert，除了陆生生物群（节肢动物，包括蜘蛛、昆虫和蜈蚣），还发现了淡水甲壳类等许多其他类型的水生生物。这些最早的昆虫（无翅类）没有翅膀，直到早石炭世才发展起来，并具有了飞行的能力。

在更晚的泥盆纪，大约375Ma的弗拉期，第一个四足脊椎动物，两栖动物，从肉鳍鱼进化而来，向陆地前进。在东格陵兰岛法门阶岩石中，发现并描述了许多著名的两栖动物如 *Acanthostega* 和 *Ichthyostega* 的完整骨骼；然而，这些动物可能主要生活在淡水中。相比之下，来自同年代的俄罗斯岩石中的不太出名的 *Tulerpeton*，只从一个标本中被发现，与后来的完全陆生的两栖动物有更多相似之处（Clack，2002）。

8.2.3 冈瓦纳大陆

在早泥盆世，海平面上升导致许多冈瓦纳克拉通地区发生海侵，例如北非大部分地区的浅海向南扩展。在冈瓦纳另一侧边缘的南极洲，海岸线通过埃尔斯沃斯山脉和俄亥俄山脉，不整合覆盖下古生界花岗岩类，使早古生代的沉积物发生变形。在南极横贯山脉中，发育 Beacon 组较厚的非海相为主的沉积物，这些沉积物至今仍相对未发生变形，虽然存在零星的海相夹层，后者部分出产 Mavinokaffric 分区的腕足类（Elliot，2013）。除了海洋和气候差异外，这些海侵可能是导致同期浅海底栖动物群落本地性显著增加的因素之一，可能是整个古生代最突出的时期之一，尤其是腕足类（Boucot 和 Blodgett，2001）。埃姆斯期的那些分区如图 8.11 所示，当时他们处于最多样化时期。与之前的志留纪一样，冈瓦纳的高纬度地区（超过 60°S）曾是低多样性的 Malvinokaffric 分区的殖民地，主要分布在南美洲中部和南部、非洲西南部以及南极洲。埃姆斯期的最大限度的地方化，可能被晚布拉格期和早埃姆斯期之间的全球性海退所加强；例如，在巴西的巴拉那盆地，在晚埃姆斯期之前就有大量的动物群灭绝。在巴拉那盆地的布拉格阶到艾菲尔阶层序中，横跨从海滨面到远端风暴岩的序列，动物群的多样性普遍较低或中等；无关节 lingulide 腕足类动物可以作为整个时期内规律性海侵和海退的标志，因为它们之前是（现在仍然是）唯一能在盐度降低的水域中生存的腕足类动物。然而，在整个时期，巴拉那盆地一直处于陆表海的内侧边缘。

对早泥盆世和晚泥盆世鱼类全球分布模式的一个遗传分支分析表明，早泥盆世冈瓦纳周围的鱼类与劳伦西亚周围的鱼类有很大程度的不同，但是随着 Rheic 洋的变窄，动物群的差异也变小了（Young，1990）。冈瓦纳西北部和整个劳伦西亚的鱼类动物群表明 Rheic 洋在 415Ma 的早泥盆世（洛赫考夫期）还是宽到足以被分割成独立的鱼类分区，但到弗拉期（380Ma）这两个地区发现的鱼类已经没有实质性区别了（McKerrow 等，2000）。温带和赤道纬度地区发育许多不同的暖水动物群和沉积特征，包括生物礁（Copper，2002）。虽然几乎整个时期的气候都相对温暖，但最近的泥盆纪经历了晚古生代冰川作用的第一个相对小的阶段，这一长期断断续续的晚古生代冰川作用一直持续到二叠纪早期（图 16.2）；然而，那些最早的冰川成因的冰碛岩只在南美洲的法门阶以及南极附近发现（图 8.3）。

8.2.4 东亚和中亚

在东亚的古老世界地区发育两个独立的动物分区，华北、柴达木和塔里木为一区，华南为另一区。来自呼塔格乌勒—松辽地体（453 单元）和兴凯—佳木斯—布列亚微大陆（454 单元）的腕足类动物群位于华北分区，当时是阿姆利亚大陆的一部分（图 8.7）。虽然华北大陆本身大部分是陆地（图 8.4），但它形成了华北海洋分区的中心，在布拉格期和埃姆斯期发育许多地方性的腕足类和珊瑚；然而，从吉维特期开始当地性属种的比例开始下降，所以到弗拉期时，整个地区都位于一个单一的动物群分区中。在泥盆纪早期，除了在冈瓦纳地区见到的较高纬度 Malvinokaffric 分区腕足类以外（图 8.11），例如在新西兰，东亚的残余部分位于一个包罗万象的古地理领域，虽然在澳大利亚东部两个领域之间的边缘有一些重叠（Boucot 和 Blodgett，2001）。

然而，在古老世界范围内可以识别出不同的区域，包括一个单独的华南区域，该区域也从华南大陆向西南延伸，包括昆仑地体组合的一部分（457 单元）。这种动物群也存在于华南板块的北越地区。遵循 Cai 和 Zhang（2009）绘制了早—中泥盆世华南相图。来自华南广西壮族自治区的一个重要的下埃姆斯阶腕足类动物群，包括许多地方性属，特别是 *Dicoelostrophia*、*Eosophragmophora* 和 *Parathyrisina*，并且在华南地区多样的埃姆斯期聚居地发育的 81 个腕足属中有 30% 是地方性的。如图 8.4 所示的华南地区埃姆斯期动物群与位于北部的 Boucot 和 Blodgett（2001）所述的巴尔喀什—蒙古—鄂霍茨克地区存在显著差异，后者是西伯利亚周缘的一部分（图 8.7），同时包括在呼塔格乌勒—松辽地体的兴安陆块和兴凯—佳木斯—布列亚微大陆上发现的腕足类，后者当时是阿姆利亚的一部分。这些腕足类动物又与冈瓦纳的澳大利亚和中缅马苏地区的动物群不同，例如泰国南部的下泥盆统动物群（Boucot 等，1969）。

从地图可以看到（图 8.1），主要古生代大陆的相对位置在泥盆纪并没有大的改变，因此早泥盆世发育的动物群差异主要是由于洋流的变化以及赤道和两极温度之间的梯度差异造成的，后两者会随着时间的变化而发生显著的变化，从而导致气候中更多样的局部差异。在晚泥盆世（弗拉期和法门期），所有东亚和澳大利亚地区都位于同一动物分区内。例如，澳大利亚西北部的波拿巴盆地和坎宁盆地的腕足类表明，尽管它们的物种中有很高比例是地方性的，但那里的相当多样化的组合完全由世界性的属种组成（Wright 等，2000）。

劳伦西亚东南方向的 Rheic 洋的缩小反映在地体鉴别动物群之间的渐进相似性上（McKerrow 等，2000）。例如，欧洲的莱茵河分区、北非和北美洲东部，最初主要是定义于腕足类和其他大型生物，并且之前没有在板块构造图上绘制过。它们是由于不同的古纬度造成的，而不仅仅局限于特定的大陆，如图 8.11 所示。

在中亚地区，哈萨克斯坦地区的许多地质体中发育大量的泥盆系岩石和化石。例如单单一个 Atashu—Zhamshi（461 单元）复合地体，在一个区域发育从洛赫考夫期到弗拉期（415—385Ma）的火山岩，其次是法门期陆相岩石和海相岩石，不远处主要发育浅水碳酸盐岩，含有丰富的底栖海洋动物群；而在另一区域，浅水海相岩石的沉积贯穿整个泥盆纪，从洛赫考夫期到法门期。在当时是哈萨克斯坦大陆组成部分的楚—伊犁（460 单元）和北天山（459 单元），发育洛赫考夫期至法门期的陆相沉积物，且夹有许多火山层（Daukeev 等，2002）。

8.2.5　西劳伦西亚

在此期间，劳伦古陆和劳伦西亚的西欧部分持续位于赤道位置（图 8.5 和图 8.6）确保了浅海足够温暖以支持多种多样的陆架底栖生物，包括已知的最大的三叶虫，它们的长度超过 1m。从整个时期的生物礁分布情况来看，最温暖的时期是弗拉期，氧同位素研究已经证实了这一点（Joachimski 等，2009）。对覆盖美国西部的中—上泥盆统岩石的详细研究表明，从奥陶纪到早泥盆世，克拉通边缘的陆架—盆地边界保持了非常稳定的状态。劳伦西亚克拉通的西北部大部分是古老红色砂岩的大陆，此陆地区域向东扩展包括许多前阿瓦隆尼亚的部分和北欧其他地区，并占据了劳伦西亚的中部部分（Ziegler，1989），其中包括许多热带骤发洪水的干旱河床沉积（Friend 和

Williams，2000）。相似的红色砂岩相通常被赋予岩石名称的铁和锰化合物所染色，也发现于劳伦西亚的波罗的大陆部分。尽管在中泥盆世期间，大致沿着现今北海的南北走向似乎发育一个广泛的海相港湾，但两侧为两个大的古老红色砂岩陆地区域。

最早的泥盆纪是一个海平面相对较低的时期，这导致了在劳伦西亚克拉通地区大量的暴露和陆地障壁。这就导致了生态位的划分，从而确保了浅海底栖动物群在全球范围内和劳伦古陆内部都存在相当大的地方性，如腕足类动物所示（Boucot等，1969）。在410Ma的布拉格期，劳伦古陆的大型动物群尤其是腕足类，被划分为克拉通西部的内华达亚区和东部的Appohimchi亚区，后者一直向南延伸到墨西哥的索诺拉。这些亚区在克拉通的中心被一个称为横贯大陆穹隆的巨大陆块分隔开，它们随后的埃姆斯期分布如图8.5所示，其中Appohimchi分区显然被局限于阿巴拉契亚山脉以西的大海湾。然而，这些亚区在中泥盆世末期被称为Taghanic上超的海侵打破，并且合并成一个单一的生物地理单元。对中—上泥盆统腕足类、双壳类和叶虾动物群的分析表明，克拉通上的陆地区域（在文献中通常称为隆起）对生物区系的分布有很大的影响。

古老红色砂岩大陆的边缘是各种各样鱼群的栖居地（Blieck和Cloutier，2000），但目前还不确定这些鱼能在多大程度上像现代鲑鱼一样，在海洋和非海洋环境中茁壮成长。如上所述，两栖四足动物是在晚泥盆世由鱼类进化而来，最古老的四足动物来自格陵兰岛的陆相沉积物，但它们已知的分布太过零散，不具有显著的古地理意义。在上泥盆统（弗拉阶和法门阶）和下石炭统中，发育大量黑色页岩，反映了许多克拉通盆地中存在的深水缺氧状态，特别是在伊利诺伊州和西劳伦西亚的阿巴拉契亚山脉，但在北至阿尔伯塔省也发育一些黑色页岩。对钼和其他微量元素的分析得出以下结论：这些页岩是浮游生物大量繁殖的结果，它们与有机物建造同时出现，后者在一些地方是广泛存在的。宾夕法尼亚法门阶的古土壤表明，沉积是在半湿润和半干旱交替的条件下进行的，但只有半湿润的气候才能支持 *Hynerpeton* 和 *Densignathus* 四足动物的生存，因为它们的遗体被埋葬在那里。

英格兰德文郡的Sedgwick和Murchison原始类型区域在泥盆纪时期经历了连续的沉积作用，北部冲积的古老红砂岩碎屑沉积物向南推进，在大约385Ma（吉维特期）进入德文郡和邻近的康沃尔郡的Cornubian盆地的海洋沉积。然而由于华力西造山运动，这些海洋沉积物中包含了许多当时的构造和火山活动的证据，以及与腕足类和其他底栖生物相关的珊瑚和层孔虫礁，其间点缀着充满深水碎屑的盆地。这种火山岩和沉积岩的混合物一直持续到泥盆纪末期（Leveridge和Shail，2011），并扩展到中欧大部分地区（图8.5和图8.6）。

8.2.6 东劳伦西亚和西伯利亚

今天所有的东劳伦西亚都横跨赤道，和西劳伦西亚一样，它的大部分在整个泥盆纪被古老红色砂岩大陆所占据。然而，在它的边缘海域发育丰富的动物群落，以及许多生物礁。在欧洲大陆东端淹没的波多利亚克拉通——以前是波兰的一部分现在位于乌克兰，发育一个著名的相对未变形的厚层序列。其从志留纪持续到早泥盆世，未发育不整合（Lochkovian和Pragian），已经产出了超过50种不同腕足类属，以及许多其他的底栖和浮游的无脊椎动物和脊椎动物化石。

在晚志留世和早泥盆世，西伯利亚克拉通发生了最大的海退（图7.6）；然而，与之形成对比的是，在早泥盆世，更大的西伯利亚大陆的阿尔泰—萨彦岭部分发生了一次向东的大型海侵

（Yolkin 等，2003）。阿尔泰—萨彦岭西部构造上较为安静的地区，允许大量的生物礁在被淹没克拉通的一些地方生长，其中包括 Salair（430 单元）的埃姆斯阶中发现的厚壳 strophomenoid 腕足类 *Megastrophia uralensis*。

在当时为阿姆利亚一部分的蒙古中部，发现了许多中—下泥盆统的腕足类，而巴尔喀什—蒙古—鄂霍茨克是宽广的古老世界区域内的一个独特的当地组合（Boucot 和 Blodgett，2001）。该地区地方性腕足类包括 *Khangaestrophia*、*Xingjianospirifer* 以及被称为 *Paraspirifer* 的属，尽管蒙古形式不同于原本的欧洲属。

9 石炭纪

● 石炭纪一种大型鳞木属石松植物树枝的一部分,其丰富的残余形成了英格兰的大部分煤系
（资料来源：伦敦自然历史博物馆）

- 166 -

在石炭纪，大部分先前独立的大陆合并形成了唯一的显生宙超大陆——盘古大陆。石炭纪的意思是"含煤的"，19世纪20年代William Conybeare和William Phillips为英格兰北部的这种岩石创造了这个名称：煤是18世纪工业革命的主要动力来源。它是最早被命名的至今仍在使用的两个地质系统之一（另一个是白垩纪，它也反映了一种常见的岩石类型，而不是像其他大多数是一个地理区域）。然而，该系统的概念后来发生了很大的变化和扩大，它的基底现在是在杜内阶的底部定义的，由法国Montagne Noire的 *Siphonodella waubaunsensis* conodon 牙形石生物带开始，距今359Ma。如图9.1所示为该期间内大陆块和海洋在三个时间段的全球分布，分别为350Ma（杜内期）、330Ma（谢尔普霍夫期）和310Ma（莫斯科期）。

由于北美洲和欧洲地质学家在历史上的分歧现在已经解决，石炭系是显生宇中唯一被划分为两个子系的系统：老的一个是密西西比系，其中包括杜内阶、维宪阶和谢尔普霍夫阶；较年轻的一个是宾夕法尼亚系，包括巴什基尔阶、莫斯科阶、卡西莫夫阶和格舍尔阶。谢尔普霍夫阶到格舍尔阶在俄罗斯莫斯科盆地有自己的类型部分。然而许多作者尤其是在西欧仍在使用术语（升序）纳缪尔阶、维斯法阶和维宪阶后的斯蒂芬阶。就像杜内阶和维宪阶一样，这些都是在法国、比利时和德国定义的，但是纳缪尔阶底部的年龄与Serpukhovian的底部是不一样的，纳缪尔阶更年轻。

9.1 构造和火成岩活动

9.1.1 盘古大陆组合

在石炭纪，冈瓦纳和劳伦西亚不再是独立的超级地体，因为它们在约320Ma（巴什基尔期）合并形成了超大陆盘古大陆。美国南部的Ouichita盆地在早石炭世的下陷是这次碰撞的前兆，该地区随后的Ouichita造山运动直接反映在首次于俄克拉何马州中石炭世见到的挤压变形上。造山活动在晚石炭世达到高峰，两大陆合并的最后阶段在早二叠世完成。这两个非常大的大陆是斜向碰撞的，这可以从Ouichita山脉及其附近的走滑断层的大量证据中得到证明。通过将晚泥盆世（图8.1c）与石炭纪（图9.2和图9.3）的情况进行比较，也可以理解这种走滑的原因，在此期间，劳伦西亚通过侧向走滑断裂移动了很长的一段距离（约4000km），并发生了相当大的旋转。可能是由于劳伦西亚的庞大体积和走滑断层，冈瓦纳—劳伦西亚联合大陆似乎并没有引起一些大型构造涟漪，无论是对于劳伦古陆Ouachita造山带以北的任何距离，或者南美洲和北非的老冈瓦纳克拉通内的同样距离。相比之下，和下文描述的华力西—阿勒格尼造山运动在欧洲和北美洲的延续和合并一样。在墨西哥，早石炭世发育大量的深成和其他火成岩活动，以及冈瓦纳和劳伦西亚区域边缘之间的动物群交换（Keppie等2008）。随后，当这两个超地体结合在一起中间间隔变小很多的时候，就产生了很多扰动，以前独立的中美洲地体遭受了极端的构造作用。

在冈瓦纳和劳伦西亚之间早期地理关系的细节上，以及这两个大陆合并的方式上，有许多已发表的不同之处，在320Ma时我们使用"盘古大陆A"这个术语（Torsvik和Cocks，2004；Domeier等，2012）。

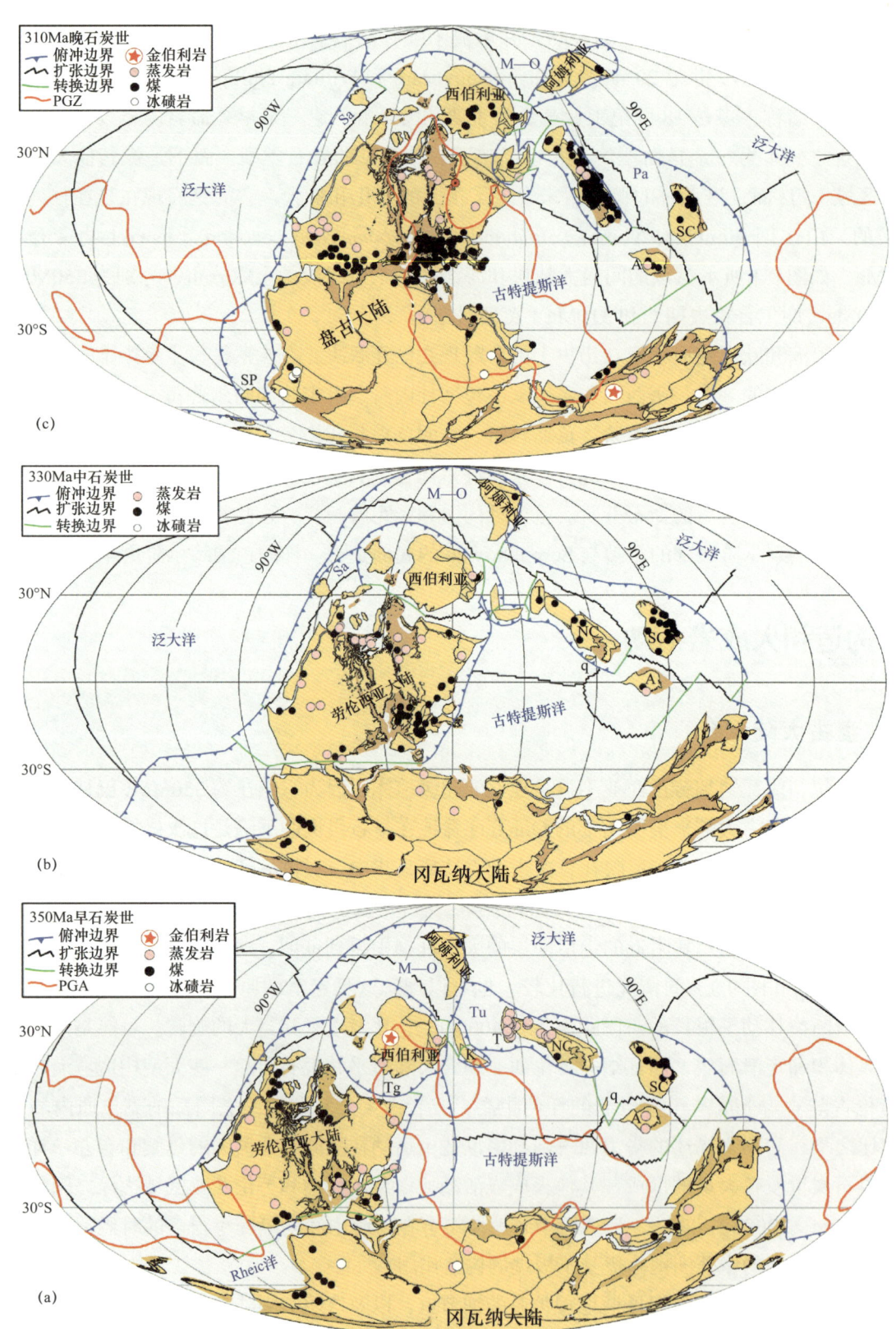

图 9.1 （a）350Ma（杜内期）、（b）330Ma（谢尔普霍夫期）和（c）310Ma（莫斯科期）的地球地理轮廓，包括假定的板块边界、主要地壳单位的轮廓和最广阔的海洋；A，安南；K，Kazakhstania；M—O，蒙古—鄂霍茨克洋；NC，华北；q，南秦岭；Pa，古亚洲洋；Sa，Slide Mountain—Angayucham 洋；SC，华南；SP，南巴塔哥尼亚；T，塔里木；Tg，塔吉尔岛弧；Tu，土耳其洋

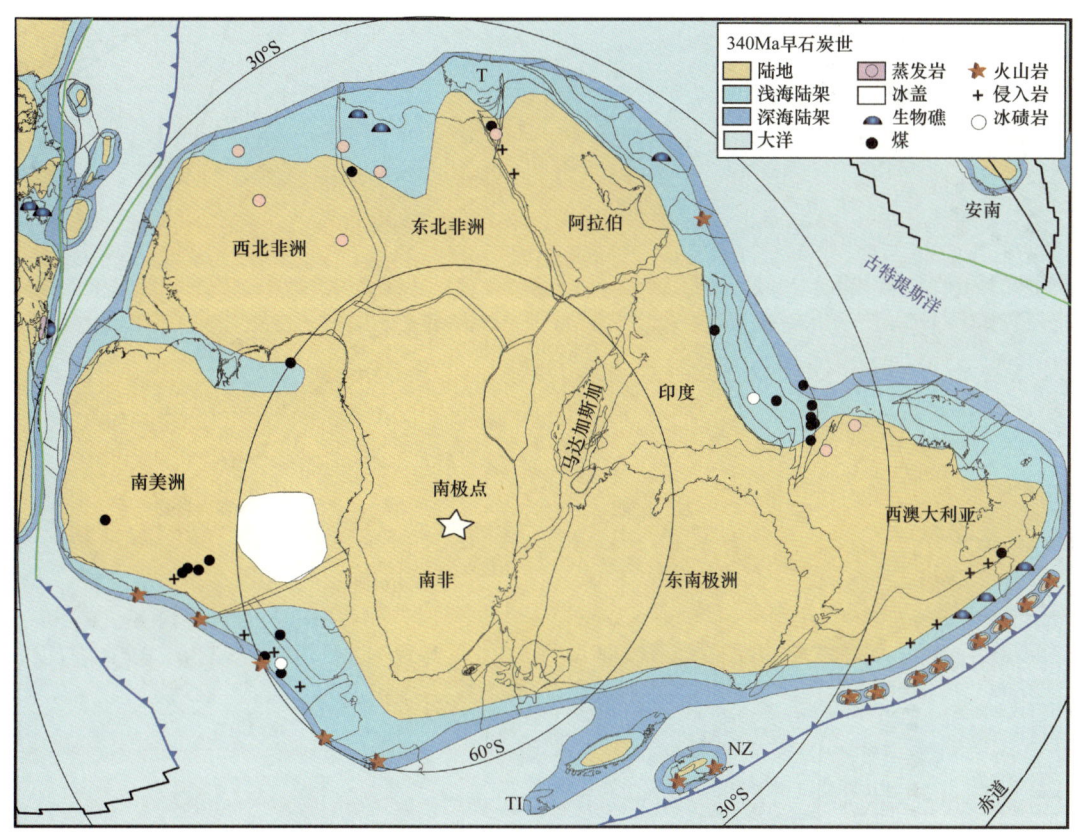

图 9.2　**340Ma（维宪期）冈瓦纳和附近区域，显示了当时陆地和海洋的格局**

蓝色实线为上板块带齿状的俯冲带，黑色实线为扩张中心和转换断层，绿色实线为转换板块边缘；所示的岛弧串是示意性的，因为岛弧内每个单元的单独范围和每个单元高于海平面的程度是不确定的；NZ，新西兰；T，土耳其的 Taurides 地体；TI，瑟斯顿岛，南极洲

9.1.2　海洋

在这一时期，泛大洋仍然占据主导地位（Domeier 和 Torsvik，2014）。冈瓦纳和劳伦西亚之间的 Rheic 洋的西北分支作为华力西造山运动的一部分在泥盆纪末期关闭，但其南部地区在早石炭世仍然存在 [图 9.1（a）]，尽管到中石炭世它已经进化成为泛大洋许多组成部分中的一个 [图 9.1（b）]。西伯利亚和阿姆利亚之间的蒙古—鄂霍茨克洋从西到东沿蒙古—鄂霍茨克缝合带逐步关闭（Badarch 等，2002），并且当缝合带在石炭纪最早期关闭时，大量 Adaatsag 蛇绿岩（这是在靠近蒙古—中国边境附近的俄罗斯）侵入。位于西伯利亚、哈萨克斯坦、塔里木和阿姆利亚一角之间的土耳其洋逐渐变小（图 9.1）。在华北、安南和华南大陆之间也有一个古亚洲洋，尽管这个术语在文献中有不同的使用方式，一些作者也用这个名称来表示劳伦西亚和西伯利亚之间的海洋区域。古特提斯洋仍然是除泛大洋之外最大的海洋，在整个石炭纪时期都保持着巨大的规模。

9.1.3　华力西造山运动

复杂的华力西造山运动影响了旧波罗的大陆克拉通西南部的欧洲大部分地区，其开始于志留纪末期，并在晚泥盆世和早石炭世达到顶峰。继续第 8 章的叙述，Galicia—Moldanubian 洋在早石炭世变窄并闭合。在 340Ma 的维宪末期 [图 8.9（h）]，虽然该地区仍有大量的火成岩活动，但大部

- 169 -

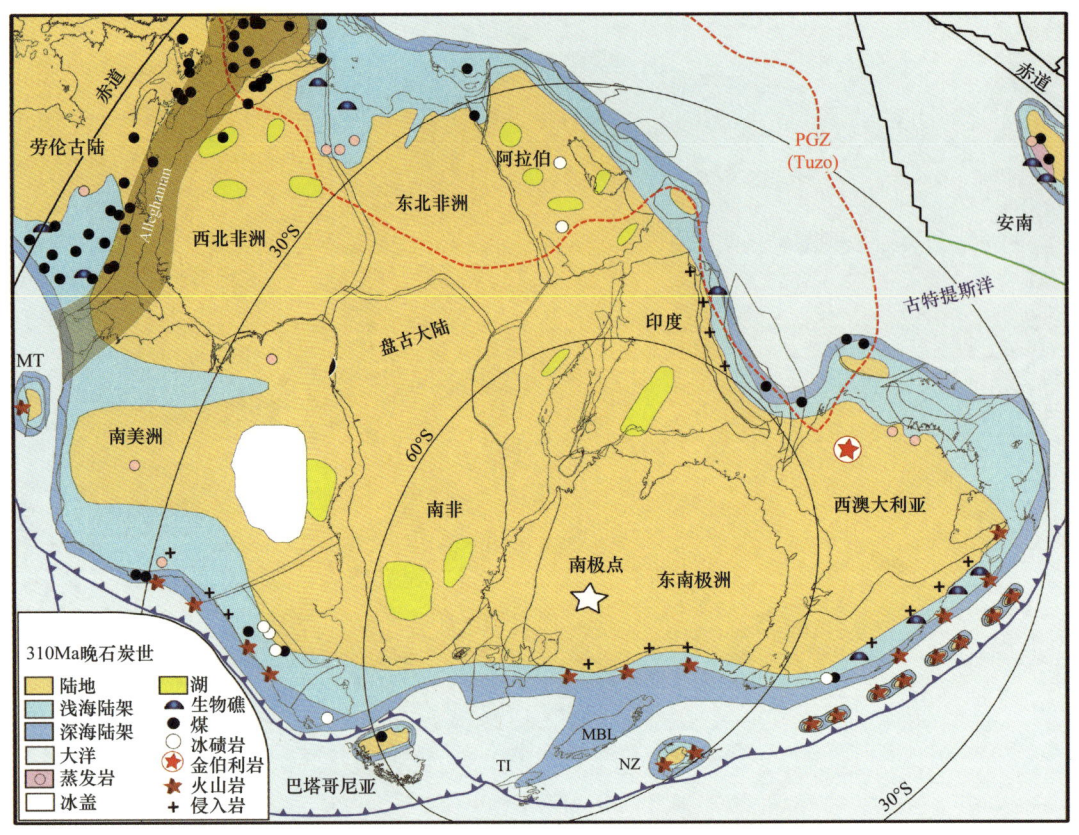

图 9.3 **310Ma（莫斯科期）冈瓦纳和附近区域，显示了当时陆地和海洋的格局**

蓝色实线为上板块带齿状的俯冲带，黑色实线为扩张中心和转换断层，绿色实线为转换板块边缘；所示的岛弧串是示意性的，因为岛弧内每个单元的单独范围和每个单元高于海平面的程度是不确定的；红色虚线，地幔柱生成带（PGZ）；MBL，玛丽伯德地；MT，密斯特克—Oaxaquia 的墨西哥地体和马德雷山脉；NZ，新西兰；TI，瑟斯顿岛，南极洲

分原始的维宪期运动已经完成（Franke 等，2016）。然而，随着该地区整合形成盘古大陆的一部分，以及岩基的侵入，华力西运动随后进入了一个新的阶段。

尽管劳伦西亚和冈瓦纳大陆之间的主要碰撞形成盘古大陆并不在中欧地区，但在此之前，两个大陆之间有非常重大的走滑运动，从而使情况进一步复杂化，通过比较冈瓦纳不同的部分可以看出这一点 [图 8.9（g）、(h)]。例如，今天在伊比利亚半岛见到的双弯曲造山带通常认为属于华力西期，大约形成于石炭系—二叠系边界附近，似乎代表了 1300km 长的部分冈瓦纳边缘，后者由于冈瓦纳—劳伦西亚缓慢碰撞被完全扭曲（Shaw 等，2012）。在伊比利亚的碰撞之前，双方盆地都加深了，在对立的两边充填了含不同锆石的浊流，表明伊比利亚中部的 Ossa—Morena 带起源于 Rheic 洋的冈瓦纳边缘，但现在相邻的葡萄牙南部区域以前位于劳伦西亚一侧。在今天的大西洋边缘向东延伸至埃及，华力西造山运动当时达到了顶峰 [比较最新的泥盆纪和石炭纪地图：分别为图 8.9（g）和图 8.9（h）]，包含了 Rheic 洋的封闭和欧洲的动荡事件（Franke 等，2016）。早石炭世伸展构造形成了苏格兰中部河谷和德国莱茵河等地堑。华力西运动位于北美洲东部的阿巴拉契亚地区，在那里被称为阿勒格尼造山运动，该运动涉及了大量向北延伸至新英格兰的地壳缩短和其他复杂的构造活动（Hatcher 等，1989）。

9.1.4 西冈瓦纳

在南欧和北非，劳伦西亚—冈瓦纳碰撞是几个导致大量和长期的华力西造山运动的因素之一。但是，几乎所有的南欧国家早在石炭纪之前就离开了冈瓦纳大陆；因此，只有在非洲西北部的冈瓦纳地区才可以看到它的影响：在摩洛哥，伴随着那里的晚泥盆世—早石炭世的张扭性沉积盆地的发展。在维宪期摩洛哥东、西部高原边界区域也发育一个较小的构造阶段，并且在晚石炭世发生了更重大的事件，经历了一个区域性缩短，影响了整个高原以及 Anti—Atlas 山脉（Hoepffner 等，2005），这些所有都位于古特提斯洋南部。

在南美洲西南部，阿根廷西部的前科迪勒拉地体发生了早石炭世的花岗岩侵位（Dahlquist 等，2013），从 357Ma（杜内期）持续到 322Ma（谢尔普霍夫期）约 341Ma 时到达高峰（维宪期），以及该地区最大的岩基侵入，349Ma（杜内期）Achala 花岗岩侵入 Sierras Pampeanas，后者解释为被动冈瓦南边缘内侧的碰撞后或地块断裂 A 型花岗岩（Domeier 和 Torsvik，2014）。在晚石炭世，阿根廷门多萨附近的同一冈瓦纳西部边缘带存在弧后火山作用，该地区陆相和海底相均有喷发作用。在智利中部，320—300Ma 的巴什基尔期和莫斯科期之间，发育大量的沿海岩基侵入（Herve 等，2013）。

9.1.5 东冈瓦纳

与西冈瓦纳相比，冈瓦纳的中南部和东部地区几乎不受其与劳伦西亚合并的影响，因为非洲东北部的北缘和亚洲的中部和远东地区在很大程度上仍然是被动的。然而，澳大利亚板块的东部边缘仍然活跃（图 9.2）。在澳大利亚东部，Yarrel 和新英格兰造山带有进一步的弧增生和地壳扩张，包括晚泥盆世—石炭纪的变形（Glen，2005）。在晚石炭世（图 9.3），起源于 Tuzo 地幔柱生成带的金伯利岩在 305Ma（Torsvik 等，2014）时侵入澳大利亚。尽管西藏的拉萨地体被描绘成在维宪期前离开了喜马拉雅地体（Zhu 等，2013），没有发现证据表明在这段时间此地发育断裂和随后的海底扩张，因此得出结论新特提斯洋直到早二叠世才在该地区开放。

虽然大部分冈瓦纳大陆的北部边缘是被动的，但相比之下，环绕现今大陆的南部和西南部边缘，由非常广泛的俯冲带引起的造山运动从很早就开始了，这一运动有时被称为冈瓦纳造山运动，完全独立于华力西造山运动。例如，在南极洲东部，大量的泥盆系—石炭系 Admiralty 花岗岩侵入，以及陆上的 Gallipoli 火山喷发，两者都跨越冈瓦纳克拉通和罗伯逊湾、鲍尔斯和威尔逊地体之间的边界，都位于北维多利亚陆地的罗斯造山带内（Tessensohn 和 Henjes—Kunst，2005）。

9.1.6 东亚

古特提斯洋北部位于华南和安南地体之间，南部为冈瓦纳（包括中缅马苏，当时仍是冈瓦纳克拉通的组成部分），在整个时期继续扩大（图 9.4）。在安南内部，中石炭统之下存在区域不整合，这被认为是相对局部的印支造山运动的第一阶段（Ridd 等，2011）。石炭纪中后期，华北的中天山—北山地区向新疆北部地区贴合，暗示哈萨克斯坦大陆最初向西伯利亚外围的贴合（图 9.10）。大量的俯冲和冲断构造发生在南天山南部地区，尤其是在早石炭世 360Ma 和 320Ma 之间，造成了大量的变质作用，最后在石炭纪或早二叠世南天山与塔里木的碰撞中达到顶峰（Zhou 等，2001；Zhang 等，2008）。岛弧火山活跃在 Gurvansayhan 地体，距今 323Ma（谢尔普霍夫期），北部的西伯利亚

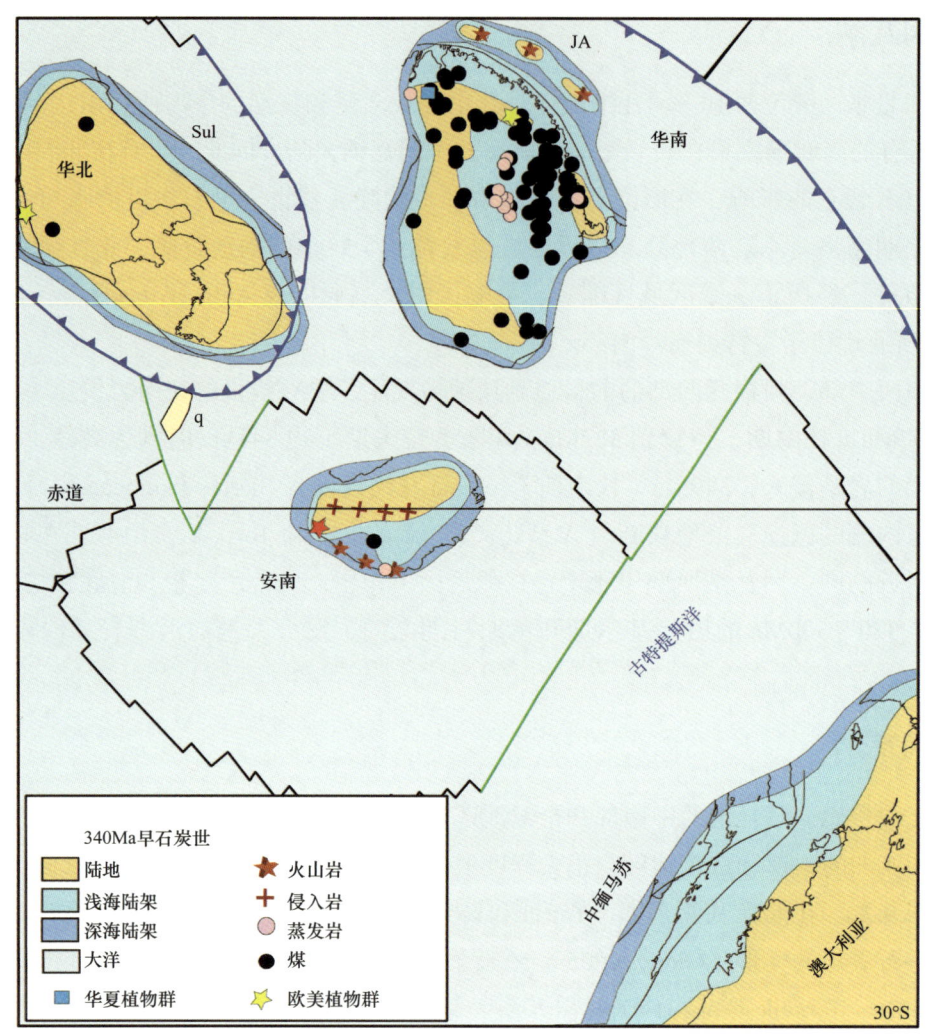

图 9.4 **340Ma（维宪期）的东亚地区，显示了当时的陆地和海洋格局以及植物分区的分布**

蓝色实线为上板块带齿状的俯冲带，黑色实线为扩张中心和转换断层，绿色实线为转换板块边缘；所示的岛弧串是示意性的，因为岛弧内每个单元的单独范围和每个单元高于海平面的程度是不确定的；JA，日本岛弧；q，南秦岭；Sul，Sulinhee

周缘地体（戈壁阿尔泰地区）南缘发育喷发强烈的高原火山，确定了蒙古东南部地区盘古大陆内部拼贴和组合的日期。

在仍位于华南大陆外侧的日本地体，晚泥盆世相对平静后，又出现了新的岛弧活动。深成花岗岩的年龄从 302Ma 到 304Ma 不等（Zhang 等，2007），表明沿华北大陆北缘存在一个安地斯型大陆弧（图 9.5）。在华北的西南边缘，也就是柴达木—祁连之间拼合的地方，似乎没有任何活动的近海火山弧，尽管发育一个活动的俯冲带进一步向海延伸（图 9.9）。

9.1.7 西劳伦西亚

劳伦西亚与冈瓦纳最初的碰撞是一个倾斜的相对柔和的对接，因此从图 9.6 可以看到，即使最初的碰撞区位于之前的独立劳伦西亚南部，北部的劳伦古陆部分的方向似乎只有很小的改变。然而，这些碰撞构造与早期的情景形成了强烈的对比，因为劳伦古陆南缘自新元古代晚期以来一直

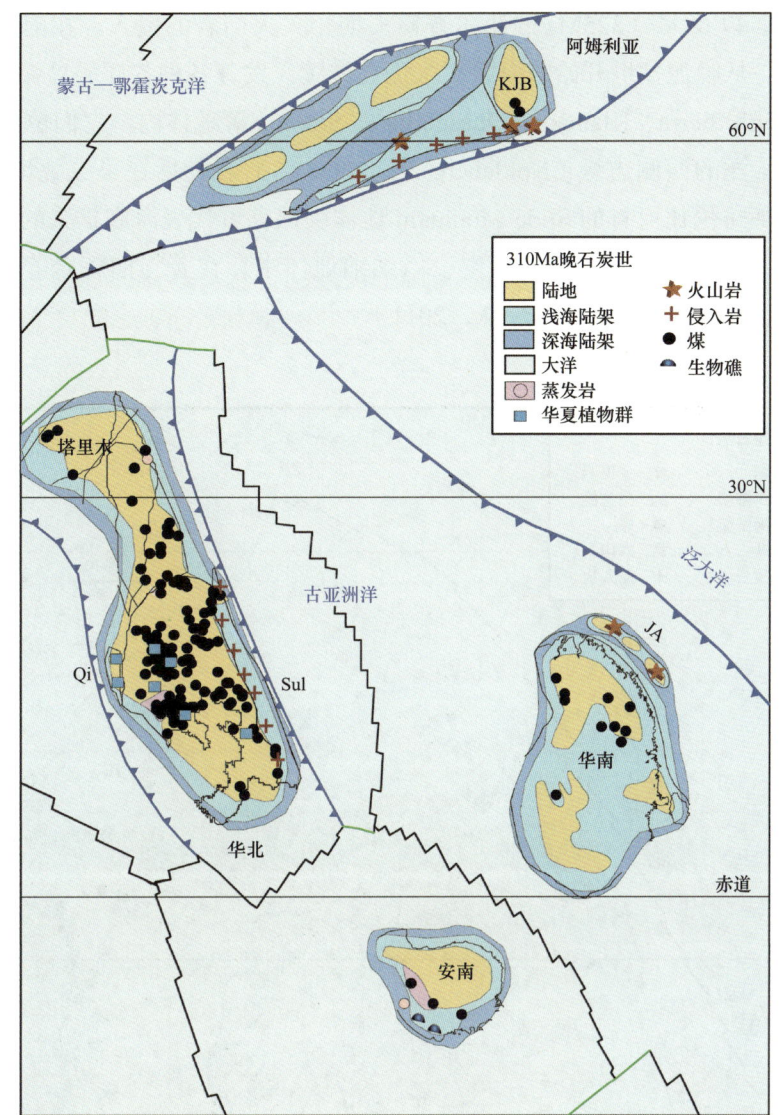

图 9.5 **310Ma（莫斯科期）的阿姆利亚、华北和华南，以及安南大陆，展示了当时陆地和海洋的格局以及华夏植物群的位置**

华北地区包括现在合并的（但较早前分离的）华北克拉通和塔里木克拉通，以及它们之间的区域，之前被称为阿拉善地体区域；蓝色实线为上板块带齿状的俯冲带，黑色实线为扩张中心和转换断层，绿色实线为转换板块边缘；JA，日本弧；KJB，兴凯—佳木斯—布列亚板块；Qi，祁连；Sul，Sulinee

处于被动状态（Bradley，2008）。最近的石炭纪最后阶段反映在得克萨斯州的 Ouachita 山脉，那里发育滑来层和火山碎屑岩单元。在缝合带冈瓦纳一侧的墨西哥，Chortis 和 Oaxaquia 地体的北部发育 Acatlan 和 Granjeno 大陆隆起，它们是在两个主要大陆碰撞之前通过大量的走滑运动而形成的（Nance 等，2009）。Ouachitas 涉及的侧移量最低估计在 50～100km 之间（Nielsen，2005），但我们评估其显著大于此值，可能在整个缝合带超过 2000km（比较图 9.6 与图 9.7 和图 9.8）。包括加利福尼亚在内的劳伦西亚的西南边缘也受到了很大的影响，发育大量的左旋走滑断层运动。

在劳伦西亚北部的加拿大北极群岛，斯维尔德鲁普盆地继续稳定发展，埃尔斯米尔造山运动持续到杜内期，但后者结束于维宪期之前，尽管有裂谷引起的斯维尔德鲁普盆地的进一步后续深化（Trettin，1998），以及大约325Ma的谢尔普霍夫期相关火山岩的侵入。在前劳伦古陆克拉通以西的科迪勒拉地区，从晚泥盆世开始的海底扩张仍在继续。发育各种各样的岛弧（图9.7），其中一些至今仍保存在North Sierra、Klamath、Quesnellia和Stikinia等地体内。它们位于不断扩大的Slide Mountain—Golconda洋的西侧边缘（Nokleberg等，2000），后者随后在早二叠世达到其最大范围。在育空地区和不列颠哥伦比亚省的Slide Mountain地体中保存着代表海底扩张的晚石炭世和早二叠世发育的大量玄武岩，并且在科迪勒拉育空—塔纳纳地体中存在着与榴辉岩等级相同的变质作用（Colpron和Nelson，2006；Cocks和Torsvik，2011）。

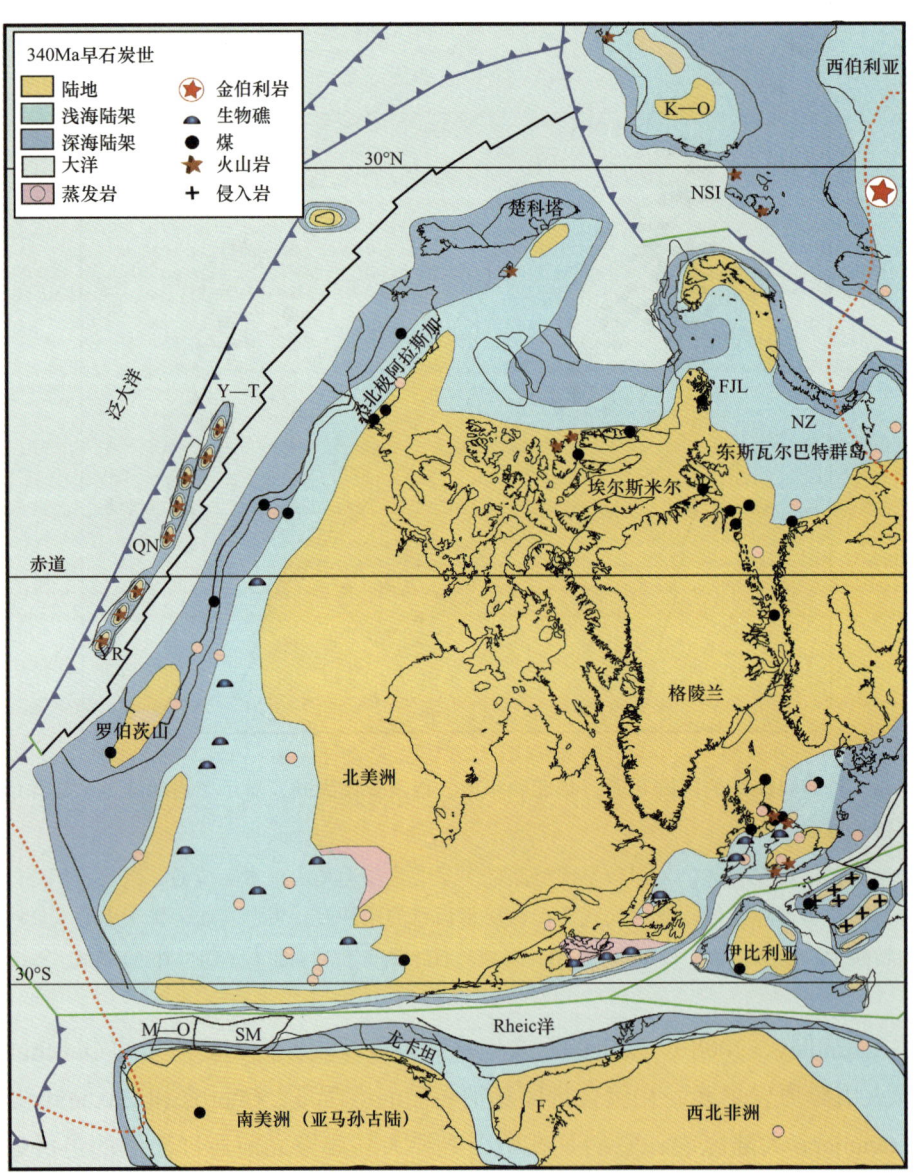

图9.6　**340Ma（维宪期）的劳伦西亚西部和中部地区，显示了当时的陆地和海洋格局**

蓝色实线为上板块带齿状的俯冲带，黑色实线为扩张中心和转换断层，绿色实线为转换板块边缘；F，佛罗里达；FJL，法兰士约瑟夫地群岛；K—O，科雷马—欧姆龙；M—O，密斯特克—Oaxaquia，墨西哥；NSI，新西伯利亚群岛；NZ，新地群岛；QN，Quesnellia；SM，马德雷山脉，墨西哥；YR，Yreka地体；Y—T，育空—塔纳纳地区

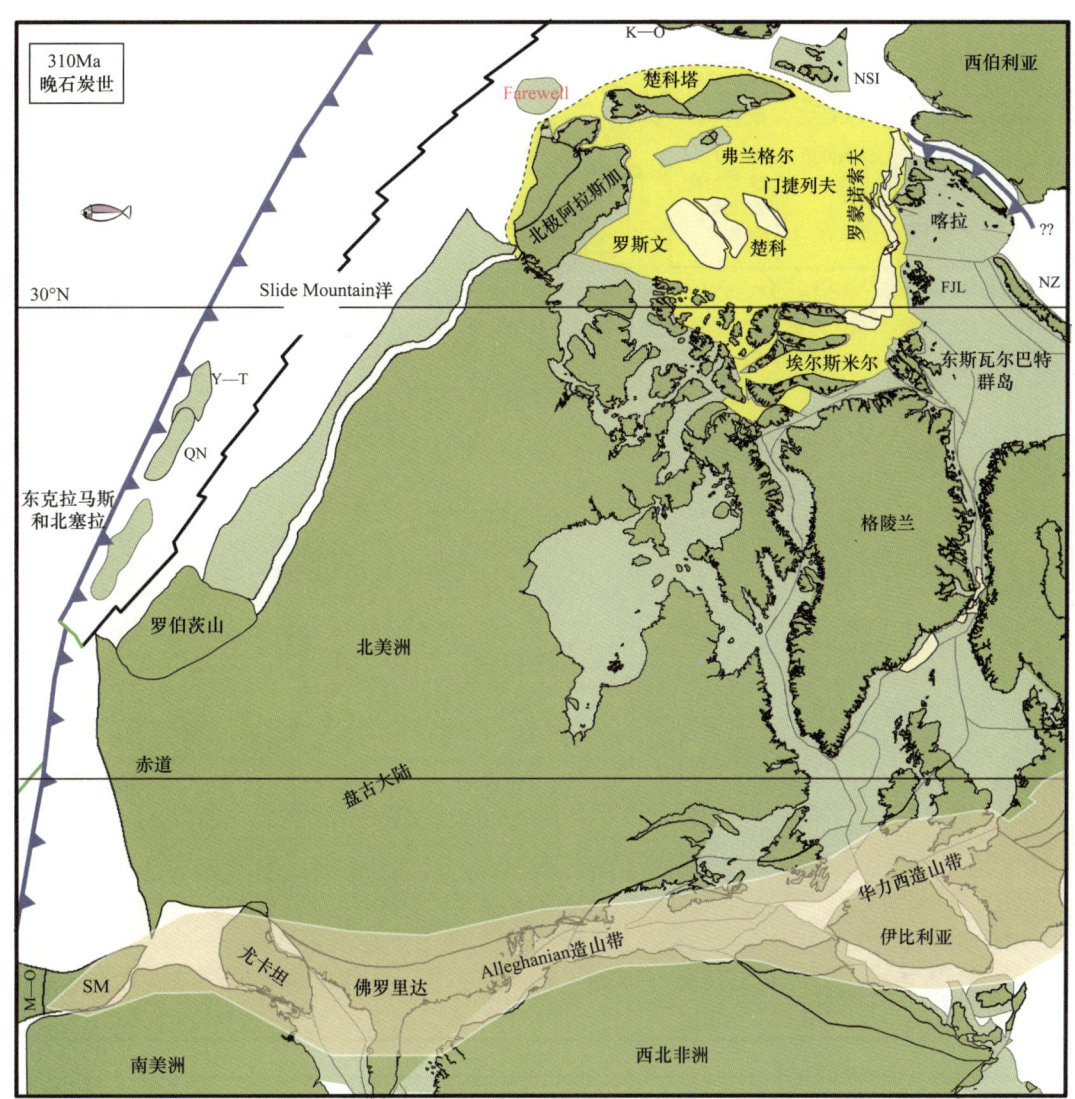

图 9.7 **310Ma（莫斯科期）位于北盘古大陆西部和中部的劳伦西亚部分以及西伯利亚的邻近地区，显示了当时大陆和地体板块的轮廓，以及受华力西和 Alleghanian 造山运动影响的区域（浅棕色）**

蓝色实线为俯冲带，齿状位于上板块，黑色实线为扩张中心和转换断层；显示喀拉海下方可能存在俯冲；黄色的阴影代表可能的大陆区域和北极地区的地体延伸，其中的淡阴影区域是现在被淹没的地体；FJL，法兰士约瑟夫地群岛；K—O，科雷马—欧姆龙；M—O，密斯特克—Oaxaquia，墨西哥；NSI，新西伯利亚群岛；NZ，新地群岛；QN，Quesnellia；SM，马德雷山脉，墨西哥；Y—T，育空—塔纳纳地区

9.1.8 东劳伦西亚

华力西造山运动在中欧大部分地区处于其高峰。在泥盆纪期间 Rheic 洋的西北分支已经关闭，但其更大的南半部分直到早石炭世仍可辨识，此时伊比利亚半岛加入了加拿大东南部（纽芬兰和 Meguma），Rheic 洋与泛大洋合并［(图 8.9（h）]。所有这些不同的地体都经历了很大的变形，以及火山的喷发、火成岩的侵入和各种岩石沉积。后者发育于它们内部的许多盆地，以及它们周围较浅和较深的海洋陆架上。然而，欧洲大部分地区是相对稳定的（McCann，2008），这使得广泛的盆地

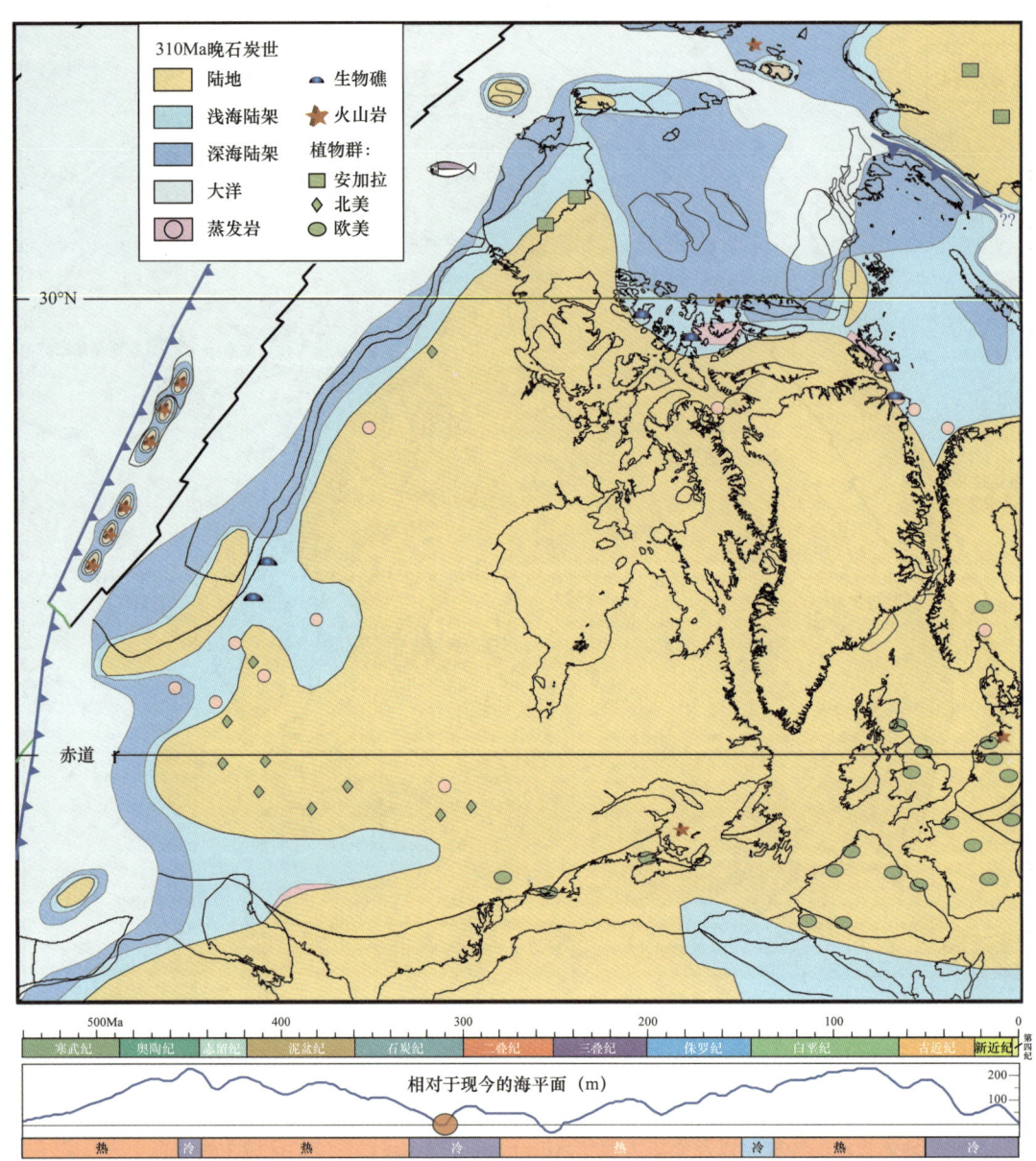

图 9.8 310Ma（莫斯科期）位于北盘古大陆西部和中部的劳伦西亚部分以及西伯利亚的邻近地区，显示了当时大陆和海洋的轮廓，以及不同的植物分区

图 9.6 和图 9.7 显示了位置名称；蓝色实线为俯冲带，齿状位于上板块，黑色实线为扩张中心和转换断层，绿色实线为转换板块边缘；底部：显生宙时间标尺和海平面变化（Haq 和 Al-Qahtani，2005；Haq 和 Shutter，2008）以及冰室（寒冷）和温室（温暖）条件

内沉积成为可能，如下文的"相、动物群和植物群"所述。

再往东，在俄罗斯和乌克兰 1500km 长的 Pripyat—Dnieper—Donets—Dunbar—Karpinsky 裂谷（Nikishin 等，1996）中也出现了中、西欧裂谷。在劳伦西亚东部边缘（自中石炭世起形成盘古大陆的东部边缘），乌拉尔造山运动在晚泥盆世和石炭纪处于最活跃的时期（见下文西伯利亚小节）。

9.1.9 中亚

由 Kokchetav—Ishim 地区（458 单元）下古生界不整合上覆的中石炭统陆相岩石证实，在哈萨克斯坦大陆形成之后，哈萨克斯坦地体区域发生了一些石炭系的增生。在 Atashu—Zhamshi（461 单元）的东北部发育蛇绿岩，其年代为约 325Ma 的晚石炭世（谢尔普霍夫期），也有上石炭统—下二叠统火山岩和磨拉石（Biske 和 Seltmann，2010）。在卡拉套—纳伦（466 单元）发育中泥盆统—中石炭统被动边缘，以及位于下石炭统—二叠系大陆边缘的活跃火山弧，可见火山岩与海相碳酸盐岩互层（Windley 等，2007）。在此单元的东南部，早石炭世发育碳酸盐岩台地上向南逆冲的岛弧岩石，其次是 320—315Ma 的巴什基尔期和莫斯科早期沉积的红土和铝土矿，然后是南方的逆掩断层作用和复理石沉积，最后是 310Ma 的莫斯科晚期的滑来层和进一步的推覆体（Belousov，2007）。

在今天哈萨克斯坦和中国的边界附近，塔里木和准噶尔地体（450 单元）之间的洋底在准噶尔（包括中部和北部天山）之下逐渐俯冲，主要发生在 310Ma 的莫斯科期，这两者在最近的石炭纪合并。准噶尔和塔里木组合的微大陆是否也与前柴达木—祁连和阿拉善地体相结合，众说纷纭（Dumitru 和 Hendrix，2001）。中石炭世—早二叠世，塔里木与南天山之间发育了很多推覆体，在两者最后合并时消失，紧接着是两者之间的土耳其洋的关闭。推覆体下盘原是塔里木被动北缘的一部分，属于俯冲部分。南、北天山在中—晚石炭世逐渐合并在同一地区，随后是晚石炭世的磨拉石沉积，以及下二叠统 A 型缝合花岗岩。

9.1.10 西伯利亚

东西伯利亚地区丰富的下石炭统金伯利岩（从大量的泥盆纪发现持续而来）表明，该大陆当时徘徊在 Tuzo 地幔柱生成带的西北分支（图 9.9）。在阿尔泰—萨彦岭也发育中泥盆统—下石炭统钙碱性火山岩，但鲁迪—阿尔泰部分（433 单元）的岛弧在维宪末期停止了活动，此单元随后被上石炭统花岗岩缝合到相邻的 Kobdin 部分（434 单元）（Cocks 和 Torsvik，2007）。

在早石炭世，西伯利亚和劳伦西亚之间的相对运动是斜向聚合的，而在晚泥盆世，则是一段横向相对运动。西伯利亚和劳伦西亚之间盆地的破坏最初是由乌拉尔山脉的塔吉尔岛弧下的东北向俯冲和马格尼托戈尔斯克岛弧后的倒转山脊造成的，后者位于塔吉尔岛南部。到 345Ma 的维宪早期，塔吉尔岛弧已贴合到波罗的大陆的乌拉尔边缘（Puchkov，2009；Brown 等，2011），俯冲极性发生了逆转，使得波罗的大陆下的俯冲残余（弧后）盆地得以闭合。然而，这一阶段的会聚是短暂的，到 340Ma 的中维宪期，沿边界的运动已由横向变为弱发散，在波罗的大陆和西西伯利亚之间形成了一个小而长寿的盆地，后来被填满形成了广阔的西西伯利亚三角盆地。沿此边界向西北方向，卡拉地体（在重建中保持波罗的大陆的相对一致；Lorenz 等，2008）和北西伯利亚之间从 340Ma 到 320Ma（中维宪期到早巴什基尔期）的横向到压扭运动会导致古生代后期在北地群岛和泰米尔的变形，这将因此与南部主要的乌拉尔造山运动截然不同。在晚石炭世从 320Ma（巴什基尔）开始，沿西伯利亚—劳伦西亚板块边界的相对运动减慢。尽管西伯利亚—劳伦西亚的转换运动持续到中生代早期，特别是沿扩大的西伯利亚南缘和西南缘的大规模叶尼塞断层，在那里从石炭系到下三叠统玄武岩零星喷发，但本书认为构造作用是板块内变形。在最后的石炭纪至早二叠世，由于劳伦西亚与哈萨克斯坦陆—陆碰撞的完成，乌拉尔洋已经完全闭合，从而使盘古大陆进一步扩大（Brown 等，2011）。

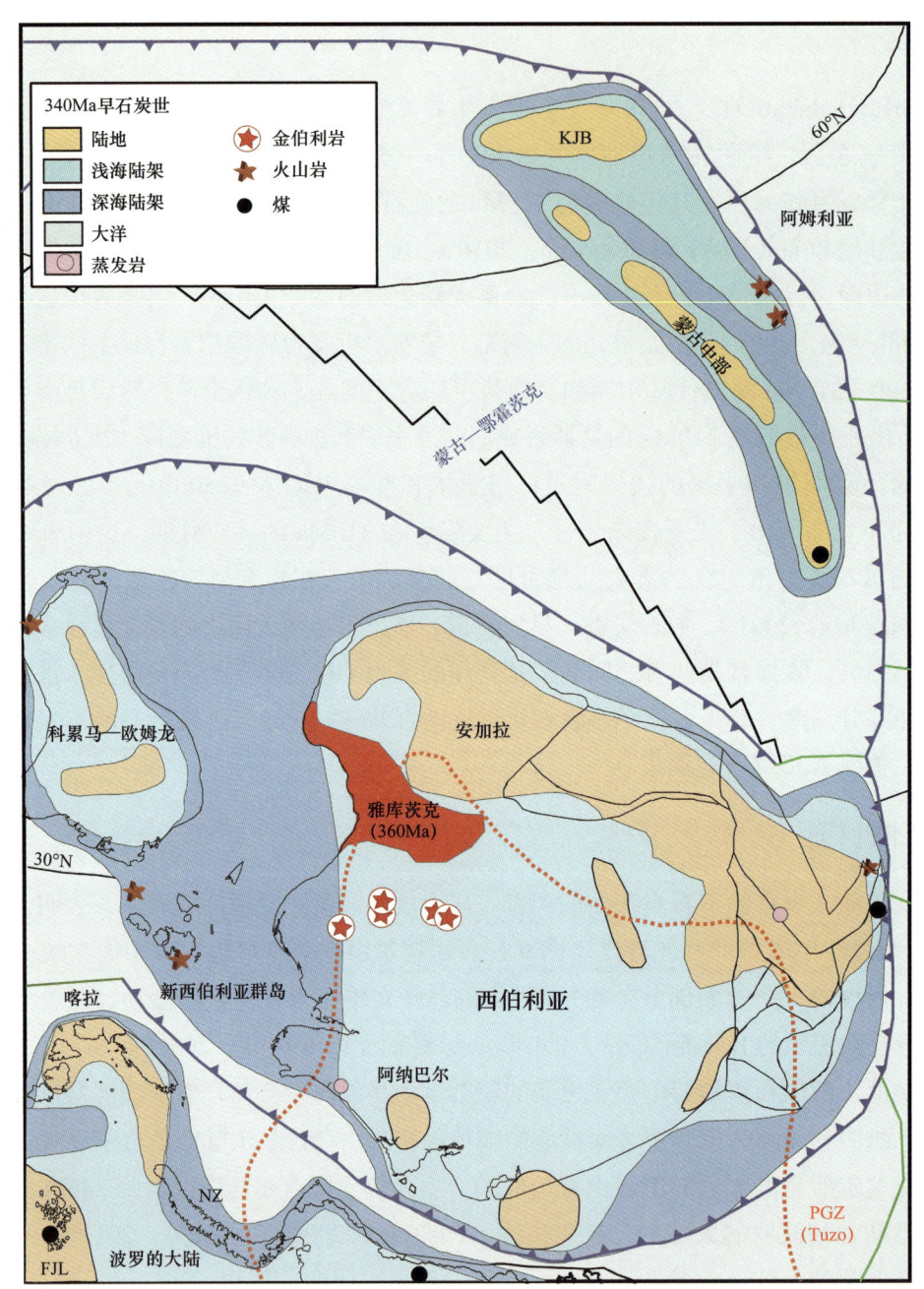

图 9.9　**340Ma（维宪期）西伯利亚和阿姆利亚大陆以及劳伦西亚的波罗的大陆部分**

展示了当时的陆地和海洋格局，以及早些时候（360Ma：晚三叠世）红色阴影中的雅库茨克大火成岩省的面积；西伯利亚的安加拉和阿纳巴尔断块也因此得名；蓝色实线为齿状位于上板块的俯冲带，黑色实线为扩张中心和转换断层，绿色实线为转换板块边缘；红色虚线是地幔柱生成区（PGZ）；FJL，法兰士约瑟夫地群岛；KJB，兴凯—佳木斯—布列亚地块；NZ，新地群岛

在石炭纪，西伯利亚仍然是一个位于温带到中北部古纬度的主要独立实体。早石炭世，泥盆纪裂谷系的 Verkoyansk 分支在现今大陆东部转变为洋盆被动边缘。蒙古—鄂霍茨克洋沿蒙古—鄂霍茨克缝合带由西向东继续逐渐闭合（Badarch 等，2002），并且在早石炭世，大量的 Adaatsag 蛇绿岩（位于靠近蒙古—中国边境的俄罗斯）侵入缝合带（Tomurtogoo 等，2005）。图 9.9 为约 340Ma

的早石炭世（维宪早期）西伯利亚地区，图 9.10 为约 300Ma 的晚石炭世（石炭纪—二叠纪边界约 299Ma）西伯利亚地区。

西伯利亚在 360—275Ma 之间没有可靠的古地磁数据，因此它在石炭纪和早二叠世大部分时间的位置是基于内插值。西伯利亚重建遵循 Cocks 和 Torsvik（2007）讨论的 B 方案 APW 路径，如图 9.11 所示。

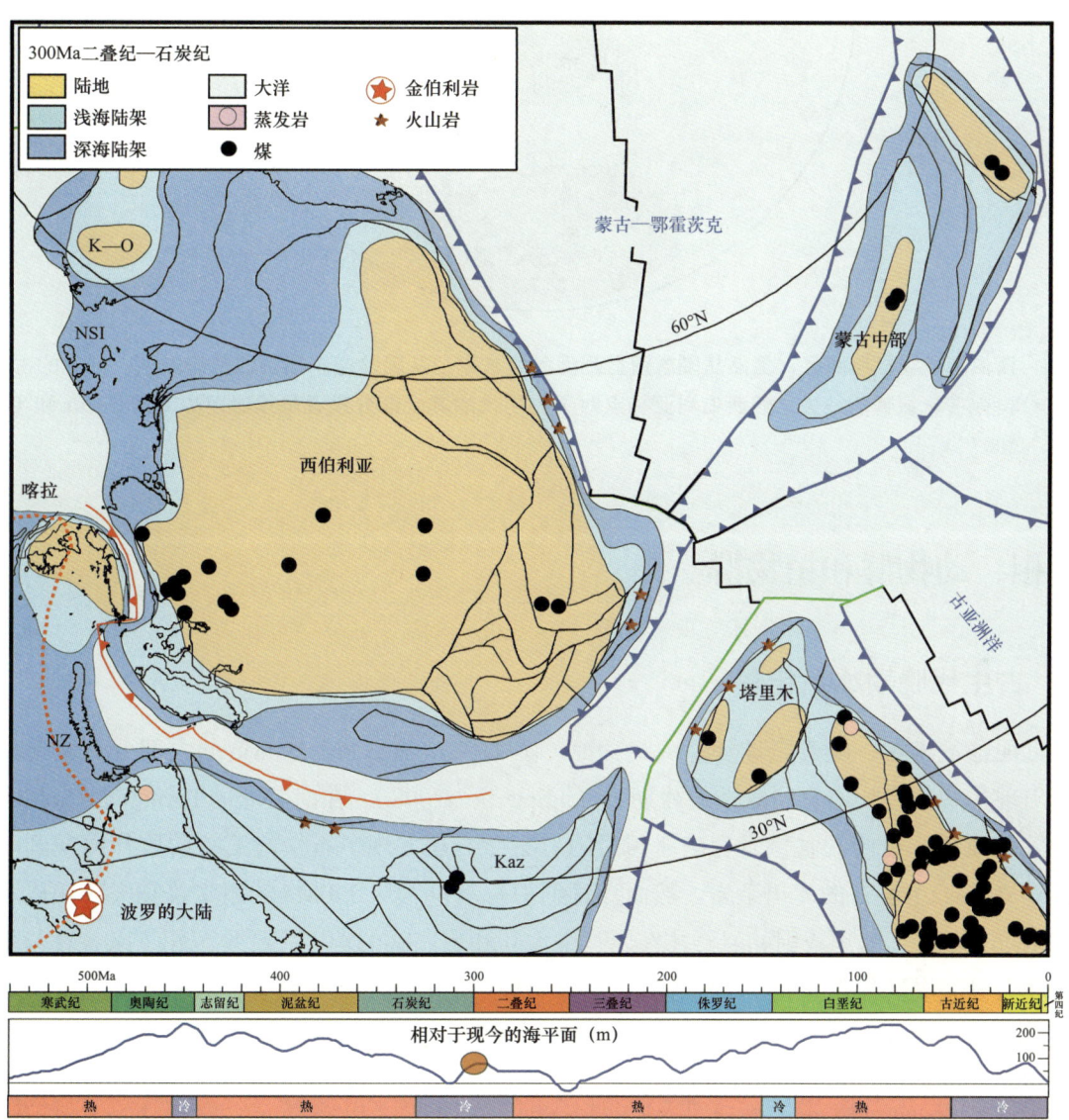

图 9.10 在 300Ma（石炭纪—二叠纪边界时间），当时的西伯利亚接近与东部的劳伦西亚合并，成为盘古超大陆的额外部分，以及与阿姆利亚（包括右下角的华北和中部蒙古）合并之前勉强独立的塔里木大陆，展示了当时的陆地和海洋格局

蓝色实线为上板块带齿状的俯冲带，黑色实线为扩张中心和转换断层，绿色实线为转换板块边缘；红色虚线为地幔柱生成带；Kaz，前盘古大陆的哈萨克斯坦部分；K—O，科雷马—欧姆龙；NSI，新西伯利亚群岛；NZ，新地群岛；底部：显生宙时间标尺和海平面变化（Haq 和 Al-Qahtani，2005；Haq 和 Shutter，2008）以及冰室（寒冷）和温室（温暖）条件

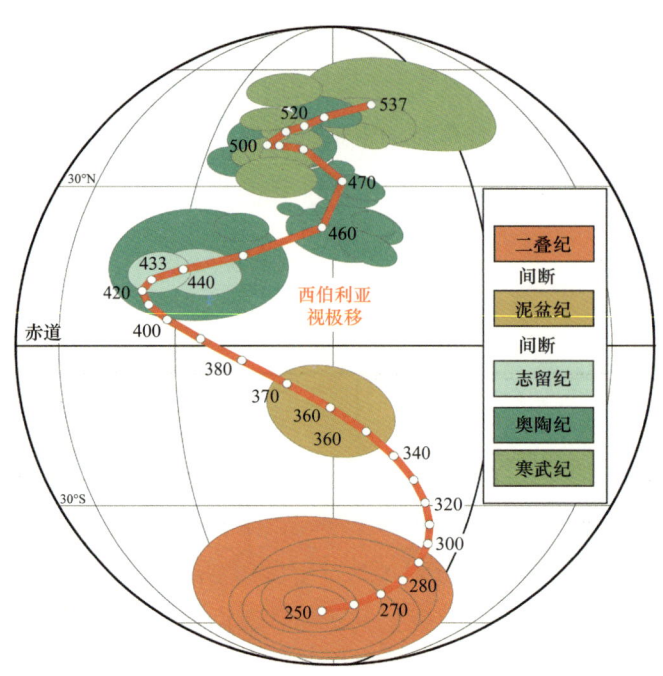

图 9.11　西伯利亚视极移路径,虽然从晚志留世到泥盆纪末期,从泥盆纪末期到二叠纪末期,可靠的古地磁资料存在着显著的缺失,但西伯利亚极点对于古生代的其余部分来说是很稳固的(据 Cocks 和 Torsvik, 2007)

9.2　相、动物群和植物群

9.2.1　古生代晚期冰川作用

接近泥盆纪末期,随着全球环境由暖变凉(图 16.2),在 330—290Ma 的大部分石炭纪到二叠纪早期出现了一个漫长而又间歇性的冰期(Fielding 等,2008)。在南美洲的 Parnaíba、Solimões 和 Parecis 除了发现一些晚泥盆世发育的冰川成因岩石外,还发现了石炭纪第一阶段杜内期到晚维宪期(355—325Ma)发育的冰川杂岩。然而,直到中石炭世大约 330Ma 的谢尔普霍夫阶(以及伴随的纳缪尔阶)基底,冰川成因的岩石才在冈瓦纳大陆和更广阔的地方广泛地沉积下来,这与更温和的气候和大量的煤炭沉积有关。这标志着主要冰川作用的开始,且这种作用在整个晚石炭世非常明显,但在早二叠世达到顶峰,并延伸到许多古纬度带。其影响远远超出了冰川地区,例如在北美洲大陆中部莫斯科阶到格舍尔阶的岩石中保存着大量的旋回层,它们直接反映了冈瓦纳冰期的远源场效应。磷酸盐黑色页岩反映了间冰期冰川融化后海平面上升引起的最大洪泛事件,而互层的向上变浅的海退海相灰岩和偶见的古土壤反映了冰川的顶峰。这是迄今为止在整个显生宙所知的持续时间最长的一系列冰川事件及其相关冰盖的发育。

冈瓦纳所有高纬度地区都经历了广泛而持久的冰川作用。在南美洲,巴西和阿根廷东北部的巴拉那和 Sanfransicana 盆地发育广泛的冰川沉积物(Rocha-Campos 等,2008)(图 9.2)。那里的冰川岩石的年代范围从谢尔普霍夫期到格舍尔期(325—300Ma),跨度超过 25Ma,在晚石炭世冰帽可能已经延伸到非洲(纳米比亚),在那里它被称为温得和克冰原。

由于冈瓦纳大陆如此之大，不同地区的冰川活动强度也不同。例如在伊朗的厄尔布尔士山脉，冰川成因岩石沉积在石炭纪只有两期，第一期在约320Ma的巴什基尔期，第二期跨越石炭纪—二叠纪边界从格舍尔期到萨克马林期（305—290Ma；Gaetani等，2009）。冈瓦纳及其邻近地区（包括中缅马苏和西藏地体）的冰川沉积物的存在，以及中国大陆、塔里木和安南的冰川沉积物的缺失，确认了新特提斯洋缝合带的位置（Metcalfe，2006）。关于赤道地区受高纬度地区那些寒冷得多的气候影响的程度，有各种不同的证据，这表明全球温度梯度一定比之前的温室时期更加多样化，也许与今天的情况并无不同。

部分原因是更大的树木的进化，以及在许多靠近海洋和湖泊的低地形成了世界上最大的煤炭矿床，从而创造了一个新的有机碳储藏库；部分由于冰川作用的增加，大气中二氧化碳的浓度从早石炭世的大约1500mg/dm^{3}下降到中石炭世的大约350mg/dm^3，与现代水平相当（Berner，1997）。海洋碳酸盐岩的同位素组成也记录了当时的变化，反映了化学过程、循环和温度。

9.2.2 植物分区

虽然一些志留纪后期发育的植物群已经被描述过，并且在泥盆纪它们变得相当多样化（第8章），但直到石炭纪，植物分区才被有效地区分出来。蕨类植物首次出现。与许多现代植物不同的是，古生代植物群的传粉主要是通过风的作用，而不是依靠节肢动物等动物。至少到中石炭世，可以识别出由DiMichele等（2005）综述的四个分区，其中最著名的是冈瓦纳分区（以前称为舌羊齿分区），这是盘古大陆冈瓦纳部分纬度较高的南部地区的本质特征，并且对它的识别是魏格纳最初提出大陆漂移的主要支撑点之一（1915）。其余的为安加拉分区（集中在西伯利亚北部纬度地区），以及赤道附近的两个分区。首先是华夏分区，在华北和华南的二叠系发育最好（图10.4），但其元素来自晚石炭世的中国和邻近的冈瓦纳地区。还有欧美分区，广泛分布在欧洲和北美洲的赤道地区，也延伸到更温和的冈瓦纳边缘。这些植物分区在东亚的分布如图9.4所示。

因此，这些植物分区显然更倾向于受纬度气候的控制，而不是受特定地域的控制。这可以从中孢子植物 *Monilospora* 的分布中看出，其在更靠近赤道的劳伦西亚地区广泛分布，从加拿大西北部一直延伸到斯堪的那维亚；相比之下，更靠南的温带 *Grandispora* 植物则盛行于美国东部和欧洲南部（McKerrow等，2000）。晚石炭世近海煤大量形成，最初是泥炭，广阔的区带反映跨越劳伦西亚的气候和古纬度，尤其是在北美东部、不列颠和中欧（图9.1）；而且，随着石炭纪的发展，华北和华南的煤炭森林的数量也在增加。煤在莫斯科期达到顶峰，尽管在随后的卡西莫夫期和格舍尔期也有煤，但那时的煤量较少。这种减少可能是由于全球变暖引起的干旱增加导致的。大部分的树是大型的石松类，可以长到30多米高。

西伯利亚的植物包括 *Koretrophyllites*、*Paracalamites*、*Angaropteridium* 和 *Angaridium*，它们是该地区的主要地方属种，是安加拉分区的典型。安加拉和欧美分区之间没有任何共同的植物种类，并且这种地方性的分离早在杜内期就已经很好地确立了；然而，结果是西伯利亚的植物生物带与俄罗斯其他地区在海相岩石中发现的并被用作生物带的菊石带不能准确地联系起来。上石炭统蒙古和中国的安加拉和华夏植物群（Yue等，2001）的界线明显地以西部（95°E～105°E）的红石山缝合带和东部（105°E～130°E）的亨根山缝合带为标志。毫无疑问，这两个地区和植物分区在石炭纪就已经被广泛地分开了，并且华北大陆和华南大陆都距西伯利亚有一定的距离。

在340Ma的东亚早石炭世重建图（图9.4）中，包括典型的 *Lepidodendron* 和 *Paripteris* 在内的欧美植物群被描绘为发生在安南、华南和华北地区，而第一个华夏植物群则记录在华南地区。然而，在310Ma的晚石炭世，只有华夏分区植物群在该地区被发现，尽管在阿姆利亚有安加拉分区植物群，但其位于更高纬度的北部（图9.5）。

9.2.3 海洋底栖生物群

随着石炭纪的发展，底栖无脊椎动物群从总体上的世界性转变为以地方性为主，特别是在物种水平上。然而，与植物群一样，这些动物群的差异只有部分是由于地体的物理分离，更重要的是由于纬度上的差异，而纬度上的差异又与当地的温度有关，后者波动很大，尤其是在冰盖较大的时期。因此，盘古大陆西部的冈瓦纳边缘含有中陆—安第斯分区，东部边缘是特提斯—乌拉尔—富兰克林分区，主要由纺锤虫类有孔虫定义。从早二叠世开始，这些动物群的进一步进化分离导致这两个部分的生物地理分类从分区升级到领域（Ross和Ross，1983）。关键的石炭纪末期到二叠纪的介形虫的全球分布表明，东亚的介形虫与盘古大陆北美洲部分的介形虫有许多不同，表明当时盛行的洋流很可能是由西向东流动的（Lethiers和Crasquin—Soleau，1995）。

腕足类动物虽然在属的数量上各不相同，但它们的分布比预期的更具世界性。但是，出产腕足类的露头相对较少，在冈瓦纳也很少发现；例如在澳大利亚，中石炭世的大部分时期（谢尔普霍夫期和巴什基尔期）就没有发现过腕足类动物。在杜内期和维宪期，只有高纬度的冈瓦纳地区，发育地方性属 *Chilenochonetes* 和 *Septosyringothyris*，根据智利和阿根廷相对较少的地点，才可以与世界其他地区的古赤道地区区分开来。然而，随着大陆之间的海上通道关闭形成盘古大陆，在330Ma的谢尔普霍夫期古赤道领域分化为西伯利亚动物群的北方领域、盘古大陆西部的北美洲领域和盘古大陆东部的古特提斯领域，后者包括华北、华南和塔里木，每个都有其独特的当地性属，尽管大约有一半的腕足类更具世界性（Qiao和Shen，2014）。

9.2.4 陆栖动物

石炭系无脊椎动物群以节肢动物为主，其他种类的门，如很少作为化石保存下来的各种蠕虫和线虫也可能大量存在。板足鲎类和蝎子是最大的节肢动物，有时长约1m，虽然有一些生活在湖里，但还有许多蜘蛛、千足类和多足类动物。第一个昆虫发现于泥盆系的Rhynie燧石，但是他们不会飞，并且昆虫飞行的发展发生在中石炭世的 *Palaeodictyopora*，一群本身于二叠纪灭绝的生物。但在石炭纪和石炭纪之后，相对爆发性的辐射演化产生了许多一直持续至今的目类（E. A. Jarzembowski 等，2005）。

在泥盆纪，脊椎动物已经可以登上陆地，但在早石炭世，这些两栖动物的发展相对缓慢，它们的长度大多不到1m。然而，到石炭纪末期，已经有40多个不同的科，包括最早的羊膜动物，后者包含爬行动物、鸟类和哺乳动物（Benton，2005）。

9.2.5 西劳伦西亚

包括东格陵兰岛、斯匹次卑尔根和挪威（图9.6、图9.8和图10.5）在内的劳伦西亚东北部地区的演化古地理图，在石炭纪和二叠纪显示，这广大地区的相经历了一个如下发展过程，从早石炭世巨大湿润的泛滥平原到中石炭世—中二叠世的温暖浅海，再到晚二叠世的较冷环境（Stemmerik，2000）。这些变化反映了古气候和沉降模式的重大转变，这些转变与该地区向北的漂移以及正在进行的裂陷有关。再往西北方向，在今天的加拿大北极地区，快速加深的斯维尔德鲁普盆地发育了大量的沉积，在盆地边缘发育广泛的晚石炭世（莫斯科期）苔藓虫礁（与珊瑚礁相比它们总是倾向于在温带地区大量发育；Trettin，1998）。一些植物和爬行动物的生物分布反映了跨越整个超大陆的纬度带。石炭系介形虫动物群相继出现表明，一些最初的北美洲类型向东传播远至匈牙利、埃及和阿曼（Lethiers 和 Crasquin Soleau，1995）。

虽然图 9.8 显示了前劳伦古陆克拉通的大部分地区为出露陆地，但高纬度冰川的零星融化引起了许多海平面变化，导致该克拉通的部分地区偶尔被淹没，类似于劳伦西亚英格兰北部地区的方式。同样的非海相双壳类动物也存在于北美洲和欧洲的晚石炭世。在阿巴拉契亚山脉的上石炭统岩石中发现了明显的沉积旋回，U/Pb 测年法表明每个旋回的平均最大持续时间约为 0.1Ma。这可能支持了短偏心—驱动影响沉淀的可能性（Greb 等，2008）。然而，沉积作用的主要变化似乎更多地是由 Alleghanian 造山运动开始时的构造活动引起的，冰川型海面升降变化也起着辅助作用。

劳伦西亚—冈瓦纳在二叠纪最早期合并的最后阶段记录在得克萨斯州的岩石上，当地的 Ouachita 山脉沉积了厚达 12~14km 的石炭纪沉积物，包括海洋滑动沉积和几个薄层火山碎屑单元，向上演变为（盘古大陆统一后）石炭纪最晚期的三角洲沉积。在伊利诺伊州 Mazon Creek，发育一个保存完好的 Lagerstatte 沉积，里面有大量的植物和陆生节肢动物，除其他动植物群外，有些生物的柔软部分以化石的形式保存下来。

9.2.6 东劳伦西亚和西伯利亚

图 9.9 显示了西伯利亚和阿姆利亚，以及部分波罗的大陆，它们随后形成了劳伦西亚的东北部分，并且在二叠纪之前一直与西伯利亚分离，包括此时的大多数类型区域。尽管存在不整合面，但在俄罗斯莫斯科盆地体系，存在一个大致完整的海洋层序，其南部沉积位于乌克兰顿涅茨盆地，该盆地也发育包括许多煤层在内的近海边缘相。

在西伯利亚周缘的阿尔泰—萨彦岭地区，自中石炭世起只发育非海相沉积（Yolkin 等，2003）。在现今克拉通西缘（435 单元）的西西伯利亚盆地 Ob—Saisan—Surgat 地区，发育一个泥盆系—下石炭统增生复合体，上部不整合发育中石炭统边缘海相碎屑沉积和煤，以及上石炭统陆地沉积。大部分的西伯利亚克拉通在早石炭世多数时间被淹没，主要发育浅海石灰岩和潟湖沉积物，但在它的北部有一块很大的称为安加拉的大陆区域，以及克拉通其他地方的一些较小但仍相当大的岛屿（图 9.9）。这些石灰岩之上是中石炭统硅质碎屑岩沉积（类似于英国的纳缪尔阶磨石砂砾），偶尔有植物层但煤很少，而上石炭统厚层发育很多煤，沉积一直持续到早二叠世。在西伯利亚台地西南部的阿纳巴尔地区，上石炭统主要由 350m 厚的陆相硅质碎屑岩组成，其中包含安加拉分区的植物残骸，以及淡水和咸水无脊椎动物（Cocks 和 Torsvik，2007）。

9.2.7 中亚

在石炭纪，许多原本是哈萨克斯坦地体组合中独立组成部分的地体发生拼合，使哈萨克斯坦大陆大幅扩张，这一拼贴组合逐渐向西伯利亚靠近；但是，关于它的拼合，甚至它事实上的身份，已发表的观点各异，所以它只被示意性的表示在图上。在卡拉套—纳伦（466 单元），发育一个广泛的碳酸盐岩台地，位于被动的哈萨克斯坦边缘，从晚泥盆世发育的浅海礁和沙滩，到杜内期和早维宪期发育的深水斜坡和骨架丘，然后从中维宪期到巴什基尔期发育的骨架丘和沙滩镶边边缘（Cook 等，2002）。

塔里木微大陆也在西伯利亚附近，海相碳酸盐岩沉积沿塔里木西北缘持续（图9.10），直到晚石炭世或早二叠世（Zhou 等，2001）。塔里木石炭系发育多种浊积岩和火山岩，在古大陆西南部的塔里木盆地发育稳定的海相沉积碳酸盐岩台地（Zhang 等，2003）。

9.2.8 东亚

华北地区缺少下石炭统岩石，在大陆中部中石炭统区域不整合面正上方发育铝土矿沉积，该不整合面下伏寒武系、奥陶系岩石。华北上石炭统大部分为非海相，含较多煤层，部分具有较高的商业品质（图9.5；Cope 等，2005）。在华北东部地区，晚石炭世（莫斯科期）的腕足类组合来自韩国的太白山盆地，包括不同的 *Choristites* 组合，虽然它们与来自华南、安南和塔里木的类似群落在一般意义上相似，但它们有许多种是华北特有的（Lee 等，2010）。

在今天安南的泰国南部地区（图9.4 和图9.5），发育维宪期腕足类和有孔虫类，它们与来自海山的法门阶到杜内阶动物群没有特别的地方性亲缘关系，它们在上石炭统碎屑岩不整合地沉积在上面之前就已经变形（Ridd 等，2011）。后者包括煤层和石膏层，它们与含有腕足类和有孔虫类的海相岩石互层，沉积作用一直持续到二叠纪。

9.2.9 冈瓦纳大陆

除了上面提到的冰川作用的证据外，由于南极位于中非下部，也发育广泛的海侵，海岸线向南撤退越过非洲中北部，远至南部的乍得（Torsvik 和 Cocks，2011）。然而，阿尔及利亚和利比亚南部大部分地区的海相和陆相夹层岩石反映了随后几个时期更加局部的海退和海侵。当时发育许多湖泊和淡水湖沉积，特别是在北非的莫斯科期。在阿拉伯半岛，Palmyrides 海槽横跨叙利亚中部，在那里沉积一直持续到白垩纪末期（Brew 等，2001）。

在南美洲西南部，跟随该地区的构造运动，大量的磨拉石沉积在该地区的前科迪勒拉和相邻的 Sierras Pampeanas 中。众所周知，本区石炭系的沉积岩虽然西部以浊积岩为主，东部为浅海沉积，但受后期安第斯构造的影响很大（Moreno 和 Gibbons，2007）。

在冈瓦纳和随后的盘古大陆的大洋洲部分，由于在石炭纪与大多数其他大型热带陆块分离（图9.1），发育许多不同的动物群落，在一些类群中有很高比例的地方属，例如珊瑚和有孔虫。

10 二叠纪

● 来自印度的舌羊齿叶子,在现今不同大陆上发现的特色植物,在冈瓦纳大陆分裂之前都一直位于其上,魏格纳用它证实了最初的大陆漂移的概念(资料来源:伦敦自然历史博物馆)

二叠纪持续了 47Ma（从 299Ma 到 252Ma），最值得注意的是当时占地球陆地总面积四分之三以上的盘古大陆处于其最大范围。在那个年代的末期，距今 251Ma 的时候俄罗斯有大量玄武岩涌出，这是一个巨大的火成岩省被称为西伯利亚暗色岩，即使在今天它也占据了政治上西伯利亚区域的 40% 以上。毫无疑问，这一大火成岩省和它所造成的气候危机，再加上世界海岸线的总长度少得出奇，是显生宙有史以来最大的生物灭绝事件的主要诱因。二叠纪—三叠纪（P/T）大灭绝事件影响了全球。

19 世纪 40 年代，英国人 Roderick Murchison、德国人 Alexander von Keyserling 和法国人 Edouard de Verneuil 在俄罗斯北部乌拉尔山脉附近的城市 Perm 附近进行了大量的野外考察，发现了一套独特而又基本完整的海相岩石序列，并把这套系统命名为 Permian。二叠系体系的基底（阿瑟尔阶）现在被正式定义在哈萨克斯坦北部的 *Streptognathus sulcata* 牙形生物带的底部，其年代为 299Ma。图 10.1 显示了二叠纪内部 290Ma 和 270Ma 两个时期，以及 250Ma 的二叠纪—三叠纪边界附近的大陆和海洋的全球分布。发育三个正式的统，在俄罗斯定义的乌拉尔统（其中包括阿瑟尔阶、萨克马林阶、亚丁斯克阶和空谷阶），在北美洲定义的瓜德鲁普统（罗德阶、沃德阶和卡匹敦阶），在中国定义的乐平统（吴家坪阶和长兴阶）。

10.1 构造和火成岩活动

10.1.1 海洋

新特提斯洋（包括一些作者所称的中特提斯洋）在约 275Ma 的早二叠世从盘古大陆冈瓦纳部分的东北边缘处开始逐渐开放，其发生于裂谷作用之后（Domeier 和 Torsvik，2014）。在这一时期的前半段的某个阶段，位于新特提斯洋和辛梅利亚岛链北部的古特提斯洋的海底扩张停止了（图 10.1），并转变为俯冲，从那以后，海洋的大小逐渐缩小（图 10.2）。然而，这种变化的准确时间并没有很好的约束，尽管上二叠统钙碱性花岗岩表明俯冲带沿位于安南和华南之间的滇—琼缝合带分布（Cai 和 Zhang，2009）。

蒙古—鄂霍茨克洋的双向扩张俯冲在二叠纪持续进行，但与石炭纪一样，海底扩张的速度超过了俯冲的速度，因此洋盆逐渐加宽。沿着它的东北边缘，这个楔形海洋骑跨在一个泛大洋板块内的俯冲带上，后者在整个古生代晚期不断延长。阿姆利亚南缘在整个二叠纪也保持活跃，首先消耗了那里的泛大洋和之后的古亚洲洋，直到后者的最终闭合，在二叠纪末期完成了阿姆利亚向华北的贴合（图 10.3 和图 10.4）。

10.1.2 盘古大陆

盘古大陆是显生宙唯一存在过的超大陆，然而在它存在的任何时候，它都不是"完整的"，因为它的一些部分在其他部分到达之前就已经分裂了（第 9 章）。盘古大陆从西伯利亚延伸到东欧的大陆地区最初被魏格纳（1915 年）称为安加拉古陆，但这个术语现在很少使用。

虽然盘古大陆（主要是前冈瓦纳大陆和劳伦西亚大陆）的大部分在石炭纪末期之前就已经形成，但直到最早的二叠纪，哈萨克斯坦大陆及其邻近的岛弧才与劳伦西亚大陆完全合并。在哈萨克

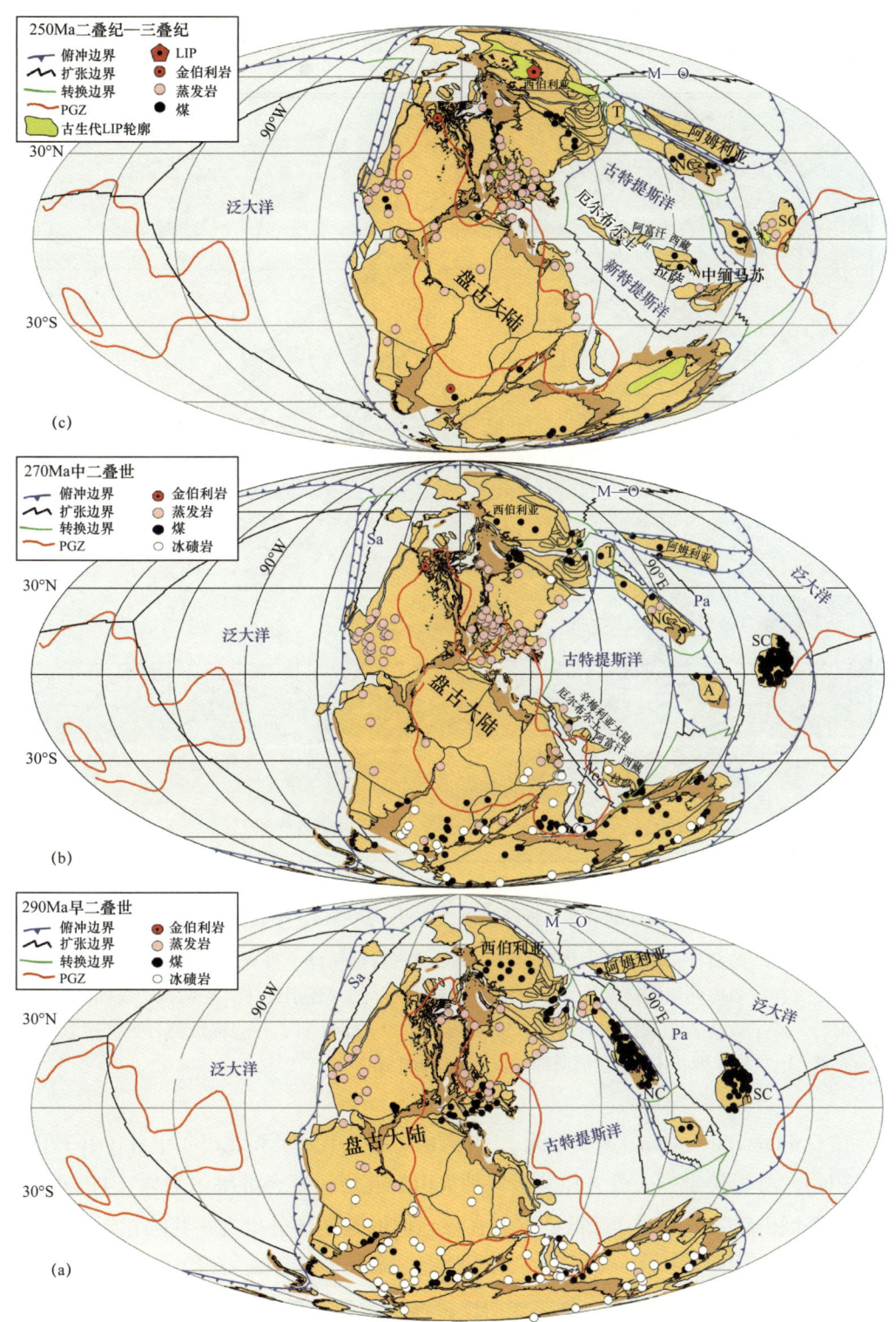

图 10.1 （a）290Ma（亚丁斯克期）、（b）270Ma（罗德期）和（c）250Ma 二叠纪—三叠纪的地球地理轮廓，包括假定的板块边界、主要地壳单元的轮廓和最广阔的海洋；蓝色实线为上板块带齿状的俯冲带，黑色实线为扩张中心，绿色实线为转换板块边缘；A，安南板块；LIP，大火成岩省；M—O，蒙古—鄂霍茨克洋；NC，华北；Pa，古亚洲洋；PGZ，地幔柱生成带；Sa，Slide Mountain—Angayucham 洋；SC，华南；T，塔里木

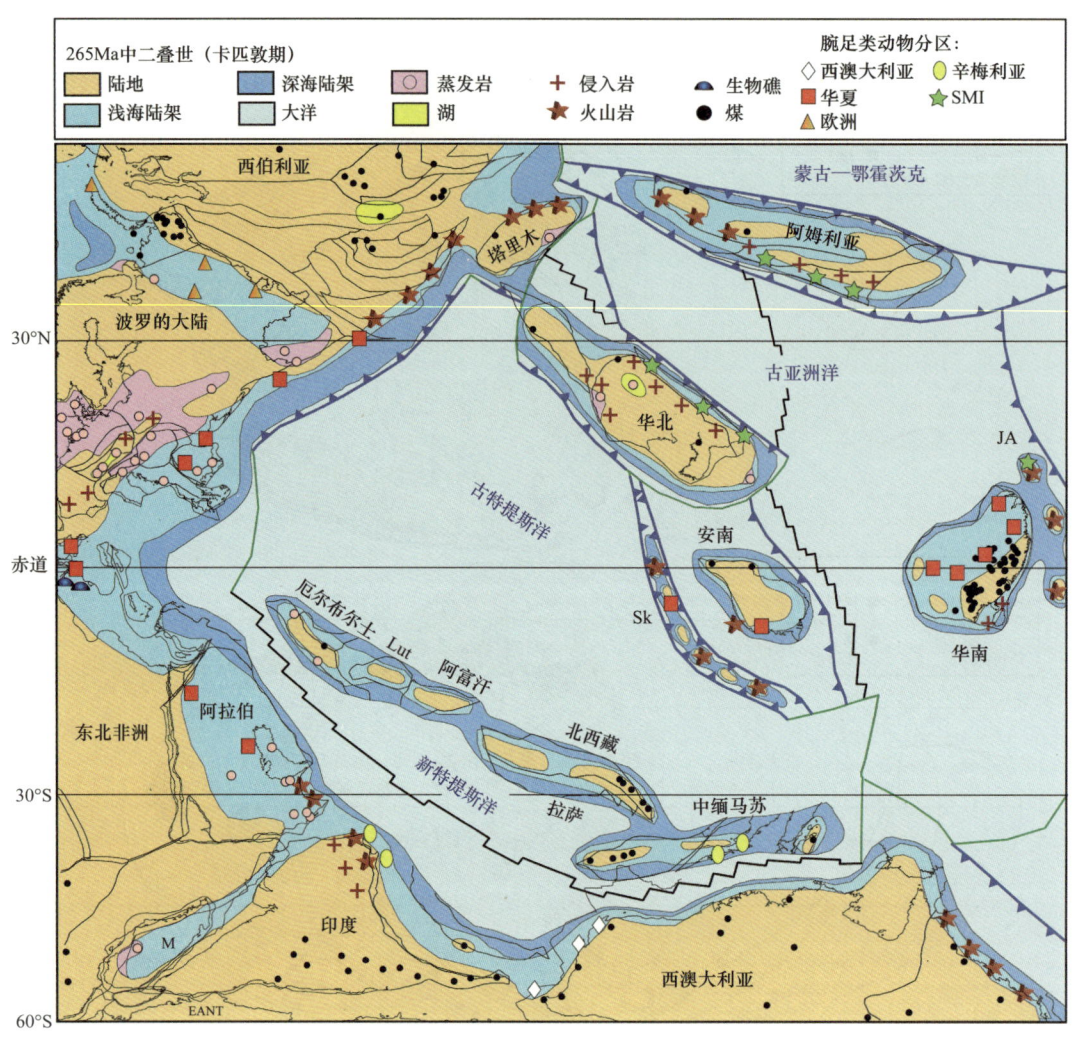

图 10.2 欧洲、南亚和东亚以及冈瓦纳的部分地区在中二叠世（265Ma，卡匹敦期）的地理分布

包括正在开放的新特提斯洋、仍然很大但在缩小的古特提斯洋、古亚洲洋的部分地区、蒙古—鄂霍茨克洋和泛大洋；辛梅利亚岛链是从厄尔布尔士到中缅马苏的一连串地体，它们都曾是冈瓦纳克拉通北缘的一部分；除了火成岩相和沉积岩相外，Shen 等（2009）还绘制了一些腕足类分区的位置；EANT，南极洲东部；JA，日本弧；M，马达加斯加；Sk，Sukothal 弧

斯坦境内，在 Chingiz Tarbagatai（482 单元）、北天山（459 单元）和北巴尔卡什（463 单元），有二叠纪陆相沉积物，与凝灰岩、火成岩和其他各种火山岩互层。复合准噶尔地体（450 单元）中的一个岛弧在早二叠世仍然是分离和活跃的，尽管在该地体的其他部分也有一些陆相岩石与火山岩互层（Daukeev 等，2002）。

乌拉尔造山运动是由劳伦西亚—哈萨克斯坦碰撞引起的，后者始于中石炭世、经过早二叠世，直到约 290Ma 的亚丁斯克初期。相比之下，虽然在二叠纪之前，西伯利亚已经接近盘古大陆的东北波罗的板块和哈萨克斯坦地区（图 9.10），但它可能直到早中生代三叠纪才最终成为盘古大陆的固定部分。因此，尽管盘古大陆的大部分主要板块在二叠纪之前就已经统一了，但在整个二叠纪期间沿着重要的走滑断层，包括那些与西伯利亚和前西伯利亚周缘接壤的断层，有大量持续的旋转运动。

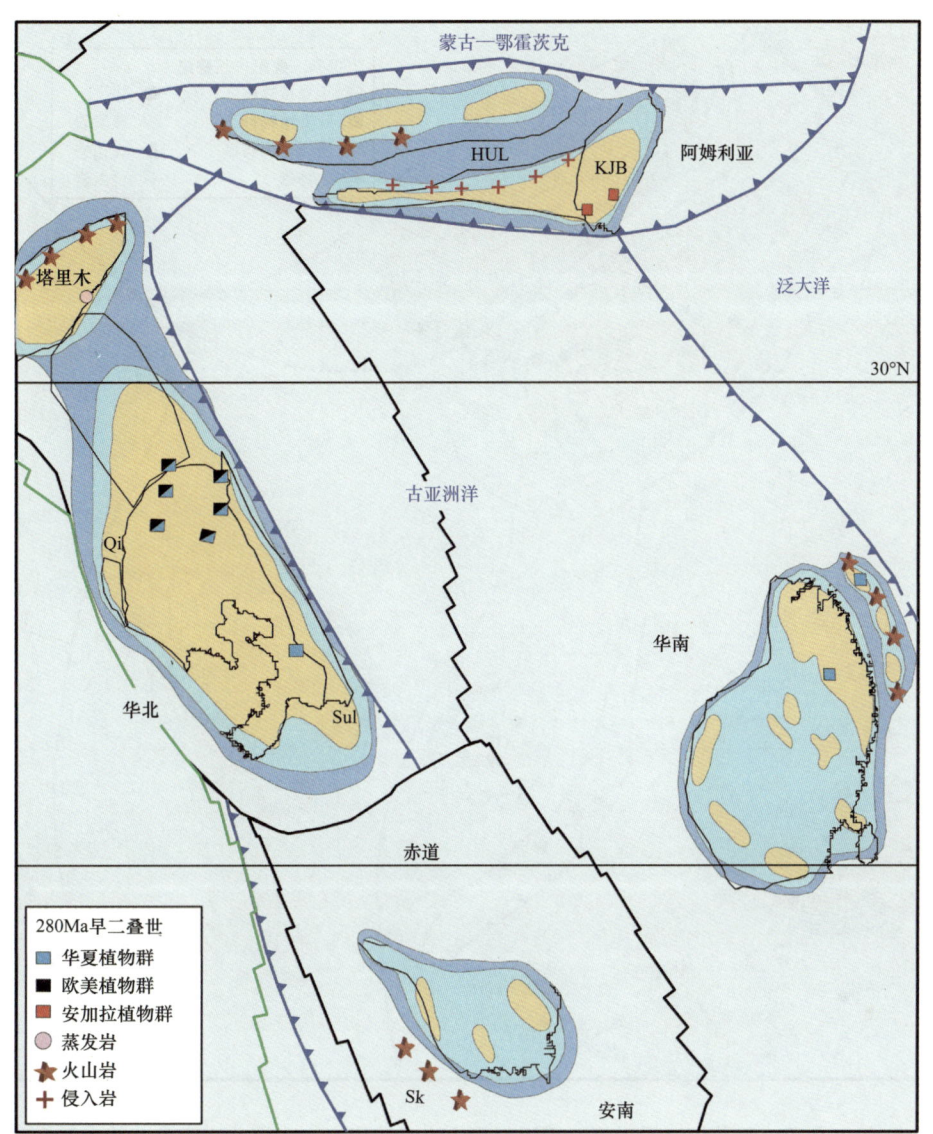

图 10.3 **280Ma（亚丁斯克期）的阿姆利亚、华北和华南以及安南大陆，展示了当时陆地和海洋的格局以及植物区系的位置**

华北包括古老的华北和塔里木克拉通，以及它们之间的区域，之前被称为阿拉善地体区域（451单元）；蓝色实线为上板块带齿状的俯冲带，黑色实线为扩张中心，绿线为转换板块边缘；HUL，呼塔格乌勒—松辽；KJB，兴凯—佳木斯—布列亚地块；Qi，祁连；Sk，Sukothai 和相关岛弧；Sul，Sulinhee

在二叠纪末期，大部分大陆仍然聚集在联合盘古超大陆内（图10.1）；然而，尽管整个时期盘古大陆的大部分仍然是统一的，但在它的一些边缘地带却出现了分裂，最明显的是在早二叠世新特提斯洋的开放。

10.1.3　中北部盘古大陆

在欧洲大部分地区，北冰洋区域性海退以及切断华力西褶皱带的多向裂谷系开始于二叠纪最晚期和三叠纪最早期，同时发育不断下沉的北海北部和南部盆地，如维京和中央地堑，现今包含了大量的油藏（Ziegler，1990）。华力西造山运动（第8章和第9章）在二叠纪之前已基本结束，但

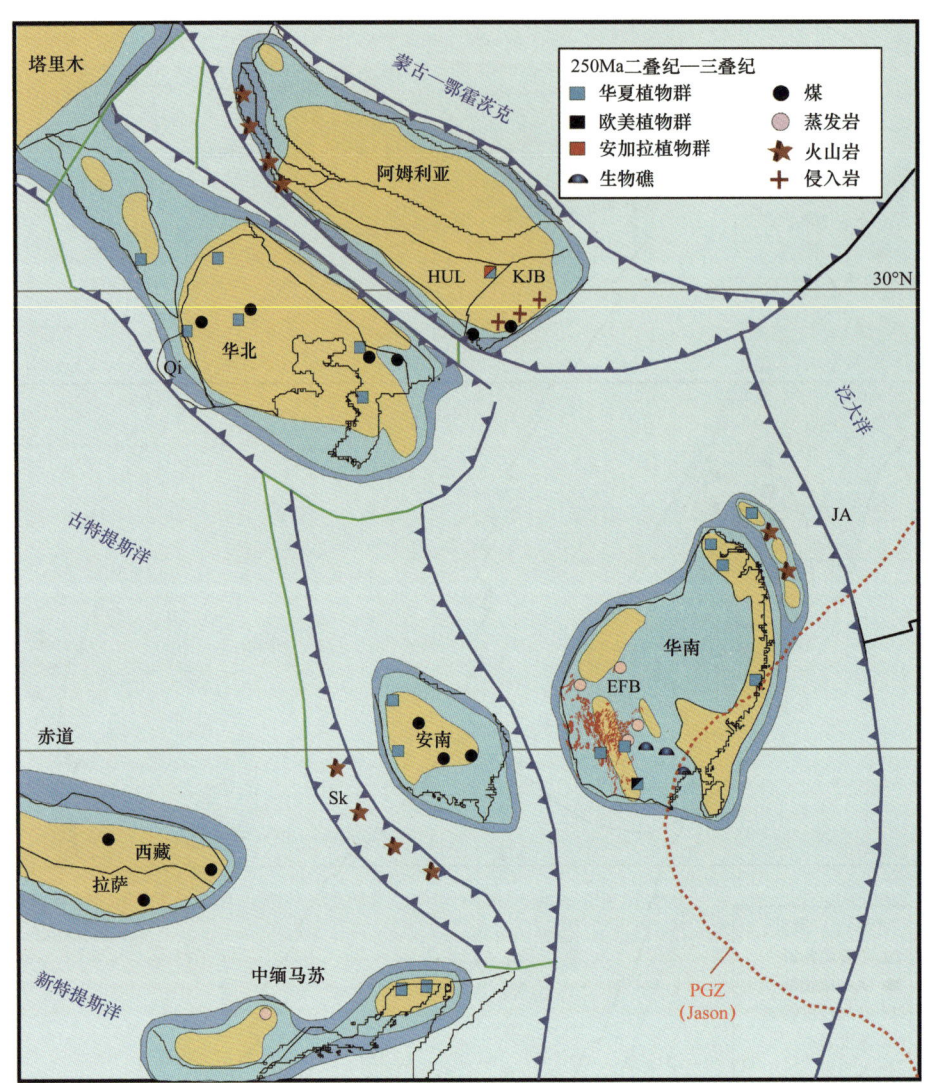

图10.4 **250Ma 的二叠纪—三叠纪边界时间的阿姆利亚、华北和华南、安南、中缅马苏等东亚大陆和地体，显示了当时陆地和海洋的格局以及植物区系的位置**

华北包括华北和塔里木古老克拉通，以及它们之间的地区，以前被称为阿拉善地体；未来的 Solonker 缝合带位于华北和阿姆利亚之间；蓝色实线为上板块带齿状的俯冲带，绿线为转换板块边缘；红色虚线为地幔柱生成带（PGZ）；EFB，峨眉山溢流玄武岩大火成岩省；HUL，呼塔格乌勒—松辽；KJB，兴凯—佳木斯—布列亚陆块；JA，日本岛弧；Qi，祁连；Sk，Sukothal 和相关岛弧

大量造山后花岗岩侵入，特别是在英格兰西南部，在 290—275Ma 之间的石炭纪最晚期和二叠纪早期，发育一个超过 250km 长的巨大岩基侵入。然而，这些岩基只在深度上是统一的，在表面上有五个独立的花岗岩露头区，它们的顶部受到不同程度的侵蚀形成一条线，从锡利群岛一直延伸到康沃尔，然后到德文郡的达特穆尔。

在劳伦西亚合并入盘古大陆之前，波罗的大陆和劳伦古陆一直是前者的组成部分，包括今天位于巴伦支海的法兰士约瑟夫地群岛（Dibner，1998），以及波罗的大陆的陆地部分（Nikishin 等，1996）。格陵兰岛和挪威之间的地区经历了裂谷作用。现在位于政治上西伯利亚西北部的喀拉海，在古生代早期和泥盆纪的大部分时间里，一直是离波罗的大陆不远的一个独立地体（Cocks 和

Torsvik，2005），在石炭纪逐渐接近西伯利亚，并在二叠纪发生贴合（图9.9）。

10.1.4 盘古大陆的冈瓦纳部分

在石炭纪最晚期，泛大洋的西南向俯冲从澳大利亚的前冈瓦纳东南边缘跃出，形成洋内Gympie—Brook Street岛弧。然而，在大约270Ma（瓜德鲁普世），Gympie—Brook Street弧后的残余盆地通过在南极洲和澳大利亚大陆边缘的西向俯冲开始崩塌，到二叠纪末期盆地已完全被吞没。早在三叠纪Hunter—Bowen造山运动时期（Glen，2005），岛弧地体就已贴合至冈瓦纳边缘。沿冈瓦纳西缘，在整个二叠纪继续发育泛大洋的俯冲作用（图10.1）。在二叠纪，一个重要的右旋转换挤压事件影响了冈瓦纳南部的整个边缘（从智利到澳大利亚东部），在那里产生了各种各样的构造岩浆特征，后者有时被归为定义非常模糊的Gondwanides造山运动。在二叠纪最晚期的南美洲，开始出现前安第斯构造旋回，在三叠纪达到顶峰，其中包括了智利北部和中部的伸展盆地的演化，后者有中性成分的火山岩侵入（Moreno和Gibbons，2007）。

10.1.5 盘古大陆西北部

冈瓦纳与劳伦西亚的融合在这一时期开始时基本完成。然而，在劳伦西亚的前劳伦古陆地区的东南部早二叠世的Marathon—Ouachita—Appalachian褶皱带发育进一步的合并（Cocks和Torsvik，2011）。

在美国东部的阿巴拉契亚地区，Alleghanian造山运动的变形一直持续到同时期欧洲的华力西造山运动结束之后。在早二叠世，那里的碎屑锆石年龄群体性变化与早期转换挤压引起的斜向变形向前陆—反向收缩的转变有关（Becker等，2006）。

在前劳伦古陆的西南部，始于石炭纪的左旋运动继续发育，伴随着二叠系底部岩石（最后一次外来体）在克拉通西部边缘（Bird Spring陆架）的逆冲（Stevens和Stone，2007）。在北美洲科迪勒拉南部，发育二叠系岛弧，具有穿时钙碱性火山活动，如保存在加利福尼亚州克拉马斯山脉和内华达山脉的岛弧，这些岛弧在前一阶段的张性构造作用中发育于近海（Dickinson，2000）。二叠纪期间，中间的Slide Mountain洋（在三叠纪同一地区最终发展为卡什克里克洋）又开始关闭之前，岛弧达到其与劳伦西亚克拉通的最大距离（图10.5），且在中三叠世，两边的地体很可能与克拉通重新合并（Shephard等，2013）。早二叠世变质作用发生在东克拉马斯地体西缘的中央变质带（161单元）。那里的动物群落证实，当时东克拉马斯、斯蒂基尼亚和奎斯奈利亚科迪勒拉地体群距离劳伦西亚克拉通有2000～3000km（Belasky等，2002），这为那里的Slide Mountain洋的可能宽度提供了一个近似值。

先前合并的弗兰格里亚—亚历山大地体（165单元）的动物群落多样性不如东部的克拉马斯地体群，这表明它可能是独立于其他地体的。弗兰格里亚、亚历山大和一些较小的相邻地体区域已经获得了古地磁数据，表明它们的古纬度在二叠纪约为15°N（Nokleberg等，2000）。然而，由于此大到足以被称为微大陆的地体组合直到白垩纪才与北美洲贴合，所以直到二叠纪，尚不确定它与劳伦西亚的位置关系，更不用说在更早的古生代，亚历山大和弗兰格里亚生物群处于它们最独特的时期，因此古生代地图没有显示此微大陆。

由于三叠纪末期的俯冲作用导致Slide Mountain洋闭合，内华达州的Havallah层序在早二叠世—早三叠世的 Sonoma 造山运动中，沿着 Golconda 冲断带向东逆冲到原地的浅水上古生界之上（Stevens 和 Stone，2007）。

岩浆岩弧和高压变质岩在中二叠世的科迪勒拉山脉（162 单元）的育空—塔纳纳地体东侧出现，表明之前的被动边缘当时已经收缩，Slide Mountain 洋已经开始向西俯冲（图 10.5）。二叠纪末期，在 Sonoma 造山运动中，Slide Mountain 洋已被大量消耗，上板块的弧形地体被向东推覆到西劳伦古陆之上（图 10.6；Dickinson，2009）。相比之下，北部 Angayucham 洋发育的被动边缘沉积物表明它一直开放到侏罗纪，暗示着要么在中二叠世两个系统已经分开（即 Angayucham 洋的西向俯冲并非始于中二叠世），要么在盆地被完全破坏之前北部的俯冲已被中断。本书采用了后一种假设，推测在最近的二叠纪至三叠纪期间，Angayucham 洋向西俯冲停止，改为向南俯冲，在东部留下的残余盆地持续到中生代中期（图 12.1）。本书调整了育空—塔纳纳弧与泛大洋板缘在中—晚二叠世的相对运动，南侧几乎正交，北侧则高度斜交；因此，南段弧形地体的拼合可能破坏了持续向北的俯冲。

今天在科迪勒拉（155 单元）的 Farewell 地体受 Browns Fork 造山运动的影响，由于不确定的原因在 285Ma 的早二叠世，虽然地图上显示 Farewell，但它的位置在泛大洋是示意性的，因为在侏罗纪之前对它的约束条件很差。

10.1.6　西南盘古大陆

在前冈瓦纳的西缘有大量的火山和深成岩活动，可以在阿根廷的门多萨地区看到，那里的海相盆地在 284—276Ma（亚丁斯克期—空谷期）的中二叠世构造阶段关闭。在智利中部，低于 39°S 与俯冲有关的加积棱柱体继续活动，在其内侧的北巴塔哥尼亚地块发育 294—281Ma（萨克马林期—亚丁斯克期）的深成岩体（Herve 等，2013）。在中美洲，此时也是盘古大陆统一西缘的一部分，一个从危地马拉延伸到南加州的大陆岩浆弧从二叠纪开始之前一直持续活动到约 263Ma 的二叠纪中期。

在早二叠世（萨克马尔期，289Ma），前冈瓦纳大陆东部部分，一个 Panjal 暗色岩 LIP（有时称为特提斯地幔柱），在喜马拉雅西北部地区挤压出来，并与喜马拉雅其他地区的溢流玄武岩碎片以及西藏的拉萨地体和中东的阿曼有关（Shellnut 等，2011）。在今天的喜马拉雅造山带中，Panjal 暗色岩的许多碎片是异地分布的，但在早二叠世地图上，它们是统一的（图 10.7）。如果 Panjal 暗色岩确实是由地核—地幔边界的地幔柱形成的 LIP，将其与非洲地幔柱生成带（Tuzo）联系起来，那么 Panjal 暗色岩的喷发可能引发了随后的新特提斯洋的开放（图 10.2）。它位于冈瓦纳的东北部，在早二叠世裂陷后，新特提斯洋就在这里打开（图 10.2 和图 10.7）。

10.1.7　东亚

当新特提斯洋在约 260Ma 的中二叠世早期打开时，作为早期断裂的结果，一系列微大陆和地体，特别是中缅马苏和西藏地体以及许多从土耳其向东到厄尔布尔士的小单元如伊朗、喀喇昆仑（包括中泥盆世被熔岩缝合到喀喇昆仑的南部和中部帕米尔高原）、卢特、萨南德、阿富汗和巴基斯坦，所有都离开了盘古克拉通冈瓦纳部分的北缘。与新特提斯北侧接壤的是羌塘和拉萨的联合西藏地体以及中缅马苏（Metcalfe，2006）。在喜马拉雅地区，有许多下二叠统火山岩标志着裂谷的发育，以及花岗岩类，它们持续侵入羌塘地体直到二叠纪末期（Zhu 等，2013）。现在还不确定东部和西部的地体是否联合起来形成一个单一的非常细长的大陆，通常称为辛梅利亚大陆，或者它们是否形成了几个独立的微大陆板块。但似乎有可能的是，至少有一些与它们的邻居相连，成为连续的陆地区域，就像图 10.2 显示的那样。

在二叠纪期间，华北、华南和安南似乎保持着相同的相互关系，因为它们都缓慢地向北漂移（图 10.3 和图 10.4）；安南和华南早在合并前就已逐渐旋转，在三叠纪沿哀牢山和松马缝合带形成

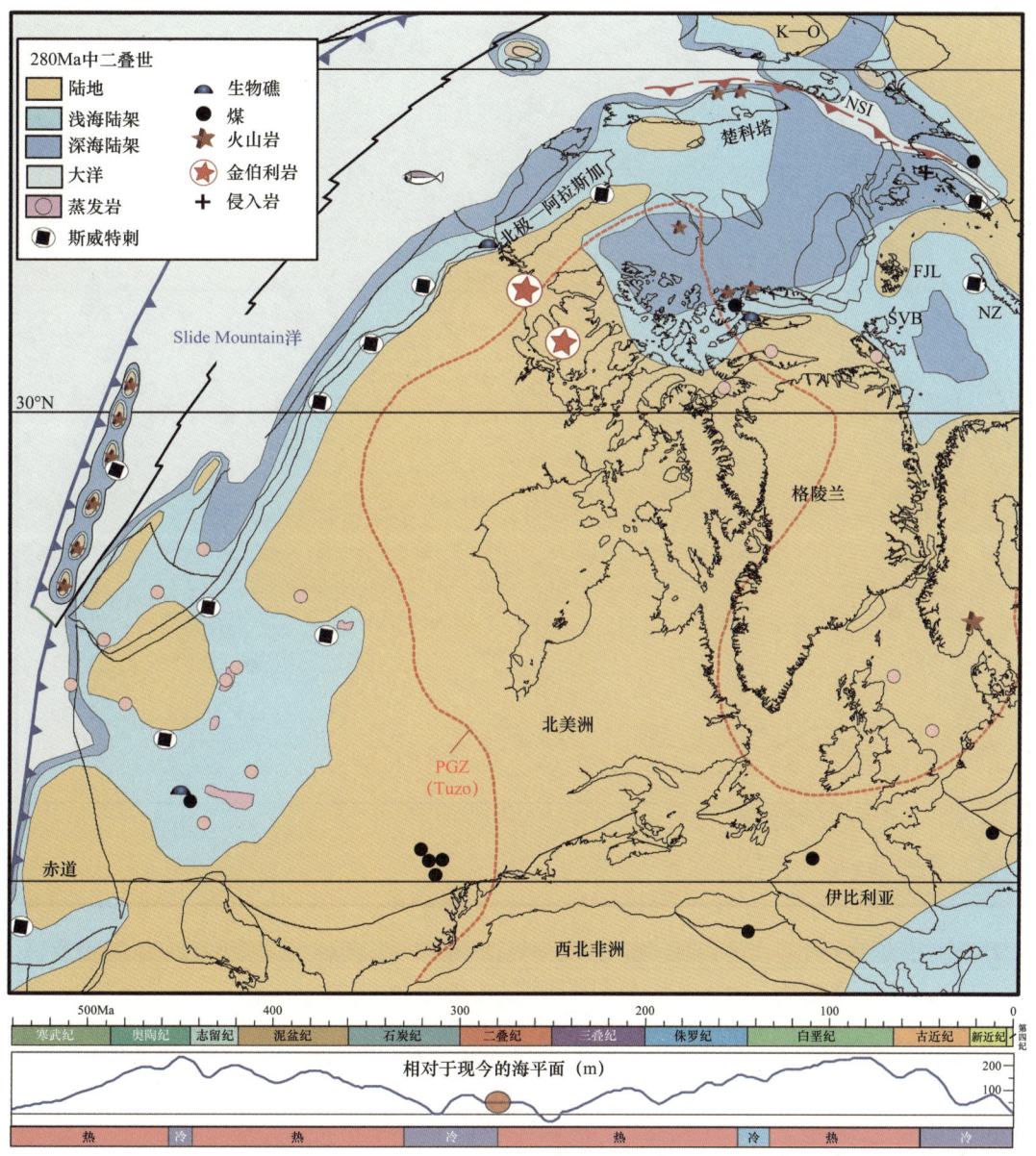

图 10.5　**280Ma（亚丁斯克期）北盘古大陆的中、西部劳伦西亚部分和西伯利亚邻近部分，显示了当时陆地和海洋的格局，以及 *Sweetognathus* 牙形石的分布**

蓝色实线为齿状位于上板块的俯冲带，黑色实线为扩张中心和转换断层，红色虚线为地幔柱生成带（PGZ）；FJL，法兰士约瑟夫地群岛；K—O，科雷马—欧姆龙；NSI，新西伯利亚群岛；NZ，新地群岛；SVB，斯瓦尔巴特群岛；底部：显生宙时间标尺和海平面变化（Haq 和 Al-Qahtani，2005；Haq 和 Shutter，2008）以及冰室（寒冷）和温室（温暖）条件

- 193 -

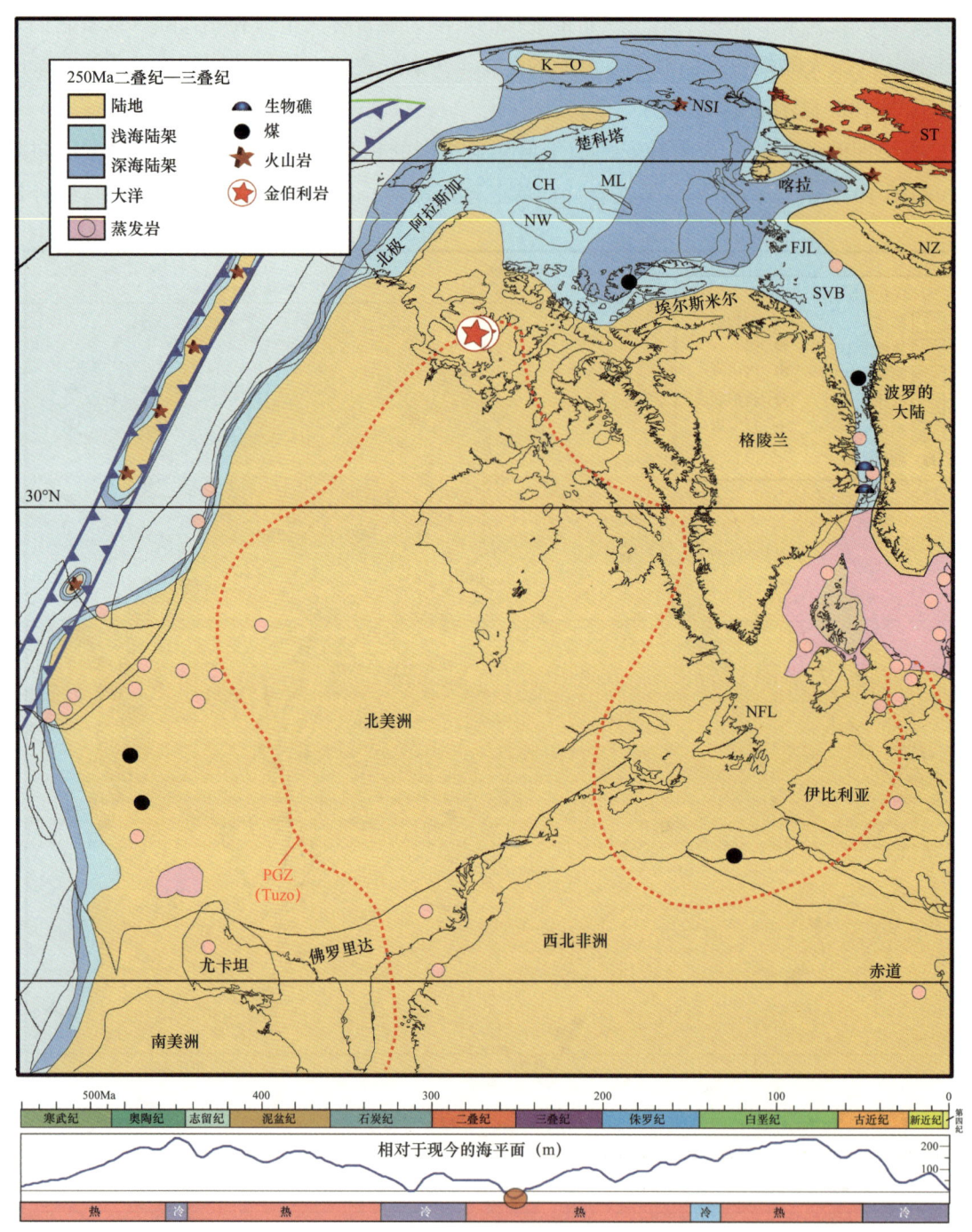

图 10.6 250Ma（二叠纪—三叠纪边界时间）盘古大陆北部的中、西部劳伦西亚部分和西伯利亚邻近地区，包括西伯利亚暗色岩 LIP，显示了当时的陆地和海洋格局

蓝色实线为齿状位于上板块的俯冲带，黑色实线为扩张中心，绿色实线为转换板块边缘；红色虚线为地幔柱生成带（PGZ）；CH，楚科奇；FJL，法兰士约瑟夫地群岛；K—O，科雷马—欧姆龙；ML，门捷列夫脊；NFL，纽芬兰；NSI，新西伯利亚群岛；NZ，新地群岛；ST，西伯利亚暗色岩；SVB，斯瓦尔巴特群岛；底部：显生宙时间标尺和海平面变化（Haq 和 Al-Qahtani，2005；Haq 和 Shutter，2008）以及冰室（寒冷）和温室（温暖）条件

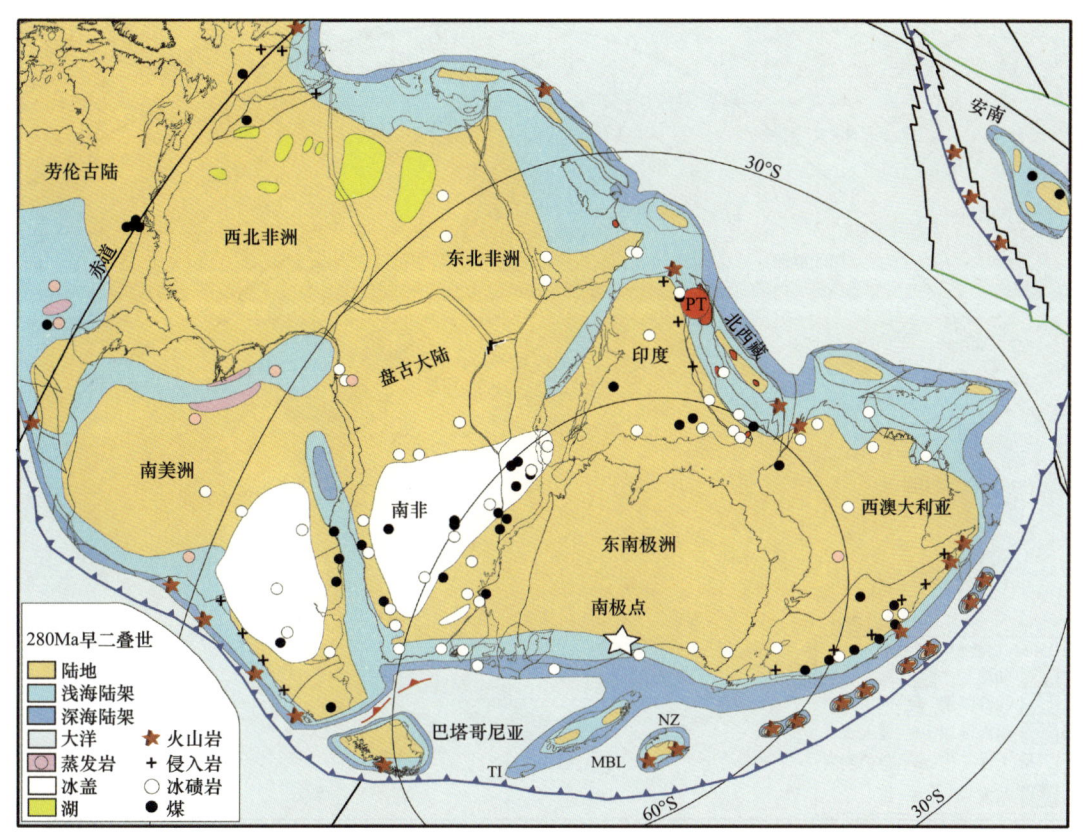

图 10.7 280Ma（亚丁斯克期）盘古大陆的冈瓦纳部分和附近地区，显示了当时的陆地和海洋格局

蓝色实线为俯冲带，齿状位于上板块，黑色实线为扩张中心，绿色实线为转换板块边缘；所示的岛弧串是示意性的，因为岛弧内每个单元的单独范围和每个单元高于海平面的程度是不确定的；MBL，玛丽伯德地；NZ，新西兰；PT，Panjal 暗色岩大火成岩省；TI，瑟斯顿岛

今天的构造。在安南边缘的尖竹汶地体中发育下二叠统花岗岩以及上二叠统弧岩（arc rocks），它们代表了主要为三叠纪的印支期造山运动的第一阶段的构造活动。

在二叠纪末期，峨眉山大火成岩省在 262—257Ma 之间侵入华南，其侵入时间大致相当于二叠纪中、后期边界（图 10.4）。那些块状的峨眉山玄武岩，厚度为 3~5km，改变了中国南方的地形以至于整个大陆的沉积机制在晚二叠世和三叠纪初期都受到了影响，由西北部的板内镁铁质为主要来源向西、东两个方向的涉及岩浆弧和回收造山碎屑的混合来源转变（Yang 等，2014）。

二叠纪古亚洲洋开始变窄，一边是华北，另一边是准噶尔、南戈壁和阿姆利亚微大陆，华北和阿姆利亚 Khinggan—Bureya 部分之间的中二叠统索仑山蛇绿岩定义了东部古亚洲洋的位置和关闭的时间（Li，2006）。然而，一些学者（Xiao 等，2008）指出，当古亚洲洋最终关闭时，一个统一的西伯利亚和哈萨克斯坦加入了塔里木，并将塔里木和西伯利亚以东以及它们和华北之间的海确定为古特提斯洋。位于西伯利亚、准噶尔和塔里木之间的该地区的断层以伊犁地块为中心，位于 Atashu—Zhamshi 地体东端，表明西伯利亚与准噶尔之间的 Erqiz 大断裂为左旋断裂。但伊犁地块南、北部的走滑断层均为右旋断层，侧向位移分别为 600km 和 1000km（Wang 等，2007），进一步证实了西伯利亚在盘古大陆内的位置最终调整时所涉及的一系列复杂的过程和事件（图 10.9）。尽管一些作者得出结论，西伯利亚和华北之间的海洋在 290Ma 之后不久的某个时候在萨克马尔期最

- 195 -

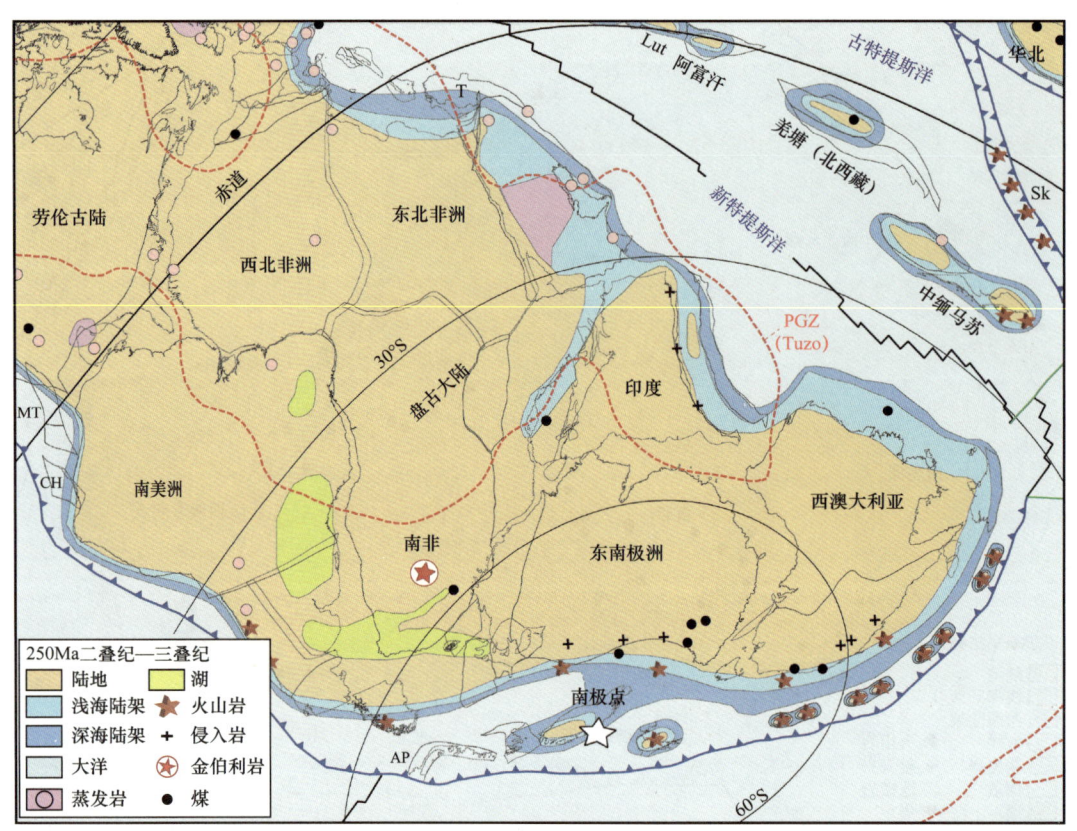

图 10.8 **250Ma 二叠纪—三叠纪边界时间，盘古大陆冈瓦纳部分及其邻近地区，显示了当时的陆地和海洋格局**

蓝色实线为俯冲带，齿状位于上板块，黑色实线为扩张中心，绿色实线为转换板块边缘；所示的岛弧串是示意性的，因为岛弧内每个单元的单独范围和每个单元高于海平面的程度是不确定的；AP，南极半岛；CH，Chortis 地体，墨西哥；MT，密斯特克—Oaxaquia 的墨西哥地体和马德雷山脉；Sk，Sukothal 弧；T，土耳其的 Tauride 地体

终关闭，但古地磁数据明确表明，这种关闭直到进入中生代很长一段时间才发生，很可能是在约 150Ma 的晚侏罗世。

在整个二叠纪，华南和安南与盘古大陆完全分离。华北、塔里木和阿姆利亚经历了一场复杂的构造活动，它们彼此结合在一起，很可能它们当时的西端与盘古大陆东部相连，一起形成了逐渐缩小的古特提斯洋的东北边缘（图 10.2 和图 10.3）。兴安—布列亚地块、呼塔格乌勒—松辽（453 单元）和前中蒙古地体群（440 单元）都属于阿姆利亚大陆的一部分，前者现代地理位置如图 3.7 的 454 单元所示。

塔里木最终在中二叠世与西伯利亚结合，但两者之间晚古生代进行性的相互作用导致了哈萨克斯坦的弯曲造山带（Abrejevitch 等，2007，2008）。在早二叠世向西伯利亚贴合之前，哈萨克斯坦大陆和其他以前独立的哈萨克斯坦地体大多经历了整合。当时海相沉积和安山岩火山活动停止，西伯利亚克拉通以西的二叠纪 Zaisan 山开始隆升（Ziegler 等，1997）。

10.1.8 西伯利亚和盘古大陆邻近地区

在 250Ma 左右发育的岩石中有许多高质量的古地磁数据（图 9.11），如西伯利亚暗色岩中溢流

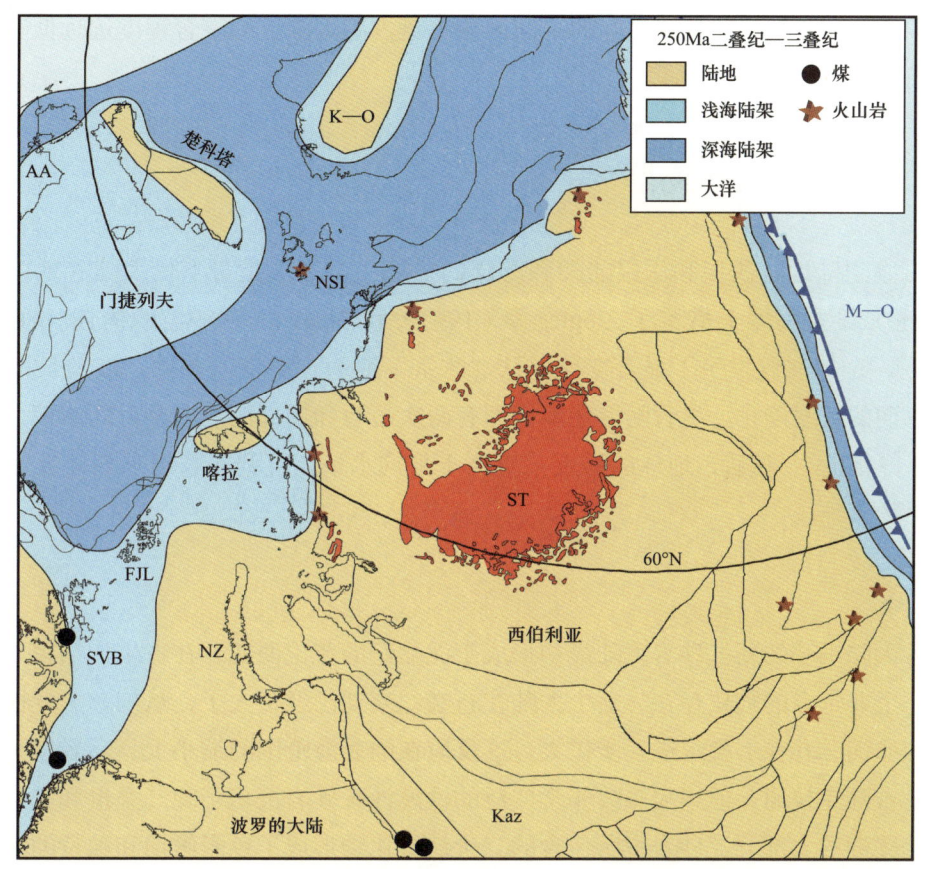

图 10.9　**250Ma 二叠纪—三叠纪边界时间的西伯利亚和盘古大陆北部邻近区域，显示了当时的陆地和海洋格局**
AA，北极阿拉斯加；FJL，法兰士约瑟夫地群岛；Kaz，前哈萨克斯坦大陆；K—O，科雷马—欧姆龙；M—O，蒙古—鄂霍茨克洋；NSI，新西伯利亚群岛；NZ，新地群岛；ST，西伯利亚暗色岩；SVB，斯瓦尔巴特群岛

玄武岩。在约300Ma的石炭纪—二叠纪边界（图9.9），以及约250Ma的二叠纪末期的该区域图表明，随着二叠纪的发展西伯利亚几乎成为盘古大陆的一个组成部分，但直到早三叠世西伯利亚才完全与盘古大陆合并。在二叠纪开始之前，许多西伯利亚周围的地体已经完成了对主西伯利亚克拉通的贴合（Torsvik，2007）。虽然发育包括今天西伯利亚大陆西南缘的Gornostaev剪切带和南缘的额尔齐斯剪切带在内的明显剪切带（图7.7），但由于那里地壳的厚度，值得注意的是老西伯利亚克拉通的大部分仍未变形，在很多地方新元古界（里菲阶和文德阶）和下古生界岩石还是像当初沉积在那个克拉通上那样平坦。

通古斯盆地，横跨西伯利亚克拉通西部的很大一部分并形成于二叠纪，就是在那里西伯利亚暗色岩中大量的溢流玄武岩爆发，并在251Ma的时期结束前沉积下来（Bowring等，1998）。与其他大型火成岩省一样，火山爆发无疑是由深地幔的地幔柱引发的。西伯利亚暗色岩玄武岩独特的分析指纹表明，这些暗色岩似乎一直向北延伸到北冰洋的新西伯利亚群岛（图10.9）。

图9.9、图10.2和图10.9也显示了在二叠纪初期从西伯利亚分离出来的大陆和地体，包括哈萨克斯坦和劳伦西亚联合大陆、卡拉、华北（已扩大到包括塔里木和各种以前独立的现在位于中亚阿尔泰褶皱带的地体）和阿姆利亚。然而，该地区在二叠纪早期和晚期发展时的其他一些重建（Li，

2006）显示，西伯利亚周边和华北之间的不同区域在盘古超大陆上的整合程度远远低于我们所绘制的当时的地图。

10.2 相、植物群和动物群

本书对二叠纪陆地、浅层和深层陆架和海洋的描述（虽然不是对下伏大陆和地体边缘的位置或形状的描述）很大程度上借鉴了Ziegler等（1997）和Ziegler（1989）的描述。在280Ma左右（萨克马尔期），全球气候发生了显著变化，从"冰室"变为"温室"条件，涉及长期存在的二叠纪—石炭纪冰期的普遍停止。尽管随后在南极洲有两次短暂和局部的中二叠世间冰期，最新的距今265Ma（瓜德鲁普世）。随后，地球的温度一直高于平均水平，直到二叠纪末期才发生了下文所描述的大规模生物灭绝。

10.2.1 相

位于盘古大陆中心的新红砂岩大陆最初形成于泥盆纪的劳伦西亚，在古生代结束后，它的继承者继续作为一个非常大的陆块存在。那个大陆在石炭纪末期已经很大了，从加拿大北极群岛向南延伸到南美洲和非洲，并在二叠纪进一步扩大，这反应在陆表海范围的缩小上，后者迄今已覆盖了如此多的前劳伦古陆克拉通。但绝大多数非常广泛的沙漠沙丘砂岩沉积于晚二叠世和三叠纪期间，在现代欧洲和北美洲的大部分，砂岩中所包含的三价铁氧化物形成了色彩鲜艳和独特的相群，称为新红砂岩（见下文不同地区）。

二叠纪的沉积相可能比其他任何时期都更加多样化。除了广泛的沙漠新红砂岩，还有大量的上二叠统煤层经常与包括珊瑚礁在内的碳酸盐岩互层分布，在今天的北美洲北极区以及华南（Shao等，2003；图10.1），还有各种广泛的碳酸盐岩台地，如在安南的泰国部分（Ridd等，2011）都有分布。在巴西东部，在克拉通内Recôncavo盆地的干旱气候条件下沉积的一系列沉积物，在二叠纪表现出从浅海到孤立蒸发环境，经由大陆萨布哈到零星湖泊沉积的海退（Silva等，2012）。

10.2.2 植物分区

从晚石炭世到早二叠世，全球的冰室条件持续存在，植物区系的边界也几乎没有变化。与晚石炭世一样，世界范围内的二叠纪植物被划分为四个群，其中最著名的是冈瓦纳分区（又称*Glossopteris*省），它是盘古大陆冈瓦纳部分南部高纬度地区的特征（Torsvik和Cocks，2004）。安加拉分区（包括一些被称为Verkolyman的分区）占据了认为是西伯利亚和北纬西伯利亚周缘的地区，一些元素向东延伸到安南（图10.4）。更温和的华夏分区植物群在华北（Stevens等，2011）和华南（Cai和Zhang，2009）以及安南都有分布。欧美分区占据了赤道两侧较温暖的纬度（DiMichele等，2009）。

在北极和亚北极地区，与现代森林被常绿乔木主导不同，二叠纪末期高纬度森林由落叶树木和常绿乔木混合组成，因为落叶树木似乎可以更好地适应当时的高度扰动区，后者由交替的冷暖气候和一年中大部分时间有限的光照造成（Gulbranson等，2014）。虽然*Glossopteris*植物群在二叠纪最早期之前已经从巴西的巴拉那盆地消失（Holz等，2010），但整个二叠纪，它在印度、南非、澳大利亚一直保持着多样性，在南极洲冰川大面积退去后的早二叠世也是如此，直到该植物群最终受到很大影响并由于二叠纪末期的灭绝而减少。盘古大陆冈瓦纳部分的大部分地区，尤其是在二叠纪的前三分之二时期，广泛分布着煤炭（图10.7）。

西伯利亚是北温带气候带的主要组成部分，在那里也沉积了大量的煤，特别是在通古斯和库兹涅茨克盆地。在萨克马尔期（大约295Ma）安加拉分区（主要位于西伯利亚）尚没有后来发展得那么好，例如近30Ma之后（沃德期）以Cordaite和Sphenophyte属为主的安加拉植物群与华夏、冈瓦纳和其他植物群相比，不仅仅拥有地球上数量最多的植物属而且在组成上也具有最明显的差异（Rees等，2002）。

虽然华北和华南没有已知的冰川沉积，因为它们主要在热带地区，但该地区直接受到二叠纪—石炭纪冰期的影响。以华北地区为例，早二叠世陆地沉积为含煤的河流相地层，富含植物化石，而晚二叠世河流相红层中多为钙质古土壤。然而，在从冰室到温室条件的变化之后，一种更具有世界性的耐旱植物群落开始淡化华夏分区的特征（Cope等，2005）。该分区最初主要分布在华北和华南，但在二叠纪开始之前，它已经扩展到邻近地区，并随着时间的推移继续扩大（Stevens等，2011；Cocks和Torsvik，2013）。到280Ma的早二叠世（图10.3），以Cathaysiopteris为特征的华夏植物区系已从华北和华南扩展到冈瓦纳的东北边缘，分布在中缅马苏和西藏地区；然而，在中缅马苏还有一个欧美植物区系。

事实上，在二叠纪植物区并没有像许多地图上显示的那样被严格划分；例如，在今天华北西部地区，许多植物分区既有华夏属又有欧美属。在阿姆利亚大陆的兴凯—佳木斯—布列亚（454单元）和呼塔格乌勒—松辽（453单元）区域，在早二叠世只发现了高纬度的安加拉植物区系（图10.3）。然而，与此相反，在250Ma的二叠纪末期（图10.4），阿姆利亚发育混合的华夏和安加拉植物区系，包括独特的华夏Gigantopteris。此外，华南也有少量华夏和欧美植物同时生长的地方。

尽管在二叠纪的科迪勒拉有少量的安加拉元素，但劳伦西亚的植物群与冈瓦纳、中国（华夏分区）和西伯利亚（安加拉分区）的植物群不同。例如，尽管早期的工作人员在阿拉斯加Farewell地体的神秘洞穴发现的下二叠统植物群被鉴定为纯粹的安加拉分区，但对同一Mount Dall岩层植物群的进一步收集和评价表明，它同时包含安加拉属和欧美属（Blodgett和Stanley，2008）。然而，在Farewell地体和现今美国40°N之间的劳伦西亚西部并没有发现二叠系植物群；因此，如石炭纪之前的植物群一样，美国西南部和安加拉植物群之间的边界可能被反映，也许是伴随着干旱波动的古温度控制的生态群将两个分区隔开，而不是一条突然的线。

10.2.3 底栖海洋生物群

二叠系腕足类也是地方性的（Shi，2006）。温暖水域的北方动物群，包括 Neochonetes、Costispinifera、Calliprotonia、Juresania 和许多其他动物，在伊朗和邻近的阿拉伯海中繁盛，并向北延伸到盘古大陆的乌拉尔和俄罗斯台地区。这些腕足类与低多样性的冷水动物群形成鲜明对比，后者从喀喇昆仑和阿富汗一直到澳大利亚都有分布，对比Angiolini等（2007）提出的海洋环流成因，这可能只是由于其处于不同的古纬度（图10.7）。

最早的二叠纪冰期结束于早萨克马尔期，这之后的阿瑟尔期到萨克马尔期，在冈瓦纳北缘形

- 199 -

成了一个巨大而陡峭的气候梯度，典型例子是对比鲜明的腕足类和有孔虫动物群。图 10.2 所示为 Shen 等（2009）在亚洲区域识别出的中二叠世发育的 10 个全球腕足类分区中的 5 个，可以看到，一些主要是由于它们的纬度位置造成的，一些是由于地理上的分离，另一些则是这两种因素的结合。141 种已知属的二叠纪末期（长兴期）发育的腕足类可以分为五个分区，其中三个是在新西兰高纬度的澳大利亚分区的冈瓦纳新特提斯大陆架上发现的（在二叠纪早期曾占据冈瓦纳相当大地区的分区的后裔），穿过温和的喜马拉雅分区到达中东地区的西特提斯分区，后者位于赤道纬度。然而到二叠纪晚期，新特提斯已经足够宽，导致中缅马苏和华南的华夏分区的独立发展（图 10.4），与在大洋彼岸的盘古大陆上发现的欧美植物区系形成对比。

在西伯利亚的大部分地区，已经确定了一个基于腕足类的中二叠世 Verkolyma 分区（Shi, 2006），以及位于远东西伯利亚、部分日本和中国东北的一个泛大洋分区（Sikhote Alin 褶皱带和 Ekonay 地体）。在这两个分区之间还有一个过渡的中国—蒙古—日本分区，其占据了包括华北大陆边缘在内的东亚大部分地区（Manankov 等，2006）。后者包括腕足类动物群，其组成介于西伯利亚的 Verkolyma 分区和更传统的华夏分区之间，其位于华南大陆的上方和附近。泛大洋分区包含许多二叠系动物群，它们居住于近海环境，大多发现于侏罗纪的加积棱柱体的异地块体中，包括日本的 Mino 地体、中国东北的黑龙江地体和远东俄罗斯的 Sikhote—Alin 地体（437 单元）。在二叠纪，所有这些动物群落可能都生活在泛大洋相对孤立的海洋中部的海山或岛弧之上。

除了这些亚洲动物群之外，其他地方也发育许多丰富多样的二叠系腕足类动物群，有些在下面的地理部分中提到，还有一些动物群的多样性要少得多，例如在英格兰北部的镁质石灰岩中发现的高盐动物群。

10.2.4 陆地生物群

今天发现的石炭纪和早二叠世发育的脊椎动物的大多数遗址都在北半球，这表明南半球大部分地区（主要是冈瓦纳）的气候在冰河时期是多么的不适宜居住。然而，中二叠世改善之后，在南非和冈瓦纳的其他地方发现了各种各样的上二叠统动物化石。原始的四足动物进化分为两组，早些时候出现了无孔型（各种已灭绝种群以及现代海龟）和双窝型（包括恐龙在内的大多数爬行动物和鸟类以及之后的从三叠纪开始发育的哺乳动物），但在二叠纪辐射范围更广（Benton，2005）。大多数哺乳动物都很小，虽然有些食草动物大得多，例如 Scutosaurus 钜颊龙，它是一种可怕的河马大小的动物，身上覆盖着骨质的赘生物（Benton，2008）。有些科分布广泛，例如在安南地区发现了晚二叠世的双棘齿两栖类化石，除非当时与盘古大陆有一定的陆地联系，否则不太可能发生，但与盘古大陆的哪个部分相连还不确定（Metcalfe，2006）。

其他逐渐变得更加多样化的陆生动物（主要是节肢动物）的辐射也反映了环境温度，数量在晚二叠世早、中期显著增加。

10.2.5 盘古大陆北部

虽然在石炭纪和二叠纪存在着一些全球性的分区性，例如在上面提到的腕足类动物群中，但大部分前劳伦西亚随后形成了广泛的特提斯领域的一部分。例如，在欧洲北部和中部的大部分地区，下二叠统是非海相红色层（新红砂岩），部分是由于其他地方的冰川作用造成的低海平面形成的。

与此相反，晚二叠世（乐平世）沉积物主要是蒸发岩，只有少量海相侵入，其中的动物区系，如图 10.6 所示的英格兰东北部的镁质石灰岩，代表了生态压力大的动物群落，其物种和属相对较少。海面升降变化导致了乐平统碳酸盐台地的周期性暴露，由于零星的强季风降雨，发育了大量的同期成岩作用。

在盘古克拉通的西劳伦西亚部分的南部（图 10.5）发育浅水海洋，出产了大量保存完好的化石，特别是在得克萨斯州的格拉斯山脉中发现的许多种类繁多的硅化腕足类动物群。在早二叠世—中二叠世期间，也发育许多实质性的生物礁，如著名的得克萨斯州的埃尔卡皮坦生物礁。

在气候较为温和的加拿大北极群岛发育大量的下二叠统（亚丁斯克阶）苔藓虫生物丘。以 *Thysanophyllum* 为代表的一个珊瑚带，从格陵兰岛北部一直延伸到加拿大北极群岛，然后沿着克拉通的西部边缘一直延伸到南美洲（Stevens 和 Stone，2007）。被称为 McCloud 带的下二叠统底栖有孔虫最初是在加利福尼亚州东部克拉马斯地体（161 单元）的 McCloud 地层中发现的一个独特的组合，有助于确认该地区地体的完整性（Nokleberg 等，2000；Colpron 和 Nelson，2009）。在早二叠世的西劳伦西亚，腕足类、有孔虫类和珊瑚数量丰富，表明当时科迪勒拉的东部 Klamath、Stikinia 和 Quesnellia 的区系彼此相似（Belasky 等，2002）。牙形石也很普遍（Mei 和 Henderson，2001），并且本书展示了亚丁斯克阶 *Sweetognathus* 的分布（图 10.5），这表明，尽管当时在高纬度地区出现了冰川作用，但整个盘古大陆的劳伦西亚地区的气候差异可能还不够大，不足以在海洋中形成许多具有明显纬度差异的带，而且赤道地区至少与现在一样温暖。

10.2.6　盘古大陆的西伯利亚和东亚部分

当时的西伯利亚包括今天的美洲板块地区的科雷马和欧姆龙，以及东西伯利亚周边的部分地区，以及古西伯利亚克拉通本身。因为它仍然是唯一的延伸到更高北部纬度的主要大陆地区（图 10.1），所以识别出了各种动物物种和植物分区。尽管在边缘地带，由于在二叠纪之前独立的哈萨克斯坦地体已经与西伯利亚相连，而劳伦西亚东部也在附近，所以各分区之间存在着渐变群（图 10.2 和图 10.9）。在二叠纪，该地区中部大部分为大陆。在哈萨克斯坦境内，Kokchetav Ishim（458 单元）的西部，中石炭统—中二叠统盆地包含大量的非海相岩石和蒸发岩，后者不整合覆盖于下古生界之上（Windley 等，2007）。

10.2.7　盘古大陆南部

巴西巴拉那盆地发育多种岩石，大部分为河流成因，早二叠世（早萨克马尔期—中亚丁斯克期）发育一些冰川沉积，在 Rio Bonito 组的 Paraguaçu 段中有单一的海相侵入。这之后是代表浅海临滨海湾沉积的沉积物，接下来是亚丁斯克期到空谷期的陆相沉积物，出产了许多可辨识的植物（以及煤）、爬行动物化石和含鱼的沉积物包括蒸发岩，除了一些薄层可能代表海洋入侵（Holz 等，2010）。

在非洲，非海相的卡鲁超群也沉积在大型陆内湖泊中，是各种各样的四足脊椎动物的宿主并发育层间火山灰，从后者可测量二叠纪晚期的绝对年龄。

10.2.8　二叠纪末期大灭绝

二叠纪末期，发生了整个地质记录中最重大的生物灭绝事件，时间与二叠纪—三叠纪边界大致重合，约75%的动植物物种灭绝（Wignall，2007）。在浅水海域，较大的有孔虫类、较大的珊瑚、三叶虫和大多数腕足类动物都消失了，其中许多至今仍是非常重要的古地理标志。这种影响在陆地上更为严重，在上二叠统（鞑靼阶）发现的48个四足动物科中，只有四分之一在大灭绝事件中幸存下来，并在三叠纪再次辐射。

灭绝的主要原因是非常消极的大气和相关的温度效应（图16.2），是由251Ma的西伯利亚暗色岩大火成岩省的巨型喷发造成的（图10.9）。但是，由于盘古大陆和其他大陆周围的各种生物生态位建立在海岸线之上，而由盘古大陆合并导致的海岸线不断减少也促进了物种的灭绝。需要更多的生态位来安置更多种类繁多的动物群落，尤其是底栖海洋无脊椎动物。此外，古特提斯洋（以及在某种程度上邻近的新特提斯洋）已经在某种程度上封闭起来了（图10.1和图10.2），导致腐殖质细菌不断增加，深度不断减小，再加上盐度的增加，共同造成了乐平世大范围的缺氧和大规模的气体喷发，这反映在两大洋周围的上二叠统岩石中广泛分布的黑色页岩露头（Şengor和Atayman，2009）。

作为一个更复杂的因素，在发生戏剧性的二叠纪—三叠纪边界事件之前，全球整体气候已经持续恶化了一段时间。这从晚二叠世生物礁和其他碳酸盐岩数量的减少也可以看出，因为早—中二叠世它们更加丰富和广泛。

二叠纪末期大灭绝事件在盘古大陆的许多地方都没有直接观测到，包括大不列颠（图10.6），那里大部分是陆地，并且远离盘古大陆的边缘。在英国，二叠纪唯一的大量沉积物是大部分非海相的沙漠沙丘和新红砂岩的其他岩石，在这些岩石中，二叠纪—三叠纪的边界是不可能被详细追踪的。相比之下，与其他地方一样，盘古大陆的劳伦西亚板块也受到了二叠纪末期事件的严重影响。然而，在约260Ma的二叠纪卡匹敦期海侵之后，迄今为止种类多样且数量丰富的纺锤虫类底栖有孔虫在北美洲灭绝，比世界其他地方要早。这些中卡匹敦期灭绝与253Ma的中国峨眉山LIP溢流玄武岩有关（图10.4）。

11 三叠纪

● 英国伯明翰附近三叠系新红砂岩中保存的色彩鲜明的沙漠沙丘
（Robin Cocks 拍摄；资料来源：伦敦自然历史博物馆）

在二叠纪—三叠纪边界的大灭绝之后，生物区系的恢复最初是缓慢的，但随后加快了步伐，许多不同的动物和植物群落成为新的重要物种。三叠纪末期，发生了已知最大的大火成岩省之一——中大西洋岩浆省（CAMP）的侵入，其辅助了大西洋中部的开放，从而将超大陆的主要区域分为北部和南部盘古大陆，后者通常又跟在古生代一样被称为冈瓦纳（图12.1）。CAMP 也是又一次生物大灭绝的主要原因。

Frederich von Alberti 在19世纪30年代创造了三叠纪（Trias）这个名字，意思是"三重的"，用来识别在德国分为三部分的主要岩石群，然后又被称为 Bunter 砂岩、壳灰岩和 Keuper 泥灰岩，这些名字很快被 Adam Sedgwick 用在英国的岩石上。三叠系的基底位于中国浙江的 *Hindeodus parvus* 牙形石生物带（印度阶）底部，年代为252Ma。二叠纪—三叠纪边界（250Ma）附近三叠纪初期的全球大陆和海洋分布第10章已述及［图10.2（c）］，230Ma（卡尼期）和210Ma（晚诺利期）的分布如图11.1所示。三叠纪持续了52Ma，从252Ma 到201Ma 其中包括七个期，依次是印度期、奥伦尼克期、安尼期、拉丁期、卡尼期、诺利期和瑞替期，这些期都是以欧洲和西伯利亚的不同地

- 203 -

方命名的。后三个均属于晚三叠世，约占三叠纪时间的三分之二；实际上，正式构成早三叠世的前两个期非常短，长度总共只有4Ma。

11.1 构造和火成岩活动

11.1.1 大火成岩省和金伯利岩

在晚古生代和早中生代，盘古大陆覆盖着Tuzo，这是靠近地核—地幔边界的两个主要LLSVP之一。三叠纪只有两个已知的LIP，一个在二叠纪—三叠纪边界（西伯利亚暗色岩；图10.9），另一个在中大西洋岩浆省（CAMP），是在约201Ma该时期结束时侵入的。该LIP的面积很大（约1000km^2；McHone，2002），今天在南美洲、非洲东北部、北美洲东部和欧洲西南部相隔甚远的地区的许多岩石中都有发现［图12.1（a）］。CAMP地幔柱顶部很可能撞击到佛罗里达南端下面的岩石圈上，以前曾在Tuzo地幔柱生成带发现［图11.2（a）］，并沿岩石圈底部水平传播了数千千米。三叠纪发育的金伯利岩很少为人所知，但在加拿大、格陵兰、非洲（博茨瓦纳）、南美洲（巴西）和西伯利亚都有发现。除了最后一个可能来自西伯利亚下部地幔—地核边界的Perm（低剪切波速带）异常，它们也来自Tuzo的边缘（图11.2）。

11.1.2 海洋

在古生代，泛大洋继续主导世界古地理（图11.1），但其中的三个大构造板块（伊泽奈崎、菲尼克斯和法拉隆）和一个较小的卡什克里克板块（Shephard等，2013）都是合成的（图11.1；附录2）。因此，三叠纪板块构造和地球动力学模型只在古生代部分地区才可靠，"世界不确定度"为60%～70%［图12.3（a）］。

法拉隆板块部分为大陆板块，但一个推测的早侏罗世ridge—jump（约185Ma）将亚历山大和弗兰格里亚地体转移到邻近的卡什克里克板块，随后卡什克里克板块俯冲至北美洲西北边缘之下，最终在早白垩世导致这些地体与该边缘发生碰撞。蒙古—鄂霍茨克洋在晚古生代的西伯利亚和阿姆利亚之间延伸［图11.1和图11.2（b）、（c）］，但在三叠纪该板块显然形成了泛大洋的一个组成部分，因此三叠纪航海家不会认为它是独立的。

在三叠纪开始时，位于辛梅利亚地体链北部的古特提斯洋南缘显然是被动的，而那片海洋依然浩瀚［图11.1和图11.2（b）、（c）］。相反，沿古特提斯洋北部边界与华北和安南相邻的复杂而快速的俯冲导致其规模不断缩小，其细节尚不清楚。虽然在中缅马苏和安南之间的古特提斯洋部分继续保持开放，但辛梅利亚造山运动的开始多少影响了古特提斯洋的西端，正如沿东南亚的Inthanon缝合带一样，在三叠纪末期于此封闭（Sone和Metcalfe，2008）。然而，古特提斯洋的其他部分一直延续到接近侏罗纪末期（图12.1），也可能持续到白垩纪。

与古特提斯洋缩小形成对比的是，在三叠纪，冈瓦纳北部被动边缘和辛梅利亚地体链南部之间的新特提斯洋继续扩大。也可能是在晚三叠世，在土耳其的Pontides和Taurides地体之间，次级裂陷作用使新特提斯洋在其西端增大［图11.2（c）］。

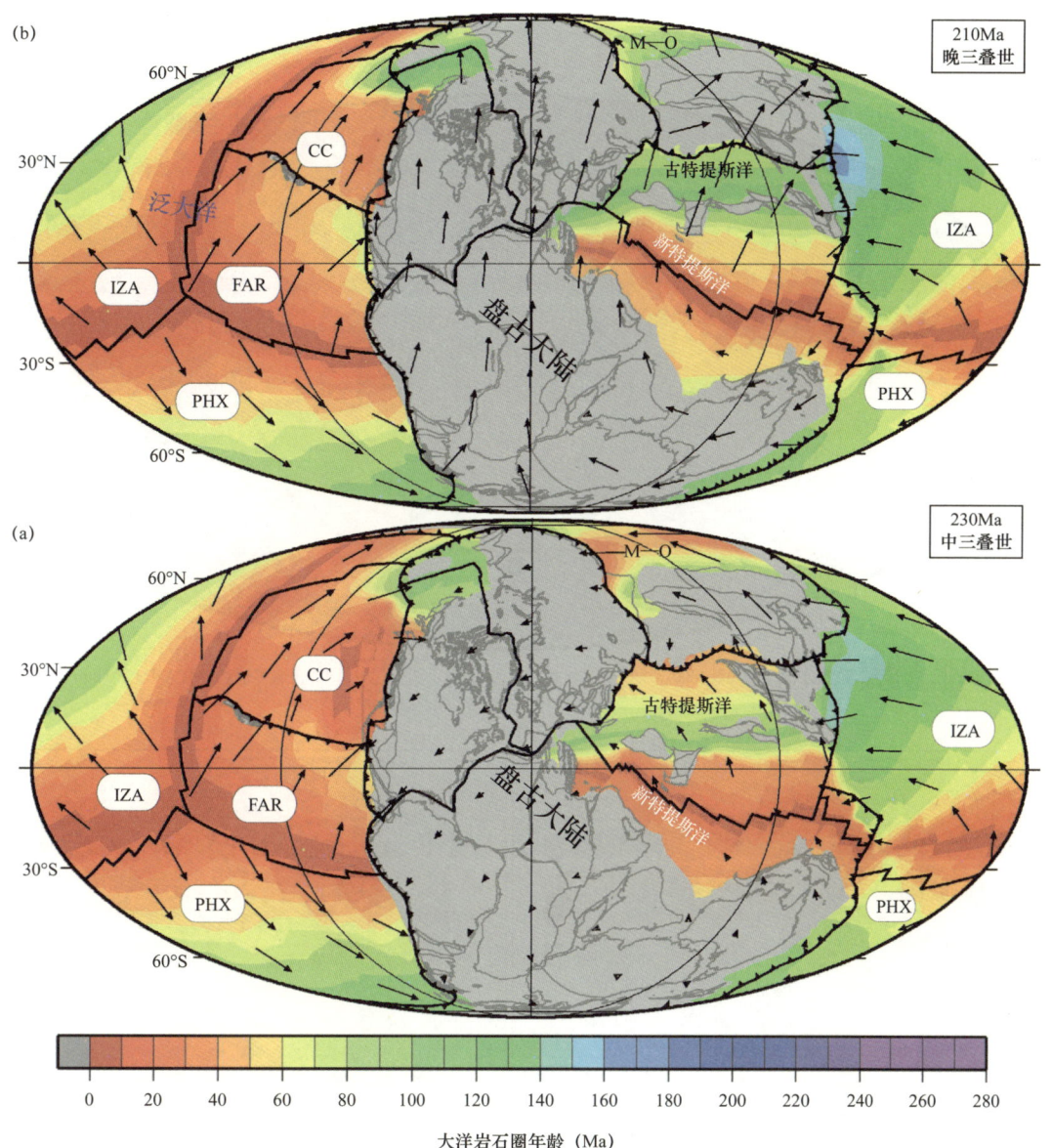

图11.1 （a）中三叠世（230Ma：卡尼期）和（b）晚三叠世（210Ma：诺利期）大陆板块（灰色）和海洋（其他颜色）板块的速度矢量及其海洋岩石圈年龄

CC，卡什克里克大洋板块；FAR，法拉隆板块（包括 CC 板块边界附近的亚历山大大陆和弗兰格里亚大陆地体）；IZA，伊泽奈崎板块；M—O，蒙古—鄂霍茨克洋；PHX，菲尼克斯大洋板块；EarthByte 地幔框架（第 2 章）

11.1.3 中央盘古古陆

晚三叠世，沿欧洲南缘一带，靠近未来的阿尔卑斯—特提斯轴的地方发生了强烈的张扭性构造活动（图 11.5）。这一构造活动向西一直延伸穿越未来的大西洋地区，在 205Ma 的诺利期形成了北美洲裂谷盆地（纽瓦克盆地）。在构成地中海东部地区的小块地体之间，已经发现了相对较小的深水水道，其中一些可能被海洋地壳淹没（Schandelmeier 和 Reynolds，1997）。然而，在整个三叠纪，主要的盘古超大陆仍然是统一的（图 11.1）。

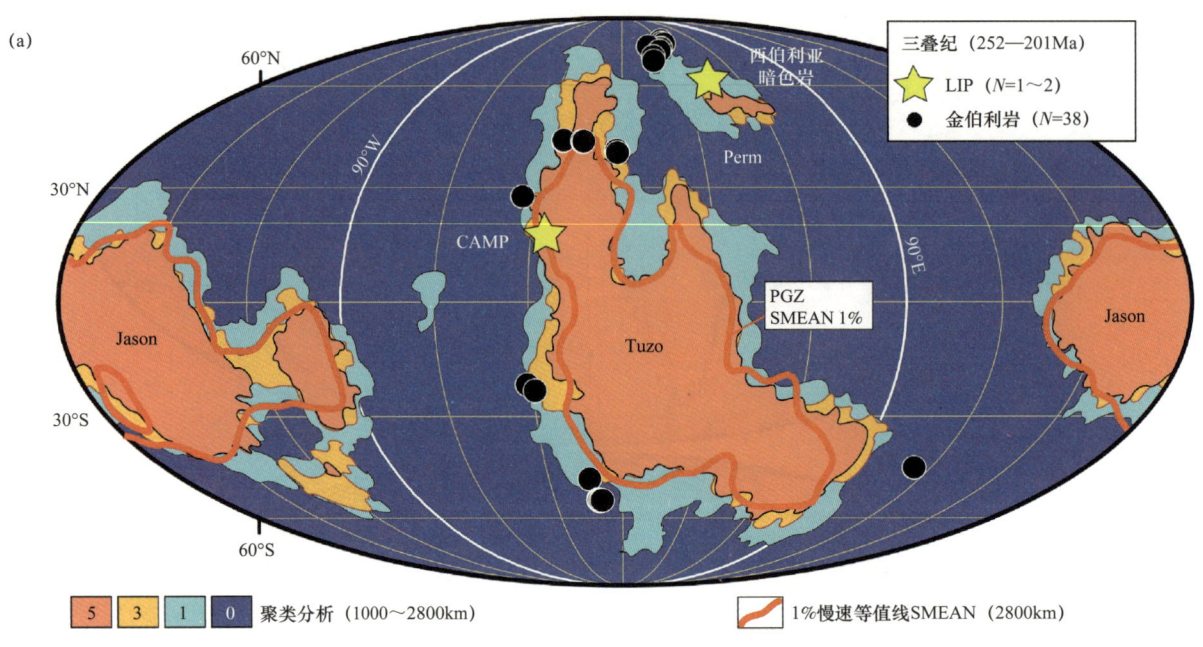

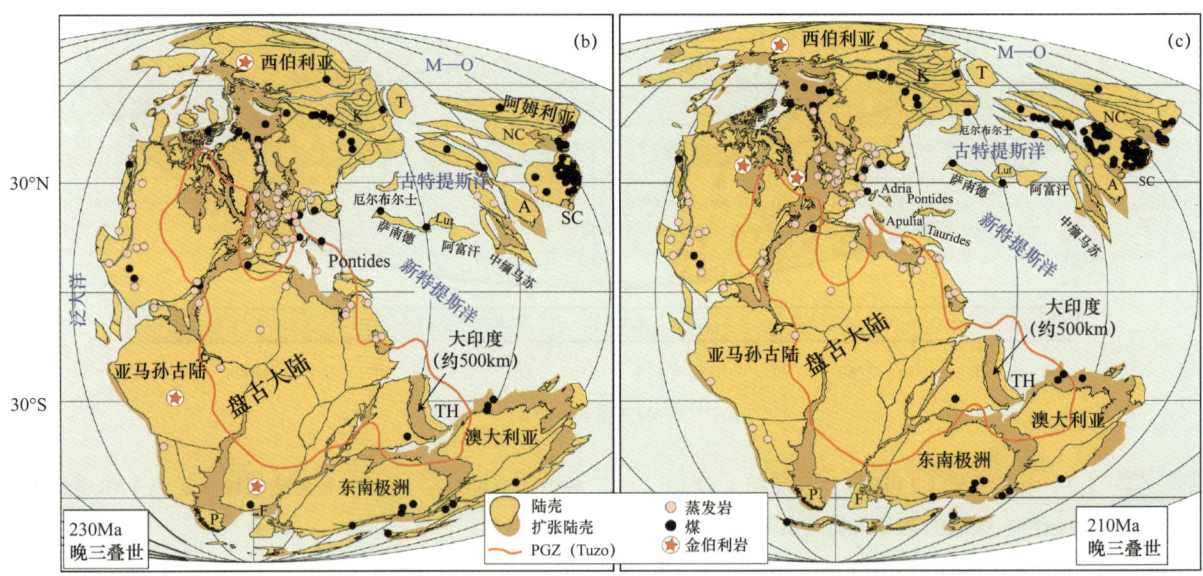

图 11.2 （a）估算的西伯利亚暗色岩和中大西洋岩浆省（CAMP）喷发中心（黄色星形）以及38个三叠纪金伯利岩（黑点）的CEED地幔框架重建，并覆盖在下地幔的地震选图等值线上（Lekic等，2012）；区域5、3和1定义了LLSVP，而0（蓝色）代表了下地幔速度较快的区域；1%慢速SMEAN等值线作为对比（第2章）；CAMP和大多数金伯利岩的位置在Tuzo地幔柱生成带（PGZ）附近或上方喷发，而西伯利亚的暗色岩LIP（252Ma）和西伯利亚的金伯利岩（231—215Ma）似乎与Perm异常有关；（b）230Ma（卡尼期）和（c）210Ma（晚诺利期）地球地理轮廓（主要的地壳单元）；A，安南大陆；F，福克兰群岛（马尔维纳斯群岛）；K，哈萨克斯坦地体；M—O，蒙古—鄂霍茨克洋；NC，华北；P，巴塔哥尼亚；SC，华南；T，塔里木；TH，特提斯喜马拉雅；CEED古地磁框架和大陆及板块几何体的位置在细节上可能与图11.1不同（在南美洲和东亚）

11.1.4 北盘古大陆和裂谷作用

随着三叠纪的发展，北盘古大陆的一大片区域受到连续的伸展构造的作用。这包括了欧洲大部分地区，从东北部的波兰海槽到西南部的摩洛哥和阿尔及利亚的阿特拉斯山脉（2000多千米），从西北部的东加拿大 Grand 滩到东南部的特提斯洋边缘（3500多千米）。这些扩张导致了当地海平面的剧烈波动，也导致了西欧和中欧主要为南北走向的地堑系统，后者在整个三叠纪期间不断演化和深化（Ziegler，1990）。

在盘古大陆东北部的通古斯盆地，西伯利亚暗色岩 LIP 在整个早三叠世继续爆发并持续到中三叠世，发育岩浆岩与陆相火山—沉积岩互层，尽管在西伯利亚克拉通东北部的 Lena Khatanga 盆地中只发现了早期的三叠系火山岩。在泰米尔，海槛和海堤可以追溯到229—227Ma 的卡尼阶（Walderhaug 等，2005），因此比西伯利亚暗色岩溢流玄武岩主体要年轻得多。

11.1.5 西南盘古大陆

在南美洲西南部，前安第斯构造旋回达到了顶峰，经历了两个裂谷期，第一个裂谷高峰在晚二叠世至晚安尼期，第二个裂谷高峰在诺利期至早侏罗世（辛涅缪尔期）。两者被拉丁阶至卡尼阶的中间硅质火山和火山碎屑夹层分开，这一阶段明显早于智利后期的裂谷（图 11.6）。在这些夹层之间存在厚度较大的沉积物，反映了不同盆地的沉陷，其基底大多为厚度较大的角砾岩沉积，代表不同古生代单元的海侵。晚三叠世（232—220Ma：卡尼期和诺利期），花岗岩侵入阿根廷布宜诺斯艾利斯附近和巴塔哥尼亚。超大陆的大部分地区也出现了拉张情况。例如，向东的前安第斯边缘裂谷从三叠系一直延伸到侏罗系，这促进了覆盖阿根廷中部和南部大部分地区的大量西北走向的沉积中心的发育。巴西东北部巴纳伊巴盆地三叠系中挤压出大量玄武岩，火山喷发持续到侏罗纪早期（Moullade 和 Nairn，1983）。智利晚期裂陷作用的沉积物包括海洋沉积物和反映大型湖泊的非海洋沉积物，其中一些湖泊向东南延伸至阿根廷（Moreno 和 Gibbons，2007）。

非洲大部分地区非常稳定，远在海平面之上，因此陆地是干燥的，几乎没有三叠系岩石发育，尽管有些可能代表那里的湖泊（图 11.6）。与此相反，在中三叠世早期，阿拉伯海湾地区的相格局反映出阿拉伯板块仍然是一个相对准平原 ENE—倾斜的被动部分海相边缘台地。该地区的沉积物受拉丁期沉降事件的影响而加重，在约 235Ma 的早卡尼期，发育一个较低的海平面（Schandelmeier 和 Reynolds，1997）。

11.1.6 东南盘古大陆

冈瓦纳东部的主要组成部分是印度、南极洲和大洋洲，尽管这一相当大的区域由于二叠纪冈瓦纳东北边缘的辛梅利亚地体的离开而缩小了，但这三个现代大陆在整个三叠纪仍然保持统一（图 11.6）。然而，随着三叠纪的发展，马达加斯加（印度板块）和东非（索马里）之间的早期裂谷仍在继续，它们之间发育从新特提斯洋向其北部的逐渐海侵，东非也被抬升为大量山脉（Veevers，2004）。然而，在发育中—下三叠统海洋沉积的地区，随后发育上三叠统陆地沉积。

11.1.7 东亚

晚古生代阿姆利亚和华北沿 Solonker 缝合带合并 [图 10.1（c）]。在中—晚三叠世，该联合大陆向安南大陆（印度支那）贴合，而华南随后在三叠纪最晚期或侏罗纪最早期［图 11.2（c）］与现在相当大的东亚大陆相连。在华北和周边地区，上三叠统岩石不整合地覆盖在下三叠统和中三叠统之上，广泛的不整合反映了构造活动，局部称为印支山运动，那块大陆上几乎所有已知的三叠系岩石都不是海相的，而是沉积于山间盆地或湖泊中（Zhang 等，2003）。而在华北西缘的南祁连地区（456 单元），下三叠统和安尼阶岩石均为不整合面下的海相成因，且当时南祁连可能仍处于水下。在西藏地区，羌塘地体（616 单元）与塔里木华南大陆的晚三叠世碰撞导致了海退并一直持续到早侏罗世。

11.1.8 辛梅利亚造山运动

在三叠纪末期约 205Ma（诺利期），辛梅利亚造山运动爆发，在其西端最初是由伊朗板块与黑海以东的图兰地体的活跃边缘碰撞造成的（Berra 和 Angiolini，2014），且伊朗边缘之下的俯冲持续到侏罗纪。随后发生的构造事件影响了整个东地中海地区以及中东的大部分地区，极为复杂，引起了激烈的争论。在希腊的不同单元（包括亚德里亚、罗多彼山脉和克里特岛），以及土耳其和中东的其他地体，确实存在着构造活动，有些相当剧烈。例如，在欧洲东南部的巴尔干半岛，阿普利亚海角以东发育中—晚三叠世变形域，伴随着复理石沉积，后者位于当时未发育构造运动的地区的南部，尽管它以前曾受到过古生代晚期华力西事件的影响（Stampfli 和 Borel，2004）。在地中海东部，断裂作用和裂陷作用发生在中—晚三叠世，转换断层将东部狭窄的大陆边缘与西部的深水盆地分隔开来。一条裂谷分支向东北方向延伸，在裂谷中形成了巴尔米拉和辛贾尔盆地，裂谷在中—晚三叠世和侏罗纪经历了热沉降（Ziegler，2001）。

一般认为相同的辛梅利亚造山运动延伸到了更远的东方，穿过阿富汗抵达华南，同一造山运动包括中缅马苏和安南之间的古特提斯洋关闭造成的构造活动，两个地体在三叠纪末期沿着 Inthanon 缝合带合并（Sone 和 Metcalfe，2008）。然而，由于从南欧延伸到远东的许多独立陆块中大量的三叠系岩石露头被后来的岩石相互分隔开，而且往往相隔数百千米，因此仅确定一个辛梅利亚造山事件可能过于简单。

11.1.9 劳伦西亚大陆的内部重组

随着古生代中期劳伦西亚大陆的形成和之后的盘古大陆的统一，在板块破碎和海底扩张之前，曾发生过几次板块内变形（主要是裂陷和盆地形成），这些变形发生在盘古大陆分裂的不同时期。在古生代晚期，东北—西南向的裂谷盆地（图 11.3），可能由波罗的大陆和东斯瓦尔巴特群岛之间的加里东缝合带引导，沿巴伦支海西缘发育（Faleide 等，2010）。在晚三叠世，劳伦古陆（包括北美洲、格陵兰、埃尔斯米尔和北极地区陆块）开始调整其相对于波罗的海和巴伦支海地区的位置。与之相伴的是格陵兰岛和西斯瓦尔巴特群岛之间的左旋走滑断层，发育于 220Ma（诺利期）到 190Ma（普林斯巴期）之间的 120km 的巴伦支海（图 11.4），但在西格陵兰岛和挪威之间更南的地方，运动更加倾斜（转换拉张）。晚三叠世的重组与大西洋中部的裂陷和随后的海底扩张相吻合，并导致在北极地区大约 265km 的垂向会聚。作为巴伦支海地区一部分的罗蒙诺索夫海岭可能与潜在的北美洲大陆的一部分，即今天的阿尔法脊相撞（图 11.3 和图 11.4 中的 ARC），但尚不清楚这是否是一条简单的褶皱和逆冲带，Nikishin等（2002）将其命名为罗蒙诺索夫褶皱带，这是最有可能的或也参与了任何俯冲。

在晚三叠世和早侏罗世，巴伦支海和北西伯利亚边缘主要发育隆起、褶皱和冲断带，显然晚于晚古生代乌拉尔褶皱带的变形，后者是由哈萨克斯坦地体与波罗的大陆相撞以及251Ma的西伯利亚LIP侵入造成的（图9.1和图9.10）。泰米尔边缘是一个褶皱和逆冲带，是西伯利亚和喀拉板块（现在是波罗的海内的巴伦支海的一部分）最终汇合的结果。与此同时，新地群岛被向西推入东巴伦支海，Pai—Khoi地区发生地壳变形，西西伯利亚盆地内发生平缓的晚三叠世和早侏罗世反转（Torsvik和Andersen，2002）。与会聚有关的褶皱和冲断带即Byrranga褶皱带（Nikishin等，1996），

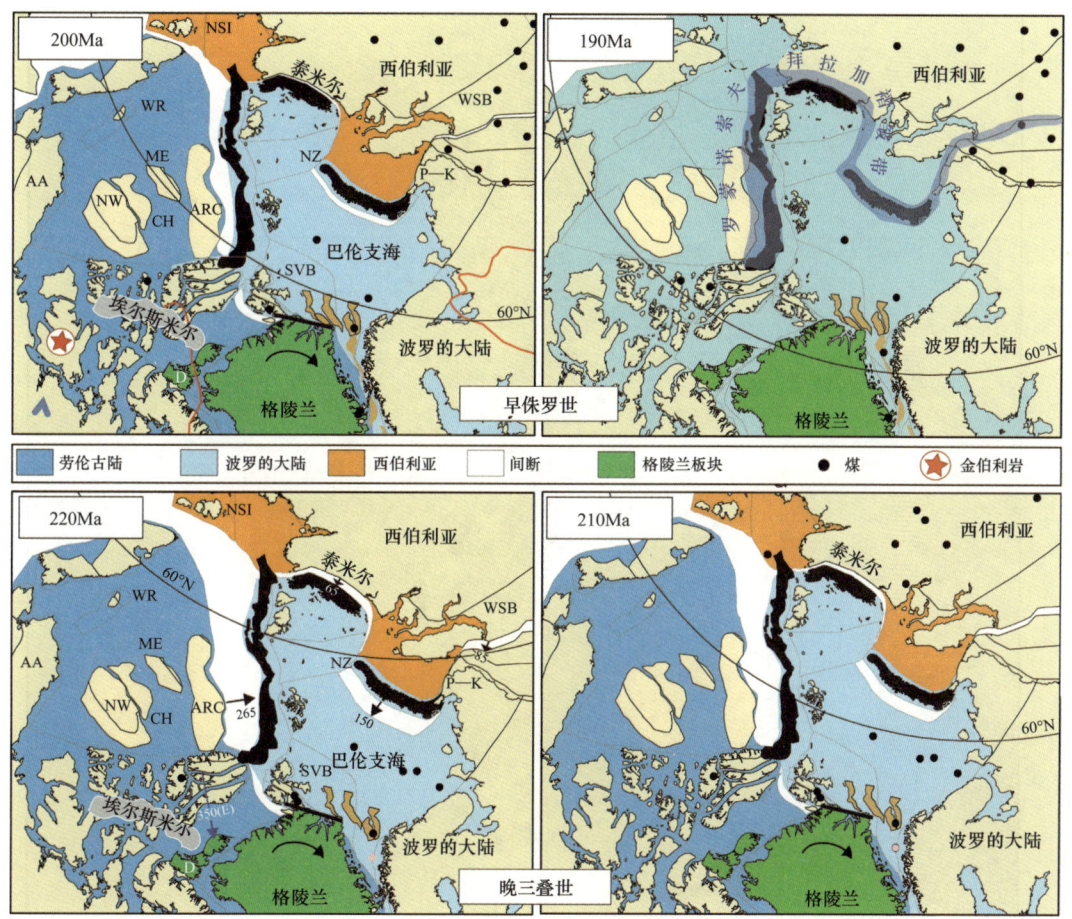

图11.3 北极地区在晚三叠世—早侏罗世220Ma（诺利早期）、210Ma（诺利晚期）、200Ma（赫塘期）和190Ma（普林斯巴期）的发育情况

劳伦古陆、西伯利亚和波罗地大陆之间的大陆间隙（需要更年轻的会聚）显示为白色区域；带有数字的黑色箭头表示所需的会聚量；请注意，埃尔斯米尔的北缘一直保持到现今位置，留下了约350km的缺口（蓝色箭头标记的350），后者在尤里坎造山运动期间关闭，这是由于格陵兰板块（格陵兰，西南埃尔斯米尔，迪斯科岛；绿色阴影）在大约67Ma的拉布拉多海开放期间向北推进造成的；AA，北极阿拉斯加；ARC，潜在大陆起源的阿尔法脊（Gaina pers.comm.，2014）；CH，楚科奇；ME，门捷列夫脊；NW，罗斯文脊；P—K，Pai—Khoi；NSI，新西伯利亚群岛；NZ，新地群岛；SVB，斯瓦尔巴特群岛；WR，弗兰格尔岛；WSB，西西伯利亚盆地；在巴伦支海发现的煤很可能沉积在红树林沼泽和其他海拔过低的地方，而不能被视为陆地

可能与罗蒙诺索夫褶皱带以及格陵兰岛和斯瓦尔巴特群岛—西巴伦支边缘之间的走滑断层同时发育。西伯利亚板块在220Ma到190Ma间移动了大约150km（Buiter和Torsvik，2007；图11.3）因此，西伯利亚直到早侏罗世才完全成为劳伦西亚的一部分。在那之后，通常把劳伦西亚和西伯利亚称为劳亚大陆，尽管东亚的大部分地区（图12.1）直到约145Ma的晚侏罗世到早白垩世才加入劳亚大陆。

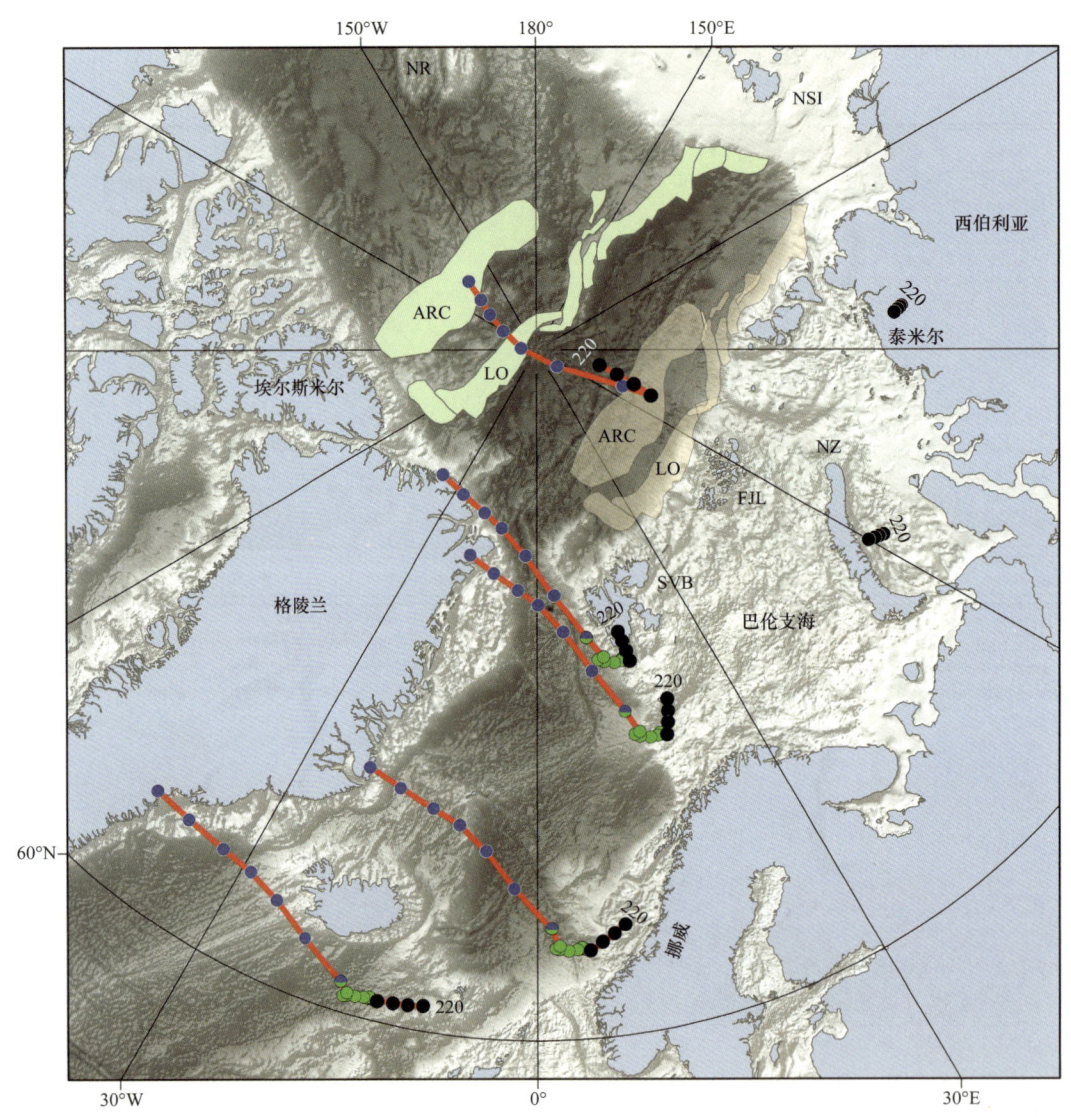

图11.4 大西洋东北部和北极晚三叠世—早侏罗世板块调整

从220Ma到现在（10Ma间隔）的点和连线显示了格陵兰岛四个不同位置的轨迹，相对于固定的欧洲或波罗的大陆，一个在北极地，两个在西伯利亚（泰米尔和喀拉海）；前劳伦古陆相对于波罗的大陆或西伯利亚呈顺时针旋转，在北极地造成垂直挤压，在格陵兰岛东北部和斯瓦尔巴群岛之间形成左旋走滑断层，但在格陵兰岛和挪威之间形成向南的转换拉伸或扩张；与此同时，西伯利亚正在侵入东部的巴伦支海；至于这是单纯的劳伦西亚板块内变形（褶皱和逆掩断层作用），还是包含俯冲作用，尚不清楚；ARC，潜在大陆起源的阿尔法脊（Gaina pers.comm.，2014）；FJL，法兰士约瑟夫地群岛；LO，罗蒙诺索夫隆起；NR，罗斯文脊；NSI，新西伯利亚群岛；NZ，新地群岛；SVB，斯瓦尔巴特群岛

11.2 相、植物群和动物群

11.2.1 三叠纪气候和沉积物

三叠纪是一个由于广泛的造山作用和低海平面共同作用而产生大量大陆的时期，特别是在此年代的初期（Lucas 等，2005）。海相岩石的沉积主要局限于特提斯洋边缘和盘古大陆两侧的两个区域。后两者，即环太平洋和环北极，都是泛大洋的边界。

三叠纪气候变化较大，各温度带随纬度的收缩和扩张而变化，特别是在早三叠世印度期初期，较冷的条件反映在北半球（北方领域）和南半球（喜马拉雅分区）高纬度地区的菊石生物多样性的减少。这与仅4Ma之后的安尼期初期最温暖的温度和最多的菊石类形成对比，并在这期间的其余时期有零星的波动（Zakharov 等，2008）。从不同的因素，包括在欧洲和其他地方的许多地层中发现的不同的植物叶片形态，可以推断三叠纪气候在干旱和半干旱之间变化（Ziegler，1990），且在赤道和亚热带地区都发现了蒸发岩[图 11.2（b）、（c）]。极地森林和低纬度地区广泛分布的珊瑚礁反映了卡尼期的温和气候（图 11.5 和图 11.6）。

在裸露的大陆地区特别是盘古大陆北部，有广泛和大量的沙漠条件，导致在欧洲和北美洲大部分地区形成了被称为新红砂岩的河道、沙丘和湖泊沉积。虽然这种新的红色沉积开始于二叠纪，但到目前为止，大部分是在三叠纪。下降的海平面以及同时期的造山运动和隆起导致了古生界地块作为陆地区域的复兴，在早三叠世（斯基甫期和安尼期）出现了广泛的河成砾岩，在北欧统称为 Bunter 卵石床。

在晚三叠世（诺利期），海平面上升，淹没了克拉通的许多地方，特别是在欧洲北部，那里的大部分被称为蔡希斯坦海，它有时延伸到格陵兰岛和斯瓦尔巴特群岛。然而，海侵和海平面波动是变化的，也可能是周期性的，并且干旱的气候可能有利于广泛分布的白云岩和其他蒸发岩的发育，这些岩石在大多数的卡尼阶和诺利阶碳酸盐岩台地上被发现（图 11.5）。这些碳酸盐岩和蒸发岩是如此的厚和广泛，以至于后来的古近纪—新近纪构造使它们中的许多移动到大量的盐丘中，这些盐丘集中了许多侏罗系烃源岩，成为今天北海和邻近地区的油气藏。

11.2.2 从二叠纪末期的灭绝中恢复过来

二叠纪末期物种灭绝的影响是巨大的，涉及大约75%的物种，跨越了所有不同的动植物种群。在海洋底栖生物中，迄今占主导地位的高等类群，包括䗴类有孔虫、四射珊瑚和三叶虫已经消失，已知的早三叠世海洋物种总数不到二叠纪晚期的三分之一（Benton，2008）。然而，这种巨大的减少给幸存的种群提供了更多的生存空间，从而为其地理扩张提供了新的机会，这反过来又导致在许多不同门的不同生态位中渐进式和大量的辐射，形成新的分类单元。软体动物主宰了早三叠世的浅海，海底有双壳类和腹足类底栖生物，以及游泳的菊石和箭石。例如，在二叠纪—三叠纪界线两侧已知的菊石属只有两个，其中一个是 *Ophiceras*，被认为在早三叠世末期已经多样化并进化出一百多个新属。

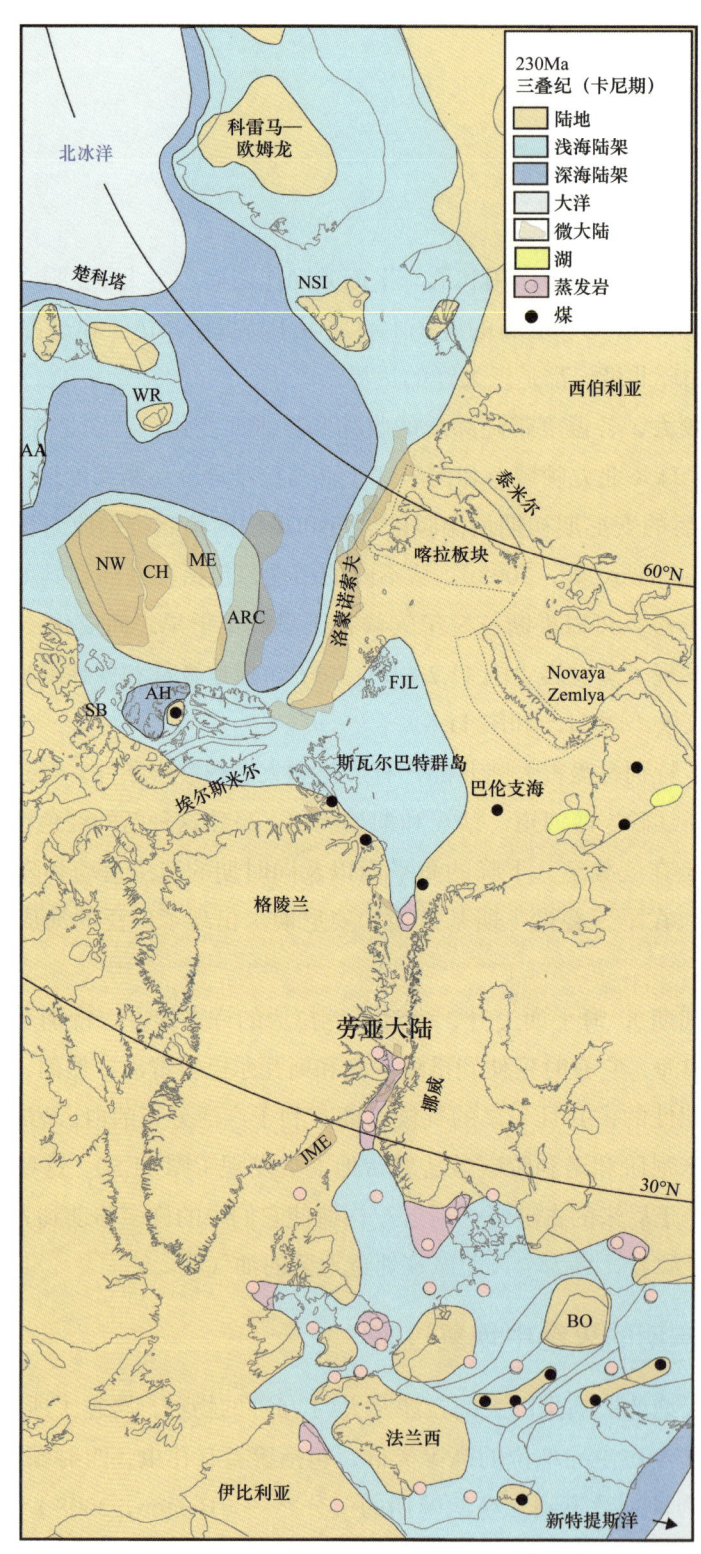

图 11.5 晚三叠世早期约 230Ma（卡尼期），中、西北盘古大陆劳伦西亚和西伯利亚部分地区从北极到新特提斯洋的古地理，当时在欧洲的大部分地区，如扎克斯坦海及其岛屿的边缘沉积了大量的蒸发岩

AA，北极阿拉斯加地体；AH，阿克塞尔海伯格群岛；ARC，潜在大陆起源的阿尔法脊；BO，波希米亚断块；CH，楚科奇；FJL，法兰士约瑟夫地群岛；JME，扬马延岛；ME，门捷列夫脊；NSI，新西伯利亚群岛；NW，罗斯文脊；SB，斯维德鲁普盆地；WR，弗兰格尔岛；相有多个来源（Ziegler，1990）

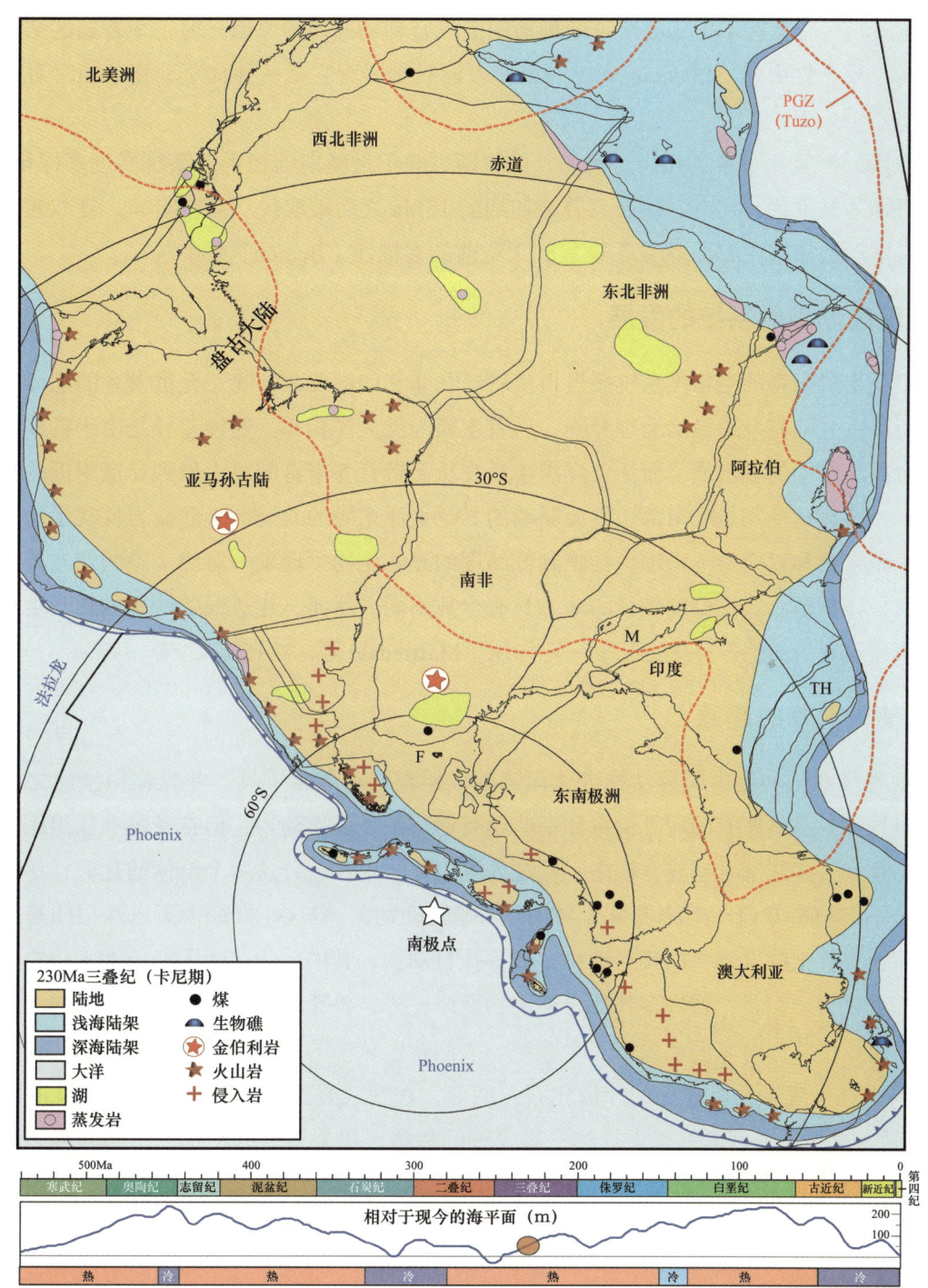

图 11.6　晚三叠世早期约 230Ma（卡尼期）盘古大陆冈瓦纳部分的古地理

F，福克兰群岛（马尔维纳斯群岛）；M，马达加斯加；TH，特提斯喜马拉雅；底部：显生宙时间标尺和海平面变化（Haq 和 Al-Qahtani，2005；Haq 和 Shutter，2008）以及冰室（寒冷）和温室（温暖）条件

在陆地上，占优势的四足动物与二叠纪发育的四足动物发生了巨大的变化；例如，在已知的早三叠世动物群遗址中，二齿两栖类 *Lystriosaurus* 是一个幸存者，统治着为数不多的早三叠世动物群落，随后在三叠纪中后期迅速辐射（Benton，2005）。然而，这次灾难的一个影响是减少了动物群落

- 213 -

的分区，这就是为什么在本书三叠纪古地理地图上没有动物群落的原因。另一个普遍的结果是食物链变得更短，攻击性更弱，*Lystriosaurus* 的繁盛可能只是因为它是一种食草动物，当时对它的捕食者很少。

不同地区的恢复速率各不相同。例如，俄罗斯二叠纪最晚期陆相生态系统高度多样化和复杂，直到早卡尼期才被取代，还有一些在三叠纪初期的 15Ma 之后被取代。而在南非，复苏的速度快得多，一些脊椎动物家族在 1Ma 内几乎恢复到灭绝前的多样性（Benton，2008）。

11.2.3 现代珊瑚礁系统的发展

三叠纪上半段发育的生物礁系统缓慢再生后，北非和印度西北部晚三叠世发育的礁体反映了特提斯洋区与盘古大陆其余边缘的地理分隔，后者主要与泛大洋相邻。这种差异是由于特提斯洋是一个受西部边界流驱动的暖水域，而泛大洋礁生活在从温带营养丰富的冷水域到赤道附近的暖水域的过渡环境中，所有这些都是受东部边界流驱动的。泛大洋东缘的北美洲碳酸盐岩反映了从高纬度的异养生物（微生物和双壳类）斑礁生物礁到低纬度的光养生物（珊瑚—海绵）礁的纬向梯度，它们越靠近赤道，体积越大。在温度较低的地方只有少数不同，然而，建造框架的珊瑚和微生物成为主要的生物礁建造者，虽然苔藓虫也起了一定作用（Martindale 等，2015）。

11.2.4 哺乳动物的起源

哺乳动物是在三叠纪由爬行动物进化而来的，但在当时非常罕见，并且在白垩纪之前，它们的体型相对较小。虽然所有的哺乳动物和一些爬行动物都是温血动物，但在骨骼和软组织方面，大多数爬行动物和大多数哺乳动物有许多不同之处。因此，很难区分这两个群体的化石；尽管在爬行动物身上还不知道有专门产奶的乳腺（因此得名哺乳动物），但这一点在今天已经很明显了。在哺乳动物之前就有类似哺乳动物的爬行动物，如兽孔目动物，其中一些达到了熊的大小，在二叠纪广泛分布，种类繁多。但是，像许多其他脊椎动物群体一样，兽孔目动物在二叠纪末期的灭绝中受到了很大的影响，尽管当时它们还没有完全灭绝。人们普遍认为的最早的真正哺乳动物只在英国和德国的三叠系中部发现了几颗孤立的牙齿化石。然而，在晚三叠世至少有三个明确定义的属，其中 *Megazostrodon* 发现于非洲南部莱索托的一具完整的骨骼，相关属也已发现于中国和英国石炭系石灰岩的三叠系裂隙充填物。*Megazostrodon* 在体型和比例上都像地鼠，可能生活方式也一样（Savage 和 Long，1986）。

11.2.5 盘古大陆北部

西欧和中欧的大多数三叠系岩石由大陆到半咸水海洋和沙漠红层、卵石以及新红砂岩（Bunter 砂岩）的干盐湖沉积物组成，随后是浅海碳酸盐岩（壳灰岩）和蔡希斯坦海的细粒泥岩和蒸发岩（考依波泥灰岩）。这三层构成了"三叠纪"，三叠纪就是从这里得名的。除了同沉积张性构造的影响外，海平面还经常发生振荡，以及海平面整体上升（Ziegler，1990）。短期的旋回性可能是由挤压裂陷盆地的交替洪水和干旱以及大尺度应力诱发的低地势岩石圈变形导致的。另一个因素可能是西伯利亚高纬度地区冰原的形成，然而，这方面的证据似乎并不充分。周期性海平面上升引起北海—

Ringkøbyn—Fyn 隆起的下沉，导致早三叠世末期欧洲西北部盆地的扩大。在今天的高纬度地区，发育广泛的浅海，共同形成了北冰洋，三角洲系统从乌拉尔、芬诺斯堪迪亚高原、加拿大格陵兰地盾区和罗蒙诺索夫高地向北冰洋推进（图 11.5）。在加拿大北部的斯维德鲁普盆地，下三叠统碎屑岩沉积物厚度超过 1500m，在盆地边缘由河流和沿岸的粗砾岩组成，但在盆地中心发育较细的砂岩和粉砂岩。在最早的中三叠世，整个北美洲北极地区曾发生过一次大的海侵，在约 220Ma 的诺利期达到最大（Moullade 和 Nairn，1983）。

在盘古大陆的东北部，阿纳巴尔河和奥列尼奥克河盆地以及西伯利亚的勒拿河左岸，都有代表整个三叠系的地层序列，发育含有 ceratitid 菊石的中—下三叠统海相岩石，上覆不整合的卡尼阶—瑞替阶含双壳类和植物的非海洋沉积。

11.2.6 盘古大陆南部

虽然非洲大部分陆地上发育少量湖泊沉积，但在北非，一些海相岩石是在克拉通海侵过程中沉积的，特别是在利比亚西部发育包含蒸发岩的拉丁阶和卡尼阶浅水海洋沉积物（图 11.6）。在南部非洲，沉积了广泛的 Beaufort 统，是由非海洋沉积物组成的，包含许多大型爬行动物的遗骸。今天印度的北缘仍然是被动的，发育广泛的三叠系沉积序列，包括许多不同动物群的石灰岩，来自克什米尔、Spiti（特提斯—喜马拉雅）和其他地方。在 Spiti，早期的岩石主要是碎屑岩，而在晚三叠世则发育更厚的碳酸盐岩，其中许多是白云岩。然而，尽管后来的许多动物群落种类繁多，但那里的生物礁却小而稀疏（Moullade 和 Nairn，1983）。

在中—下三叠统岩石中发现的煤很少。相比之下，在晚三叠世（卡尼期），南非、印度、澳大利亚、新西兰和南极洲（Veevers，2004）以及北半球湿润带［图 11.2（b）、（c）］都有大量的煤被发现。同样值得注意的是，从图 11.6 中可以看出，在南极和其他地方，煤炭沼泽一直延伸到极地纬度带，再加上通常在北非和中东温带繁茂的珊瑚礁，反映了当时温和的全球温度。

11.2.7 植物领域

晚古生代的植物领域和分区受二叠纪末期灭绝的影响很大，但这些变化的规模和时间因地区而异，并影响到不同的植物群（Rees，2002）。特别是迄今为止独特的 *Glossopteris* 植物区系严重减少，仅在三叠纪持续了一段时间就灭绝了。相比之下，最重要的一个裸子植物群为自石炭纪以来首次出现在三叠纪的松柏类，演变成当今 6~8 个优势科，以及独特的最初广泛分布的 Ceirolepidiaceae，直到白垩纪末期才灭绝。许多针叶树是大量发育的树种，它们主宰了许多森林，特别是在温带和高纬度地区。安加拉和冈瓦纳领域可以分别在北部和南部的高纬度地区被识别出来，在它们之间发育一个广阔的欧美领域（Kenrick 和 Davis，2004）。然而，阿根廷和智利丰富的中—晚三叠世（约 240Ma：拉丁期）植物区系与北半球有许多共同之处（Rees，2002）。

随着三叠纪的发展，欧美领域植物区系更明显地划分为不同的区域。例如晚三叠世一个独特的 *Dictyophyllum—Clathropteris* 植物区系在华北被发现，包括著名的包含 38 个属的 *Yangchang* 植物区系和许多物种，并与更多的温带 *Danaeopsis—Bernoullia* 植物区系形成对比，包括中国其他地区（Zhang 等，2003）和前哈萨克斯坦地体（三叠纪时期盘古大陆与西伯利亚接壤的一部分），以及进一步向北的地区［图 11.2（b）、（c）］。

11.2.8 三叠纪晚期的灭绝

如图 12.1 所示，巨大的 CAMP 侵入在 201Ma 达到峰值，是另一个重大生物灭绝事件的主要原因，尽管没有二叠纪末期那么严重（Wignall，2007）。CAMP 把海水和大气污染了超过 1Ma，从爆炸而不是最初西北部非洲的喷发熔岩开始（Dal Corso 等，2014），对大气产生了有害影响，从而严重影响了许多动物种群（23% 的海洋和 22% 的陆地种属灭绝；Benton，1995）和许多植物。例如，在远离 CAMP 喷发点的地方，东格陵兰岛的植物区系显示出几个不同的灭绝事件，一些可能因大范围的喷发而导致的更加潮湿的环境而扩大（Mander 等，2013）。

12 侏罗纪

● **蜥脚类恐龙**
蜥脚类恐龙是大型食草恐龙，出现于晚三叠世，但在侏罗纪变的普遍，种类繁多，一直延续到白垩纪末期所有恐龙的大灭绝；这个群体包括有史以来最大的陆地动物，有些蜥脚类恐龙身长超过40m，重达100t；它们成群生活，而且作为陆地居民，有些却长时间浸泡在水里（资料来源：Christian Darkin/Science Source）

侏罗纪是著名的，尤其是通过电影《侏罗纪公园》，因为在陆地上有许多异常巨大和多样化的恐龙爬行动物，在海里有鱼龙和其他游泳的爬行动物，以及最早的鸟类的出现。在早侏罗世，盘古大陆的分裂导致了中大西洋的开放，随后索马里和莫桑比克盆地的开放将前冈瓦纳分成了两个主要的板块。然而，尽管有中大西洋的开放，从北美洲西部到西伯利亚的所有前北部盘古大陆（称为劳亚大陆）在整个侏罗纪仍然保持统一。

侏罗纪（最初被称为 Jurassique）这个名字是由法国人 Alexander Brongniart 在 19 世纪 20 年代创造的，用来标记法国和瑞士交界处侏罗山的岩石。它的基底现在被定义为在英格兰萨默塞特的 *Psiloceras planorbis* 菊石生物带的底部，这是最早的赫塘阶地带，距今 201Ma。图 12.1 显示了

200Ma（赫塘阶）、180Ma（托阿尔阶）和160Ma（牛津阶）的全球大陆和海洋分布。侏罗纪持续了56Ma，从201Ma到145Ma划分为十一个正式的阶，以升序排列为：赫塘阶、辛涅缪尔阶、普林斯巴阶、托阿尔阶、阿林阶、巴柔阶、巴通阶、卡洛夫阶、牛津阶、钦莫利阶和提塘阶，都是以西北欧洲地区命名的，其中许多都沿着英格兰南部多塞特郡的"侏罗纪海岸"世界遗产地出露良好。

12.1 构造和火成岩活动

12.1.1 大火成岩省和金伯利岩

值得注意的是，侏罗纪时期的四个LIP［图12.2（a）；附录1］只有一处侵入大陆地壳，即183Ma的南部非洲和东南极洲的卡鲁—Ferrar LIP；其他三个（Argo Margin，155Ma；沙茨基Rise，147Ma；麦哲伦Rise，145Ma）都是在晚侏罗世从海底挤出来的，它们是已知最古老的原位海洋LIP。这让人想知道那些入侵的古老海洋LIP的总数，但它们将永远是未知的。侏罗纪的LIP在Tuzo（卡鲁和Argo）和Jason（沙茨基和麦哲伦）地幔柱生成带附近垂直喷发［图12.2（a）］。金伯利岩比三叠纪更为丰富，已知的有劳亚大陆（北美洲、西伯利亚）、澳大利亚、非洲（博茨瓦纳、塞拉利昂、斯威士兰、南非）和南美洲（巴西）。除在西伯利亚发现了少量异常的金伯利岩外（171—158Ma），所有的金伯利岩都在Tuzo的西侧边缘喷发。图11.2（a）和图12.2（a）中都重建了CAMP，因为CAMP的年代跨越了三叠纪—侏罗纪边界。

12.1.2 盘古大陆的分裂

早在古生代结束之前，盘古大陆的部分地区就已经分裂；例如，新特提斯洋在二叠纪开始开放［图10.1（c）］，但盘古大陆的大部分在侏罗纪仍然保持连贯。在约195Ma的早侏罗世（辛涅缪尔期），中大西洋在北美洲和非洲—南美洲之间打开，可能是由CAMP触发的。开放最初以缓慢的海底扩张速率开始，伴随着北大西洋和加勒比地区持续的裂谷作用（Labails等，2010；Gaina等，2013b）。大西洋中部的开放导致了南北盘古大陆明确的破裂（图12.1），其结果是在大约170Ma冈瓦纳分裂为西冈瓦纳和东冈瓦纳［图12.1（c）］之前，古生代冈瓦纳大陆的大部分在大约20Ma的时间内恢复了独立（巴柔期；Gaina等，2013b），一段时间后，发生了卡鲁LIP的侵入［183Ma：普林斯巴期；图12.1（b）］。有趣的是，老冈瓦纳的碎片（佛罗里达和阿瓦隆尼亚东部）仍然依附于大西洋的劳伦西亚一侧，而不是留在原来的"邻居"那里。

12.1.3 海洋

在侏罗纪开端的泛大洋海底扩张被建模为伊泽奈崎、法拉隆和菲尼克斯板块的三板块系统，以及一个不断缩小的卡什克里克板块［图12.1（a）］。沿着法拉隆—卡什克里克山脊，一次海脊跃迁将亚历山大和弗兰格里亚地体转移到卡什克里克板块上（Shephard等，2013）。

太平洋板块在190Ma左右（普林斯巴期）诞生，在泛大洋建立了一个更为复杂的扩张脊系统，具有多个三联点和扩张中心（Seton等，2012）。在早侏罗世，沿这些脊线的扩张是缓慢的（<1°/Ma），但在晚侏罗世—早白垩世逐渐加速［图12.3（c）］。然而，速度估算和板块几何形状应该非常谨慎

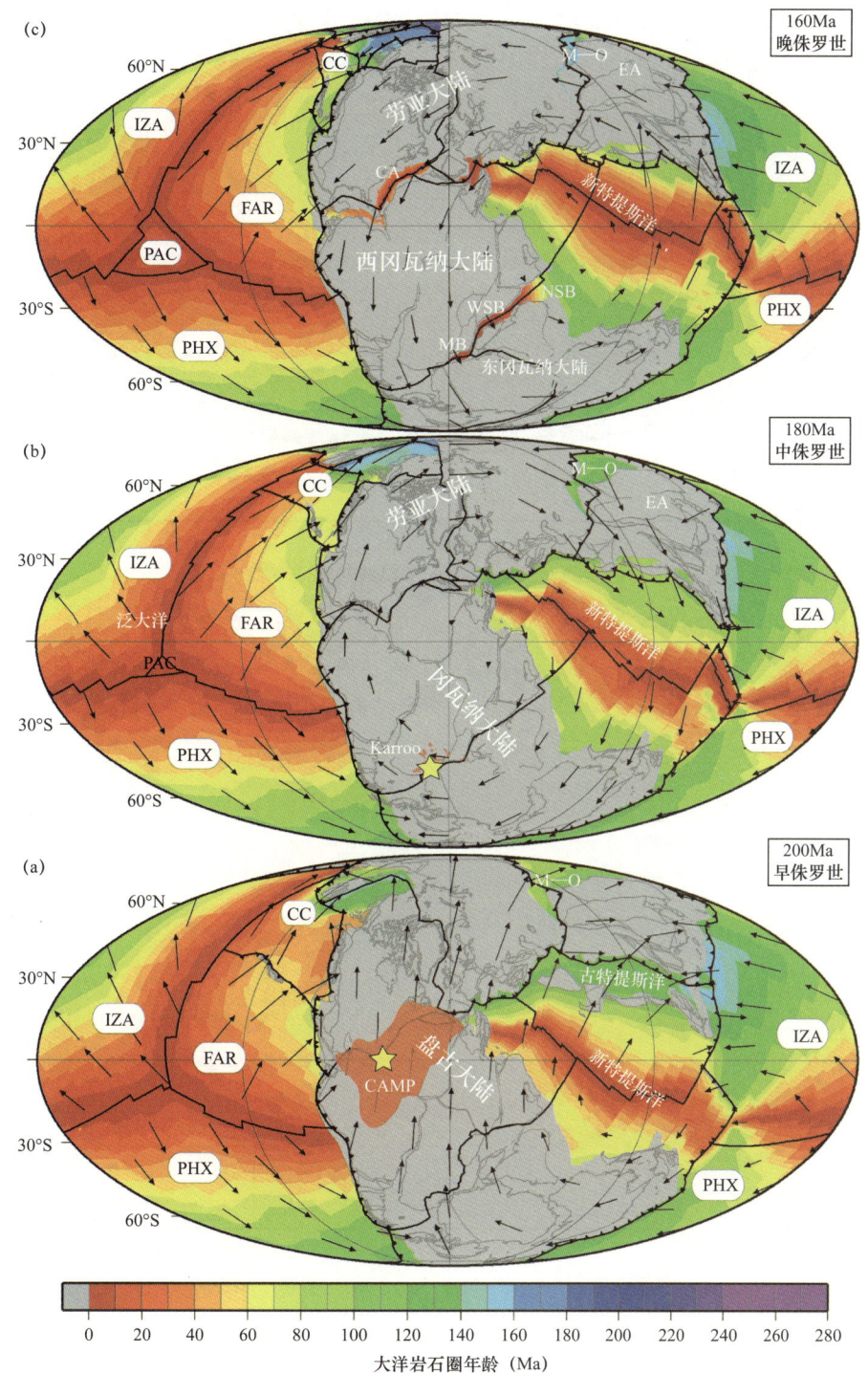

图 12.1　侏罗纪（a）早期（200Ma：赫塘期）、（b）中期（180Ma：托阿尔期）和（c）晚期（160Ma：牛津期）的大陆板块（灰色）和海洋（其他颜色）的板块速度矢量及其海洋岩石圈年龄

还显示了重建的 CAMP（中大西洋岩浆区）和卡鲁 LIP（黄色星形是估算的喷发中心）；CC，卡什克里克板块；EA，东亚（阿姆利亚，中国板块和前冈瓦纳周缘碎片如中缅马苏）；FAR，法拉隆大洋板块（包括靠近卡什克里克板块边界的亚历山大和弗兰格里亚大陆地体；在 180Ma 和 160Ma 的重建中，因为在 185Ma 左右的脊跃而转移到卡什克里克板块）；IZA，伊泽奈崎大洋板块；MB，莫桑比克盆地；M—O，蒙古—鄂霍茨克洋；NSB，北索马里盆地；PAC，太平洋板块；PHX，菲尼克斯板块；WSB，西索马里盆地；EarthByte 地幔框架（第 2 章）

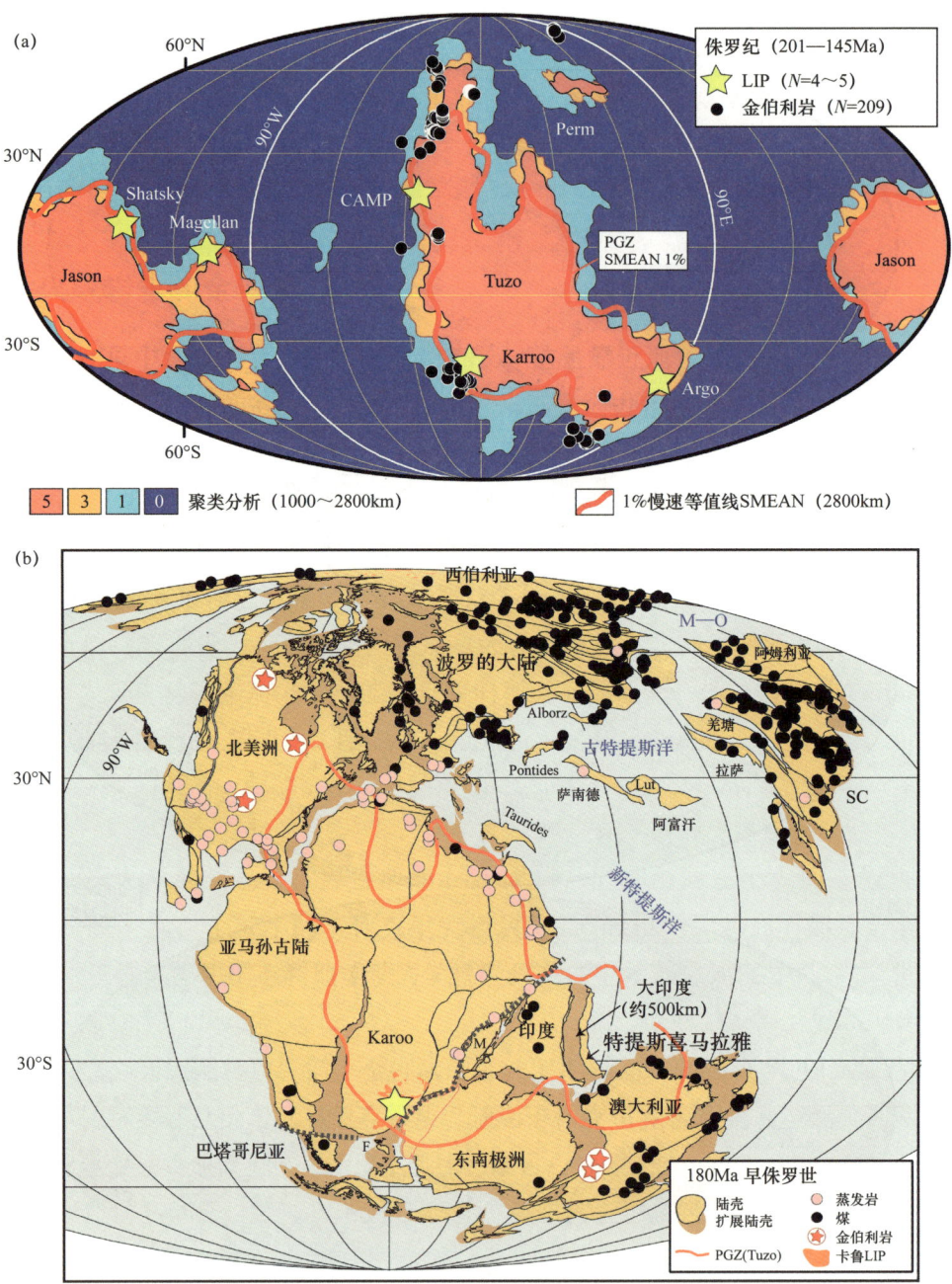

图12.2 （a）估算的中大西洋岩浆省［CAMP；图11.2（a）］喷发中心（黄色星形）、卡鲁、Argo Margin、沙茨基和麦哲伦隆起 LIP，以及 209 个侏罗纪金伯利岩（黑点）的 CEED 地幔框架重建；这些覆盖在下地幔的地震选图等值线上（Lekic 等，2012）；等值线 5、3 和 1 定义了 LLSVP，0（蓝色）表示下地幔中速度较快的区域；1% 慢速 SMEAN 等值线用作对比（第 2 章）；CAM、卡鲁和亚冈 LIP 以及大多数金伯利岩在 Tuzo 地幔柱生成带（PGZ）附近或上方喷发，而沙茨基和麦哲伦与 Jason PGZ 有关；（b）180Ma（托阿尔期—牛津期）的地球地理轮廓（主要地壳单元）和估算的卡鲁 LIP（黄色星形）喷发中心；虚线是冈瓦纳未来的分裂区，其在大约 170Ma 分为西冈瓦纳和东冈瓦纳［图 12.1（c）］；"大印度"地区在此时被添加为印度的北部延伸（van Hinsbergen 等，2012）；华北和塔里木位于华南和阿姆利亚之间；CEED 古地磁框架，其中大陆和板块的几何形状可能在细节上与图 12.1（b）不同；例如，在南美洲这一重建显示巴塔哥尼亚和北部紧邻的地块之间约有 500km 的偏移；F，福克兰群岛（马尔维纳斯群岛）；M，马达加斯加岛；M—O，蒙古—鄂霍茨克洋；PGZ，地幔柱生成带；SC，华南

地对待，因为在那些时期，泛大洋板块在很大程度上是理论构造［图 12.3（a）］。太平洋板块以从 190Ma 到 140Ma（图 12.3）的零速度建模，随后是急剧加速，这对菲尼克斯板块来说是前所未有的。

沿泛大洋的西北边缘，伊泽奈崎板块与蒙古—鄂霍茨克洋板块（原为阿姆利亚与西伯利亚之间的一个独立的古生代洋盆；图 10.1）相互作用，后者沿南西伯利亚边缘（图 12.1），也可能沿东亚面向阿姆利亚的边缘（van der Voo 等，2015）继续通过俯冲作用逐渐减小。蒙古—鄂霍茨克洋板块最终在晚侏罗世（150Ma：提塘期）和早白垩世（140Ma：贝里阿斯期）之间消失。

在早侏罗世，一小部分古特提斯洋的残余可能仍然被一系列辛梅利亚地体从扩张的新特提斯洋

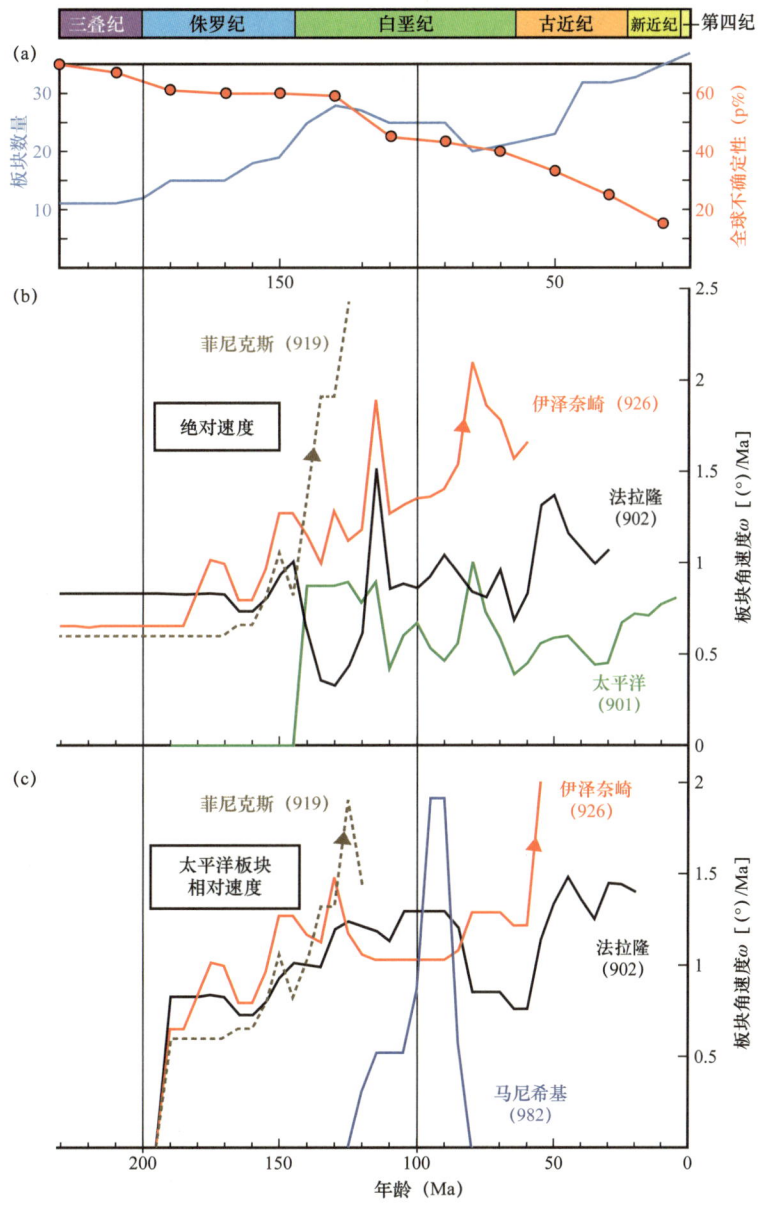

图 12.3　（a）已经在过去 230Ma 的俯冲中消失（红点和线）的估算的地球岩石圈的百分比和板块的数量（动态多边形：蓝线），从三叠纪的 11 个增加到今天的 37 个；（b）太平洋、法拉隆、伊泽奈崎和菲尼克斯板块的绝对角板块速度（1°/Ma 约为 10cm/a），括号内的数字为板块编号；（c）菲尼克斯、马尼希基、法拉隆和伊泽奈崎板块相对于太平洋板块的相对速度（扩张速率）；EarthByte 地幔框架（第 2 章）

中分离出来［图 12.1 和图 12.2（b）］，包括萨南德、卢特、阿富汗和拉萨（西藏南部）。古特提斯洋的关闭和辛梅利亚地体贴合对劳亚大陆的扩展，开始于中三叠世（Şengör 和 Natal'in，1996），但这一闭合过程无疑是复杂的，并且可能涉及弧后盆地较新的开闭。

大西洋中部的开放通常被认为是在 175Ma，但是海底扩张可能开始得更早，大约在 195Ma（辛涅缪尔期），与此同时北大西洋和加勒比海都出现了裂谷（Labails 等，2010）。中大西洋洋脊在晚侏罗世逐渐与墨西哥湾洋脊相连。

索马里和莫桑比克盆地［图 12.1（c）］在 170Ma 左右（巴柔阶）或稍早一点（阿林阶）开放，导致冈瓦纳分裂为西冈瓦纳（南美洲、非洲和阿拉伯）和东冈瓦纳（南极洲东部、澳大利亚、马达加斯加、塞舌尔和印度；Gaina 等，2013b）。索马里和莫桑比克盆地的早期扩张可能与沿厄加勒斯—福克兰断裂带向西南方向的广泛右旋走滑断层有关，并继续延伸至南美洲大陆，即 Gastre 断层系统［图 12.4（b）、（c）］。

12.1.4 北部盘古大陆和劳亚大陆

大西洋南部和中部的开放把盘古大陆的北部和南部分隔开来，在那之后北部被称为劳亚大陆。在 175—172Ma（托阿尔期和阿林期）间的劳伦西亚西北部，沿着劳伦西亚西缘，发生了卡什克里克地体的仰冲和 Stikinia 弧的贴合。

在西伯利亚东北部，Verkhoyansk 褶皱带反映了大量的科雷马—欧姆龙微大陆在西伯利亚主克拉通上的贴合，后者作为压头，形成了科雷马造山带。科雷马—欧姆龙是中—晚侏罗世由蛇绿岩、滑来层和片岩合并而成的。随后在侏罗纪末期发生了逆冲和走滑断裂作用，并经历了白垩纪最早期阿拉斯加和西伯利亚边缘的碰撞，导致了进一步的逆冲和走滑变形（Oxman，2003）。

12.1.5 南部盘古大陆和冈瓦纳

大西洋中部的开放将盘古大陆的北部和南部分离，南部通常被称为冈瓦纳，尽管其边缘组成部分与二叠纪前冈瓦纳大陆并不完全相同，但它们包含大部分相同的地区（魏格纳，1915）。

在南美洲西南部，前安第斯构造旋回从三叠纪持续到最早的侏罗纪（图 12.4），但早侏罗世末期大约 180Ma 开始了真正的安第斯构造旋回，因为在智利北部下侏罗统玄武岩中有大量花岗闪长岩的侵入，这一过程一直持续到现在（Moreno 和 Gibbons，2007）。阿根廷和智利中西部最晚期三叠系—上侏罗统厚层火山岩可能与岛弧的增生有关，岛弧形成后，发育约 155Ma 的钦莫利阶安山岩流与陆相沉积物夹层（Moullade 和 Nairn，1983）。

马达加斯加—印度和东非之间的裂谷使得新特提斯洋（当时在冈瓦纳北部）的海侵远达马达加斯加和东非［图 12.4（a）］。从 183Ma（早托阿尔期）开始，非洲东南部的卡鲁火山和同时期裂谷作用广泛爆发，最终导致 170Ma 左右（巴柔期）冈瓦纳的分离，以及索马里和莫桑比克盆地的开放［图 12.1（c）和图 13.1］。南非的卡鲁 LIP 和相关岩脉群也发现于福克兰群岛（马尔维纳斯群岛）和东南极洲或跨南极山脉（当地称为 Ferrar），部分与南美洲和南极洲西部部分地区较长时间的 Chon Aike 流纹岩火山活动相吻合（Torsvik 等，2008a）。

早侏罗世以前，福克兰群岛［阿根廷称马尔维纳斯群岛；图 12.4（b）］位于非洲南端附近，这是通过卡鲁岩脉的存在以及基底、古生界和构造趋势之间的相互关系得出的结论（Torsvik 等，

2008a)。在早侏罗世和晚侏罗世之间，福克兰群岛（马尔维纳斯群岛）发生了旋转，并沿着南美洲的厄加勒斯—福克兰断裂带和Gastre断层系统向西移动了约500km［与巴塔哥尼亚地块一起；图12.4（b）、（c）］。

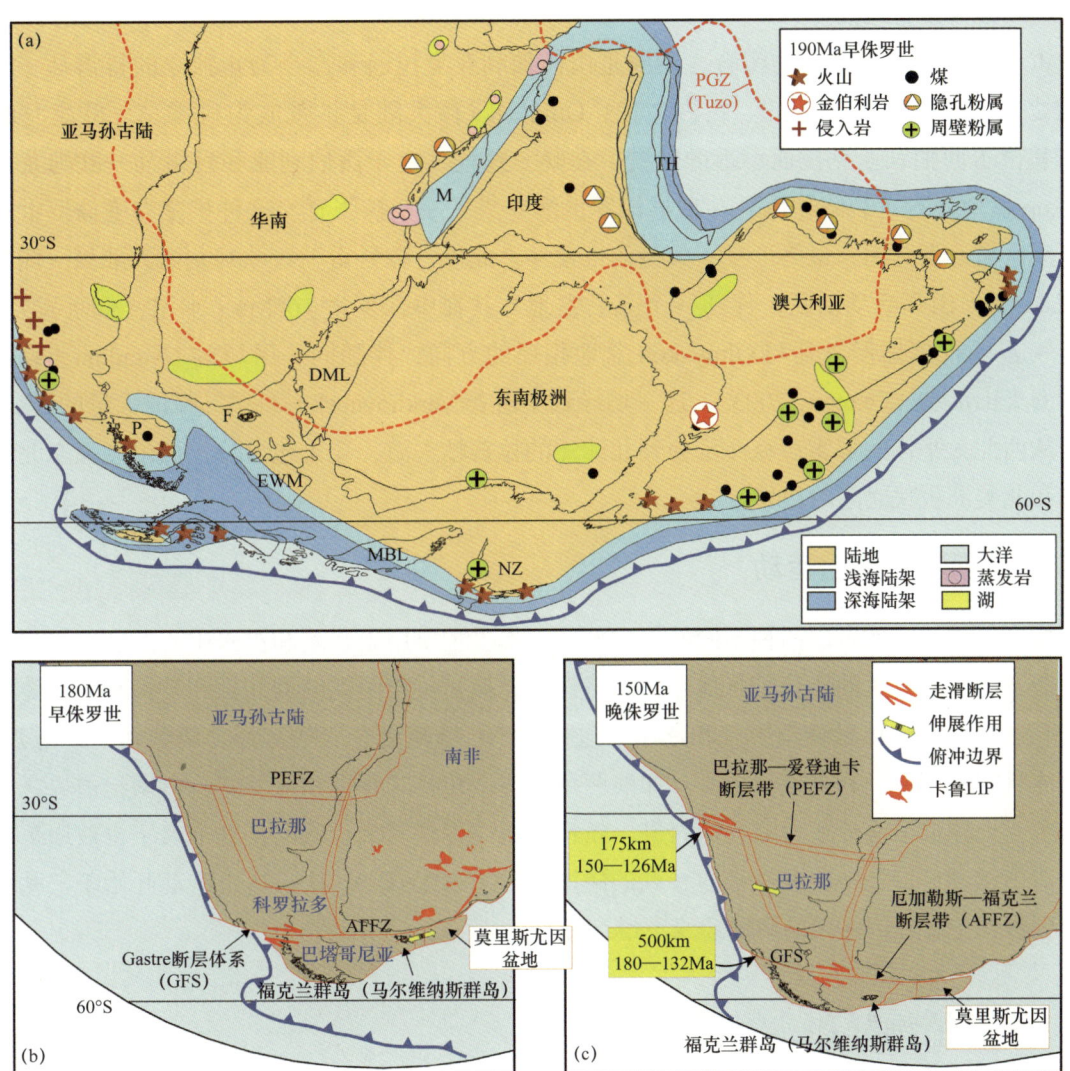

图12.4 （a）重建的190Ma冈瓦纳中南部赫塘期—中托阿尔期古地理；Cheirolepidiacean相孢子和花粉为泛大洋边缘的 *Exesipollenites* 组合以及特提斯洋边缘的 *Perinopollenites* 组合；DML，毛德皇后地；EWM，埃尔斯沃斯—惠特莫尔山脉；F，福克兰群岛（马尔维纳斯群岛）；M，马达加斯加；NZ，新西兰；P，巴塔哥尼亚；PGZ，地幔柱生成带；TH，特提斯喜马拉雅；取自Grant—Mackie等的微植物群位置（Wright等，2000）；（b）和（c）为重建的180Ma和150Ma南美洲和南非；在这个模型中（Torsvik等，2008a），巴塔哥尼亚在180（托阿期）和160Ma（牛津期）之间迁移到科罗拉多，而福克兰群岛（马尔维纳斯群岛）则从南非分离并旋转；科罗拉多和巴塔哥尼亚后来向巴拉那移动，直到约132Ma（早白垩世），巴拉那和亚马孙之间的右旋运动（PEFZ）在126Ma左右停止；从那以后，南美洲变成了一个单一的刚性板块；注意，为了简单起见，此处省略了当时相邻的南极地块［图12.4（a）］

12.1.6 东亚

今天组成东亚的大陆块从来都不是盘古超大陆的一部分，而且如第11章所述，它们中的许多包括华北和华南，已经合并成一个相当大的独立大陆。随着侏罗纪的发展，蒙古—鄂霍茨克洋稳定闭合（图 12.1 和图 12.2），最终在侏罗纪—白垩纪边界约 145Ma 时俯冲（van der Voo 等，2015）。该封闭大洋的南段主要与塔里木和阿姆利亚（蒙古）相邻，包括它们之间的增生弧，后者被认为是古生代的阿拉善复合地体（451 单元）。

蒙古—鄂霍茨克洋北部的闭合，主要是由西伯利亚克拉通和迄今为止独立的科雷马—欧姆龙微大陆之间的相互作用导致的。在古生代，Omulevka 微大陆是扩张成为科雷马—欧姆龙的关键因素，其位于西伯利亚克拉通不远的位置。在晚三叠世，位于西伯利亚和科雷马—欧姆龙之间的 Olmyakon 盆地发育了裂陷作用，并在早侏罗世演变成了一个扩张脊。这种扩张在晚侏罗世就停止了，海洋区域逐渐封闭，最终形成了大量的推覆体。此外，在科雷马—欧姆龙微大陆另一侧的东北部，Alazeya 火山弧活动活跃，伴随一个弧后盆地，其在中侏罗世 165Ma（卡洛夫期）发生俯冲，并且进一步的推覆体侵入到与 Olmyakon 盆地相反的方向，伴随同一区域的 Uyandina—Yasachnyi 火山带的火山活动（Oxman，2003）。这一切导致了沿着 Verkhoyansk—科雷马带的大量的复杂构造，这条带从西北太平洋的鄂霍茨克洋延伸到北冰洋的拉普帖夫海，今天包含位于西伯利亚东北部的欧亚板块和北美洲板块之间的边界。

12.1.7 辛梅利亚造山运动

辛梅利亚被许多作者以两种不同的方式使用。本书主要用于裂陷和扩张中心的北部，与二叠纪新特提斯洋的开放有关的狭长带状地体，新特提斯洋最初位于冈瓦纳的北面和辛梅利亚地体群的南面之间。辛梅利亚地体延伸至中东和远东，包括卢特、喀喇昆仑、阿富汗、西藏和中缅马苏地体，许多地体具有前寒武纪和古生代核心。如前两章所述，在晚二叠世和侏罗纪—白垩纪边界之间，随着辛梅利亚地体群沿南劳亚大陆边缘斜进，新特提斯洋逐渐变窄。然而，这个名字也被用来描述辛梅利亚造山运动，即在辛梅利亚带内看到的碰撞变形（第 11 章）。这一造山活动开始于三叠纪，一直持续到侏罗纪，在冈瓦纳的伊朗边缘下继续俯冲。

12.2 相、植物群和动物群

12.2.1 海平面变化和海侵

侏罗纪初期见证了主要的海平面上涨，结果导致例如几乎所有的欧洲在三叠纪最晚期（瑞提期）约 202Ma 开始被淹没，那曾经是晚三叠世的一大片陆地，零星地沉积着非海洋沉积物。在早赫塘期一百多万年的时间里，这一地区就变成了陆架海中大小不一的群岛，并且此种情况在侏罗纪的大部分时间里都得以持续（图 12.5）。然而，周围的土地从来不是多山的，所以几乎所有的欧洲侏罗纪沉积物都是细粒的。因此，在早侏罗世（里阿斯世）英格兰南部的经典地区，岩石主要是页岩，通常碳含量高，向上为中侏罗统碳酸盐岩（底鲕状岩，大部分为巴柔阶鲕粒，上覆巴塔尼亚大鲕粒）。西伯利亚西部和中部也发生了类似的海侵，大部分地区也被洪水淹没。

从最近的三叠纪（Rhaetian）开始，东非和马达加斯加之间发生了渐进式裂谷作用。随着侏罗纪的发展，从托阿尔期开始，在大约 180Ma 有一次海侵，逐渐覆盖了非洲之角（索马里和厄立特里亚），而后者之前已经完全被钦莫利阶（155Ma）所覆盖。在肯尼亚，从托阿尔期到白垩纪发育一个完整的海洋演替序列。这些海洋也在托阿尔期向南扩展，形成一个相对狭窄的海湾，一直延伸到马达加斯加，后者有一半被海相成因的岩石所覆盖［图12.4（a）］。然而，在南极洲和澳大利亚

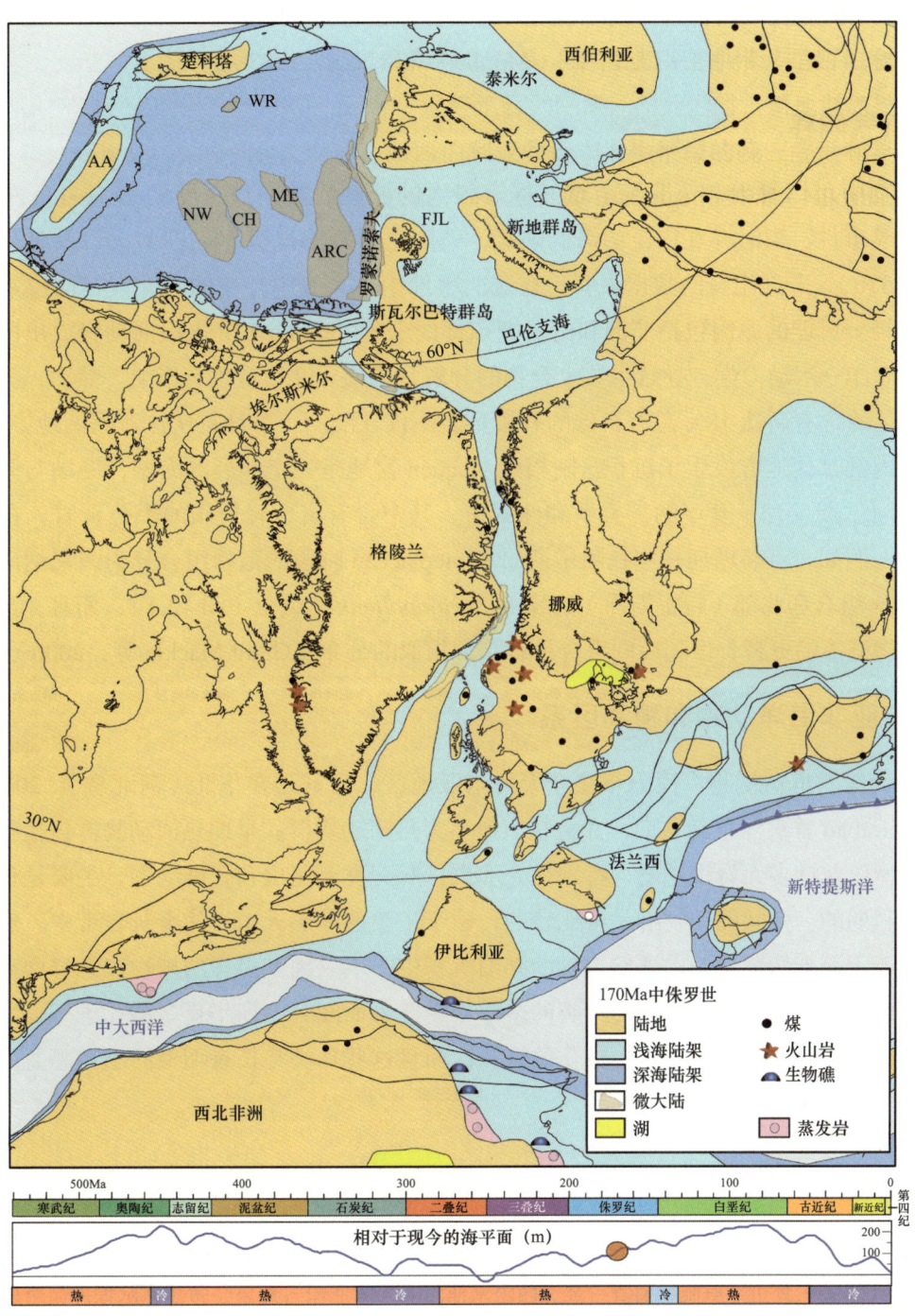

图12.5　170Ma（巴柔期）欧亚大陆中部、北冰洋地区和非洲西北部的古地理，显示了欧洲的许多小岛、中大西洋的开放和不断扩大的新特提斯洋，今天大多数被染成灰色的北极微大陆都淹没在北冰洋之中

AA，北极阿拉斯加；ARC，阿尔法脊潜在大陆板块；CH，楚科奇；FJL，法兰士约瑟夫地群岛；ME，门捷列夫脊；NW，罗斯文脊；WR，弗兰格尔岛；底部：显生宙时间标尺和海平面变化（Haq和Al-Qahtani，2005；Haq和Shutter，2008）以及冰室（寒冷）和温室（温暖）条件

都没有发现下侏罗统海相岩石，最早的是珀斯盆地的巴柔阶（约 170Ma；Howarth，1981），这表明这两块大陆在当时基本上都是陆地。

在北美洲的北极边缘地区，早—中侏罗世从赫塘期到早牛津期（200—160Ma），经历了复杂的海侵和海退史，其主要是由构造控制而不是海平面升降变化引起的。这些波动之后，是中牛津期的一次大的海侵，一直持续到白垩纪最早期（Moullade 和 Nairn，1983）。

12.2.2 氧气偏移

从沉积物中可以看出，侏罗纪全球气候有很大的波动。其中最重要的是 183Ma 左右的托阿尔期大洋缺氧事件，当时存在广泛的海底缺氧，碳同位素负偏移达 5‰~7‰，以及各种生物灭绝（Jenkyns，2010）。来自化石的数据表明，在这次事件中，大气中存在的碳元素在同位素上呈现出不同寻常的轻。可能的原因包括非洲和南极洲东部的卡鲁—Ferrar LIP 火山活动释放出的气体，这可能破坏了海洋—水动力学，导致甲烷水合物的分解，也许天文力量也有影响。然而，无论出于何种原因，广泛的含有高达 18% 总有机碳的有机页岩不仅在欧洲（事件首次注意到的地方），也在包括阿根廷在内的其他地方发生了沉积。阿根廷 Nequén 盆地是一个伸展的海槽，一端与开阔的泛大洋相连，托阿尔期发育一套厚的三叠系和侏罗系，其中含有富含轻质碳的黑色页岩。在高纬度地区变化较少，例如，将赫塘期—中托阿尔期 cheirolepiacean 阶段的孢粉组合分为冈瓦纳南部边缘的 *Exesipollenites* 组合和北部（特提斯洋）边缘的 *Perinopollenites* 组合（图 12.4）；而且，虽然在中托阿尔期有动物群落的更替，但随后的组合具有非常相似的分布（Grant Mackie 等，2000）。

12.2.3 东亚非海洋动物和植物区系

独特的晚侏罗世动植物广泛分布在今天的东亚地区，尤其是在华北（河北省）。20 世纪 20 年代，Alfred Grabau 首次注意到它们，并将它们命名为热河动物群。早期热河动物群包括各种各样的植物和孢粉型以及许多无脊椎动物，特别是介形虫、双壳类、昆虫和脊椎动物，主要是鱼类，并且可能是钦莫利期的。中间的动物群是可比较的，位于主要的厚层火山岩的凝灰岩带中。然而，上层热河动物群产于跨越侏罗纪—白垩纪边界的湖泊沉积中，不仅因其多样的植物和无脊椎动物（叶肢介）而闻名，而且还因其相对先进的鸟类的多样动物区系而闻名，如华夏鸟和孔子鸟，后者有比欧洲前辈如始祖鸟更小的爪子和其他更进化的特征；而且这些鸟类与长有羽毛的小型恐龙，如秀颌龙的遗骸有相同的沉积关系。

12.2.4 侏罗纪灭绝

在 201Ma 的三叠纪—侏罗纪边界和约 20Ma 之后的托阿尔期，发生了两次动物区系灭绝事件，虽然没有像二叠纪末期和白垩纪末期灭绝那样严重和全面，但也相当严重。例如，在英国约克郡的托阿尔阶，当地环境突然对上述托阿尔期海洋缺氧事件做出反应时，数量众多的双壳类软体动物物种约 85% 发生了灭绝。然而，在欧洲西北部，广泛的海道阻塞和随后增加的盐度和蒸发岩沉积在局部增强了三叠纪末期事件（Wignall 和 Bond，2008），并且非洲和南美洲的 CAMP LIP 火山爆发可能引发全球气候变化。牙形刺也在该事件之前最后一次出现（尽管三叠纪的牙形刺数量远远少于古生代的全盛时期），还有两个迄今为止很重要的腕足目：石燕类和 athyrids 类，也是一样。

12.2.5 陆地脊椎动物和恐龙

最著名的侏罗纪脊椎动物是恐龙，包括从晚三叠世末期（诺利期）到白垩纪末期几乎所有的大型陆生动物（第 13 章）。恐龙属于古龙亚纲爬行动物（在它们的头骨里有三个称为肌肉孔的开口，产的卵有方解石外壳），有独特的脚和踝骨。它们的近亲和祖先都在三叠纪末期灭绝了，使得恐龙在侏罗纪迅速繁衍生息。早期的大部分属是两足动物，但少数变成四足动物。为了抵抗捕食，一些进化出了大量的皮肤骨（装甲层）来弥补它们相对缺乏的速度。大多数是食草动物，但也有少数，比如著名的霸王龙，进化出了更强壮的下颚和更大的牙齿，成为凶猛的食肉动物。霸王龙大多是独居的，但许多体型较小的掠食者都是成群猎食的。因为恐龙几乎完全生活在赤道南北纬 45° 之间（Rees 等，2004），所以几乎所有的恐龙都是冷血动物，就像大多数现代爬行动物一样。

虽然恐龙是最大的脊椎动物，但它们并不唯一，其他爬行动物，如鳄鱼和海龟也大量繁殖，哺乳动物也大量扩散。哺乳动物是在中三叠世由爬行动物进化而来的，但在当时很少见，大多数物种在白垩纪之前都相对较小。然而，尽管它们的栖息地在侏罗纪扩展到包括浅水沼泽，就像现代的水鼠一样，但它们并没有延伸到海洋或空中，海洋哺乳动物（鲸鱼和海豚）和蝙蝠直到古近纪才开始进化（Savage 和 Long，1986）。

12.2.6 海洋动物群

浅海和海洋里生活着游动的爬行动物和软体动物。前者包括脖子较短的鱼龙和脖子较长的蛇颈龙，后者有些身长超过 30m，它们是那些在海洋中生活的恐龙的近亲。在最近的三叠纪和早侏罗世，它们从体型小得多、类似鳗鱼的早三叠世祖先开始迅速扩散。除了这两个占统治地位的种群之外，鱼类包括鲨鱼（其中一些也长得非常大）种类和数量也很多，在捕食结构中占据了几个等级。

无脊椎动物群以软体动物为主，海底发育各种各样的双壳类和腹足类，以及头足类（主要是菊石和箭石），后者游泳。菊石延续了三叠纪的快速辐射，进化得如此之快，以至于发现了大量的连续菊石生物带，是整个侏罗系对比的最佳工具。尽管腕足类动物从未恢复其古生代的多样性，但是两个丰富的群体广泛辐射并存活至今，它们是 *rhynchonellides*（大多数具有肋骨）和 *terebratulides*（大多数光滑），但它们都有功能性的蒂，使它们能够生活在海底之上。它们通常附着在岩石、海藻上或彼此附着。然而，除了穴居的 lingulides 外，所有的腕足类动物都是浅底动物（生活在海底或海底之上）。但是在海底挖洞（动物栖息地）比以前提供了更好的进化机会。除了较少见的 lingulide 腕足类外，还有丰富多样的双壳类软体动物和多种穴居节肢动物。不规则的棘皮类动物在早侏罗世首次出现，并迅速进化为海底动物沉积的捕食者。后者在中侏罗世已经变得多样化，因此沙钱和其他非规则生物都进化成了非常高效的大块沉积物饲料（Smith，2005）。

底栖动物群的详细生态在侏罗纪时期经历了实质性的发展。许多迄今较浅的洞穴动物，包括蠕虫和双壳类软体动物，甚至深入到基底内部，而许多其他软体动物群体，如牡蛎为了附着于各种有机或无机基底而发展出胶结能力。另一些动物，如扇贝甚至学会了游泳，以躲避数量和种类增加的捕食者。然而，与其他软体动物群体相比，在侏罗纪大部分的腹足类动物并没有大量的扩散。

12.2.7 鸟类起源

被称为翼龙的飞行爬行动物群体自晚三叠世就已经存在了，但它们的飞行是由一层薄膜支撑的，薄膜从延长的手指延伸到身体两侧，并且尽管翼龙存活了相当长的一段时间（它们是晚白垩世灭绝事件的众多受害者之一），但它们与鸟类没有密切的关系，后者的翅膀是整个前肢的进化发展（Benton，2005）。

在德国巴伐利亚州索尔恩霍芬高盐潟湖沉积的最新侏罗系（提塘阶）细粒石灰岩，距今约为150Ma，几个世纪以来，由于其作为平版印刷石的卓越品质而被广泛开采，其中包含了大量保存完好的化石。经过 150 多年的不懈搜集，在索尔恩霍芬发现的许多不同的脊椎动物和无脊椎动物物种中，有 8 个骨骼标本（3 个完整的）和一根羽毛被认为来自一种名为始祖鸟的特别动物。它的大小和火鸡差不多，特别之处在于，它同时具有典型的小型恐龙和鸟类的特征。长而多骨的尾巴，锋利的前爪，原始的骨盆和牙齿都与兽脚类恐龙相似。但是，与恐龙不同的是，始祖鸟的锁骨融合在一起形成了一个叉突（叉骨），这是一种独特的鸟类特征，并且它的身体周围有小羽毛，尾巴和前肢上有许多长得多的羽毛，两者都与鸟类翅膀上的明显相似。也许这些细小的绒毛最初进化是为了起到保温的作用，因此表明这种动物可能是温血动物。由于始祖鸟的这些混合特征，它已经成为客观地证明达尔文进化论最常被引用的例子之一，因为它是直接作为化石被发现的少数几个重要的"缺失环节"之一。自从始祖鸟被发现以来，在更年轻的中生界岩石中发现和描述了许多其他的原始鸟类，特别是在中国，因为鸟类辐射在最近的侏罗纪（提塘阶）和白垩纪进行得很快。

12.2.8 植物群

缺少大量的冰帽意味着全球气候相对稳定，这使得冈瓦纳的大部分地区成为广泛分布的网叶蕨植物群的殖民地，其中包括一些在欧洲不太常见的分类单元，以及在冈瓦纳不太常见的银杏及其亲缘植物。然而，与今天不同的是，这里没有热带雨林，因为赤道地区是半干旱地区，植被最少。低纬度地区多为荒漠或季节性湿润，中纬度地区多为暖温带，植物多样性最大，高纬度地区多为寒温带，有限降水是制约赤道附近植物生长的主要因素。中纬度的植物区系主要是针叶树、苏铁、种子蕨类和已经灭绝的亲缘植物，今天常见的落叶树非常少，但景观类似于大草原（而不是以茂密的树林为主），食草恐龙可以在其中自由漫步，就像今天的大象一样。极地地区的植物群多样性较低，以大叶针叶树和银杏植物为主，可能是落叶植物，以及蕨类植物（Rees 等，2004；Kenrick 和 Davis，2004）。

13 白垩纪

鱼泥是一层介于碳酸盐岩之间的薄层灰黑色泥灰岩，标志着丹麦东部 Stevns Klint 的白垩纪—古近纪界线，鱼泥中有一层含有异常高浓度的铱，这是由于晚白垩世小行星在加勒比海的撞击形成的（据 Alvarez 等，1980；资料来源：Holly Stein/CEED）

白垩纪是显生宙海平面最高的时期，大部分大陆都淹没在浅海之下（图 13.10）。随着漫长的白垩纪的发展，陆地和海洋的大致位置和轮廓逐渐为现代地理学家所熟悉。尤其值得一提的是，与之前的时期相比，今天仍保存着比例高得多的古白垩纪海底。

"白垩纪"意味着"含有白垩"，这个名字是 19 世纪 20 年代由法国人 d'Omalius d'Halloy 创造的，用来指独特的白色细粒石灰岩（白垩），主要出露于英格兰南部、比利时和法国，包括英格兰的多佛白崖。白垩纪的底部尚没有正式的定义，但通常是在法国的 *Berriasella jacobi* 菊石生物带（贝里阿斯阶）的底部，距今 145Ma。图 13.1 和图 13.2 显示了这期间不同时期大陆和海洋在 130Ma（欧特里夫期）、110Ma（阿尔布期）、90Ma（土伦期）和 70Ma（马斯特里赫特期）的全球分布。

— 229 —

阿普特期的基底大约是121Ma，而不是一些作者给出的125Ma。该系持续了80Ma，从145Ma到65Ma，是显生宇跨度最长的系，也是分阶最多的一个系，按地层上升顺序排列为：贝里阿斯阶、瓦兰今阶、欧特里夫阶、巴雷姆阶、阿普特阶、阿尔布阶、塞诺曼阶、土伦阶、康尼亚克阶、圣通阶、坎潘阶和马斯特里赫特阶，命名来自欧洲各地区。前三个阶通常被归类为尼欧克姆统。

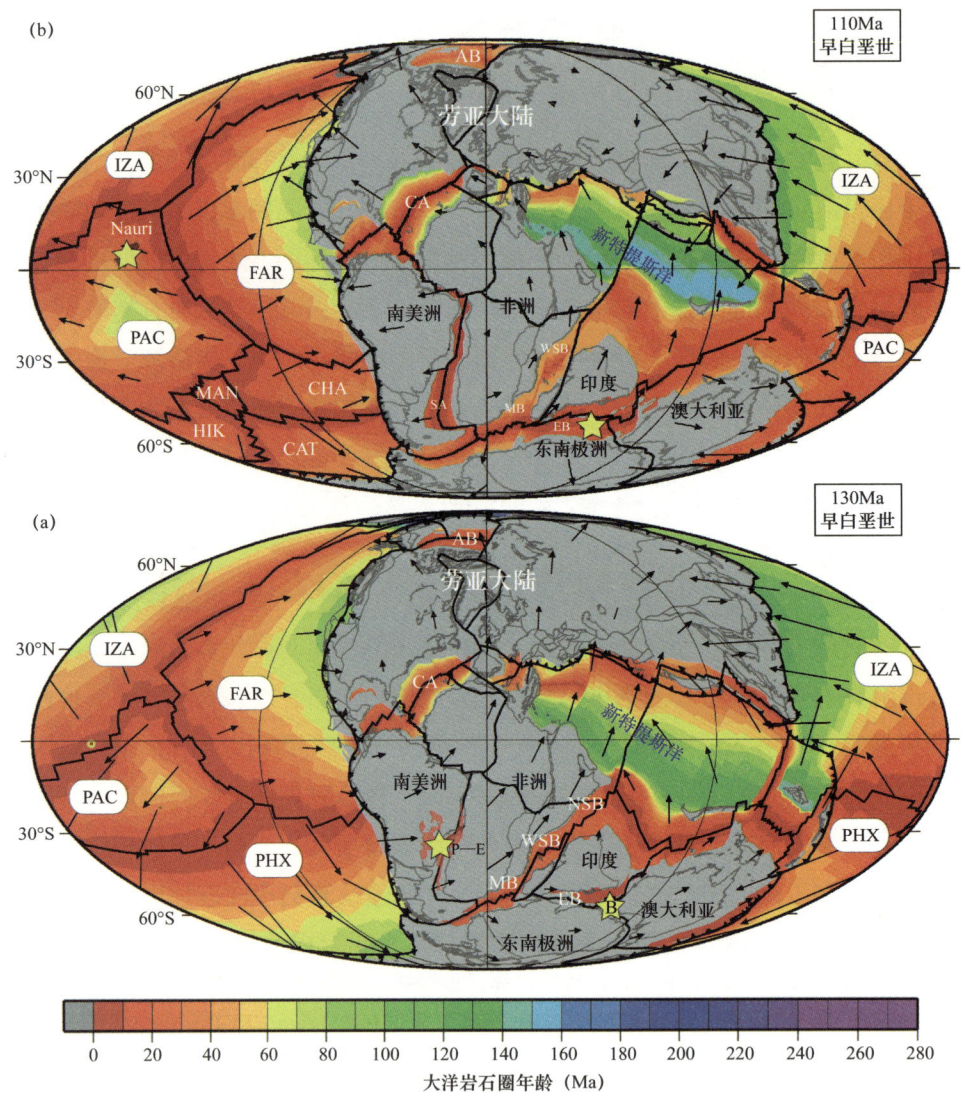

图 13.1　早白垩世约130Ma（欧特里夫期）和110Ma（坎潘期）的大陆板块（灰色）和海洋（其他颜色）的板块速度矢量及其海洋岩石圈的年龄

图中还显示了重建的巴拉那—Etendeka 盆地（P—E，134Ma）、班伯里（B，132ma）和凯尔盖朗群岛南部（K，114ma）LIP（黄色的星形是估算的喷发中心）的位置；AB，美亚海盆；CA，中大西洋；CAT，Cateqil 板；CHA，Chasca 板块；EB，Enderby 盆地；FAR，法拉隆大洋板块；HIK，希库兰吉板块；IZA，伊泽奈崎大洋板块；MAN，马尼希基岛板块；MB，莫桑比克盆地；NSB，北索马里盆地；PAC，太平洋板块；PHX，菲尼克斯板块；WSB，西索马里盆地；由 EarthByte 地幔框架产生（第2章）

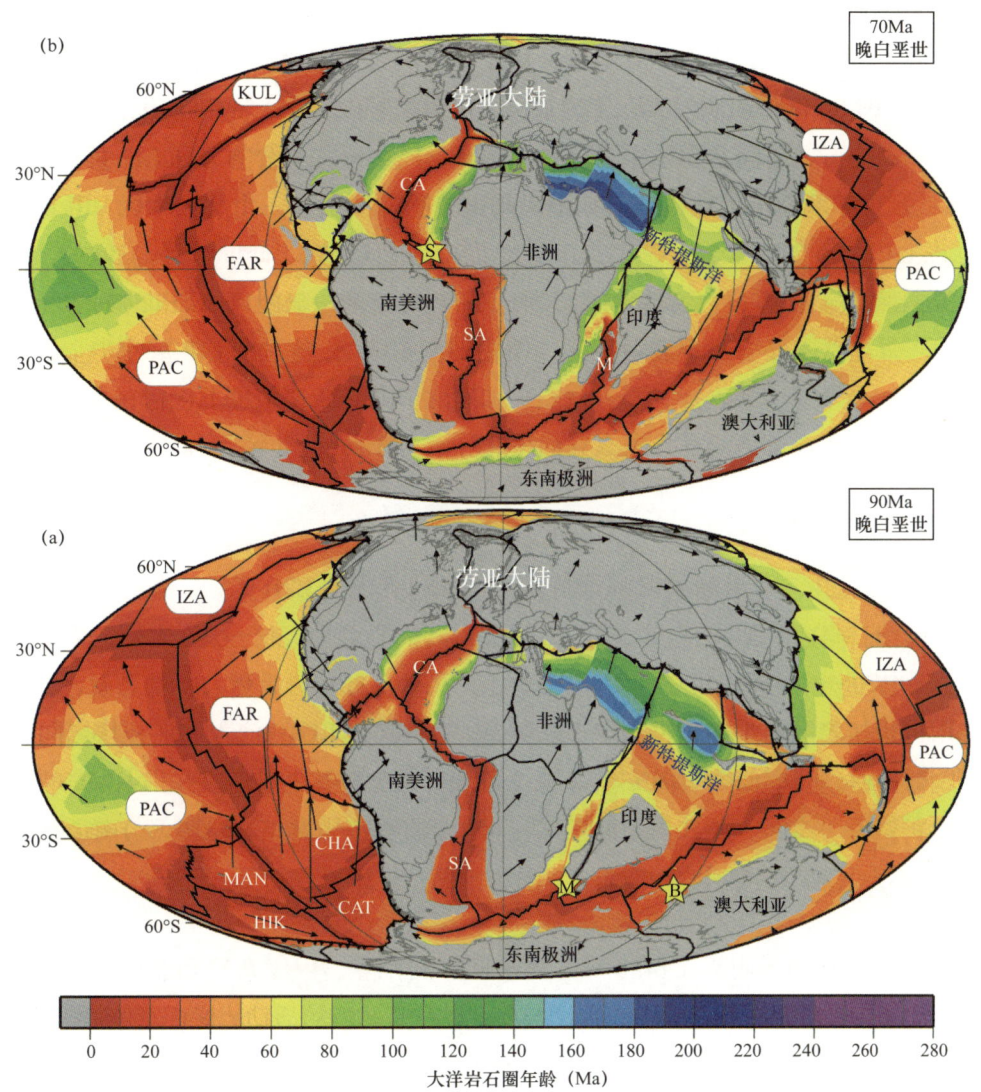

图 13.2 晚白垩世约 90Ma（土伦期）和 70Ma（马斯特里赫特期）大陆板块（灰色）和海洋（其他颜色）的板块速度矢量及其海洋岩石圈的年龄

图中还显示了重建的马达加斯加（M，87Ma）、布罗肯海岭（B，95Ma）和塞拉利昂（S，73Ma）LIP 的位置（黄色星形是估算的喷发中心）；CA，大西洋中部；CAT，Cateqil 板块；CHA，Chasca 板块；FAR，法拉隆大洋板块；IZA，伊泽奈崎大洋板块；KUL，库拉洋板块；HIK，希库兰吉板块；M，马斯克林盆地；MAN，马尼希基岛板块；PAC，太平洋板块；SA，南大西洋；由 EarthByte 地幔框架产生（第 2 章）

13.1 构造和火成岩活动

13.1.1 大火成岩省和金伯利岩

白垩纪最显著的特征是 LIP 数量特别多（图 13.3 和图 13.4；附录 1），以及侵入了许多地区的大约 75% 的已知中生界—新生界金伯利岩［图 14.2（b）］。除了北美洲和加拿大的金伯利岩外，几乎所有的金伯利岩都起源于 Tuzo PGZ 边缘之上 [图 13.3（a）和图 13.4（a）]。在侏罗纪，大多数的 LIP 位于海底，只有五个位于大陆岩石圈：位于印度的德干暗色岩（约 65Ma）、马达加斯加 LIP（约 87Ma）、印度的 Rajmhahal 暗色岩（约 118Ma）、澳大利亚西南部的班伯里玄武岩（约 132Ma）和南美洲的巴拉那—Etendeka 溢流玄武岩（约 134Ma）。所有白垩纪的海洋 LIP 都在 Tuzo 和 Jason（瑙鲁、爪哇、奈伊和赫斯）的地幔柱生成带的正上方喷发。还有一个北极地区 LIP（HALIP），最初认为只包含上白垩统的火山岩，位于加拿大北极的海伯格岛（Tarduno 等，1998），但现在扩展到北极地区的许多其他地方，与岩浆活动分属一类（图 13.8）。因为 HALIP 的辐射年龄范围很广（130—80Ma），而且地幔柱中心不容易定义，所以 HALIP 没有显示在 LIP 重建中。因为大板块重建的不确定性和一个未知的地幔柱中心，白垩纪加勒比 LIP（CLIP）也不包括在本书的分析中。如果 HALIP 和 CLIP 源于深部地幔柱，那么它们可能分别与 Tuzo 的北缘和 Jason 的东缘有关。

13.1.2　盘古大陆解体

随着白垩纪的发展，南半球大陆逐渐分裂（图 13.1 和图 13.2）。在白垩纪早期，这种分裂包括 130Ma 的南美洲和非洲之间的海底扩张，以及东非和马达加斯加—印度之间的索马里西部盆地的扩张（直到约 120Ma）。海底扩张开始于侏罗纪中后期的澳大利亚和大印度之间，并可能向南扩展到印度和南极板块之间（早白垩世），在白垩纪中后期位于印度和澳大利亚板块之间（图 13.2 和图 13.9）。在北极地区（Gaina 等，2013a），美亚盆地的短暂海底扩张发生在 141Ma（贝里阿斯期）和 125Ma（巴雷姆期）之间。澳大利亚最终在约 85Ma 的晚白垩世（圣通期）与南极洲分离。

13.1.3　泛大洋

在侏罗纪—白垩纪边界附近（145Ma），太平洋、法拉隆、伊泽奈崎和菲尼克斯四个主要大洋板块之间的泛大洋海底扩张，导致太平洋板块增大，以及其邻近的活动边缘逐渐俯冲 [图 13.1（a）]。这一发展的结果之一是卡什克里克板块在北美洲西北部的俯冲（Shephard 等，2013）。早白垩世至中白垩世标志着泛大洋绝对板块速度和海底扩张速度的显著增加 [图 12.3（b）、（c）]，通常被称为中白垩世海底扩张脉冲（Seton 等，2009）。翁通爪哇—Nui 巨型 LIP（翁通爪哇、马尼希基和希库兰吉高原）的喷发始于 123Ma 左右，并可能导致菲尼克斯板块在 120Ma 左右（阿普特期）分裂成四个板块，希库兰吉、马尼希基、Chasca 和 Catequil [图 13.5（a）]。在希库兰吉—马尼希基—Chasca—Catequil 板块在约 85Ma 终止后，太平洋板块成为泛大洋的主导板块 [图 13.5（c）]，从那时起，太平洋成为了最重要的名字。太平洋的一件大事是，大约 83Ma（坎潘期），在伊泽奈崎、法拉隆的碎片和太平洋板块的基础上开始形成库拉板块。在库拉—太平洋脊形成后，扩张继续沿太平洋—伊泽奈崎脊向东，通过一个大的补偿转换断层连接 [图 13.5（d）]。太平洋—伊泽奈崎山脊在晚白垩世迅速接近东亚边缘，在古新世早期非常接近后者 [图 14.1（a）和图 14.4]。

13.1.4　阿普特期夏威夷 LIP

与其他一些热点一样，夏威夷可能也与一个现在已被长时间俯冲的起始 LIP 有关；但是，应该在哪里以及在地幔的什么深度，寻找这样一个夏威夷 LIP（HLIP）是不确定的。LIP 通过俯冲到地

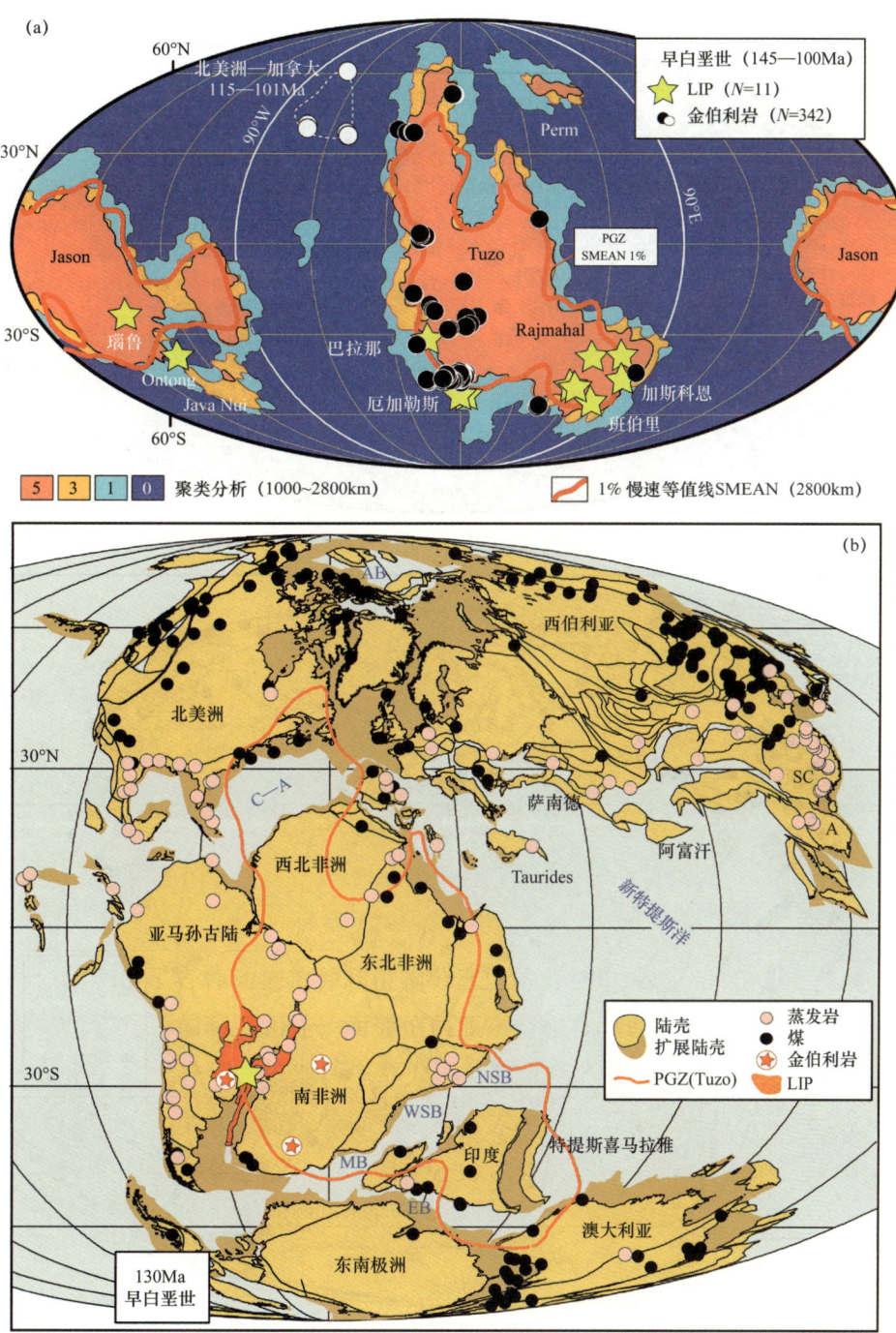

图 13.3　(a) 估算的早白垩世 LIP 喷发中心（黄色星形）和 342 个金伯利岩（黑色和白色圆点）的 CEED 地幔框架重建图，这些覆盖在下地幔的地震选图等值线上 (Lekic 等，2012)；区域 5、区域 3 和区域 1 定义了 LLSVP，而区域 0（蓝色）表示下地幔中速度较快的区域 [图 2.16（c）]；(b) 估算的 130Ma（欧特里夫期）地球地理轮廓（主要的地壳单元）和巴拉那—Etendeka LIP 喷发中心（黄色星形）；CEED 古地磁框架以及大陆和板块边界的位置在细节上可能与图 13.1（a）中的不同；A，安南；AB，美亚盆地；MB，莫桑比克盆地；C—A，大西洋中部；EB，Enderby 盆地；NSB，北索马里盆地；PGZ，地幔柱生成带；SC，华南；WSB，西索马里盆地

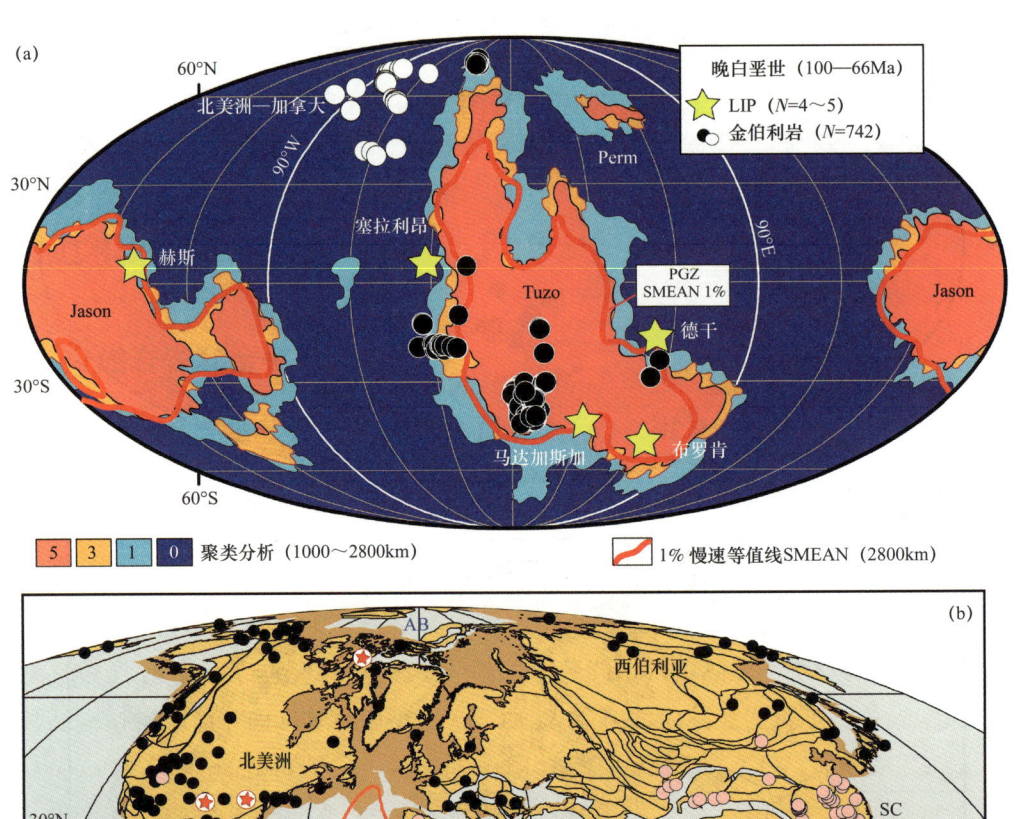

图 13.4 （a）晚白垩世喷发中心（黄色星形）和 742 个金伯利岩（黑色和白色圆点）的 CEED 地幔框架重建图，这些覆盖在下地幔的地震选图等值线上（Lekic 等，2012）；区域 5、区域 3 和区域 1 定义了 LLSVP，而区域 0（蓝色）表示下地幔中速度较快的区域；1% 慢速 SMEAN 等值线作为对比（第 2 章）；（b）90Ma（土伦期）地球地理轮廓（主要的地壳单元）和估算的马达加斯加（M）LIP 喷发中心（黄色星形）；CEED 古地磁框架和大陆与板块边界的位置可能在细节上与图 13.2（a）不同；AB，美亚盆地；MB，莫桑比克盆地；C—A，大西洋中部；GIB，大印度盆地；NSB，北索马里盆地；PGZ，地幔柱生成带；S—A，南大西洋；SC，华南；WSB，西索马里盆地

- 234 -

幔被回收的例子包含现今正在进行的翁通爪哇和希库兰吉高原的俯冲。LIP 和海山的俯冲被认为是解释平坦俯冲和缺乏弧岩浆作用的原因。

HLIP 理论上的起始年龄为 120Ma，可能在伊泽奈崎板块上喷发 [图 13.5（a）]，并可能在该板块上建造一系列火山岛，直到 95Ma 之前 [图 13.5（b）]；但在那之后，夏威夷地幔柱就会在太平洋板块之下。由于洋中脊的移动，伊泽奈崎板块上的部分老地幔柱踪迹在 83Ma [坎潘期；图 13.5（d）] 之后将被困在库拉板块上。该板块的大部分是在 65Ma（古新世最早期）之前被俯冲下来的，但是有一部分，包括可能的夏威夷热点轨迹的残余，可能仍然保存在白令海中（Steinberger 和 Gaina, 2007）。

HLIP 会在伊泽奈崎板块上停留到 85Ma 左右，然后到达海沟。如果俯冲，期望根据板块下沉速度和俯冲角度，在北部高纬度（70°N）和深度约 1000 km 的层析模型中发现俯冲 HLIP 和邻近岩石圈（比平均地幔速度快）。

LIP 的组合上浮应能抵抗俯冲，并可以防止板块下沉到地幔中（拼合），但 LIP 的拼合或俯冲最初可反映在海沟会聚速度的降低上。不幸的是，伊泽奈崎的板块速度是不确定的（在"对称海底扩张"假设下建模）。沿北美洲边缘与沙茨基隆起的孪生 LIP 碰撞（Liu 等, 2010；Sigloch 和 Mihalynuk, 2013）与 85—80Ma 的晚白垩世—早始新世的拉拉米造山运动和基底隆升有关 [图 13.6（c）中的 B3]。法拉隆板块上的沙茨基隆起耦合在约 85Ma 到达北美洲边缘，与此同时，120Ma 的 HLIP 也将到达海沟 [图 13.5（c）]。由于在共轭太平洋板块上保存了磁异常，法拉隆板块受到的约束比伊泽奈崎要好得多。法拉隆在晚白垩世的减速发生在 88Ma 左右 [图 13.6（e）]，这可能与到达北美洲边缘的一个合成的上浮 LIP（沙茨基隆起耦合）有关。然而，这个减速是模型驱动和内插的，因为在那个区域从大约 120Ma 到 84Ma（阿普特期—圣通期）没有磁异常。在晚白垩世的增生岩浆弧和北美洲之下，法拉隆板块向东俯冲，与沙茨基隆起的孪生 LIP 碰撞即是在此背景下模拟的 [图 13.6（c）、（d）]。然而，Hildebrand（2014）认为在拉拉米和更早的事件中北美洲是较低的板块，向西俯冲到科迪勒拉带大陆（名为 Ruby）之下，这给 Sigloch 和 Mihalynuk（2013）的故事增加了严重的困难。例如，至少部分法拉隆板块不会像图 13.5 所示的那样下陷，因此在白垩纪，沙茨基隆起的孪生 LIP 将不会到达北美洲边缘。

13.1.5　泛大洋内俯冲

对于泛大洋领域的板块构造建模几乎都基于以下假设，即洋内扩张中心或转换带和安第斯型俯冲带都位于或靠近泛大洋周缘（图 13.5 沿着欧亚大陆和北美洲的边缘）。根据地幔中比平均地震速度快的蓝色区域（图 2.18）解释的俯冲板块，已经在泛大洋下的不同深度被识别（van der Meer 等, 2010, 2012；Sigloch 和 Mihalynuk, 2013）。大量成像的板块显示出相当大的洋内俯冲，并且推测沿北美洲边缘的俯冲极性也发生了转移。图 13.6 显示了一个复杂模型的例子，它可以从板块成像、地质解释、近垂直板块下沉和板块建模的综合中得到。在约 140Ma 的早白垩世 [图 13.6（a）]，北美洲西部的近海边缘分布着大量的洋内俯冲，在 50Ma 的早始新世，相关的火山弧大多依附于北美洲边缘。大规模的晚白垩世到古新世的向北地体转移（弗兰格里亚—亚历山大地体）也是北美洲科迪勒拉西缘复杂构造故事的一部分（Johnston, 2008；Hildebrand, 2014）。

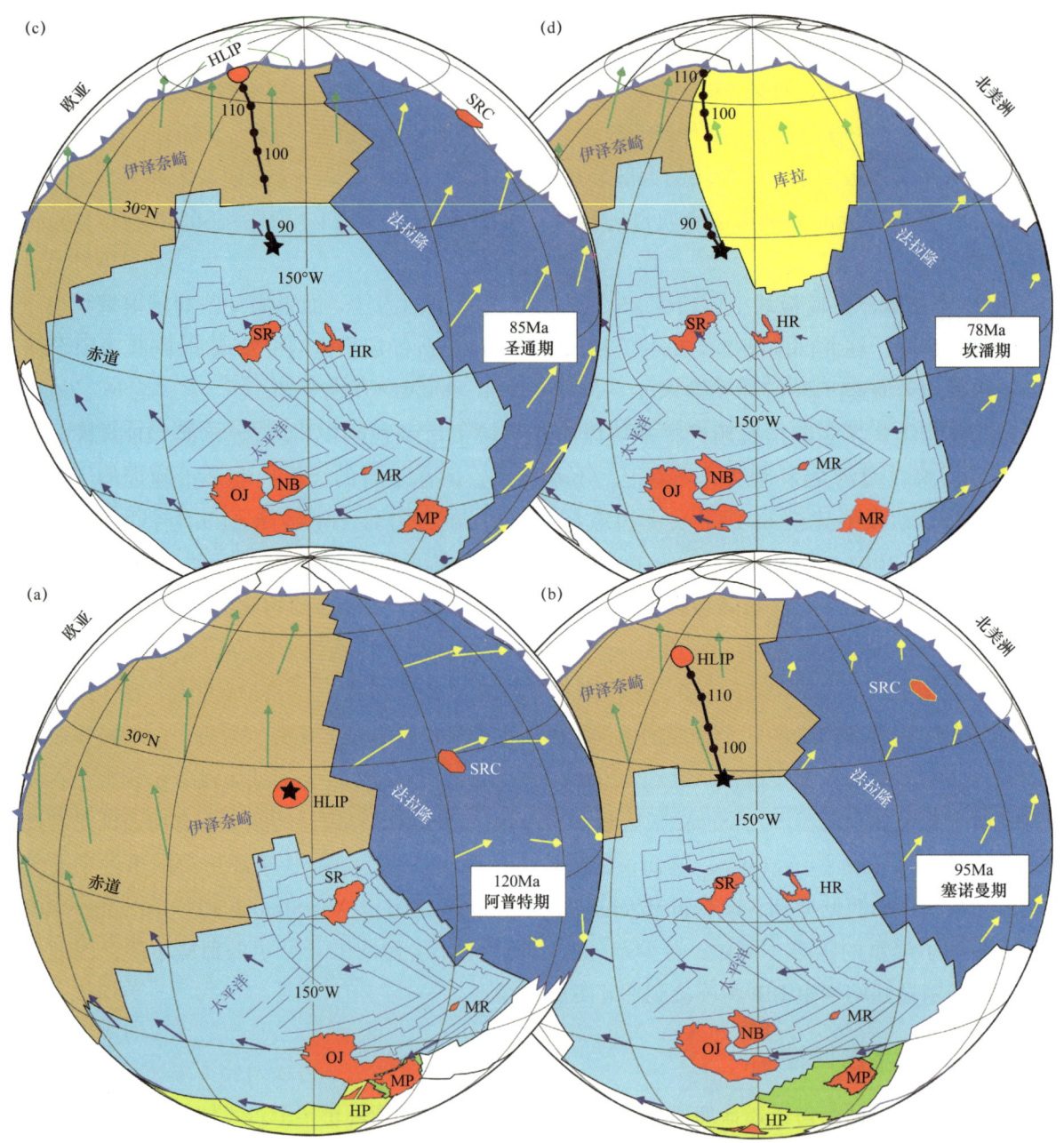

图 13.5 （a）阿普特期（120Ma）、（b）塞诺曼期（95Ma）、（c）圣通期（85Ma）和（d）坎潘期（78Ma）在 CEED 地幔框架中的泛大洋重建

图中还显示了估算的夏威夷地幔柱（黑色星形）的表面位置，以及太平洋、伊泽奈崎、法拉隆和库拉板块的板块速度矢量，地幔柱轨迹（黑点）以 5Ma 的间隔显示；板块轮廓是 Shephard 等（2014）的研究成果；带注释的 LIP：HLIP，夏威夷 LIP（此处假设起始年龄为 120Ma）；HP，希库兰吉高原（123Ma）；HR，Hess 隆起（99Ma）；MP，马尼希基高原（123Ma）；MR，麦哲伦隆起（145Ma）；NB，瑙鲁盆地（111Ma）；OJ，翁通爪哇（123Ma）；SR，沙茨基隆起（147Ma）；SRC，沙茨基隆起共轭区（假定的），在 85Ma 左右（圣通期）沿北美洲边缘开始下沉

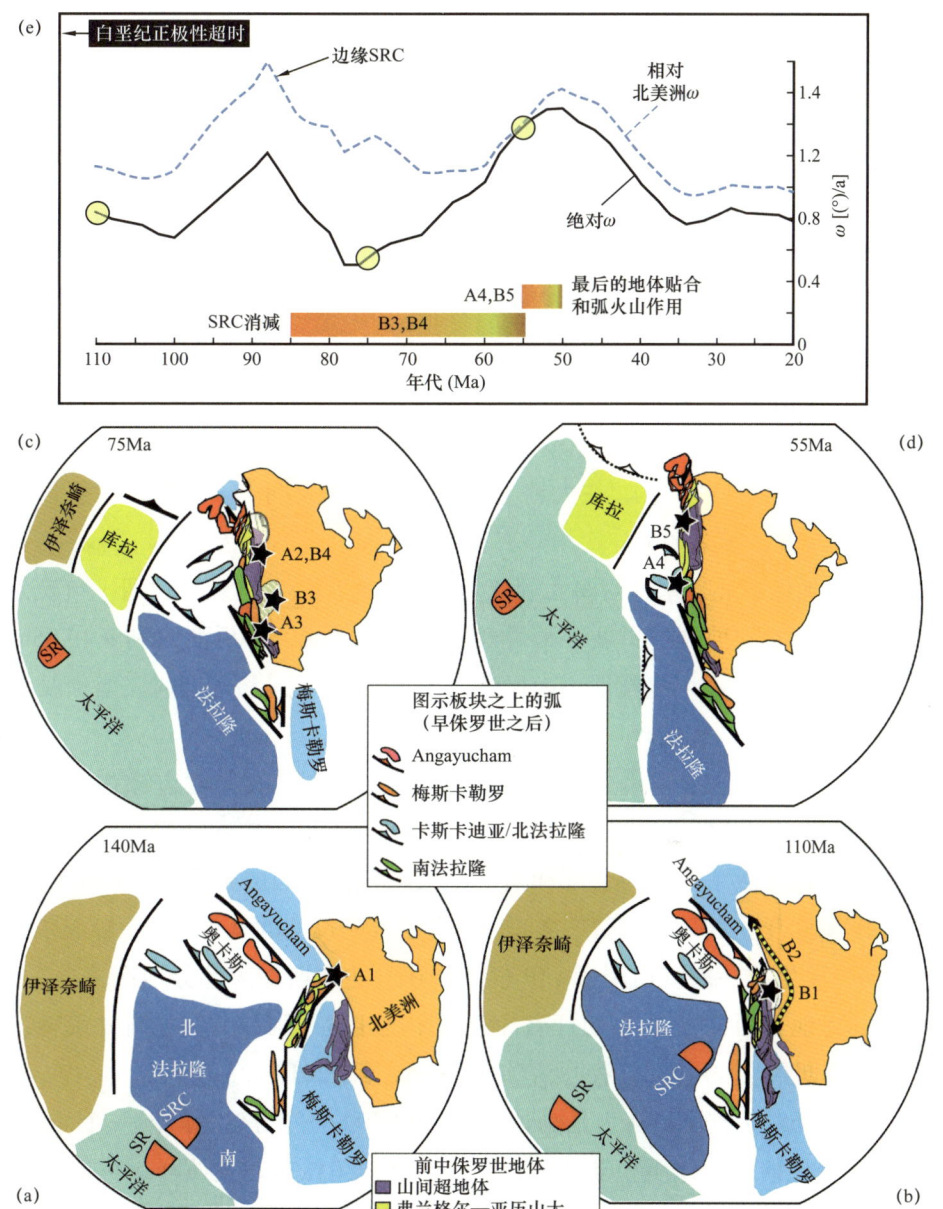

图13.6 （a）—（d）板块重建图，显示了推测的从早白垩世（140Ma）到早始新世（55Ma）沿北美洲西部边缘海沟（基于成像的板块）和地体几何的演化

SR，沙茨基隆起；SRC，沙茨基隆起共轭区；带注释的黑色星形表示解释的构造事件如下：A1，落基山脉变形的开始（160—155Ma）和Franciscan俯冲复合体或南法拉隆（165—155Ma）；B1，Omenica岩浆带（124—90Ma）；B2，整个边缘的变形，约125Ma（巴雷姆期）的塞维尔和加拿大落基山脉；A2，Carmacks火山幕（72—69Ma）；A3，索诺拉火山作用，Tarahumara熔结凝灰岩省（85Ma）；B3，沙茨基隆起共轭区、拉拉米造山运动和基底隆起的俯冲（85—55Ma）；B4，沿着北美洲边缘的弗兰格里亚—亚历山大、山间和Angayucham地体的北移（85—55Ma）；A4，终端地体拼合：Siletzia，太平洋地区（55—50Ma）；B5，海岸山弧火山作用的爆发性终止（55—50Ma；Sigloch和Mihalynuk，2013）；（e）从110到20Ma法拉隆板块的绝对速度（ω）和相对速度（相对于北美洲），从CEED地幔框架计算得到；指出了（a）—（d）中一些明显的构造事件；速度是在10Ma窗口上的平均值

13.1.6 特提斯和印度洋

在特提斯域的东南端，一个向陆的脊跃向南扩展，形成了"大印度"和澳大利亚之间的 Gascoyne、Cuvier 和珀斯深海平原。导致"大印度"和澳大利亚—南极洲分离的大洋中脊在约 136Ma（瓦兰今期）开始于澳大利亚西北部，在 130—126Ma（巴雷姆期）到达印度南端。Enderby 盆地（位于南极洲东部和印度之间，图 13.1）的海底扩张在阿普特期停止，因为一次脊跃将 Elan Bank 和南 Kerguelen 高原转移到了南极板块（Gibbons 等，2013）。Enderby 盆地海底的起始扩张适应了印度与马达加斯加之间的走滑运动，并与西索马里盆地扩张脊相连接，直到约 120Ma（阿普特期）。目前还不清楚岩浆活动是否有助于印度和澳大利亚或东南极洲的分离，但西澳大利亚近海的 Wallaby 高原 LIP 在 123Ma 的阿普特期爆发（Olierook 等，2015），并且进一步向西，Maud 隆起 LIP 在更早的 125Ma 于毛德皇后地块或东南极洲近海爆发，而出现在 Kerguelen 高原上的第一个火山活动迹象为 118Ma（中阿普特期）。在大约 130Ma（欧特里夫期）发生的一次更早的事件形成了澳大利亚西南部的班伯里玄武岩省。

澳大利亚的部分地区（北、南、西澳大利亚克拉通）和南极（莫森克拉通）自晚元古宙以来一直在一起，但白垩纪裂谷（前裂谷扩展）最终建立了海底扩张，然后澳大利亚在 85Ma（圣通期；最古老的磁异常 34 时：83.5Ma）慢慢远离南极洲［图 13.9（b）］。与此同时，塔斯曼海在西南太平洋开放，豪勋爵隆起和较小的大陆碎片从东澳大利亚边缘分离。

印度次大陆与马达加斯加、塞舌尔在侏罗纪开始脱离非洲，其共轭边缘在侏罗纪结束前完全分离。Enderby 盆地的海底扩张导致了印度和马达加斯加之间的左旋剪切带，印度沿着马达加斯加东部边缘向北移动。这导致了印度西北部和索马里或阿拉伯之间的聚合和可能的俯冲（Gaina 等，2015）。在 100—90Ma（土伦期—圣通期）之间，这些位移是反向的。不久之后，从 91Ma（土伦期）到 84Ma（圣通期）发生了一次晚白垩世 LIP 事件，在马达加斯加大部分地区覆盖了溢流玄武岩，并打开了马斯克林盆地（图 13.7）。早期开启导致了印度相对于阿拉伯的逆时针旋转，几百千米的聚合被晚白垩世圣通期到早坎潘期的俯冲所容纳（Gaina 等，2015）。

马斯克林盆地的开口传统上被认为是马达加斯加和印度—塞舌尔之间的一个相当对称的开口，但是由于板块—地幔柱的相互作用和复杂的脊跃，印度洋（像东北大西洋）可能布满了小的大陆碎片（图 13.7）。印度、塞舌尔、Laxmi 岭（现在位于印度西部近海）和其他几个大陆碎片（毛里求斯微大陆的一部分），首先从马达加斯加分离，而其他地体（包括毛里求斯、Cargados Carajos 和 Nazareth Banks）在最初分裂时可能是马达加斯加的一部分（Torsvik 等，2013）。在马斯克林盆地开放期间，即 83.5Ma 到 61Ma（坎潘期—早古新世），在 80Ma、73.6Ma 和 70Ma 发生了三次主要的脊跃，毛里求斯和毛里求斯其他可能的大陆碎片逐渐转移到印度板块（图 13.7）。70Ma 之后（马斯特里赫特期），所有毛里求斯碎片都成为印度板块的组成部分，直到晚古新世（图 14.7）。

后来成为印度喜马拉雅山脉边缘的近海，发育一连串的陆地区域，这可能是多个微大陆，包括特提斯—（西藏）喜马拉雅（图 13.9），后者在 118Ma（阿普特期）和 68Ma（马斯特里赫特期）期间相对于印度克拉通向北移动。至少有一个大洋盆地，即大印度盆地，一定是在晚白垩世在特提斯喜马拉雅和印度克拉通之间形成的，但事实可能要复杂得多，许多盆地与扩展的大陆碎片交替存在（van Hinsbergen 等，2012）。

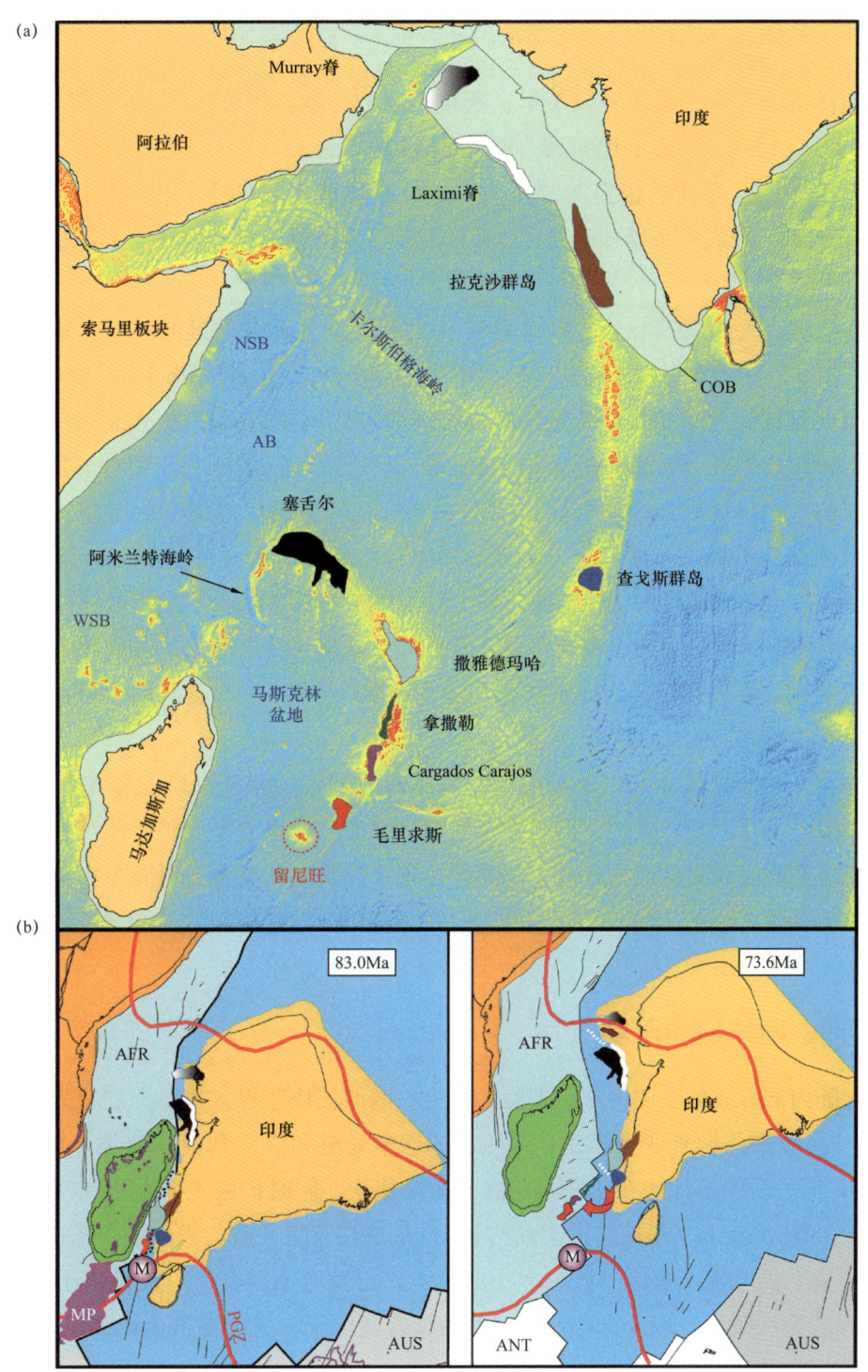

图 13.7 （a）在 ETOPO1 测深仪上显示的假定的印度洋大陆碎片的现今位置；AB，阿米兰特盆地；COB，大陆和海洋边界；NSB，北索马里盆地；WSB，西索马里盆地；（b）晚白垩世板块重建（CEED 地幔框架）与马里恩热点（M）的表面位置；在马斯克林盆地的早期开放时期（83.5—70Ma），一些毛里求斯的片段（毛里求斯和 Cargados Carajos）被附加到马达加斯加，但通过西南传播的脊跃（在 73.6Ma 图中的白色虚线表示 80Ma 的灭绝扩张脊）迁移到印度板块；所有毛里求斯碎片在 70Ma 之后一直为印度板块的一部分，直到大约 56Ma 的晚古新世；AFR，非洲板块；ANT，南极洲板块；AUS，澳大利亚板块；MP，马达加斯加高原

13.1.7 大西洋和北冰洋

在南大西洋南部，海底扩张开始于早白垩世130Ma（欧特里夫期），在岩浆作用峰值后不久，后者包括在134Ma侵入和喷发的巴拉那—Etendeka LIP[图13.1（a）]，巴西大部分地区受其影响，纳米比亚受影响较小。海底扩张在112Ma左右向北扩展到海洋的中心段（Florianopolis裂缝带北部），在中阿尔布期，海底扩张延伸到尼日尔段的北部，此时南大西洋与中大西洋全面连接（图13.2和图13.9）。

在大西洋中部，大约125Ma（巴雷姆期），海底扩张向东北方向延伸到伊比利亚—纽芬兰边缘（图13.1和图13.8）。在伊比利亚和纽芬兰之间的扩张与Porcupine和Rockall高原附近的裂谷带相连，并继续向北延伸到拉布拉多海（格陵兰岛和北美洲之间）以及格陵兰岛和欧亚大陆之间。在105Ma（阿尔布期）之后，Porcupine与北美洲分裂（图13.10）。伊比利亚相对于其邻近板块的详细位置是有争议的，但伊比利亚板块可能在121—83Ma之间（阿普特期—坎潘期）独立活动，并且其板块边界可能适应了阿尔布期和阿普特期的逆时针旋转，后者开辟了Biscay湾，并在非洲北部形成了一个多样的走滑、转换挤压和转换拉伸体系（Vissers和Meijer，2012）。

拉布拉多海海底扩张的起始也备受争议。北美洲和格陵兰岛之间的裂谷作用和火山活动始于晚侏罗世—早白垩世，但拉布拉多的海底扩张可能直到70—67Ma（坎潘期）才开始，这标志着稳定的劳伦大陆块体的结束。

东北大西洋（位于格陵兰岛、不列颠群岛和挪威之间）的特征是广泛分布的晚侏罗世—早白垩世和晚白垩世—古新世裂谷盆地，但是在早始新世之前，那里的海底扩张还没有开始。早始新世也标志着北极地区欧亚大陆盆地的开放，但其他（难以识别）从晚白垩世到古新世的海底扩张可能发生在美亚盆地（图13.8），因为北美洲和欧亚板块经历了扩张，以容纳拉布拉多海的开放（Gaina等，2013）。

13.1.8 非洲、阿拉伯和印度

在非洲大陆内部形成的主要白垩纪裂谷，作为扩散型板块边界，将非洲划分为五个主要的构造块体（图3.4）：南非、非洲东北部、非洲西北部、索马里和维多利亚湖块体（Torsvik等，2009；Gaina等，2013b）。后两个地块在白垩纪与南非地块相连，同时扩展主要发生在西北非、东北非和南非之间，从130—120Ma（早白垩世）到约84Ma的晚白垩世（欧特里夫期—圣通期）。

阿拉伯板块上白垩统（塞诺曼阶—中土伦阶）广泛发育不整合，可能是由于沿板块东南缘出现Semail蛇绿岩俯冲所致。现今保存最完好的蛇绿岩套位于阿曼的穆桑达姆半岛（图13.9），距今96—95Ma（塞诺曼期），位于大陆边缘的西南方向（Glennie，2006）。蛇绿岩的仰冲作用可能始于96Ma左右，结束于70Ma左右（马斯特里赫特期），浅海灰岩沉积一直持续到约35Ma的始新世晚期（Searle等，2014）。

阿曼东南部也发现蛇绿岩，但它们的年龄不同，可能形成于阿拉伯东部和印度西北部的板块边界附近。其中一种蛇绿岩为晚侏罗世（150Ma）Masirah蛇绿岩（图13.9中的MO），形成于白垩纪末期65Ma（Gaina等，2015）。在巴基斯坦和阿富汗发现的Masirah蛇绿岩和其他一些蛇绿岩可能是侏罗纪—白垩纪洋壳（索马里北部和西部盆地）的一部分，在冈瓦纳分裂后形成于印度和阿拉伯

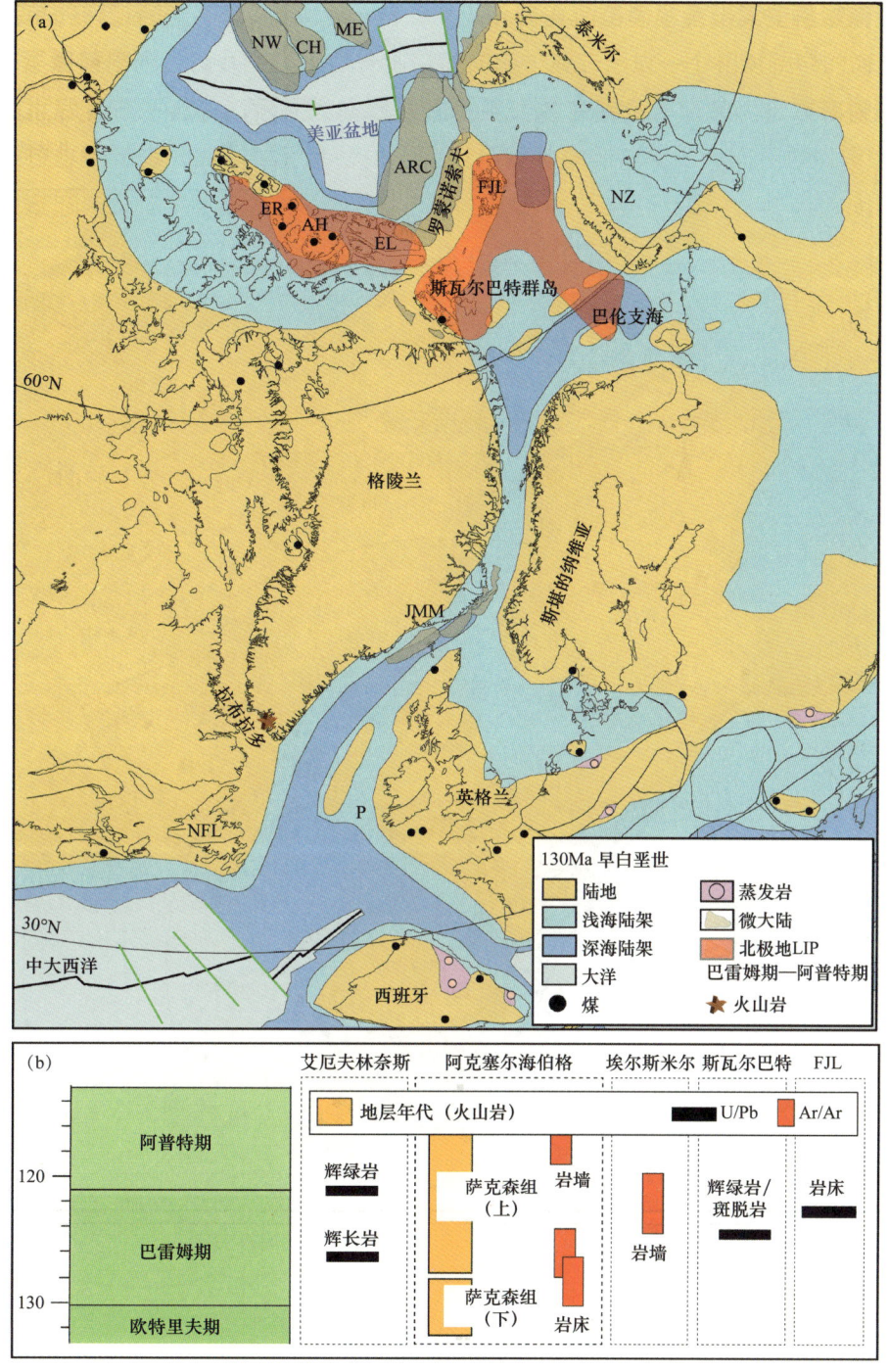

图 13.8 （a）早白垩世 130Ma（欧特里夫期）西欧、北美洲东北部和北极地区的古地理，显示了当时的陆地、海洋和大洋以及稍晚些时候的北极地大火成岩省的范围（巴雷姆期—阿普特期：大约 121Ma），现在淹没在北冰洋下面的微大陆块显示为灰色，不确定它们上方的海洋深度当时是多少；AH，阿克塞尔海伯格岛；ARC，可能的大陆起源阿尔法脊；CH，楚科奇；EL，埃尔斯米尔岛；ER，艾厄夫林奈斯；FJL，法兰士约瑟夫地群岛；JMM，扬马延微大陆；ME，门捷列夫脊；NFL，纽芬兰；NW，罗斯文；NZ，新地群岛；P，Porcupine 滩；（b）艾厄夫林奈斯、阿克塞尔海伯格、埃尔斯米尔、斯瓦尔巴特和法兰士约瑟夫地最初火山活动的地层和同位素年龄汇编（U/Pb 和 Ar/Ar）；来自多源数据包括 Corfu 等（2013）和 Evenchick 等（2015）

— 241 —

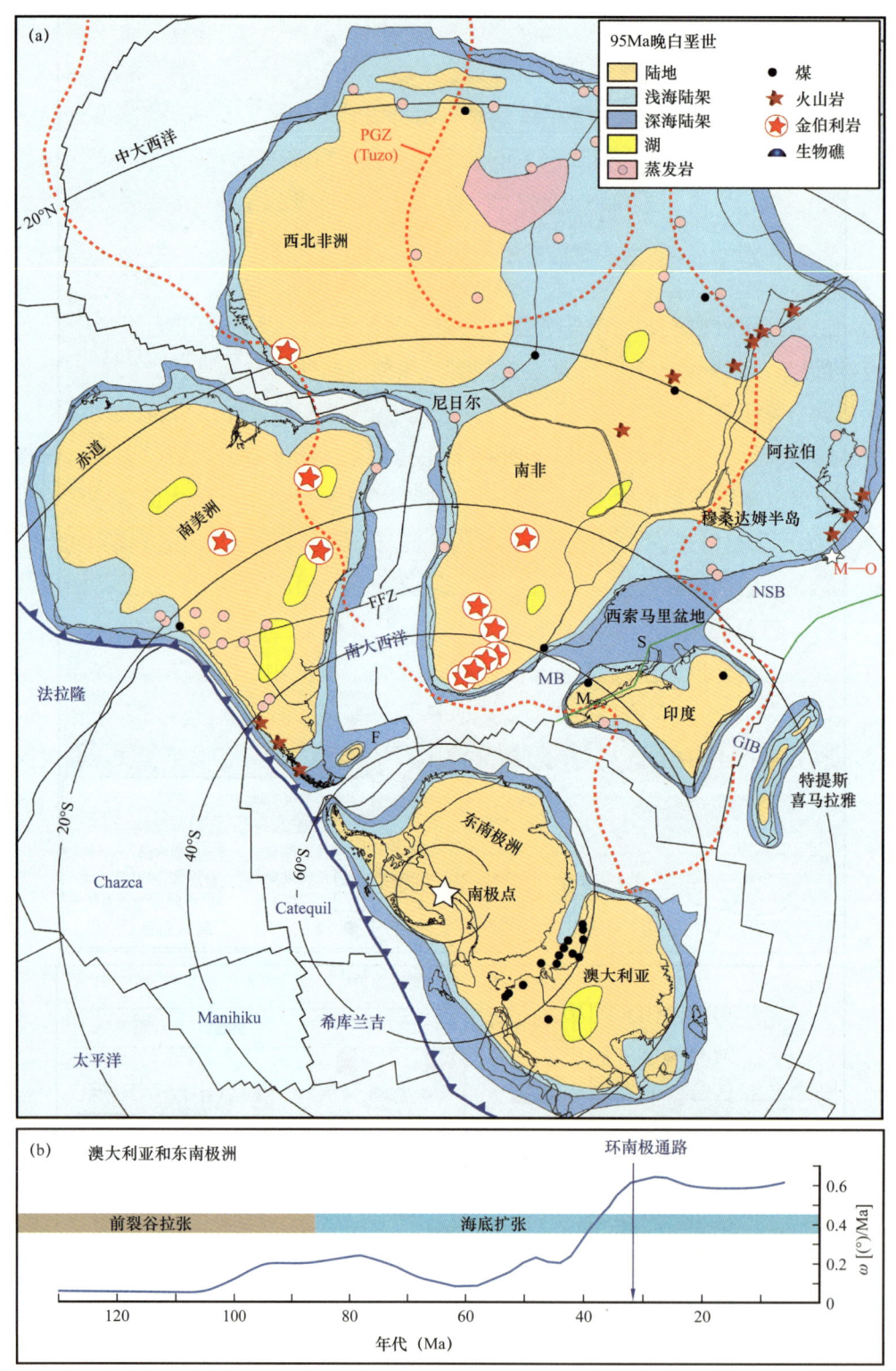

图13.9 （a）晚白垩世95Ma（塞诺曼期）非洲、印度和南半球的古地理，当时海平面最高，许多古老的克拉通地区被水淹没，如泛非海道；今天太平洋地区的大洋板块是合成的；F，福克兰群岛（马尔维纳斯群岛）；FFZ，Florianopolis断裂带；GIB，大印度盆地；M，马达加斯加岛；MB，莫桑比克盆地；M—O，白垩纪末期（65Ma）逆冲的马西拉岛蛇绿岩（150Ma）；NSB，北索马里盆地；PGZ，地幔柱生成区；（b）澳大利亚和东南极洲之间的相对板块速度，速度是在10Ma窗口上的平均值，以2Ma间隔绘图

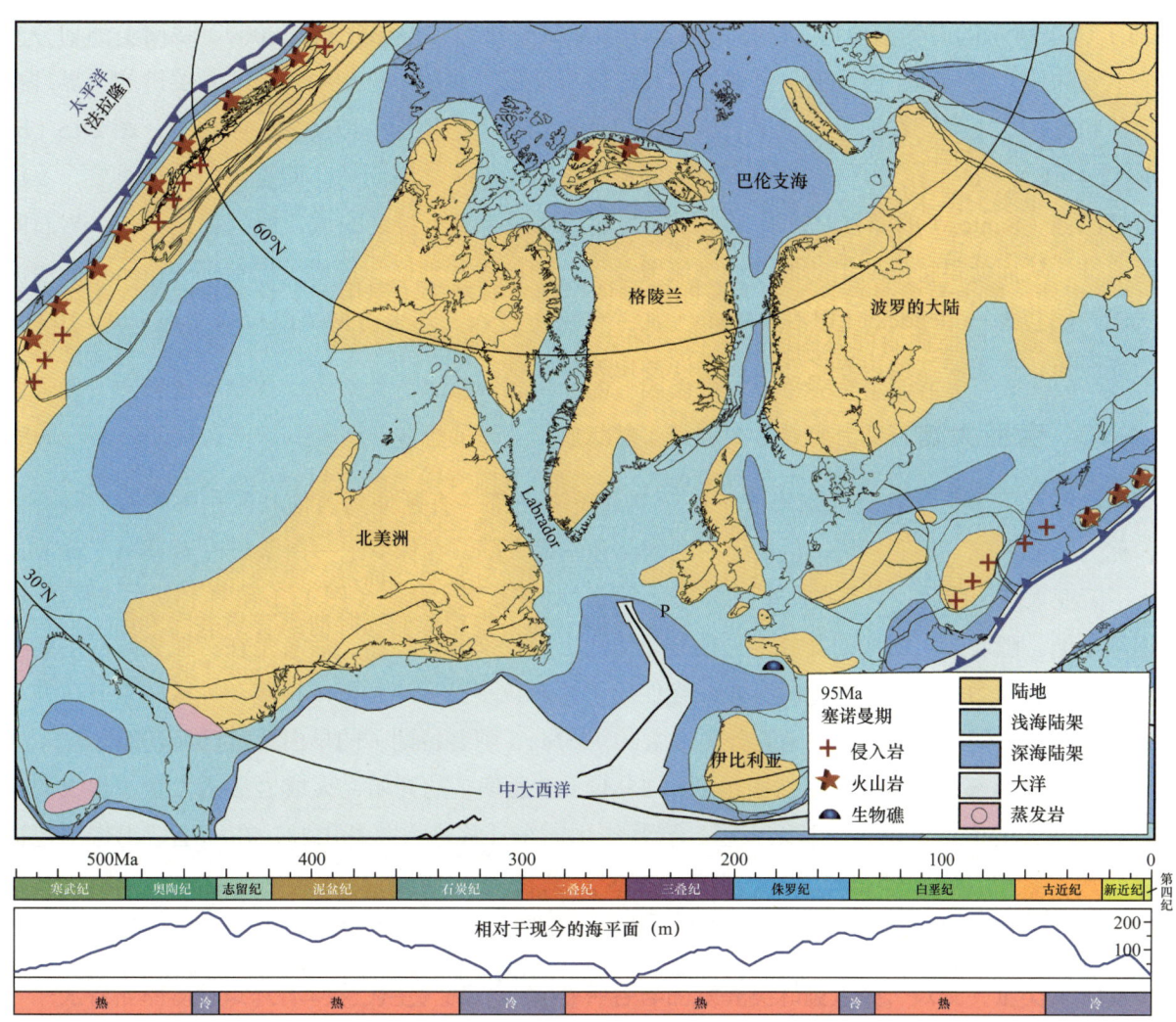

图 13.10 晚白垩世 95Ma（塞诺曼期）的北美洲和欧洲古地理，当时是海平面最高的时期，许多古老的克拉通地区被海水淹没，例如横跨北美洲南北的海道；P，Porcupine 滩；来自多源数据，包括 Ziegler（1990）

之间。阿拉伯和印度之间的斜向聚合和西北向的洋内俯冲，从大约 84Ma（圣通期）开始，可能导致蛇绿岩俯冲到阿拉伯东南和印度板块的西北部分（Gaina 等，2015）。

13.1.9 南美洲

南美洲西部边缘是典型的安地斯型俯冲带，其特征是大陆边缘下的大洋板块俯冲［图 13.9（a）］以及缺乏陆—陆碰撞的山脉隆起（Kay 等，2005）。安第斯山脉从委内瑞拉延伸到南美洲最南端（火地岛），绵延约 8000km，拥有复杂的变形和岩浆历史。西缘的俯冲活动至少从侏罗纪就开始了，法拉隆和菲尼克斯板块最初被俯冲到南美洲的北部和南部。从大约 120Ma 到 85Ma（阿普特期—圣通期），三个大洋板块（法拉隆、Chazca 和 Catequil）与安第斯边缘相互作用［图 13.9（a）］。南美洲西缘晚侏罗世和白垩纪变形以伸展为主，随后在晚白垩世至今以收缩为主（Maloney 等，2013）。

如第 2 章所述，在南美洲大陆，板块内变形的区域化和数量上尚未有共识。例如 Torsvik 等［2009；图 12.4（b）、（c）］和 Moulin 等（2010）倾向于活动论观点，而如 Heine 等［2013；如

图13.1（a）所示的南美洲模型］选择不那么剧烈的调整作用。Torsvik等（2009）将南美洲划分为四个主要陆块：亚马孙、巴拉那、科罗拉多和巴塔哥尼亚。在这个模型中一个非常关键的边界是在亚马孙和巴拉那之间，在那里有一个右旋的张扭性断层带［巴拉那—Etendeka断层带：图2.15（b）和图12.4（b）、（c）］在150—126Ma（晚侏罗世—巴雷姆期）之间活动。此裂谷边界很重要，不仅因为将巴西（Santos）的漂移前扩展和非洲的共轭边缘减少到可接受的值，而且提供了一个岩石圈薄弱地带，从而使得特里斯坦的地幔柱倒流覆盖了巴西的大片地区，形成了巴拉那—Etendeka溢流玄武岩。巴拉那—Etendeka LIP在134Ma（瓦兰今期）侵入，几乎占据了巴拉那盆地$120 \times 10^4 km^2$的全部面积；在主要盆地边界之外还发育许多相关的岩墙。

13.1.10 劳亚大陆

中大西洋开放后，在其北部形成了一个从北美洲西部一直延伸到西伯利亚东部的大型联合古陆，称为劳亚大陆。东亚板块，包括统一的华北和华南大陆，在侏罗纪—白垩纪边界时间（145Ma）加入了劳亚大陆，因此，只有在白垩纪，劳亚大陆才处于其最大状态（图13.1和图13.2）。随后，在古近纪早期，随着北大西洋的开放，它被分裂为两个现代部分。然而，后者是在劳亚大陆的主要板块之间的伸展应力累积之后发生的，并最终促成了拉布拉多巴芬湾和挪威格陵兰地区的裂谷，并且纽芬兰大浅滩和伊比利亚之间的地壳分离在大约125Ma（阿普特期）的早白垩世已经开始。

在北美洲西部，随着拉拉米造山运动在85Ma（圣通期）的开始，火成岩活动发生了很大的变化，侵入巨大的内华达山脉岩基结束了，岩浆作用向东迁移进入落基山脉，在那里造山作用包括裂陷作用，盆地和相关隆起的发育一直持续到早始新世（第14章）。在晚阿普特期—晚阿尔布期（115—105Ma），斯维尔德鲁普盆地及其邻近地区的沉降使北部内陆和北极边缘发生海侵。这种沉降伴随着玄武岩的挤压和辉长岩岩墙和岩床的侵入（图14.8），这种活动零星地持续到土伦期。

13.1.11 地中海地区和阿尔卑斯造山运动初期

虽然非洲—欧亚大陆的碰撞事件大多发生在古近纪—新近纪，但在白垩纪，欧洲南部阿尔卑斯地区发育相当数量的构造活动（Froitzheim等，2008；Schmid等，2008；Gaina等，2013b）。东阿尔卑斯域和东地中海区域的洋内俯冲早在中侏罗世就已开始，早白垩世，非洲（亚得里亚海）和欧亚大陆的蛇绿岩侵位达到顶峰。紧随其后的是东阿尔卑斯山的大陆内俯冲，那里的构造缩短记录在约137Ma的喀尔巴阡和迪纳拉造山带的瓦兰今阶，在白垩纪末期形成了超过10km厚的推覆体，这反过来又导致了在大约92Ma的土伦阶榴辉岩等级的变质作用。土伦期后，在阿尔卑斯和喀尔巴阡发生了Piemonte—Ligurian（或称阿尔卑斯特提斯）洋俯冲，之前的陆块推覆体被暴露并随之冷却，持续时间约为90Ma（土伦期）到60Ma（古新世）。在东南部的希腊和土耳其，向北的大洋俯冲在整个白垩纪都很活跃。西地中海地区的收缩主要集中在比利牛斯山脉，并与伊比利亚相对欧亚大陆的旋转有关。大约在85Ma（圣通期）之后，整个地中海地区的聚合都得到了容纳，阿尔卑斯山脉和喀尔巴阡山脉以欧洲为下沉板块，其他地方以非洲（Adria）为下沉板块。在东地中海地区，约95Ma的塞诺曼期开始了一个大洋内俯冲阶段，导致土耳其、叙利亚和塞浦路斯上白垩统蛇绿岩侵位，与北阿曼蛇绿岩逆冲史同步，也可能与之相关。

13.1.12 德干暗色岩溢流玄武岩

在白垩纪—古新世边界区间 67—63Ma 的几百万年时间里,德干暗色岩 LIP 逐渐在留尼旺热点上移动,侵入了印度板块。这一 LIP 导致了重大的气候扰动,是白垩纪—新近纪(K—T)边界生物灭绝事件的两个主要原因之一。超过 $200×10^4 km^3$ 的熔岩喷发到印度次大陆,大多数都发生在不到 1Ma 的时间里(Courtillot 和 Renne,2003)。印度西部的近海地区也受到了当时留尼旺火山喷发活动的影响,塞舌尔群岛的北部和 Silhouette 是碱性深成火山岩复合体的残余(63.5—63Ma:早古新世),与印度灾难性火山活动的最后阶段重叠(Owen—Smith 等,2013)。在晚古新世,德干 LIP 事件导致了塞舌尔与印度的最终分离(图 14.6)。

13.2 相、植物群和动物群

13.2.1 气候

由于时间如此之长,白垩纪的气候变化很大也就不足为奇了。在这一时期的大部分时间里,气温比平均温度要高得多,包括整个显生宙的一些最温暖的气候,在约 90Ma 的土伦期达到温度峰值,因此北极和南极的陆地上到处都是繁茂多样的植被。相比之下,虽然没有白垩纪冰川作用的证据,但在坎潘期末期大约 70Ma 时,地球温度明显降低,在白垩纪结束时,在白垩纪—古近纪边界处达到白垩纪 65Ma 的最小值,尽管在随后的古新世,温度再次上升变得更加稳定。除了德干暗色岩和墨西哥陨石撞击的影响外,这种降温作用至少在白垩纪末期灭绝事件中起到了一定的作用。

13.2.2 海平面

白垩纪是整个显生宙海平面最高的时期,在 95Ma(晚塞诺曼期)达到顶峰。这可以用一系列非常不同的因素组合来解释,包括极地冰盖的缺失、高温(这增加了海水的体积)、大于平均尺寸的大洋中脊、比平均年龄年轻的白垩纪海底以及更快的海底扩张(Seton 等,2009)。由于海平面上升,陆地总面积大大减少,所有克拉通边缘都发育大量海侵;只有大约 18% 的地球面积高于海平面,相比之下,今天有 28%。例如,通过从北到南、从中心向东横跨克拉通的水道,北美洲被划分为三个独立的新兴陆地区域(图 13.10)。格陵兰岛是另外一个独立的大岛,位于北美洲三个新兴区域的东部。在北美洲东南部和墨西哥地区,整个地区逐渐被海水淹没,使太平洋和大西洋之间能够自由地进行动物交流,并且生物礁数量众多,其中包括大型厚壳蛤软体动物聚集区。然而,与此相矛盾的是,在北美洲的北极边缘,构造活动实际上导致了塞诺曼期的海退(Moullade 和 Nairn,1983)。

塞诺曼期的海平面上升还导致了非洲西北部的另一条海路,从北部的特提斯洋向南穿过撒哈拉沙漠,到达现在的东大西洋几内亚湾(图 13.9)。与世界其他地方形成对比的是,在白垩纪的大部分时间里,南极洲和澳大利亚似乎一直高于海平面,即使在塞诺曼期海平面处于最高水平时(图 13.9),虽然它们周围有边缘洋盆,也有岛弧。

第4章中提到Tuzo LLSVP（图2.2）在二叠纪—三叠纪边界附近位于盘古大陆中心（图10.1）的下方，是地幔中的上升流区域（高动态地形），位于它上面大陆的集中导致了当时的历史最低海平面（图16.2）。盘古大陆随后的扩散，开始于早侏罗世，但在白垩纪加速，大陆向负动态地形区域漂移，只此就可能导致全球海平面上升50~100m（Conrad等，2014）。此数值与造成海平面变化的其他重要机制相当，如洋壳生成速率和冰川作用。

13.2.3 白垩海洋

正如白垩系这个名字所暗示的那样，该系最出名的是广泛分布的非常白、粒度细、通常是纯石灰岩，统称为白垩，主要由死亡颗石藻的钙化壳组成，后者是一种镜下可见的微型浮游生物。颗石藻现今生活在热带50~200m深的清澈海水中，并且尽管在今天温暖的海洋中，颗石藻繁盛仍然相对常见，但因为白垩纪的高温，从那以后，它们的数量从未如此丰富且白垩纪后期真正的白垩很少见。白垩纪下半叶，覆盖欧洲和北美洲大部分地区的浅海底大面积覆盖着白垩质沉积物，渐进的局部褶皱和不断加深的地堑（北海中部的地堑）使白垩在一些地方达到了2000多米的厚度（Ziegler，1990）。其中看到的大多数条纹，通常是白垩中燧石的线条，代表了季节变化，并与轨道变化有关。然而，在许多露头处，沉积并不像第一眼看到的那样均匀，而且在当地有滑塌和滑动的证据，以及许多穴居动物（主要是节肢动物）引起的生物扰动。因为白垩底质很软，在最初沉积后的一段时间内，似乎还没有被压实，所以生活在其中的底栖动物倾向于有特定的生活方式；例如，大量的大型双壳类 *Inoceramus* 动物，它们的一个瓣膜膨胀得很厉害，以便把另一个瓣膜抬高到海底以上，而其他软体动物进化出了壮观的壳刺，使它们在黏稠的沉积物中保持稳定。

较高的全球海平面意味着以前的许多陆地区域被淹没（图13.8至图13.11），因此碎屑沉积物进入白垩海的量很低。然而，有些是沉积的，因此，尽管岩石似乎是石灰岩，但在某些地层中细碎屑泥岩在白垩中所占的比例可高达30%。虽然在丹麦等少数地方，白垩沉积一直持续到马斯特里赫特期，但在大多数地方，如英格兰东南部，最年轻的白垩都属于坎潘期，并且在白垩纪末期之前，就已经沉积了超过10Ma的白垩（Mortimore，2011）。

白垩纪发育大量的硅质岩，俗称燧石，在许多层位上与白垩互层，有时是连续的层，有时是不连续的结核。燧石是由硅质软泥形成的，后者集中在浅海床上，经常埋藏死亡的贝壳，因此，贝壳有时被硅化，并作为化石保存得非常完好。著名的白垩化石包括 *Micraster*，这是一种棘皮类海胆，最初在松软的白垩质沉积物营掘穴生活，其标本通常是在白垩上覆的土壤中作为内腔室的燧石硅质岩铸模被单独发现的。原始的碳酸钙外壳已被现代风化作用侵蚀掉，剩下的化石在民间传说中被离奇地称为"牧羊人的王冠"。

13.2.4 英格兰南部的非海洋沉积物

在英格兰南部和东南部的大片地区，从晚贝里阿斯期（约140Ma）到阿普特期（120Ma）沉积了非海相早白垩世沉积物，统称为Wealden。主要有两组相：大量氧化的碎屑岩，颗粒大小不一，指示远端曲流平原至近端辫状平原河流沉积和前三角洲扇背景；以泥岩为主的层序，沉积在湖泊、潟湖和起伏不定但大部分盐度较低的泥坪上（Radley和Allen，2012）。该地区在淹没和出露之间变化，在后者，经常可见发育干裂和动物脚印的淤泥。

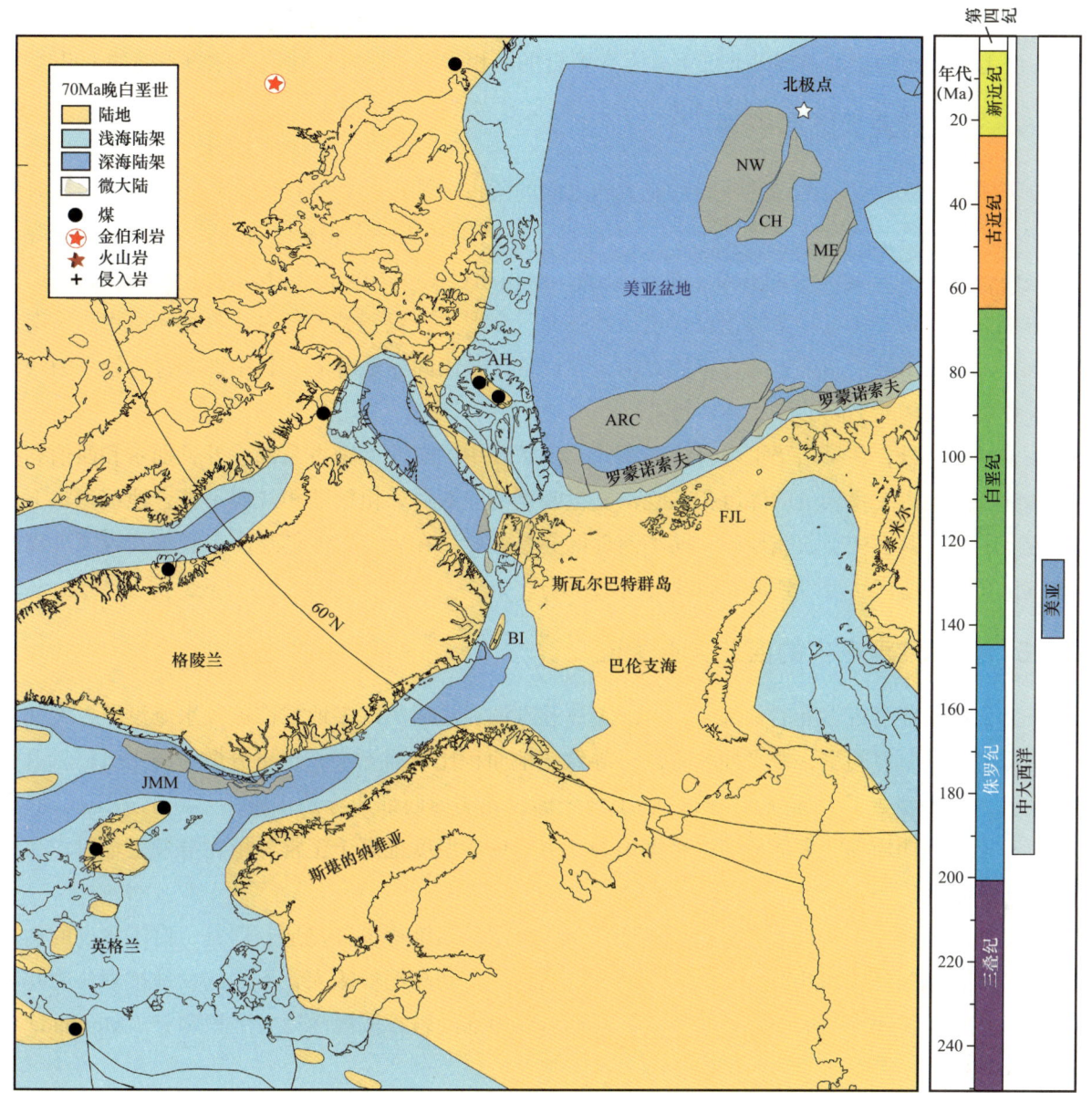

图 13.11 晚白垩世 70Ma（马斯特里赫特期）西欧、北美洲东北部和北极地区的古地理，显示了当时的陆地和海洋（该地区没有真正的海洋）

现在被淹没的微陆块显示为灰色，不确定它们上方的海洋深度当时是多少；AH，阿克塞尔海伯格岛；ARC，潜在陆块的阿尔法脊；BI，贝尔岛（Björnøya）；CH，楚科奇；FJL，法兰士约瑟夫地群岛；JMM，扬马延微大陆；ME，门捷列夫脊；NW，罗斯文脊

Wealden 因其数百年来发现的动物和植物化石而闻名，这其中包括了第一批从任何地方都可以被认出的骨头，它们是已经灭绝的爬行动物的一个单独的群体，在 19 世纪 40 年代被 Richard Owen 命名为恐龙（恐怖的蜥蜴）。这些骨骼是在苏塞克斯发现的，当地医生 Gideon Mantell 认为它们与现代爬行动物不同，而是属于禽龙（*Iguanodon*）。禽龙是一种体型相当大（高达 8m）的直立两足恐龙，属于常见的食草性恐龙，成群结队生活。Wealden 的一些岩石中充满了淡水软体动物的残骸，包括小蜗牛田螺属（*Viviparus*）和大大小小的双壳类动物，以及各种淡水介形类节肢动物。具有大

树干的森林化石的遗迹、树叶和种子，以及丰富的各种各样的昆虫包括蜻蜓，经常被保存下来。在很大程度上不属于海相的 Wealden 之上，发育整合的海相岩石，反映了随后全球海平面的上升。

13.2.5　东北劳亚大陆和中国

位于西伯利亚和以前独立的阿姆利亚大陆之间的蒙古—鄂霍茨克洋在侏罗纪—白垩纪边界时间约 145Ma 时封闭。关闭后，大部分地区仍为陆地，在阿姆利亚—华北地区有许多大大小小的湖泊，包括陕西、甘肃和宁夏三省的非常大的庆阳湖，面积超过 $13\times10^4 km^2$（Zhang 等，2003）。湖泊中沉积的淡水沉积物中含有丰富的化石，包括叶肢介、介形类、双壳类、昆虫、鱼类和植物。华南东部边缘有大量的山脉，其中包括许多活火山，它们常常被山间盆地分隔，其中许多包含较小的淡水湖，后者发育与华北不同的淡水动植物。

除了湖泊之外，在早白垩世发育许多沼泽，导致在中国东北、蒙古东部、外贝加尔和西伯利亚东北部的许多地方发育大量的煤沉积。晚白垩世晚期的间断后，粗粒陆相红层不整合地沉积在下白垩统岩石上，尤其在中国西北地区，前华南地区亦是如此。在后者（尤其是广东省）发现了丰富的恐龙蛋化石，这些产品出口到世界各地的街头市场。

13.2.6　包括欧洲在内的西北劳亚大陆

虽然仍属于前盘古大陆的一部分，但北美洲和欧洲克拉通的许多地方都被洪水淹没了，尤其是在白垩纪的大部分时间里，海平面异常高，导致陆地面积比以前更小，也更分散（图 13.11）。白垩纪后期，白垩海覆盖了大部分大陆架，除了现今形成北美洲西部边缘的山脉中活跃的造山运动外，几乎没有证据表明周围的大部分陆地是多山的。由于环境温度也高于正常，植物群发生辐射，在许多地方明显繁茂。

北极西北边缘发育了厚层沉积物，例如在不断加深的斯维德鲁普盆地。但是，由于多变的构造活动组合（包括阿拉斯加北部布鲁克斯山脉的造山运动）和高泥沙输入，不同的盆地被划分为几个独立的沉积区，发育小型地垒和局部地堑，并且盆地中部的岩石被盐体动力沉积刺穿（Moullade 和 Nairn，1983）。

13.2.7　非洲、阿拉伯、印度和南美洲

在白垩纪初期，非洲和南美洲在西冈瓦纳联合，但在 130—100Ma 之间，它们从南向北朝赤道分裂，形成了南大西洋（图 13.1）。在非洲北部和东部的新特提斯洋的南缘有一个被动的边缘，并且阿拉伯板块的一些弯曲促进了陆架内盆地的沉积作用，主要分布在广阔的碳酸盐岩台地上，包括利比亚的 Sir 含油盆地；以及局部的不整合，如晚瓦兰今期—早欧特里夫期科威特盆地的沉积间断。然而，也有来自一个西部内陆三角洲的层间碎屑沉积物，并且前寒武系蒸发岩在地表下有明显的阿普特期和阿尔布期盐体运动，形成重要的盐穹隆，将丰富的上奥陶统和下志留统烃源岩集中形成具有全球工业重要性的油气藏。图 13.9 所示为 95Ma 的塞诺曼期海平面高位期间被淹克拉通的广大区域。在挤压前陆盆地背景下发育的沉积物在中土伦期沿阿拉伯板块东缘沉积，并伴有上述的蛇绿岩活动。

在南美洲发育许多盆地，其中一些盆地偶尔有海侵，但其中许多盆地发育广阔的湖泊，许多地

方有大量的淡水沉积物；例如，在智利北部的 Neuquén 盆地，有超过 6000m 的白垩纪沉积物，从海洋浅海，经由亚滨海和滨海、三角洲、淡水到大陆（Moullade 和 Nairn，1983）。

在印度，北部（随后的喜马拉雅山脉）边缘是被动的，发育浅海沉积物的混合物，其分布在很大程度上受全球海面升降变化控制，导致晚白垩世期间，克拉通的淹没率较高，塞诺曼期到达顶峰，向南抵达东南印度的科罗曼德海岸（图 13.8）。在这里，海洋沉积开始于晚阿尔布期，并一直持续到古新世早期。南极洲唯一已知的沉积白垩系岩石位于南极半岛（Francis 等，2008）。

13.2.8　有花植物和陆生动物的辐射

虽然被子植物（开花植物）最早出现于下白垩统，但在晚白垩世它们第一次取代了裸子植物（现存的针叶树和苏铁以及许多已灭绝的种子蕨类），统治了三叠纪和侏罗纪植物区系。在此之前，一个典型的中白垩世森林，如南极洲的阿普特期森林，由三种群落组成：一种针叶林和蕨类植物的组合，其成熟的针叶林主要是南洋杉（智利南美杉树）类型的针叶林，下层为蕨类植物；一种混合的针叶树、蕨类植物和苏铁类植物与南洋杉针叶树和银杏树的组合；以及一种干扰植物群，生长在辫状河漫滩的后沼泽区，有苔藓类、灌木、蕨类植物和一些被子植物（Francis 等，2008）。相比之下，来自南极洲的晚白垩世（塞诺曼期—坎潘期）森林的特征是含有更多种类的裸子植物，它们与现存的裸子植物非常相似。被子植物也很繁荣，部分原因是它们有昆虫授粉的习性，也因为它们的种子比其他植物群体有更大的保护。

到白垩纪末期，50% 到 80% 的陆地植物属为开花植物，因此形成了最多样的植被，特别是在低纬度地区。然而，尽管有花植物占现存物种的 61%，但它们仅代表了美国怀俄明地表植被面积的 12%，这是由于被火山灰沉积物覆盖而例外保存下来的（Friis 等，2011）。开花植物的丰度和多样性的增加直接影响了新生态的发展和节肢动物的行为，如蜜蜂和其他昆虫发展了新的相互共生，以便后者为植物授粉，这是一种不断增加复杂性的辐射，一直持续到今天。

与侏罗纪一样，直到白垩纪末期，大型陆生动物一直由恐龙主宰，其中有许多新的属和科。然而，哺乳动物的进化在白垩纪也有了进一步的发展，虽然不那么显著。在西班牙巴雷姆阶（125Ma）的岩石中发现的一个特殊的小鼩鼱大小的棘石磷化标本，是最古老的哺乳动物。其皮肤、头发和内部器官，包括肝和肺，都被保存了下来，这些都与现代哺乳动物相似，以及由角蛋白制成的皮肤盔甲，就像现代犰狳一样。

13.2.9　海洋动物的辐射

虽然鹦鹉螺头足类动物在三叠纪和侏罗纪主导海洋，但直到白垩纪，它们的一些简单对称的螺旋壳才演化成令人惊讶的各种不对称形状的不同形式，大多数被称为异形鹦鹉螺，其中一些贝壳的螺旋形给人一种误导的印象，即在其生命活动中被展开。就像今天珍贵的亲缘动物鹦鹉螺一样，大多数菊石生活在海洋中，利用贝壳作为浮力装置，这样，它们白天可以生活在一定的深度，晚上可以上升到接近水面的地方，以便追踪它们所捕食的浮游生物的相应运动。然而，少数的鹦鹉螺属似乎是只生活在宽深度范围的海底底栖生物，并且那些在深水大陆架和海底的生物比在浅水处的同类生物的壳要薄得多，后者需要更坚固的外壳来保护它们不受捕食者的伤害。

无脊椎动物群体虽然不像菊石那样引人注目，但也很兴旺。例如，苔藓虫是群居动物，大多数都有方解石骨架，这使得它们偶尔会大量地形成岩石，在白垩纪迅速地辐射。在这些物种中，目前占主导地位的是唇口类，已知有超过1000个属和4000个种，但它们仅在155Ma左右的白垩纪进化（Taylor，2005）。苔藓虫的耐温性比那些更引人注目的珊瑚要大（因此在纬度上的变化范围也更大），后者也是群居的，而且经常形成岩石。这两个类群，连同钙质藻类、海百合、层孔虫和其他有钙化骨骼的生物群，构成了到目前的珊瑚礁和其他生物丘的主要骨架，尽管苔藓虫生物礁没有达到珊瑚礁的大尺寸。

13.2.10 白垩纪末期灭绝

德干暗色岩LIP的毒性结合墨西哥湾尤卡坦半岛附近的希克苏鲁伯大型陨石陨落的影响，在约65Ma的白垩纪末期导致气候和海洋成分的迅速而毁灭性的变化，这是世界上大多数陆地和海洋生物灭绝的直接原因。然而，发生在白垩纪最后阶段马斯特里赫特期的前三次海平面剧烈下降，构成了许多团体的生存问题逐渐增加的背景因素，而且意味着在65Ma以前的几百万年里，属的数目已经减少了。此外，在白垩纪的最后几百万年里，地球的气候从90—70Ma的最高温度逐渐变冷，这也一定是一个因素。

最著名的灭绝是陆地上的大型恐龙爬行动物和海洋里的鱼龙，虽然现在认为继续存在的鸟类（从侏罗纪的恐龙进化而来）意味着恐龙的进化枝在65Ma的时候没有真的以灾难结束。在古新世唯一幸存下来的海洋爬行动物是海龟和一些特殊的鳄鱼。其他重要的类群，如鹦鹉螺头足类和无脊椎动物中较大的浮游有孔虫类也灭绝了。然而，古鹦鹉螺和非鸟类飞行爬行动物（翼手龙）的数量自坎潘期以来一直在稳步下降，而且几乎没有关于马斯特里赫特期类型的记录。

虽然大多数主要的门在灭绝中幸存了下来，但与二叠纪—三叠纪的翻转相比，它们的变化幅度要小得多，其中许多重要的类群都没有翻转（MacLeod等，1997）。这些生物包括一种类牡蛎的大型双壳类动物inoceramids，这是在白垩系中发现的最常见的双壳类；这种奇异的双壳类动物叫厚壳蛤，其圆锥形的贝壳呈现出大型简单珊瑚的明显形态，最大的有半米多高，是白垩纪海洋中许多生物礁的主要成分；在侏罗系和白垩系岩石中，独特的贝氏头足类的圆锥形浮力室常被保存为类似子弹的化石。在许多群体中，灭绝产生了不同的结果；例如，在白垩纪末期之前，规则海胆和不规则海胆的比例大致相等，虽然大部分的不规则海胆存活了下来，但只有少数规则海胆科延续到了新近纪，因此总体上有利于非规则海胆的数量。值得注意的是，这些非规则海胆大多是海底掘穴动物和滤食性动物，与之形成对比的是规则海胆，它们大多是浅层沉积捕食者。

相比之下，大多数鱼类和爬行动物如蜥蜴和蛇等以及大部分的植物似乎在白垩纪—古近纪边界受到的影响远远少于上面所提到的其他生物群，尽管全球气温在65Ma急剧下降，在随后的古新世，又过了一段时间才重新上升，导致海洋和陆地生物群落的生态和栖息地发生了许多实质性的变化。

14 古近纪

蜘蛛和蟋蟀被困在波罗的海的一片渐新世树脂（琥珀）中
（资料来源：伦敦自然历史博物馆）

如第 13 章所述，白垩纪—古近纪（K—T）边界事件是地质学上最著名的里程碑之一。除了当时的许多物种灭绝外，全球气温急剧下降，在古新世的大部分时间里都保持在较低水平。现代山带，包括喜马拉雅山脉、阿尔卑斯山脉、科迪勒拉山脉和安第斯山脉，都是在这一时期形成或加强的。许多世纪以来，它们所创造的山脉一直是各种从艺术到战争的兴趣的主题，并且它们都引起了地质学家的极大关注，后者努力解开它们的历史，自从 200 多年前这个学科诞生以来经常激烈的辩论。

古近纪分为古新世（以 65Ma 地层为基底）、始新世（以 56Ma 地层为基底）和渐新世（以 34Ma 地层为基底），它们共同构成了作者古近纪—新近纪的前半部分，并在这一章中被组合在一起。古新世最初被认为是始新世的早期阶段，直到 19 世纪 70 年代才被确定为一个独立的时期，而始新世（"现今的开端"，来自希腊语 *eos* "开端" 和 *kainos* "最近的"）和渐新世都是由著名的英国地质学家 Charles Lyell 在 19 世纪 30 年代命名的。古新统基底是由突尼斯 El Kef 的铱异常确定的，它反映了来自加勒比海希克苏鲁伯陨石在 65Ma 时撞击的喷出物。如图 14.1 所示为 60Ma（古新世塞兰特期）和 40Ma（始新世巴顿期）时大陆和海洋的全球分布。

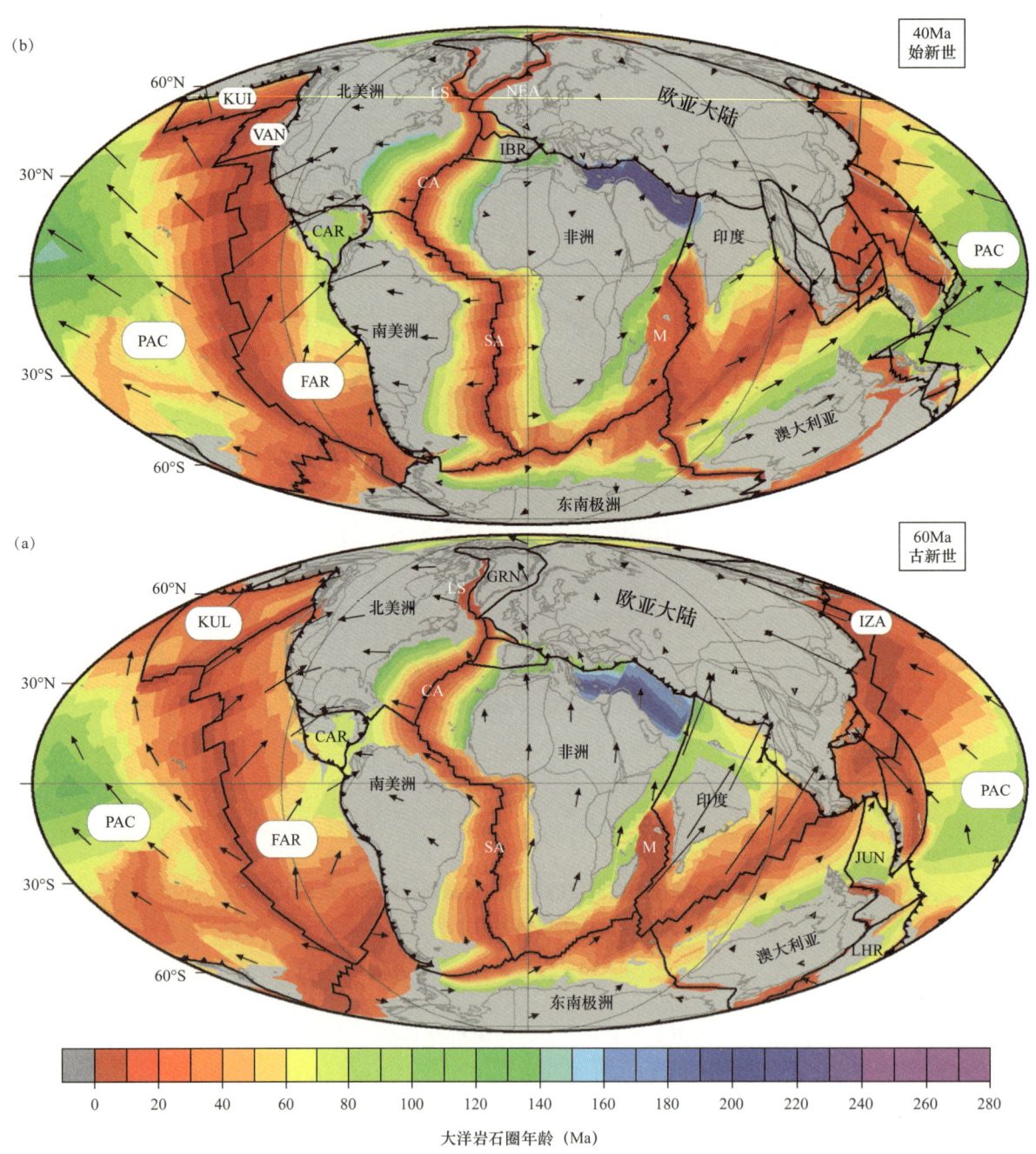

图 14.1 古新世（60Ma：塞兰特期）和始新世（40Ma：巴顿期）大陆块体（灰色）和海洋（其他颜色）的板块速度矢量及其海洋岩石圈年龄

CA，大西洋中部；CAR，加勒比板块；FAR，法拉隆大洋板块；GRN，格陵兰岛；IBR，伊比利亚；IZA，伊泽奈崎大洋板块；JUN，连接板块；LHR，豪勋爵隆起；LS，拉布拉多海；NEA，东北大西洋；PAC，太平洋板块；KUL，库拉板块；M，马斯克林盆地；SA，南大西洋；VAN，温哥华板块；由 EarthByte 地幔框架生成（第 2 章）

14.1 构造和火成岩活动

14.1.1 大火成岩省和金伯利岩

当时有三个大陆古近纪 LIP，没有海洋 LIP（图 14.2）。德干暗色岩在白垩纪—古近纪边界附近喷发，北大西洋火成岩省在 62Ma 时活跃，东非边缘在 31Ma（渐新世）时喷发。这些 LIP 都在接近 Tuzo 边缘的正上方喷发出来。金伯利岩有 125 个，分布在非洲（纳米比亚、南非和坦桑尼亚）、印度、美国和加拿大。北美洲金伯利岩是异常的，因为它们是在较冷的地幔深处爆发的。

14.1.2 喜马拉雅造山运动

喜马拉雅山脉包括世界上最高的山脉，其历史在 Searle（2013）的书中有生动的描述。喜马拉雅山脉从西部的喀喇昆仑山脉延伸到东部的西北缅甸（Burma），从 70°E 到 95°E，代表着北侧的亚洲逆冲于南侧的印度板块之上。

从 52Ma 左右的早始新世开始，新特提斯洋东部沿特提斯（西藏）喜马拉雅山和西藏拉萨地体之间的 Indus—Yarling 缝合带闭合。在这条缝合带的南部是喜马拉雅山脉，它是由一堆混杂的变质沉积岩组成的，这些岩石是在碰撞过程中从现在已经俯冲的印度大陆地壳和地幔岩石圈上刮下来的。然后印度在 83Ma 左右加速离开马达加斯加，古新世速度峰值约为 18cm/a（图 14.3）。印度继续向北推进直到今天，向亚洲的扩张抬升了南亚边缘，特别是西藏高原。

印度—亚洲碰撞通常被认为发生在早始新世，当时印度板块经历了从 18cm/a 到 5cm/a 的大幅度减速 [图 14.3（e）]，但之前所有的板块重建都将当时的印度置于亚洲以南太远的地方。这导致了大量的印度向北延伸（大印度）的模式，以便在早始新世与亚洲相邻。在一个简单的静态模型中，大印度必定包括了几千千米，并经历了之后的地壳缩短；然而，这些趋同的估计值远远大于亚洲和喜马拉雅地区地质记录中记载的数值。

van Hinsbergen 等（2012）认为喜马拉雅造山运动最好分为两个阶段（图 14.3）。第一阶段是印度和印度北部的一个微大陆在约 50Ma（早始新世）的古近纪发生碰撞，微大陆随后断裂，但它的许多碎片仍然保存在特提斯（西藏）喜马拉雅地区。那次碰撞之后，发育大喜马拉雅地区的一个大印度海盆的俯冲。第二阶段是印度—亚洲板块与较厚的印度大陆岩石圈之间更充分的碰撞，直到渐新世—中新世边界时间 25—20Ma 才开始，并一直持续到今天。然而，第二阶段的"硬碰撞"[图 14.3（d）、（e）]与印度板块的速度变化无关，后者自中始新世以来一直稳定在 5cm/a 左右。

14.1.3 阿尔卑斯造山运动

与喜马拉雅山形成对比，南欧的阿尔卑斯山是非洲板块和欧亚板块之间一系列复杂运动的结果。但是，因为两个板块之间已经有大量的横向运动，结合更直接的碰撞，阿尔卑斯山脉形成了一个弧形的结构，对它的理解必须与其南部的地中海复杂的历史相结合。把地中海看作是单一的特提斯原始海洋的简单残余是过于简单的。地中海地区大致可以分为西部阿尔卑斯特提斯领域和遵循古

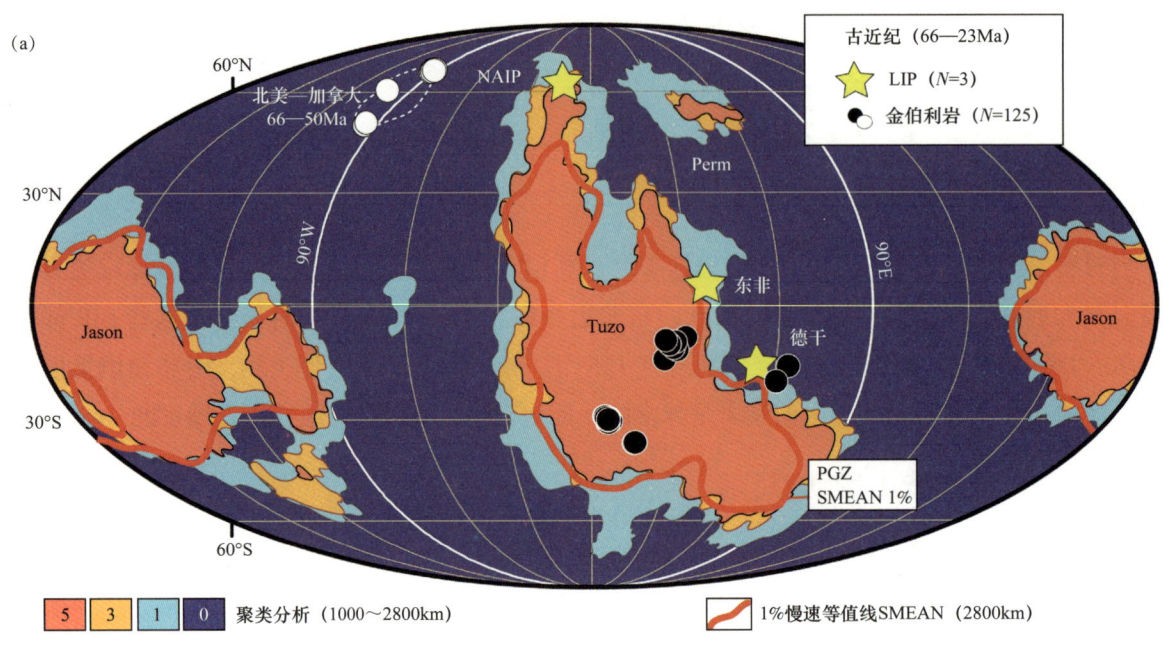

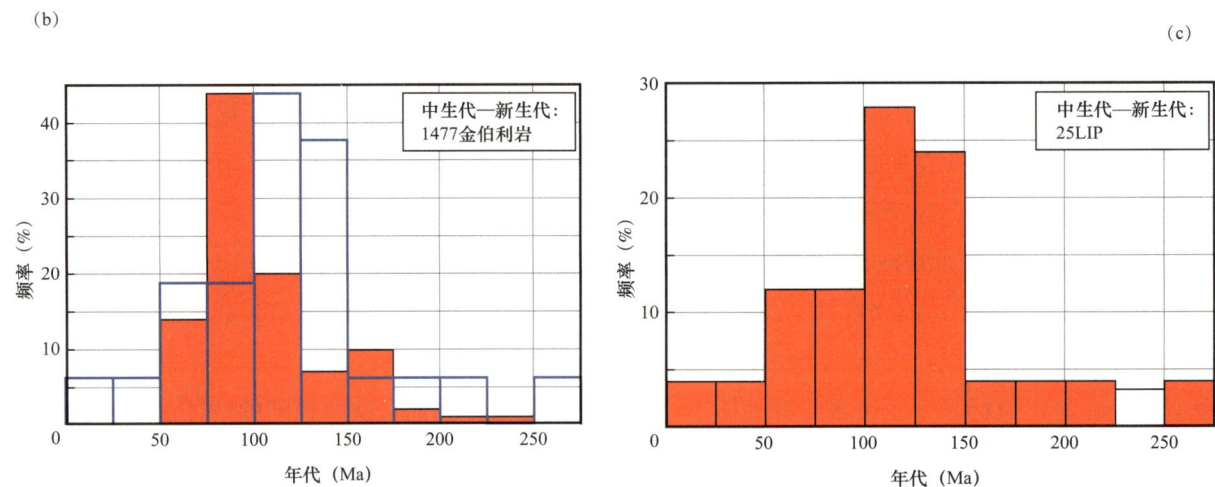

图 14.2 （a）估算的德干和东非 LIP 喷发中心（黄色星形）和 125 个古近系金伯利岩（黑色和白色圆点）的 CEED 地幔框架重建，这些覆盖在下地幔地震选图的等值线上（Lekic 等，2012）；区域 5、区域 3 和区域 1 定义了 LLSVP，而区域 0（蓝色）表示下地幔速度较快的区域［图 2.16（c）］；1% 慢速 SMEAN 等值线作为对比（第 2 章）；（b）金伯利岩和（c）中—新生代 LIP 的直方图（频率），其中 75% 的金伯利岩在白垩纪爆发，接近 50% 峰值在 100—75Ma（25Ma 间隔）之间；在图 14.2（b）中，还将 LIP 频率调整到金伯利岩的最高峰值（黑线）；注意，金伯利岩通常与 LIP 相吻合，或者比主要的 LIP 事件要年轻一些，LIP 峰值在 125Ma 到 100Ma 之间

特提斯—新特提斯逻辑的东部领域。西部领域在成因上与大西洋中部的开放有关，它将非洲的亚得里亚海岬与欧洲隔开，并从伊比利亚半岛东南部延伸到喀尔巴阡山脉的 Tornquist 线。在地中海，一个三叠纪的新特提斯洋通过辛梅利亚地块的裂谷打开，包括 Sakarya 大陆远离冈瓦纳的运动，消耗了北部的古特提斯海洋。阿尔卑斯山形成于这两个体系的交界处。

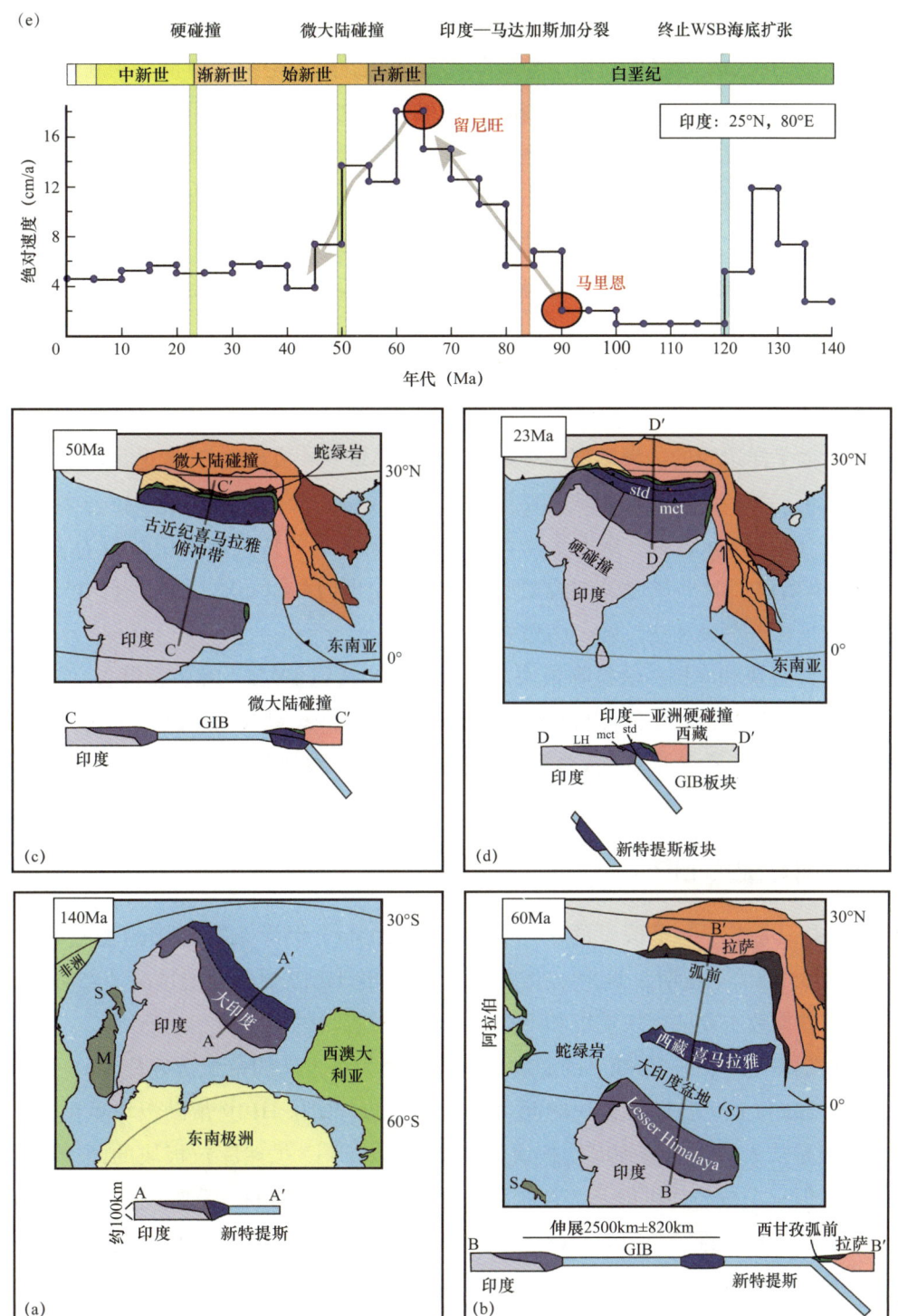

图 14.3 （a）140Ma（早白垩世）、（b）60Ma（古新世）和（c）50Ma（早始新世）到（d）古近纪末期 23Ma（渐新世—中新世边界）向北运动的印度和周边地区，以及每张地图上沿着剖面线的垂直示意图；（e）从 140Ma 到现在印度某地的绝对运动（CEED 地幔框架）；红色的大圆圈表示马达加斯加 LIP（与马里恩地幔柱相连）和德干暗色岩（与留尼旺岛地幔柱相连）的爆发时间；WSB，西索马里盆地；M，马达加斯加；S，塞舌尔；据 van Hinsbergen（2012 和 pers. comm.）简化和更新

欧亚大陆南部边缘从最早的白垩纪开始一直是被动的，直到约45Ma的始新世，非洲和欧洲的交会造成欧亚大陆Helvetic边缘的挤压，导致其部分倒转。随后是中始新世—中新世欧洲板块在前进的构造楔载荷作用下的挠曲沉降（Cavazza等，2004）。这之后发育一系列复杂的交互作用，沿着漫长的阿尔卑斯—喀尔巴阡山链变化，导致了一次大造山运动的各个方面，包括次水平推覆体的侵位和狭窄盆地的发育，盆地内填满了复理石或磨拉石。充填取决于相邻水体的供应，可以是海洋水体，也可以是湖泊水体。自始新世以来，西地中海地区的向北俯冲与火山弧和俯冲变质作用密切相关。自最近的白垩纪以来，亚得里亚海岬抵达希腊和土耳其向北倾斜的俯冲带，导致了陆内俯冲和推覆堆积，至今仍很活跃。

14.1.4　太平洋

东向俯冲沿太平洋边缘的美洲中部继续进行。约55Ma（早始新世），太平洋—伊泽奈崎洋脊俯冲至东亚边缘之下，导致伊泽奈崎板块的结束［图14.4（b）、（c）］，随后沿库拉—太平洋扩张脊的扩张方向发生变化。55Ma之后，东太平洋以靠近先锋断裂带的法拉隆板块断裂为主，在约52Ma（始新世：伊普里斯期）时形成北美洲温哥华板块外侧［图14.4（c）］。再往南，扩张继续沿太平洋—法拉隆、太平洋—南极和法拉隆—南极脊发育。

库拉—太平洋板块和库拉—法拉隆板块之间的扩张持续到40Ma（晚始新世），但随后停止，导致已经很大的太平洋板块被较小的库拉板块进一步扩大。Murray断裂带与北美洲俯冲带的渐新世交叉（也可能是门多西诺三联点）导致大规模的走滑运动和圣安德烈斯断层和盆地的建立以及北美洲西部的山脉伸展省，也与胡安德富卡板块的形成相对应（约37Ma），后者以牺牲温哥华板块为代价。

14.1.5　圣通期夏威夷LIP？

在第13章中，考虑了一个假设的早阿普特期（120Ma）伊泽奈崎板块的夏威夷LIP（HLIP）喷发，后来在约85Ma（圣通期）俯冲。在这里，本书讨论HLIP更年轻的情况（85Ma），并最初撞击太平洋板块，并导致主要的板块重组和不久之后的库拉板块的诞生。

库拉板块在白垩纪（83—79Ma）的起源很有趣，因为最古老的帝王链碎片（81—76Ma；底特律ODP 884和1203位置）与库拉板块的诞生是同时期的。如果HLIP帮助板块重组，并启动了库拉板块，它可能是从太平洋迁移到库拉板块的［图14.4（a）］。虽然库拉板块的西缘通常被模拟为一个转换边界，但一小段最初可能是一个扩张中心（与南库拉板块扩张轴平行），后来演变为一个纯转换边界。根据HLIP的年龄和大小，本书预测它在55Ma到50Ma之间已抵达海沟，应该期待在白令海中部以下600km或更深的地方层析找到HLIP，这取决于板块的下沉速度和俯冲角度。值得注意的是，在55—48Ma之间（早始新世），太平洋板块和移动较快但耦合的库拉板块的板块速度都急剧下降。这是假设的组成有浮力的HLIP到达海沟并阻碍板块运动的时间，47Ma后不久，太平洋（包括库拉）板块剧烈地改变了它向北的板块运动［图14.4（b）、（c）；平行帝王海山链］，转向西北方向［图14.4（d）、（e）］，从那以后一直是这样，从而在其之后形成了夏威夷地区海底山脉。

14.1.6　帝王—夏威夷链

从西北太平洋阿留申海沟附近的底特律海山（81—76Ma）到夏威夷岛附近的海底活火山Loihi

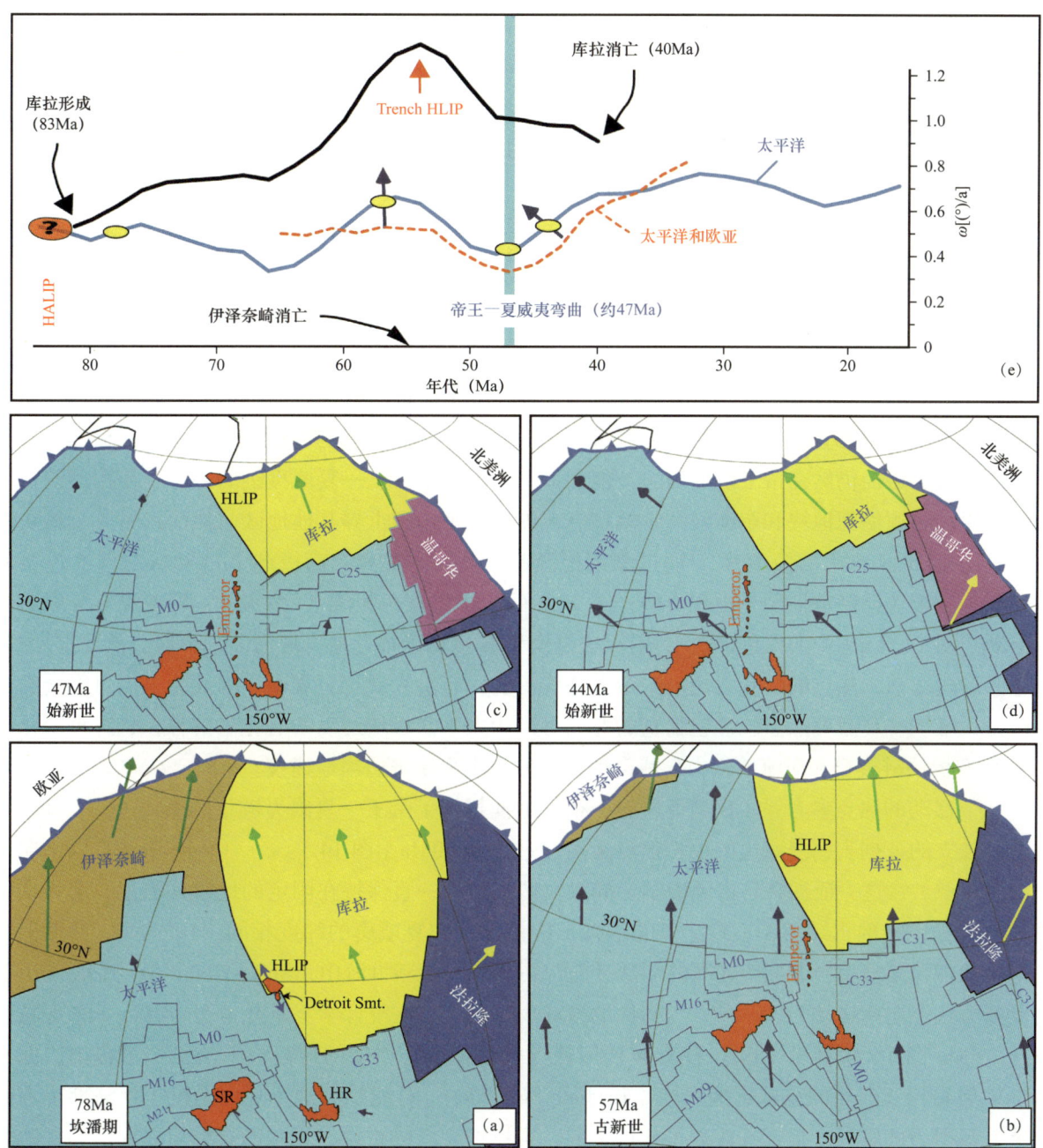

图 14.4 （a）—（d）从坎潘期（78Ma）到始新世（44Ma）的 CEED 地幔框架中的北太平洋重建，以及太平洋、伊泽奈崎（55Ma 之前）、法拉隆、库拉（39Ma 之前）和温哥华（52Ma 之后）板块的板块速度矢量 动态自封闭板块轮廓与 Shephard 等（2014）的类似；带注释的 LIP：HLIP，夏威夷 LIP（初步假定起始年龄为 85Ma）；HR，Hess 隆起（99Ma）；沙茨基隆起（147Ma）；图中还指出了已识别的磁异常，并对一些重要的磁异常进行了注释（168Ma 的 M29，147.7Ma 的 M21，139.6Ma 的 M16，120.4Ma 的 M0，79Ma 的 C33，67.7Ma 的 C31，55.9Ma 的 C25；时间标尺据 Gee 和 Kent，2007）；（e）太平洋板块（85—15Ma）和库拉板块（79—40Ma）的绝对速度，为在 10Ma 窗口上的平均速度，步长为 2Ma；这两个板块是耦合的，在 66Ma 到 56—54Ma 之间显示出不同程度的加速度，随后在 48—47Ma 之间出现急剧的去加速，与帝王—夏威夷弯曲处于同一时期；图中还显示了太平洋板块相对于欧亚板块在帝王—夏威夷弯曲时间前后的相对速度（红色虚线）；太平洋板块速度曲线上的黄色阴影椭圆表示（a）至（d）中的重建时间，且太平洋速度矢量显示在 57Ma 和 44Ma，反映了弯折前后板块由北向西北方向的变化

火山，一连串的火山岛和海山绵延近 6000km。帝王—夏威夷岛链在 47.9Ma[Kimmei 海山；图 2.5（b）]和 46.7Ma（Daikakuji Guyot）之间的明显的 60°弯曲一直是一个谜。最初，从威尔逊（1963）的新颖论文开始，这种弯曲被解释为太平洋板块运动从北（帝王链）到西北（夏威夷链）的快速变化。帝王—夏威夷链被解释为太平洋板块在一个固定的地幔柱（夏威夷）上漂移。夏威夷热点目前位于 Jason LLSVP 北缘的垂直上方（图 2.2 和图 15.4）。

仅凭太平洋板块方向的变化来解释 47Ma 帝王—夏威夷弯折是有问题的。太平洋和非洲固定热点参考框架互不一致（图 2.5），如果从非洲热点参考系，假设热点是固定的并使用一个板块链（模型 A）预测夏威夷的轨迹，那么这个弯曲几乎是不可见的，此处的板块链通过玛丽伯德地块和东南极洲连接太平洋和非洲[图 14.5（b）]。

Steinberger 等（2004）对解决这一问题的方法进行了优雅的概述。他们将一个固定的热点参考系替换为一个全球移动热点参考系（第 2 章），这使得它更适合帝王—夏威夷链[图 2.5（a）]。但是，计算出的路径仍然在帝王链的西边。他们最初试图模仿帝王—夏威夷链的趋势，使用传统板块循环，通过玛丽伯德地块和东南极洲（模型 A）连接太平洋和世界其他地区。然而，另一个板块链模型[图 14.5（b）中的模型 B]，通过豪勋爵隆起、澳大利亚和东南极洲（43.8Ma 之前）连接非洲和太平洋板块已经被证明是更现实的[图 14.5（a）中的红色粗线]。事实上，即使没有夏威夷热点运动[图 14.5（a）中的白色虚线]，用板块链模型 B 也可以很好地再现弯曲的形状。然而据预测，在弯曲形成之前，热点的位置将比沿着帝王路线的实际年龄发展得更靠南。因此，人们可能会简单地认为，帝王—夏威夷热点轨迹包括它的弯曲可以用太平洋板块运动的变化来解释，且这种变化可以用 B 型板块链模型和对流地幔中夏威夷地幔柱的南向平流来适当地建模。

一个移动的热点参考系（B 型板块链）很好地捕捉到了帝王—夏威夷链[图 14.5（a）]。但是，是否有独立的证据表明夏威夷的模拟热点运动在过去的 80Ma[图 14.5（c）、（d）]中一直以南向运动为主（8°）？这一证据来自古地磁学。如果夏威夷热点一直保持在固定的地幔柱之上，那么从火山和海底山记录的古纬度（不管它们的年龄）应该与现在夏威夷的纬度相同（19.4°N）。然而，帝王海山的古纬度显示由北向南递减的年龄变化。古新世—始新世海山（Suiko、Nintoku 和 Koko）表明夏威夷热点向南运动为 3°~8°，与模拟的夏威夷热点运动在统计学上重叠[图 14.5（c）]。底特律（81—75Ma）的大偏移量（14°）没有被任何热点模型捕获。增加的地幔柱平流已经被提出，但与一个扩展脊相互作用的夏威夷地幔柱（Tarduno 等，2009）可能是对这个晚白垩世（坎潘期）大偏移更有吸引力的解释。地幔柱改变了板块边界，可以产生新的板块，扩张的脊线可以向地幔柱跳跃（图 14.6 和图 14.7），但地幔柱也可以暂时被脊线捕获（倒流；Sleep，1997）。与帝王链中的年轻海山（Suiko）不同，底特律海山具有大洋中脊玄武岩（MORB）的地球化学特征。因此，在形成过程中，库拉—太平洋扩张脊可能位于底特律海山以北[图 14.4（a）]，而原本位于南部的夏威夷地幔柱被更北的脊捕获（固定；Tarduno 等，2009）。这在板块构造上是可能的，因为库拉、太平洋和伊泽奈崎之间的板块几何形状和边界类型对科学家的想象力是开放的。

晚白垩世洋脊—地幔柱的相互作用只影响了帝王链最北端海山的构造（底特律海山），而 47Ma 的帝王—夏威夷弯曲可以用太平洋板块运动变化与地幔柱平流相结合的方式来解释。在文献中有一些误解，认为夏威夷地幔柱向南的运动在弯曲之后一定已经停止，但平流可能一直持续到中新世晚期。如图 14.5 所示的模型表明，夏威夷—帝王链的几何形状（包括弯曲）、年龄和古纬度在过去的 65Ma 符合度很好，并在过去的 80Ma 也处于合理误差范围内。

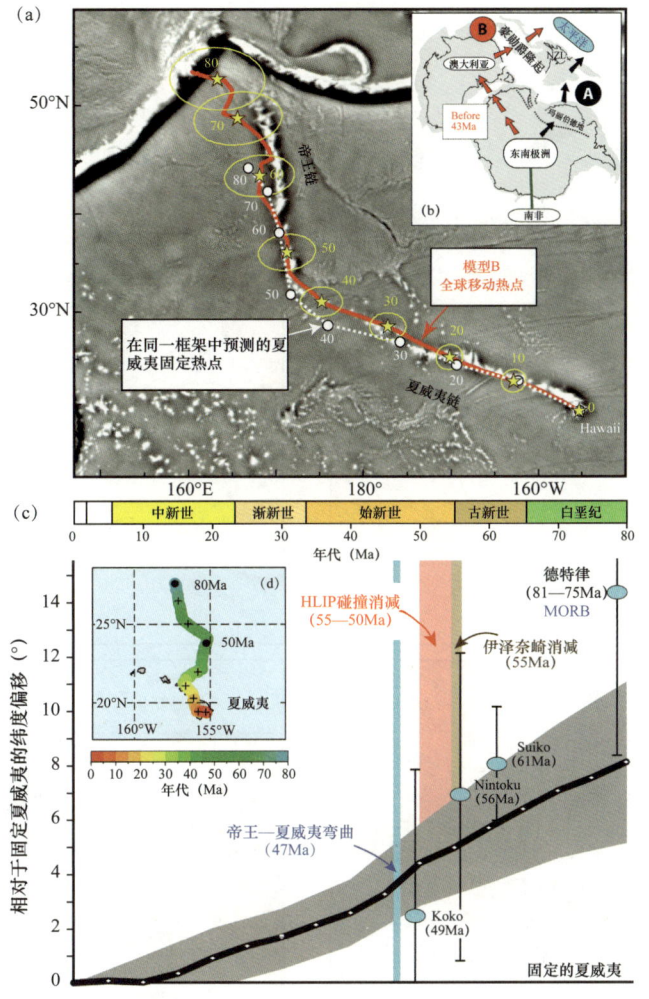

图 14.5 （a）用模型 B 板块循环（图 2.6；Doubrovine 等，2012）计算的全球移动热点参考系轨迹（红色粗线；在 10Ma 间隔内带有不确定度椭圆的黄色星形），很好地捕捉了过去 65Ma 的帝王—夏威夷链；假定在同一参考系中与红线相同的夏威夷的一个固定热点的轨迹（以 10Ma 间隔计算；Doubrovine 等，2012）显示为大的开放白色圆圈和虚线；夏威夷的固定热点轨迹很好地再现了弯折，因此整个弯折可以用模型 B 板块循环中太平洋板块运动的变化来解释；然而，固定的夏威夷热点轨迹与沿轨迹测得的辐射年龄相比，向南偏得太多，这是向南热点漂移的影响；背景中的重力异常图显示了实际的轨迹几何形状；（b）前中始新世（20时；43Ma）印度—大西洋（非洲）和太平洋热点地区之间的两个相对板块循环模式；在 20 时之后，模型 A 和 B 沿着相同的板块运动链穿过东南极洲和玛丽伯德地；最初被 Steinberger 等（2004）称为模型 1 和模型 2；NZL，新西兰；（c）由古地磁推导出的沿帝王链（底特律、Suiko、Nintoku 和 Koko；Tarduno 等，2003；Doubrovine 和 Tarduno，2004）95% 置信区间的纬度；纬度以相对于零线（观测纬度减去夏威夷纬度）的纬度偏移量表示，并与地幔柱的纬度估计值做了比较（黑色粗线与灰色带对应的不确定椭圆；Doubrovine 等，2012）；对于一个有固定地幔柱（没有真极移）的系统来说，所有的纬度都应该在零线上，也就是说，与今天的夏威夷在同一纬度上；（d）回到 80Ma 的夏威夷热点的模拟表面运动（彩色编码），主要是由古地磁数据清楚反映的向南运动；在这个模型中，假定地幔柱的起始年龄是 120Ma（早白垩世），与第 13 章中假定的 HLIP 年龄相同；由此产生的向南运动很大程度上依赖于这个年龄，并且随着假定的较晚开始年龄而趋向于运动减少；一些帝王海山（底特律、Suiko 和 Nintoku）显示夏威夷地幔柱的平流比数值模拟估计的要多，但纬度显然是在误差范围内的，也许底特律除外；然而，底特律有一个大洋中脊玄武岩（MORB）地球化学特征，而这个已知的最古老的帝王链海山可能代表了热点以北几百千米的库拉—太平洋扩张脊的火山活动，这是由地幔柱—脊的相互作用造成的［图 14.4（a）］

— 259 —

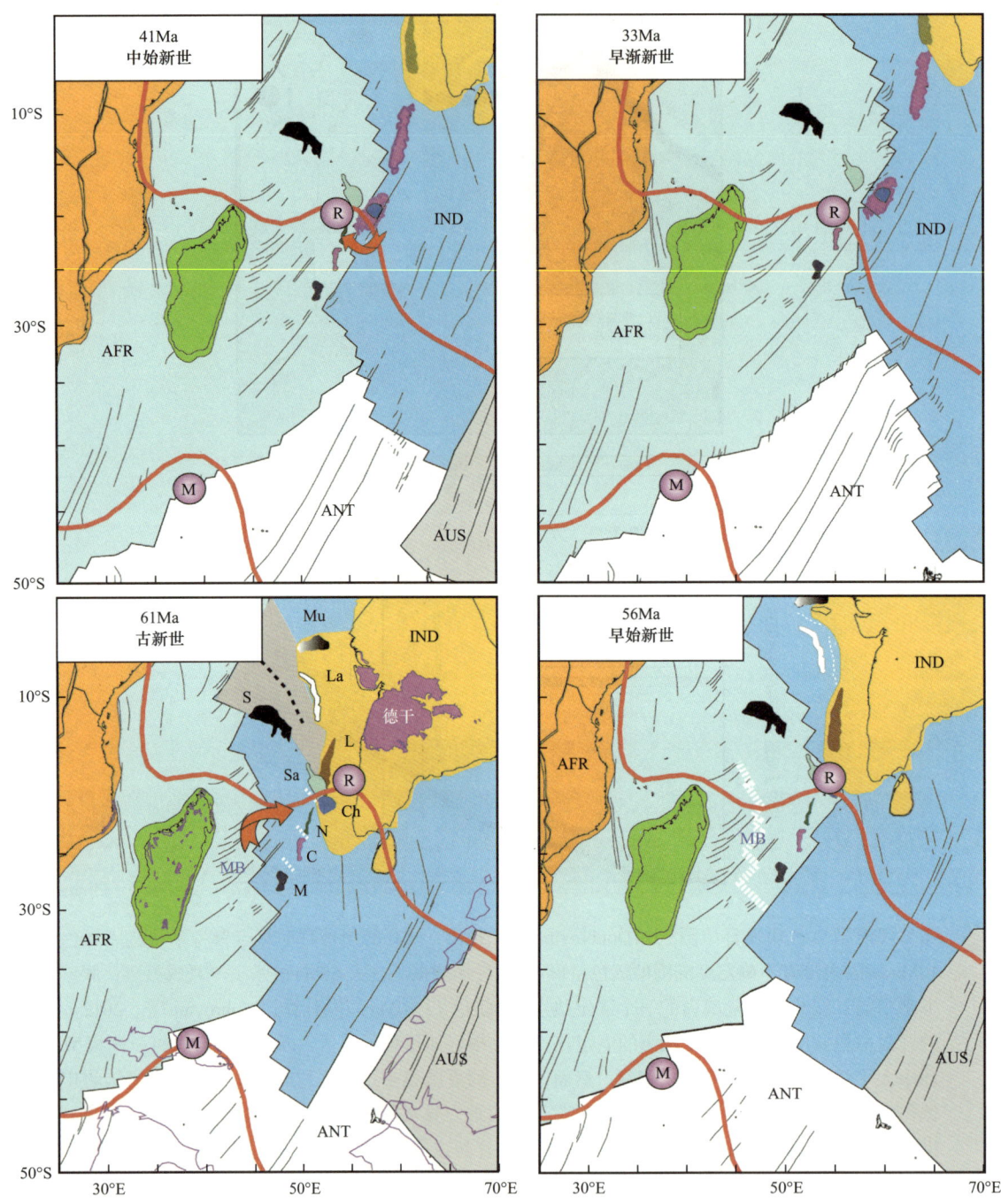

图14.6 印度洋区域（Torsvik等，2013）从61Ma和56Ma（古近纪）到41Ma（始新世—巴顿期）和33Ma（始新世—渐新世边界）的演化

洋红色表示马里恩（M）和留尼旺（R）热点的预测位置，红色粗线表示地核—地幔边界的地幔柱生成带（PGZ）；不同的微大陆之间已经灭绝的扩展脊线显示为白色虚线；当马里恩地幔柱接近活动板块边界时，脊跃向西南方向传播；红色箭头表示板块边界向最近热点移动的方向；通过断裂带解释描述了洋底组构和主要构造板块之间的扩张方向；主要板块边界以黑色粗线表示；主要的火山高原和省的轮廓用洋红色表示；AFR，非洲板块；ANT，南极洲板块；AUS，澳大利亚板块；C，Cargados Carajos 大陆碎片；Ch，查戈斯大陆碎片；IND，印度板块；L，拉克沙群岛大陆碎片；La，拉克西米岭大陆碎片；M，毛里求斯大陆碎片；Mu，Murray岭大陆碎片；MB，马斯克林盆地；N，拿撒勒大陆碎片；S，塞舌尔微大陆；Sa，Saya de Malha 滩

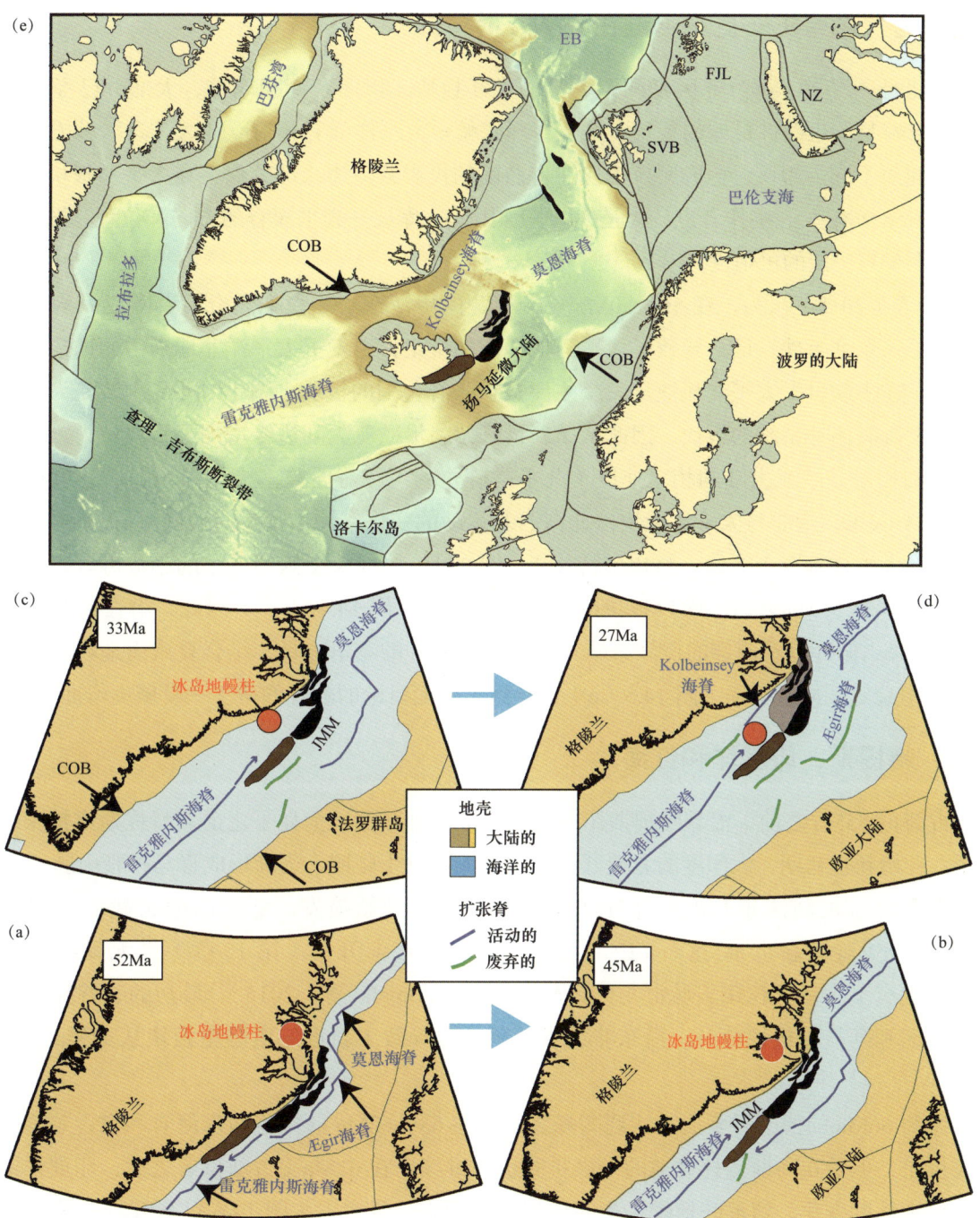

图 14.7 北大西洋地区（据 Torsvik 等，2015）从解体前的 52Ma（早始新世）到 45Ma（中始新世）、33Ma（始新世—渐新世边界）、27Ma（中渐新世），到今天的板块演化

计算出的冰岛地幔柱位置（红色实心圈）与 CEED 绝对板块重建显示在一起；主要大陆实体以黄色（a—d）或灰色（e）表示，这些区域内的构造边界以细的深灰色线表示；扬马延微大陆（JMM）的主要构造块体以黑色显示；活跃的洋中脊显示为洋红色粗线条，而废弃的脊显示为绿色线条；主 JMM 地块周围的浅棕色（d）或灰色（e）区域表示扩张的大陆地壳；Torsvik 等（2015）提出的向南延伸至冰岛下方的 JMM 为深棕色；COB，大陆地壳向海洋地壳的过渡；EB，欧亚盆地；FJL，法兰士约瑟夫地群岛；NZ，新地群岛；SVB，斯瓦尔巴特群岛

14.1.7 为什么帝王—夏威夷链在47Ma时弯曲？

这仍然是一个谜，部分原因是两个关键的大洋板块，伊泽奈崎和库拉，大部分已经消失很久了。伊泽奈崎是约束条件最差的板块，并且伊泽奈崎—太平洋洋脊相对欧亚大陆边缘的方向和倾角因模式不同而不同。相反，合成库拉板块在弯曲前的投影共轭边缘部分保存在太平洋板块上（33—25时：79—55.9Ma；一些作者也认为是34时），因此，库拉—太平洋脊的方向和位置[图14.4（a）至（d）]至少有一定的可信度。

Seton等（2015）认为，在55—50Ma一个推测的伊泽奈崎—太平洋脊沿着欧亚海沟的相遇和俯冲导致了一系列事件，最终导致了太平洋地幔流的重组，引发了太平洋盆地周围的构造变化。他们强调说，在古新世大太平洋板块从一个主要被扩张脊包围的板块[图14.1（a）]转变为一个沿其西部边界发育有俯冲系统的板块，因此从始新世开始，沿欧亚大陆边缘增加了板块拉力。太平洋的绝对速度和相对于欧亚大陆的相对速度（几乎是静止的）在弯曲前都减慢了，随后速度稳定地增加[图14.4（e）]。弯曲与太平洋板块由北向西北运动的变化有关（图14.4），并且很有可能，沿库拉板块（与太平洋耦合）北缘，将比底特律更古老的HLIP或海山俯冲下去的趋势可以阻止太平洋板块的北移。在55Ma之后，库拉板块的速度明显下降[图14.4（e）]。因此，潜在的北部阿普特期HLIP或海山俯冲以及西部的伊泽奈崎—太平洋脊俯冲的竞争力量，结合夏威夷地幔柱缓慢（约0.1°/Ma）但稳定的向南运动[图14.5（c）]，导致了上面讨论的壮观的帝王—夏威夷弯曲。

14.1.8 特提斯、印度洋和红海

在古新世55Ma之前，沿着特提斯俯冲带发生了俯冲作用，消耗了之前新特提斯洋扩张时形成的地壳。在始新世初期，大印度的北端开始与欧亚大陆发生碰撞，逐渐形成喜马拉雅山脉。

非洲东北部的阿法尔LIP从约31Ma（早渐新世）开始喷发，那里高原玄武岩的挤压一直持续到26Ma（晚渐新世）。这一LIP与随后的新近纪红海开放（第15章）毫无疑问是有联系的，因为也有下中新统拉斑岩脉群与红海轴线平行（Almalki等，2015）。最初的裂谷导致海床扩张，将非洲和阿拉伯板块分开。沿东非裂谷的延伸也导致了新近纪索马里板块从11Ma左右开始形成。

在大约66Ma的德干岩浆活动达到高峰之后，在63—62Ma的拉克西米海脊和塞舌尔之间开始了海底扩张，但是在马斯克林盆地的海底扩张仍在继续。在61Ma（古新世）之后，印度洋的结构发生了根本性的变化，留尼旺地幔柱当时位于印度西南边缘之下（图14.6），辅助了一次主要的东北脊跃，导致56Ma（早始新世）27时之后不久马斯克林盆地海底扩张的终止。毛里求斯碎片（除了拉克沙群岛）和塞舌尔群岛成为非洲板块的一部分。此后，留尼旺地幔柱位于缓慢移动的非洲板块下面。约在41Ma（晚始新世）发生了一次重要的脊跃，当时留尼旺地幔柱位于Saya de Malha或拿撒勒的位置。这一脊跃导致了查戈斯与其他毛里求斯元素的分离，查戈斯再次成为印度板块的一部分（图14.6）。

14.1.9 大西洋

海底扩张蔓延到东北大西洋（在格陵兰岛—欧亚大陆边缘之间），形成北美洲、格陵兰岛和欧

亚大陆之间的三联点（图14.1）。整个古近纪，北大西洋火成岩省（NAIP）LIP都位于东格陵兰岛下方，与冰岛地幔柱有关，从63Ma左右喷发，有两个主要的峰值：在62Ma和65Ma。东北大西洋海底扩张开始于约54Ma（早始新世），沿Reykjanes、Ægir（现已消失）和Mohn脊扩张[图14.7（b）]。挪威—格陵兰海的扬马延微大陆（JMM）被分成几个部分（Gaina和Ball，2009；Peron—Pinvidic等，2012），Torsvik等（2015）也提出现在冰岛东南部下方的大陆碎片是JMM向西南方向的延伸。JMM碎片沿东格陵兰边缘分布，直到52Ma（早始新世），Reykjanes海岭向北延伸，到47Ma将JMM最南端的碎片从东格陵兰分离[图14.7（b）]。在33Ma（渐新世）之前发生了两次脊跃[图14.7（c）]，约27Ma（渐新世）在JMM以西通过向冰岛地幔柱方向的脊跃建立了一个连续的板块边界[图14.7（d）]。从那时起Ægir脊就消失了，而JMM成为欧亚板块的一部分[图14.7（e）]。

沿Gakkel脊，在欧亚盆地北极的扩张也开始于54Ma左右（早始新世）。该脊可能通过Nares海峡（魏格纳断层）与巴芬湾脊轴相连，通过主要走滑断层向南与Mohn脊相连，在格陵兰岛和斯瓦尔巴特群岛之间形成挤压（图14.8）。根据Oakey和Damaske（2006）的概念，保持埃尔斯米尔西南（包括德文岛）与格陵兰板块之间的半锁定状态，以便在拉布拉多海和巴芬湾开放期间，尽量减少沿魏格纳断层的走滑运动和变形。北部的其他埃尔斯米尔地体被半锁定在北美洲，并且由于格陵兰板块在拉布拉多海开放期间向北移动，这造成了它们之间的压缩（图14.8中标记为尤里坎的灰色阴影区域）。尤里坎变形一直持续到33Ma左右（早渐新世），拉布拉多—巴芬湾海底扩张逐渐停止，格陵兰岛再次与北美洲相连。

14.1.10 劳亚大陆和北美洲

除了漂移前的扩张和裂谷盆地的形成外，劳亚大陆在构造上一直保持统一，直到挪威和格陵兰之间的大西洋海底扩张最终在早始新世开始，尽管在此之前，一个陆架海已经将北美洲大陆和欧亚大陆分开。西部内陆海道在白垩纪时期曾横跨北美洲大陆（图13.10），在古新世仍有残留，但在始新世开始前已完全消失。

在古近纪，山地隆升和相关的前陆盆地发育于尤里坎造山运动时的加拿大北极群岛以及斯瓦尔巴特群岛附近的巴伦支海西部（Smelror等，2009）。正如上面所讨论的，尤里坎造山运动影响了格陵兰西北部和埃尔斯米尔岛之间的区域（图14.8），在白垩纪以伸展构造为主兼有地堑和半地堑，紧随其后的是古近纪可能与走滑变形和西南张开的Nares断层系统相关的挤压作用（Spencer，2011）。

在北美洲西北部和亚洲腹地的大部分地区，不断上升的山脉导致了非常大的河流系统的发展，这些河流向北排入不断扩张的北冰洋周围。其中最主要的是（现在也是）加拿大的麦肯兹河和俄罗斯的勒纳河，这两条河在各自的三角洲都有超过15km厚的古近纪到近代沉积物。

14.1.11 非洲、南极洲和澳大利亚

在南极洲西部有一个巨大的裂谷系统，从罗斯海一直延伸到南极半岛南端的贝林豪森海，长约3000km，宽约750km（面积相当于今天的东非裂谷系统）。这条裂谷沿着南极横贯山脉的边缘延伸，自白垩纪晚期以来一直在上升，其特征是，从渐新世或更早时期到今天，大部分是碱性火山岩的侵入。

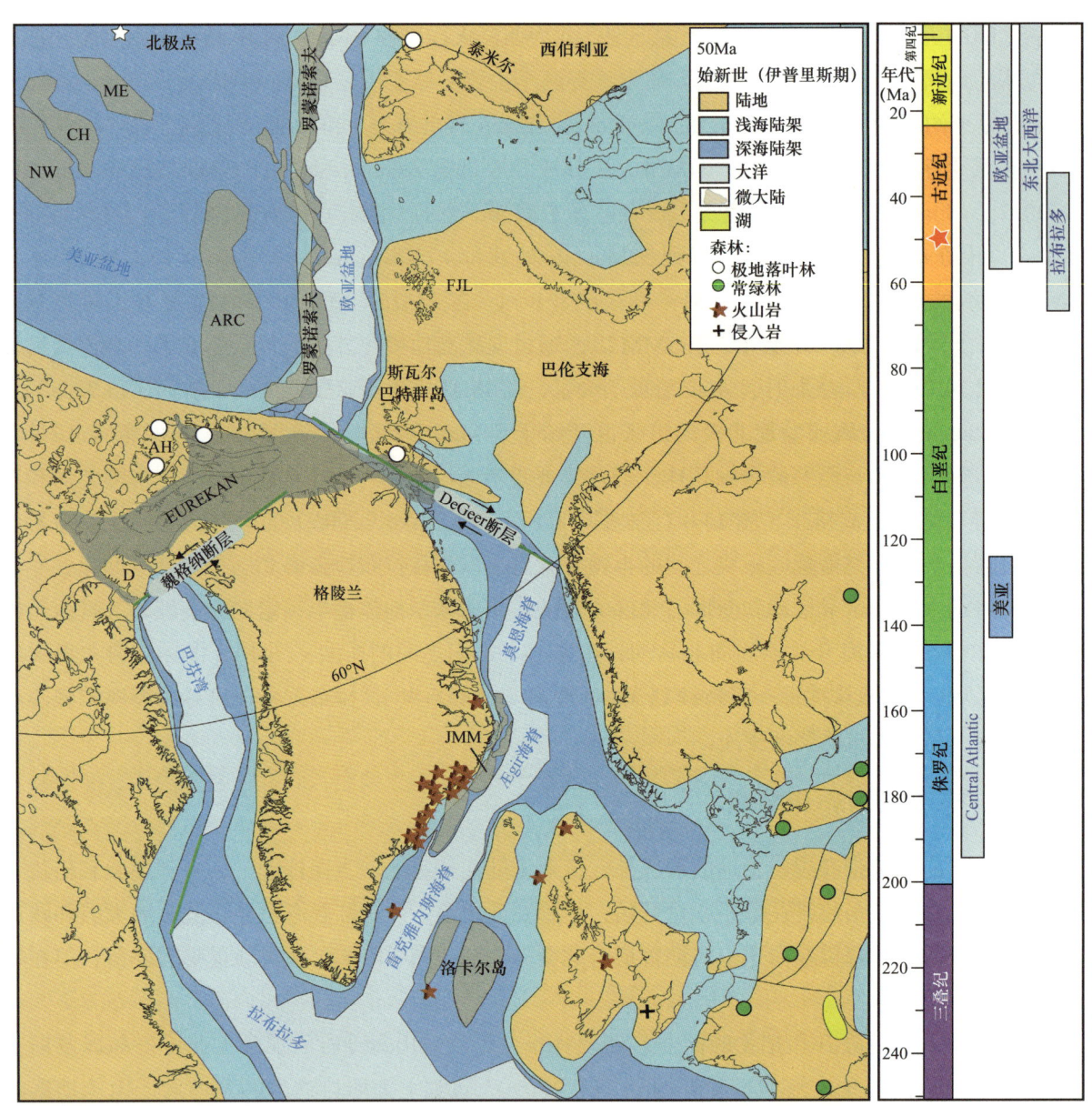

图 14.8 **50Ma（早始新世伊普里斯期）的西北欧、北美洲东北部和西伯利亚西北部部分地区以及北极地区，展示了北大西洋和北冰洋的扩张，包括加拿大东北部和格陵兰岛的尤里坎造山运动区域**

绿色的线是转换断层，现在被淹没的微大陆块体显示为灰色，不确定它们上方的海洋深度当时是多少；图中还显示了极地落叶林和温带常绿林被发现的地点；AH，阿克塞尔海伯格岛；ARC，阿尔法脊；CH，楚科奇；D，德文岛；FJL，法兰士约瑟夫地群岛；JMM，扬马延微大陆；ME，门捷列夫脊；NW，罗斯文脊；植物群数据点据 Collinson 和 Hooker（2003）；右边的时间标尺显示了不同盆地的海洋扩张期

从侏罗纪开始的来自南极洲的澳大利亚缓慢裂谷，导致了在白垩纪中后期海底扩张异常缓慢。浅水通道可能形成于始新世塔斯马尼亚南部，而深海通道可能形成于渐新世早期塔斯马尼亚和南极洲之间，以及南极半岛和南极洲之间的海底［德雷克通道；图 13.9（a）］。冈瓦纳大陆之间最后的陆地桥梁断裂，南大洋诞生建立了南极环极洋流。这种深海环流至今仍在继续，并对南半球的天气和气候模式产生了巨大的影响。

14.2 相、植物群和动物群

14.2.1 气候

全球气温在古新世晚期升高，并在古新世—始新世边界达到峰值（图16.3），这一事件被称为古新世—始新世极热事件（PETM）。这导致氧、碳、氮同位素比值的急剧负偏，随后磷浓度显著增加，其影响在北美洲、法国、西班牙、乌兹别克斯坦和埃及都有记录（Khozyem等，2013）。最热事件导致湿度增加，这反映在沉积物中高岭石含量的增加，而相关的缺氧可能与海洋中固氮蓝藻的大量繁殖有关。PETM似乎引发了重要的钙质微型浮游生物的翻转，在古新世曾辐射并占优势的属已基本灭绝，幸存者基本上是以前多样性很低的现代植物（Aubrey等，1998）。尽管在中始新世（巴顿期：40Ma）之前，气温一直在上升（有一些波动），但后来逐渐下降，所以到中新世（第15章），从赤道到两极的温度梯度比之前更明显。

由于海平面的波动，在北美洲和欧亚大陆之间的白令海峡上断断续续地架起了一座陆桥，从而使得非海洋动物群落能够零星地跨越这两块大陆。

在古近纪早期，包括整个古新世，没有证据表明两极有冰帽。然而，在始新世有稳定的降温，在晚始新世约37Ma时，南极洲首次记录到冰川作用的证据。晚始新世的降温，以及大约34Ma的早渐新世最冷的时间段，在植被的变化和哺乳动物区系的变化中得到了呼应。最后的上新世—更新世冰期将在第15章中描述。

14.2.2 从白垩纪末期的灭绝中恢复过来

如第13章所述，白垩纪—古近纪（KT）边界事件是由墨西哥灾难性的陨石，印度德干暗色岩LIP的喷流，以及可能的之前马斯特里赫特期海平面下降共同引起的，这些都造成了全球气候的显著恶化。海平面的下降在古新世达到了一个临界值（图16.2），抽干了广泛的上白垩统海洋碳酸盐岩台地，大大增加了地球暴露的整体陆地面积。但与以往在二叠纪—三叠纪等其他事件中一样，从许多不同的生态位中移走大量不同的生物群，为幸存者开拓新的环境和进化提供了极好的机会，并且这次灭绝似乎并没有严重影响到一些主要的群落，如大多数植物、珊瑚和海洋节肢动物（MacLeod，1997）。

在辐射迅速发展之前的古新世初期的1Ma或更长的时间里，几乎所有类群的多样性和丰富性都明显处于较低水平；此外，放射虫和相关的生物硅质软泥整体同时在洋底也显著匮乏，这突显了整体海洋生物生产力的下降。然而，新西兰白垩纪—古近纪边界沉积物中丰富的放射虫组合的证据表明，该高纬度地区的气候变冷导致了海洋上升流的增强。真正的分析是复杂的，因为大多数已知的最早的古新世沉积都是在深海盆地中发现的；例如，这些沉积物中的大部分含有相对未分化的浮游有孔虫群，但后者与最近的白垩系（马斯特里赫特阶）的有孔虫却没有几个属相同。较大的底栖有孔虫几乎不存在于古新统岩石中，但在中古新世又出现了一些白垩纪属，并在晚古新世迅速多样化。

14.2.3 新植物

开花植物虽然在中生代就已存在，但只在古近纪占主导地位。在森林中桦树、山毛榉、榆树、双子叶植物群（木兰和月桂）和单子叶植物群（包括棕榈树）数量丰富，主要分布在纬度主导的区域（Collinson 和 Hooker，2003）。松科（冷杉、松树等）树木在温带地区也变得越来越丰富和多样化；但在高纬度地区，古近纪森林主要为极地落叶阔叶林，包括山毛榉。这些森林在北极已经完全灭绝，但之前覆盖南极洲大部分地区的森林残余，以南方山毛榉为特征，仍然保存在许多前冈瓦纳大陆的碎片，如新西兰、澳大利亚、新喀里多尼亚、新几内亚和南美洲（阿根廷和智利），与之前在南极洲和其他地方的古近系和中新统岩石中发现的丰富的 *Nothofagus* 化石有关。草类在古新世辐射，而大草原和稀树大草原在新近纪才变得非常广泛。

14.2.4 动物界的辐射

浮游有孔虫的快速辐射在白垩纪末期之前很短的时间内就开始了，但在古新世以更快的速度进行。因此，晚白垩纪物种几乎完全被古近纪物种所取代，其间隔时间不到 1.5Ma，其结果是有孔虫是迄今为止最好地记录连续生物带的化石，对海洋地层对比非常有用，尤其是在石油工业钻井中。到古近纪末期，昆虫的数量也急剧增加，可能达到今天所知的数百万种，尽管有趣的是，在 37 个昆虫目中，只有 3 个是在始新世新演化的，有 25 个以上具有古生代代表（E.A. Jarzembowski, 2005）。

爬行类动物如海龟和鳄鱼也大量繁殖，它们的近亲鸟类也是如此，始新世记录了第一种像企鹅一样游动的鸟类。在海底，海洋底栖生物也发生了迅速的变化，出现了大量新的底栖腹足类动物，尤其是在热带温暖的水域和珊瑚礁栖息地。在较为温和和较深的水域，海星等棘皮动物大量繁殖，后者生长在海底顶部。海洋底层动物区系以双壳类软体动物、不规则棘皮动物、节肢动物和蠕虫（后者不常作为化石保存下来）为主，但所有这些动物都继续辐射出更多，因为水更深的新生态位逐渐得到开发。

14.2.5 哺乳动物的崛起

虽然已知的最早哺乳动物是在 210Ma 左右的三叠纪，但它们是微小的食虫动物，很像现存的鼩鼱。一些更大的科和属在白垩纪末期之前就已经进化了，但直到白垩纪末期非鸟类恐龙灭绝，哺乳动物才迅速进化，逐步地利用了以前的恐龙栖息地。因此，与大型哺乳动物相对较少的中生代相比，它们很快就成为古近纪脊椎动物的主要类群，并一直保持到今天。在白垩纪末期之前，哺乳动物已经分为真兽亚纲（大部分）和有袋目或有袋哺乳动物（值得注意的是袋鼠）。盘古大陆分裂后，澳大利亚相对孤立，使得那里的有袋类动物在没有其他哺乳动物种群竞争的情况下逐步辐射，虽然始新世的南极洲也有有袋类动物分布（Savage 和 Long，1986）。

在古新世和始新世，广泛的哺乳动物辐射扩展到游泳的形式，如鲸鱼和海豚，其中一些最终成为地球上最大的动物，也进入空中（蝙蝠）。像在它们之前的恐龙一样，大多数早期哺乳动物是食草动物，而少数是食肉动物。尽管像大象这样的大型哺乳动物是当今最受关注的，但体型较小的哺乳动物，尤其是啮齿类动物，却是种类和数量最多的。

跨越始新世—渐新世边界的温度下降（图16.3；前文的"气候"一节中提到），反映在从始新世茂密的森林到渐新世更加开阔的地区植被变化上，这反过来又与许多哺乳动物区系的更替和辐射相匹配。例如，在早始新世的中国—蒙古高原（因为其海拔高度本来受温度下降影响最大），啮齿动物和兔类群落的数量急剧增加，突然取代了始新世奇蹄动物的优势地位，其中许多包括现代普通科的首次出现，通过对它们日益复杂的牙齿的分析，可以很容易地对它们进行评估，后者作为化石被普遍保存下来（Meng和McKenna，1998）。形体大小也受到各种因素的影响，包括外部因素（气候波动）和与其他动物的直接竞争；例如，为什么始新世出现了一些已知的最大的陆地哺乳动物，而渐新世哺乳动物的动物群大部分要小得多，这一点尚不清楚。

15 新近纪和第四纪

斯瓦尔巴特冰川和海冰（资料来源：Morgan Jones/CEED）

这一时期，把我们带到了现代，主要发育各种各样的构造事件，包括阿尔卑斯山脉、喜马拉雅山脉和美洲西部（科迪勒拉山脉和安第斯山脉）的造山运动，所有这些都还没有结束。上新世—更新世冰川作用使气候发生了巨大的变化，这种变化今天似乎仍在继续。

新近纪分为中新世（基底为23Ma地层）和上新世（基底为5Ma地层），这两个名称都是由英国著名地质学家Charles Lyell在19世纪30年代创造的。接下来的第四纪被划分为更新世（基底为2.6Ma地层，同样由Lyell命名）和全新世（大约为最近的0.1Ma）。大陆和海洋的全球分布如图15.1所示的20Ma的中新世早期和图15.2所示的现今状态。由于现代的板块、大陆和地体，以及它们的位置和生物群都是众所周知的，对它们的研究很少有原创的工作，因此本章相对较短，使时间旅行得以完成。

15.1 构造和火成岩活动

15.1.1 大火成岩省和热点

新近纪只发育一个LIP，位于北美洲西北部的哥伦比亚河玄武岩，它于16.7Ma（中新世早期）在Cascade火山弧和落基山脉之间的弧后环境中喷发。那里的火山活动在中新世中期最为活跃，但一直持续到 5.5Ma，接近中新世末期。玄武岩最初在南俄勒冈高原喷发，但向北蔓延，淹没了哥伦比亚河盆地，最后蔓延到近海弧前盆地，最终总面积达 $21 \times 10^4 km^2$，覆盖了俄勒冈州、华盛顿州和邻近各州的大部分地区（Reidel 等，2013）。

新近系金伯利岩很少，但在新近纪约有 50 个活动热点，而且大多数早于新近纪开始发育。例如，南大西洋的特里斯坦热点自从 134Ma 的早白垩世爆发的巴拉那—Etendeka LIP 喷发以来就一直很活跃。近年来，地质学家编制了许多热点目录，但长期以来一直怀疑，这些目录中的许多热点并不是由深部地幔柱引起的。例如，Courtillot 等（2003）认为 49 个热点中只有 7 个来自地核—地幔边界的地幔柱。这些被命名为"初级"热点，包括阿法尔、复活节岛、冰岛、夏威夷、路易斯维尔、留尼旺岛和特里斯坦，它们都位于 Tuzo 和 Jason 边缘的上方或附近 [图 15.3（c）]。Courtillot

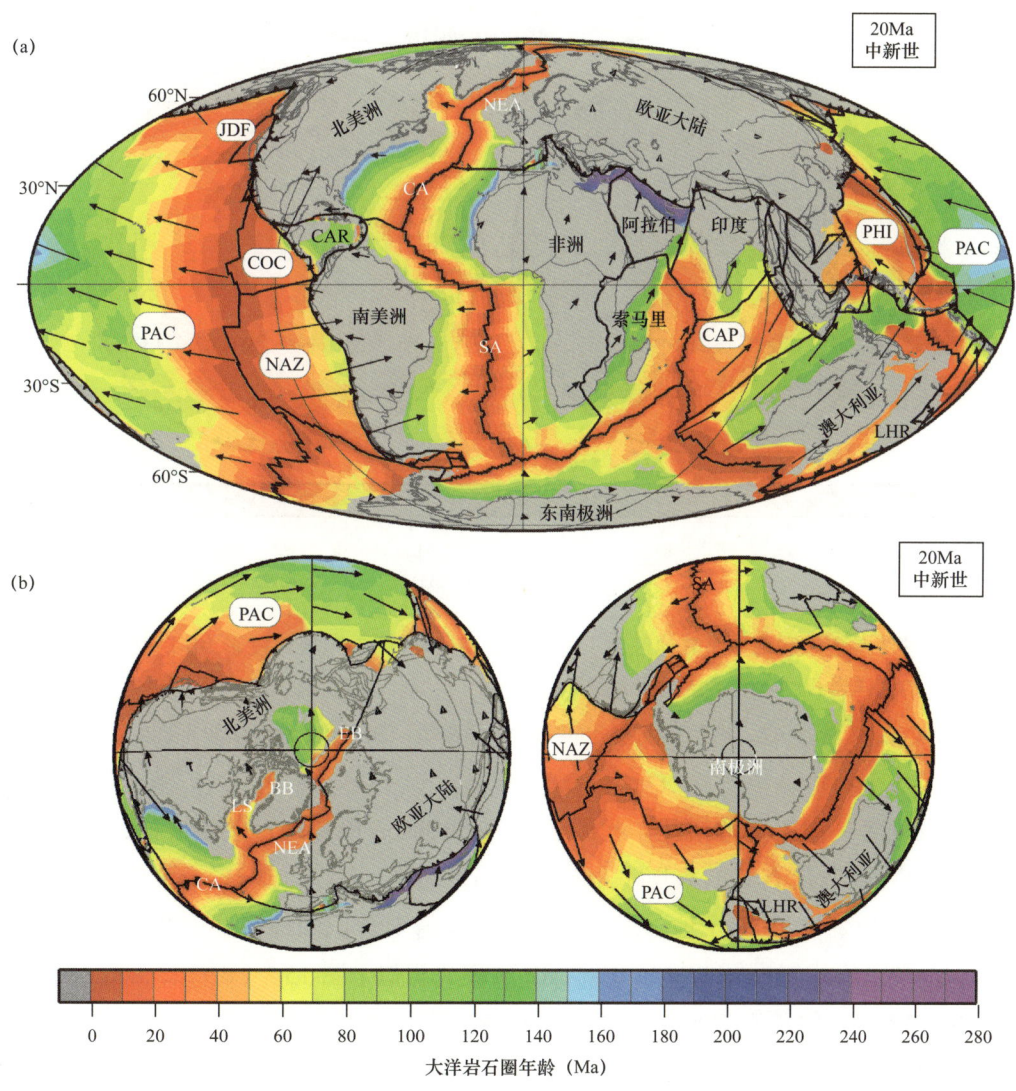

图 15.1 **20Ma（中新世波尔多期）大陆板块（灰色）和海洋（其他颜色）的摩尔威特投影（a）和极地投影（b），及其板块速度矢量和海洋岩石圈年龄**

BB，巴芬湾；CA，大西洋中部；CAP，Capricorn 板块；CAR，加勒比板块；COC，科科斯板块；EB，欧亚盆地；JDF，胡安德富卡板块；LHR，豪勋爵隆起；NAZ，纳斯卡板块；NEA，东北大西洋；LS，拉布拉多海；PAC，太平洋板块；PHI，菲律宾板块；SA，南大西洋；EarthByte 地幔框架（第 2 章）

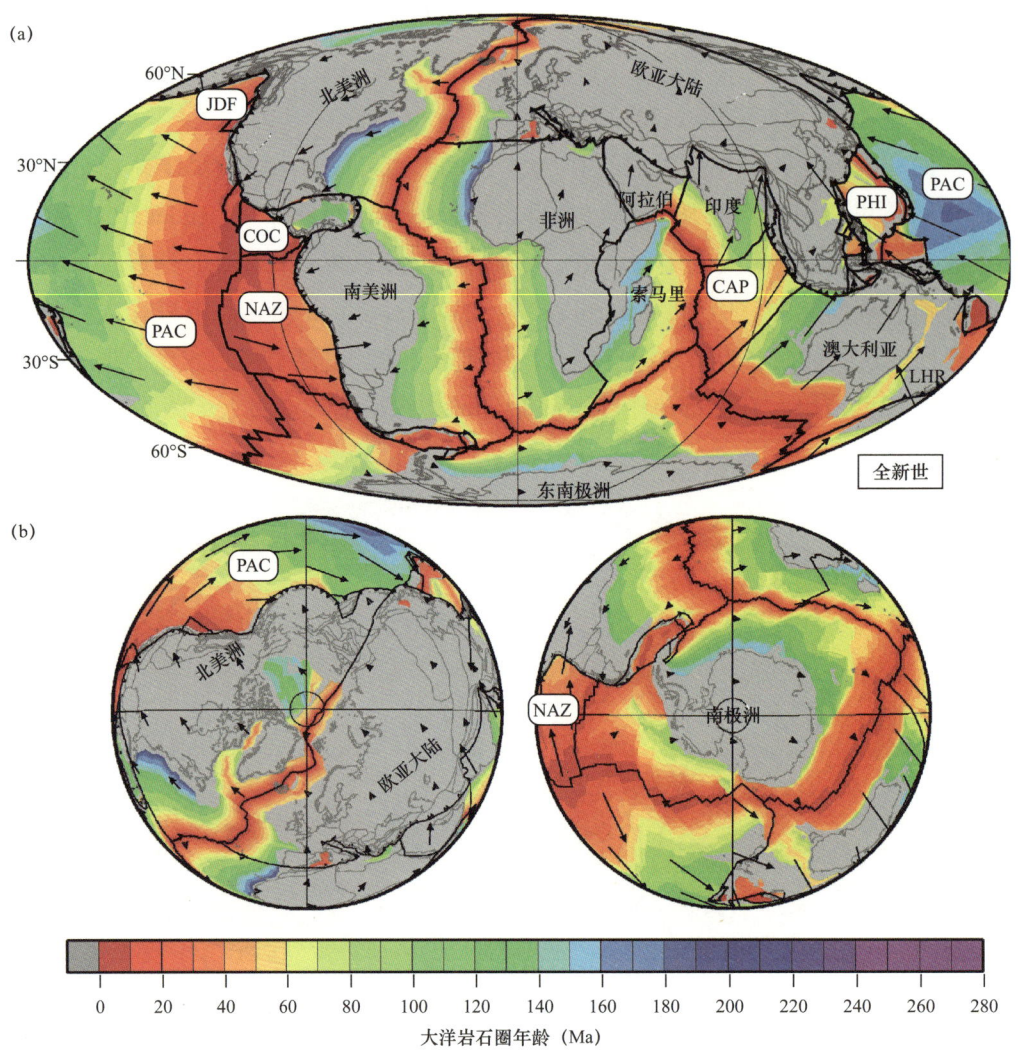

图15.2 大陆板块（灰色）和海洋（其他颜色）的摩尔威特投影（a）和极地投影（b），以及板块速度矢量和它们今天的海洋岩石圈年龄（全新世）

COC，Coco板块；NAZ，纳斯卡板块；PAC，太平洋板块；EarthByte地幔框架（第2章）

等（2003）也发现了"次级"地幔柱，起源于Tuzo和Jason顶部的过渡带底部，以及第三种与岩石圈拉伸应力和减压融化有关的表层（Andersonian）热点。最近，French和Romanowicz（2015）通过地震层析技术识别出了20个地球地幔中的初级或清晰辨识的地幔柱 [图15.3（a）、（c）]。初级或清晰辨识的热点模式与过去300Ma重建LIP的模式相似 [图15.3（d）]。

大部分的LIP和金伯利岩似乎来自地核—地幔边界的地幔柱生成带（CMB），但是基于全球层析模型也有例外，如地球上最年轻、最小的LIP，哥伦比亚河玄武岩以及北美洲西北部的白垩系—新近系金伯利岩。此外，在CMB中的这一区域或附近的近海区域 [图15.3（c）中的Bowie、Raton、Cobb、Yellowstone、Guadalupe和Socorro] 没有发现位于低速区域 [图15.3（a）] 之上的热点（French和Romanowicz，2015）。与其他LIP相比，哥伦比亚河玄武岩也很不寻常，因为它是在靠近聚合板块边缘的弧后背景下喷发的 [图15.3（b）]，除了深地幔柱成因外，其他可能成因包括弧后扩展、岩石圈分层和板块撕裂（Liu和Stegman，2012）。有趣的是，北美洲和加拿大的异常

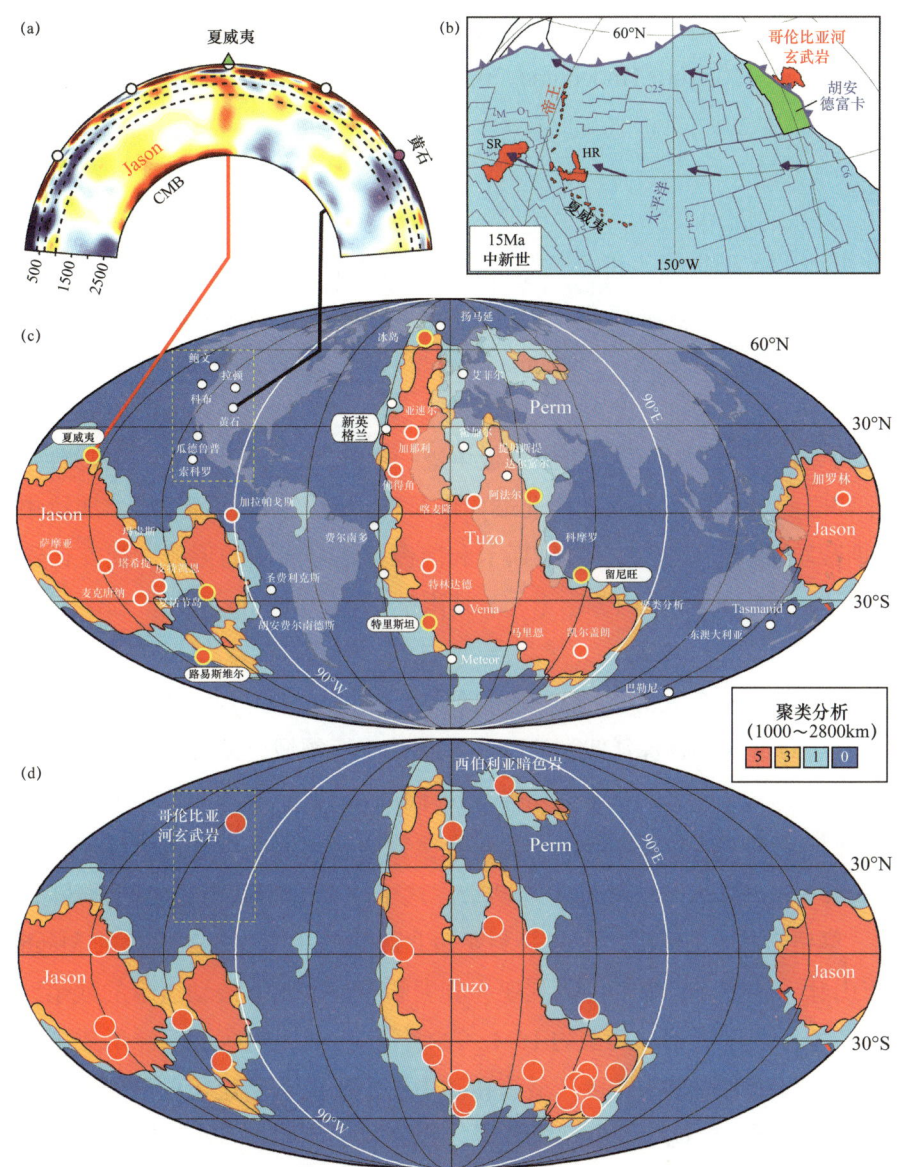

图 15.3 （a）横贯夏威夷和黄石热点的横波速度异常二维剖面图；在夏威夷下方，一个巨大的地幔柱从 Jason 边缘的地核—地幔边界（CMB）一直延伸到最上部地幔；相反，在黄石热点下的下地幔看不到负异常（暖色；French 和 Romanowicz，2015），这与哥伦比亚河玄武岩有关；（b）在一个有太平洋板块速度矢量的 CEED 地幔框架中的中新世（15Ma）东北太平洋重建；动态自封闭板块轮廓是 Shephard 等（2014）的研究成果；我们展示了三个 LIP 的位置，在北美洲板块喷发但靠近胡安德富卡海沟的哥伦比亚河玄武岩（15Ma），以及太平洋板块的 Hess 隆起（HR，99Ma）和沙茨基隆起（SR，147Ma）；还显示了帝王—夏威夷链的轮廓和识别出的磁异常（M—O，120.4Ma；C34，83.5Ma；C25，55.9Ma；C6，20.1Ma）；（c）覆盖在下地幔地震选图等值线上的热点（Steinberger，2000）分布（Lekic 等，2012）；区域 5、区域 3 和区域 1 定义了 LLSVP，区域 0（蓝色）表示下地幔中速度较快的区域；许多热点地区似乎覆盖着比平均横波速度慢的区域（特别是那些与 Tuzo 有关的区域），但也有明显的例外（黄石公园）；20 个热点被认为来源于地核—地幔边界的深部地幔柱（初级和清晰辨识的地幔柱；French 和 Romanowicz，2015）显示为红色填充的白色或黄色大圆圈（Courtillot 等，2003），其他未知来源显示为白色填充的小圆圈；（d）重建的过去 300Ma 的 LIP（CEED 地幔框架），与图 2.16（c）相似，但这里没有显示峨眉山 LIP，因为此 LIP 经过经度校准后落在 Jason 的边缘

金伯利岩（未在 Tuzo 和 Jason 上方喷发）年龄几乎都是晚白垩世—古近纪（115—50Ma），与北美洲西部边缘的塞维尔（125—105Ma；Hildebrand，2014）和拉拉米（85—50Ma）事件 [图 13.6（b）、（d）] 的年代相对应。

15.1.2 海洋

新近纪在北极地（欧亚盆地）和南、中、北大西洋的扩张继续发育（图 15.1）。在加勒比，开曼海槽继续扩大和发展，Chortis 陆块在尤卡坦半岛的海岬移动。大西洋的大洋岩石圈沿小安的列斯海沟俯冲，自始新世以来一直活跃（Boschman 等，2014），沿着 Researcher 脊和 Royal 槽连接到大西洋中脊。

在早中新世约 23Ma 的东太平洋，法拉隆板块进一步破裂，导致科科斯和纳斯卡板块（图 15.1）的建立和东太平洋隆起（从加利福尼亚湾北端向南延伸到南极洲的扩张脊），加拉帕戈斯扩张中心（纳斯卡和科科斯板块之间）和智利脊（纳斯卡和南极板块之间）的形成。胡安德富卡板块形成于约 37Ma 的晚始新世 [图 15.1 和图 15.3（b）]，其南端受 Mendocino 断裂带和沿 Cascadia 俯冲带的俯冲限制。

今天的地中海以前是一个交界区域，新特提斯洋从南阿尔卑斯山向东穿过爱琴海和安纳托利亚，向西抵达大西洋的东端，后者延伸到西部和北部地中海领域，此分支被称为阿尔卑斯特提斯洋或 Piemonte Ligurian 洋。西阿尔卑斯特提斯洋是位于伊比利亚、非洲和地中海西部的亚德里亚之间的海洋盆地，它在整个新生代的大部分时间里都在缓慢闭合，但在中新世大部分时间里都处于俯冲状态，形成了 Betic—Rif—Tell—Apennine 冲断带。这个主要的弯移构造包括西班牙南部的前 Betic 山和亚 Betic 山、摩洛哥的 Prerif 山、阿尔及利亚西北部的 Tell 山、西西里岛的 Maghrebides 山脉和意大利的亚平宁山脉。这些冲断带是伊比利亚、非洲和亚得里亚海被动边缘的残余，这些被动边缘是由薄皮褶皱和逆冲作用造成的。其在约 10Ma 的晚托尔托纳期的东大西洋形成了大量的楔状增生物，因此关闭了地中海与大西洋的连接，最终在晚中新世墨西拿期盐化危机期间导致了大规模的海平面下降和厚蒸发岩在孤立的地中海盆地的积累。但当这条弧线在直布罗陀海峡被突破时，这种孤立就结束了，地中海在很短的时间内就被重新充满了（Flecker 等，2015）。

自白垩纪以来形成阿尔卑斯山脉的亚德里亚下部欧洲向南的俯冲，在新近纪基本上停止了。在西阿尔卑斯山脉，俯冲缓慢地持续到 7Ma。在东阿尔卑斯山脉，造山运动的极性发生逆转，阿德里亚从 10Ma 左右（晚中新世）开始向东阿尔卑斯山脉逆冲，形成了南阿尔卑斯褶皱—冲断带。阿尔卑斯特提斯东端向南和向西俯冲，欧亚大陆为下行板块，在喀尔巴阡区域持续发育，直到约 10Ma 的早托尔托纳期（Ustaszewski 等，2008）。从迪纳里德山脉到希腊和土耳其，亚德里亚和非洲经历了缓慢的俯冲。从希腊西部到塞浦路斯，这包括了对三叠系新特提斯洋壳的消耗，并可能形成了至今仍保存在现代海底的最古老的海床（Speranza 等，2012）。

尽管板块会聚和俯冲在整个地中海地区都很活跃，但最突出的构造特征是形成了三个主要的张性弧后构造，通常解释为板块快速回滚的结果。西地中海上覆的欧亚板块成为科西嘉—撒丁岛地块两侧的两个海洋盆地，以及巴利阿里群岛和北非之间的阿尔及利亚盆地的宿主，所有这些盆地都是新近纪弧后海底。在古近纪（Tisia 和 Dacia）与阿德里亚碰撞的东阿尔卑斯山脉和南部单元延伸到喀尔巴阡俯冲带之上，形成了 Pannonian 盆地（Faccenna 等，2014）。始新世开始形成的爱琴海伸展弧后，在早中新世加速形成现代造山带。从广泛的 GPS 活动和活跃的地震活动的结果可以看出，这些特征有许多在今天仍然很活跃。

15.1.3　印度—亚洲碰撞和东南亚

印度—亚洲最初的碰撞（图 14.3）发生在早始新世，随后是一个以海洋为主的大印度盆地的俯冲（van Hinsbergen 等，2012）。第二阶段是更为实质性的印度—亚洲碰撞，可能开始于古近纪晚期—新近纪早期（25—20Ma），标志是向亚洲内陆的天山山脉和蒙古阿尔泰山脉的突然隆升，这一隆升至今仍在继续。在许多板块模型中，澳大利亚板块实际上包括了古近纪晚期的印度板块，但从新近纪早期约 20Ma（中新世）开始，该板块被细分为三个板块：印度、Capricorn 和澳大利亚［图 15.1（a）］。

东南亚的演化是复杂的，由一系列由于俯冲回滚而形成的弧后盆地的开放所主导（Hall，2012）。在中新世早期，当 Sula Spur 与苏拉威西火山弧碰撞时，澳大利亚开始与东南亚发生碰撞［图 15.4（a）］。现今澳大利亚在爪哇下的俯冲开始于中始新世（45Ma），俯冲回班达湾始于中新世约 15Ma，这导致了 Sula Spur 的扩展。此后不久，第一阶段的扩展在中新世 12—7Ma 之间形成北班达海（图 15.4），Sula Spur 的残余在俯冲枢纽之上向西南方向移动。班达弧与澳大利亚、帝汶岛的碰撞始于最早期的中新世，至今仍在继续。

15.1.4　阿拉伯—欧亚大陆碰撞

西特提斯造山带包括西班牙南部和北非的山脉带，穿过阿尔卑斯山脉、喀尔巴阡山脉和安纳托利亚山脉，一直延伸到扎格罗斯山脉，是由于特提斯洋的不同部分被封闭而形成的。伊朗仍在活跃变形的扎格罗斯褶皱和逆冲带是随后发生的阿拉伯—欧亚大陆碰撞的结果，该碰撞可能始于古近纪晚期或新近纪（图 15.5）。这是一次有趣的碰撞，其原因有很多，但也许其最令人吃惊的特征可能是，在二叠纪早期新特提斯洋开放期间，欧亚板块曾经漂离阿拉伯半岛（图 10.1），后来又重新回到同一地区。参与阿拉伯—欧亚大陆碰撞的冈瓦纳欧亚陆块包括萨南德和卢特（现在伊朗境内）以及 Taurides 和 Pontides［图 15.5（a）］。后两个板块现在形成安纳托利亚板块，后者包括整个土耳其。

对阿拉伯—欧亚大陆碰撞的估计从 35Ma 到 20Ma 不等［图 15.5（e）］。非洲和阿拉伯的绝对速度在古近纪早期下降，随后在 45Ma（中始新世）后上升，在约 30Ma（渐新世）时达到 4cm/a 的峰值。相反，在古近纪，阿拉伯和欧亚大陆之间的会聚速度稳定在 1.5cm/a 左右，但在 27Ma 左右（渐新世晚期）降至 1cm/a 以下。这是 McQuarrie 和 van Hinsbergen（2013）估计的阿拉伯—欧亚大陆碰撞时间，这一时间也接近红海海底扩张的第一阶段。

在 31Ma（渐新世），阿法尔 LIP 从非洲东北部的 Tuzo 边缘上的地幔柱喷发（图 15.5），可能有助于引发红海早期短暂的为期 2Ma 的海底扩张，根据 Almalki 等（2014）的研究，该过程开始于约 26Ma 的渐新世晚期，但不久之后，由于阿拉伯—欧亚大陆碰撞而结束。海底扩张的第一阶段之后是新近系岩石圈扩张和基性岩脉活动的阶段，持续到约 6Ma（中新世），与亚丁湾海底扩张部分重叠，可能在约 18Ma 或者更早一点（早中新世）就开始了（Leroy 等，2012）。在上新世大约 5Ma 的时候，开始了海底扩张的第二阶段，而且仍在继续。

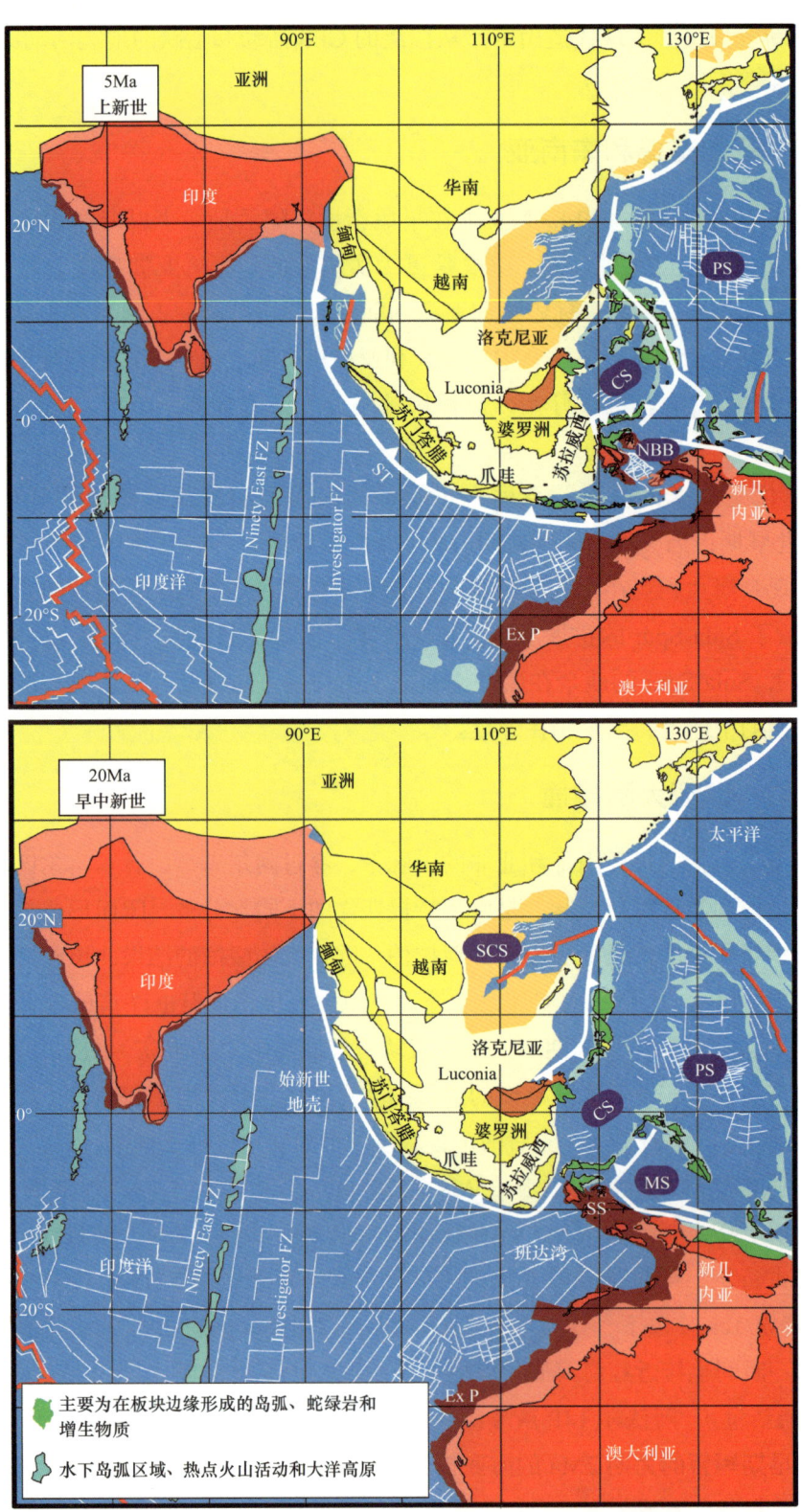

图 15.4 东南亚及邻近地区的早中新世和上新世重建，显示印度与亚洲的渐进碰撞，以及澳大利亚与印度尼西亚的东南亚海岬之间的一些运动（据 Hall，2012）

CS，西里伯斯海；Exp，埃克斯茅斯高原；FZ，断层带；JT，爪哇海沟；MS，摩鹿加海；NBB，北班达盆地；PS，菲律宾海；SCS，中国南海；SS，Sula Spur；ST，巽他海沟

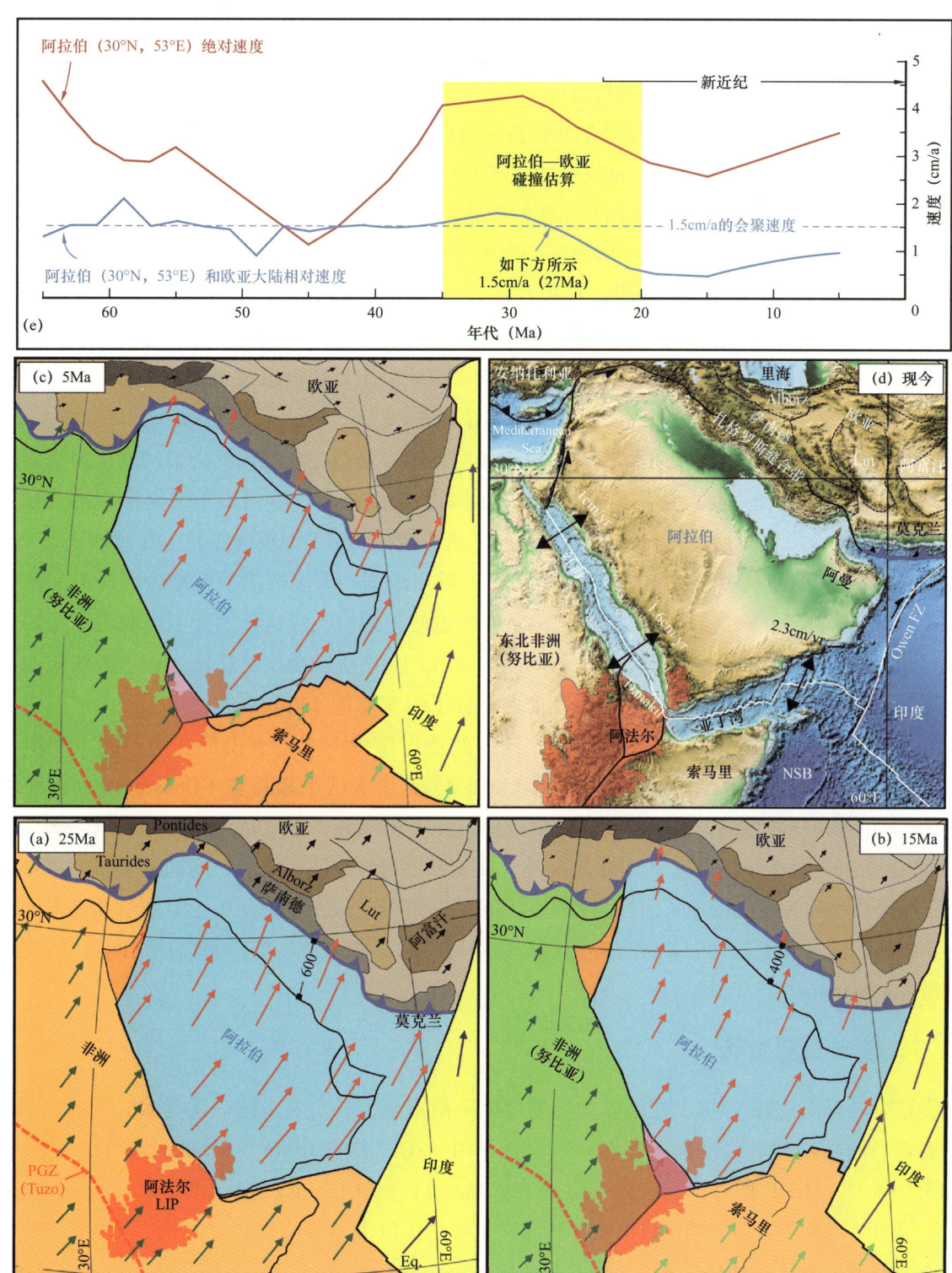

图 15.5 （a）—（d）过去 25Ma 的阿拉伯—欧亚板块聚合。25Ma（晚渐新世）和 15Ma（中新世中期）欧亚大陆边缘与阿拉伯前缘之间的数字以千米为单位表示间隔（需要会聚）；由于欧亚板块之间的内部收缩没有被考虑在内，所以这些都是最大的会聚估计值（Hinsbergen，2013）；在 5Ma 时，需要的会聚是 150km（3cm/a）；带有绝对板块速度矢量的 CEED 地幔框架；（e）基于阿拉伯前缘的一个位置（30°N 和 53°E）计算的阿拉伯板块的绝对速度以及阿拉伯和欧亚大陆之间的相对速度；计算出的会聚速率约 1.5cm/a，但在 27Ma（晚渐新世）附近，速度明显低于此值，并且在阿拉伯和欧亚大陆的估计碰撞年龄范围内

15.1.5 美洲西部

北美洲西部经历了漫长而复杂的构造史，包括俯冲、地体拼合、走滑断层作用，以及从侏罗纪到古近纪的缩短作用（科迪勒拉、塞维尔和拉拉米事件）。相反的，新近纪以伸展塌陷以及盆地和山脉的扩展、卡斯卡迪亚弧火山作用（胡安—德—富卡板块俯冲）、LIP火山作用（哥伦比亚河玄武岩）、黄石热点和沿圣安地列斯断层及相关断层系统的走滑运动而闻名，其中最著名的是在旧金山地区。

安第斯山脉已经深受其新近纪的历史影响和塑造，后者始于法拉隆板块被纳斯卡和科科斯板块[图15.6（b）]在约23Ma（早中新世）所取代，导致会聚方向的改变：法拉隆板块以前向东北方移动，但取而代之的是向东移动的纳斯卡板块（图15.6），同时南美洲板块保持着缓慢的向西运动。因此，安第斯边缘由斜向转变为近正交会聚，纳斯卡板块的绝对速度以及与南美洲的会聚速率也有小幅增加，在中新世早期达到约13cm/a的峰值[图15.6（e）]。

现代安第斯山脉通常被认为是纳斯卡板块俯冲的结果，新近纪向更正交会聚的变化与主要隆起有关，在中新世晚期和上新世达到顶峰。相反，南安第斯山脉（47°S以南）的变形、抬升和岩浆历史与智利三联点向北扩展有关（Kay等，2005），后者正俯冲到南美洲板块之下[图15.6（c）、（d）]。但远场应力一定在现代安第斯山脉的发展中起到了重要作用：大多数俯冲模型表明，海沟往往撤退，因此有利于弧后扩张（而不是造山），除非外力迫使上板块（在这种情况下是南美洲板块）以比海沟撤退更快的速度向俯冲带移动（Husson等，2012）。南美洲确实有比海沟撤退更快向西推进的历史，并且从新近纪到今天为止，南美洲向西漂移了约5°[图15.6（e）]。

与许多发育活跃的近海岛弧的造山带不同，此造山带内的大量火山都在南美洲大陆内。有四个火山带，北部、中部、南部和南方[图15.6（d）]，由大的平板板块（Bucaramanga、秘鲁和Pampean）和智利三联点的巴塔哥尼亚火山缺口分割开来（Ramos和Folguera，2009）。北部和南部安第斯山脉之间的独特区别是，前者是主要建立在先前的海洋岩石圈之上，而南部下伏的主要是大陆基底的碎片，后者之前形成了冈瓦纳和前冈瓦纳的一部分，以及之前的中生界和早期岛弧的拼贴残余。西侧的俯冲和克拉通一侧的掩冲断层作用共同导致了相邻海沟底部和山顶之间异常的13km构造起伏（Armijo等，2015）。

15.1.6 净岩石圈旋转

估算净岩石圈旋转（NR）在地球动力学建模中很重要，一个基本的假设是NR应该为零，除非个别岩石圈板块与下伏地幔流有不同的耦合作用。在过去的30Ma中，NR的特征是向西漂移[图15.7（a）]，且NR值逐渐从晚始新世的0.1°/Ma增长到0.15~0.2°/Ma[图15.7（b）]，这取决于所使用的绝对板块运动框架。目前的向西漂移主要是由巨大而快速移动的太平洋板块驱动的，在过去的5Ma里，太平洋板块控制了NR总量的约40%。Torsvik等（2010）的模型得到了最低的NR值，在过去10Ma中，赤道地区的NR约为1.5cm/a[图15.7（a）]。

回溯历史，很多研究中都注意到了在古新世大约60Ma出现了一个小的NR峰值[图15.7（b）]，这0.3°/Ma的峰值被认为与印度和亚洲最初的碰撞或伊泽奈崎板块（伊泽奈崎—太平洋脊）终端俯冲（55Ma）有关。然而，在60—50Ma（古新世—早始新世）之间，后两个板块仅控制总扭矩的12%（印度）和7%（伊泽奈崎），而太平洋（24%）和法拉隆（20%）板块才是最大的扭矩玩家。

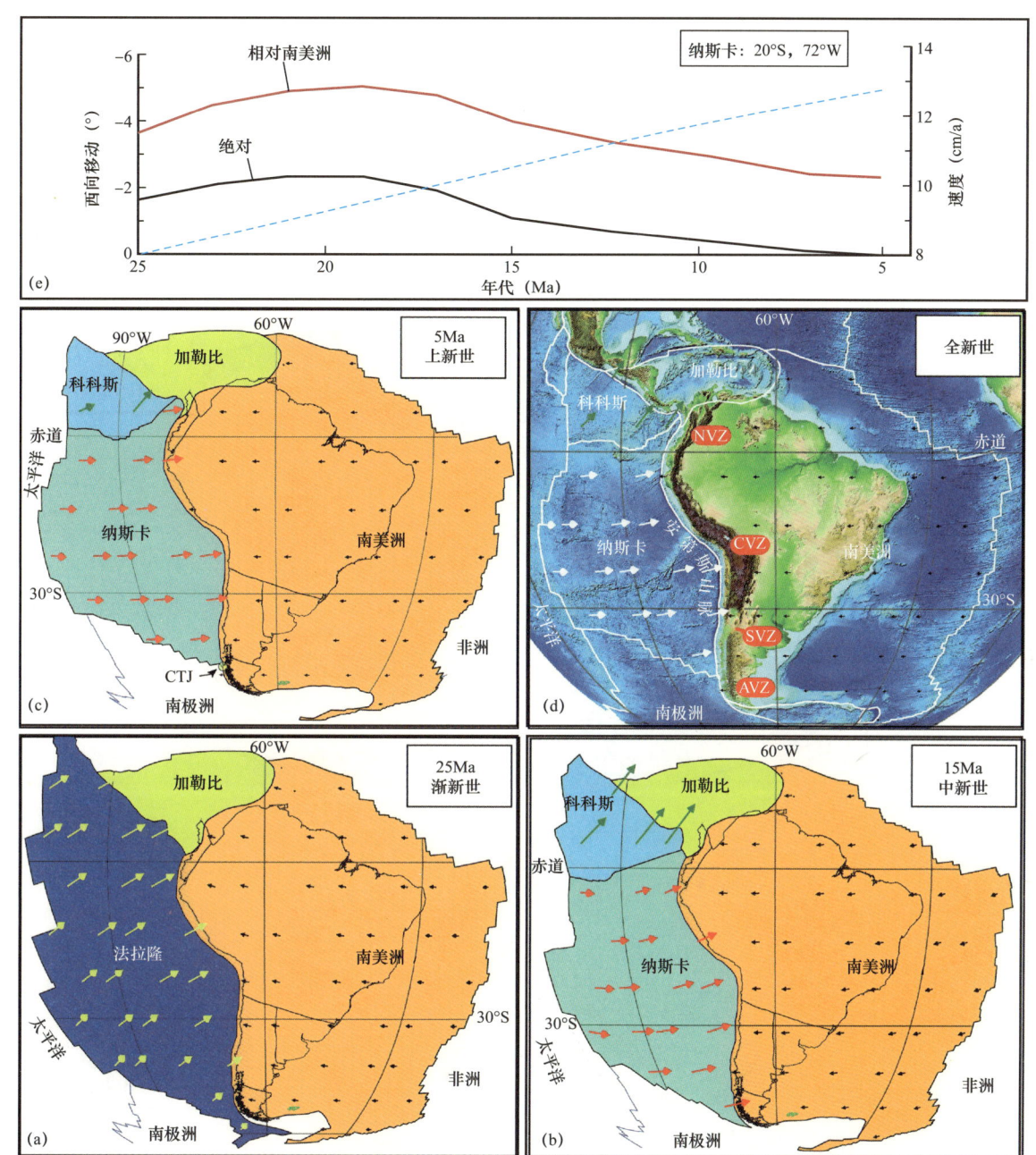

图15.6 （a）—（d）过去25Ma法拉隆和纳斯卡板块与南美洲的相互作用，带有绝对板块速度矢量的CEED地幔框架；（e）基于纳斯卡前缘一个地点（20°S，72°W）计算的纳斯卡绝对速度和纳斯卡与南美洲之间的相对速度；在绝对参考系中，纳斯卡海沟和南美洲向西迁移的速度几乎是线性的（蓝色虚线），在过去的25Ma里大约为5°；AVZ，南部火山带；CTJ，智利三联点；CVZ，中央火山带；NVZ，北部火山带；SVZ，南部火山带

在60—50Ma之间，NR极点接近太平洋、伊泽奈崎和法拉隆的旋转极点，而印度极点则较远。在50—40Ma之间的始新世的其余时间里，因为太平洋板块在47Ma之后改变了方向，从北变为西北，所以NR减少了，就像在帝王—夏威夷弯曲看到的那样，而法拉隆板块保持着它的东北方向。

回到白垩纪，世界的不确定性（在重建过程中推测出多少海洋地壳在之后被俯冲）迅速接近

50%，古近纪之前的 NR 峰值可能都是人为构造的，反映了本书如何组织泛大洋或新特提斯洋板块以及分配它们的速度。作为一个例子，在许多模型（Seton 等，2012）中，140Ma 之后不久的早白垩世有一个大型 NR 高峰［图 15.8（c）］，在这些模型中，此时正是太平洋板块被赋予了首速度。从侏罗纪早期开始，它在 190Ma 到 140Ma 之间逐渐变大，没有任何速度［图 15.8（a）］，但更重要的是，早白垩世菲尼克斯板块速度加倍［图 12.3（b）］单独贡献了 NR 总量的 29%［图 15.8（b）］，造成 NR 的急剧增加。

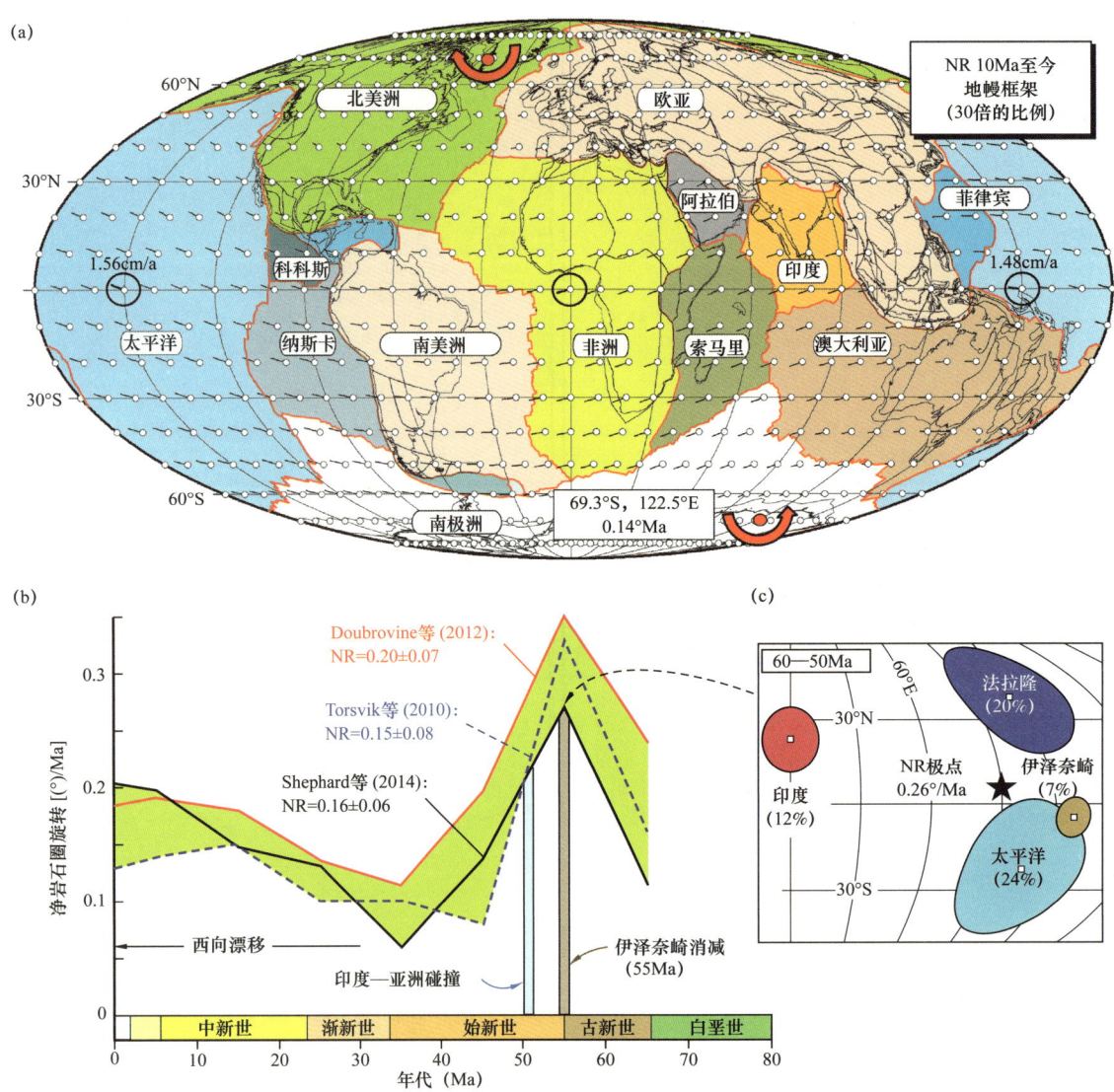

图 15.7 （a）从 10Ma（晚中新世）到现今的净旋转（NR）速度场（Torsvik 等，2010）；高南纬地区（69.3°S，122.5°E）的逆时针 NR 磁极导致向西漂移，在 3 个赤道位置的计算都证明了这点（1.48～1.56cm/a；带有黑色圆圈的向量）；NR 速度场覆盖在简化的现代板块轮廓模型上（摩尔威特投影）；（b）从三项不同的研究中估算的过去 70Ma 的 NR（以 10Ma 为窗口计算）；平均 NR 范围从约 0.2°/Ma（Doubrovine 等，2012）到 0.15°/Ma（Torsvik 等，2010），但是在早始新世 55Ma（计算值为 6Ma 到 50Ma 之间）有一个显著的峰值，而在 45—35Ma（中—晚始新世）有一个低值；（c）55Ma 的太平洋、法拉隆、伊泽奈崎和印度板块总 NR 极和各 NR 极点（Shephard 等，2014）；彩色椭圆的大小与其对总 NR 的贡献成比例（太平洋板块占当时总 NR 的 24%）

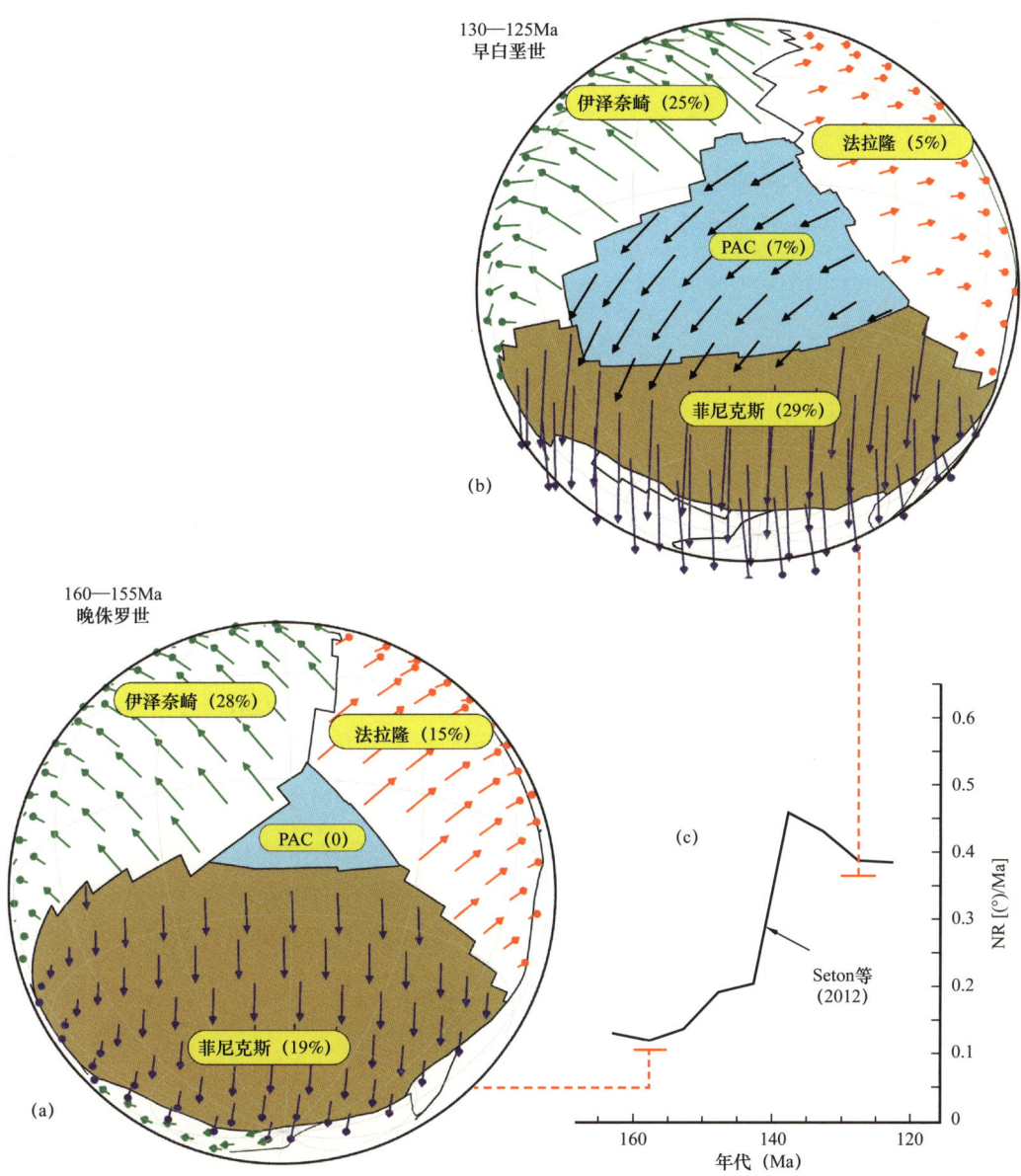

图15.8 （a）和（b）为160—155Ma（晚侏罗世）和130—125Ma（早白垩世）的伊泽奈崎、法拉隆、太平洋和菲尼克斯板块的速度场，据Seton等（2012）的绝对板块运动模型；（c）晚侏罗世—早白垩世净岩石圈旋转（NR）变化；NR的迅速增加是由于菲尼克斯板块的加速运动与太平洋板块的出现共同作用的结果；列出了每个板块占总NR的百分比；在早白垩世，仅四个板块就占总NR的66%

15.2 相、植物群和动物群

15.2.1 气候和海平面

在这一时期的大部分时间里，全球气温逐步下降，尽管有各种波动。中新世中后期，高纬度和低纬度之间的气候差异明显增大，反映了极地变冷的开始，这些变化明显限制了对生存环境耐受力有限的动植物的分布。在极地和热带地区之间的中纬度和高纬度地区，有更干燥和更开放的环境，发育适合许多物种（马和水牛）的草地，但随着森林面积的减少，其他许多动物的活动范围缩小了。

中新世全球海平面逐渐下降（图 16.2）。例如，在中新世中期，可对比的钙质超微浮游生物表明地中海是通过不断扩大的红海与特提斯洋和印度洋东北部相连的，尽管这三个地区的厚蒸发岩显示了这些海洋都较浅。然而，随着地中海地区阿尔卑斯特提斯洋的缩小，进一步的浅化导致了墨西拿期盐化危机。在中新世最新阶段 6Ma 左右的墨西拿期，西地中海下形成了厚层盐岩和硬石膏沉积，表明该地区与大洋完全隔绝，变成了一系列逐渐干涸的高盐度湖泊，导致盆地边缘侵蚀和广泛沉积的非海相沉积物。这场危机包括局部海平面下降了至少 60m（可能还要高得多），并一直持续到不久之后直布罗陀海峡被打破。

15.2.2 上新世—更新世冰川作用

虽然自始新世早期地球温度逐渐下降（图 16.3），但在距今 2.7Ma 左右的上新世，显著的上新世—更新世冰期的第一阶段开始了，可能到今天还没有结束。尽管 100 年前得出的结论是，其中含有不到 10 个冰川期，通过对深海海洋沉积物和高纬度地区广大冰盖的完整岩心的分析，现在知道至少有 17 个冰期与相应数量的被称为间冰期的温暖期交替，后者包括现今。冰川的存在对大气环流和海洋环流都有深远的影响，气候带向赤道推进了最多达 2000km，导致在冰期赤道带明显变窄。此外，沙漠地区在冰川期变得更加广泛，即使在离冰盖有一定距离的地方也是如此。而在间冰期，沙漠的面积缩小了很多，扩大了昔日沙漠边缘的许多地区，为更多样的动植物群落和栖息地提供了条件。例如，在距今 9—6ka 的后冰川期最适宜环境，撒哈拉沙漠比现在要小得多，周围的湖泊（乍得湖）也大得多。长颈鹿和河马等动物不仅来自撒哈拉沙漠，还来自整个北非，以及英格兰等温带地区。

15.2.3 现代动物分区的发展

这不是一本关于现代动物群落及其分布的书，但其中一些内容有助于解释过去的地理。一个例子是华莱士线，将今天的大洋洲和大部分东印度群岛分开，将陆地区域划分在其东南，其较大的动物群落主要是有袋类动物（袋鼠和其他动物），而西北地区则相反，发育泛热带动物区，主要为其他哺乳动物（大象、老虎和其他）。这条线主要是由于先前将冈瓦纳大洋洲部分与各种东亚大陆之间的分离形成的，分隔距离巨大但日益缩小，这一距离使这两个区域得以分别发展。然而，现实要复杂得多。例如，今天在婆罗洲发现的 13 种灵长类动物（猴子等），只有三个在更新世跨越了华莱士线，这是因为它们被限制在其中的热带森林在不同时期大大减少了（由上新世—更新世冰川最大值的不同强度导致），从而抑制了猴子的扩散（Brandon-Jones，1998），而不是由于任何海洋迁移壁垒的存在。这种影响是难以破译的，例如在石炭纪，详细的对比范围太大，岩石和化石记录也不完整。

许多年前，大多数鸟类都飞越了华莱士线，因此澳大拉西亚鹦鹉与它们的南美洲表亲并无太大区别。然而，那些已经适应了不能飞的奔跑生活的动物却不能越过这条线，这就解释了非洲鸵鸟和澳大利亚鸸鹋及其亲属之间的区别。相比较而言，像苍蝇这样让澳大拉西亚人类非常恼火的昆虫，它们的种属大都是世界性的。

浮游有孔虫显然能够自由地在洋流中移动，因此它们的分布与温度和（更广泛的）纬度有关，尽管它们不能主动游泳但可以通过改变它们的浮力在水体上下移动，也没有单独的动物分区。相比之下，较大的有孔虫是海底的底栖生物，它们被限制在陆架上，因此可以识别出不同的动物区系。例如，在中新世晚期，有一个美洲分区、一个地中海分区和一个印度—西太平洋分区。一些著名的软体动物也被限制在同一印度—西太平洋分区，包括浮游头足类鹦鹉螺和大型双壳类 Tridacna 巨型蛤（Adams，1981）。印度—西太平洋分区也拥有当今世界上最高的虫黄藻珊瑚生物多样性，但这种高生物多样性是中新世以来才出现的；因此，在古近纪的珊瑚中不能识别此分区（Wilson 和 Rosen，1998）。红海也发育多种多样的珊瑚动物群，但其中最古老的沉积物是渐新世的，因此丰富的动物群主要发育于新近纪和第四纪（Almalki 等，2015）。

15.2.4　美洲和世界其他地区之间的联系

随着大西洋的不断扩大，北美洲与欧亚大陆西北部的联系日益薄弱，北美洲西部边缘也基本上与欧亚大陆的东北部分离，除了白令海峡地区西伯利亚和阿拉斯加之间起伏不定的大陆桥。南北美洲之间的关系也随着巴拿马地峡和加勒比微板块的复杂运动而波动。早中新世距今约 15Ma 时，地峡由一系列互不相连的岛屿组成，直到上新世距今约 3Ma 时，两大陆之间才有了一座完整的陆桥。就在那时，被称为美洲生物大交换（GABI）的时代开始了，之前被认为是南美洲相对孤立的结束，实际在白垩纪盘古大陆逐渐解体时已经开始（图 14.2）。然而，GABI 事件并没有影响到许多植物（它们的种子经常被风吹走或被鸟类传播）。

虽然以前认为海豹（在盐水中游泳）和蝙蝠（飞翔）是 10Ma（中新世末期）前生活在南美洲的唯一的哺乳动物，但目前已知至少有两个更早的记录完好的位置，分别为哥伦比亚的拉文塔和更早期秘鲁的 Fitzcarrald Arch。后者为中新世中晚期（约 12Ma），一个淡水湖潮汐盆地保存了 24 个陆生和 2 个水生哺乳动物类群化石，它们既代表了一些已灭绝类群的最后物种，也代表了一些现代南美洲哺乳动物群的最早形式，如大型树懒（Tejada-Lara 等，2015）。大多数其他的哺乳动物群似乎在事件后不久，以及 GABI 事件发生之前就穿过了巴拿马地峡，因此 GABI 现在被认为没有之前认为的那么重要（Cody 等，2010）。

15.2.5　人类的崛起

人类（人科）是胎盘哺乳动物，属于灵长目，这个目还包括像狐猴和懒猴这样的生物。高级灵长类动物主要是猴子，包括大猩猩、黑猩猩和原始人。从遗传数据来看，大猩猩与其他物种的分化约为 10Ma 的中新世时期，而类人猿与黑猩猩的分化约为 6.5Ma 的中新世。原始人与其他类人猿的区别在于两足行走的发展，并且所有人属都只在非洲南部和东部被发现。与人类关系密切的其他属也存在于该地区，与最古老的人属一样，在坦桑尼亚的沉积物中发现的能人的年代在 2.4—1.6Ma 之间。能人的脑容量约为 $600cm^3$，并进化成其他几个物种，包括尼安德特人（穴居人）和智人，智人的成年脑容量平均约为 $1300cm^3$。这些后来的类人动物（不包括智人）在大约 2Ma 之后的不同时期从非洲迁徙而来，甚至远至中国（北京人）和印度尼西亚（爪哇人）。然而，现代人类（智人）直到大约 30 万年前才开始进化，直到大约 10 万年前才离开非洲前往中东，尽管随后相对较快地传播到南欧（Stringer，2002）。中国和澳大利亚最古老的真正的智人化石可以追溯到大约5万年前，但几乎可以肯定的是，人类在1.3万年前通过一个短暂的西伯利亚大陆桥在冰川导致的低海平面期抵达美洲，之后传播得相对较快，在1.1万年前到达南美洲最南端。在农业出现之前，人类都是游牧狩猎和采集的。农业的出现使人类有了永久定居的必要，其中最古老的可以追溯到约1万年前，位于土耳其和叙利亚。

16 过去和现在的气候

Norilsk（Talnakh）以北的西伯利亚暗色岩的第一次熔岩流喷发到大陆砂岩和煤层沉积物上，二叠纪末期的大灭绝与西伯利亚暗色岩有关（资料来源：Henrik Svensen / CEED）

  下周会下雨吗？全球变暖是真的吗？现在是已经到了冰期的终结，还是生活在间冰期？天气和气候是永恒的话题，不仅是人们谈论的话题，也是人们担忧的问题和经济问题。关于气候在过去一百年左右的时间里是如何变化的，已经知道了很多，但只有地质学家才能加入更深层次的时间视角，这对更好地理解这个非常复杂的话题至关重要，因为后者涉及如此多变量的相互作用。这就需要将地层学、沉积学、古生物学、同位素分析、年代测定、构造学等众多地质学分支进行无缝整合。

  许多科学家认为，过去几十年全球地表温度的上升主要是由人类活动导致的（人为）温室气体排放造成的，其中二氧化碳浓度自前工业时代以来增加了约40%（图16.1）。在过去的一个世纪里，地球表面逐渐变暖，格陵兰岛和南极冰盖以及世界范围内的冰川在消失，全球平均海平面上升了约20cm。

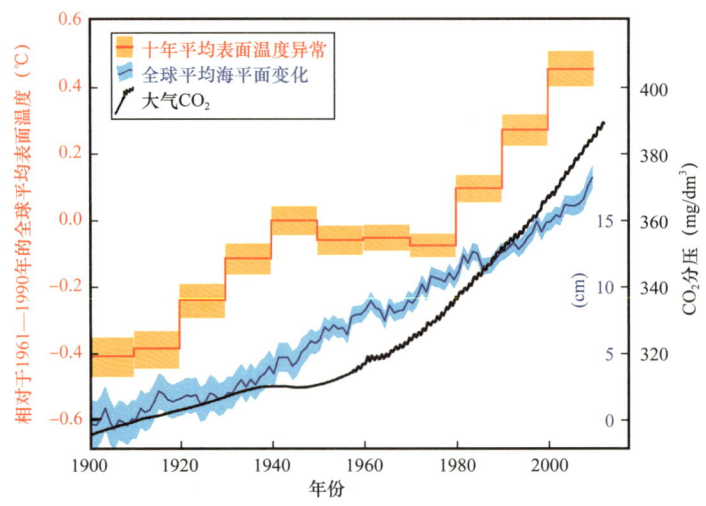

图 16.1 十年平均地表温度异常、大气二氧化碳分压变化和全球平均海平面（据 IPCC，2013）

一个有趣的问题是，解释过去数百万年古气候的地质学家能否对最近气候变化（全球变暖）的原因做出有价值的贡献。有些人可能会说"可能不多"，但可以指出一些明显的事实：海平面有时比现在高很多（几百米）；气温更高（超过10℃）；大气中的二氧化碳分压是"正常值"的十多倍。这些"高点"是温室气候（温暖和潮湿的条件）的标志，主宰了显生宙的气候史（图16.2）。这些气候变化大多与相当缓慢的地质过程有关，如板块构造（包括大陆—海洋分布、造山、地形、风化等）、真极漂移（地球岩石圈和地幔相对于自转轴的旋转）和产生动态地形的地幔流动。这在很大程度上取决于精确测定岩石年代的能力，以便能够准确地评估地质过程的变化率（通常仅限于数百万年的不确定性）。此外，对遥远过去大气中二氧化碳分压和温度的估计基于各种代用指标和建模方法。同样重要的是要记住，地球自转的速度在其历史上一直缓慢下降，这在很大程度上是由于潮汐涨落时不断的摩擦造成的。因此，早期地球的一天是2~3h，到前寒武纪晚期增加至约20h，而早寒武世一年大约有420d（图16.4），日积月累，使古代的气候与今天的不那么相似。

地球也经历了快速的气候环境变化，在显生宙发生了五次大灭绝。这些被称为五大灭绝事件，包括奥陶纪末期、泥盆纪末期、二叠纪末期（最大的一次）、三叠纪末期和白垩纪末期大灭绝事件（图16.2）。此外，还有许多较小的事件，以及可能由人类活动引起的正在进行的（全新世）第六次大规模灭绝。大灭绝的原因是有争议的，但许多人认为大火成岩省是一个重要的原因。

16.1 一些影响气候的因素

影响或推动气候变化的因素通常包括来自太阳的能量、轨道力、磁场强度和板块构造。真极移也可以被认为是气候变化的一个外部驱动因素，而灾难性的火山活动（LIP）显然可以导致气候迅速变化和生物大灭绝。这五个外部驱动因素影响气候系统，并导致可测量的气候响应，如地表、植被、海洋、冰、大气和生命的变化。

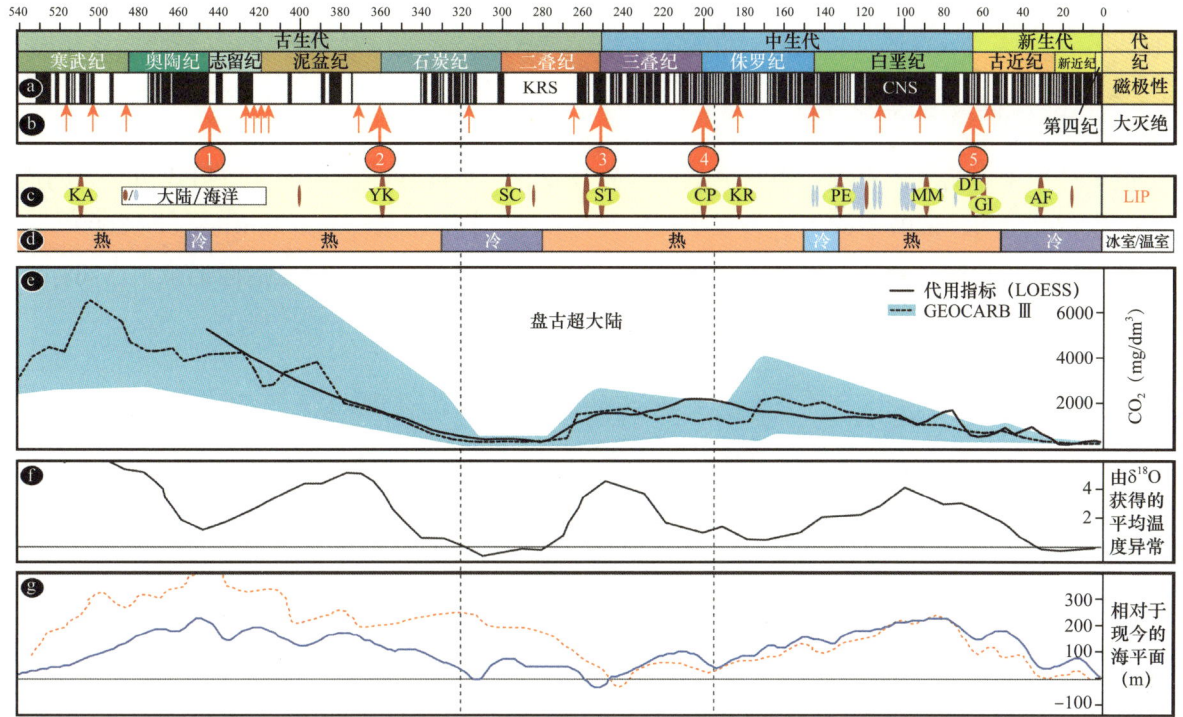

图 16.2 显生宙时间标尺和（a）磁极（Eide 和 Torsvik，1996；Gee 和 Kent，2007）、（b）灭绝事件（通常用来解释白垩纪—古近纪事件的五大事件和一种影响场景）、（c）LIP 事件（附录 1）、（d）冰室（冷）与温室（热）条件、（e）大气二氧化碳分压（据 Royer，2006）、（f）平均温度异常（据 Royer 等，2007；Veizer 等，2000；Came 等，2007）和（g）全球海平面变化（红色虚线据 Hallam，1988；黑线据 Haq 和 Al-Qahtani，2005；Haq 和 Shutter，2008）；AF，阿法尔 LIP；CNS，白垩纪正极性超时；CP，中大西洋岩浆省；DT，德干暗色岩；GI，北大西洋火成岩省（NAIP）；KA，Kalkarindji LIP；KR，卡鲁 LIP；KRS，Kiaman 负极性超时；PE，巴拉那—Etendeka LIP；SC，斯卡格拉克海峡中央 LIP；ST，西伯利亚暗色岩；YK，雅库茨克 LIP

16.1.1 太阳能量输出的变化

天文数据表明，太阳每 0.1Ga 稳定地增加 1% 的热量输出，因此在早期，它可能仅释放出当前输出热量的 45%。然而，地球早期的大气密度可能比现在大得多，其中大部分是由二氧化碳，也许还有甲烷组成的，因此，地球表面的温度可能与今天没有太大的不同。同样值得注意的是，地球表面 30%~40% 的热量是由地球内部的放射性衰变产生的，这将使太阳直接辐射的变化显得不那么重要。

16.1.2 地球轨道的变化

由于太阳、其他行星及其卫星之间的相互引力作用，地球轨道在大约 11 万年的周期内从近圆形变为椭圆形，这意味着地球与太阳的距离以及相应的太阳辐射和气候均受到影响。地球的旋转轴（轴倾角）也在 4 万年的周期里在 21.8°~24.4° 之间变化，它的摆动也是如此，引起分点岁差，周期约为 2.2 万年，这三个周期一起被称为米兰科维奇旋回。这样的周期确实影响了气候变化，并被认为是导致当前冰期中冰川期和间冰期之间变化的主要原因。特别是，分点的时间直接影响着不同纬度的气候。

16.1.3 地球磁场的变化

很少被用来影响气候系统，但是突然的地磁场变化，可能导致增强的宇宙射线引起云的成核作用，Courtillot 等（2007）认为其与某些气候变化相关。同样，Knudsen 和 Riisager（2009）主张在全新世的热带地区，地球的偶极矩和降水量（基于洞穴堆积物 $\delta^{18}O$ 代理指标记录）之间存在相关性。

16.1.4 板块构造

在显生宙气候史上占主导地位的温室气候通常与大陆扩散、高海底产量、高海平面和二氧化碳产量有关。陆地块的分散和聚集可以打开和关闭海洋门户，深刻地影响海洋环流、气候和动植物区系分布。超大陆的形成也减少了整个大陆架的面积，导致了极端季节变化的干旱条件。

海洋的"碳源—汇"过程依赖于大洋区随时间变化的形态，而俯冲过程通过沉积物的再循环和相关的火山活动导致全球地球化学循环的变化。在通常被称为 BLAG（以作者的名字命名）的扩展速率假说（Berner 等，1983）中，CO_2 通过化学风化从大气中除去，然后沉积在海洋中，再然后被俯冲，最终通过火山活动回到大气中。从本质上讲，快速的海底扩张导致了大气中 CO_2 的快速输入和温室气候。但是，陆地上更高的化学风化作用对此产生了补偿，从而增加了二氧化碳的消减，减缓了气候变暖。相反，缓慢的扩张与缓慢的 CO_2 输入（冰室气候）、减弱的陆地化学风化作用相关，因此减少了二氧化碳。

碳循环的 BLAG 假说提供了长期的气候稳定性，但是 CO_2 大气输入与碳的风化和埋藏之间的不平衡可能会在数千万年内驱动气候变化（Ruddiman，2014）。另一个解释板块构造如何控制大气中 CO_2 的构想是隆起风化假说（Raymo 等，1988）。在这个假说中，造山和抬升加速了风化，从大气中带走了更多的 CO_2，从而使全球气候变冷。

16.1.5 真极移（TPW）

这也是一个重要的机制，虽然相对来说还未被探索，可能会慢慢影响气候系统。在 TPW 事件中，当整个地球表面相对于自转轴缓慢旋转时，一些地区变暖（远离两极），其他地区变冷，而靠近旋转极点的地区应该只会发生微小的变化。虽然 TPW 速率可能看起来很慢，大约是 10cm/a（1°/Ma），但其大小与个别大陆的速度（大陆漂移）相当，甚至可能更高（可能高达 3°/Ma），且它同时影响所有板块。TPW 可能在奥陶纪末期和上新世—更新世北半球冰川作用中都起了辅助作用。

16.1.6 大火成岩省

大气中温室气体浓度的突然变化贯穿了整个地球的历史，这些气候和环境的扰动中有许多都与 LIP 喷发有因果关系（图 16.2）。LIP 可能造成或导致了五大显生宙生物灭绝事件中的五个，依次是奥陶纪末期、泥盆纪末期（雅库茨克 LIP）、二叠纪末期（西伯利亚暗色岩 LIP）、三叠纪末期（中大西洋岩浆 CAMP LIP）和白垩纪末期（K—Pg：德干暗色岩 LIP）。然而，K—Pg 大灭绝事件是独一无二的，因为它与希克苏鲁伯火流星撞击事件是一致的。奥陶纪末期（赫南特期）为最古老的显生宙灭绝，重要性位居第三，与任何已知的 LIP 喷发都无关，但绝不能忘记，从白垩纪开始大部分的 LIP 都位于海底，并且由于随后的俯冲作用，古生代的海洋 LIP 还不为人所知。

LIP 代表了大量的玄武岩，可能在 1Ma 或更短的时间内喷发，并可能通过向大气中释放大量的二氧化碳、甲烷和酸性化合物而对气候产生强烈的影响，导致海洋酸化和全球变暖。在过去的十年中，对过去全球变暖的原因和触发因素的科学重点已经逐渐从气体水合物分解和岩浆脱气转移到由沉积盆地接触变质作用引起的固体地球脱气（Svensen 等，2004）。这里的一个关键因素是岩浆的侵位环境和产生有毒气体的可能性，两次最大的大规模灭绝事件（二叠纪末期、三叠纪末期）都与西伯利亚（西伯利亚暗色岩）和巴西（CAMP）富蒸发岩沉积盆地的基底侵入是同时期的。

16.2 如何解读过去的气候

16.2.1 氧同位素值

海洋中最重要的气候记录是氧同位素信号，$\delta^{18}O$ 用来衡量 ^{18}O 和 ^{16}O 的比率。沉积物和其中保存完好的化石记录的氧同位素反映了沉积时海水的温度，但 $\delta^{18}O$ 变化也对大陆冰盖的变化敏感。新生代记录了一些低值和高值（图 16.3），它们反映了全球变暖和变冷，以及冰盖的生长和衰退。负偏对应的是温度升高的次数，1‰的下降对应的是大约 4℃ 的温度升高（图 16.3）。

16.2.2 碳同位素值

碳同位素比值（$\delta^{13}C$）记载了沉积物记录的海水化学成分。然而，大量的沉积物取样也反映了随后的成岩蚀变，因此从保存完好的贝壳中获得了最好的结果，例如中生代的牡蛎含有低镁方解石，这种矿物相对来说不容易成岩（Korte 等，2009）。正碳同位素偏移对应于大气中二氧化碳含量较低的时期，而负碳同位素偏移可能对应于大气中二氧化碳含量较高的时期（^{12}C 富集）。早始新世有两次明显的负偏，对应于始新世的热最大值（ETM1 和 ETM2；图 16.3）。

16.2.3 煤、泥炭、石灰岩和蒸发岩的分布

煤、褐煤和泥炭表明，它们的沉积地点长期存在降水大于蒸发的现象，并且需要相对快速的掩埋。今天，这种情况发生在温带和赤道带。多种沉积带靠近或远离两极或赤道方向的迁移是渐进气候变化的良好标志。珊瑚礁的位置尤其如此；然而，虽然大多数诸如珊瑚等造礁生物的丰度随温度升高而增加，但其他生物（苔藓虫）却能在较低的纬度上成为生物礁的骨架。因此，前几章的许多相图中显示了煤、礁和冰川的特征，同时对一些地形单元的位置和古纬度进行了独立的检查。图中所示地点的发表资料来源太过多样，无法单独提及，其中许多资料来自以前的论文，但煤、蒸发岩和冰川特征位置的主要资料来源（图 16.4 和图 16.5）是由 Boucot 等（2013）编制的。

晚石炭世（约 310Ma）出现了明显的煤沉积峰值（森林崩溃），在晚二叠世、中侏罗世和新生代出现了较小的峰值（图 16.4）。蒸发岩分布于整个显生宇，但在奥陶系、三叠系和上白垩统出现小频率峰值。重建的新生界蒸发岩位置平均分布在 31°（南纬或北纬）左右的亚热带纬度，但蒸

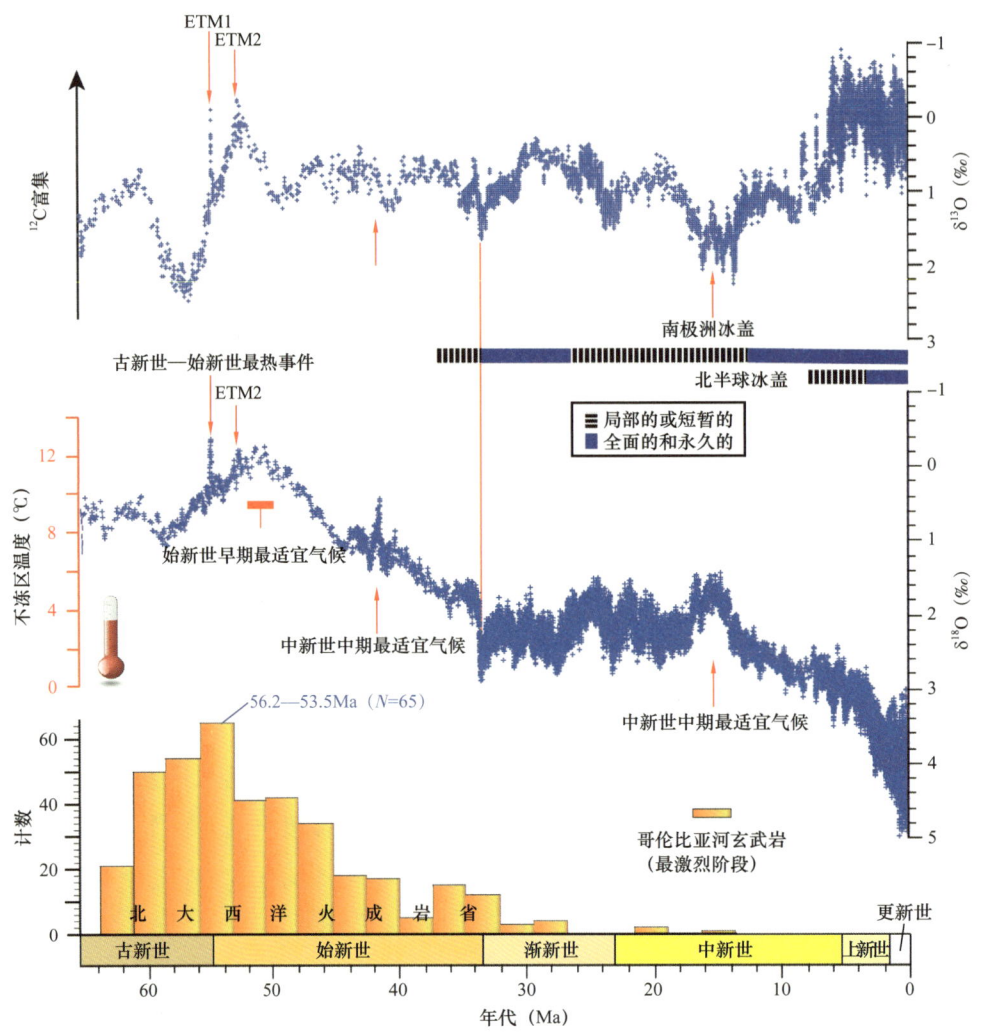

图 16.3 新生代全球深海氧（Zachos 等，2008）和碳同位素（Zachos 等，2001）记录

左侧的 $\delta^{18}O$ 温标适用于发育无冰海洋地球的计算，因此在南极洲约 35Ma 的大规模冰川期开始后不适用；早始新世气候适宜期（长约 2Ma）、中始新世气候适宜期和非常短暂的早始新世过高热期（短暂的极端全球变暖和大量的碳排放），如古新世—始新世热最大值（PETM），也被称为始新世热最大值 1（ETM1）和始新世热最大值 2（ETM2），如图所示；注意，碳同位素曲线（$\delta^{13}C$）绘制的低点看起来像高峰（^{12}C 富集），以便与氧同位素曲线比较；下图是北大西洋火成岩省所有同位素年龄的频率图（N：频数）；分析基于 330 个已发表的年龄（只有 6 个 U/Pb 年龄），最大峰值在 56.2Ma 到 53.5Ma 之间，与 ETM1 处于同一时期

岩平均纬度在较深的过去略低，并且在三叠纪（19°南纬或北纬）和奥陶纪—志留纪（14°南纬或北纬）存在两个极小值。随时间降低的平均纬度可能部分地反映了地球的减速。在古气候模拟中，副热带高压的位置在北纬或南纬 30°左右，但一个快速旋转的地球把亚热带地区变成了赤道地区，Christiansen 和 Stouge（1999）估计副热带高压在奥陶纪向赤道方向移动了 5°。

三叠纪和奥陶纪—志留纪的两个局部极小期可能反映了干旱时期，在赤道附近也发现了蒸发岩[图 11.2（b）]。这一点很容易在早奥陶世得到证明，当时赤道至低纬度的干旱带包括劳伦古陆、西伯利亚、华北和华南以及西澳大利亚[图 16.5（a）]。

16.2.4 冰川成因岩石

冰碛物，通常包括有明显的棱角和分选很差的碎片，并且条纹状的路面是冰川曾经存在过的最好的直接指示。在较细的沉积物中，由棱角状或圆形的卵石构成的坠石也表明了冰川的起源，尽管对它们的解释应该谨慎，因为有些岩石在之前包裹它们的冰川融化之前就已经迁移到了更温暖的纬度地区。冰碛岩峰值出现在早二叠世和晚奥陶世（图16.4）。

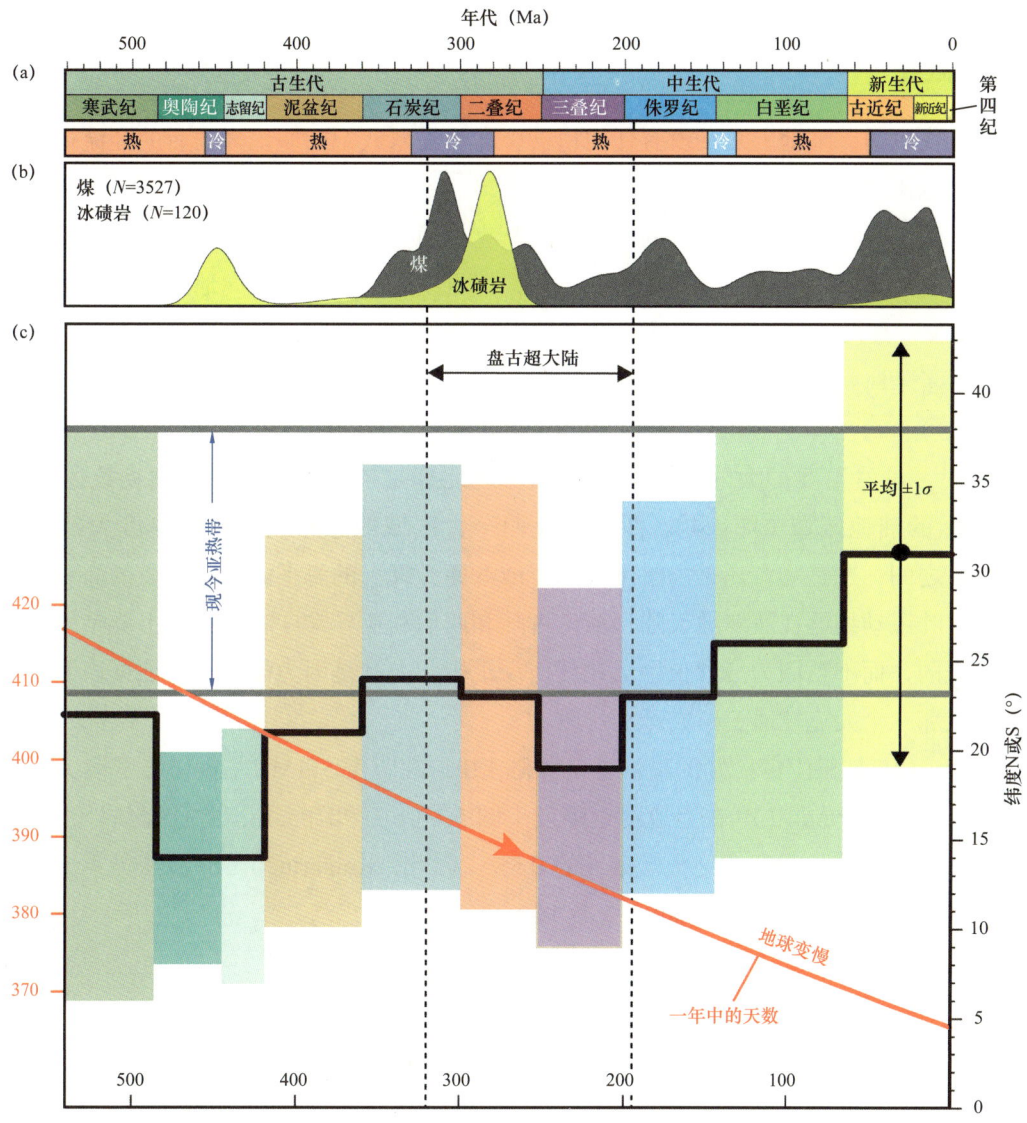

图16.4　（a）显生宙时间标尺，冰室（冷）与温室（热）条件；（b）煤（N=3527）和冰碛岩（N=120）的核心密度估算；（c）约2000个蒸发岩位置的重建纬度（$\pm 1\sigma$；新生代和更早地质时期的平均），以及一年中的近似天数（岩性数据来自Boucot等，2013）

今天在低纬度地区的大陆上发现的古代冰川沉积物对魏格纳的工作很有帮助，因为唯一可能的解释（除非有极端的气候条件）是大陆漂移，这可能与真极移有关——所有大陆相对于两极的移动。

16.3 显生宙的气候

显生宙的开端在许多方面都是不同寻常的：大陆大多数是位于南半球（图5.1和图16.5），大气二氧化碳分压可能是当前水平的10~15倍；全球海平面升高，大部分温暖的海水表面温度似乎是寒武纪和大部分奥陶纪的特征（图16.2）。在上述显生宙的每一章中，都有一些关于气候和没有在此重复提及的文献的评论，但有一些简要总结和补充如下。

16.3.1 寒武纪

在新元古代以前，陆地上几乎没有任何植被。即使在寒武纪初期，降雨后的径流也相对畅通无阻，侵蚀速度也比现在快得多。

冈瓦纳是迄今为止寒武纪中最大的大陆，但其克拉通上覆有各种各样的浅陆架海，这些浅海变化迅速，部分原因是海平面的升降变化（图5.5），但更主要的原因是不同地区的局部构造。在寒武纪54Ma的很长一段时间里，主要大陆克拉通的大部分地区都淹没在陆架海之下，反映了全球海平面的升降，后者随时间稳步上升，虽然海平面变化相对较小，但造成了大量的海侵和海退（图5.4、图5.6和图5.8）。

在寒武纪，虽然主要的大陆区域从南极到赤道北部是连续的，但冈瓦纳克拉通周围和之上仍有许多单独的陆地区域（图5.4）。西伯利亚两个大区域的总寒武系岩石厚度大致相同，都在1500~2000m之间，这是巧合还是由整个大陆（或海面升降）的海平面变化造成的尚不确定。上寒武统olenid三叶虫动物群在波罗地大陆、劳伦古陆和西伯利亚异常广泛的分布主要是由于全球海水含氧量低造成的，而不是因为三叶虫生活在任何深水中，尤其是因为没有任何证据表明当地的构造活动会导致在那三个大克拉通上形成深水盆地。

Kalkarindji LIP是显生宙已知的最古老的大陆LIP，在距今511Ma左右侵入了澳大利亚西北部的一大片区域。Kalkarindji LIP在赤道附近喷发［图5.1（b）和图5.4］，并且据估计，二氧化碳和二氧化硫的挥发性释放仅占寒武纪大气条件的0.5%。因此，Kalkarindji LIP被认为不太可能对寒武纪环境产生重大的全球影响（Marshall等，2016）。

16.3.2 奥陶纪

随着奥陶纪的发展，气温和海平面变化很大（图16.2），碳氧同位素曲线和生物群的辐射都证明了这一点。它们在这一时期的前半段稳步上升，全球最高的海平面（显生宙第二高），以及可能是最温暖的温度，大约发生在中奥陶世和稍晚些时候的455Ma。这导致了许多地区的大量下伏不整合的海侵，并分布着 *Nemagraptus gracilis* 生物带的独特笔石动物群，是桑比阶基底的标志。然而，在随后的凯迪期，全球温度波动了几次，包括被称为Boda事件的早凯迪期显著的全球变暖。最后一次大的变化发生在奥陶纪末期的赫南特冰期。

在奥陶纪期间，冈瓦纳尤其受到全球温度变化的影响，因为它跨越了从南极到赤道以北的许多纬度［图16.6（a）］。从弗洛期到早凯迪期（479—453Ma），Dabard等（2015）从法国阿摩力克地块（当时冈瓦纳的一部分）的伽马射线光谱记录中识别出一系列的旋回，他们解释这是由于三级

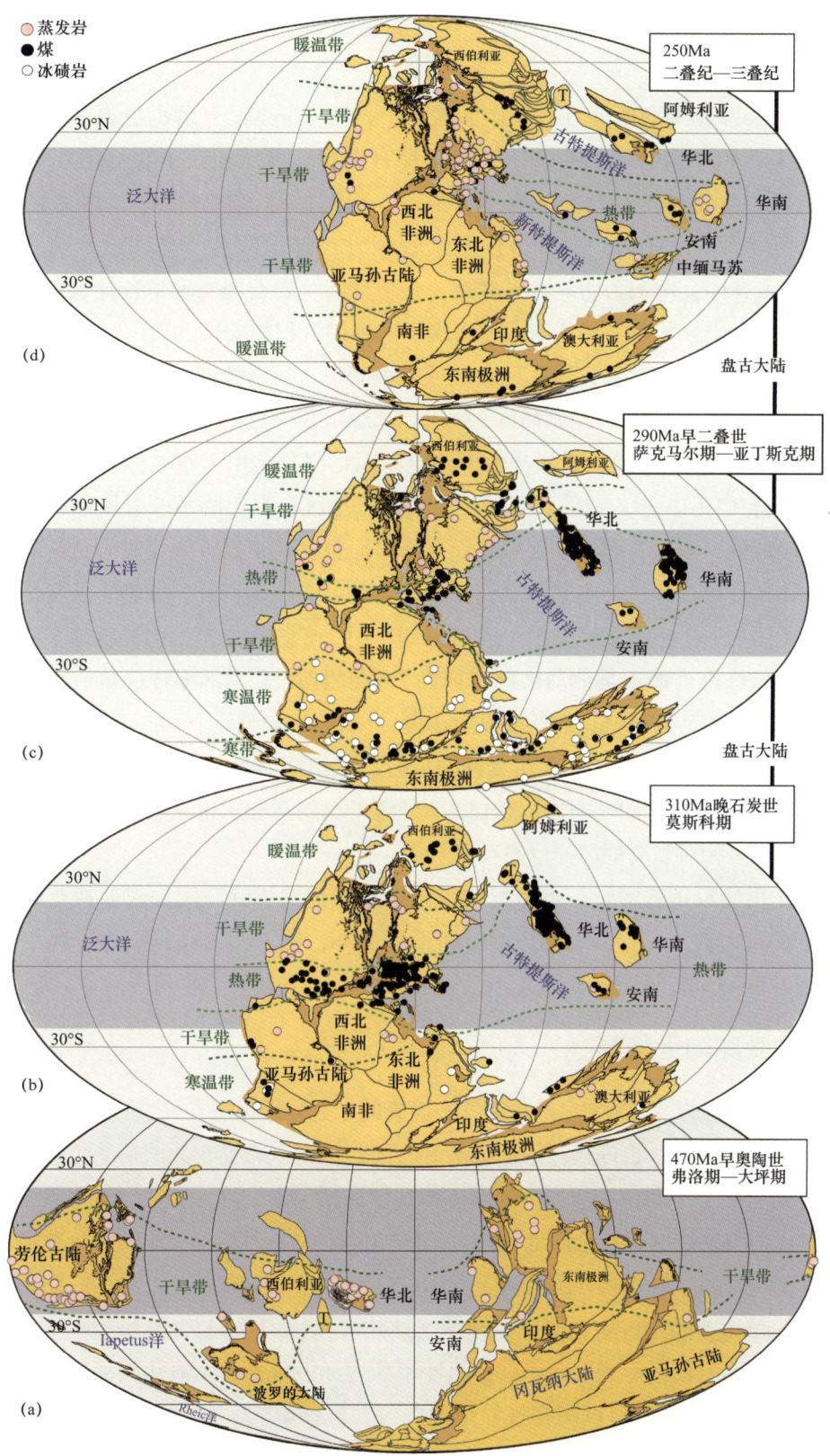

图 16.5　（a）早奥陶世（470Ma）、（b）晚石炭世（310Ma）、（c）早二叠世（290Ma）和（d）二叠纪—三叠纪界线（250Ma）附近的地球地理轮廓，还显示了蒸发岩—煤—冰碛岩的出现和气候梯度的初步轮廓，赤道周围较暗的阴影区域就是现在的热带；T，塔里木

冰川—海平面旋回引起的海平面升降造成的，尽管毫无疑问，在那个时期冈瓦纳没有冰川成因的岩石。

早凯迪期的 Boda 变暖事件反映在补丁碳酸盐岩中，其中一些是苔藓虫生物层，在摩洛哥、伊比利亚半岛、撒丁岛和法国的冈瓦纳高纬度地区都有发现。虽然相较于较低纬度热带地区的许多较大生物礁，这些生物礁是在较冷的水下形成的，但它们是值得注意的，因为它们在其中发育的层序完全是由碎屑岩组成的。Boda 事件发生后不到 10Ma，发生了奥陶纪末期的赫南特冰期[图 16.6（a）]，后者在冈瓦纳最为明显。虽然在一些下奥陶统岩石中发现了各种氧和碳同位素的偏移现象，但直到奥陶世末期的赫南特冰期，才出现了由冰期沉积物支持的奥陶纪冰期。

晚奥陶世南极位于非洲西北部，因此，在最近的奥陶纪（赫南特期）冰川作用期间，其周围地区被一个巨大的冰帽覆盖，持续了不到 1Ma。冰川和冰缘沉积广泛而可观，这是整个显生宙仅有的三个主要冰期之一[图 16.6（a）]。部分是由于构造原因，部分是由于水被冻结在冰帽中，全球海平面在赫南特期下降（图 16.2），结果导致世界上大部分地区存在奥陶系—志留系不整合面。在赫南特阶岩石保存的地方，可以看到，不仅海平面下降，而且含氧带延伸到比平时更深的海底。这种更深层次的氧合作用使得一些机会主义的底栖生物，比如赫南特动物群，能够比通常情况下在大陆架的更深处定居（图 6.9）。它的发展是由于冰川冷却作用，导致赫南特动物群本地丰富的腕足类动物从高纬度延伸到低纬度，而不是把动物群解释成"冷水生物"。它的多样性普遍较低，反映了底栖类群的比例有限，因为后者对变化的环境反应迅速。

尽管在劳伦古陆没有发现赫南特冰期发育的岩石，但由于其处于低古纬度，冰川作用在该地区具有远场效应：首先，海平面的升降（图 16.2）导致了奥陶系和志留系岩石间广泛的克拉通不整合；其次，破坏了许多相对脆弱的海洋生态系统。

赫南特冰川作用导致了奥陶纪—志留纪边界区间的大范围灭绝，例如先前特有的东部劳伦古陆里奇蒙期腕足类动物群。尽管冰川期持续时间不到 1Ma，但人们已经识别出了两个不同的灭绝阶段。

16.3.3 神秘的晚奥陶世降温

降温事件看似是矛盾的，因为它显然与大气中极高的二氧化碳水平有关[图 16.2 和图 16.7（a）]，但是 Lowry 等（2014）认为，也许代理指标记录的时间分辨率太粗糙，无法捕获较深时间内的短期变化（<1Ma）。Lowry 等（2014）基于气候模拟和其他证据得出结论，大气二氧化碳分压是古生代大陆规模冰川作用的主要控制因素，而地理和太阳辐照度是次要因素。在他们的全球模拟中，允许冈瓦纳晚奥陶世冰积累的二氧化碳分压阈值[图 16.7（b）]为 560mg/dm^3 或更少，而高二氧化碳分压浓度（≥1120mg/dm^3）导致古生代早中期地球无冰川[图 16.7（a）]。虽然 Lowry 等（2014）认为地理因素并不重要，但板块构造也会通过在俯冲带和大洋中脊处的二氧化碳火山脱气来影响大气成分（尽管很慢），而他们并没有试图在气候模拟中包含这些影响。众所周知，大型火山喷发会影响气候，而大多数建模工作都集中在低纬度（热带）火山喷发上，因为它们被认为更重要，会导致全球变冷。另一方面，高纬度的喷发被认为是半球的而不是全球的，但 Pausata 等（2015）认为高纬度的喷发也会对气候产生全球性的影响。

对于中生代—新生代，板块构造脱气估算可以通过重建海底生产、间接通过海平面倒转或通过

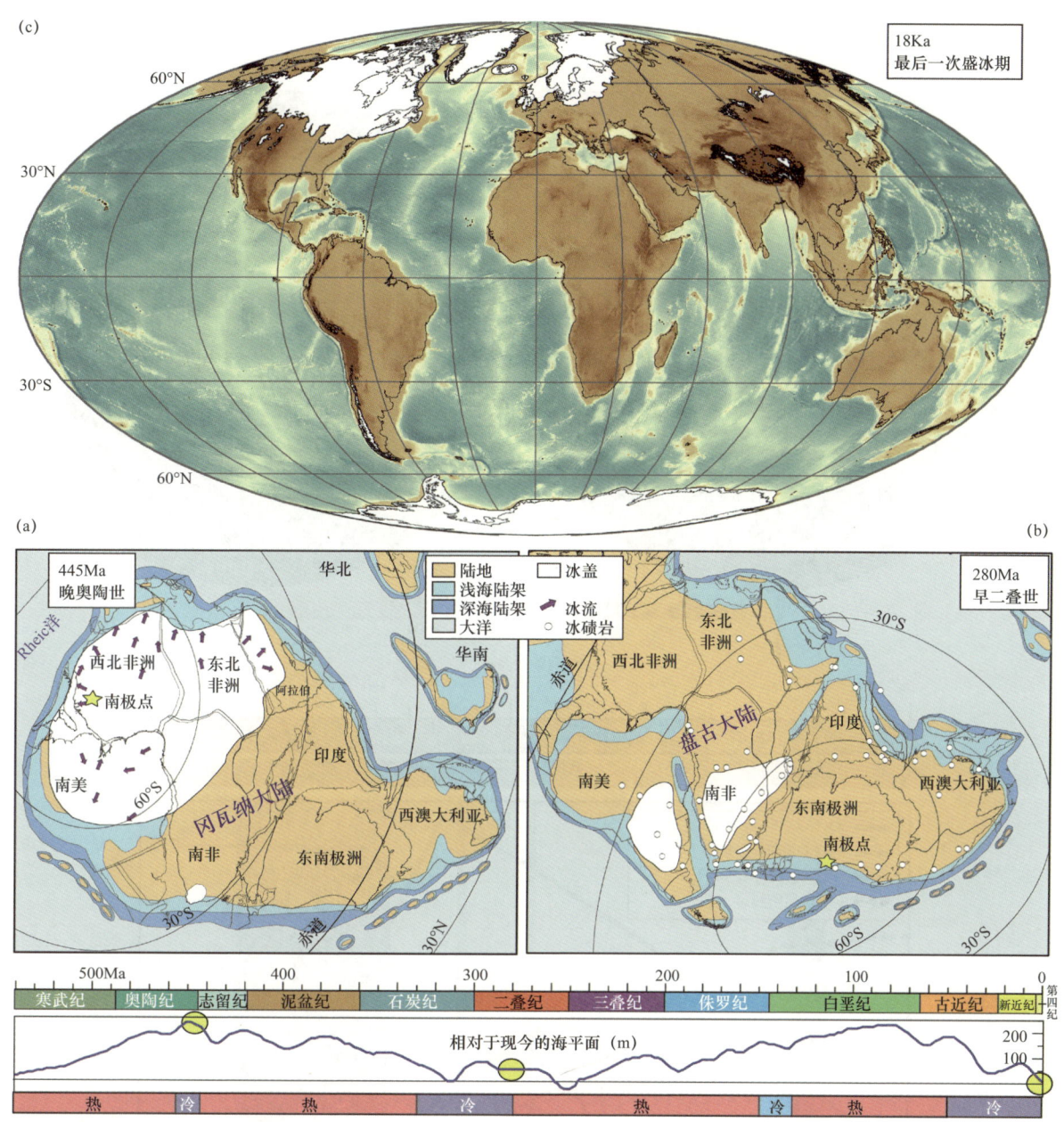

图 16.6 （a）重建的晚奥陶世冰期、（b）早二叠世冰期和（c）18000 年前的末次盛冰期

结合板块重建和地幔层析重建俯冲演化来获得（van der Meer 等，2014）。这些方法在奥陶纪尚不适用，因此难以定量描述板块构造脱气作用，但可以做一些定性描述。在寒武纪（图 5.3 和图 5.4）和部分早奥陶世［图 6.2（a）和图 6.3］，大量的俯冲系统几乎完全包围了冈瓦纳，从赤道一直延伸到南极。在奥陶纪，通过弧后的发展，南极附近大规模的俯冲和二氧化碳火山脱气发生了巨大的变化，并使冈瓦纳周缘地体脱离，（图 6.2 中的阿瓦隆尼亚地体），而且，到中—晚奥陶世，俯冲带已经迁移到低纬度地区（图 16.8）导致冈瓦纳附近较少（图 6.9）。

在晚奥陶世—早志留世，地球经历了显生宙记录的 TPW 最快的时期之一（0.9°/Ma；图 16.8）。在中高纬度上地幔中加入致密的俯冲物质是形成 TPW 的主要原因，俯冲开始后 30~40Ma 达到最大效果，此时板块到达地幔过渡带（Torsvik 等，2014）。因此，在晚寒武世—早奥陶世（图 16.8），

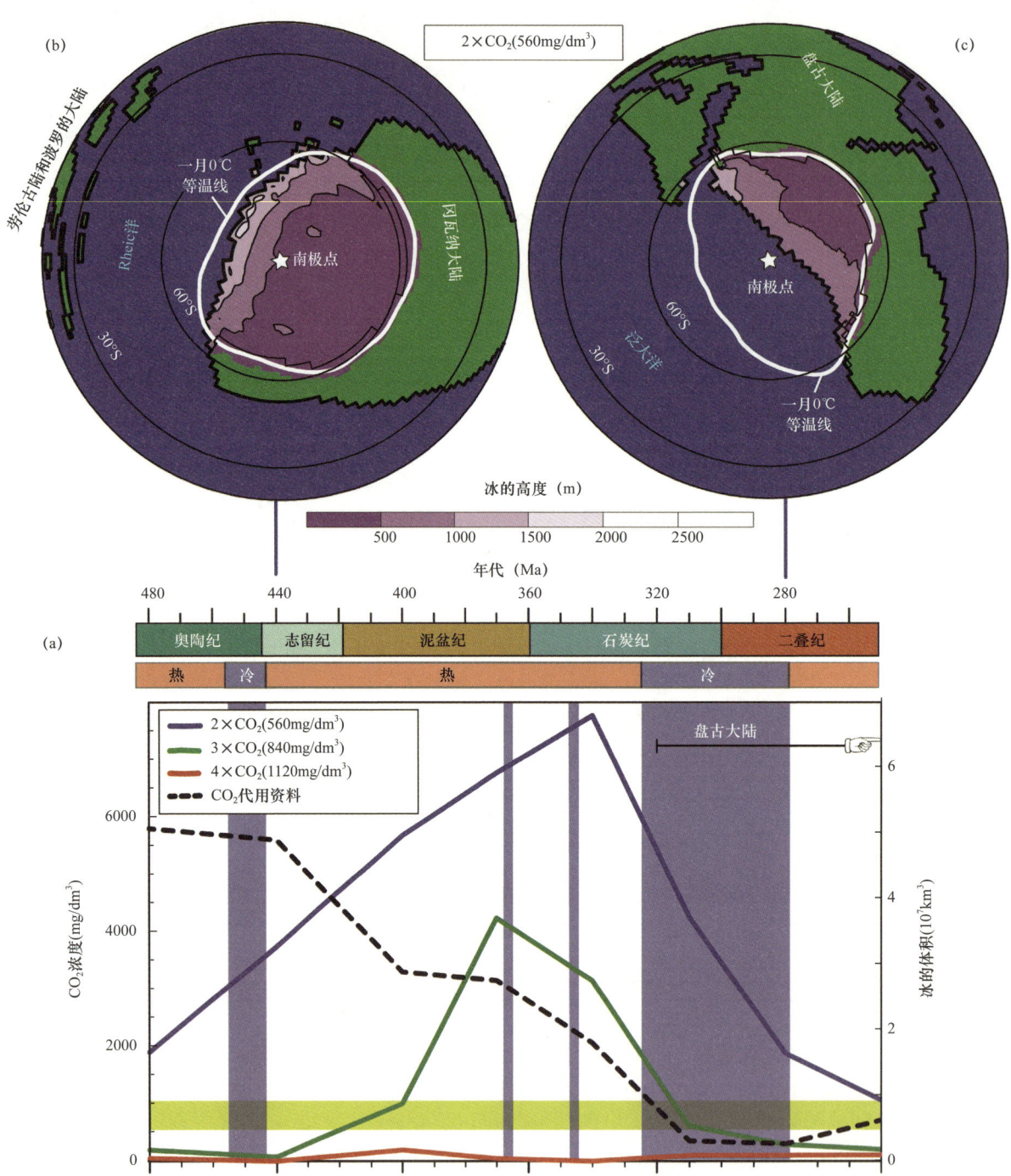

图 16.7 （a）在恒定的太阳光度下，2～4 倍于现今的二氧化碳浓度（560～1120mg/dm³）下，估算的古生代冰量（5ka 冰盖模拟；Lowry 等，2014）；已知的冰期包括晚奥陶世、晚泥盆世—早石炭世（次冰期）和晚石炭世—早二叠世冰期；虚线是大气 CO_2 的代理指标记录［类似于图 16.2（e）］；注意晚石炭世之前的高代理指标值，这将抑制冰川作用，而黄色的水平阴影区域显示了气候模拟中使用的二氧化碳浓度；（b）和（c）模拟的约 440Ma 和 280Ma 的古生代冰原高度的南极投影重建（2 倍的二氧化碳，南半球寒冷夏季轨道结构）

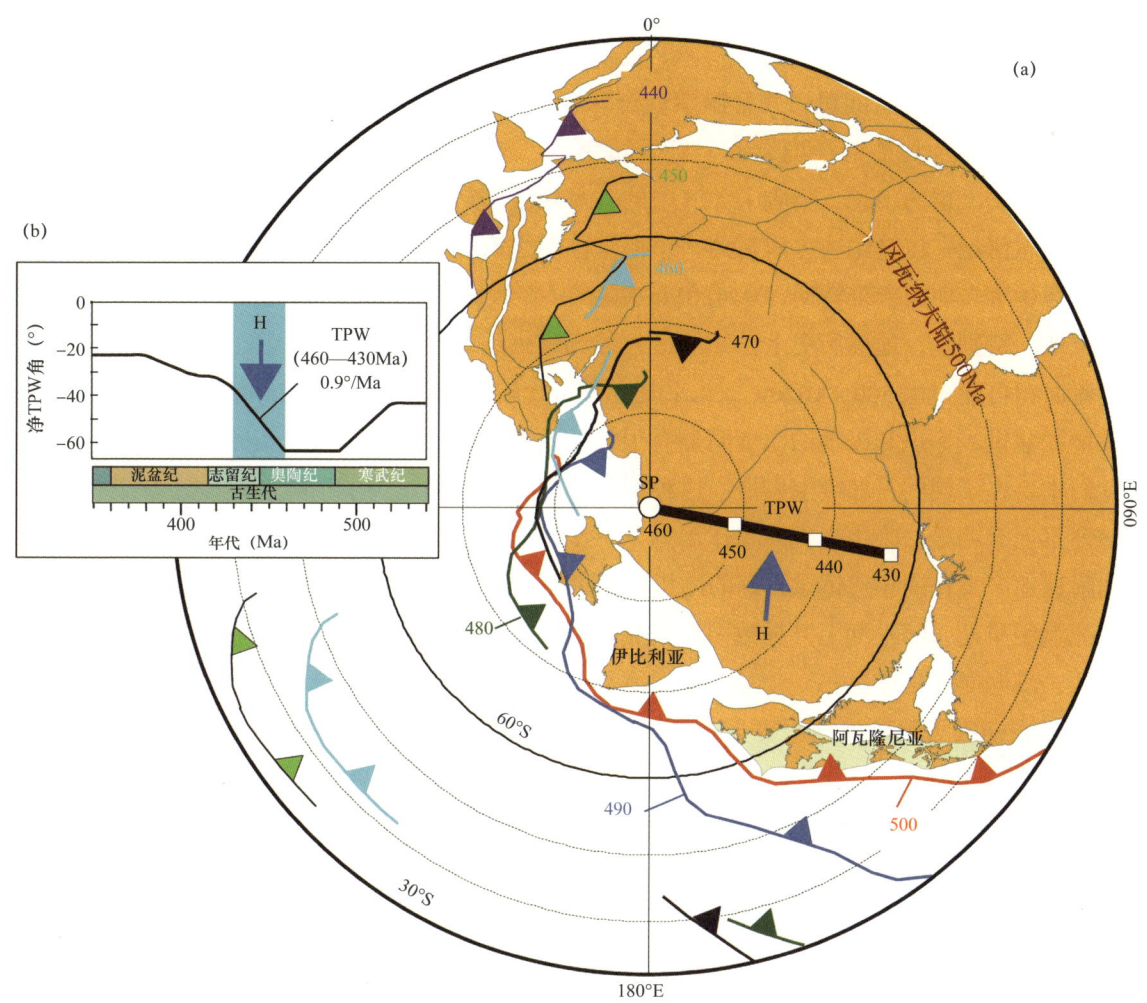

图 16.8 （a）位于北非的晚寒武世冈瓦纳和冈瓦纳周缘俯冲带（红线和齿形）重建，当时南极位于北非；阿瓦隆尼亚外缘、伊比利亚和其他地区在 500Ma 与高纬度俯冲带相邻；高纬度俯冲和高纬度火山活动的格局在奥陶纪期间继续，但到早志留世（约 440Ma）已向低纬度（<60°S）转移；俯冲向低纬度的转移解释了在 460Ma 到 430Ma 之间的快速真极移（TPW），它集中在赫南特（H）冰期（约 445Ma）左右；（b）古生代早期 460—430Ma 之间净 TPW 速率最高（0.9°/Ma）

当地球经历全球变暖（Boda 事件，约 453Ma）和降温（赫南特期，约 445Ma）时，为 460—430Ma 之间的高 TPW 率提供了一个简单的解释。赫南特冰期时，南极地区和冈瓦纳的一部分已经戏剧性地从高纬度的火山脱气场景转变为了面向宽阔的 Rheic 洋的无火山被动边缘，但这种从高纬度到低纬度俯冲和 TPW 的剧烈转变如何解释气候变化，充其量只能是推测性的；这可能纯属巧合，因此奥陶纪末期的冰川作用和灭绝仍然是个谜。

16.3.4 志留纪

冰后期的缓慢变暖反映在兰多维列世底栖动物的全球分布和逐渐扩大的多样性，如腕足类。然而，兰多维列世的珊瑚礁和生物礁非常少，直到温洛克世，随着气候变暖，它们才变得丰富起来。到志留纪末期的罗德洛世和普里道利世，气候变得更加温暖，在赤道地区如劳伦古陆，发育大量的蒸发岩沉积。

- 295 -

16.3.5 泥盆纪

在泥盆纪的大部分时间里，发育温室性全球气候（图16.2），因此平均温度异常高，尽管在接近末期时，逐渐转向更冷的环境导致了显著的变化。这种降温很可能是由于陆地上植物的大量生长，特别是由于大树的出现，吸收了大气中的二氧化碳，从而导致大气中二氧化碳的最终急剧减少造成的。在志留纪—泥盆纪边界附近的一个低水位期之后，全球海平面在早—中泥盆世期间大幅度上升（从洛赫考夫期到吉维特期，从420Ma左右），在大约380Ma的晚泥盆世（晚弗拉期）到达一个高水位期。特别是，地球历史上已知的最大的珊瑚礁系统发展发生在泥盆纪，据估计，这些珊瑚礁的覆盖面积可能多达$500\times10^4 km^2$，几乎是今天可比较的珊瑚礁生态系统面积的10倍。

在早泥盆世，赤道和极地的温度明显有很大的差异。这反映在底栖动物区系的发展上，如腕足类，它们主要在不同的古纬度上发展。这种偏狭性在埃姆斯期达到了顶峰，随后逐渐减弱，以致各分区逐渐不那么明显。晚古生代冰川作用的第一个证据是在那之后的一段时间，在玻利维亚和部分冈瓦纳附近地区发育的年代记录良好的冰川沉积，后者位于南极。

在泥盆纪早期，海平面上升导致冈瓦纳克拉通许多地区的海侵，例如在冈瓦纳和其他区域的大部分地区，浅海向南延伸。

泥盆纪末期大灭绝是地球历史上五大灭绝事件之一，在364Ma和377Ma左右的雅库茨克LIP（也被称为Viljuy暗色岩）的多阶段侵位与该事件之间存在因果关系（Ricci等，2013）。雅库茨克LIP侵入了西伯利亚东南部的Viljuy古裂谷，侵位发生于北纬30°左右。

16.3.6 石炭纪

在泥盆纪末期，随着全球环境由暖变冷（图16.2），从石炭纪到最早期二叠纪，经历了大量断断续续的冰期（330—290Ma）。虽然在泥盆纪最晚期（法门期；图8.3）和南美洲石炭纪最早期（图9.2）发育有一些冰川成因的岩石，但直到石炭纪（维宪期），冈瓦纳大陆更广泛的地区才沉积了冰川成因的岩石；这预示了长时间持续的主冰期的开始，后者一直持续到二叠纪早期。这是迄今为止所知的整个显生宙持续时间最长的一系列冰川事件及其相关冰冠的发育，并且在巴西和阿根廷有广泛的石炭纪冰川沉积（图9.2）。那里的冰川岩石的年龄范围从谢尔普霍夫期到格舍尔期（325—300Ma），跨度超过25Ma，而且在晚石炭世，冰盖可能一直延伸到非洲东北部[图16.5（c）]。然而，在南美洲邻近的盆地中，冰川混杂岩的形成较早，从杜内期到晚维宪期（355—325Ma）。在伊朗，冰川成因岩石局限于石炭纪的两个阶段，第一个阶段在巴什基尔期，第二个阶段跨越石炭纪—二叠纪边界，从格舍尔期到萨克马尔期（305—290Ma）。虽然图9.7显示前劳伦古陆克拉通的大部分地区为新兴陆地，但高纬度冰的零星融化引起了海平面的变化，其结果是，该克拉通的部分地区偶尔被水淹没，其程度堪比劳伦西亚大陆的英格兰北部地区。

与奥陶纪末期冰期相比，二氧化碳分压的明显长期下降（图16.2和图16.7）至少导致了有利的冰川条件；但是为什么主要的冰川作用开始于330—320Ma呢？主要造山事件和隆起，以及水道的开放和关闭，经常被援引为新生代全球气候系统发生重大变化的潜在原因（图16.3）。作为地球上已知的最大的海上通道之一的Rheic洋，将劳伦西亚从冈瓦纳分离，并在泥盆纪急剧关闭（图8.1），到中—晚石炭世（图9.1），前海道基本关闭，Alleghanian—华力西造山运动关闭了一条穿过盘古大陆中心的长约7500km的地带。

尽管冈瓦纳高纬度地区存在广泛而持久的冰川作用，但似乎没有什么证据表明赤道地区受到高纬度地区那些寒冷得多的气候的很大影响，这表明全球温度梯度一定比以前的温室时期更加多样化[图16.5（b）]，也许与今天没有什么不同。在晚石炭世，包括北美洲和欧洲在内的中盘古大陆位于赤道附近[图16.5（b）]，有时被称为"煤林"的潮湿的热带雨林所覆盖。随着气候变的干旱，热带雨林崩溃，最终被季节性干旱的生物群落所取代（Sahney等，2010）。在北美洲，向干旱气候的突然转变[图16.5（b）、（d）]与晚石炭世（晚莫斯科期—卡西莫夫期）雨林崩溃有关，但其因果机制尚不确定：一个假设是短期而强烈的冰川期引发了气候变化，导致全球海平面降至地球历史最低水平之一，从而导致了干旱化（约310Ma；图16.2），这与植被变化最突然的阶段一致（Sahney等，2010）。

16.3.7 二叠纪

约280Ma（萨克马尔期），全球气候发生了重大而显著的变化，从冰室[图16.5（c）]变到温室[图16.5（d）]条件，这与异常长期的二叠纪—石炭纪大冰期的最终结束有关。随后，在二叠纪末期，也就是第11章所描述的大规模生物灭绝之前，地球的气温一直高于平均水平。大灭绝与北纬58°至79°之间的高纬度地区爆发的西伯利亚暗色岩有关。

然而冰川区域以外的地区直接受到了二叠纪—石炭纪冰期的影响。以华北地区为例，早二叠世陆地沉积为含煤地层，含有富含植物化石的河流相地层，与晚期河流相红层形成对比的是，后者含有大量的钙质古土壤。最早的二叠纪冰期结束于早萨克马尔期，之后在冈瓦纳北缘的阿瑟尔期—萨克马尔，形成了一个巨大而陡峭的气候梯度，可见于对比鲜明的腕足类和纺锤虫类动物群。

16.3.8 三叠纪

三叠纪是一个由于广泛的造山运动和低海平面共同作用而产生巨大大陆的时期，尤其是在这段时期的开始阶段。三叠纪的气候变化很大，伴随着不同温度带的收缩和扩张；特别是在早三叠世印度期开始时，北半球（北方界）和南半球（喜马拉雅省）高纬度地区氨态生物多样性的减少，反映了较冷的气候条件。这与仅仅4Ma之后的安尼初期最温暖的温度和最多数目的菊石类形成对比，并且在这段时期的其余时间里发育零星的波动（Zakharov等，2008）。从不同的因素，包括在欧洲和其他地方许多地层发现的不同的植物叶片形态，可以推断，三叠纪气候在干旱和半干旱之间变化[图16.5（d）]。

在裸露的大陆地区，特别是盘古大陆北部，有广泛和大量的沙漠条件，导致在欧洲和北美洲大部分地区形成了被称为新红砂岩的河道、沙丘和湖泊沉积。下降的海平面和同期的造山运动和隆起导致了古生界地块作为陆地区域的复兴，并且在早三叠世（斯基甫期和安尼期）出现了广泛的河流砾岩（北欧的Bunter卵石层）。

晚三叠世（诺利期），海平面上升，克拉通的许多地区被淹没，特别是在北欧，蔡希斯坦海有时延伸到格陵兰岛和斯瓦尔巴特群岛。然而，海侵和海平面波动是变化的，可能是周期性的，并且干旱的气候可能有利于广泛分布的白云岩和其他蒸发岩，这些岩石发现于大多数的卡尼阶和诺利阶碳酸盐岩台地之上（图11.4）。

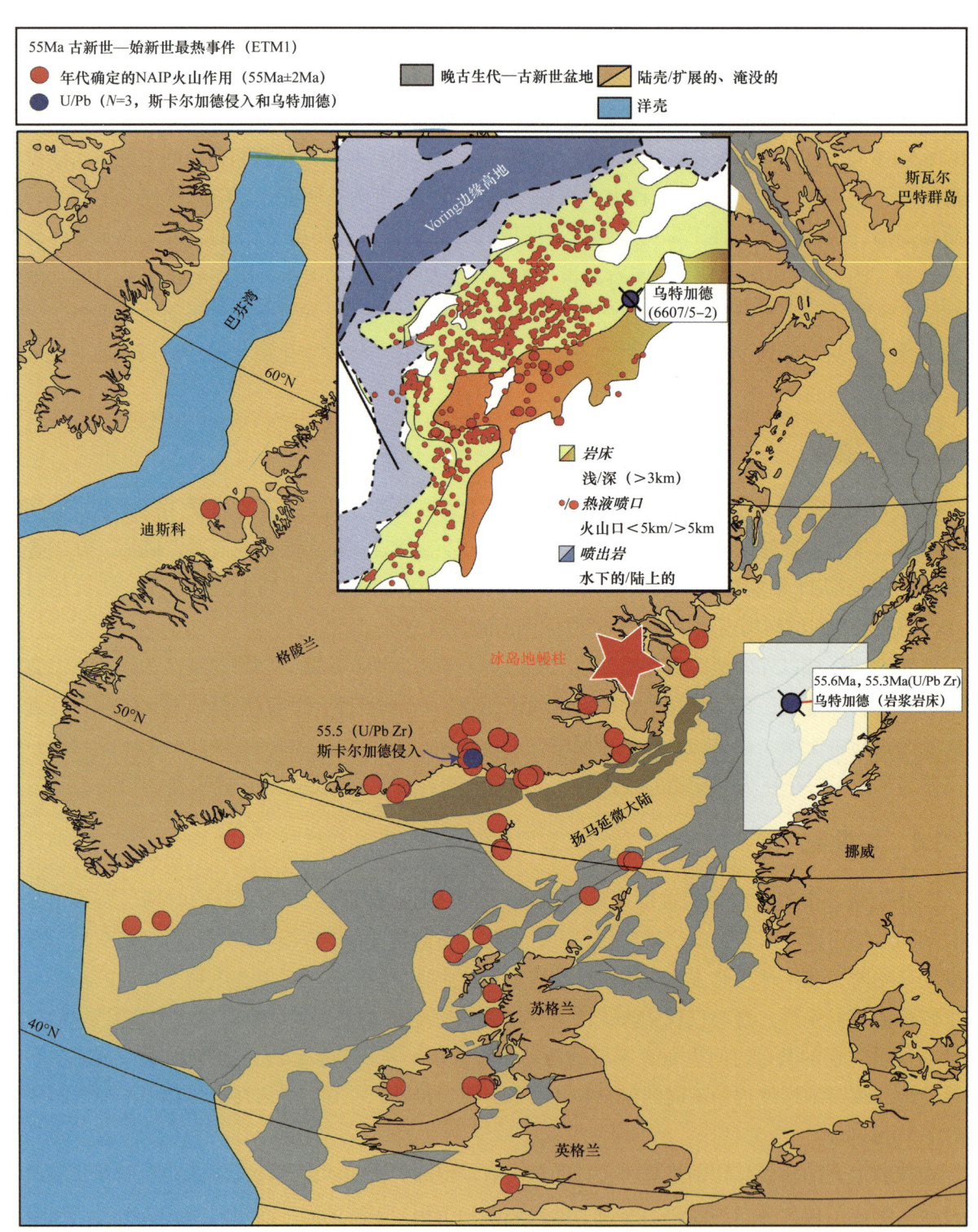

图 16.9 55Ma 北大西洋的重建以及年代确定的北大西洋火成岩省的陆上和海上取样点（红色圆圈），冰岛地幔柱对格陵兰岛的位置（Torsvik 等，2015）和发育于古生代晚期到古新世的裂谷盆地（Faleide 等，2010）

插图展示了挪威 Vøring 盆地广泛的海脊和深海热液喷口复合体（主图的白色框区），以及 6607/5-2 乌特加德钻孔的位置，此处岩浆基底侵入富有机质沉积物的年代为 55.6—55.3Ma（U/Pb 锆石；Svensen 等，2010）；在数百个已确定年代的火山岩和侵入岩的数据库中，只有 6 个 U/Pb 年龄，范围从（62.6±0.6）Ma（爱尔兰安特里姆下玄武岩）到（55.5±0.1）Ma（东格陵兰斯卡尔加德侵入岩）

三叠纪—侏罗纪边界发育低纬度 CAMP LIP 的侵位（图 11.2）和随之发生的生物灭绝，导致深海底层海水酸化，并导致温室气体和有毒硫化物的灾难性排放。它还导致在受影响的陆地地区产生了大量的风积尘，这不仅局限于非洲、北美洲和南美洲，而且还延伸到日本，大大促进了云量的增加和随之而来的对气候的影响（Ikeda 等，2015）。同一时期英国牡蛎碳氧同位素的变化反映了这一时期开始时海洋表面温度相对较低，但温度迅速从 7~10℃ 上升了 10℃ 到 12~22℃（Korte 等，2009）。

16.3.9 侏罗纪

侏罗纪初期，海平面大幅上升，结果导致，如曾经是一大片陆地的劳伦西亚几乎所有部分在三叠纪最晚期（Rhaetian）约 202Ma 时被淹没。在早赫塘期 1Ma 多一点的时间里，该区域的部分地区已变成陆架海域内大小不一的群岛，这种情况在侏罗纪的大部分时间里一直持续着。

从沉积物中可以看出，侏罗纪时期全球气候有很大的波动。其中最重要的事件之一是距今 183Ma 左右的托阿尔期海洋缺氧事件，当时出现了广泛的海底缺氧、全球变暖、碳同位素负偏 5‰~7‰ 以及各种生物灭绝。来自树木化石的数据表明，在这次事件中，大气中出现了不同寻常的轻碳同位素。可能的原因包括非洲和南极洲东部的卡鲁—Ferrar LIP 火山活动的脱气作用，它位于中南部纬度，可能破坏了海洋—水动力学，导致甲烷水合物的分解，也许也有天文力量的辅助。然而，不管出于什么原因，广泛的有机页岩和高达 18% 的有机碳不仅沉积在欧洲，而且也在其他地方，包括南美洲。在高纬度地区，变化较少（图 12.4）。

16.3.10 白垩纪

由于时间很长，白垩纪的气候变化很大。在这期间的大部分时间里，气温都比平均气温高得多，包括整个显生宙一些最温暖的气候，温度峰值约在 90Ma 的土伦期，因此，在两极的陆地上，到处都是郁郁葱葱、多种多样的植被。相比之下，虽然没有白垩纪冰川作用的证据，但在大约 70Ma 的坎潘末期，地球温度明显降低，在 65Ma 白垩纪结束时，在 K—T 边界处达到白垩纪最小值，尽管在随后的古新世，温度再次上升，变得更加稳定。除了印度的德干暗色岩（在南纬 20°~28° 发生侵位）和墨西哥陨石撞击的影响外，这种冷却作用至少在白垩纪末期事件中也起到了一定作用。

白垩纪是整个显生宙海平面最高的时期[图 16.2（g）]，其峰值约为 95Ma（晚塞诺曼期）。这是多种因素综合作用的结果，包括极地冰盖的消失、高温（增加了海水的体积）以及大于平均尺寸的大洋中脊。因此，陆地总面积大大减少，所有的克拉通都有海侵，只有约 18% 的地球面积高于海平面，而今天为 28%（图 13.8 和图 13.9）。

16.3.11 古近纪和新近纪

晚古新世—始新世的特征是大气中二氧化碳和温度的快速变化事件。全球气温在古新世晚期升高，并在古新世—始新世边界处达到峰值，这一事件被称为古新世—始新世热最大值（PETM）或始新世 1 号热最大值（ETM1；图 16.3），伴随着全球变暖和大量碳的增加。PETM 的特征是氧、碳（图 16.3）和氮同位素比值急剧负偏，随后是磷浓度显著增加。根据法国巴黎盆地软体动物的记录，早始新世（伊普里斯期：55Ma）温度达到30℃的峰值。最高温度导致湿度增加，这反映在沉积物中高岭石含量的增加，而相关的缺氧可能与海洋中固氮蓝藻的大量繁殖有关。

PETM通常与北大西洋火成岩省（NAIP）有关，后者影响了巴芬岛、格陵兰岛、英国、爱尔兰、法罗群岛和近海地区的大片区域。火山活动开始于62Ma左右，与冰岛地幔柱的冲击有关，确定了NAIP岩石的峰值在56.2Ma到53.5Ma之间（图16.3），这恰好是在东北大西洋最初开放之前或期间。在大约55Ma的时候，冰岛地幔柱位于格陵兰岛东部边缘附近，但是有记录的火山活动远至格陵兰岛西部的迪斯科（1100km），南至英格兰（1700km），以及附近的挪威近海边缘。在那里，岩浆基底侵入富有机质沉积物的年代为（55.6±0.3）Ma到（56.3±0.4）Ma（U/Pb锆石），在误差范围内，这些年代与PETM相重合。Svensen等（2004，2010）认为，古新世—始新世极热和全球变暖是由北大西洋东北部富含有机物的沉积物加热所产生的温室气体迅速释放所引起的，而不是来源于天然气水合物的分解。

在随后的卢泰特期，全球平均气温下降到约20℃，随后在中始新世（巴顿期：40Ma）短暂变暖，直到新近纪最高温度为32℃（Huyghe等，2015）。此后，它们在34Ma处的始新世—渐新世边界处稳步下降，到达约12℃的古近纪低点，随后在约30Ma处的渐新世早期小幅上升至24℃。

在古近纪早期，包括整个古新世，没有证据表明两极有冰帽。然而，在始新世稳定的降温过程中，第一次出现了冰川作用的证据，记录在始新世晚期大约37Ma的南极。晚始新世的变冷，以及大约34Ma的早渐新世最冷的时间段，在植被的变化和哺乳动物区系的更替中得到了呼应。到中新世，从赤道到两极的温度梯度比以前更明显。

中新世中—晚期，高纬度和低纬度气候差异明显增大，反映了极地变冷的开始，这些变化明显限制了生存环境耐受力有限的动植物的分布。在极地和热带地区之间的中高纬度地区，虽然森林面积减少了，但干旱和更开阔的草原环境在扩大。

在中新世，全球海平面逐渐下降［图16.2（g）］，许多地区的厚层蒸发岩显示了海洋的浅度。然而，进一步的浅化导致了墨西拿期盐度危机，随着特提斯洋在地中海地区的缩小，沉积了大量的盐岩和石膏，因为该地区与开阔的海洋完全隔绝。

16.3.12　上新世—更新世冰期

虽然自古新世早期以来，地球温度逐渐下降，但在上新世大约2.7Ma，开始了第一阶段的引人注目的上新世—更新世冰期［图16.6（c）］，可能到今天还没有结束。尽管100年前得出的结论是，其中含有不到10个冰期，但通过对深海海洋沉积物和高纬度地区广大冰盖的完整岩心的分析，现在知道，至少有17个冰期与相应数量的被称为间冰期的温暖期交替，包括现今。也许在这里值得一提的是，与前寒武纪、奥陶纪和石炭纪—二叠纪的其他冰期相比，相对近期的事件和变化有了更好、更准确地记录，几乎可以肯定地说，在当前新生代冰期所观察到的巨大变动性是增强了的。

冰原的存在对大气环流和海洋环流都有深远的影响，气候带向赤道推进了最多达2000km，导致在冰期赤道带明显变窄。此外，沙漠地区在冰期变得更加广泛，即使在离冰盖有一定距离的地方也是如此，而在间冰期，沙漠的面积缩小了很多，扩大了昔日沙漠边缘的许多地区，为更多样的动植物群落和栖息地提供了条件。

人们提出了许多假说来解释广泛的上新世—更新世冰期：大气中二氧化碳的减少可能在此过程

中起了作用［关于两个古生代冰期；图 16.6（a）、（b）］，但构造或海洋事件也被用来解释第一次已知的显生宙北部冰川作用。格陵兰岛是一个关键参与者，但需要有足够的纬度和海拔。在 10Ma 之前，东格陵兰岛可能没有明显的地貌凸起，但 Steinberger 等（2014）提出，随后的抬升是由冰岛地幔柱驱动的，在约 5Ma 加速，并将最接近冰岛的东格陵兰岛边缘部分的海拔提升至 3km 以上。这一抬升，加上格陵兰岛在过去 60Ma 期间向北漂移了约 6°（真极移约 12°），以及二氧化碳分压的下降，可能在使格陵兰岛预先适应广泛的冰川作用方面发挥了核心作用。

后 记

希望本书既向读者提供了信息，又对读者提出了挑战。本书试图展示地球的历史，但它只是目前对地球随时间变化的解释的快照。所有人面临的挑战是进一步完善和阐明这个非常复杂的故事，它反映了在很长一段时间内物理、化学和生物的永恒法则之间的相互作用。毫无疑问，进一步的洞见将不仅来自获取大量的新数据，还来自许多科学家横向思维的启发，他们将重新解释对世界的整体看法及其发展过程。新思维也应该产生新的和改进的模型，以便更准确地预测构造板块的演化和边缘，还有全球气候的变化和原因以及过去、现在和未来的生命进化，以及能够构建更加真实的在地球漫长的征途中改变了的地理位置的地图。

附 录 1

显生宙大火成岩省（LIP）中心的位置（现今和喷发时）。OP 为大洋高原，CLIP 为大陆 LIP。LIP 根据混合板块运动框架重建（将运动热点框架恢复到 120Ma，在此之前用真极移校正古地磁框架；Doubrovine 等，2012；Torsvik 等，2012）。

大火成岩省		年龄（Ma）	类型	现今中心位置		喷发时的位置	
				纬度（°）	经度（°）	纬度（°）	经度（°）
哥伦比亚河玄武岩	CRB	15	CLIP	46.0	241.0	47.7	-116.0
埃塞俄比亚	ET	31	CLIP	10.0	39.5	5.5	36.1
北大西洋火成岩省	NAIP	62	CLIP	69.9	332.8	63.7	-14.3
德干暗色岩	D	65	CLIP	21.0	73.0	-14.8	53.6
塞拉利昂隆起	SL	73	OP	6.0	338.0	5.8	-32.4
马达加斯加	M	87	CLIP/OP	-26.0	46.0	-42.7	31.2
布罗肯海岭	BR	95	OP	-30.0	96.0	-49.5	62.7
赫斯隆起	HR	99	OP	34.0	177.0	5.4	-140.0
中央凯尔盖朗	CK	100	OP	-52.0	74.0	-48.9	59.2
厄加勒斯高原	AP	100	OP	-39.0	26.0	-53.2	-1.0
瑙鲁	N	111	OP	6.0	166.0	-23.3	-142.0
南凯尔盖朗	SK	114	OP	-59.0	79.0	-48.6	57.6
Rajhmahal 暗色岩	R	118	CLIP	25.0	88.0	-37.9	60.7
翁通爪哇/马尼希基组合	OJMP	123	OP	-6.8	167.7	-37.4	229.2
Wallaby 高原	W	124	OP	-22.0	104.0	-37.5	75.5
毛德隆起	MR	125	OP	-65.0	3.0	-52.2	2.2
班伯里玄武岩	BB	132	CLIP	-34.0	115.0	-54.7	72.5
巴拉那—爱登迪卡	PR	134	CLIP	-20.0	11.0	-31.8	-15.0
加斯科因	G	136	OP	-23.0	114.0	-46.3	81.2
麦哲伦隆起	MR	145	OP	7.0	183.0	-1.1	-108.0
沙茨基隆起	SR	147	OP	34.0	160.0	7.3	-108.0
阿尔戈边缘	AM	155	OP	-17.0	120.0	-43.4	82.9
卡鲁	K	182	CLIP	-23.0	32.0	-37.0	-5.2
中大西洋岩浆省	CAMP	201	CLIP	27.0	279.0	16.8	-25.4
西伯利亚暗色岩	SBT	251	CLIP	65.0	97.0	62.5	44.2

续表

大火成岩省		年龄（Ma）	类型	现今中心位置		喷发时的位置	
				纬度（°）	经度（°）	纬度（°）	经度（°）
峨眉山 LIP	E	258	CLIP	26.6	104.0	−4.0	134.2
潘甲暗色岩	PT	285	CLIP	34.0	75.0	−42.9	59.5
斯卡格拉克中央 LIP	SCLIP	297	CLIP	57.5	9.0	9.8	−2.0
雅库茨克	Y	360	CLIP	63.0	130.0	48.2	348.4
阿尔泰—萨彦岭	AS	400	CLIP	49.0	90.0	38.1	6.1
Kalkarindji	KA	510	CLIP	−16.3	133.3	21.5	0.4

附 录 2

一些中生代至现代的泛大洋和太平洋板块。

板块名称	板块 ID	起始时间	终止时间	完全合成的
伊泽奈崎	926	古生代？	约 55Ma（消减）	是
菲尼克斯	919	古生代？	约 120Ma（分裂成 982 单元、983 单元、919 单元和 908 单元）	是
马尼希基	982	约 120Ma	约 85Ma（成为 901 单元的一部分）	是
希库兰吉	983	约 120Ma	约 85Ma（成为 901 单元的一部分）	是
Catequil	919	约 120Ma	约 85Ma（成为 901 单元或 902 单元的一部分）	是
Chazca	908	约 120Ma	约 85Ma（成为 902 单元的一部分）	是
法拉隆	902	古生代？	约 23Ma（分裂成 911 单元和 924 单元）	
纳斯卡	911	约 23Ma	仍活动	
科科斯	924	约 23Ma	仍活动	
卡什克里克	907	古生代	约 140Ma（消减）	是
太平洋	901	约 190Ma	仍活动	
库拉	918	约 83Ma	约 40Ma（成为 901 单元的一部分）	
温哥华	903	约 52Ma	约 37Ma（成为 903 单元）	
胡安·德·富卡	903	约 37Ma	仍活动	

附录 3 造山运动

在文献中有许多关于局部和更广泛的造山带的名字。在这里列出了书中引用的那些（连同它们的章节编号），并附有简短的描述。

Acadian：影响美国东北部、加拿大和英国部分地区的早泥盆世造山运动。8

Achalian：南美洲晚奥陶世—泥盆纪的事件，包括 Cuyania 与冈瓦纳的结合。8

Alleghanian：晚古生代多个造山运动，部分相当于华力西造山运动，随着劳伦西亚与冈瓦纳结合，影响美国和加拿大部分地区。9

阿尔卑斯：晚白垩世到现代的一次重大事件，由非洲向欧洲的贴合引起。13

Andean：始新世到现代的重大事件，由太平洋板块东部在南美洲西部之下的俯冲引起。14

Antler：晚泥盆世的一次造山运动，当时位于美国西部的 Roberts 山脉被推到西部的劳伦西亚克拉通之上。8

Benambran：晚奥陶世和早志留世东澳大利亚冈瓦纳多地体增生。7

Bhimphelian：喜马拉雅地区晚寒武世—早奥陶世的不明原因事件。6

Brasiliano：发生在前寒武纪晚期和寒武纪早期的事件，连接南美洲的克拉通，属于冈瓦纳统一的一部分。5

Browns Fork：阿拉斯加 Farewell 地体的二叠纪局部造山运动，原因不明。10

卡多姆：发生在欧洲南部和非洲西北部的前寒武纪晚期和早寒武纪事件，是冈瓦纳统的一部分。5

加里东或 *Caledonian*：中志留世—早泥盆世的一次大事件，由劳伦古陆与阿瓦隆尼亚—波罗的大陆的贴合形成劳伦西亚导致，并影响今天北大西洋的两个边缘。7

辛梅利亚：一个晚三叠世和侏罗纪事件，最初由中亚地区各板块相互拼合而成，并向东延伸至东南亚。11

科迪勒拉：始新世到现代的重大事件，由板块和地体在北美洲西部之下和旁边的东太平洋的俯冲和贴合所造成。14

Delamerian：澳大利亚东部新元古代—中寒武世多个地体贴合至冈瓦纳。7

东非：发生在非洲、印度和阿拉伯之间的前寒武纪晚期和早寒武世事件，是冈瓦纳统一的一部分。5

埃尔斯米尔：晚泥盆世—早石炭世的造山运动，影响了加拿大北极、格陵兰岛和斯瓦尔巴特群岛的部分地区。8

尤里坎：一个白垩纪—古近纪事件，由北美洲北极边缘、格陵兰岛和巴伦支海的小块地体的贴合及其随后的调整引起。14

Famatinian：奥陶系多重弧向南美洲的贴合。7

Gondwanides：笼统定义的南部大陆周围晚古生代多个造山带，由各种地体向冈瓦纳的贴合形成。10

Hercynian：欧洲泥盆纪和石炭纪华力西造山运动的另一名称。8

Himalayan：始新世到现代的一个大事件，由印度到劳亚古陆的贴合引起。14

Hunter-Bowen：东澳大利亚二叠纪造山运动，由各种地体对冈瓦纳的贴合造成。10

Indosinian：东南亚地区多个石炭纪—三叠纪造山运动，是由各种地体相互拼贴形成的。9

Kanimblan：中泥盆世—石炭纪，澳大利亚东部冈瓦纳多地体增生。8

Klakas：影响阿拉斯加亚历山大地体的晚志留世和早泥盆世局部造山运动。7

Kuungan：发生在印度、南极洲东部和西澳大利亚之间的前寒武纪晚期和早寒武世事件，是冈瓦纳统一的一部分。5

拉拉米：晚白垩世事件，由北美洲西部边缘的各种地体的贴合引起。13

M'Clintock：加拿大北极地区皮里古陆地体的中奥陶世变形。6

Neoacadian：Acadian 造山运动的埃姆斯期—法门期部分，影响美国东北部部分地区和加拿大。7

Ocloyic：阿根廷东科迪勒拉和普纳地区的奥陶纪造山运动。8

Ouachita：美国南部中石炭世—早二叠世的造山运动，反映了劳亚大陆与冈瓦纳大陆合并形成盘古大陆。10

Pampean：前寒武纪晚期和早寒武世事件，毗邻南美洲西南部的 Famatinian 和 Pampean 弧地区。5

Pan—African：一个前寒武纪晚期和早寒武世事件，连接了非洲的克拉通，属于冈瓦纳统一的另一部分。5

Romanzov：影响阿拉斯加和加拿大西北部的晚志留世和泥盆纪造山运动。7

Ross：边缘地体被贴合到南极洲的多个古生代造山运动。9

Salinic（或 *Salinian*）：影响北部阿巴拉契亚山脉和纽芬兰的加里东造山运动的局部名称。7

Scandian：影响斯堪的那维亚半岛的加里东造山运动的局部名称。7

Shelvian：英国的一个奥陶纪最晚期和志留纪最早期小事件，反映了波罗的大陆—阿瓦隆尼亚的斜向对接。6

Sonoma：西劳伦西亚的二叠纪和三叠纪的一次局部造山运动，是由各种地体向克拉通的贴合引起的。10

斯瓦尔巴特：一个小的晚泥盆世造山运动，统一了东、西斯匹次卑尔根岛。7

Tabberabberan：澳大利亚东部志留纪和泥盆纪多种地体贴合到冈瓦纳。8

Taconic：美国西部阿巴拉契亚山脉寒武纪—早志留世的一系列事件。6

Timanide：一个前寒武纪晚期和早寒武世事件，把波罗的大陆和现在北欧的 Timanian 地区联合起来。5

Tyennan：塔斯马尼亚和澳大利亚东南部寒武纪造山运动。5

Uralian：沿现代乌拉尔山脉的多个造山运动，当时晚古生代哈萨克斯坦地体逐渐向东部劳伦西亚贴合。9

华力西：欧洲主要的泥盆纪和石炭纪多个造山运动，是由于 Rheic 洋逐渐封闭导致的大量地体的贴合和融合而形成的。8

Wales：前奥陶纪（可能是寒武纪）的一次造山运动，影响了美国阿拉斯加的亚历山大地体。7

参 考 文 献

Abrajevitch, A., van der Voo, R., Levashova, N. M. & Bazhenov, M. L. (2007). Paleomagnetic constraints on the paleogeography and oroclinal bending of the Devonian volcanic arc in Kazakhstan orocline. *Tectonophysics*, 441, 67–84.

Abrajevitch, A., van der Voo, R., Bazhenov, M. L. et al. (2008). The role of the Kazakhstan orocline in the late Paleozoic amalgamation of Eurasia. *Tectonophysics*, 455, 61–76.

Allen, M. B., Alsop, G. I. & Zhemchuzhnikov, V. G. (2001). Dome and basin refolding and transpressive inversion along the Karatau Fault System, southern Kazakhstan. *Journal of the Geological Society*, London, 158, 83–95.

Almalki, K. A., Betts, P. G. & Ailleres, L. (2015). The Red Sea – 50 years of geological and geophysical research. *Earth-Science Reviews*, 147, 109–140.

Álvaro, J. J., Elicki, O., Rushton, A. W. A. & Shergold, J. H. (2003). Palaeogeographical controls on the Cambrian immigration and evolutionary patterns reported in the western Gondwana margin. *Palaeogeography, Palaeoclimatology, Palaeoecology*, 195, 5–35.

Alvey, A., Gaina, C., Kusznir, N. J. & Torsvik, T. H. (2008). Integrated crustal thickness mapping and plate reconstructions for the high Arctic. *Earth and Planetary Science Letters*, 274, 310–321.

Andersen, M. B., Elliott, T., Freymuth, H. et al. (2015). The terrestrial uranium isotope cycle. *Nature*, 517, 356–359.

Andersen, T. B., Jamtveit, B., Dewey, J. F. & Swensson, E. (1991). Subduction and eduction of continental crust: major mechanism during continent-continent collision and orogenic extensional collapse, a model based on the south Caledonides. *Terra Nova*, 3, 303–310.

Angiolini, L., Gaetani, M., Muttoni, G. et al. (2007). Tethyan oceanic currents and climate gradients 300 m.y. ago. *Geology*, 35, 1071–1074.

Arenas, R., Fernández, R. D., Martínez, S. S. et al. (2014). Two-stage collision: exploring the birth of Pangea in the Variscan terranes. *Gondwana Research*, 25, 756–763.

Armijo, R., Lacassin, R., Coudurier-Curveur, A. & Carrizo, D. (2015). Coupled tectonic evolution of Andean orogeny and global climate. *Earth-Science Reviews*, 143, 1–35.

Ashwal, L. D., Demaiffe, D. & Torsvik, T. H. (2002). Petrogenesis of Neoproterozoic granitoids and related rocks from the Seychelles: evidence for an Andean arc origin. *Journal of Petrology*, 43, 45–83.

Assumpção, M., Feng, M. Tassara, A. & Julia, J. (2013). Models of crustal thickness for South America from seismic refraction, receiver functions and surface wave tomography. *Tectonophysics*, 609, 82–96.

Astashkin, V. A., Pegel, T. V., Repina, L. N. et al. (1995). *The Cambrian System of the Foldbelts of Russia and Mongolia*. International Union of Geological Sciences Publications, 32.

Aubrey, M. P., Lucas, S. G. & Berggren, W. A. (eds.) (1998). *Late Paleocene-Early Eocene Climatic and Biotic Events in the Marine and Terrestrial Records*. New York: Columbia University Press.

Baarli, G. B., Johnson, M. E. & Antoshkina, A. L. (2003). Silurian stratigraphy and paleogeography of Baltica. *New York State Museum Bulletin*, 493, 3–34.

Badarch, G., Cunningham, W. D., & Windley, B. F. (2002). A new terrane subdivision for Mongolia: implications for the Phanerozoic crustal growth of central Asia. *Journal of Asian Earth Sciences*, 21, 87–110.

Bassett, M. G. & Cocks, L. R. M. (1974). A review of Silurian brachiopods from Gotland. *Fossils and Strata*, 3, 1–56.

Batkhishig, B, Noriyoshi, T. & Greg, B. (2010). Magmatism of the Shuteen Complex and Carboniferous subduction of the Gurvansaihan terrane, South Mongolia. *Journal of Asian Earth Sciences*, 37, 399–411.

Bazhenov, M. L., Collins, A. Q., Degtyarev, K. E. et al. (2003). Paleozoic northward drift of the North Tien Shan (Central Asia) as revealed by Ordovician and Carboniferous paleomagnetism. *Tectonophysics*, 366, 113–141.

Beck Jr., M. E. & Housen, B. A. (2003). Absolute velocity of North America during the Mesozoic from paleomagnetic data. *Tectonophysics*, 377, 33–54.

Becker, T. P., Thomas, W. A. & Gehrels, G. E. (2006). Linking Late Paleozoic sedimentary provenance in the Appalachian Basin to the history of the Alleghanian deformation. *American Journal of Science*, 306, 777–798.

Becker, T. W. & Boschi, I. (2002). A comparison of tomographic and geodynamic mantle models. *Geochemistry, Geophysics, Geosystems*, 3, doi: 10.1029/2001GC000168.

Belasky, P., Stevens, C. H. & Hanger, R. A. (2002). Early Permian location of western North American terranes based on brachiopod, fusulinid and coral biogeography. *Palaeogeography, Palaeoclimatology, Palaeoecology*, 179, 245–266.

Belousov, V. I. (2007). The Upper Palaeozoic preflysch and overthrusting in the Türkstan–Alay ranges, southern Fergana. *Geotektonika*, 2007 (5), 63–75 (in Russian).

Benedetto, J. L. (1998). Early Palaeozoic brachiopods and associated shelly faunas from western Gondwana: their bearing on the geodynamic history of the pre-Andean margin. In R. J. Pankhurst & C. W. Rapela (eds.), *The Proto-Andean Margin of Gondwana*. Geological Society, London, Special Publications, 142, pp. 57–83.

Benton, M. J. (1995). Diversification and extinction in the history of life. *Science*, 268, 52–58.

Benton, M. J. (2005). *Vertebrate Palaeontology*, 3rd edn. Oxford: Blackwell.

Benton, M. J. (2008). The end–Permian mass extinction events on land in Russia. *Proceedings of the Geologists' Association*, 119, 119–136.

Berner, R. A. (1997). The rise of plants and their effect on weathering and atmospheric CO_2. *Science*, 276, 544–546.

Berner, R. A., Lasaga, A. C. & Garrels, R. M. (1983). The carbonate–silicate geochemical cycle and its effect on atmospheric carbon dioxide over the past 100 million years. *American Journal of Science*, 283, 641–683.

Berra, F. & Angiolini, L. (2014). The evolution of the Tethys Region throughout the Phanerozoic: a brief tectonic reconstruction. In L. Marlow, C. C. G. Kendall & L. A. Yose (eds.), *Petroleum Systems of the Tethyan Region*. AAPG Memoir, 106, pp. 1–27.

Beuf, S., Bijou-Duval, V., De Charpal, O. et al. (1971). *Les Grés du Paléozoïque au Sahara*. Publications de l'institut français du pétrole, 18.

Biggin, A. J., Steinberger, B., Aubert, J. et al. (2012). Long term geomagnetic variations and whole-mantle convection processes. *Nature Geoscience*, 5, 526–533.

Bird, P. (2003). An updated digital model of plate boundaries. *Geochemistry, Geophysics, Geosystems*, 4, 1027, doi: 10.1029/2001GC000252.

Biske, Y. S. & Seltmann, R. (2010). Paleozoic Tian-Shan as a transitional region between the Rheic and Urals-Turkestan oceans. *Gondwana Research*, 17, 602–613.

Blieck, A. & Cloutier, R. (2000). Biostratigraphical correlations of Early Devonian vertebrate assemblages of the Old Red Sandstone continent. *Courier Forschungsinstitut Senckenberg*, 223, 223–269.

Blodgett, R. B. & Stanley, G. D. (eds.) (2008). *The Terrane Puzzle: New Perspectives on Paleontology and Stratigraphy from the North American Cordillera*. Geological Society of America Special Paper, 442.

Bonev, N. (2006). Cenozoic tectonic evolution of the eastern Rhodope Massif (Bulgaria): basement structure and kinematics of syn- to postcollisional extensional deformation. In Y. Dilek & S. Pavlides (eds.), *Postcollisional Tectonics and Magmatism in the Mediterranean Region and Asia*. Geological Society of America Special Paper, 409, pp. 211–235.

Boschman, L. M., van Hinsbergen, D. J. J., Torsvik, T. H. et al. (2014). Kinematic reconstruction of the Caribbean region since the Early Jurassic. *Earth-Science Reviews*, 138, 102–136.

Boucot, A. J. (1975). *Evolution and Extinction Rate Controls*. Amsterdam: Elsevier.

Boucot, A. J. & Blodgett, R. B. (2001). Silurian-Devonian biogeography. In C. H. C. Brunton, L. R. M. Cocks & S. L. Long (eds.), *Brachiopods Past and Present*. London: Taylor and Francis, pp. 335–344.

Boucot, A. J., Johnson, J. G. & Talent, J. A. (1969). *Early Devonian Brachiopod Zoogeography*. Geological Society of America Special Paper, 119.

Boucot, A. J., Xu, C. & Scotese, C. R. (2013). *Phanerozoic Paleoclimate: An Atlas of Lithologic Indicators of Climate*. SEPM Concepts in Sedimentology and Paleontology, 11.

Bowring, S. A., Erwin, D. H., Jin, Y. G. et al. (1998). U/Pb zircon geochronology and tempo of the end-Permian mass extinction. *Science*, 280, 1039-1045.

Bowring, S. A. & Williams, I. S. (1999). Priscoan (4.00 ± 4.03 Ga) orthogneisses from northwestern Canada. *Contributions to Mineralogy and Petrology*, 134, 3-16.

Bradley, D. C. (2008). Passive margins through earth history. *Earth-Science Reviews*, 91, 1-26.

Braitenberg, C. (2015). Exploration of tectonic structures with GOCE in Africa and across-continents. *International Journal of Applied Earth Observation and Geoinformation*, 35, 88-95.

Brenchley, P. J. & Cocks, L. R. M. (1982). Ecological associations in a regressive sequence: the latest Ordovician of the Oslo-Asker district, Norway. *Palaeontology*, 25, 783-815.

Brenchley, P. J. & Rawson, P. F. (eds.) (2006). *The Geology of England and Wales*. The Geological Society, London.

Brew, G., Barazangi, M., Al-Maleh, A. K. & Sawaf, F. (2001). Tectonic and geologic evolution of Syria. *GeoArabia*, 6, 573-615.

Brown, D., Herrington, R. & Alvarez-Marron, J. (2011). Processes of arc-continent collision in the Uralides. In D. Brown & P. D. Ryan (eds.), *Arc-Continent Collision*. Berlin: Springer-Verlag, pp. 311-340.

Buiter, S. J. H. & Torsvik, T. H. (2007). Horizontal movements in the Eastern Barents Sea constrained by numerical models and plate reconstructions. *Geophysical Journal International*, 171, 1376-1389.

Buiter, S. J. H. & Torsvik, T. H. (2014). A review of Wilson Cycle plate margins: a role for mantle plumes in continental break-up along sutures? *Gondwana Research*, 26, 627-653, doi: 10.1016/j.gr.2014.02.007.

Bullard, E. C., Everett, J. E. & Smith, A. G. (1965). The fit of the continents around the Atlantic. *Philosophical Transactions of the Royal Society*, A258, 41-51.

Burke, K. (2011). Plate tectonics, the Wilson Cycle, and mantle plumes: geodynamics from the top. *Annual Review of Earth and Planetary Sciences*, 39, 1-29.

Burke, K., Steinberger, B., Torsvik, T. H. & Smethurst, M. A. (2008). Plume Generation Zones at the margins of Large Low Shear Velocity Provinces on the core-mantle boundary. *Earth and Planetary Science Letters*, 265, 49-60.

Burke, K. & Torsvik, T. H. (2004). Derivation of Large Igneous Provinces of the past 200 million years from long-term heterogeneities in the deep mantle. *Earth and Planetary Science Letters*, 227, 531-538.

Burtman, V. S. (2008). Nappes of the southern Tien Shan. *Russian Journal of Earth Sciences*, 10 (ES1006), 1-35.

Bussien, D., Gombojav, N., Winkler, W. et al. (2011). The Mongol-Okhotsk belt in Mongolia. *Tectonophysics*, 510, 132-150.

Cai, J. X. & Zhang, K. J. (2009). A new model for the Indochina and South China collision during the Late Permian to the Middle Triassic. *Tectonophysics*, 467, 35-43.

Calvès, G., Schwab, A. M., Huuse, M. et al. (2011). Seismic volcanostratigraphy of the western Indian rifted margin: the pre-Deccan igneous province. *Journal of Geophysical Research*, 116, B01101, doi: 10.1029/2010JB000862.

Came, R. E., Eiler, J. M., Veizer, J. et al. (2007). Coupling of surface temperatures and atmospheric CO_2 concentrations during the Palaeozoic era. *Nature*, 449, 198-201.

Cavazza, W., Roure, F., Spakman, W., Stampfli, G. M. & Ziegler, P. A. (eds.) (2004). *The TRANSMED Atlas: The Mediterranean Region from Crust to Mantle*. Berlin: Springer.

Charvet, J., Shu, L. & Laurent-Charvet, S. (2007). Paleozoic structural and geodynamic evolution of eastern Tianshan (NW China): welding of the Tarim and Junggar plates. *Episodes*, 30, 162-186.

Chen, X., Zhou, Z. & Fan, J. (2010). Ordovician paleogeography and tectonics of the major paleoplates of China. In S. C. Finney and W. B. N. Berry (eds.), *The Ordovician Earth System*. Geological Society of America Special Paper, 466, pp. 85-104.

Chen, Z. Q., Shi, G. R. & Zhan L. P. (2003). Early Carboniferous athyridid brachiopods from the Qaidam Basin, northwest China. *Journal of Paleontology*, 77, 844-862.

Christiansen, J. L. & Stouge, S. (1999). Oceanic circulation as an element in palaeogeographical reconstructions: the Arenig (early Ordovician) as an example. *Terra Nova*, 11, 73-78.

Chulick, G. S., Detweiler, S. & Mooney, W. D. (2013). Seismic structure of the crust and uppermost mantle of South America and surrounding oceanic basins, *Journal of South American Earth Sciences*, 42, 260-276.

Clack, J. A. (2002). *Gaining Ground: The Origin and Evolution of Tetrapods*. Bloomington: Indiana University Press.

Cocks, L. R. M. (1972). The origin of the Silurian Clarkeia shelly fauna of South America, and its extension to West Africa. *Palaeontology*, 15, 623-630.

Cocks, L. R. M. (ed.) (1981). *The Evolving Earth*. Cambridge: Cambridge University Press.

Cocks, L. R. M. (2011). There's no place like home: Cambrian to Devonian brachiopods critically useful for analysing palaeogeography. *Memoir of the Association of Australasian Palaeontologists*, 41, 135-148.

Cocks, L. R. M. & Fortey, R. A. (1982). Faunal evidence for oceanic separations in the Palaeozoic of Britain. *Journal of the Geological Society, London*, 138, 465-478.

Cocks, L. R. M. & Fortey, R. A. (1988). Lower Palaeozoic facies and faunas round Gondwana. In M. G. Audley-Charles & A. Hallam (eds.), *Gondwana and Tethys*. Geological Society, London, Special Publications, 37, pp. 183-200.

Cocks, L. R. M. & Fortey, R. A. (2009). Avalonia: a long-lived terrane in the Lower Palaeozoic? In M. G. Bassett (ed.), *Early Palaeozoic Peri-Gondwana Terranes*. Geological Society, London, Special Publications, 325, pp. 141-155.

Cocks, L. R. M., Fortey, R. A. & Lee, C. P. (2005). A review of Lower and Middle Palaeozoic biostratigraphy in west peninsula Malaya and southern Thailand in its context within the Sibumasu Terrane. *Journal of Asian Earth Sciences*, 34, 703-717.

Cocks, L. R. M. & Rong, J. (2008). Earliest Silurian faunal survival and recovery after the end-Ordovician glaciation: evidence from the brachiopods. *Transactions of the Royal Society of Edinburgh Earth and Environmental Sciences*, 98, 291-301.

Cocks, L. R. M. & Torsvik, T. H. (2002). Earth geography from 500 to 400 million years ago: a faunal and palaeomagnetic review. *Journal of the Geological Society, London*, 159, 631-644.

Cocks, L. R. M. & Torsvik, T. H. (2005). Baltica from the Late Precambrian to mid-Palaeozoic times: the gain and loss of a terrane's identity. *Earth-Science Reviews*, 72, 39-66.

Cocks, L. R. M. & Torsvik, T. H. (2007). Siberia, the wandering northern terrane, and its changing geography through the Palaeozoic. *Earth-Science Reviews*, 82, 29-74.

Cocks, L. R. M. & Torsvik, T. H. (2011). The Palaeozoic geography of Laurentia and western Laurussia: a stable craton with mobile margins. *Earth-Science Reviews*, 106, 1-51.

Cocks, L. R. M. & Torsvik, T. H. (2013). The dynamic evolution of the Palaeozoic geography of eastern Asia. *Earth-Science Reviews*, 117, 40-79.

Cocks, L. R. M. & Verniers, J. (2000). Applicability of planktic and nektic fossils to palaeogeographic reconstructions. *Acta Universitatis Carolinae - Geologica*, 42, 399-400.

Cody, S., Richardson, J. E., Ruli, V. et al. (2010). The Great American Biotic Interchange revisited. *Ecography*, 33, 326-332.

Coffin, M. F. & Eldholm, O. (1994). Large igneous provinces: crustal structure, dimensions, and external consequences. *Reviews of Geophysics*, 32, 1-36.

Cohen, K. M., Finney, S. C., Gibbard, P. L. & Fan, J.-X. (2013; updated). The ICS International Chronostratigraphic Chart. *Episodes*, 36, 199-204.

Collier, J. S., Minshull, T. A., Haqmmond, J. O. S. et al. (2009). Factors influencing magmatism during continental breakup: new insights from a wide-angle seismic experiment across the conjugate Seychelles-Indian margins. *Journal of*

Geophysical Research, 114, B03101.

Collinson, M. E. & Hooker, J. J. (2003). Paleogene vegetation of Eurasia: framework for mammalian faunas. *Deinsea*, 10, 41–84.

Colpron, M. & Nelson, J. L. (2006). *Palaeozoic Evolution and Metallogeny of Pericratonic Terranes at the Ancient Pacific Margin of North America*. Geological Association of Canada Special Paper, 45.

Colpron, M. & Nelson, J. L. (2009). A Palaeozoic Northwest Passage: incursion of Caledonian, Baltican and Siberian terranes into eastern Panthalassa and the early evolution of the North American Cordillera. In P. A. Cawood & A. Kröner (eds.), *Earth Accretionary Systems in Space and Time*, Geological Society, London, Special Publications, 318, pp. 273–307.

Connelly, J. N., Bizzarro, M., Krot, A. N. et al. (2012). Absolute chronology and thermal processing of solids in the solar protoplanetary disk. *Science*, 338, 651–655.

Conrad, C. P., Steinberger, B. & Torsvik, T. H. (2014). Dynamic topography and sea level change inferred from dipole and quadrupole moments of plate tectonic reconstructions. American Geophysical Union Fall Meeting, San Francisco, Abstract.

Cook, H. E., Zhemchuzhnikov, V. G., Zempolich, W. G. et al. (2002). Devonian and Carboniferous platform facies in the Bolshoi Karatau, southern Kazakhstan: outcrop analogs for coeval carbonate oil and gas fields in the North Caspian Basin, western Kazakhstan. In W. G. Zempolich & H. E. Cook (eds.), *Paleozoic Carbonates of the Commonwealth of Independent States*. SEPM Special Publication, 74, pp. 81–122.

Cope, T., Ritts, B. D., Darby, B. J. et al. (2005). Late Paleozoic sedimentation on the northern margin of the North China Block: implications for regional tectonics and climate changes. *International Geology Review*, 47, 270–296.

Copper, P. (2002). Silurian and Devonian reefs. In W. Kiessling, E. Flügel & J. Golonka (eds.), *Phanerozoic Reef Patterns*. SEPM Special Publication, 72, pp. 181–238.

Copper, P. & Jin, J. (2015). Tracking the early Silurian post-extinction faunal recovery in the Jupiter Formation of Anticosti Island, eastern Canada: a stratigraphical revision. *Newsletters on Stratigraphy*, 48, 221–240.

Corfu, F., Polteau, S., Planke, S. et al. (2013). U–Pb geochronology of Cretaceous magmatism on Svalbard and Franz Josef Land, Barents Sea Large Igneous Province. *Geological Magazine*, 150, 1127–1135.

Courtillot, V., Davaille, A., Besse, J. & Stock, J. (2003). Three distinct types of hotspots in the Earth's mantle. *Earth and Planetary Science Letters*, 205, 295–308.

Courtillot, V., Gallet, Y., Le Mouël, J.-L., Fluteau, F. & Genevey, A. (2007). Are there connections between the Earth's magnetic field and climate? *Earth and Planetary Science Letters*, 253, 328–339.

Courtillot, V. E. & Renne, P.-R. (2003). On the ages of flood basalt events. *Comptes Rendus Geoscience*, 335, 113–140.

Dabard, M. P., Loi, A., Paris, F. et al. (2015). Sea-level curve for the Middle to early Late Ordovician in the Armorican Massif (western France): icehouse third-order glacio-eustatic cycles. *Palaeogeography, Palaeoclimatology, Palaeoecology*, 436, 96–111.

Dal Corso, J., Marzoli, A., Tateo, F. et al. (2014). The dawn of CAMP volcanism and its bearing on the end-Triassic carbon cycle disruption. *Journal of the Geological Society, London*, doi.org/10.1144/jgs2013-063.

Dalhquist, J. A., Pankhurst, R. J., Gaschnig, R. M. et al. (2013). Hf and Nd isotopes in Early Ordovician to Early Carboniferous granites in the Proto-Andean margin of Gondwana. *Gondwana Research*, 23, 1617–1630.

Dalziel, I. W. D. (1997). Neoproterozoic-Paleozoic geography and tectonics: review, hypothesis, environmental speculation. *Geological Society of America Bulletin*, 109, 16–42.

Darwin, C. (1859). *The Origin of Species*. London: John Murray. Daukeev, S. Z., Uzhkenov, B. S., Miletenko, N. V. et al. (eds.) (2002). *Atlas of Lithology – Paleogeographical, Structural, Palinspastic and Geoenvironmental Maps of Central Eurasia*. Almaty: Scientific Research Institute of Natural Resources (in Russian).

Dawes, P. R. (2009). Precambrian-Palaeozoic geology of Smith Sound, Canada and Greenland: key constraint to palaeogeographical reconstructions of northern Laurentia and the North Atlantic region. *Terra Nova*, 21, 1-13.

Dean, W. T., Monod, O., Rickards, R. B. et al. (2000). Lower Palaeozoic stratigraphy and palaeontology, Karadire-Zirze area, Pontus Mountains, northern Turkey. *Geological Magazine*, 137, 555-582.

de Freitas, T. A. & Dixon, O. A. (1995). Silurian microbial buildups, Canadian Arctic. In C. L. V. Monty, D. W. J. Bosence, P. H. Bridges & B. R. Pratt (eds.), *Carbonate Mud-Mounds: Their Origin and Evolution*. International Association of Sedimentologists, Special Publication, 23, pp. 151-169.

Degtyarev, K. Y. & Ryazantsev, A. V. (2007). Cambrian arc- continent collision in the Palaeozoides of Kazakhstan. *Geotectonics*, 43, 63-86.

de Jong, K, Xiao, W., Windley, B. F. et al. (2006). Ordovician $^{40}Ar/^{39}Ar$ phengite ages from the blueschist-facies Ondor Sum subduction-accretion complex (Inner Mongolia) and implications for the Early Paleozoic history of continental blocks in China and adjacent areas. *American Journal of Science*, 306, 799-845.

Dewing, K., Harrison, J. C., Pratt, B. R. & Mayr, U. (2004). A probable late Neoproterozoic age for the Kennedy Channel and Ella Bay formations, northeastern Ellesmere Island and its implications for passive margin history in the Canadian Arctic. *Canadian Journal of Earth Sciences*, 41, 1013-1025.

Dhuime, B., Hawkesworth, C. J., Cawood, P. A. & Storey, C. D. (2012). A change in the geodynamics of continental growth 3 billion years ago. *Science*, 335, 1334-1336.

Dhuime, B., Wuestefeld, A. & Hawkesworth, C. J. (2015). Emergence of modern continental crust about 3 billion years ago. *Nature Geoscience*, 8, doi: 10.1038/NGEO2466.

Dickinson, W. R. (2000). Geodynamic interpretation of Paleozoic tectonic trends oriented oblique to the Mesozoic Klamath- Sierran continental margin in California. In M. J. Soreghan & G. E. Gehrels (eds.), *Paleozoic and Triassic paleogeography and tectonics of western Nevada and Northern California*. Geological Society of America Special Paper, 347, pp. 200-245.

Dickinson, W. R. (2009). Anatomy and global context of the North American Cordillera. In S. Mahlburg Kay, V. A. Ramos & W. R. Dickinson (eds.), *Backbone of the Americas: Shallow Subduction, Plateau Uplift, and Ridge and Terrane Collision*. Geological Society of America Memoir, 204, pp. 1-29.

Dickinson, W. R. & Lawton, T. F. (2001). Carboniferous to Cretaceous assembly and fragmentation of Mexico. *Geological Society of America Bulletin*, 113, 1142-1160.

DiMichele, W. A., Montanez, I. P., Poulsen, C. J. & Tabor, N. J. (2009). Climate and vegetational regime shifts in the late Paleozoic ice age earth. *Geobiology*, 7, 200-226.

DiMichele, W. A., Gastaldo, R. A. & Pfefferkorn, H. W. (2005). Plant biodiversity partitioning in the Late Carboniferous and Early Permian and its implications for ecosystem assembly. *Proceedings of the California Academy of Sciences*, 56, Supplement 1 (4), 32-49.

Dobretsov, N. L., Berzin, N. A., Buslov, M. M. (1995). Opening and tectonic evolution of the Paleo-Asian ocean. *International Geology Review*, 35, 335-360.

Dobretsov, N. L., Buslov, M. M. & Vernikovsky, V. A. (2003). Neoproterozoic to Early Ordovician evolution of the Paleo-Asian Ocean: implications to the break-up of Rodinia. *Gondwana Research*, 6, 143-159.

Dobretsov, N. L., Buslov, M. M., Zhimulev, F. I. et al. (2006). Vendian-early Ordovician geodynamic evolution and model for exhumation of ultrahigh- and high-pressure rocks from the Kokchetav subduction-collision zone. *Geologiya i Geofizika*, 47, 428-444 [in Russian].

Dodd, S. C., MacNiocaill, C. & Muxworthy, A. R. (2015). Long duration (>4 Ma) and steady-state volcanic activity in the early Cretaceous Paraná-Etendeka Large Igneous Province: new palaeomagnetic data from Namibia. *Earth and Planetary Science Letters*, 414, 16-29.

Domeier, M. (2015). A plate tectonic scenario in the Iapetus and Rheic oceans. *Gondwana Research*, doi: 10.1016/j.

gr.2015.08.003.

Domeier, M. & Torsvik, T. H. (2014). Plate tectonics in the late Paleozoic. *Geoscience Frontiers*, 5, 303–350.

Domeier, M., van der Voo, R. & Torsvik, T. H. (2012). Paleomagnetism and Pangea: the Road to reconciliation. *Tectonophysics*, 514, 14–43.

Dornbos, S. Q. & Bottjer, D. J. (2000). Evolutionary paleoecology of the earliest echinoderms: helicoplacoids and the Cambrian substrate revolution. *Geology*, 28, 839–842.

Doubrovine, P. V., Steinberger, B. & Torsvik, T. H. (2012). Absolute plate motions in a reference frame defined by moving hotspots in the Pacific, Atlantic and Indian oceans. *Journal of Geophysical Research*, 117, B09101, doi: 10.1029/2011JB009072.

Doubrovine, P. V. & Tarduno, J. A. (2004). Late Cretaceous paleolatitude of the Hawaiian Hot Spot: new paleomagnetic data from Detroit Seamount (ODP Site 883). *Geochemistry, Geophysics, Geosystems*, 5, Q11L04, doi: 10.1029/2004GC000745.

Edwards, D., Cherns, L. & Raven, J. A. (2015). Could land-based early photosynthesizing ecosystems have bioengineered the planet in mid-Palaeozoic times? *Palaeontology*, 58, 803–837.

Egan, S. S., Mosar, J., Brunet, M. F. & Kangarli, T. (2009). Subsidence and uplift mechanisms within the South Caspian Basin: insights from the onshore and offshore Azerbaijan region. In M.-F. Brunet, M. Wilmsenj & W. Granath (eds.), *South Caspian to Central Iran Basins*. Geological Society, London, Special Publications, 312, pp. 219–240.

Eide, E. A. & Torsvik, T. H. (1996). Paleozoic supercontinent assembly, mantle flushing and genesis of the Kiaman Superchrons. *Earth and Planetary Science Letters*, 144, 389–402.

Eldholm, O. & Myhre, A. M. (1977). Hovgaard Fracture Zone. In *Årbok 1976* Oslo: Norsk Polarinstitutt, 195–208.

Elliott, D. (2013). The geological and tectonic evolution of the Transantarctic Mountains: a review. In M. J. Hambrey et al. (eds.), *Antarctic Palaeoenvironments and Earth-Surface Processes*. Geological Society, London, Special Publications, 381, pp. 7–35.

Embry, A. F. (1991). Middle-Upper Devonian clastic wedge of the Arctic islands. In H. P. Trettin (ed.) *Geology of the Innuitian Orogen and Arctic Platform of Canada and Greenland*. Ottawa: Geological Survey of Canada, Geology of Canada, 3, pp. 263–279.

Engen, Ø., Faleide, J. I. & Dyreng, T. K. (2008). Opening of the Fram Strait gateway: a review of plate tectonic constraints. *Tectonophysics*, 450, 51–69, doi: 10.1016/j.tecto.2008.01.002.

Escayola, M. P., van Staal, C. R. & Davis, W. J. (2011). The age and tectonic setting of the Punoviscana Formation in northwestern Argentina: an accretionary complex related to early Cambrian closure of the Punoviscana Ocean and accretion of the Arequipa-Antofalla blocks. *Journal of South American Earth Sciences*, 32, 438–450.

Evans, D. A. D. (2013). Reconstructing pre-Pangean supercontinents. *Geological Society of America Bulletin*, 125, 1735–1751.

Evenchick, C. A., Davis, W. J., Bédard, J. H., Hayward, N. & Friedman, R. N. (2015). Evidence for protracted High Arctic Large Igneous Province magmatism in the central Sverdrup Basin from stratigraphy, geochronology, and paleodepths of saucer-shaped sills. *Geological Society of America Bulletin*, 127, 1366–1390, doi.org/10.1130/B31190.1

Faccenna, C., Becker, T. W., Auer, L. et al. (2014). Mantle dynamics in the Mediterranean, *Reviews of Geophysics*, 52, 283–332.

Faleide, J. I., Bjørlykke, K. & Gabrielsen, R. H. (2010). Geology of the Norwegian Continental Shelf. In K. Bjørlykke (ed.), *Petroleum Geoscience: From Sedimentary Environments to Rock Physics*, Springer Science Business Media, pp. 467–499.

Fergusson, C. L. & Henderson, R. A. (2015). Early Palaeozoic continental growth in the Tasmanides of northeast Gondwana and its implications for Rodinia assembly and rifting. *Gondwana Research*, 28, 933–953.

Fielding, C. R., Frank, T. D. & Isbell, J. L. (eds.) (2008). *Resolving the Late Paleozoic Ice Age in Time and Space*.

Geological Society of America Special Paper, 441, pp. 71–82.

Flecker, R., Krijgsman, W., Capella, W. et al. (2015). Evolution of the Late Miocene Mediterranean–Atlantic gateways and their impact on regional and global environmental change. *Earth- Science Reviews*, 150, 365–392.

Fortey, R. A. & Cocks, L. R. M. (2003). Palaeontological evidence bearing on global Ordovician–Silurian continental reconstructions. *Earth–Science Reviews*, 61, 245–307.

Fortey, R. A. & Cocks, L. R. M. (2005). Late Ordovician global warming: the Boda Event. *Geology*, 33, 405–408.

Francis, J. E., Ashworth, A., Cantrill, D. J. et al. (2008). 100 million years of Antarctic climate evolution: evidence from fossil plants. In A. K. Cooper, P. J. Barrett et al. (eds.), *Antarctica: A Keystone in a Changing World*. Washington, DC: National Academies Press, pp. 19–27,

Franke, W. (2006). The Variscan orogen in central Europe: construction and collapse. In D. G. Gee & R. A. Stephenson (eds.), *European Lithosphere Dynamics*. Geological Society, London, Memoir, 32, pp. 333–343.

Franke, W., Cocks, L. R. M. & Torsvik, T. H. (2016). Fresh insights into an old orogeny: the Variscan revisited. *Gondwana Research* (in press).

French, S. W. & Romanowicz, B. (2015). Broad plumes rooted at the base of the Earth's mantle beneath major hotspots. *Nature*, 525, 95–99.

Friend, P. F. & Williams, B. P. J. (eds.) (2000). *New Perspectives on the Old Red Sandstone*. Geological Society, London, Special Publications, 180.

Friis, E. M., Crane, P. R. & Pedersen, K. R. (2011). *Early Flowers and Angiosperm Evolution*. Cambridge: Cambridge University Press.

Froitzheim, N., Plašienka, D. & Schuster, R. (2008). Alpine tectonics of the Alps and western Carpathians. In T. McCann (ed.), *The Geology of Central Europe*. The Geological Society, London, pp. 1141–1232.

Gabrielse. H. & Yorath. C. J. (1992). *Geology of the Cordilleran Orogeny in Canada. The Geology of North America*, Vol. G–2. Ottawa: Geological Survey of Canada.

Gaetani, M. (1997). The Karakorum Block in Central Asia, from Ordovician to Cretaceous. *Sedimentary Geology*, 109, 339–359.

Gaetani, M., Angiolini, L, Ueno, K. et al. (2009). Pennsylvanian– Early Triassic stratigraphy in the Alborz Mountains (Iran). In M.-F. Brunet, M. Wilmsenj & W. Granath (eds.), *South Caspian to Central Iran Basins*. Geological Society, London, Special Publications, 312, pp. 79–128.

Gaina, C., Gernigon, L. & Ball, P. (2009). Palaeocene–Recent plate boundaries in the NE Atlantic and the formation of the Jan Mayen microcontinent. *Journal of the Geological Society, London*, 166, 601–616.

Gaina, C., Müller, D. R., Royer, J.-Y. et al. (1998). The tectonic history of the Tasman Sea: a puzzle with 13 pieces. *Journal of Geophysical Research*, 103, 12413–12433.

Gaina, C., Müller, D. R., Royer, J.-Y. & Symonds, P. (1999). Evolution of the Louisiade triple junction. *Journal of Geophysical Research*, 104, 12927–12939.

Gaina, C., Medvedev, S., Torsvik, T. H., Koulakov, I.Yu & Werner, S. C. (2013a). 4D Arctic: a glimpse into the structure and evolution of the Arctic in the light of new geophysical maps, plate tectonics and tomographic models. *Surveys in Geophysics*, 35, 1095–1122.

Gaina, C., Roest, W. R. & Muller, R. D. (2002). Late Cretaceous– Cenozoic deformation of northeast Asia. *Earth and Planetary Science Letters*, 197, 273–286.

Gaina, C., Torsvik, T. H., van Hinsbergen, D. et al. (2013b). The African Plate: a history of oceanic crust accretion and subduction since the Jurassic. *Tectonophysics*, 604, 4–25.

Gaina, C., van Hinsbergen, D. & Spakman, W. (2015). Tectonic interactions between India and Arabia since the Jurassic reconstructed from marine geophysics, ophiolite geology, and seismic tomography. *Tectonics*, 34 (5), 875–906.

Garnero, E. J., Lay, T. & McNamara, A. (2007). Implications of lower-mantle structural heterogeneity for existence and nature of whole-mantle plumes. In G. R. Foulger & D. M. Jurdy (eds.), *Plates, Plumes and Planetary Processes*. Geological Society of America Special Paper, 430, pp. 79–101.

Gee, D. G. & Pease, V. I. (eds.)(2005). *The Neoproterozoic Timanide Orogen of Eastern Baltica*. Geological Society, London, Memoir, 30.

Gee. J. S. & Kent, D. V. (2007). Source of oceanic magnetic anomalies and the geomagnetic polarity time scale. *Treatise on Geophysics*, 5, 455–507.

Ghienne, J. F., Le Heron, D. P., Moreau, J. et al. (2007). The Late Ordovician sedimentary system of the North Gondwana platform. In M. J. Hambrey et al. (eds.), *Glacial Sedimentary Processes and Products*. International Association of Sedimentologists Special Publication, 39, pp. 297–319.

Ghienne, J. F., Monod, O., Kozlu, H. & Dean, W. T. (2010). Cambrian–Ordovician depositional sequences in the Middle East: a perspective from Turkey. *Earth-Science Reviews*, 101, 101–146.

Gibbons, W. & Moreno, T. (eds.)(2002). *The Geology of Spain*. The Geological Society, London.

Gibbons, A. D., Whittaker, J. M. & Müller, R. D. (2013). The breakup of East Gondwana: assimilating constraints from Cretaceous ocean basins around India into a best-fit tectonic model. *Journal of Geophysical Research*, 118, 1–15.

Gibling, M. R., Davies, N. S., Falcon-Lang, H. J. et al. (2014). Palaeozoic co-evolution of rivers and vegetation: a synthesis of current knowledge. *Proceedings of the Geologists' Association*, 125, 524–533.

Glass, L. M. & Phillips, D. (2006). The Kalkarindji continental flood basalt province: a new Cambrian large igneous province in Australia with possible links to faunal extinctions. *Geology*, 34, 461–464.

Glen, R. A. (2005). The Tasmanides of eastern Australia. In A. P. M. Vaughan, P. T. Leat & R. J. Pankhurst (eds.), *Terrane Processes at the Margins of Gondwana*. Geological Society, London, Special Publications, 246, pp. 23–96.

Glennie, K. (ed.)(2006). *Oman's Geological Heritage*, 2nd edn. Muscat: Petroleum Development Oman.

Goldreich, P. & Toomre, A. (1969). Some remarks on polar wandering. *Journal of Geophysical Research*, 74, 2555–2569.

Goodfellow, W. D., Cecile, M. P. & Leybourne, M. I. (1995). Geochemistry, petrogenesis and tectonic setting of Lower Paleozoic alkalic and potassic volcanic rocks, northern Canadian Cordilleran Miogeocline. *Canadian Journal of Earth Sciences*, 32, 1236–1254.

Greb, S. F., Pashin, J, C., Martino, R. L. & Eble, C. F. (2008). Appalachian sedimentary cycles during the Pennsylvanian: changing influences of sea level, climate, and tectonics. In C. R. Fielding, T. D. Frank & J. L. Isbell (eds.), *Resolving the Late Paleozoic Ice Age in Time and Space*. Geological Society of America Special Paper, 441, pp. 235–248.

Gulbranson, E. L., Ryberg, P. E., Decobeix, A.-L. et al. (2014). Leaf habit of Late Permian *Glossopteris* trees from high-palaeolatitude forests. *Journal of the Geological Society*, London, 171, 493–507.

Hall, R. (2012). Late Jurassic–Cenozoic reconstructions of the Indonesian margin and the Indian Ocean. *Tectonophysics*, 570–571, 1–41.

Hall, R. & Holloway, J. D. (eds.)(1998). *Biogeography and Geological Evolution of SE Asia*. Leiden: Backhuys.

Hallam, A. (1988). A reevaluation of Jurassic eustasy in the light of new data and the revised Exxon curve. In C. K. Wilgus et al. (eds.), *Sea-Level Changes: An Integrated Approach*. SPEM Special Publication, 42, pp. 261–273.

Haq, B. U. & Al-Qahtani, A. M. (2005). Phanerozoic cycles of sea-level change on the Arabian Platform. *GeoArabia*, 10, 127–160.

Haq, B. U. & Shutter, S. R. (2008). A chronology of Paleozoic sea-level changes. *Science*, 322, 64–68.

Harper, D. A. T., Mac Niocaill, C. & Williams, S. H. (1996). The palaeogeography of the early Ordovician Iapetus terranes: an integration of faunal and palaeomagnetic constraints. *Palaeogeography, Palaeoclimatology, Palaeoecology*, 121, 297–312.

Harper, D. A. T. & Servais, T. (eds.)(2013). *Early Palaeozoic Biogeography and Palaeogeography*. Geological Society, London, Memoirs, 38.

Hartz, E. H. & Torsvik, T. H. (2002). Baltica upside down: a new plate tectonic model for Rodinia and the Iapetus Ocean. *Geology*, 30, 255–258.

Hatcher, R. D., Thomas, W. A. & Viele, G. W. (eds.)(1989). *The Appalachian–Ouachita Orogeny in the United States: The Geology of North America, Vol. F-2*. Boulder: Geological Society of America.

Havlíček, V., Vaněk, J. & Fatka, O. (1994). Perunica microcontinent in the Ordovician (its position within the Mediterranean Province, series divisions, benthic and pelagic associations). *Sborník geologickych v ě d Geologie*, 46, 25–56.

Hawkesworth, C., Dhuime, B., Pietranik, A. et al. (2010). The generation and evolution of the continental crust. *Journal of the Geological Society, London*, 167, 229–248.

Hawkins, T., Smith, M. P., Herrington, R. J. et al. (2016). The geology and genesis of the iron skarns of the Turgai belt, northwestern Kazakhstan. *Ore Geology Reviews* (in press).

Heine, C., Zoethout, J. & Muller, R. D. (2013). Kinematics of the South Atlantic rift. *Solid Earth*, 4, 215–253.

Helbing, H. & Tiepolo, M. (2005). Age determination of Ordovician magmatism in NE Sardinia and its bearing on Variscan basement evolution. *Journal of the Geological Society, London*, 162, 689–700.

Hellinger, S. J. (1981). The uncertainties of finite rotations in plate tectonics. *Journal of Geophysical Research*, 86, 9312–9318.

Henriksen, N. (2008). *Geological History of Greenland: Four Billion Years of Earth Evolution*. Copenhagen: Geological Survey of Denmark.

Hervé, F., Calderón, M., Fanning, C. M. et al. (2013). Provenance variations in the Late Paleozoic accretionary complex of central Chile as indicated by detrital zircons. *Gondwana Research*, 23, 1122–1135.

Higgins, A. K., Gilotti, J. A. & Smith, M. P. (eds.)(2008). *The Greenland Caledonides: Evolution of the Northeast Margin of Laurentia*. Geological Society of America Memoir, 202.

Hildebrand, R. S. (2014). Geology, mantle tomography, and inclination corrected paleogeographic trajectories support westward subduction during Cretaceous orogenesis in the North American Cordillera. *Geoscience Canada*, 41, doi.org/10.12789/geocanj.2014.41.032.

Hoepffer, C., Soulaimani, A. & Piqué, A. (2005). The Moroccan Hercynides. *Journal of African Earth Sciences*, 43, 144–165.

Hoffman, P. F., Kaufman, A. J., Halverson, G. P. & Schrag, D. P. (1998). A Neoproterozoic Snowball Earth. *Science*, 281, 1342–1346.

Holmer, L. E., Popov, L. E., Koneva, S. P. & Bassett, M. G. (2001). *Cambrian–Early Ordovician Brachiopods from Malyi Karatau, the Western Balkash Region, and Tien Shan, Central Asia*. The Palaeontological Society, Special Papers in Palaeontology, 65.

Holz, M., França, A. B., Sousa, P. A. et al. (2010). A stratigraphic chart of the Late Carboniferous/Permian succession of the eastern border of the Paraná Basin, Brazil. *Journal of South American Earth Sciences*, 29, 381–389.

Husson, L., Conrad, C. P. & Faccenna, C. (2012). Plate motions, Andean orogeny, and volcanism above the South Atlantic convection cell. *Earth and Planetary Science Letters*, 317–318, 126–135.

Huyghe, D., Lartaud, F., Emmanuel, L., Merle, D. & Renard, M. (2015). Palaeogene climate evolution in the Paris Basin from oxygen stable isotope ($\delta^{18}O$) compositions of marine molluscs. *Journal of the Geological Society, London*, 172, 576–587.

Ikeda, M., Hori, R. S., Okada, Y. & Nakada, A. (2015). Volcanism and deep-ocean acidification across the end-Triassic extinction event. *Palaeogeography, Palaeoclimatology, Palaeoecology*, 440, 725–733.

IPCC (2013). Summary for Policymakers. In T. F. Stocker, D. Qin, G.-K. Plattner et al. (eds.), *Climate Change 2013:*

The Physical Science Basis. Contribution of Working Group I to the Fifth Assessment Report of the Intergovernmental Panel on Climate Change. Cambridge : Cambridge University Press.

Isozaki, Y., Aoki, K., Nakama, T. & Yanai, S. (2010). New insight into a subduction-related orogeny : a reappraisal of the geotectonic framework and evolution of the Japanese islands. *Gondwana Research*, 18, 82–105.

Jaanusson, V. (1973). Aspects of carbonate sedimentation in the Ordovician of Baltoscandia. *Lethaia*, 6, 11–34.

James, K. H., Lorente, M. A. & Pindell, J. L. (eds.)(2009). *The Origin and Evolution of the Caribbean Plate.* Geological Society, London, Special Publications, 328.

Jenkyns, H. C. (2010). Geochemistry of oceanic anoxic events. *Geochemistry, Geophysics, Geosystems*, 11, Q03004, doi : 10.1029/2009GC002788.

Jian, P., Liu, D., Kröner, A. et al. (2008). Time scale of an early to mid-Palaeozoic orogenic cycle of the long-lived Central Asian Orogenic Belt, Inner Mongolia of China : implications for continental growth. *Lithos*, 101, 233–259.

Jian, P., Liu, D., Kröner, A. et al. (2009a). Devonian to Permian plate tectonic cycle of the Paleo-Tethys Orogen in southwest China (I) : geochemistry of ophiolites, arc/back-arc assemblages and within-plate igneous rocks. *Lithos*, 113, 748–766.

Jian, P., Liu, D., Kröner, A. et al. (2009b). Devonian to Permian plate tectonic cycle of the Paleo-Tethys Orogen in southwest China (II) : insights from zircon ages of ophiolites, arc/back- arc assemblages and within plate igneous rocks and generation of the Emeishan CFB province. *Lithos*, 113, 767–784.

Joachimski, M. M., Breizig, S., Buggisch, W. et al. (2009). Devonian climate and reef evolution : insights from oxygen isotopes in apatite. *Earth and Planetary Science Letters*, 284, 599–609.

Johnson, D. P., Maillet, P. C. & Price, R. (1993). Regional setting of a complex backarc : New Hebrides Arc, northern Vanuatu–eastern Solomon Islands. *Geo-Marine Letters*, 13, 82–89.

Johnston, S. T. (2008). The Cordilleran Ribbon Continent of North America. *Annual Review of Earth and Planetary Sciences*, 36, 495–530.

Kay, S. M., Mpodozis, C. & Ramos, V. A. (2005). Andes. In R. C. Selley, L. R. M. Cocks & I. R. Plimer (eds.), *Encyclopedia of Geology*, Volume 1, Amsterdam : Elsevier, pp. 118–131.

Keller, B. M. & Predtechensky, N. N. (eds.)(1968). *Atlas of Lithology – Paleogeographical Maps of the U. S. S. R. Precambrian, Cambrian, Ordovician, Silurian, Volume 1.* Moscow : Ministry of Geology of the USSR (in Russian).

Kennan, L. & Pindell, J. L. (2009). Dextral shear, terrane accretion and basin formation in the Northern Andes : best explained by interaction with a Pacific-derived Caribbean Plate? In K. H. James, M. A. Lorente & J. L. Pindell (eds.), *The Origin and Evolution of the Caribbean Plate.* Geological Society, London, Special Publications, 328, pp. 487–531.

Kenrick, P. & Davis, P. (2004). *Fossil Plants.* London : The Natural History Museum.

Kenrick, P., Wellman, C. H., Schneider, H. & Edgecombe, G. D. (2012). A time-line for terrestrialization : consequences for the carbon cycle in the Palaeozoic. *Philosophical Transactions of the Royal Society*, B367, 519–536.

Kent, D. V. & Tauxe, L. (2005). Corrected Late Triassic latitudes for continents adjacent to the North Atlantic. *Science*, 307, 240–247.

Keppie, J. D. (2004). Terranes of Mexico revisited : a 1.3 billion year odyssey. *International Geology Review*, 46, 765–794.

Keppie, J. D., Dostal, J., Murphy, J. B. & Nance, R. D. (2008). Synthesis and tectonic interpretation of the westernmost Variscan orogeny in southern Mexico : from rifted Rheic margin to active Pacific margin. *Tectonophysics*, 461, 277–290.

Keppie, J. D., Nance, R. D., Dostal, J., Lee, J. K. W. & Ortega-Rivera, A. (2012). Constraints on the subduction erosion/extrusion cycle in the Paleozoic Acatlán Complex of southern Mexico : geochemistry and geochronology of the type Plaxtia Suite. *Gondwana Research*, 21, 1050–1065.

Kheraskova, T. N., Didenko, A. N., Bush, V. A. & Volozh, Y. A. (2003). The Vendian-Early Paleozoic history of the continental margin of eastern Paleogondwana, Paleoasian Ocean, and Central Asia Foldbelt. *Russian Journal of Earth Sciences*, 5, 165-184.

Khozyem, H., Adatte, T., Spangenberg, J. E. et al. (2013). Palaeoenvironmental and climatic changes during the Palaeocene-Eocene Thermal Maximum (PETM) at the Wadi Nukhul Section, Sinai, Egypt. *Journal of the Geological Society*, London, 170, 341-352.

Kirschvink, J. L. (1992). Late Proterozoic low-latitude global glaciation: the snowball Earth. In J. W. Schopf, C. Klein & D. Des Maris (eds.), *The Proterozoic Biosphere: A Multidisciplinary Study*. Cambridge: Cambridge University Press, pp. 51-52.

Knudsen, M. F. & Riisager, P. (2009). Is there a link between earth's magnetic field and low-latitude precipitation? *Geology*, 37, 71-74.

Kodama, K. P. (2009). Simplification of the anisotropy-based inclination correction technique for magnetite- and hematite- bearing rocks: a case study for the Carboniferous Glenshaw and Mauch Chunk formations, North America. *Geophysical Journal International*, 176, 467-477.

Kohn, M. J. (2014). Himalayan metamorphism and its tectonic implications. *Annual Review of Earth and Planetary Sciences*, 42, 381-419.

Koppers, A. A. P., Yamazaki, T., Geldmacher, J. et al. (2012). Limited latitudinal mantle plume motion for the Louisville hotspot. *Nature Geoscience*, 5, 911-917, doi: 10.1038/NGEO1638.

Korte, C., Hesselbo, S. P., Jenkyns, H. C. et al. (2009). Palaeoenvironmental significance of carbon- and oxygen-isotope stratigraphy of marine Triassic-Jurassic boundary sections in SW Britain. *Journal of the Geological Society*, London, 166, 431-445.

Kravchinsky, V. A., Konstantinov, K. M. & Cogné, J. P. (2001). Palaeomagnetic study of Vendian and Early Cambrian rocks of South Siberia and Central Mongolia: was the Siberian platform assembled at the time? *Precambrian Research*, 110, 61-92.

Kröner, A. (ed.)(2015). *The Central Asian Orogenic Belt*. Stuttgart: Borntraeger.

Krstić, B., Maslarević, L., Ercegovać, M. & Dajić, S. (1999). Ordovician of the East-Serbian South Carpathians. *Acta Universitatis Carolinae - Geologica*, 43, 101-114.

Labails, C., Olivet, J. L., Aslanian, D. & Roest, W. R. (2010). An alternative early opening scenario for the Central Atlantic Ocean. *Earth and Planetary Science Letters*, 297, 355-368.

Landing, E., Rushton, A. A., Fortey, R. A. & Bowring, S. A. (2015). Improved geochronologic accuracy and precision for the ICS Chronostratigraphic Charts: examples from the late Cambrian-early Ordovician. *Episodes*, 38, 154-161.

Lapworth, C. (1879). On the tripartite classification of the Lower Palaeozoic rocks. *Geological Magazine*, 6, 1-15.

Lee, S., Choi, D. R. & Shi, G. R. (2010). Pennsylvanian brachiopods from the Geumcheon-Jangseong Formation, Pyeongan Supergroup, Taebaeksan Basin, Korea. *Journal of Paleontology*, 84, 417-443.

Lefebvre, B. & Fatka, O. (2003). Palaeogeographical and palaeoecological aspects of the Cambro-Ordovician radiation of echinoderms. *Palaeogeography, Palaeoclimatology, Palaeoecology*, 195, 73-97.

Lekic, V., Cottar, S., Dziewonski, A. & Romanowicz, B. (2012). Cluster analysis of global lower mantle tomography: a new class of structure and implications for chemical heterogeneity. *Earth and Planetary Science Letters*, 357, 68-77.

Leroy, S., Razin, P., Autin, J. et al. (2012). From rifting to oceanic spreading in the Gulf of Aden: a synthesis. *Arabian Journal of Geosciences*, 5, 859-901, doi: 10.1007/s12517-011-0475-4.

Lethiers, F. & Crasquin-Soleau, S. (1995). Distributions des ostracodes et paléocurrantologie au Carbonifère terminal-Permien. *Geobios*, 18, 257-272.

Levashova, N. M., van der Voo, R., Abrajevitch, A. & Bazhenov, M. L. (2009). Paleomagnetism of mid-Paleozoic subduction-related volcanics from the Chingiz Ridge in NE Kazakhstan: the evolving paleogeography of the MALGAMATING Eurasian composite continent. *Geological Society of America Bulletin*, 121, 555–573.

Leveridge, B.E & Shail, R. K. (2011). The marine Devonian stratigraphy of Great Britain. *Proceedings of the Geologists' Association*, 122, 540–567.

Li, J. Y. (2006). Permian geodynamic setting of Northeast China and adjacent regions: closure of the Paleo-Asian Ocean and subduction of the Paleo-Pacific Plate. *Journal of Asian Earth Sciences*, 26, 207–224.

Li, Z. X., Bogdanova, S. V., Collins, A. S. et al. (2008). Assembly, configuration, and break-up history of Rodinia: a synthesis. *Precambrian Research*, 160, 179–210.

Liu, L., Gurnis, M., Seton, M. et al. (2010). The role of oceanic plateau subduction in the Laramide orogeny. *Nature Geoscience*, 3, 353–357, doi: 10.1038/NGEO829.

Liu, L. & Stegman, D. R. (2012). Origin of Columbia River flood basalt controlled by propagating rupture of the Farallon slab. *Nature*, 482, 386–390.

Lorenz, H., Männik, P., Gee, D. G. & Proskurnin, V. (2008). Geology of the Severnaya Zemlya Archipelago and new tectonic interpretation for the North Kara Terrane in the Russian high Arctic. *International Journal of Earth Sciences*, 97, 519–547.

Lowry, D.P, Poulsen, C. J., Horton, D. E. et al. (2014). Thresholds for Paleozoic ice sheet initiation. *Geology*, 42 (7), 627–630.

Lyons, T. W., Reinhard, C. T. & Planavsky, N. J. (2014). The rise of oxygen in Earth's early ocean and atmosphere. *Nature*, 506, 307–315.

MacLeod, N., Rawson, P. E., Forey, P. L. et al. (1997). The Cretaceous-Tertiary biotic transition. *Journal of the Geological Society*, London, 154, 265–292.

Mac Niocaill, C., van de Pluijm, B. A. & van der Voo, R. (1997). Ordovician paleogeography and evolution of the Iapetus Ocean. *Geology*, 25, 159–162.

Maloney, K. T., Clarke, G. L., Klepeis, K. A. & Quevedo, L. (2013). The Late Jurassic to present evolution of the Andean margin: drivers and the geological record. *Tectonics*, 32, 1049–1065.

Manankov, I. N., Shi, G. R. & Shen, S. (2006). An overview of Permian marine stratigraphy and biostratigraphy of Mongolia. *Journal of Asian Earth Sciences*, 26, 294–303.

Mander, L., Kürschner, W. M. & McElwain, J. C. (2013). Palynostratigraphy and vegetation history of the Triassic-Jurassic transition in East Greenland. *Journal of the Geological Society*, London, 170, 37–46.

Marcussen, C., Knudsen, C., Hopper, J. R. et al. (2015). Age and origin of the Lomonosov Ridge: a key continental fragment in Arctic Ocean reconstructions. *Geophysical Research Abstracts*, 17, EGU2015-10207-1.

Marshall, P. E., Widdowson, M. & Murphy, D. T. (2016). The Giant Lavas of Kalkarindji: rubbly pā hoehoe lava in an ancient continental flood basalt province. *Palaeogeography, Palaeoclimatology, Palaeoecology*, 441, 22–37.

Martindale, R. C., Corsetti, F. A., James, N. P. & Bottjer, D. J. (2015). Paleogeographic trends in Late Triassic reef ecology from northeastern Panthalassa. *Earth-Science Reviews*, 142, 18–37.

McCall, G. J. H. (2006). The Vendian (Ediacaran) in the geological record: enigmas in geology's prelude to the Cambrian explosion. *Earth-Science Reviews*, 77, 1–229.

McCann, T. (ed.)(2008). *The Geology of Central Europe*. London: Geological Society.

McHone, J. G. (2002). Volatile emissions of Central Atlantic Magmatic Province basalts: mass assumptions and environmental consequences. In W. E. Hames, J. G. McHone, P. R. Renne & C. Ruppel (eds.), *The Central Atlantic Magmatic Province*. American Geophysical Union, Geophysical Monograph, 136, pp. 241–254.

McKenzie, P. M., Hughes, N. C., Myrow, P. M. et al. (2011). Trilobites and zircons link north China with the eastern Himalaya during the Cambrian. *Geology*, 39, 591–594.

McKerrow, W. S. & Cocks, L. R. M. (1976). Progressive faunal migration across the Iapetus Ocean. *Nature*, 263, 304–306.

McKerrow, W. S., Mac Niocaill, C., Ahlberg, P. E. et al. (2000). The Late Palaeozoic relations between Gondwana and Laurussia. In W. Franke, V. Haak, O. Oncken & D. Tanner (eds.), *Orogenic Processes : Quantification and Modelling in the Variscan Belt*. Geological Society, London, Special Publications, 179, 9–20.

McQuarrie, N. & van Hinsbergen, D. J. J. (2013). Retrodeforming the Arabia–Eurasia collision zone : age of collision versus magnitude of continental subduction. *Geology*, 41, 315–318.

Meert, J. G. (2003). A synopsis of events related to the assembly of eastern Gondwana. *Tectonophysics*, 362, 1–40.

Meert, J. G. (2012). What's in a name? The Columbia (Palaeopangea/Nuna) Supercontinent. *Gondwana Research*, 21, 987–993.

Meert, J. G. (2014). Strange attractors, spiritual interlopers and lonely wanderers : the search for pre-Pangæan supercontinents. *Geoscience Frontiers*, 5, 155–166.

Mei, S. & Henderson, C. M. (2001). Evolution of Permian conodont provincialism and its significance in global correlation and paleoclimate implication. *Palaeogeography, Palaeoclimatology, Palaeoecology*, 270, 217–260.

Meng, J. & McKenna, M. C. (1998). Faunal turnover of Palaeogene mammals from the Mongolian Plateau. *Nature*, 394, 364–367.

Metcalfe, I. (2006). Palaeozoic and Mesozoic tectonic evolution and palaeogeography of East Asian crustal fragments : the Korean Peninsula in context. *Gondwana Research*, 9, 24–46.

Metcalfe, I. (2011). Palaeozoic-Mesozoic history of SE Asia. In R. Hall, M. A. Cottamm & E. J. Wilson (eds.), *The SE Asian Gateway : History and Tectonics of the Australia–Asia Collision*. Geological Society, London, Special Publications, 355, pp. 7–35.

Michard, A., Saddiqi, O., Chalouan, A. & Lamotte, D. F. (eds.) (2008). *Continental Evolution : The Geology of Morocco*. Berlin : Springer-Verlag.

Mojzsis, S. J., Cates, N. L., Bleeker, W. et al. (2014). Component geochronology of the ca. 3960 Ma Acasta Gneiss. *Geochimica et Cosmochimica Acta*, 133, 68–96. Montelli, R., Nolet, G., Dahlen, F. & Masters, G. (2006). A catalogue of deep mantle plumes : new results from finite- frequency tomography. *Geochemistry, Geophysics, Geosystems*, 7, Q11007, doi : 10.1029/2006GC001248.

Moratti, G. & Chalouan, A. (eds.) (2006). *Tectonics of the Western Mediterranean and North Africa*. Geological Society, London, Special Publications, 262.

Moreno, T. & Gibbons, W. (eds.) (2007). *The Geology of Chile*. London : Geological Society.

Morgan, W. J. (1971). Convection plumes in the lower mantle. *Nature*, 230, 42–43.

Mortimer, N., Herzer, R. H., Gans, P. B., Parkinson, D. L. & Seward, D. (1998). Basement geology from Three Kings Ridge to West Norfolk Ridge, southwest Pacific Ocean : evidence from petrology, geochemistry and isotopic dating of dredge samples. *Marine Geology*, 148, 135–162.

Mortimore, R. N. (2011). A chalk revolution – what have we done to the chalk of England? *Proceedings of the Geologists' Association*, 122, 232–297.

Moulin, M., Aslanian, D. & Unternehr, P. (2010). A new starting point for the South and Equatorial Atlantic Ocean. *Earth- Science Reviews*, 98, 1–37.

Moullade, M. & Nairn, A. E. M. (eds.) (1983). *The Mesozoic, B. The Phanerozoic Geology of the World II*. Amsterdam : Elsevier.

Müller, R. D., Royer, J.-Y. & Lawver, L. A. (1993). Revised plate motions relative to the hotspots from combined Atlantic and Indian Ocean hotspot tracks. *Geology*, 21, 275–278.

Müller, R. D., Sdrolias, M., Gaina, C. & Roest, W. R. (2008). Age, spreading rates, and spreading asymmetry of the world's ocean crust. *Geochemistry, Geophysics, Geosystems*, 9, Q04006, doi : 10.1029/2007GC001743.

Murphy, J.B, van Staal, C. R. & Keppie, J. D. (1999). Middle to Late Paleozoic Acadian orogeny in the northern Appalachians: a Laramide-style plume-related orogeny? *Geology*, 27, 653-656.

Musteikis, P. & Cocks, L. R. M. (2004). Strophomenide and orthotetide Silurian brachiopods from the Baltic region, with particular reference to Lithuanian boreholes. *Acta Palaeontologica Polonica*, 49. 455-482.

Myhre, A. M., Eldholm, O. & Sundvor, E. (1982). The margin between Senja and Spitsbergen fracture zones: implications from plate tectonics. *Tectonophysics*, 89 (1-3), 33-50.

Nance, R. D., Keppie, J. D., Miller, B. V. et al. (2009). Palaeozoic palaeogeography of Mexico: constraints from detrital zircon age data. In J. B. Murphy, J. D. Keppie & A. Hynes (eds.), *Ancient Orogens and Modern Analogues*. Geological Society, London, Special Publications, 327, pp. 239-269.

Natal'in, B. A. & Şengör, A. M. C. (2005). Late Palaeozoic to Triassic evolution of the Turan and Scythian platforms: the pre-history of the Palaeo-Tethyan closure. *Tectonophysics*, 404, 175-202.

Nelson, J. & Colpron, M. (2007). Tectonics and metallogeny of the British Columbia, Yukon and Alaskan Cordillera: 1.8 Ga to the present. In W. D. Goodfellow (ed.), *Mineral Deposits of Canada*. Geological Association of Canada, Mineral Deposits Division, Special Publication, 5, pp. 755-791.

Nielsen, K. C. (2005). Ouachitas. In R. C. Selley, L. R. M. Cocks & I. R. Plimer (eds.), *Encyclopedia of Geology, Volume 4*, Amsterdam: Elsevier, pp. 61-71.

Nikishin, A. M., Ziegler, P. A., Stephenson, R. A. et al. (1996). Late Precambrian to Triassic history of the East European Craton: dynamics of sedimentary basin evolution. *Tectonophysics*, 268, 23-63.

Nokleberg, W. J., Parfenov, I. M., Monger, J. W. H. et al. (2000). *Phanerozoic Tectonic Evolution of the Circum-North Pacific*. US Geological Survey Professional Paper, 1626.

Oakey, G. N. & Damaske, D. (2006). Continuity of basement structures and dyke swarms in the Kane Basin region of central Nares Strait constrained by aeromagnetic data. *Polarforschung*, 74, 51-62.

Olierook, H. K. H., Merle, R. E., Jourdan, F. et al. (2015). Age and geochemistry of magmatism of the oceanic Wallaby Plateau and implications for the opening of the Indian Ocean. *Geology*, 43, 971-974.

O'Neill, C., Lenardic, A., Moresi, L. et al. (2007). Episodic Precambrian Subduction. *Earth and Planetary Science Letters*, 262, 552-562.

O'Neill, C., Müller, R. D. & Steinberger, B. (2005). On the uncertainties in hot spot reconstructions and the significance of moving hot spot reference frames. *Geochemistry, Geophysics, Geosystems*, 6, Q04003, doi: 10.1929/2004GC000784.

Owen-Smith, T. M., Ashwal, L. D., Torsvik, T. H. et al. (2013). Seychelles alkaline suite records the culmination of Deccan Traps continental flood volcanism. *Lithos*, 182-183, 33-47.

Oxman, V. S. (2003). Tectonic evolution of the Mesozoic Verkhoyansk-Kolyma belt (NE Asia). *Tectonophysics*, 365, 45-76.

Parman, S. W. (2015). Time-lapse zirconography: imaging punctuated continental evolution. *Geochemical Perspective Letters*, 1, 43-52.

Parrish, J. T. (1982). Upwelling and petroleum source beds, with reference to the Paleozoic. *Bulletin - American Association of Petroleum Geologists*, 66, 750-774.

Pausata, F. S. R., Chafik, L., Caballero, R. & Battisti, D. S. (2015). Impacts of high-latitude volcanic eruptions on ENSO and AMOC. *Proceedings of the National Academy of Science*, 112, 13784-13788.

Pegel, T. V. (2000). Evolution of trilobite biofacies in Cambrian basins of the Siberian Platform. *Journal of Paleontology*, 74, 1000-1017.

Percival, I. G. (1991). Late Ordovician articulate brachiopods from central New South Wales. *Memoirs of the Society of Australasian Palaeontologists*, 12, 107-177.

Percival, I. G. & Glenn, R. A. (2007). Ordovician to earliest Silurian history of the Macquarie Arc, Lachlan Orogen,

New South Wales. *Australian Journal of Earth Sciences*, 54, 143–165.

Peron-Pinvidic, G., Gernigon, L., Gaina, C. & Ball, P. (2012). Insights from the Jan Mayen system in the Norwegian- Greenland Sea : II. Architecture of a microcontinent. *Geophysics Journal International*, 191, 413–435.

Petterson, M. G., Babbs, T., Neal, C. R. et al. (1999). Geological- tectonic framework of Solomon Islands, SW Pacific : crustal accretion and growth within an intra-oceanic setting. *Tectonophysics*, 301, 35–60.

Pirajno, F., Mao, J., Zhang, Z. & Chai, F. (2008). The association of mafic-ultramafic intrusions and A-type magmatism in the Tian Shan and Altay orogens, NW China : implications for geodynamic evolution and potential for the discovery of new ore deposits. *Journal of Asian Earth Sciences*, 32, 165–183.

Plafker, G. & Berg, H. C. (eds.)(1994). *The Geology of Alaska. The Geology of North America*, Vol. G-1. Boulder : The Geological Society of America.

Popov, L. E., Bassett, M. G., Zhemchuzhnikov, V. G. et al. (2009). Gondwanan faunal signatures from early Palaeozoic terranes of Kazakhstan and central Asia. In M. G. Bassett (ed.), *Early Palaeozoic Peri-Gondwana Terranes*. Geological Society, London, Special Publications, 325, pp. 23–64.

Popov, L. E. & Cocks, L. R. M. (2017). Late Ordovician brachiopods from Kazakhstan, and their palaeogeography. *Acta Geologica Polonica* (in press).

Potter, A. W., Boucot, A. J., Bergström, S. M. et al. (1990). Early Paleozoic stratigraphic, paleogeographic, and biogeographic relations of the eastern Klamath belt, northern California. In D. S. Harwood & M. M. Miller (eds.), *Paleozoic and Early Mesozoic Paleogeographic Relations ; Sierra Nevada, Klamath Mountains, and Related Terranes*. Geological Society of America Special Paper, 255, pp. 57–74.

Pownall, J. M., Hall, R. & Watkinson, I. M. (2013). Extreme extension across Seram and Ambon, eastern Indonesia : evidence for Banda slab rollback. *Solid Earth*, 4, 277–314.

Puchkov, V. N. (2009). The evolution of the Uralian orogen. In J. B. Murphy, J. D. Keppie & A. Hynes (eds.), *Ancient Orogens and Modern Analogues*. Geological Society, London, Special Publications, 327, pp. 161–195.

Qiao, L. & Shen, S. (2014). Global paleobiogeography of brachiopods during the Mississippian – response to the lobal tectonic configuration, ocean circulation, and climate changes. *Gondwana Research*, 26, 1173–1185.

Quintaville, M., Tongiorgi, M. & Gaetani, M. (2000). Lower to Middle Ordovician acritarchs and chitinozoans from northern Karakorum Mountains, Pakistan. *Rivista Italiana di Paleontologia e Stratigrafia*, 106, 3–18.

Radley, J. D. & Allen, P. (2012). The non-marine Lower Cretaceous Wealden strata of southern England. *Proceedings of the Geologists' Association*, 123, 235–385.

Ramos, V. A. & Folguera, A. (2009). Andean flat-slab subduction through time. In J. B. Murphy, J. D. Keppie & A. Hynes (eds.), *Ancient Orogens and Modern Analogues*, Geological Society, London, Special Publications, 327, pp. 31–54.

Rasmussen, C. M. Ø., Ullmann, C. V., Jakobsen, K. G. et al. (2016). Onset of main Phanerozoic marine radiation sparked by emerging Mid Ordovician icehouse. *Nature, Scientific Reports*, doi : 10.1038/srep18884.

Raymo, M. E., Ruddiman, W. F. & Froelich, P. N. (1988). Influence of late Cenozoic mountain building on ocean geochemical cycles. *Geology*, 16, 649–653.

Rees, P. M. (2002). Land-plant diversity and the end-Permian mass extinction. *Geology*, 30, 827–830.

Rees, P. M., Noto, C. R., Parrish, J. M. & Parrish, J. T. (2004). Late Jurassic climates, vegetation and dinosaur distributions. *Journal of Geology*, 112, 643–653.

Reidel, S. P., Camp, V. E., Tolan, T. L. & Martin, B. S. (2013). The Columbia River flood basalt province : stratigraphy, areal extent, volume, and physical volcanology. In S. P. Reidel et al. (eds.), *The Columbia River Flood Basalt Province*, Geological Society of America Special Paper, 497, pp. 1–43.

Retallack, G. J. (2015). Silurian vegetation structure and density inferred from fossil soils and plants in Pennsylvania, USA. *Journal of the Geological Society*, London, 172, 693–709.

Ricci, J., Quidelleur, X., Pavlov, V. et al. (2013). New $^{40}Ar/^{39}Ar$ and K–Ar ages of the Viluy traps (Eastern Siberia): further evidence for a relationship with the Frasnian–Famennian mass extinction. *Palaeogeography, Palaeoclimatology, Palaeoecology*, 386, 531–540.

Ridd, M. F., Barber, A. J. & Crowe, M. J. (eds.)(2011). *The Geology of Thailand*. London: Geological Society.

Riefstahl, F., Estrada, S., Geissler, W. H. et al. (2013). Provenance and characteristics of rocks from the Yermak Plateau, Arctic Ocean: petrographic, geochemical and geochronological constraints. *Marine Geology*, 343, 125–145.

Ritsema, J. & Allen, R. M. (2003). The elusive mantle plume. *Earth and Planetary Science Letters*, 207, 1–12.

Roberts, N. M. & Spencer, C. J. (2014). The zircon archive of continent formation through time. In N. M. W. Roberts et al. (eds.), *Continent Formation through Time*. Geological Society, London, Special Publications, 389, pp. 197–225.

Rocha-Campos, A. C., Santos, P. R. D. & Canuto, J. R. (2008). Late Paleozoic glacial deposits of Brazil: Paraná Basin. In C. R. Fielding, T. D. Frank & J. L. Isbell (eds.), *Resolving the Late Paleozoic Ice Age in Time and Space*. Geological Society of America Special Paper, 441, pp. 97–114.

Rong, J., Boucot, A. J., Su, Y. & Strusz, D. L. (1995). Biogeographical analysis of Late Silurian brachiopod faunas, chiefly from Asia and Australia. *Lethaia*, 28, 39–60.

Rong, J., Chen, X., Su, Y. et al. (2003). Silurian paleogeography of China. *New York State Museum Bulletin*, 493, 243–298.

Rong, J. & Harper, D. A. T. (1988). A global synthesis of the latest Ordovician Hirnantian brachiopod fauna. *Transactions of the Royal Society of Edinburgh, Earth Sciences*, 79, 383–401.

Ross, C. A. & Ross, J. R. P. (1983). Late Paleozoic accreted terranes of western North America. In C. H. Stevens (ed.), *Pre-Jurassic Rocks in Western American Suspect Terranes*, Los Angeles: SEPM Pacific Section, pp. 7–22.

Royer, D. L. (2006). CO_2-forced climate thresholds during the Phanerozoic. *Geochimica et Cosmochimica Acta*, 70, 5665–5675.

Royer, D. L., Berner, R. A. & Park, J. (2007). Climate sensitivity constrained by CO_2 concentrations over the past 420 million years. *Nature*, 446, 530–532.

Rozman, K. S. (1978). Brachiopods of the Obikolon Beds. *USSR Academy of Sciences Siberian Branch Institute of Geology and Geophysics Transactions*, 397, 75–101 (in Russian).

Ruban, D. A., al-Husseini, M. L. & Iwasaki, Y. (2007). Review of Middle East plate tectonics. *GeoArabia*, 12, 35–56.

Ruddiman, W. F. (2014). *Earth's Climate Past and Future*, 3rd edn. New York: W. H. Freeman.

Rushton, A. W. A., Cocks, L. R. M. & Fortey, R. A. (2002). Upper Cambrian trilobites and brachiopods from Severnaya Zemlya, Arctic Russia, and their implications for correlation and biogeography. *Geological Magazine*, 139, 281–290.

Sahney, S., Benton, M. J. & Falcon-Lang, H. J. (2010). Rainforest collapse triggered Carboniferous tetrapod diversification in Euramerica. *Geology*, 38, 1079–1082.

Savage, R. J. G. & Long, M. R. (1986). *Mammal Evolution: An Illustrated Guide*. London: British Museum (Natural History).

Scarrow, J. H., Ayala, C. & Kimball, G. S. (2002). Insights into orogenesis: getting to the root of a continental-ocean- continent collision. *Journal of the Geological Society, London*, 159, 659–671.

Schallreuter, R. & Siveter, D. J. (1985). Ostracodes across the Iapetus Ocean. *Palaeontology*, 28, 577–598.

Schandelmeier, H. & Reynolds, P. O. (1997). *Palaeogeographic- Palaeotectonic Atlas of North-Eastern \Africa, Arabia, and Adjacent Areas*. Rotterdam: Balkema.

Schmid, S. M., Bernoulli, D., Fügenschuh, B. et al. (2008). The Alpine-Carpathian-Dinaridic orogenic system: correlation and evolution of tectonic units. *Swiss Journal of Geosciences*, 101, 139–183.

Scotese, C. R. & Barrett, S. F. (1990). Gondwana's movement over the South Pole during the Palaeozoic: evidence from lithological indicators of climate. In W. S. McKerrow & C. R. Scotese (eds.), *Palaeozoic Palaeogeography and Biogeography*. Geological Society, London, Memoir, 12, pp. 75-85.

Searle, M. P. (2013). *Colliding Continents : A Geological Exploration of the Himalaya, Karakoram, and Tibet*. Oxford : Oxford University Press.

Searle, M. P., Cherry, A. G., Ali, M. Y. & Cooper, D. J. W. (2014). Tectonics of the Musandam Peninsula and northern Oman Mountains : from ophiolite obduction to continental collision. *GeoArabia*, 19, 135-174.

Sedgwick, A. & Murchison, R. I. (1835). On the Cambrian and Silurian systems, exhibiting the order in which the older sedimentary strata succeed each other in England and Wales. *The London and Edinburgh Philosophical Magazine and Journal of Science*, 7, 483-5.

Sedgwick, A. & Murchison, R. I. (1837). A classification of the old slate rocks of the north of Devonshire. *Report of the British Association for the Advancement of Science (for 1836)*, 95-96.

Sedlock, R. L. (2003). Geology and tectonics of the Baja California peninsula and adjacent areas. In S. E. Johnson, S. R. Paterson, J. M. Fletcher et al. (eds.), *Tectonic Evolution of Northwestern Mexico and the Southwestern USA*. Geological Society of America Special Paper, 374, pp. 1-42.

Selley, R. C., Cocks, L. R. M. & Plimer, I. R. (eds.)(2005). *Encyclopedia of Geology*. Amsterdam : Elsevier.

Şengör, A. M. C. & Atayman, S. (2009). *The Permian Extinction and the Tethys*. Geological Society of America Special Paper, 448.

Şengör, A. M. C. & Natal'in, B. A. (1996). Paleotectonics of Asia : fragments of a synthesis. In A. Yin & M. Harrison (eds.), *The Tectonic Evolution of Asia*. Cambridge : Cambridge University Press, pp. 486-646.

Sennikov, N. V. (2003). Ordovician events in Altai-Sayan- Kuznesty and Tuva basins and their influence on the sedimentary facies and marine biota (Siberia, Russia). *INSUGEO Serie Correlación Geológica*, 17, 461-465.

Seton, M., Gaina, C., Müller, R. D. & Heine, C. (2009). Mid- Cretaceous seafloor spreading pulse : fact or fiction? *Geology*, 37, 687-690.

Seton, M., Flament, N., Whittaker, J. et al. (2015). Ridge subduction sparked reorganization of the Pacific plate-mantle system 60-50 million years ago. *Geophysical Research Letters*, 42, 1732-1740.

Seton, M., Müller, R. D., Zahirovic, S. et al. (2012). Global continental and ocean basin reconstructions since 200 Ma. *Earth-Science Reviews*, 113, 212-270.

Shao, L., Zhang, P., Gayer, R. A. et al. (2003). Coal in a carbonate sequence stratigraphic framework : the Upper Permian Heshan Formation in central Guangxi, southern China. *Journal of the Geological Society*, London, 160, 285-298.

Shaw, J., Johnston, S. T., Gutiérrez-Alonso, G., et al. (2012). Oroclines of the Variscan orogeny of Iberia : paleocurrent analysis and paleogeographic implications. *Earth and Planetary Science Letters*, 329-330, 60-70.

Shelley, D. & Bossière, G. (2000). A new model for the Hercynian orogeny of Gondwanan France and Iberia. *Journal of Structural Geology*, 22, 757-776.

Shellnutt, J. G., Bhat, G. M., Brookfield, M. E., & Jahn, B. M. (2011). No link between the Panjal Traps (Kashmir) and the Late Permian mass extinctions. *Geophysical Research Letters*, 38, L19308.

Shen, S., Xie, J., Zhang, H. & Shi, G. R. (2009). Roadian-Wordian (Guadalupian, Middle Permian) global palaeobiogeography. *Global and Planetary Change*, 65, 166-181.

Shephard, G., Flament, N., Williams, S. et al. (2014). Circum-Arctic mantle structure and long-wavelength topography since the Jurassic. *Journal of Geophysical Research*, 119, 7889-7908, doi : 10.1002/2014JB011078.

Shephard, G., Müller, R. D. & Seton, M. (2013). The tectonic evolution of the Arctic since Pangea breakup : integrating constraints from surface geology and geophysics with mantle structure. *Earth-Science Reviews*, 124, 148-183.

Shergold, J. H. (1988). Review of trilobite biofacies distributions at the Cambrian-Ordovician boundary. *Geological*

Magazine, 125, 363-380.

Shergold, J. H. (1991). Late Cambrian (Payntonian) and Early Ordovician (Late Warendian) trilobite faunas of the Amadeus Basin Central Australia. *Bulletin of the Bureau of Mineral Resources, Geology and Geophysics*, 237, 15-75.

Shi, G. R. (2006). The marine Permian of east and northeast Asia: an overview of biostratigraphy, palaeobiogeography and palaeogeographical implications. *Journal of Asian Earth Sciences*, 26, 175-206.

Shirey, S. B. & Richardson, S. H. (2011). Start of the Wilson cycle at 3 Ga shown by diamonds from subcontinental mantle. *Science*, 333, 434-436.

Sigloch, K. & Mihalynuk, M. G. (2013). Intra-oceanic subduction shaped the assembly of Cordilleran North America. *Nature*, 496, 50-56, doi: 10.1038/nature12019.

Silva, D. R. A., Mizusaki, A. M. P., Milani, E. & Pimentel, M. (2012). Determination of depositional age of Paleozoic and pre-rift supersequences of the Recôncavo Basin in northeastern Brazil by applying Rb-Sr radiometric dating technique to sedimentary rocks. *Journal of South American Earth Sciences*, 37, 13-24.

Sleep, N. H. (1997). Lateral flow and ponding of starting plume material. *Journal of Geophysical Research*, 102, 10001-10012.

Smelror, M., Petrov, O. V., Larssen, G. B. & Werner, S. (eds.) (2009). *Geological History of the Barents Sea*. Trondheim: Geological Survey of Norway.

Smith, M. P. & Rasmussen, J. A. (2008). Cambro-Silurian development of the Laurentian margin of the Iapetus Ocean in Greenland and related areas. In Higgins, A. K., Gilotti, J. A. & Smith, M. P. (eds.), *The Greenland Caledonides: Evolution of the Northeast Margin of Laurentia*. Geological Society of America Memoir, 202, pp. 137-167.

Sone, M. & Metcalfe, I. (2008). Parallel Tethyan sutures in mainland Southeast Asia: new insights for Palaeo-Tethys closure and implications for the Indosinian orogeny. *Comptes Rendus Geoscience*, 340, 166-179.

Song, S., Su, L., Niu, Y. et al. (2009b). Tectonic evolution of Early Paleozoic HP metamorphic rocks in the North Qilian Mountains, NW China: new perspectives. *Journal of Asian Earth Sciences*, 35, 334-353.

Spencer, A. M., Embry, A. F., Gautier, D. L. et al. (eds.) (2011). *Arctic Petroleum Geology*. Geological Society, London, Memoirs, 35.

Speranza, F., Minelli, L., Pignatelli, A. & Chiappini, M. (2012). The Ionian Sea: the oldest *in situ* ocean fragment of the world? *Journal of Geophysical Research*, 117, B12101, doi: 10.1029-2012JB009475.

Stampfli, G. M. & Borel, G. D. (2004). The TRANSMED transects in space and time: constraints on the paleotectonic evolution of the Mediterranean domain. In W. Cavazza, F. Roure, W. Spakman, G. G. Stampfli & P. A. Ziegler (eds.), *The TRANSMED Atlas: The Mediterranean Region from Crust to Mantle*. Berlin: Springer, pp. 53-90.

Steinberger, B. (2000). Plumes in a convecting mantle: models and observations for individual hotspots. *Journal of Geophysical Research*, 105, 11, 127-11, 152.

Steinberger, B. & Gaina, C. (2007). Plate-tectonic reconstructions predict part of the Hawaiian hotspot track to be preserved in the Bering Sea. *Geology*, 35, 407-410.

Steinberger, B., Spakman, W., Japsen, P. & Torsvik, T. H. (2015). The key role of global solid-Earth processes in preconditioning Greenland's glaciation since the Pliocene. *Terra Nova*, 27, 1-8.

Steinberger, B., Sutherland, R. & O'Connell, R. J. (2004). Prediction of Emperor-Hawaii seamount locations from a revised model of global plate motion and mantle flow. *Nature*, 430, 167-173.

Steinberger, B. & Torsvik, T. H. (2008). Absolute plate motions and true polar wander. *Nature*, 452, 620-623.

Steinberger, B. & Torsvik, T. H. (2010). Toward an explanation for the present and past locations of the poles. *Geochemistry, Geophysics, Geosystems*, 11, Q06W06, doi: 10.1929/ 2009GC002889.

Stemmerik, B. (2000). Late Palaeozoic evolution of the North Atlantic margin of Pangea. *Palaeogeography, Palaeoclimatology, Palaeoecology*, 161, 95-126.

Stern, R. J. (2008). Modern-style plate tectonics began in Neoproterozoic time: an alternative interpretation of Earth's

Stevens, C. H. & Stone, P. (2007). *The Pennsylvanian-Early Permian Bird Spring Carbonate Shelf, Southeastern California : Fusulinid Biostratigraphy, Paleogeographic Evolution, and Tectonic Implications*. Geological Society of America Special Paper, 429.

Stevens, L. G., Hilton, J., Bond, D. P. G. et al. (2011). Radiation and extinction patterns in Permian floras from North China as indicators for environmental and climate change. *Journal of the Geological Society, London*, 168, 607–619.

Stringer, C. B. (2002). Modern human origin : progress and prospects. *Philosophical Transactions of the Royal Society, London*, B357, 563–579.

Svensen, H., Planke, S. & Corfu, F. (2010). Zircon dating ties NE Atlantic sill emplacement to initial Eocene global warming. *Journal of the Geological Society, London*, 167, 433–436.

Svensen, H., Planke, S., Malthe-Sorenssen, A. et al. (2004). Release of methane from a volcanic basin as a mechanism for initial Eocene global warming. *Nature*, 429, 542–545.

Svensen, H., Hammer, Ø. & Corfu, F. (2015). Astronomically forced cyclicity in the Upper Ordovician and U–Pb ages of interlayered tephra, Oslo Region, Norway. *Palaeogeography, Palaeoclimatology, Palaeoecology*, 418, 150–159.

Szederkényi, T., Haas, N. & Hámor, G. (2012). Geology and history of evolution of the Tisza Unit. In J. Haas, (ed.), *Geology of Hungary*. Berlin : Springer-Verlag.

Tankard, A. J., Suárez-Soruco, R. & Welsink, H. J. (eds.)(1995). *Petroleum Basins of South America*. American Association of Petroleum Geologists Memoir, 6.

Tarduno, J., Bunge, H.-P., Sleep, N. & Hansen, U. (2009). The bent Hawaiian-Emperor hotspot track : inheriting the mantle wind. *Science*, 324, 50–53.

Tarduno, J. A., Duncan, R. A., Scholl, D. W. et al. (2003). The Emperor seamounts : southward motion of the Hawaiian hotspot plume in Earth's mantle. *Science*, 301, 1064–1069.

Tarduno, J. A., Brinkman, D. B., Renne, P. R. et al. (1998). Late Cretaceous Arctic volcanism : tectonic and climatic connections. In *American Geophysical Union Spring Meeting Abstracts*, Washington, DC : American Geophysical Union.

Tauxe, L. & Kent, D. V. (2004). A simplified statistical model for the geomagnetic field and the detection of shallow bias in paleomagnetic inclinations : was the ancient magnetic field dipolar? In J. E. T. Channell et al. (eds.), *Timescales of the Paleomagnetic Field*, 145, Washington, DC : American Geophysical Union, pp. 101–116.

Taylor, T. N., Taylor, E. L. & Krings, M. (2009). *Paleobotany : The Biology and Evolution of Fossil Plants*. Amsterdam : Academic Press.

Tejada-Lara, J. V., Salas-Gismondi, R., Pujos, F. et al. (2015). Life in Proto-Amazonia : Middle Miocene mammals from the Fitzcarrald Arch (Peruvian Amazonia). *Palaeontology*, 58, 341–378.

Tessensohn, F. & Henjes-Kunst, F. (2005). Northern Victoria Land terranes, Antarctica : far-travelled or local products? In A. P. M. Vaughan, P. T. Leat & R. J. Pankhurst (eds.), *Terrane Processes at the Margins of Gondwana*. Geological Society, London, Special Publications, 246, 275–291.

Torsvik, T. H. (2003). The Rodinia jigsaw puzzle. *Science*, 300, 1379–1381.

Torsvik, T. H., Amundsen, H., Hartz, E. H., et al. (2013). A Precambrian microcontinent in the Indian Ocean. *Nature Geoscience*, 6, 223–227.

Torsvik, T. H., Amundsen, H. E. F., Trønnes, R. G. et al. (2015). Continental crust beneath southeast Iceland. *Proceedings of the National Academy of Sciences*, 112, E1818–E1827, doi : 10.1073/pnas.1423099112.

Torsvik, T. H. & Andersen, T. B. (2002). The Taimyr fold belt, Arctic Siberia : timing of pre-fold remagnetization and regional tectonics. *Tectonophysics*, 352, 335–348.

Torsvik, T. H., Burke, K., Steinberger, B. et al. (2010). Diamonds sourced by plumes from the core-mantle boundary.

Nature, 466, 352-355.

Torsvik, T. H., Carter, L. M., Ashwal, L. D. et al. (2001). Rodinia refined or obscured : palaeomagnetism of the Malani Igneous Suite (NW India). *Precambrian Research*, 108, 319-333.

Torsvik, T. H. & Cocks, L. R. M. (2004). Earth geography from 400 to 250 Ma : a palaeomagnetic, faunal and facies review. *Journal of the Geological Society, London*, 161, 555-572.

Torsvik, T. H. & Cocks, L. R. M. (2005). Norway in space and time : a centennial cavalcade. *Norwegian Journal of Geology*, 85, 73-86.

Torsvik, T. H. & Cocks, L. R. M. (2009). The Lower Palaeozoic palaeogeographical evolution of the northeastern and eastern peri-Gondwanan margin from Turkey to New Zealand. In M. G. Bassett (ed.), *Early Palaeozoic Peri-Gondwana Terranes*. Geological Society, London, Special Publications, 325, pp. 3-21.

Torsvik, T. H. & Cocks, L. R. M. (2011). The Palaeozoic geography of central Gondwana. In D. J. J. van Hinsbergen, S. J. H. Buiter, T. H. Torsvik et al. (eds.), *The Formation and Evolution of Africa : A Synopsis of 3.8 Ga of Earth History*. Geological Society, London, Special Publications, 357, pp. 137-166.

Torsvik, T. H. & Cocks, L. R. M. (2012). From Wegener until now : the development of our understanding of Earth's Phanerozoic evolution. *Geologica Belgica*, 15, 181-192.

Torsvik, T. H. & Cocks, L. R. M. (2013). Gondwana from top to base in space and time. *Gondwana Research*, 24, 999-1030.

Torsvik, T. H., Gaina, C. & Redfield, T. F. (2008a). Antarctica and global paleogeography : from Rodinia, through Gondwanaland and Pangea, to the birth of the Southern Ocean and the opening of gateways. In A. K. Cooper, P. Barrett, H. Stagg et al. (eds.), *Antarctica, a Keystone in a Changing World*, Washington DC : National Academies Press, pp. 125-129.

Torsvik, T. H., Müller, R. D., van der Voo, R. et al. (2008b). Global plate motion frames : towards a unified model. *Reviews of Geophysics*, 46, RG3004, doi : 10.1029/2007RG000227.

Torsvik, T. H. & Rehnström, E. F. (2003). The Tornquist Sea and Baltica-Avalonia docking. *Tectonophysics*, 362, 67-82.

Torsvik, T. H., Rousse, S., Labails, C. & Smethurst, M. A. (2009). A new scheme for the opening of the South Atlantic Ocean and the dissection of an Aptian salt basin. *Geophysical Journal International*, 177, 1315-1333.

Torsvik, T. H., Smethurst, M. A., Burke, K. & Steinberger, B. (2006). Large Igneous Provinces generated from the margins of the Large Low Velocity Provinces in the deep mantle. *Geophysical Journal International*, 167, 1447-1460.

Torsvik, T. H., Smethurst, M. A., Meert, J. G. et al. (1996). Continental break-up and collisions in the Neoproterozoic and Palaeozoic : a tale of Baltica and Laurentia. *Earth-Science Reviews*, 40, 229-258.

Torsvik, T. H., Steinberger, B., Cocks, L. R. M. & Burke, K. (2008c). Longitude : linking Earth's ancient surface to its deep interior. *Earth and Planetary Science Letters*, 276, 273-282.

Torsvik, T. H., van der Voo, R., Preeden, V. et al. (2012). Phanerozoic polar wander, palaeogeography, and dynamics. *Earth-Science Reviews*, 114, 325-368.

Torsvik, T. H., van der Voo, R., Doubrovine, P. V. et al. (2014). Deep mantle structure as a reference frame for movements in and on the Earth. *Proceedings of the National Academy of Sciences*, 111, 24, 8735-8740.

Trettin, H. P. (1998). Pre-Carboniferous geology of the northern part of the Arctic Islands. *Geological Survey of Canada Bulletin*, 425, 1-401.

Tucker, R. D., Ashwal, L. D. & Torsvik, T. H. (2001). U-Pb geochronology of Seychelles granitoid : Neoproterozoic construction of a Rodinia continental fragment. *Earth and Planetary Science Letters*, 187, 27-38.

Tucker, R. D. & McKerrow, W. S. (1995). Early Palaeozoic chronology : a review in light of new U-Pb zircon ages from Newfoundland and Britain. *Canadian Journal of Earth Sciences*, 32, 368379.

Tull, J. F., Barineau, C. L., Mueller, P. A. & Wooden, J. L. (2007). Volcanic arc emplacement onto the southernmost

Appalachian Laurentian shelf : characteristics and constraints. *Geological Society of America Bulletin*, 119, 261–274.

Tomurtogoo, O., Windley, B. F., Kröner, A., Badarch, G., Liu, D. Y. (2005). Zircon age and occurrence of the Adaatsag ophiolite and Muron shear zone, central Mongolia : constraints on the evolution of the Mongol-Okhotsk ocean, suture and orogen. *Journal of the Geological Society, London*, 162, 125–134.

Ustaszewski, K., Schmid, S. M., Fügenschuh, B. et al. (2008). A map-view restoration of the Alpine-Carpathian-Dinaridic system for the Early Miocene. *Swiss Journal of Geosciences*, 101, 273–294.

van der Meer, D. G., Spakman, W., van Hinsbergen, D. J. J. et al. (2010). Towards absolute plate motions constrained by lower mantle slab remnants. *Nature Geoscience*, 3, 36–40.

van der Meer, D. G., Torsvik, T. H., Spakman, W. et al. (2012). Intra- Panthalassa Ocean subduction zones revealed by fossil arcs and mantle structure. *Nature Geoscience*, 5, 215–219, doi : 10.1038/NGEO1401.

van der Meer, D. G., Zeebe, R., van Hinsbergen, D. J. J. et al. (2014). Long-term trends in atmospheric CO_2 levels over the past 250 million years driven by plate tectonic volcanic degassing. *Proceedings of the National Academy of Sciences*, 111, 4380–4385, doi : 10.1073/pnas.1315657111.

van der Voo, R. (1993). *Paleomagmatism of the Atlantic, Tethys and Iapetus Oceans*. Cambridge : Cambridge University Press.

van der Voo, R., van Hinsbergen, D. J. J., Domeier, M. et al. (2015). Latest Jurassic–earliest Cretaceous oroclinal closure of the Mongol-Okhotsk Ocean and implications for Mesozoic Central Asian plate reconstructions. In T. H. Anderson, A. N. Didenko, C. L. Johnson, A. I. Khanchuk & J. H. MacDonald Jr. (eds.), *Late Jurassic Margin of Laurasia : A Record of Faulting Accommodating Plate Rotation*, Geological Society of America Special Paper, 513, doi : 10.1130/2015.2513 (19).

van Hinsbergen, D. J. J., Buiter, S. J. H., Torsvik, T. H., et al. (eds.)(2011). *The Formation and Evolution of Africa : A Synopsis of 3.8 Ga of Earth History*. Geological Society, London, Special Publications, 357.

van Hinsbergen, D. J. J., Lippert, P. C., Dupont-Nivet, G. et al. (2012). Greater India Basin hypothesis and a two-stage Cenozoic collision between India and Asia. *Proceedings of the National Academy of Sciences*, 109, 7659–7664, doi : 10.1073/pnas.1117262109.

van Roy, P., Daley, A. C., Briggs, D. E. G. (2015). Anomalocaridid trunk limb homology revealed by a giant filter-feeder with paired flaps. *Nature*, 522, 77–80.

van Staal, C. R., Whalen, J. B., McNicol, V. J. et al. (2007). The Notre Dame Arc and the Taconic Orogeny in Newfoundland. In R. D. Hatcher et al. (eds.), *4-D Framework of Continental Crust*. Geological Society of America Memoir, 200, pp. 511–552.

van Staal, C. R., Whalen, J. B., Vaquero, P. V. et al. (2009). Pre- Carboniferous episodic accretion-related orogenesis along the Laurentian margin of the northern Appalachians. In J. B. Murphy, J. D. Keppie & A. Hynes (eds.), *Ancient Orogens and Modern Analogues*. Geological Society, London, Special Publications, 327, pp. 271–316.

van Wagoner, N. A., Leybourne, N. I., Dadd, K. A. et al. (2002). Late Silurian bimodal volcanism of southwestern New Brunswick, Canada : products of continental extension. *Geological Society of America Bulletin*, 114, 400–418.

Vaughan, A. P. M., Leat, P. J. & Pankhurst, R. J. (eds.)(2005). *Terrane Processes at the Margins of Gondwana*. Geological Society, London, Special Publications, 246.

Veevers, J. J. (2004). Gondwanaland from 650–500 Ma assembly through 320 Ma merger in Pangea to 185–100 Ma breakup : supercontinental tectonics via stratigraphy and radiometric dating. *Earth-Science Reviews*, 68, 1–132.

Veizer, J., Godderis, Y. & François, L. M. (2000). Evidence for decoupling of atmospheric CO_2 and global climate during the Phanerozoic eon. *Nature*, 408, 698–701.

Villas, E., Vizcaïno, D., Álvaro, J. J., Destombes, J. & Vennin, E. (2006). Biostratigraphic control of the latest-Ordovician glaciogenic unconformity in Alnif (Eastern Anti-Atlas, Morocco), based on brachiopods. *Geobios*, 39, 727–737.

Vine, F. J. & Matthews, D. H. (1963). Magnetic anomalies over oceanic ridges. *Nature*, 199, 947-949.

Vissers, R. L. M. &. Meijer, P.Th. (2012). Iberian Plate kinematics and Alpine collision in the Pyrenees. *Earth-Science Reviews*, 114, 61-83.

Walderhaug, H. J., Eide, E. A., Scott, R. A., Inger, S. & Golionko, E. G. (2005). Palaeomagnetism and ^{40}Ar/^{39}Ar geochronology from the South Taimyr igneous complex, Arctic Russia : a Middle-Late Triassic magmatic pulse after Siberian flood-basalt volcanism. *Geophysical Journal*, 163, 501-517.

Waldron, J. W. F., Schofield, D.I, White, C. E. & Barr, S. M. (2013). Cambrian successions of the Meguma terrane, Nova Scotia, and Harlech Dome, North Wales : dispersed fragments of a peri-Gondwanan basin? *Journal of the Geological Society*, London, 168, 83-98.

Waldron, J. W. F. & van Staal, C. R. (2001). Taconian orogeny and the accretion of the Dashwoods block : a peri-Laurentian microcontinent in the Iapetus Ocean. *Geology*, 29, 811-814.

Wang, B., Chen, Y., Zhan, S. et al. (2007). Primary Carboniferous and Permian paleomagnetic results from the Yili Block (NW China) and their implications on the geodynamic evolution of Chinese Tianshan Belt. *Earth and Planetary Science Letters*, 263, 288-308.

Watkins, R. (1994). Evolution of Silurian pentamerid communities in Wisconsin. *Palaios*, 9, 488-499.

Webby, B. D., Paris, F., Droser, M. L. & Percival, I. G. (eds.)(2004). *The Great Ordovician Biodiversification Event*. New York : Columbia University Press.

Wegener, A. (1912). Die Entstehung der Kontinente. *Dr. A. Petermanns Mitteilungen aus Justus Perthes geographischer Anstalt*, 58, 185-195, 253-256, 305-309.

Wegener, A. (1915). *Die Entstehung der Kontinente und Ozeane*. Brunswick : Vieweg.

Wellman, C. H. & Strother, P. K. (2015). The terrestrial biota prior to the origin of land plants (Embryophytes) : a review of the evidence. *Palaeontology*, 58, 601-627.

Wignall, P. B. (2007). The end-Permian mass extinction : how bad did it get? *Geobiology*, 5, 303-309.

Wignall, P. B. & Bond, D. P. G. (2008). The end-Triassic and Early Jurassic mass extinction records of the British Isles. *Proceedings of the Geologists' Association*, 119, 73-84.

Wilde, S. A., Valley, J. W., Peck, W. H., Graham, C. M. (2001). Evidence from detrital zircons for the existence of continental crust and oceans on the Earth 4.4 Gyr ago. *Nature*, 409, 175-178.

Willem, C., Windley, B. F. & Stampfli, G. M. (2012). The Altaids of Central Asia : a preliminary innovative review. *Earth-Science Reviews*, 113, 303-341.

Wilson, J. T. (1963). A possible origin of the Hawaiian islands. *Canadian Journal of Physics*, 41, 863-870.

Windley, B. F., Alexeiev, D., Xiao, W. et al. (2007). Tectonic models for accretion of the Central Asian Orogenic Belt. *Journal of the Geological Society*, London, 164, 31-47.

Wright, A. J., Young, G. C., Talent, J. A. & Laurie, J. R., (2000). Paleobiogeography of Australasian faunas and floras. *Memoirs of the Association of Australasian Palaeontologists*, 23, 1-515.

Wright, J. E. & Wyld, S. J. (2006). Gondwanan, Iapetan, Cordilleran interactions : a geodynamic model for the Paleozoic tectonic evolution of the North American Cordillera. In J. Haggart, R. J. Enkin & J. W. H. Monger (eds.), *Paleogeography of the North American Cordillera*. Geological Association of Canada Special Paper, 46, pp. 377-408.

Wu, F. Y., Sun, D. Y., Ge, W. C. et al. (2011). Geochronology of the Phanerozoic granitoids in northeastern China. *Journal of Asian Earth Sciences*, 41, 1-30.

Xiao, W., Han, C., Uan, C., et al. (2008). Middle Cambrian to Permian subduction-related accretionary orogenesis of Northern Xinjiang, NW China : implications for the tectonic evolution of central Asia. *Journal of Asian Earth Sciences*, 32, 102-117.

Xiao, W., Windley, B. F., Hao, J. & Li, J. (2002). Arc-ophiolite obduction in the Western Kunlun Range (China) : implications for the Palaeozoic crustal evolution of central Asia. *Journal of the Geological Society*, London, 159, 517-

528.

Xiao, W., Windley, B. F., Yong, Y. et al. (2009a). Early Palaeozoic to Devonian multiple-accretionary model for the Qilian-Shan, NW China. *Journal of Asian Earth Sciences*, 35, 323-333.

Xiao, W., Windley, B. F., Yuan, C., et al. (2009b). Paleozoic multiple subduction-accretion processes of the southern Altaids. *American Journal of Science*, 309, 221-270.

Yan, Z., Xiao, W., Windley, B. F., Wang, Z. Q. & Li, J. L. (2010). Silurian clastic sediments in the North Qilian Shan, NW China: chemical and isotopic constraints on their forearc provenance with implications for the Paleozoic evolution of the Tibetan Plateau. *Sedimentary Geology*, 231, 98-114.

Yanev, S., Göncüoğlu, M. C., Gedik, I. et al. (2006). Stratigraphy, correlations and palaeogeography of Palaeozoic terranes of Bulgaria and NW Turkey: a review of recent data. In A. H. F. Robertson & D. Mountrakis (eds.), *Tectonic Development of the Eastern Mediterranean Region*. Geological Society, London, Special Publications, 260, pp. 421-430.

Yang, J., Cawood, P. A., Du, Y. et al. (2014). A sedimentary archive of tectonic switching from Emeishan Plume to Indosinian orogenic sources in SW China. *Journal of the Geological Society*, London, 171, 269-280.

Yolkin, E. A., Sennikov, N. V., Bakharev, N. K. et al. (2003). Silurian paleogeography along the southwest margin of the Siberian continent: Altai-Sayan folded area. *New York State Museum Bulletin*, 493, 299-322.

Young, G. C. (1990). Devonian vertebrate distribution patterns and cladistics analysis of palaeogeographic hypotheses. In W. S. McKerrow & C. R. Scotese (eds.), *Palaeozoic Palaeogeography and Biogeography*. Geological Society, London, Memoir, 12, pp. 243-255.

Young, G. C. & Janvier, P. (1999). Early-middle Palaeozoic vertebrate faunas in relation to Gondwana dispersion and Asian accretion. In I. Metcalfe (ed.), *Gondwana Dispersion and Accretion*. Rotterdam: Balkema, pp. 115-140.

Yue, Y., Liao, J. G. & Graham, S. A. (2001). Tectonic correlation of Beishan and Inner Mongolia orogens and its implications for the palinspastic reconstruction of North China. In M. S. Hendrix & G. A. Davis (eds.), *Paleozoic and Mesozoic Tectonic Evolution of Central and Eastern Asia: From Continental Assembly to Intracontinental Deformation*. Geological Society of America Memoir, 194, pp. 101-116.

Zachos, J. C., Dickens, G. R. & Zeebe, R. E. (2008). An early Cenozoic perspective on greenhouse warming and carbon-cycle dynamics. *Nature*, 451, 279-283.

Zachos, J., Pagani, M., Sloan, L., Thomas, E. & Billups, K. (2001). Trends, rhythms, and aberrations in global climate 65 Ma to present. *Science*, 292, 688-693.

Zakharov, Y. D., Popov, A. M. & Blakov, A. S. (2008). Late Permian to Middle Triassic palaeogeographic differentiation of key ammonoid groups: evidence from the former USSR. *Polar Research*, 27, 441-468.

Zanchi, A., Poli, S., Fumagalli, P. & Gaetani, M. (2000). Mantle exhumation along the Trich Mir Fault Zone NW Pakistan: pre-mid-Cretaceous accretion of the Karakorum terrane to the Asian margin. In M. A. Khan et al. (eds.), *Tectonics of the Nanga Parbat Syntaxis and the Western Himalaya*. Geological Society, London, Special Publications, 170, pp. 237-252.

Zhan, R., Rong, Y., Percival, I. G. & Liang Y. (2011). Brachiopod biogeographic change during the Early to Middle Ordovician in South China. *Memoirs of the Society of Australasian Palaeontologists*, 41, 273-287.

Zhang, L., Ai, Y., Li, X. et al. (2007). Triassic collision of western Tianshan orogenic belt, China: evidence from SHRIMP U-Pb dating of zircon from HP/UHP eclogitic rocks. *Lithos*, 96, 266-280.

Zhang, L., Qin, K. & Xian, W. (2008). Multiple mineralisation events in the eastern Tienshan district, NW China: isotopic geochronology and geological significance. *Journal of Asian Earth Sciences*, 32, 236-246.

Zhang, W., Chen, P. & Palmer, A. R. (2003). *Biostratigraphy of China*. Beijing: Science Press.

Zhao, G. C., Sun, M., Wilde, S. A., Li, S. Z. (2004). A Paleo-Mesoproterozoic supercontinent: assembly, growth and breakup. *Earth-Science Reviews*, 67, 91-123.

Zhou, D., Graham, S. A., Chang, E. Z., Wang, B. & Hacker, B. (2001). Paleozoic tectonic amalgamation of the Chinese Tian Shan: evidence from a transect along the Dushanzi–Kuqa Highway. In M. S. Hendrix & G. A. Davis (eds.), *Paleozoic and Mesozoic Tectonic Evolution of Central and Eastern Asia: From Continental Assembly to Intracontinental Deformation*. Geological Society of America Memoir, 194, pp. 23–46.

Zhou, J., Wilde, S. A., Zhao, G. C. et al. (2010). Was the easternmost segment of the Central Asian Orogenic Belt derived from Gondwana or Siberia: an intriguing dilemma? *Journal of Geodynamics*, 50, 300–317.

Zhou, Z. & Dean, W. T. (eds.) (1996). *Phanerozoic Geology of Northwest China*. Beijing: Science Press.

Zhu, D., Zhao, Z., Niu, Y. et al. (2013). The origin and pre-Cenozoic evolution of the Tibetan Plateau. *Gondwana Research*, 23, 1429–1454.

Zhu, Y., Guo, X., Song, B., et al. (2009). Petrology, Sr–Nd–Hf isotopic geochemistry and zircon chronology of the Late Palaeozoic volcanic rocks in the southwestern Tianshan Mountains, Xinjiang, NW China. *Journal of the Geological Society*, London, 166, 1085–1099.

Ziegler, A. M., Cocks, L. R. M. & Bambach, R. K. (1968). The composition and structure of Lower Silurian marine communities. *Lethaia*, 1, 1–27.

Ziegler, A. M., Hulvey, M. I. & Rowley, D. B. (1997). Permian world topography and climate. In L. P. Martini (ed.), *Late Glacial and Post-Glacial Environmental Changes: Quaternary, Carboniferous, Proterozoic*. Oxford: Oxford University Press, pp. 111–146.

Ziegler, M. A. (2001). Late Permian to Holocene paleofacies evolution of the Arabian Plate and its hydrocarbon occurrences. *GeoArabia*, 6, 445–504.

Ziegler, P. A. (1989). *Evolution of Laurussia: A Study in Late Palaeozoic Plate Tectonics*. Dordrecht: Kluwer.

Ziegler, P. A. (1990). *Geological Atlas of Western and Central Europe*, 2nd edn. The Hague: Shell and London: Geological Society.

Žigaitė, Ž. & Blieck, A. (2006). Palaeobiogeographical significance of early Silurian thelodonts from central Asia and southern Siberia. *Geologiska Föreingens i Stockholm Förhandlingar*, 128, 203–206.

Zonenshain, L. P., Kuzmin, M. I. & Natapov, L. M. (1990). *Geology of the USSR: A Plate Tectonic Synthesis*. American Geophysical Union Geodynamics Series, 21.

Zurevinski, S. E., Heaman, L. M. & Creaser, R. A. (2011). The origin of Triassic/Jurassic kimberlite magmatism, Canada: two mantle sources revealed from the Sr–Nd isotopic composition of groundmass perovskite. *Geochemistry, Geophysics, Geosystems*, 12, Q09005, doi: 10.1029/2011GC003659.